U0227921

物联网UHF RFID

技术、产品及应用 微课视频版

甘 泉 ◎编著

清華大学出版社
北京

内容简介

本书主要介绍与超高频射频识别(UHF RFID)物联网技术相关的内容,包括超高频 RFID 的历史背景、核心技术、芯片产品、行业标准规范、产业链生态、工程计算以及案例详解。本书以从基础到应用的方式展开,从基础的 RFID 技术原理讲起,再到 RFID 的产品和生态,最后到工程应用中的计算和案例分析。

本书共 8 章,第 1 章为背景及概述,介绍了 RFID 的背景和技术特点;第 2 章详细介绍了 RFID 的技术基础;第 3 章介绍了超高频 RFID 标准及规范;第 4 章和第 5 章介绍了标签技术和阅读器技术;第 6 章介绍了超高频 RFID 的测试与认证;第 7 章介绍了超高频 RFID 的行业生态,包括市场发展和生态特点;第 8 章介绍了超高频 RFID 的应用案例。书中有大量的基础计算和应用案例,还包括行业主流产品的技术分析、项目选型方案及现场实施方案等。

本书适合作为 RFID 技术从业人员的工具书;也适合作为电子信息工程、通信工程、物联网相关专业的高年级本科和研究生的教材;对于物联网技术从业人员或爱好者也是非常好的参考读物。

图书在版编目(CIP)数据

物联网 UHF RFID 技术、产品及应用:微课视频版/甘泉编著. —北京:清华大学出版社,2021.7
(清华开发者书库)
ISBN 978-7-302-57859-8

Ⅰ. ①物… Ⅱ. ①甘… Ⅲ. ①物联网 Ⅳ. ①TP393.4 ②TP18

中国版本图书馆 CIP 数据核字(2021)第 057176 号

责任编辑:刘 星 李 晔
封面设计:李召霞
责任校对:李建庄
责任印制:朱雨萌

出版发行:清华大学出版社
网 址:http://www.tup.com.cn,http://www.wqbook.com
地 址:北京清华大学学研大厦 A 座 **邮 编**:100084
社 总 机:010-62770175 **邮 购**:010-83470235
投稿与读者服务:010-62776969,c-service@tup.tsinghua.edu.cn
质量反馈:010-62772015,zhiliang@tup.tsinghua.edu.cn
课件下载:http://www.tup.com.cn,010-83470236
印 装 者:三河市君旺印务有限公司
经 销:全国新华书店
开 本:186mm×240mm **印 张**:24 **字 数**:539 千字
版 次:2021 年 8 月第 1 版 **印 次**:2021 年 8 月第1 次印刷
印 数:1~1500
定 价:89.00 元

产品编号:088820-01

序言

FOREWORD

随着 AI 和大数据技术的成熟，万物互联正逐步走入我们的生活。“物”是指全球随机分布的各类物品。物联网的联结应该是与生俱来的，万物自出生或出厂就有全球唯一、全网访问、绝不混淆的网络身份(编码)。一个人走在大街上，能自动联结周边数万个“物”，享受高度智能化的新生活。

不知大家有没有发现，要想万物互联，第一步就是要给万物一个身份，也就是说，每一样物品都需要一个名字，一个唯一的标识，作为物品在网络世界信息的索引。古人说“名不正则言不顺，言不顺则事不利”，就是名分正当则说话合理，否则就是诸事不顺。这里的“名”就相当于为物品附上唯一识别码(Unique IDentifier，UID)。古人的智慧在现代社会同样适用。物联网(Internet of Things)就是在这样的技术背景和市场需求下逐步引起了大家的注意，从而迅速在全球形成大规模应用。给大众带来更加丰富的体验，给各国带来前所未有的经济发展机遇。

1998 年，麻省理工学院的 Sanjay Sarma 与零售巨头沃尔玛(Walmart)以及日用品巨头宝洁(P&G)等一起成立了 MIT 的 AutoID Center，提出了 EPC(Electronic Product Code，电子产品代码)的概念，致力于为全球每一个物品赋予唯一编号，并建立了网络体系(EPC International Services，EPCIS)，从而实现实物物品(EPC 码)到网络虚拟世界的映射。RFID 标签作为成本最低的无线通信终端，成为承载 EPC 码并实现识别的最合适的载体。

2002 年，复旦大学作为 MIT AutoID Center 合作伙伴，成立了复旦大学 AutoID 实验室，成为全球 AutoID Center 6 个大学的一分子。我作为实验室主任，致力于推动 RFID 技术的发展以及 RFID 在中国的推广应用。2004 年，中国物品编码中心举办了中国第一个 EPC 技术的培训班，我作为教员之一与国外的同行一起向国内的企业和研究机构完整介绍了整个 EPC 系统，点燃了国内应用 UHF RFID 技术进行物品跟踪追溯的星星之火。同年，我作为中国代表，参加进行 ISO SC31/WG4 的制定工作，并参与制定 ISO18000-6 的系列国际标准，首次在国际标准组织发出了中国的声音。在我对 RFID 技术的大力推动下，国内的多个公司从 2005 年起开始了超高频电子标签技术的开发。

我与甘泉先生初次相遇是 2010 年在深圳的物联网展会上。模糊记得当时他代表国民技术公司(原中兴集成电路设计有限公司)展示了一款 UHF 超高频电子标签，一下子吸引了我，我当下心里很震惊，因为当年超高频国产标签很少，而中兴这样的大公司已经意识到电子标签技术的重要性，且如此迅速地进行了电子标签产品的研发落地。

在和甘泉先生详聊后，我才知道当时国民技术公司已明确把 RFID 产业链作为未来发展的方向之一。甘泉先生作为早期进行 RFID 标签和读写器芯片研究的技术人员，对超高频 RFID 芯片标签产品的开发和升级换代发挥了巨大的作用，他也是国内最早进行 RFID 芯片开发的人员之一。后来，甘泉先生又加入了意联科技(Alien Technology)公司，并逐渐从一个电路设计人员成长为产品策划和市场推广专家。他扎根 RFID 领域十余年，具有全球视野。在国内，很难找出另一位像甘泉先生这样既深入了解芯片、天线、读写器等技术细节，又对技术、产品、市场融会贯通的综合性人才和行业专家。

甘泉先生寄给我本书初稿的当天，我便手不释卷连夜读完，字里行间深深感受到甘泉先生对 RFID 行业的深入思考和拳拳挚爱。他亲历了 RFID 产业这十多年的发展，对国内外芯片技术和市场的走势了然于胸，对国内近年来各行业 RFID 应用超越海外具有第一手的洞察。可以说，本书汇集了甘泉先生十几年在 RFID 领域的真知灼见，是甘泉先生孜孜不倦耕耘的成果。从小小的芯片，到大规模的系统应用，本书全面覆盖了 RFID 产业链的方方面面，是 RFID 相关技术和市场人员的绝佳参考书。

RFID 芯片也许是世界上面积最小的芯片之一，但绝不是最简单的芯片。麻雀虽小，五脏俱全。RFID 标签芯片实际上是一个完整的微型无线通信芯片，包含了射频收发器、基带处理器和非挥发存储器等部件，涉及射频电路、低功耗数字信号处理电路、电源管理电路、非挥发存储器读写电路等多种复杂的电路技术。且超高频 RFID 芯片是其中技术难度最高的，本书中甘泉先生有精彩的超高频 RFID 技术的发展方向以及下一代标签及芯片的技术特点和应用方向的分享，非常值得学习。

随着国家对芯片以及物联网的持续投入和关注，中国已经逐步成为超高频 RFID 标签的主要生产国，目前 RFID 的应用领域也非常广阔，涉及物流、仓储、零售、资产管理、防伪溯源等众多领域。无论是 RFID 芯片、系统方案设计技术人员，还是生产运营、市场营销从业人员，大多迫切需要正确及时的技术和市场指引，这些都可以从本书中找到答案，得到帮助。所以您面前的这本书是一本所有 RFID 从业人员必不可少的工具书。

复旦大学微电子学院教授
复旦大学 AutoID 实验室主任
2021 年 6 月

前言

PREFACE

本书概况

一、为什么要写本书

经过20年的发展，超高频RFID技术已经成为物联网的核心技术之一。全球超高频RFID标签芯片规模已经超过160亿颗，且每年依然保持20%的高速增长。随着经济的高速发展，从2010年开始，中国逐步成为超高频RFID标签产品的主要生产国，随之而来的是超高频RFID的产业链逐步转向中国市场。再加上国家对物联网发展的支持，大量的超高频RFID研发和生产制造企业在中国生根发芽，同时催生了行业应用和整个生态的发展，从而建立了一个完整的产业链。

然而，至今国内尚没有全面介绍超高频RFID技术的书籍。由于超高频RFID涉及面很广，技术点非常多，很难掌握该技术市场领域全貌。对于许多超高频RFID技术和产品，市场上甚至没有中文的命名和解释，市场上完全没有相关资料。而对于产品选型，市场上信息繁杂，项目执行者在没有经验时很难找到关键点。由于本人从研究生开始就在进行超高频RFID的阅读器和标签芯片设计，又做了天线设计的相关工作。之后加入国民技术公司和美国意联公司负责过标签芯片定义和应用技术团队，还曾经负责过中国市场销售工作。可以说与超高频RFID相关所有工作都参与过，因此对于超高频RFID的技术特点、芯片设计、阅读器开发、产品定义、量产测试、天线设计认证和应用实施都有大量的经验。尤其是在美国意联(超高频RFID创始公司)担任产品总监时，可以完整地了解到标签和阅读器的所有技术细节和难点。当我发现大量的RFID从业者遇到技术问题以及应用困难时，觉得有必要写一本关于超高频RFID的书，全方位地解释技术的细节和特点；当看到许多客户在超高频RFID市场的理解存在偏差时，觉得应该从市场、生态的角度让大家了解超高频RFID的方向和目标是什么。

经常有RFID从业者前来咨询技术和应用问题，他们在网上寻找资料并自己研究，最终发现网上的许多资料相互矛盾，无法找到准确有效的技术资料。本书的最主要目的，就是为读者提供一本超高频RFID的工具书。无论对于初学者还是项目工程人员，都可以通过本书了解需要用到的知识点。

二、内容特色

本书是业内全面介绍超高频RFID物联网通信技术的书籍，具有以下特点：

核心技术详解

本书会详细讲解超高频 RFID 调制技术和解调技术，并分析该技术的实现方式和核心部分，帮助读者揭开超高频 RFID 神秘的面纱。本书还会介绍阅读器的载波消除技术等多个技术点，让读者了解阅读器技术的根本原理。

多标签算法独家揭秘

本书详细介绍了多标签的算法，并引入工程计算模型，读者可以通过学习本书内容，完成独立的多标签算法，也可以直接参考本书中的案例实现高效的多标签识别。本书中的多标签碰撞算法揭秘为行业首例。

深入浅出，核心参数计算

本书详细介绍了超高频 RFID 技术的特点和核心参数，并通过参数对比的方式方便读者了解产品选型。书中有大量针对超高频 RFID 核心参数的计算，如灵敏度、正向距离和反向距离等，供读者学习。

产业链及生态全方位介绍

书中详细描述了超高频 RFID 生态中所有产业链组成部分，以及产业链企业的分工、现状和发展趋势。针对国内生态链企业进行详细描述，书中介绍了行业中不同角色的优秀企业及其产品和应用案例。

实际应用案例解析

书中给出了常见超高频 RFID 应用的十几个案例，读者可以通过学习应用案例，来构建自己的项目规划。并根据超高频 RFID 的多个创新应用，利用书中的技术知识，开拓新的应用领域。

行业与市场方向指引

本书中给出了超高频 RFID 领域最新的市场策略和市场动向，尤其是针对中国市场的发展和策略以及应用的新的重点方向。

本书还介绍了超高频 RFID 技术的发展方向以及下一代的标签及芯片的技术特点和应用方向，此信息对于产业链公司的发展方向有重要的指导作用。

三、配套资源，超值服务

- 本书提供教学课件、习题答案等资源，可以关注“人工智能科学与技术”微信公众号，在“知识”→“资源下载”→“配书资源”菜单获取本书配套资源（也可以到清华大学出版社网站本书页面下载）。
- 本书配套微课视频（50 个，1000 多分钟），扫描书中对应位置的二维码观看。
- 网站支持等，请自行添加。读者也可登录“RFID 世界网”下载产品说明书、例程、推荐的阅读材料和其他相关资源。此外，作者还定期与读者进行在线互动交流，解答读者的疑问。

四、结构安排

本书主要介绍与超高频 RFID 物联网技术相关的全部内容，包括历史背景、核心技术、硬件产品、测试与认证、产业链生态、工程计算以及案例详解。本书以从基础到应用的方式展开，从基础的超高频 RFID 技术原理讲起，再到产品和测试，最后到生态和工程应用中的案例分析。

五、读者对象

- RFID 技术从业人员；
- 电子信息工程、通信工程、物联网相关专业的本科生、研究生；
- 物联网技术从业人员或爱好者。

六、致谢

感谢物联传媒、AlienTechnology 公司提供的市场资料。

感谢我的太太和父母在本书校对过程中所付出的辛勤劳动。感谢易俊、程曦、欧阳立、潘敬桢、庄鹏、陈江汉、鄢若韫、刘良骥、汤兴凡、和晓、季宏红对本书技术部分的审核及建议。

限于编者的水平和经验，加之时间比较仓促，疏漏或者错误之处在所难免，敬请读者批评指正。有兴趣的朋友可发送邮件到 workemail6@163.com，与本书策划编辑进行交流。

编　者

2021 年 6 月于深圳

目录
CONTENTS

第1章 超高频RFID的技术简介

本章主要讲解物联网、射频识别等概念的定义和发展，并对RFID的技术进行分类和对比。1.4节会详细介绍全球的标准化组织和标准体系，1.5节说明超高频RFID在物联网中的重要地位。

1.1 物联网介绍

谈到"物联网"这个词大家应该都不会陌生，但是如果要大家讲一讲到底什么是物联网，物联网有什么作用，能给我们带来什么好处，许多人都会摇摇头。本节将会从物联网的定义以及物联网的演化史进行讲述，让读者全面了解物联网的发展和变化过程。

1.1.1 物联网的定义

虽然物联网概念已经引起了学术界、产业界和政府的高度关注，但是对于物联网的确切定义还存在很多争议。相信随着时间的推移物联网的定义会不断变化，人们对物联网的认识也会不断进步。下面就针对现阶段整个行业的不同方向对物联网的认识进行讲解。

物联网的英文名称Internet of Things，最早是在1999年被提出的，它是通过射频识别(RFID)(RFID+互联网)、红外感应器、全球定位系统、激光扫描器、气体感应器等信息传感设备，按约定的协议，把物品与互联网连接起来，进行信息交换和通信，以实现智能化识别、定位、跟踪、监控和管理的一种网络。简言之，物联网就是物物相连的互联网(如图1-1所示为物联网简易示意图)。这有两层意思：其一，物联网的核心和基础仍然是互联网，是在互联网基础上的延伸和扩展的网络；其二，其用户端延伸和扩展到了任何物品与物品之间，进行信息交换和通信。物联网就是"物物相连的互联网"。物联网通过智能感知、识别技术与普适计算广泛应用于网络的融合中，也因此被称为继计算机、互联网之后世界信息产业发展的第三次浪潮。物联网是互联网的应用拓展，与其说物联网是网络，不如说物联网是业务和应用。因此，应用创新是物联网发展的核心，以用户体验为核心的创新2.0是物联网发展的灵魂。总体来说，就是利用局部网络或互联网等通信技术把传感器、控制器、机器、人员和物等通过新的方式联在一起，形成人与物、物与物相联，实现信息化、远程管理控制和智能化的网络。物联网是互联网的延伸，它包括互联网及互联网上所有的资源，兼容互联网所有的应用，但物联网中所有的元素(所有的设备、资源及通信等)都是个性化和私有化的。

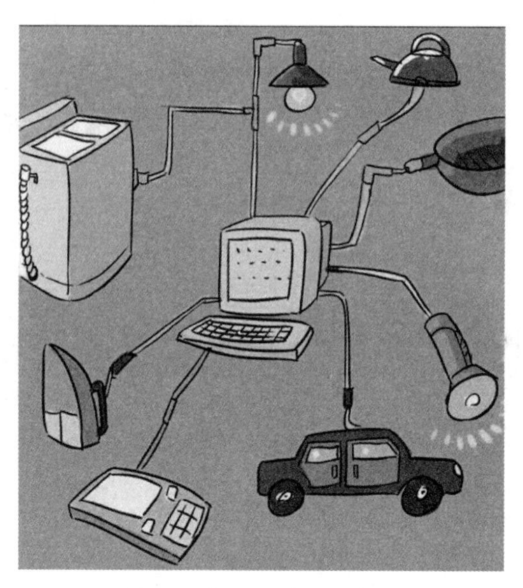

图 1-1　物联网简易示意图

中国物联网校企联盟将物联网定义为当下几乎所有技术与计算机、互联网技术的结合，实现物体与物体之间，环境以及状态信息的实时共享以及智能化的收集、传递、处理、执行。从广义上说，当下涉及信息技术的应用，都可以纳入物联网的范畴。在其著名的科技融合体模型中，提出了物联网是当下最接近该模型顶端的科技概念和应用。物联网是一个基于互联网、传统电信网等信息承载体，让所有能够被独立寻址的普通物理对象实现互联互通的网络。其具有智能、先进、互联 3 个重要特征。

根据国际电信联盟(ITU)的定义，物联网主要用于物品与物品(Thing to Thing，T2T)、人与物品(Human to Thing，H2T)、人与人(Human to Human，H2H)之间的互联。但是与传统互联网不同的是，H2T 是指人利用通用装置与物品之间的连接，从而使得物品连接更加的简化，而 H2H 是指人之间不依赖于个人计算机而进行的互联。因为互联网并没有考虑到对于任何物品连接的问题，故我们使用物联网来解决这个传统意义上的问题。物联网顾名思义就是连接物品的网络，许多学者讨论物联网时，经常会引入一个 M2M 的概念，可以解释为人到人(Human to Human)、人到机器(Human to Machine)、机器到机器(Machine to Machine，M2M)。从本质上而言，人与机器、机器与机器的交互大部分是为了实现人与人之间的信息交互。

物联网的概念在不同的地方有不同的理解，想实现绝对的统一是很难的，它是由技术的进步和特定的历史环境所决定的。

1.1.2 物联网的历史及现状

在物联网的定义中我们了解到，"物联网"的概念是在不断变化的，以下为物联网的"编年史"。

(1) 1999 年美国麻省理工学院建立了"自动识别中心(Auto-ID)"，Kevin Ashton 教授提出"万物皆可通过网络互联"，阐明了物联网的基本含义。早期的物联网是依托射频识别(RFID)技术的物流网络，随着技术和应用的发展，物联网的内涵已经发生了较大变化。

(2) 2003 年，美国《技术评论》提出传感网络技术将是未来改变人们生活的十大技术之首。

(3) 2004 年日本总务省(MIC)提出 u-Japan 计划，该战略力求实现人与人、物与物、人与物之间的连接，希望将日本建设成一个随时、随地、任何物体、任何人均可连接的泛在网络社会。

(4) 2005 年 11 月 17 日，在突尼斯举行的信息社会世界峰会(WSIS)上，国际电信联盟(ITU)发布《ITU 互联网报告 2005：物联网》，引用了"物联网"的概念。物联网的定义和范围已经发生了变化，覆盖范围有了较大的拓展，不再只是指基于 RFID 技术的物联网。

(5) 2008 年 11 月，在北京大学举行的第二届中国移动政务研讨会"知识社会与创新 2.0"上提出移动技术、物联网技术的发展代表着新一代信息技术的形成，并带动了经济社会形态、创新形态的变革，推动了面向知识社会的以用户体验为核心的下一代创新(创新 2.0)形态的形成，创新与发展更加关注用户，注重以人为本。而创新 2.0 形态的形成又进一步推动新一代信息技术的健康发展。

(6) 2009 年 1 月 28 日，IBM 首席执行官彭明盛首次提出了"智慧地球"这一概念，建议政府投资新一代的智慧型基础设施。当年，美国将新能源和物联网列为振兴经济的两大重点。

(7) 2009 年 8 月，温家宝总理"感知中国"的讲话把我国物联网领域的研究和应用开发推向了高潮，无锡市率先建立了"感知中国"研究中心，中国科学院、运营商、多所大学在无锡建立了物联网研究院。自温总理提出"感知中国"以来，物联网被正式列为国家五大新兴战略性产业之一，写入"政府工作报告"，物联网在中国受到了全社会极大的关注，其受关注程度是在美国、欧盟以及其他国家和地区不可比拟的。

现在物联网的概念已经是一个"中国制造"的概念，它的覆盖范围与时俱进，已经超越了 1999 年 Ashton 教授和 2005 年 ITU 报告所指的范围，物联网已被贴上"中国式"标签。2012 年，我国物联网产业市场规模达到 3650 亿元，比 2011 年增长 38.6%。从智能安防到智能电网，从二维码普及到智慧城市落地，作为被寄予厚望的新兴产业，物联网正四处开花，悄然影响着人们的生活。随着我国物联网产业的迅猛发展和产业规模集群的形成，我国物联网时代下的产业改革也初露端倪。从具体的情况来看，我国物联网技术已经融入了纺织、冶金、机械、石化、制药等工业制造领域。在工业流程监控、生产链管理、物资供应链管理、产品质量监控、装备维修、检验检测、安全生产、用能管理等生产环节着重推进了物联网的应用和发展,建立了应用协调机制,提高了工业生产效率和产品质量,实现了工业的集约化生产、企业的智能化管理和节能降耗。

1.1.3 物联网的关键技术

物联网技术能够发展到如今的程度,是与许多基础技术的发展和进步分不开的,其中最关键的3个技术分别是:

- 射频识别技术(RFID)——是一种无线通信技术,可以通过无线电信号识别特定目标并读写相关数据,而无须识别系统与特定目标之间建立机械或者光学接触,RFID在自动识别、物品物流管理有着广阔的应用前景,在物联网中是最终端的物品身份识别方法。
- 传感器技术——传感器技术是实现测试与自动控制的重要环节。在测试系统中,被作为一次仪表定位,其主要特征是能准确传递和检测出某一形态的信息,并将其转换成另一形态的信息。其利用物理效应、化学效应、生物效应,把被测的物理量、化学量、生物量等转换成符合需要的电量。传感器作为信息获取的重要手段,与通信技术和计算机技术共同构成信息技术的三大支柱。传感器技术可以探测的信息种类多种多样,包括外界环境温度、湿度、压强、压力、空气质量或者化学成分等。有了传感器技术物联网才能把所有的环境数据整合在一起进行交互和运算。
- 嵌入式系统技术——是集计算机软硬件、传感器技术、集成电路技术、电子应用技术于一体的复杂技术。经过几十年的演变,以嵌入式系统为特征的智能终端产品随处可见:小到生活中的电子设备大到航天航空的卫星系统。嵌入式系统正在改变着人们的生活,推动着工业生产以及国防工业的发展。如果把物联网用人体做一个简单比喻,传感器相当于人的眼睛、鼻子、皮肤等感官,网络就是神经系统用来传递信息,嵌入式系统则是人的大脑,在接收到信息后要进行分类处理。这个例子很形象地描述了传感器、嵌入式系统在物联网中的位置与作用。

从Kevin Ashton教授提出“万物皆可通过网络互联”到现在的物联网的关键技术,都依托于射频识别(Radio Frequency Identification,RFID)技术,可以说RFID技术是物联网技术最重要的技术基础。RFID技术已经成为物联网终端的数据采集系统,可以对所有贴有RFID标签的物品进行身份采集并将庞大的数据交给物联网。也就是说,今后当所有的物品都贴上RFID标签的时候,就是真正的“大物联网时代”的开端。

1.2 射频识别技术的起源与现状

1.1节已经对物联网进行了全面的介绍,可以发现,无论是物联网的起源还是现阶段物联网的关键技术都离不开射频识别(RFID)技术。那么射频识别技术从何而来,到底有什么特别之处,它的起源与现状又是怎样的呢?本节将针对RFID技术的起源与现状进行详细讲解。

1.2.1　RFID技术的起源

提到RFID技术，我们要先讲一个真实的故事，这个故事决定了一场战役，同时也决定了人类的历史和命运。故事起源于第二次世界大战时期欧洲上空一场激烈的空战——不列颠空战，图1-2为不列颠空战的真实照片。在这次胜利中起到关键作用的一项技术便是1935年英国空军司令部最先提出的无线电敌我识别系统。因为在不列颠空战中，德国Bf-109E战机与英国的“飓风”Mk.Ⅰ、“喷火”Mk.Ⅰ战机轮廓相像，在快速、混乱、极端危险的空战中它们看起来十分相似，单靠肉眼的敌我识别根本无法在瞬息万变的空战中占得先机。英军的无线电敌我识别系统在该次空战中为英国空军取得了巨大的技术优势，为不列颠空战的最终胜利立下了汗马功劳。

(a)

(b)

图1-2　不列颠空战中的真实照片

当时的敌我识别器大多与雷达协同工作，识别的“友”“敌”信息在雷达显示器上表明。敌我识别器一般由询问器和应答器两个部分组成并配合工作，其工作原理是询问器发射事先编好的电子脉冲码，若目标为友方，则应答器接收到信号后会发射已约定好的脉冲编码，如果对方不回答或者回答错误即可认为是敌方，基本具备了目前RFID技术的主要特征。这便是RFID技术的起源。

1.2.2　RFID技术的发展及现状

在战争年代，RFID技术的出现帮助战机获得胜利，给世界带来了和平，同样在和平的现代化年代，RFID技术依然闪耀着光辉，继续为人类做贡献。

1948年，Harry Stockman发表的*Communication by Means of Reflected Power*为RFID技术的发展奠定了理论基础。从20世纪60年代开始，RFID技术步入快速发展的轨道。1960年，D. B. Harris申请了一项关于“可调制无源应答器的射频传输系统”的专利。1963年，Robert Richardson发表的*Remotely Activated Radio Frequency Powered Devices*为无源RFID标签提供了实现的思路。随后，1964年，R. F. Harrington发表了关于负载散

射理论的重要论文，系统阐述了采用负载来调制散射能量的理论基础。1967年，Vinding发表的*Interrogator-responder Identification System*正式提出了RFID的工作方式。1968年，J. H. Vogelman获得了一项采用雷达回波传输数据的无源技术专利。这一系列的研究成果使得RFID技术的理论基础慢慢走向成熟。20世纪70年代，RFID技术得到广泛的研究。该论文提出了采用反向散射调制实现的短距离射频遥测与识别的工作方式，给出了完整的无源电子标签的设计方案。至此，RFID技术的理论研究基本成熟。

RFID技术的商业应用从20世纪60年代末期开始，以"1 bit应答器"为基础的电子商品监督系统(Electronics Article Surveillance，EAS)开始广泛应用于各商场、超市，主要用于商场防盗，至今仍在使用。20世纪70年代，随着RFID技术理论的不断发展成熟，也出现了一些RFID产品，诸如美国RCA公司的"摩托车电子执照"与Fairchild公司的无源微波编码应答器。但这个阶段的产品实现主要还是依靠分立元件搭建，成本及性能仍然无法满足需要。到了20世纪80年代，随着集成电路的发展，RFID标签电路可以集成在单个芯片中，使得单芯片的无源RFID标签成为可能。这个阶段，很多应用开始被尝试，其中以交通运输的应用最为成功。20世纪90年代，RFID技术快速发展，RFID技术在世界各国得以发展和应用。各大芯片厂家也积极地开发各种无源RFID芯片，并推动其应用。RFID技术在电子收费系统、不停车收费、汽车防盗等众多领域得到应用。进入21世纪，RFID技术逐渐发展成熟。标签芯片的性能得以进一步地提升，而价格也慢慢地为用户所接受，RFID技术大规模应用的技术条件基本成熟。

随着RFID技术的快速发展，RFID的标准化工作也被提上了日程。1999年，麻省理工学院与剑桥大学成立了Auto-ID Center，并提出了产品电子代码(Electronic Product Code，EPC)及物联网(Internet of Things，IoT)概念。EPC的载体是RFID电子标签，并借助互联网来实现信息的传递。EPC旨在为每一件单品建立全球的、开发的标识标准，实现全球范围内对单件产品的跟踪与追溯，从而有效提高供应链管理水平，降低物流成本。2003年，由EAN(欧洲物品编码协会)和UCC(美国统一代码委员会)两大标准化组织联合成立EPC Global。2006年，EPCGen2(Class 1)正式演变为ISO/IEC 18000.6C，成为无源UHF RFID的国际标准。我国也在超高频RFID标准化的工作上做了很多努力。2005年11月和12月，中国RFID产业联盟和电子标签标准工作组先后成立，为RFID电子标签国家标准的制定提供技术支持。

AutoID中心的EPC和"物联网"概念一经提出，便得到世界500强跨国公司中大多数企业和各国政府的支持，RFID技术由此得到迅猛的发展。在美国，大型剃须刀生产企业吉列公司于2003年1月宣布以低于10美分的单价购买5亿个RFID标签并安装到每个商品进行实验，拉开了RFID电子标签在商业物流领域应用的序幕。而世界最大零售商沃尔玛公司要求所有供应商的产品包装都要加贴电子标签。此项行动在RFID电子标签的采购量上就达10亿个。在政府采购方面，美国国防部已经全面导入电子标签计划，要求其供应商从2005年开始，在每年价值240亿美元的运输箱、集装箱和包装箱上使用RFID标签。

在欧洲，10家零售巨头中有4家公司宣布从2004年开始使用RFID。英国零售业巨头

Tesoc确定从2004年4月起，在分配中心对非食品包装箱使用电子标签，跟踪这些包装箱到各个商场。世界第五大零售商——德国麦德龙公司宣布，从2004年11月将开始大幅扩展电子标签的应用实验——“未来商店”：从供应商产品出厂到摆上货架，将使用RFID标签对商品流通进行跟踪管理。其对象包括100家供应商、10个物流网点以及德国国内250家分店。

在日本，2003年10月，日本经产省提出了电子标签的应用普及策略，并于2004年5月公布了日本的商品编码体系标准。日本为此成立了技术产业联盟，约有100家企业参与RFID相关技术的研究和开发，以及行业试点应用。

1993年，我国政府颁布实施“金卡工程”计划，加速我国国民经济信息化进程。1996年10月，北京首都机场高速公路收费站安装了国内首个基于RFID技术的不停车收费系统，其设备从美国AMTECH公司引进。1999年，我国铁道部开始投资建设自动车号识别系统，于2000年开始正式投入使用。2001年，我国交通部宣布开发使用电子车牌管理系统，在我国四川省宜宾市建立了国内第一个RFID试验工程，用于市内车辆交通管理与不停车收费。2001年7月，上海市虹桥国际机场组合式电子不停车收费系统(ETC)试验开通，被国家经济贸易委员会和交通部确定为“高等级路电子收费系统技术开发和产业化创新”项目的示范工程。2002年，深圳皇岗海关与香港特别行政区共同建设粤港不停车通关系统，在往来车辆上安装了具有防拆功能的RFID标签。2008年12月21日，北京市区域内所有高速公路开始使用“速通卡”电子刷卡收费。

在过去的十多年中，中国加速了制定自己RFID标准的进程，技术研发和产业化准备工作也在同步进行。2004年4月底，中国政府加入了全球化标准组织EPC Global，成立EPC Global China。2005年12月，中国信息产业部宣布成立电子标签国家标准工作组，负责起草、制定中国RFID技术的国家标准。至今我国已经制定完成了多个RFID标准，包括自主知识产权的GB29761标准，以及军队标准、电子车辆标识等多行业和应用标准。

1.3　RFID的构成和分类

视频讲解

在了解了RFID的起源和发展历程之后，大家一定想更加深入地了解RFID技术到底是什么样的，有什么技术特点。本节将对RFID的系统及技术进行讲解。

1.3.1　RFID的系统构成

一个典型的RFID系统如图1-3所示。一般包括RFID标签(RFID Tag)、阅读器或问询器(Reader or Interrogator)和应用(Application)3个部分。阅读器通过射频信号给标签提供能量并“询问”标签，标签被激活后将其存储的标签信息发送给阅读器，阅读器再将读取的标签信息发送给应用系统以结合具体的应用背景进行数据的控制、存储及管理。

RFID标签(RFID Tag)一般由标签天线和标签芯片组成。标签天线接收阅读器发射过来的射频信号并转化为能量，获取的能量给标签芯片供电。当获取的能量足够时，标签芯片

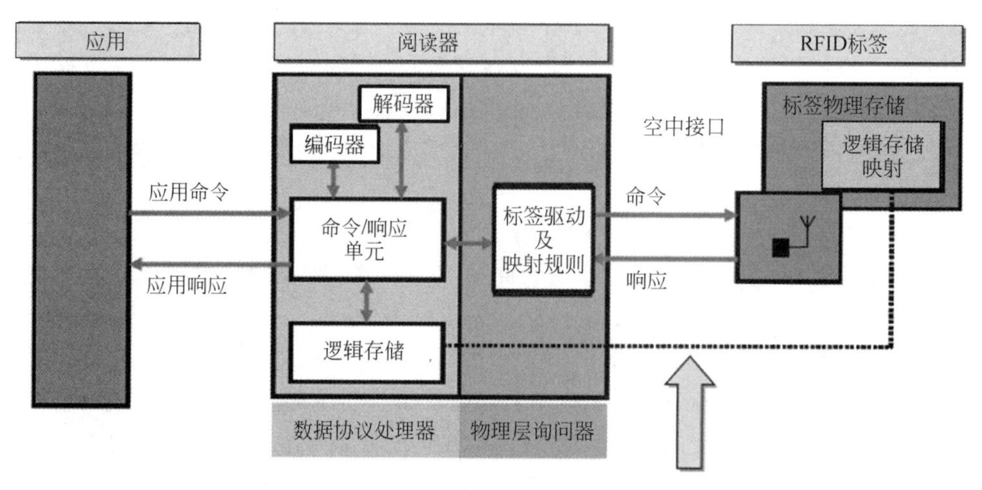

图 1-3 RFID 系统示意图

被激活，并根据阅读器的询问命令完成相应的动作，将芯片上存储的标签信息通过调制射频载波的方法反射给阅读器。每个标签具有唯一的电子编码，用于对所附着的物体进行标识。标签能够存储有关物体的数据信息，不同类型的芯片存储空间和存储方式不同。在 RFID 管理系统中，每一个标签中的芯片存储对应着一个物体的属性、状态、编号等信息。标签通常安装在物体表面，具有一定的无金属遮挡的视角。本节只是简单介绍标签的基本功能，以方便读者了解 RFID 的系统构成，后面的章节会着重介绍 RFID 标签的细节。

RFID 阅读器（RFID Reader）内部主要由数据协议处理器和物理层询问器组成，其中数据协议处理器负责整个 RFID 协议的协议栈处理、编解码处理、逻辑存储处理以及与应用系统的通信处理；物理层询问器主要负责射频信号处理、空中接口数据处理等。由阅读器产生的射频信号通过阅读器天线发射给标签。标签的反射信号也通过阅读器天线接收，并被阅读器主机解析与识别，从而实现一次标签的清点（询问）。

应用（Application）主要负责对阅读器的控制、设置及对读取标签信息的管理，并结合具体应用项目给出适当的判断与显示，或对数据进行存储及管理。应用系统一般与计算机网络体系连接，网络体系的各层结构由各种 RFID 中间件控制、访问。

当一个系统中同时存在 RFID 标签、RFID 阅读器和应用时，才可以说这个 RFID 系统是一个完整的 RFID 系统，才能完成最简单的 RFID 应用。麻雀虽小五脏俱全，无论多么庞大的系统，都遵循这个最基本的 RFID 系统结构。在后面的章节中会有许多复杂的案例，无论是几十台阅读器还是几百万的标签，都是在此 RFID 系统结构的基础上演化而来的。

1.3.2 RFID 技术的分类

前面介绍的 RFID 都是从系统的层面进行分析，读者可能不知道 RFID 其实是一个非常大的大家庭，那么 RFID 的种类有多少，它们之间的差异是什么呢？如图 1-4 给出了

RFID 技术分类图。

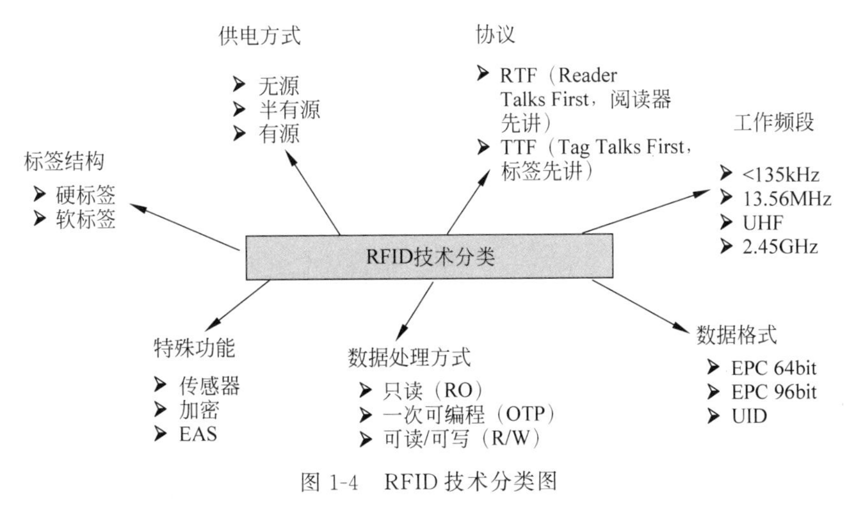

图 1-4　RFID 技术分类图

从图 1-4 中可以看到，根据工作频率不同、协议不同、供电方式不同、功能不同、数据处理方式不同、数据格式不同，RFID 可以分成各种各样的种类。那么这么多不同种类分别有什么作用呢？这里就从最简单的几个概念开始讲解。

1. RFID 与工作频率（Operation Frequency）

图 1-5 为射频频谱图。自然界中所有电磁波的分布如图 1-5 中最上一排所示，频率从低到高为电力波（Electric Wave）、无线电波（Radio Wave）、红外线（Infra-red）、可见光（Visible Light）、紫外线（Ultra-Violet）、X 射线（X-Ray）、γ 射线（Gamma-Ray）、宇宙射线（Cosmic Ray）。其中，与 RFID 相关的只是无线电波部分。顾名思义，无线电波就是可以辐射到外界的电波。从图中可以看出，无线电波的频率范围为 9kHz～3000GHz，分成甚低频（Very Low Frequency，VLF）、低频（Low Frequently，LF）、中频（Medium Frequency，MF）、高频（High Frequency，HF）、甚高频（Very High Frequency，VHF）、超高频（Ultra High Frequency，UHF）、特高频（Super High Frequency，SHF）、极高频（Extremely High Frequency，EHF）。

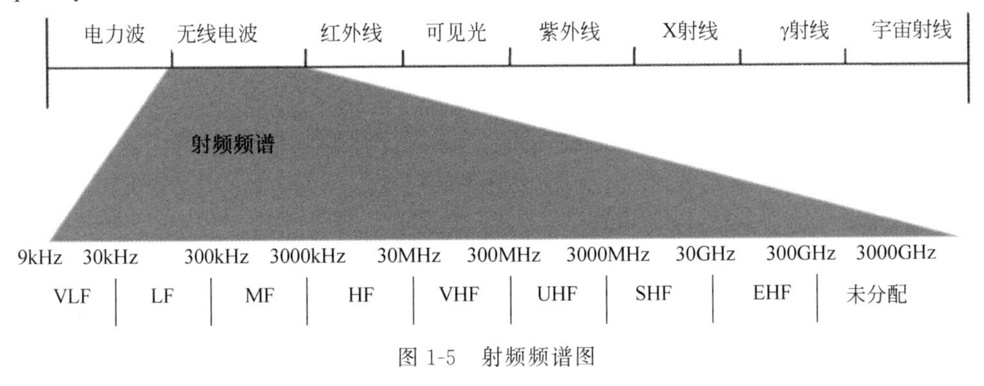

图 1-5　射频频谱图

不难看出，频段的分割点，分别在30kHz、300kHz……那么，为什么是用3××Hz来作为分割点呢？基于光速和波长的关系：$\lambda=c/f$，其中，λ代表波长，c代表光速(3×10^8m/s)，f代表频率，那么$f=c\times\lambda$。人们在进行天线设计的时候，天线尺寸的单位通常采用毫米、厘米、米等，而天线的长度一般与波长相关。于是，为了方便人们就用长度单位来定义一类电磁波。如厘米波(1～10cm波长)，那么对应的频率则是3～30GHz。在日常生活中，无线电波无处不在，如表1-1所示。例如，我们听的收音机FM就是VHF频段，我们的手机是UHF频段。

表1-1 各频段参数及用途

名称	甚低频	低频	中频	高频	甚高频	超高频	特高频	极高频
符号	VLF	LF	MF	HF	VHF	UHF	SHF	EHF
频率	3～30kHz	30～300kHz	0.3～3MHz	3～30MHz	30～300MHz	0.3～3GHz	3～30GHz	30～300GHz
波段	超长波	长波	中波	短波	米波	分米波	厘米波	毫米波
波长	1000～100km	10～1km	1km～100m	100～10m	10～1m	1～0.1m	10～1cm	10～1mm
主要用途	海岸潜艇通信、远距离通信、超远距离导航	越洋通信、中距离通信、地下岩层通信、远距离导航	船用通信、业余无线电通信、移动通信	远距离短波通信、国际定点通信	收音机、广播等	手机等无线通信	大容量微波中继通信数字通信、卫星通信	波导通信

在RFID应用中最常见的频率为LF(125kHz、134kHz)、HF(13.56MHz)、UHF(840～960MHz)以及2.4GHz和5.8GHz。

2. RFID与数据传输方式

RFID的数据传输方式主要有3种，如表1-2所示。

表1-2 RFID数据传输方式

传输方式	数据传输原理	频率
电容耦合	近场电场变化	HF 125kHz
电感耦合 M	近场磁场变化	LF-HF，UHF近场 125kHz～960MHz

续表

传输方式	数据传输原理	频率
电磁波传播	电磁波反向散射	UHF 840～960MHz,2.45GHz
	主动收发技术	UHF 433MHz,840～960MHz 2.45GHz

这3种方式为电容耦合(Capacitive Coupling)、电感耦合(Inductive Coupling)、电磁波传播(EMWave Propagation)。

1) 电容耦合

这种方式是利用电容的电场变化原理来进行数据传输的,但是这种方式的局限性很强。首先,阅读器和标签天线之间的距离要非常近,这样才有电容效应,阅读器电压的变化才能使标签识别到;其次需要阅读器和标签天线面积很大,这样才能提供足够的传输能量。由于电容耦合技术弊端非常多,现在已经很难看到这样的应用了。

2) 电感耦合

这种技术是现在最常见的RFID传输技术之一,使用广泛、方法简单,即阅读器天线和标签天线都是闭合线圈,根据之间的电感耦合进行传输。根据谐振频率、匹配不同以及两个天线之间的距离,可以计算出两个天线之间的耦合系数(在不考虑谐振匹配的情况下距离越近,线圈的匝数越多其耦合系数越高)。阅读器在传输数据的同时,能量也可以传输给标签。此种电感耦合的工作方式,一般都是近场(Near Field)通信技术。正常情况下标签的工作距离为10cm左右,只有非常特殊的情况下可以工作到1m左右的距离,如15693协议(13.56MHz)下在门形天线的工作环境中可以实现中距离的标签读取。电感耦合的传输方式使用于各种频率,包括从低频到超高频的所有频率。这里重点说一下,在超高频的应用中,有许多环境中需要近场的应用,最简单的实现方式就是用近场的阅读器天线配合近场的标签天线,在后面的应用中我们会着重介绍近场的RFID方案。

3) 电磁波传播

电磁波传播也分两种模式:一种是利用反向散射电磁波传播(EM-Wave Propagation Back-Scattering)技术,另一种是主动收发技术(Bidirectional EM Propagation)。这两种技术都是利用电磁波的传播,都可以远距离工作,一般工作距离都可以超过3m,最远可以到达几十米或者上百米。其中反向散射技术多应用于无源超高频技术,其特点是标签为无源,其能量从阅读器辐射的电磁波中获得。当标签对阅读器进行通信时,阅读器不能停止工作,要不停地向标签发射射频载波(RF Continue Waves),标签通过调制并反射阅读器的射频载波使阅读器接收到标签发射的数据。这种利用反向散射技术的无源RFID技术一般标签成本最低,工作距离为8m左右,只有在非常特殊的环境中可以达到20m左右(如在车辆交通管理中,使用超标发射的大天线可以达到20m左右的距离)。主动发射或者双工发射的技术主要用于有源标签的应用中,其特点是每一个标签都是一个有源的收发器,其能量不来自阅读器而来源于自身携带的电池。当阅读器发出命令后,标签主动发出应答。该技术有较远的通信距离,读取稳定性强,但是价格贵,且由于电池的原因寿命短,同样由于电池的原因其高低温环境的要求很高。常用的工作频率有433MHz、840～960MHz、2.4GHz、5.8GHz。

3. RFID与供电方式(Power supply)

RFID标签的供电方式有3种：无源标签、有源标签、半有源标签。根据标签上是否带有电池,可以将标签分为无源标签(Passive Tags)、有源标签(Active Tags)和半有源(Semi-active Tags)标签。无源标签也称为被动式标签,是通常意义上的RFID标签,即由阅读器询问信号提供能量,标签通过反射方式进行信号传输。无源RFID标签无须外加电池,当其处于阅读器的有效读取范围内时,阅读器产生的询问电磁波在RFID标签天线上产生的能量即可驱动芯片完成解码、解析、编码及反向调制等功能。与有源RFID标签相比,无源RFID标签体积更小、成本更低、寿命更长。但是,由于无源RFID标签自身不带电池,必须要处于阅读器有效读取范围内才能工作。因此,其距离一般比较短。低频及高频的RFID标签读取距离只有几十厘米,超高频RFID标签最远也就十几米的范围(不超标情况下)。随着集成电路设计工艺的改进,更低功耗的标签芯片会被设计出来,到时其最大读取距离会更远。

有源RFID标签也称为主动式标签。标签内装有电池,使用专用的射频芯片,一般具有较远的阅读距离(上百米),并定时主动发射信号。不足之处是电池的寿命有限,一般小于一年。而且有源电子标签的体积较无源的要大,成本更高,目前一般应用于车辆管理、航运管理及矿井管理等特殊的场合。

半有源RFID标签也称为半无源RFID标签。标签内部也有电池,但其电池只供接收或传感电路进行工作,标签的应答仍然与无源的方式相似,即反射调制。由于有电池辅助,半有源RFID标签的读取距离比无源RFID标签要远。而且,只需很少的能量就可以维持比较长的使用寿命。通过使用超薄电池,可以大大减小标签的体积。典型的代表有德国KSW公司,其制造的半有源的RFID智能标签传感器VarioSens Basic采用1.5V薄膜电池,使用时间约为1.5年。产品的主要应用领域为化学行业的化学品监控、医疗行业的药品和易腐烂食品的运输监测等。

无源标签、有源标签及半有源标签的工作原理如图1-6所示。由于无源标签、有源标签及半有源标签具有各自的成本或性能上的特征,因此其应用领域也各不一样。无源标签、有源标签及半有源标签的区别如表1-3所示。

表1-3　无源标签、有源标签及半有源标签的特征对比表

按电源区分	主要特征	主要应用	主要频率
无源	无需电源,无寿命限制,读取距离近,成本低	物流、车票、门禁	124kHz,13.56MHz,915MHz
有源	需内置电池,使用寿命有限,读取距离远,成本高	车辆管理、航运管理	2.4GHz、5.8GHz

续表

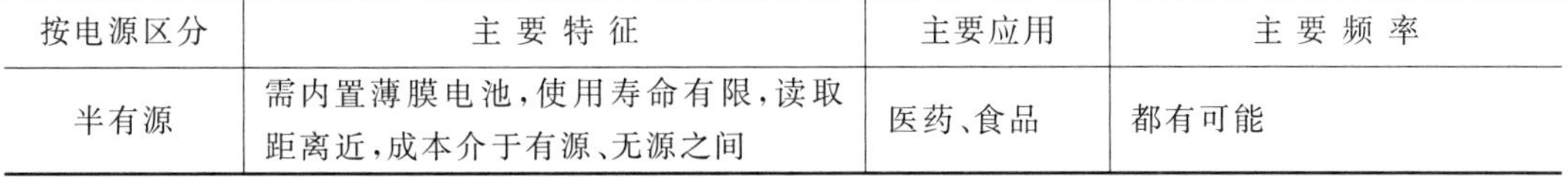

按电源区分	主 要 特 征	主要应用	主 要 频 率
半有源	需内置薄膜电池，使用寿命有限，读取距离近，成本介于有源、无源之间	医药、食品	都有可能

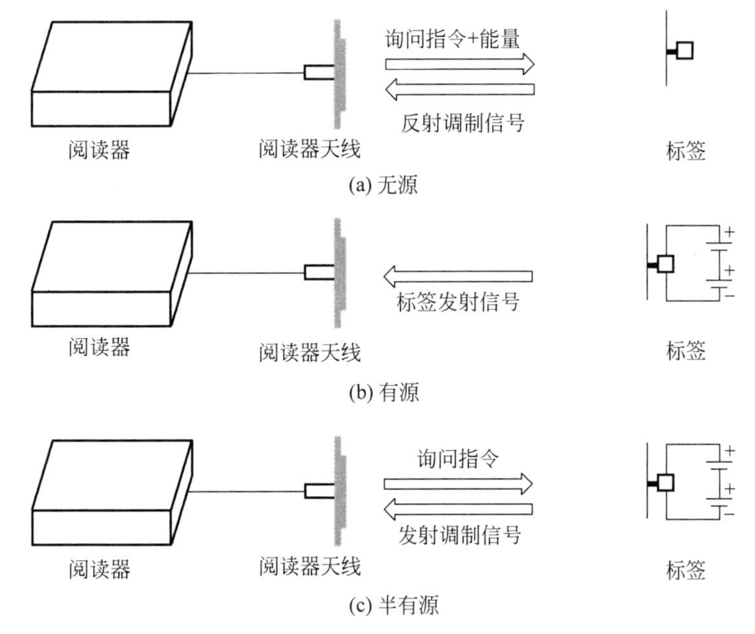

图 1-6　无源标签、有源标签及半有源标签的工作原理

4. RFID 与空中接口通信协议(Air Protocol)

空中接口通信协议规范是阅读器与电子标签之间信息交互的规范，目的是解决不同厂家设备之间的互联互通问题。ISO/IEC 制定了 5 种频段的空中接口协议，这种思想充分体现了标准统一的相对性，一个标准针对的是相当广泛的应用系统的共同需求，可以满足更大范围的应用需求。

- ISO/IEC 18000-1 信息技术：(基于单品管理的射频识别)参考结构和标准化的参数定义。它规范空中接口通信协议中共同遵守的阅读器与标签的通信参数表、知识产权基本规则等内容。这样每一个频段对应的标准不需要对相同内容进行重复规定。
- ISO/IEC 18000-2 信息技术：(基于单品管理的射频识别)适用于中频 125～134kHz，规定在标签和阅读器之间通信的物理接口，阅读器应具有与 Type A(FDX)和 Type B(HDX)标签通信的能力；规定协议和命令再加上多标签通信的防碰撞方法。
- ISO/IEC 18000-3 信息技术：(基于单品管理的射频识别)适用于高频段 13.56MHz，规定阅读器与标签之间的物理接口、协议和命令再加上防碰撞方法。

防碰撞协议可以分为两种模式，其中，模式1分为基本型与两种扩展型协议(无时隙无终止多应答器协议和时隙终止自适应轮询多应答器读取协议)；模式2采用时频复用FTDMA协议，共有8个信道，适用于标签数量较多的情形。

- ISO/IEC 18000-4 信息技术：(基于单品管理的射频识别)适用于微波段(虽然2.4GHz是在UHF频段的，但是约定俗成，称之为微波段，同理，5.8GHz的RFID应该是SHF频段的，也算在微波段内)2.45GHz，规定阅读器与标签之间的物理接口、协议和命令再加上防碰撞方法。该标准包括两种模式：模式1是无源标签工作方式是阅读器先讲；模式2是有源标签，工作方式是标签先讲。
- ISO/IEC 18000-6 信息技术：(基于单品管理的射频识别)适用于超高频段840～960MHz，规定阅读器与标签之间的物理接口、协议和命令再加上防碰撞方法。它包含Type A、Type B、Type C和Type D共4种无源标签的接口协议，通信距离最远可以达到10m。其中Type C是由EPC Global起草的，并于2006年7月获得批准，它在识别速度、读写速度、数据容量、防碰撞、信息安全、频段适应能力、抗干扰等方面有较大提高。2006年递交的V4.0草案针对带辅助电源和传感器电子标签的特点进行扩展，包括标签数据存储方式和交互命令。带电池的主动式标签可以提供较大范围的读取能力和更强的通信可靠性，不过其尺寸较大，价格也更贵一些。
- ISO/IEC 18000-7 适用于超高频段433.92MHz，属于有源电子标签。规定阅读器与标签之间的物理接口、协议和命令再加上防碰撞方法。有源标签识读范围大，适用于大型固定资产的跟踪。

根据协议不同，阅读器和标签的谁先讲也有很大不同，标签先讲(Tag Talk First，TTF)、阅读器先讲(Reader Talk First，RTF)。最常见的是RTF，基本多数的RFID都是遵循RTF；但是也有少数的协议是遵循TTF，如18000-6D协议以及18000-4的模式2都是标签先讲，标签先讲的好处是采集速度快，灵敏度高，实时性强，同时缺点也是很明显的，比如传输数据量小，功能简单。

5. RFID 技术分类总结

表1-4为多种RFID技术对比总结。

表1-4 RFID分类总结

频率区域	协议	传输方式	能量获得	主要特征	应用	主要频率	标签价格(美元)	存储空间	通信速率(标签返回)
LF	ISO18000-2	电感耦合	无源，感性耦合获得	一般小于20cm，通信速率低，存储量很小、存储读取稳定，对单个标签或几个标签进行识别	动物管理，宠物管理	124～135kHz	0.1	约264b	约1～17kb/s

续表

频率区域	协议	传输方式	能量获得	主要特征	应用	主要频率	标签价格(美元)	存储空间	通信速率(标签返回)
HF	ISO18000-3/14443	电感耦合	无源,感性耦合获得	一般小于50cm,存储量大,可以做复杂加密运算,一般做一对一识别	公交卡,门禁卡电子车票、NFC	13.56MHz	0.1	一般大于1KB	106kb/s高速:847.5kb/s
	ISO18000-3/15693	电感耦合	无源,感性耦合获得	一般小于1.2m,存储量中等,工作距离稳定,可以同时对大量标签进行识别	图书馆等非安全中距离应用	13.56MHz	0.1	300～800b	6.6～53kb/s
UHF	ISO18000-7	主动收发	有源,电池供电	超远距离,一般可以大于100m,由于有源,一般可以携带传感器,常见TTF,可以大量多标签进行识别	井下定位,船舶管理,远距离传感器网络	433MHz	5	不确定	40～640kb/s
	ISO18000-6A/B/C	反向散射	无源,电磁场传播获得	中远距离,一般小于15m,通信速率中等,存储量中等,价格便宜,可以大量多标签识别	仓储物流,自动化管理	840～960MHz	0.05	B:2kb C:300～800b	A:33kb/s B:40kb/s C:40～640kb/s
	ISO18000-6C	反向散射	半有源,靠UHF电磁波激活有源	中远距离,一般工作距离30m,通信速率中,存储量中等,可以携带传感器,可以大量多标签识别	智能交通,港口,传感器网络	840～960MHz	0.5	2～8kb	40～640kb/s
	ISO18000-6DIP-X	反向散射	无源,电磁场传播获得	标签先讲(TTF),一般小于15m,通信速率中等,存储量小,价格便宜,主要针对快速识别	智能交通,马拉松比赛,赛车计时赛	840～960MHz	0.1	64b	256kb/s

续表

频率区域	协议	传输方式	能量获得	主要特征	应用	主要频率	标签价格（美元）	存储空间	通信速率（标签返回）
微波	ISO18000-4 模式 2	主动收发	有源，电池供电	远距离，一般可以小于 100m，由于有源，一般可以携带传感器	路桥收费，传感器网络	2.4GHz	1		250kb/s～1Mb/s
	ISO18000-5	主动收发	有源，电池供电	中远距离，一般 20m 距离，一般与 14443 的 CPU 双界面卡配合使用	路桥收费	5.8GHz	1		无标准
UWB		主动收发	有源或半有源	定位及高速传输	定位，高速数据终端	3.1～10GHz	5		1～10Mb/s 最大可达 1Gb/s

从表 1-3 中可以看出，并不是像很多人认为的频率高通信速率就快，当然频率高可以获得更高的带宽，但是最重要的是看协议如何规定。

视频讲解

1.4 RFID 标准

1.3 节介绍了 RFID 的多种分类，它们对应不同的标准，国际标准化组织根据技术特点不同，将 RFID 进行了标准化工作，从而推动行业的快速发展。本节将围绕 RFID 的标准进行介绍，通过对 RFID 的标准学习，可以更深刻地理解 RFID 的不同应用和发展体系。

1.4.1 全球 RFID 标准化组织

RFID 的应用涉及众多行业，因此其相关的标准盘根错节，相互融合。

目前，全球有五大组织与 RFID 标准相关，分别代表国际上不同的团体或国家或地区的利益。EPC Global 在全球拥有上百家成员，得到了零售巨头沃尔玛，制造业巨头强生、宝洁等跨国公司的支持。而 AIM(Automatic Identification Manufacturers)、ISO/IEC、UID 则代表了欧洲、美国和日本；IP-X 的成员则以非洲、大洋洲和亚洲等地区的国家为主。比较而言，EPC Global 综合了美国和欧洲厂商，实力超群。

1. EPC Global

EPC Global 由 EAN 和 UCC 两大标准化组织联合成立，它继承了 EAN. UCC 与产业界近 30 年的成功合作传统。

EPC Global 是一个中立的、非营利性的 RFID 专业标准化组织。EPC Global 的前身是 1999 年 10 月 1 日在美国麻省理工学院成立的非营利机构 Auto-ID 中心，Auto-ID 中心以创建物联网为使命，与众多成员企业共同制定了统一的开放技术标准。2003年9月，国际物品编码协会GS1(EAN International)收购了Auto-ID，宣布成立EPC Global，Auto-ID中心加盟GS1更名为Auto-ID实验室，是EPC Global从事RFID专业研究的机构。EPC Global旗下有沃尔玛集团、英国Tesco等100多家欧美零售流通业，同时有IBM、微软、飞利浦、Auto-ID Lab、Alien Technology等公司提供技术研究支持。Auto-ID实验室由Auto-ID中心发展而成，总部设在美国麻省理工学院，与其他5所学术研究处于世界领先的大学通力合作研究和开发EPC Global网络及其应用。(这5所大学分别是英国剑桥大学、澳大利亚阿德莱德大学、日本庆应大学、中国复旦大学和瑞士圣加仑大学。)

EPC Global除发布标准外，还创建了EPC Global会员注册管理。目前EPC Global已在大部分GS1-EAN. UCC会员机构地区与国家或地区建立分支机构，专门负责EPC码段区域性分配与管理、EPC相关技术标准制定、EPC相关技术在本国的宣传普及及推广应用等工作。ISO/IEC标准中有关840～960MHz频段的标准，直接采用了EPC Global Gen2 UHF标准。

2. ISO/IEC

ISO(International Organization for Standardization，国际标准化组织)/IEC(International Electrotechnical Commission，国际电工委员会)是资深的全球非盈利性标准化专业机构，与EPC Global及其他组织相比，ISO/IEC有着天然的标准化公信力。与EPC Global只专注于860～960MHz频段的研究不同，ISO/IEC在多个频段都发布了标准。ISO/IEC组织下设有多个分技术委员会从事RFID标准研究。大部分RFID标准由ISO/IEC的技术委员会(TC)或分技术委员会(SC)制定。

3. 泛在识别中心

泛在识别中心(Ubiquitous ID center，UID)是T-Engine Forum下设的RFID标准研究机构，成立于2002年12月，Ubiquitous就是“普及、无处不在”的意思，中文翻译为“泛在”。UID具体负责研究和推广RFID核心技术，目前微软、索尼、三菱、日立、日电、东芝、夏普、富士通、NTT DoCoMo、KDDI、J-Phone、理光等重量级企业都是UID的成员。

4. AIM

AIM(国际自动识别制造商协会)组织和IP-X组织的实力相对较弱小。

诞生于1999年的AIM是AIDC(Automatic Identification and Data Collection)组织发起成立的国际自动识别制造商协会，曾制定过通行全球的条形码标准。AIM在全球有13个国家和地区性的分支，全球会员数已经达一千多个。目前，AIM也推出了RFID标准。2004年11月，AIM和CompTIA(美国计算机行业协会)宣布为发展RFID的第三方认证而合作，AIM的REG(RFID Experts Group)专家小组提供从物理硬件安装和现有业务整合进行认证和培训。AIM在RFID的影响远不及EAN. UCC，未来AIM是否有足够能力影响RFID标准的制定，还存在一定的不确定性。

5. IP-X

IP-X组织的成员则以非洲、大洋洲、亚洲等地的国家为主，主要在南非推行。主要由南非Ipico这家公司推动，且其产品及专利都是由Ipico支持。并且其UHF产品在ISO/ICE

申请了18000-6D协议并通过。其特点是UHF远距离阅读器，使用IPX协议，可以实现高速目标识别(速度大于300km/h)，多目标识别(同时识别240张卡)。

1.4.2 全球RFID标准体系比较

当前，物联网与RFID的国际标准体系正在建设之中，因为有了GS1\ISO\IEC等国际知名的标准化组织的努力协调，许多发达国家拥有技术专利的企业标准已经成功地转换成为开放性的国际标准。我国物联网标准体系尚处于起步状态，少量的基础标准业已问世，标签数据标准正在进入审批程序，参照GS1\ISO\IEC制定的物联网国家标准体系的工作正在紧锣密鼓地进行中。

目前，在全球最有影响力的RFID标准体系依次是EPC Global标准体系、ISO标准体系和UID标准体系。三大体系竞争并存，它们各自体系相互独立，而内容上互相共融，又相互交叉，在RFID发展初期，对业界都具有很好的参考价值。

1. UID的RFID标准体系

UID的RFID标准体系架构由泛在识别码(Ucode)、信息系统服务器、泛在通信器和Ucode解析服务器4部分构成。Ucode是赋予现实世界中任何物理对象的唯一的识别码，它具有128位的容量，并能够以128位的整倍数进一步扩展至256位、384位或512位。Ucode的最大优势是能够包容现有编码体系的原编码设计，兼容多种编码。Ucode标签具有多种形式，包括条形码、射频标签、智能卡、有源芯片等。泛在识别中心把标签进行分类，设立了9个不同的认证标准。信息系统服务器存储并提供Ucode相关的各种信息，Ucode解析服务器确定与Ucode相关的信息存放在哪个信息服务器上，Ucode解析服务器的通信协议为Ucode RP和eTP。泛在通信器主要由IC标签、标签阅读器和无线广域网通信设备等部分构成，用来把读到的Ucode送至解析服务器，并从信息系统服务器获得有关信息。

UID的RFID标准体系在我国的RFID业界应用不是很多，在全球的影响力也远不如EPC Global的RFID标准体系和ISO\IEC的RFID标准体系。

2. ISO\IEC的RFID标准体系

ISO的标准并非单独为RFID设立，而且在ISO\IEC的RFID标准中，涵盖了EPC和UID两种体系的大量标准。按应用分类，ISO的标准体系可以分为：表1-5技术标准(如射频识别技术、IC卡标准等)；表1-6数据内容与编码标准(如编码格式、语法标准等)；表1-7性能与一致性标准(如测试规范等标准)；表1-8应用标准(如船运标签和产品包装标准)四大类。

表1-5 ISO/IEC技术标准

序号	标准号	标准名称	英文名称	状态
1	ISO/IEC 18000-1—2008	信息技术—项目管理的射频识别—标准化参数的基准结构和定义	Information technology—Radio frequency identification for item management—Reference architecture and definition of parameters to be standardized	现行

续表

序号	标准号	标准名称	英文名称	状态
2	ISO/IEC 18000-2—2009	信息技术—项目管理的射频识别—低于135kHz空中接口通信参数	Information technology—Radio frequency identification for item management—Parameters for air interface communications below 135kHz	现行
3	ISO/IEC 18000-3—2010	信息技术—项目管理的射频识别—13.56MHz空中接口通信参数	Information technology—Radio frequency identification for item management—Parameters for air interface communications at 13.56MHz	现行
4	ISO/IEC 18000-4—2008	信息技术—项目管理的射频识别—2.45 GHz空中接口通信参数	Information technology—Radio frequency identification for item management—Parameters for air interface communications at 2.45GHz	现行
5	ISO/IEC 18000-6—2010	信息技术—项目管理的射频识别—860～960MHz空中接口通信参数	Information technology—Radio frequency identification for item management—Parameters for air interface communications at 860MHz to 960MHz	现行
6	ISO/IEC 18000-7—2009	信息技术—项目管理的射频识别—第7部分：433MHz空中接口通信参数	Information technology—Radio frequency identification for item management—Part 7: Parameters for active air interface communications at 433MHz	现行
7	ISO/IEC 10536-1—2000	识别卡—无触点集成电路卡—强耦合卡—第1部分：物理特性	Identification cards—Contactless integrated circuit(s) cards—Close-coupled cards—Part 1: Physical characteristics	现行
8	ISO/IEC 10536-2—1995	识别卡—无触点集成电路卡—第2部分：耦合区域的尺寸和位置	Identification cards—Contactless integrated circuit(s) cards—Part 2: Dimensions and location of coupling areas	现行
9	ISO/IEC 10536-3—1996	识别卡—无触点集成电路卡—第3部分：电子信号和重新装配程序	Identification cards—Contactless integrated circuit(s) cards—Part 3: Electronic signals and reset procedures	现行
10	ISO/IEC 15693-1—2010	识别卡—无触点集成电路卡—邻近卡—第1部分：物理特性	Identification cards—Contactless integrated circuit cards—Vicinity cards—Part 1: Physical characteristics Second Edition	现行
11	ISO/IEC 15693-2—2006	识别卡—无触点集成电路卡—邻近卡—第2部分：空中接口和初始化	Identification cards—Contactless integrated circuit cards—Vicinity cards—Part 2: Air interface and initialization	现行
12	ISO/IEC 15693-3—2009	识别卡—无触点集成电路卡—邻近卡—第3部分：防碰撞和传输协议	Identification cards—Contactless integrated circuit cards—Vicinity cards—Part 3: Anticollision and transmission protocol	现行

续表

序号	标准号	标准名称	英文名称	状态
13	ISO/IEC 14443-1—2008	识别卡—无接点集成电路卡—邻近卡—第1部分：物理特性	Identification cards—Contactless integrated circuit cards—Proximity cards—Part 1: Physical characteristics	现行
14	ISO/IEC 14443-2—2010	识别卡—无接点集成电路卡—邻近卡—第2部分：无线电频率和单接口	Identification cards—Contactless integrated circuit cards—Proximity cards—Part 2: Radio frequency power and signal interface	现行
15	ISO/IEC 14443-3—2001	识别卡—无触点集成电路卡—邻近卡—第3部分：初始化和防碰撞	Identification cards—Contactless integrated circuit cards—Proximity cards—Part 3: Initialization and anticollision	现行
16	ISO/IEC 14443-4—2008	信息技术—系统间的通信和信息交换—近距通信接口和协议-2(NFCIP-2)	Information technology—Telecommunications and information exchange between systems—Near Field Communication Interface and Protocol-2 (NFCIP-2)	现行

表 1-6 ISO/IEC RFID 数据结构标准

序号	标准号	标准名称	英文名称	状态
1	ISO/IEC 15424—2008	信息技术—自动识别和数据捕捉技术—数据承载器识别器(包括符号识别器)	Information technology—Automatic identification and data capture techniques—Data Carrier Identifiers (including Symbology Identifiers)	现行
2	ISO/IEC 15418—2009	信息技术—自动识别和数据捕捉技术—GS1应用标识符和ASC MH10数据标识符和维护	Information technology—Automatic identification and data capture techniques—GS1 Application Identifiers and ASC MH10 Data Identifiers and maintenance	现行
3	ISO/IEC 15434—2006	信息技术—自动识别和数据捕捉技术—大高容量ADC媒体用的传递语法	Information technology—Automatic identification and data capture techniques—Syntax for high-capacity ADC media	现行
4	ISO/IEC 15459-1—2006	信息技术—传输设备的特殊识别—第1部分：传输单元的唯一标识符	Information technology—Unique identifiers—Part 1: Unique identifiers for transport units	现行
5	ISO/IEC 15459-2—2006	信息技术—传输设备的特殊识别—第2部分：注册程序	Information technology—Unique identifiers—Part 2: Registration procedures	现行
6	ISO/IEC 15459-3—2006	信息技术—传输设备的特殊识别—第3部分：特殊识别的通用规则	Information technology—Unique identifiers—Part 3: Common rules for unique identifiers	现行

续表

序号	标准号	标准名称	英文名称	状态
7	ISO/IEC 15459-4—2008	信息技术—传输设备的特殊识别—第4部分：单独项目	Information technology—Unique identifiers—Part 4：Individual items	现行
8	ISO/IEC 15459-5—2007	信息技术—传输设备的特殊识别—第5部分：可回收运输单元的唯一识别(RTIs)	Information technology—Unique identifiers—Part 5：Unique identifier for returnable transport items (RTIs)	现行
9	ISO/IEC 15459-6—2007	信息技术—传输设备的特殊识别—第6部分：产品分组的唯一识别	Information technology—Unique identifiers—Part 6：Unique identifier for product groupings	现行
10	ISO/IEC 15459-8—2009	信息技术—传输设备的特殊识别—第8部分：运输项目分组	Information technology—Unique identifiers—Part 8：Grouping of transport units	现行
11	ISO/IEC 15961—2004	信息技术—项目管理无线射频识别—数据对象：应用接口	Information technology—Radio frequency identification (RFID) for item management—Data protocol：application interface	现行
12	ISO/IEC 15962—2004	信息技术—项目管理无线射频识别—数据记录：数据编码规则和逻辑记录功能	Information technology—Radio frequency identification (RFID) for item management—Data protocol：data encoding rules and logical memory functions	现行
13	ISO/IEC 15963—2009	信息技术—项目管理射频识别—射频标签的唯一性识别	Information technology—Radio frequency identification for item management—Unique identification for RF tags	现行

表1-7　ISO/IEC RFID性能标准

序号	标准号	标准名称	英文名称	状态
1	ISO/IEC 18046—2006	信息技术—自动识别和数据捕获技术—射频识别装置性能试验方法	Information technology—Automatic identification and data capture techniques—Radio frequency identification device performance test methods	现行
2	ISO/IEC18046-2—2011	信息技术—射频识别设备性能测试方法—第2部分：阅读器测试方法	Information technology—Radio frequency identification device performance test methods—Part 2：Test methods for interrogator performance	现行
3	ISO/IEC18046-3—2007	信息技术—射频识别设备性能测试方法—第3部分：标签的测试方法	Information technology-Radio frequency identification device performance test methods-Part 3：Test methods for tag performance	现行

续表

序号	标准号	标准名称	英文名称	状态
4	ISO/IEC TR 18047-2—2006	信息技术—射频识别装置一致性测试方法,第2部分:低于135kHz空中接口通信的测试方法	Information technology—Radio frequency identification device conformance test methods—Part 2: Test methods for air interface communications below 135kHz	现行
5	ISO/IEC TR 18047-3—2004	信息技术—射频识别装置一致性测试方法,第3部分:13.56MHz空中接口通信的测试方法(仅提供英文版本)	Information technology—Radio frequency identification device conformance test methods—Part 3: Test methods for air interface communications at 13.56MHz (available in English only)	现行
6	ISO/IEC TR 18047-4—2004	信息技术—射频识别装置一致性测试方法—第4部分:2.45GHz空中接口通信的测试方法	Information technology—Radio frequency identification device conformance test methods—Part 4: Test methods for air interface communications at 2.45GHz (available in English only)	现行
7	ISO/IEC TR 18047-6—2011	信息技术—射频识别装置一致性测试方法—第6部分:860～960MHz空中接口通信的测试方法	Information technology—Radio frequency identification device conformance test methods—Part 6: Test methods for air interface communications at 860MHz to 960MHz	现行
8	ISO/IEC TR 18047-7—2010	信息技术—射频识别装置一致性测试方法—第7部分:433MHz有效空中接口通信的测试方法	Information technology—Radio frequency identification device conformance test methods—Part 7: Test methods for active air interface communications at 433MHz	现行

表 1-8 ISO应用标准

序号	标准号	标准名称	英文名称	状态
1	ISO 18185-5—2007	货运集装箱—电子封条—第5部分:物理层	Freight containers—Electronic seals—Part 5: Physical layer	现行
2	ISO/TS 10891—2009	货运集装—射频识别(RFID)—车辆标签	Freight containers—Radio frequency identification (RFID) —License plate tag	现行
3	ISO 11784—1996	动物的射频信号识别—代码结构	Radio frequency identification of animals—Code structure	现行
4	ISO 11785—1996	动物的无线电频率识别—技术概念	Radio frequency identification of animals—Technical concept	现行
5	ISO 17363—2007	RFID供应链应用—货运集装箱	Supply chain applications of RFID—Freight containers	现行
6	ISO 17364—2009	RFID供应链应用—可回收运输单元(RTIs)	Supply chain applications of RFID—Returnable transport items (RTIs)	现行
7	ISO 17365—2009	RFID供应链应用—运输单元	Supply chain applications of RFID—Transport units	现行

续表

序号	标准号	标准名称	英文名称	状态
8	ISO 17366—2009	RFID供应链应用—产品包装	Supply chain applications of RFID—Product packaging	现行
9	ISO 17367—2009	RFID供应链应用—产品标识	Supply chain applications of RFID—Product tagging	现行
10	ISO 14223-1—2003	动物射频标识—高级应答器—第1部分：无线接口	Radiofrequency identification of animals—Advanced transponders—Part 1：Air interface	
11	ISO 24631-1—2009	动物射频标识—第1部分：ISO 11784和ISO 11785 RFID应答器一致性评估(包括发放和使用的制造商代码)	Radiofrequency identification of animals—Part 1：Evaluation of conformance of RFID transponders with ISO 11784 and ISO 11785 (including granting and use of a manufacturer code)	
12	ISO 24631-2—2009	动物射频标识—第2部分：ISO 11784和ISO 11785 RFID收发器一致性评估	Radiofrequency identification of animals—Part 2：Evaluation of conformance of RFID transceivers with ISO 11784 and ISO 11785	
13	ISO 24631-3—2009	动物射频标识—第3部分：ISO 11784和ISO 11785 RFID应答器性能评估	Radiofrequency identification of animals—Part 3：Evaluation of performance of RFID transponders conforming with ISO 11784 and ISO 11785	
14	ISO 24631-4—2009	动物射频标识—第4部分：ISO 11784和ISO 11785 RFID收发器性能评估	Radiofrequency identification of animals—Part 4：Evaluation of performance of RFID transceivers conforming with ISO 11784 and ISO 11785	

3. EPC的RFID标准体系

EPC Global是全球专业的RFID标准研究开发机构，EPC Global的RFID标准体系因此而相对专业和完善。EPC的RFID标准体系既具有独创性，又博采众长地吸收了ISO/IEC专业标准化机构的经验，形成了RFID业内影响力最大的全球RFID标准体系。EPC标准主要应用于全球供应链管理中的RFID应用，业内将应用EPC标准的RFID标签称为“EPC标签”。

EPC标准体系从技术上可划分为数据标准、接口标准和认证标准，应用于RFID系统的标识层、采集层、交换层3个层面。EPC标准体系框架如图1-7所示。

1）标签数据标准(TDS)

标签数据标准即EPC标签数据标准(TDS1.4)。包括国际物品编码协会GS1之EAN.UCC全球统一标识系统中的全球贸易单元代码(GTIN)、系列货运包装箱代码(SSCC)、全球位置码(GLN)、全球可回收资产标识(GRAI)、全球单个资产标识(GIAI)向EPC标签

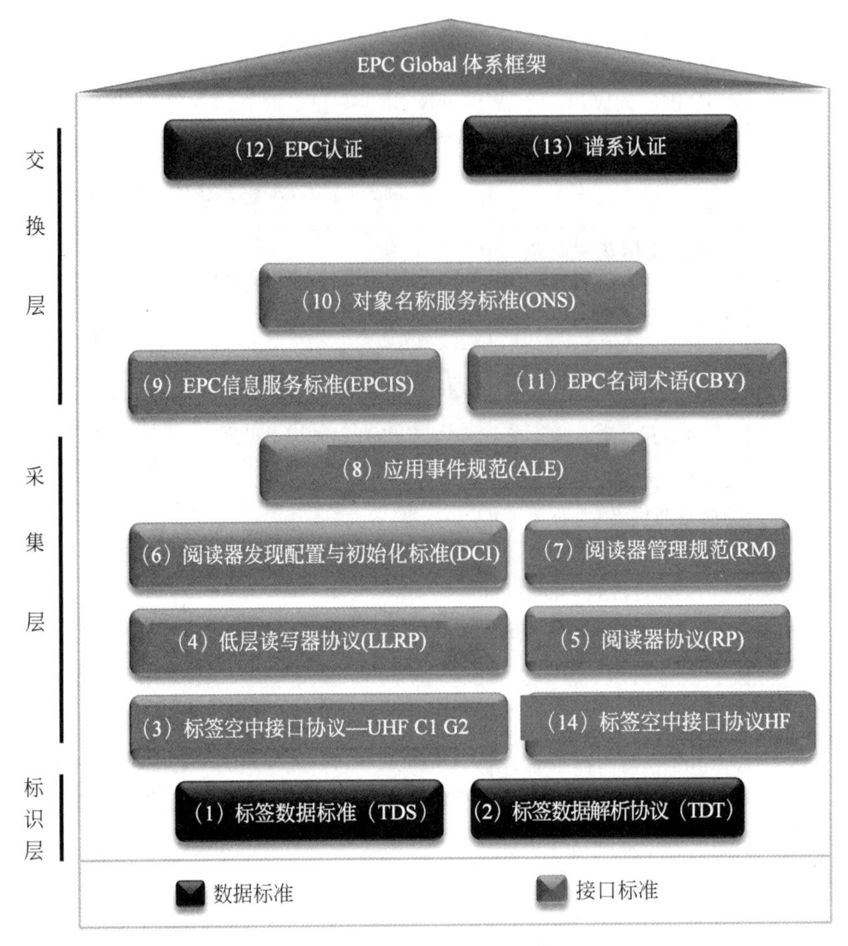

图 1-7　EPC Global 标准体系

编码格式的转换。此外,还规定了 EPC 的通用标识符 GID,以及美国国防部专用的 DoD 结构和原始 URI 十六进制表示法。该标准为用户应用界面标准。

2) 标签数据解析协议(TDT)

该标准是 EPC 标签数据标准规范的可机读版本,可以用来确认 EPC 格式及不同级别数据标识间的转换。该标准描述了如何解释可机读版本,包括可机读标准最终的说明文件的结构和原理,并提供了在自动转换和验证软件中如何使用该标准的指南。该标准为软硬件开发商和系统开发商数据识别应用界面标准。

3) 标签空中接口协议(UHF C1G2)

该标准也称为 Class1 Gen2(C1G2)标准。该标准规定了在 860～960MHz 频率范围内操作的无源反向散射、阅读器优先沟通(ITF)、RFID 系统的物理和逻辑要求。RFID 系统由阅读器和标签组成。3.2 节会详细介绍该协议。

该标准为软硬件开发商和系统开发商数据识别应用界面标准。

4）低层阅读器协议（LLRP）

低层阅读器协议由 EPC Global 于 2007 年 4 月 24 日发布。低层阅读器协议可以使阅读器发挥最佳性能，以形成丰富的、准确的、可操作的数据和事件。低层阅读器协议标准将进一步促进阅读器的互通性，并为技术支持商提供基础，以扩展其对于各个行业需求的技术支持能力。5.1.4 节会详细介绍该协议。

该标准为软硬件开发商和系统开发商数据获取应用界面标准。

5）阅读器协议（RP）

阅读器协议标准是一个接口标准，详细说明了在一台具备阅读器能力的设备和应用软件之间的交互作用。

该标准为软硬件开发商和系统开发商数据获取应用界面标准。

6）阅读器发现配置与初始化标准（DCI）

阅读器发现配置与初始化标准规定了 RFID 阅读器与访问控制器及其工作网络间的接口，便于用户配置和优化阅读器网络。

该标准为软硬件开发商和系统开发商数据获取应用界面标准。

7）阅读器管理规范（RM）

阅读器管理规范是无线协议的阅读器管理标准（V1.0.1 版本），通过管理软件来控制符合 EPC Global 要求的 RFID 低层阅读器的运行状况。此标准是对 EPC Global 阅读器协议的规范 1.1 版本的补充。另外，它还定义了 EPC Global 的 SMMP RFID MIB。

该标准为软硬件开发商和系统开发商数据获取应用界面标准。

8）应用事件（中间件）规范（ALE）

应用事件规范于 2005 年 9 月发布，该标准规定了客户可以获取来自各个渠道、经过过滤形成的统一接口，增加了完全支持 Gen2 特点的 TID 区、用户存储器、锁定等功能，并可以降低从阅读器到应用程序的数据量，将应用程序从设备细节中分离出来，在多种应用之间分享数据。该标准采用标准的 XML 网络服务技术以便于集成，当供应商发生变化时可以升级拓展。

该标准定义了中间件对上层应用系统应该提供的一组标准接口，即针对 RFID 中间件和 EPCIS 捕获应用定义了 RFID 事件过滤和采集接口，基于 ALE 设计的 RFID 中间件，便于其自身的扩展和与其他软件衔接。

该标准为软硬件开发商和系统开发商数据交换应用界面标准。

9）EPC 信息服务（EPCIS）

EPC 信息服务标准为资产、产品和服务在全球的流动、定位和部署带来了前所未有的可视度，是 EPC 发展的又一里程碑。EPCIS 为产品和服务的生命周期的每一个阶段提供可靠而又安全的数据交换。

该标准为信息服务数据交换应用界面标准。

10）对象名称服务（ONS）

对象名称服务标准规定了如何使用域名系统来定位命令元数据和服务，这个命令元数据就是某个指定EPC代码中SGTIN部分的厂商识别代码。此标准的服务对象是有意在实际应用中实施对象名称服务解决方案系统的软件开发商。

该标准为软件开发商数据交换应用界面标准。

11) EPC名词术语(CBY)

EPC名词术语为EPC标准体系定义了所有的名词术语。

该标准为所有的使用界面标准。

12) EPC认证标准

为了在确保可靠使用的同时保证可靠的互操作性和快速部署,EPC认证标准定义了实体在EPC Global网络内X.509证书的签发和使用概况。其定义的内容是基于互联网特别工作组(IEIF)的关键公共基础设施(PKIX)工作组制定的两个Internet标准,这两个标准在多种现有环境中已经成功部署、实施和测试。

该标准为软件开发商数据交换应用界面和专业管理组织应用界面标准。

13) 谱系认证标准

谱系认证标准及其相关附件对医疗保健行业供应链中各参与方使用的电子谱系文档的维护和数据交换定义了架构。该标准架构的使用符合成文的谱系法律。

谱系管理是为了确保医疗保健品在供应链流通(如运输、配送等)的各个环节都能安全可靠。谱系是一种经过认证的供应链流通管理数据记录,包括每种处方的分布信息、制造商的生产信息、批发商的配送运输信息以及零售商的销售信息等,谱系管理规定医疗保健品流通过程中使用数字签名来确保其安全性。但是目前的谱系架构不支持对不同处方药的组合查询,如果几种不同的药品放入一个包装成为混合包装的药品,那么电子谱系文档将无法记录这个混合包装的信息。药品谱系消息用来读电子谱系文档的交换提供标准化的数据交换接口,制定了规范的XML架构以及关联应用的指导。

该标准为软件开发商数据交换应用界面和医疗保健行业供应链中各参与方应用界面标准。

14) 标签空中接口通信协议HF

该标准规定了在13.56MHz频率操作的无源反向散射、读写器优先沟通(ITF)、RFID系统的物理和逻辑要求。RFID系统由阅读器和标签组成。该EPC HF空中接口标准在V2.0.3提供了快速单品级识别的能力。该标准兼容ISO15693标准,并包括其中的可选指令。

1.5 超高频RFID的重要地位

1.4节对RFID协议进行了总结,相信大家对RFID也有了更进一步的认识。这个时候就会有读者问:“这么多RFID技术中哪种RFID技术是现在应用最广的,未来发展最有前途的呢?”先不急回答这个问题,请大家回想一下物联网的起源和RFID的发展,会发现都有一个Auto-ID实验室的建立和EPC Global组织的建立。也就是说,奠定RFID和物联网最重要的应用基础就是关于电子编码的电子标签应用。在ISO/ICE体系下是18000-6C，在EPC结构下是EPC Class1 Gen2（简称C1G2），是超高频RFID的一种，但是由于其在超高频RFID中占绝对地位，现在大家提到超高频RFID一般指的就是ISO/ICE 18000-6C（EPC C1G2 UHF RFID）。

既然提到了EPC Global，这里就向大家详细介绍一下这个组织。就是因为有了这个组织才推动了超高频RFID的发展。可以说，EPC Global给了超高频RFID一个新的机遇（最早的领域是不列颠空战的敌我识别），使超高频RFID在电子编码领域充分发挥了自己的优势，从而重获新生。

1.5.1　EPC标准的优势（超高频RFID的优势）

EPC Global是国际物品编码协会GS1下设的从事RFID研究与开发的专业机构，具有美国麻省理工学院、英国剑桥大学、澳大利亚阿德莱德大学、日本庆应大学、中国复旦大学和瑞士圣加仑大学的6个Auto-ID实验室的专业资源；EPC Global旗下有众多的RFID开发服务商以及包括制造商、零售商、批发商、运输企业和政府组织在内的终端成员。这些成员具有EPC Global分配的全球唯一的EPC管理者代码；GS1之前身EAN International组织在全球推广条形码与自动识别技术的工作积累以及GS1旗下覆盖了全球107个国家和地区成员机构的100万多家制造商、零售商和物流商会员，这些成员具有GS1全球唯一的EAN. UCC厂商识别代码。这些专业组织资源、国家和地区成员机构资源以及会员组织资源支持EPC标准体系有效的可持续发展。

EPC Global C1G2（简称Gen2）标准是EPC Global开发的RFID核心标准。Gen2规定了由用户终端设定的硬件产品的空中接口核心性能，是RFID技术、互联网和EPC标识组成的EPC Global网络基础。Gen2最初由60多个世界顶级技术企业联合制定，经过多年的研究开发与不断改进，EPC于2004年发布了Gen2空中接口协议硬件标准，一年半之后，Gen2作为C类UHF（超高频）RFID标准经ISO核准成为ISO 18000-6修订标准的一部分。

Gen2融入ISO标准之中，为RFID技术用在物流与供应链管理中的应用提供了全球统一的超高频硬件标准，对于RFID技术在全球的推广应用具有深远的意义。

在管理性能方面，Gen2给出的超高频工作频段为840～960MHz，符合欧洲、北美、亚洲等地区的无线电管理规定，为RFID的射频通信适应于不同国家与地区的无线电管理创造了全球范围的应用环境条件。

在技术性能方面，Gen2具有32位存储密码的存储锁定性能，以适应存储器存储控制的需求；具有大于1000个标签/秒的识别速度，以适应快速识读的需求；具有大于7个标签/秒的写入速度，以适应快速存储器写入功能的需求；具有密集型读写操作模式，以适应密集型识读操作的需求；具有灵活选择命令的功能，以适应位掩码过滤的需求，等等。

在互操作性方面，Gen2具有在840～960MHz频段范围内的软硬件可选性，以适应用户选择多个供应商采购的需求。

在成本性能方面,Gen2 具有芯片体积尺寸小、容量大的优势,确保性能合用且降低了成本,满足了那些超小、超薄的标识对象对标签细小的要求,提高了性能价格比。

在安全性能方面,Gen2 具有 32 位"灭活"密码,使用户获得了控制标签的权利,用"灭活"密码设置芯片停止工作的功能,可以使标签在任何时候都不产生任何答应,保持被灭活的状态,有效地防止标签被非法读取,提高了数据的安全性,减轻了人们对 RFID 隐私的担忧。

1.5.2 超高频 RFID 技术与物联网

超高频 RFID 在物联网中的地位是非常重要的,可以说超高频 RFID 的爆炸式增长是物联网成功的基础。由于超高频 RFID 电子标签具有成本低、使用时间耐久性强、不需要电池、鲁棒性好等特点,在各个行业中超高频 RFID 标签数量不断增加,其采集终端超高频 RFID 阅读器的数量也不断增加,这样才促使物联网有"物"可"联"。那到底物联网、RFID、Internet、传感器之间的联系是什么呢? 如图 1-8 所示,RFID、传感器、Internet 3 个圆互相交叉共形成了 7 个区域。

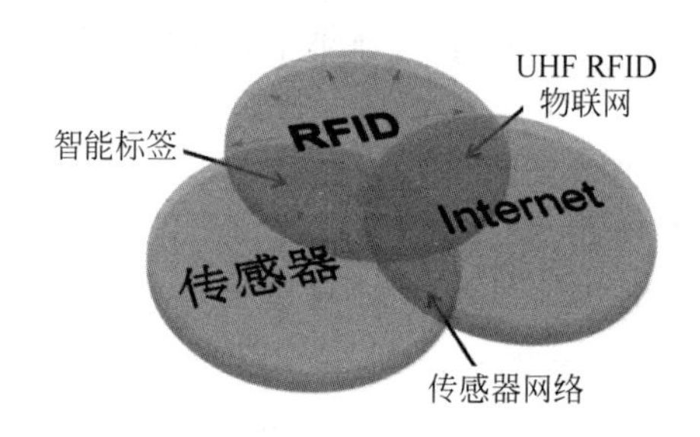

图 1-8 物联网与 RFID、传感器与 Internet 关系图

其中相交的 4 个区域分别为: RFID 与传感器相交的部分就是"智能标签",即带有各种传感器的 RFID 标签,如温度传感器、湿度传感器、重力传感器标签等; RFID 与 Internet 相交部分为"超高频 RFID 物联网",即物联网中最简单、最常见的单品级的物品识别和互联;传感器与 Internet 相交部分为传感器网络,可以采集各种不同且大量的传感器数据; 其中 3 个圆共同相交的部分(中心)就是广义的物联网,其可以实现对物品以及其当前环境的所有数据的"互知互通"。

1.5.3 超高频 RFID 技术的展望

回想一下最近 50 年的科技进步,从 20 世纪 70 年代 Intel 公司发明的微处理器,到 20 世纪 80 年代微软公司推动个人计算机的应用,到 20 世纪 90 年代数据网络和无线网络的变革,再到 21 世纪的 Internet 普及,如图 1-9 所示。技术的不断革命给人类的生活带来了无数的便利,那么在 2010 年之后的十年中我们最看好的是什么呢? 是 RFID。在过去的十年中超高频 RFID 使用量增加了近 100 倍。就是因为有了前面的无数的技术积累才有了物联网的 IoT 实现的可能性。未来的十年依然是 RFID 的时代,是物联网高速发展的时代。

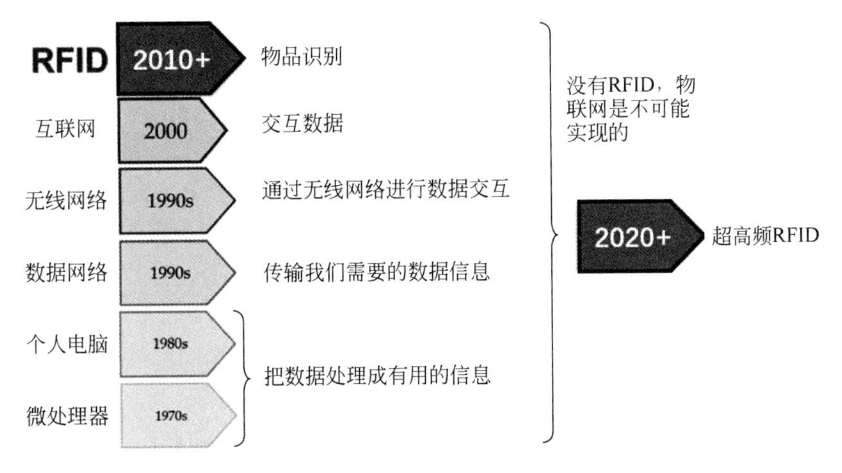

图 1-9 近 50 年科技发展历程

小结

本章从物联网介绍开始，详细阐述了 RFID 技术的发展与分类，并将多种 RFID 技术进行分类对比，从分类中可以了解到不同的 RFID 技术可以应用于不同的场景和解决方案，从而引出了超高频 RFID 的行业重要性以及美好的发展前景，最后简要介绍了超高频 RFID 的常见市场应用。希望读者可以掌握 RFID 技术的分类和特点以及不同的应用场景，对于解决实际物联网项目中的技术选型问题有较大帮助。

课后习题

1. 射频识别系统中的哪一个器件决定了整个射频识别系统的实际工作频率？(　　)

   A. 电子标签　　　　B. 阅读器天线

   C. 阅读器　　　　D. 计算机通信网络

2. 在射频识别系统中，阅读器与标签的通信方式为(　　)。

   A. 全双工　　　　B. 半双工

   C. 阅读器主动的单工　　　　D. 标签主动的单工

3. 电子标签正常工作所需要的能量全部是由阅读器供给的，这一类电子标签称为(　　)。

   A. 有源标签　　　　B. 无源标签

   C. 半有源标签　　　　D. 半无源标签

4. HF RFID 绝大多数射频识别系统的耦合方式是(　　)。

   A. 电感耦合式　　　　B. 电磁反向散射耦合式

   C. 电容耦合式　　　　D. 反向散射调制式

5. (　　)是电子标签的一个重要组成部分,它主要负责存储标签内部信息,还负责对标签接收到的信号以及发送出去的信号做一些必要的处理。

A. 天线　　B. 电子标签芯片

C. 射频接口　　D. 读写模块

6. 下列哪一项是超高频 RFID 系统的工作频率范围?(　　)。

A. <150kHz　　B. 433.92MHz 和 860～960MHz

C. 13.56MHz　　D. 2.45～5.8GHz

7. (　　),RFID 标签可分为主动式(Active)标签和被动式(Passive)标签。

A. 按供电方式分　　B. 按工作频率分

C. 按通信方式分　　D. 按标签芯片分

8. 中国高速公路电子不停车收费系统(ETC)工作在(　　)的频率。

A. <150kHz　　B. 433.92MHz 和 860～960MHz

C. 13.56MHz　　D. 2.45～5.8GHz

9. 对于常见条形码(1D 条形码和 2D 条形码都包含)和常见的超高频 RFID 最大的区别,如下表述错误的是(　　)。

A. 超高频 RFID 比条形码工作距离远

B. 超高频 RFID 支持不可视读取和批量群读,而条形码不支持

C. 超高频的 RFID 数据可以改写而条形码不能

D. 超高频的 RFID 数据存储量比条形码大

10. 在所有的 RFID 系统中,标签寿命最长的是(　　)。

A. ETC 系统中的车载 5.8GHz 标签

B. 图书馆超高频 RFID 标签

C. 智能制造中的耐高温特种标签

D. 用于人员定位 2.4GHz 有源标签

第2章 RFID技术基础

2.1 射频技术基本原理

谈到射频识别(RFID)技术,多数人首先想到的是射频技术。为了让读者更好地学习和了解RFID技术,本章将针对射频技术的一些基本概念和原理进行讲解,不是为了学多深的技术,而是让大家了解一些定义和基本概念,方便读者在RFID的学习中取得进步,有利于在RFID项目中的技术交流,解决项目实际问题。

2.1.1 射频技术中的常用单位

视频讲解

1. 射频技术中的基本单位

射频(Radio Frequency, RF)技术中常见单位很多,我们针对常见的频率单位、长度单位(波长、天线长度)、阻抗单位、电流单位、电压单位、电容单位、电感单位和功率单位简单介绍。有一点需要注意,所有的单位都是按照“千进位”(除dB外)。比如阻抗单位为欧姆、千欧和兆欧。

- 频率单位——Hz、kHz、MHz、GHz
- 长度单位——m、mm、km
- 阻抗单位——Ω、kΩ、MΩ
- 电流单位——A、nA、μA、mA
- 电压单位——V、mV、kV
- 电感单位——H、nH、μH、mH
- 电容单位——F、pF、nF、μF
- 功率单位——绝对单位:W、μW、mW;相对单位:dBm、dBW

2. dB与dBm

当看到dBm和dBW这两个单位的时候,很多读者会觉得很奇怪,为什么不是“毫”“千”“兆”呢?下面就介绍一下神奇的dB。

发射机发射的信号可能会是到达接收机信号的十亿倍,乘或除这么大的数字是很难把握的，于是就出现了使用加减法来代替乘除法的对数。

1) dB 的概念

在射频中，只需要知道有关对数的两个知识点：其一，对数是两个值的比值；其二，该比值的单位是分贝(dB)。其定义是 10lg(输出功率/输入功率)，对于放大器其定义为 20lg(输出电压/输入电压)。

如前所述，如一个放大器将信号功率放大 100 倍，换算成以分贝为单位，则增益为 20dB；如果放大器将信号电压放大 100 倍换算成以分贝为单位，则增益为 40dB。

分贝(dB)的定义：

$$(\mathrm{dB}) = 10\lg\frac{P}{P_r} \tag{2-1}$$

$$(\mathrm{dB}) = 20\lg\frac{V}{V_r} \tag{2-2}$$

需要注意的是，根据功率和电压(电流)的比值前面乘的系数不同，功率是 10 倍，电压(电流)是 20 倍。平时说的增益等都是指功率。

只需要记住两种 dB 的转换就可以进行简单的分贝转换：

- ＋3dB 指的是 2 倍大(乘以 2)；
- ＋10dB 指的是 10 倍大(乘以 10)；
- －3dB 指的是减小到 1/2(除以 2)；
- －10dB 指的是减小到 1/10(除以 10)；
- 0dB 指的是没有变大和变小就是 1。

【例 2-1】 如果信号的放大增益为 4000 倍，那么放大增益为多少分贝？

解：本题可以通过两种方法进行计算，分别是公式计算法和快速计算法。增益用英文单词 Gain 表示。

公式计算法：根据式(2-1)，可得 $\mathrm{Gain(dB)} = 10\lg\frac{P}{P_r} = 10 \cdot \lg(4000) = 36.02\mathrm{dB}$。

快速计算法：已知 Gain＝4000＝2 ×2 ×10 ×10 ×10；所以

Gain＝3dB ＋3dB ＋10dB ＋10dB ＋10dB＝36dB。

可以看到，通过快速计算法不需要使用计算器，其计算结果与公式计算法的结果是一样的。在实际应用中，针对不复杂的计算建议采用快速计算法。

【例 2-2】 如果信号经历的增益为 0.000 125，那么增益是多少 dB？

解：本题同样可以通过两种方法进行计算，分别是公式计算法和快速计算法。

公式计算法：根据式(2-1)，可得 $\mathrm{Gain(dB)} = 10\lg\frac{P}{P_r} = 10 \cdot \lg(0.000\,125) = -39.03\mathrm{dB}$。

快速计算法：已知 Gain＝0.000 125＝1 ÷2 ÷2 ÷2 ÷10 ÷10 ÷10；所以

Gain＝0dB －3dB －3dB －3dB －10dB －10dB －10dB＝ －39dB。

如表 2-1 所示，为常用分贝值和对应的系数关系，表中的 dB 转换数值为应用中常见数值，读者应全部掌握。

表 2-1　常用分贝值与对应系数

增　加	参　数	减　少	参　数
0dB	1×(相同)	0dB	1×(相同)
1dB	1.25×	−1dB	0.8×
3dB	2×	−3dB	0.5×
6dB	4×	−6dB	0.25×
10dB	10×	−10dB	0.10×
12dB	16×	−12dB	0.06×
20dB	100×	−20dB	0.01×
30dB	1000×	−30dB	0.001×
40dB	10 000×	−40dB	0.0001×

2）dBm 和 dBW 的概念

那 dBm 和 dBW 又是什么单位呢？在前面讲 dB 的时候我们提到过由于两个信号的能量可能差 10 亿倍，如果只是简单地用瓦这个单位会非常不方便，所以在射频应用中一般用 dBm 来作为功率的单位，定义 0dBm＝1mW；0dBW＝1W，那么：

W 和 dBm 的转换公式为：

$$P_{\text{dBm}} = 10\log \frac{P_{\text{W}}}{1\text{mW}} \tag{2-3}$$

W 和 dBW 的转换公式为：

$$P_{\text{dBW}} = 10\log \frac{P_{\text{W}}}{1\text{W}} \tag{2-4}$$

所以，+30dBm＝0dBW；−30dBW＝0dBm。

需要说明的一点是，在射频工程中最常用的功率单位是 dBm，根据式(2-3)，常用换算如下。

1mW＝0dBm；

10mW＝10dBm；

2mW＝3dBm；

0.1mW＝−10dBm；

1×10^{-7}mW＝−70dBm。

【例 2-3】 一个设备的输出功率为 33dBm，其输出功率是多少瓦？

解： +33dBm ＝0dBm　+10dB　+10dB　+10dB　+3dB

＝1mW　×10　×10　×10　×2　＝2W

因此这个设备的输出功率为 2W。

【例 2-4】 一个设备的输出功率为 0.000 25mW，其输出功率是多少 dBm？

解： 0.000 25mW ＝1mW　÷10　÷10　÷10　÷2　÷2

＝0dBm　−10dBm　−10dBm　−10dBm　−3dBm　−3dBm

＝−36dBm

因此这个设备的输出功率为－36dBm。

如表 2-2 所示为常用 dBm 与功率值对照表，表中的 dBm 与功率的转换数值为应用中常见数值，读者应全部掌握。

表 2-2　常用 dBm 与功率值对照表

dBm	mW	dBm	mW
0dBm	1mW	0dBm	1mW
1dBm	1.25mW	－1dBm	0.8mW
3dBm	2mW	－3dBm	0.5mW
6dBm	4mW	－6dBm	0.25mW
7dBm	5mW	－7dBm	0.20mW
10dBm	10mW	－10dBm	0.10mW
12dBm	16mW	－12dBm	0.06mW
13dBm	20mW	－13dBm	0.05mW
15dBm	32mW	－15dBm	0.03mW
17dBm	50mW	－17dBm	0.02mW
20dBm	100mW	－20dBm	0.01mW
30dBm	1000mW(1W)	－30dBm	0.001mW
40dBm	10 000mW(10W)	－40dBm	0.0001mW

2.1.2　射频的带宽与容量

1. 带宽、宽带、窄带介绍

带宽：RF 技术中最常用的名词之一，对模拟系统和数字系统定义是完全不同的。首先我们对模拟系统中的带宽进行分析，其单位为赫兹(Hz)，与频率相关。

绝对带宽的定义为：

$$\Delta f = f_H - f_L \tag{2-5}$$

式中，Δf 为绝对带宽；f_H 为最高频率；f_L 为最低频率。

相对带宽的定义为：

$$\frac{2\Delta f}{f_H + f_L} \times 100\% = \frac{\Delta f}{f_0} \times 100\% \tag{2-6}$$

其中，f_0 为中心频率，$f_0 = (f_H + f_L)/2$。

如图 2-1 所示，左边的一条竖线是带宽的低频点 $f_L = 2.407\text{GHz}$，最右边的一条竖线是带宽的高频点 $f_H = 2.417\text{GHz}$，中间的一条竖线是中心频率 $f_0 = 2.412\text{GHz}$。从图中可以认识到模拟带宽就是在频谱上找到 f_L 和 f_H，然后进行计算。

根据式(2-5)，其绝对带宽＝2.417GHz－2.407GHz＝100MHz。

根据式(2-6)，其相对带宽$=\frac{\Delta f}{f_0} \times 100\% = \frac{0.1}{2.412} \times 100\% = 4.146\%$。

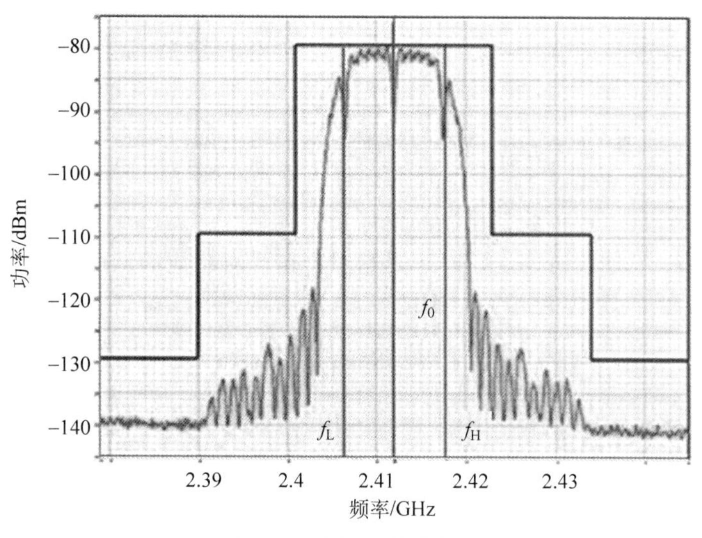

图 2-1　模拟带宽示例图

这里要注意一点：在相对带宽相等的时候，其绝对带宽不一定相等，这个与中心频率相关。

在数字系统中，以每秒传送的比特(bit)数表示带宽，其单位为 bps(bits per second)。

宽带与窄带是描述带宽的一种常用的表达方式，对于模拟系统和数字系统的定义不同。

- 模拟系统：相对带宽>50%为宽带，相对带宽<50%为窄带；
- 数字系统：速度>1.5Mbps 为宽带，速度<1.5Mbps 为窄带。

2. 容量与带宽的关系

1）香农定理

信道的容量就是指整个信道的传输速度能有多快，更加简单的理解就是最快能达到多少 bps。要讨论信道容量，我们先了解一个非常关键的定理——香农定理(Shannon Law)。

香农定理的公式为：

$$C = W\log_2\left(1+\frac{s}{n}\right) \tag{2-7}$$

其中，C 为信道容量(信道最大可以传播的信息量)，W 为带宽，$\frac{s}{n}$为信噪比。

这个公式可以理解为，如果一个信道的带宽越宽，其信号越强、噪声越小，那么这个信道可以获得越大的信道容量。这个公式非常关键，是通信原理中最重要的定理之一，在后续与超高频 RFID 相关的内容中都会用到。

2）信道容量

波特率(Baud Rate)这个词大家也经常听到，比如串口设置波特率可以设置为 115 200 和 9200 等。那波特率到底是怎么一个原理，它与比特率有什么关系呢？

在电子通信领域，波特率即调制速率，指的是信号被调制以后在单位时间内的变化，即单位时间内载波参数变化的次数。它是对符号传输速率的一种度量，单位“波特”(Baud)本身就已经是代表每秒的调制数，以“波特每秒”(Baud Per Second)为单位是一种常见的错误。

模拟线路信号的速率，以波形每秒的振荡数来衡量。如果数据不压缩，波特率等于每秒传输的数据位数；如果数据进行了压缩，那么每秒传输的数据位数通常大于调制速率。

在信息传输通道中，携带数据信息的信号单元叫码元。每秒钟通过信道传输的码元数称为码元传输速率，简称波特率。波特率是指数据信号对载波的调制速率，它用单位时间内载波调制状态改变的次数表示(也就是每秒调制的符号数)，其单位是波特(Baud 或 symbol/s)。波特率是传输通道频宽的指标。如图 2-2 所示为 1 波特和 2400 波特对比示意图。

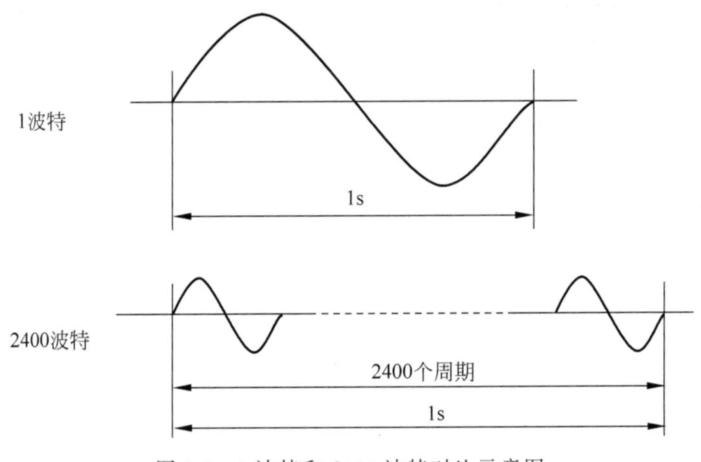

图 2-2　1 波特和 2400 波特对比示意图

每秒通过信道传输的信息量称为位传输速率，也就是每秒传送的二进制位数，简称比特率。比特率表示有效数据的传输速率，单位为 bps、b/s、bit/s、比特/秒，读作：比特每秒。

波特率与比特率的关系：比特率＝波特率×单个调制状态对应的二进制位数。

例如，假设数据传送速率为 2400 符号/秒(symbol/s，也就是波特率为 2400Baud)，又假设每一个符号为 4 位(bit)，则其传送的比特率为(2400symbol/s)×(4bit/symbol)＝9600bps。若提高波特率，仍以 4bit/symbol 传送码元，则速率提高了，信息量增加了；同理，如果保持波特率不变，提高每一个符号的传送码元为 8bit/symbol，则整个系统的信道容量提高了一倍，到 19 200bps。

讲完上面的例子就会有人问，如果不断增大波特率，是不是可以无限制地提高信道的传输速度？其实不会有这样的事情出现，因为香农定理已经确定了信号的最大传输速率。如香农定理式(2-7)所示，带宽 W 决定了波特率，信噪比 $\frac{s}{n}$ 决定每波特可以传播的码元。通俗地说，如果带宽小于 2400Hz，那么就不可能实现 1 秒完成 2400 个周期，也就达不到 2400Baud；同理，如果信噪比很差，信号不够强，一个符号也没有办法表示 4 位数据(误码率会大大提高)，这样就无法实现 9600bps 的速率稳定工作。

2.1.3 射频传播的基本特征

1. 衰减

在射频传播中无法避免的就是衰减，从字面上理解，衰减就是降低 RF 信号的强度。准确地说就是：信号在传输介质中传播时，将会有一部分能量转化成热能或者被传输介质吸收，从而造成信号强度不断减弱，这种现象称为衰减。如图 2-3 所示，超高频 RFID 阅读器的信号通过水介质后振幅减小的现象就是衰减。一般衰减用 L(Loss)表示：

$$L(\text{dB}) = 10\log\frac{P_o}{P_i} \tag{2-8}$$

其中，P_o 表示衰减后的功率；P_i 表示衰减前的功率。在衰减情况下 L 的 dB 为负值，且 P_o 小于 P_i。

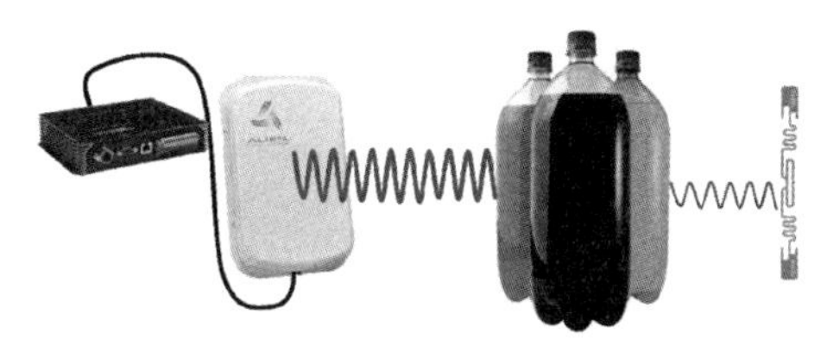

图 2-3 信号衰减示意图

射频传播中衰减存在于以下地方：

- 电缆中——电缆与接头之间的电阻使 RF 转化为热能。
- 空气中——路径造成的能量扩散是衰减的最大因素，空气中的灰尘、雨雾均会造成衰减。
- 系统中无源器件发热造成 RF 信号衰减。
- 人为在系统中加入的衰减器(有益的)。

特别要强调的一点是，衰减并不一定是坏事，有很多时候为了保护电路，在电路的前端进行衰减，或为了控制辐射范围在天线输出之前进行衰减，都是对整个系统有正向意义的事情。

2. 增益

1) 射频增益

增益是与衰减相反的一个特性，其结果是增加 RF 信号强度。射频的增益(非天线增益)都是通过有源器件产生的。可以理解为，要把一个信号放大，一定要给它对应的能量才可以。一般增益用 Gain 表示：

$$\text{Gain}(\text{dB}) = 10\log\frac{P_o}{P_i} \tag{2-9}$$

其中，P_o 表示输出功率；P_i 表示输入功率。在衰减情况下 Gain 的 dB 为负值，且 P_o 小于

P_i；在增益情况下 Gain 的 dB 为正值，且 P_o 大于 P_i。如果实现正的增益，则需要引入外部能量，提供给放大器件从而实现信号放大。

图 2-4 为衰减与增益的示意图，其中信号经过无源器件衰减后振幅降低并产生热量损耗；通过有源器件提供的能量增益后振幅加强。需要注意的一点是，无论是增益还是衰减，信号的工作频率与原来保持一致。

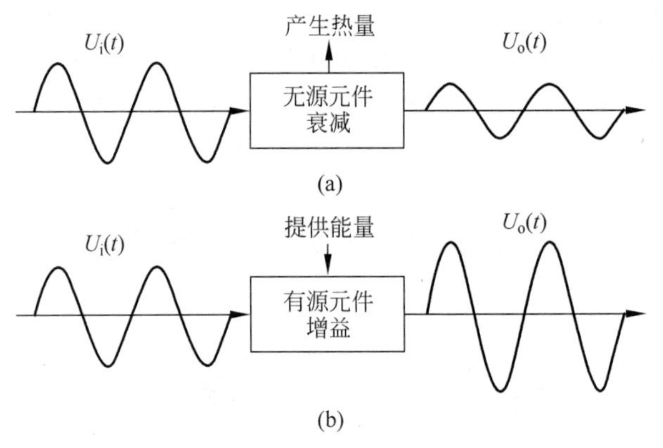

图 2-4 衰减与增益示意图

2）天线增益

讲到天线增益时，需要与射频增益进行区分，天线的增益与射频的传输增益是完全不同的。天线的增益是增加在特定方向上的能量强度而不是增加其总能量。天线一般是无源元件，无法提供额外的能量增强 RF 信号。图 2-5 为一个锅形微波天线辐射示意图，天线的发射和接收是把所有能量汇聚在了主波瓣上，并没有新的能量增加。

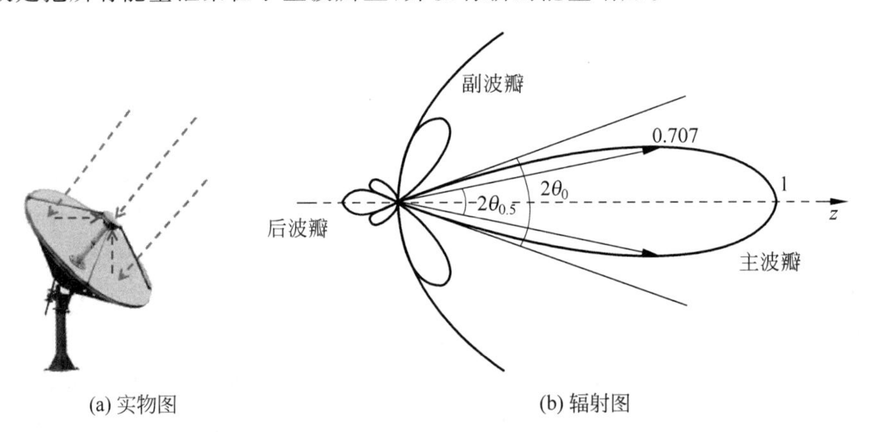

图 2-5 锅形微波天线辐射示意图

3. 反射、折射与散射

1）反射（Reflection）

许多物体都会对 RF 信号造成反射，如图 2-6 所示，入射波遇到反射面时会发生反射，反射的大小与 RF 信号的频率和物体的材料有关。如混凝土对 RF 信号有一定的反射；而金属几乎会完全反射 RF 信号；电离层对长波有吸收作用，但是对短波、超短波却吸收较少，反射较多。

反射的直接结果是造成多径(Multipath)效应，接收端将收到来自不同路径的同一个信号。多径信号会破坏或抵消直接信号，在信号覆盖区造成空洞或盲点，影响通信质量。这就是影响 RFID 在仓库等应用的识别率的问题根源(6.1.3 节有关于多径效应影响的详细解释)。

2) 折射(Refraction)

折射是当 RF 信号经过不同密度的物体时所发生的传输方向偏转现象，如图 2-7 所示。如冷空气、雾都会使 RF 发生折射。在两种物体的交界面上，RF 除了反射，也会发生折射而进入物体。在长距离通信时，折射会造成严重的问题。如当大气层发生变化时，RF 将改变方向而偏离目的地，使通信无法进行。

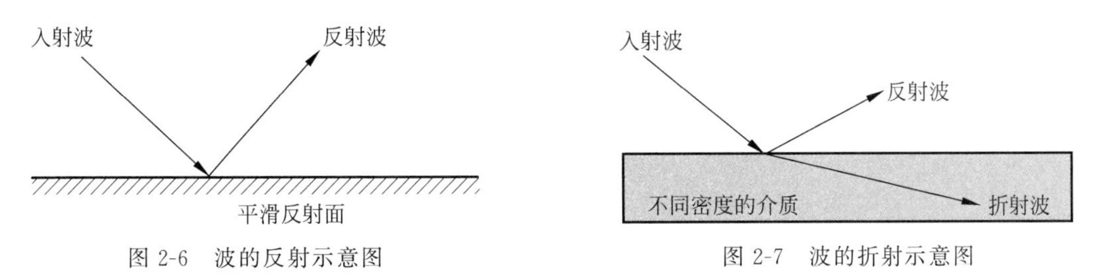

图 2-6　波的反射示意图　　图 2-7　波的折射示意图

3) 散射(Scattering)

散射是反射的一种表现形式，RF 信号被不均匀的反射物打散的现象，称作散射，如图 2-8 所示。沙尘、雾、树叶、不规则岩石等都可造成散射。超高频 RFID 标签就是利用反向散射的技术来实现与阅读器的通信的。

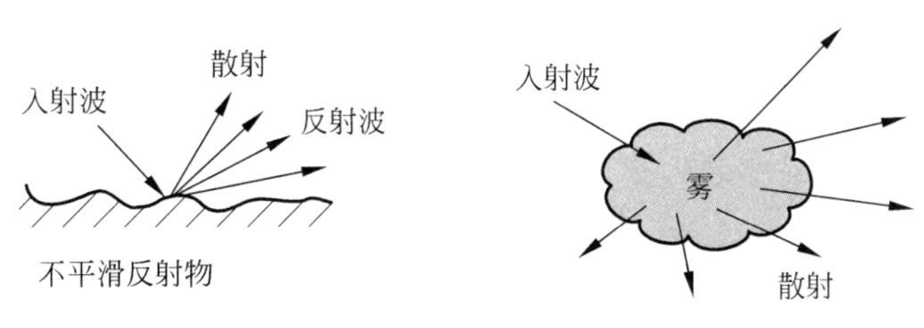

图 2-8　波的散射示意图

2.1.4　数字通信系统

一个无线数字通信系统，包括以下过程：基带数据通过编码调制成为射频信号，通过发射天线辐射到环境中，再由接收天线接收，通过解调和译码后还原之前传输的基带数据。RFID 系统就是一种数字通信系统。本节主要讲述一些原理性的知识，更详细的技术指标和硬件设施会在本书的第 4 章和第 5 章讲解。

1. 数字调制概念

信号(Signal)分模拟(Analog)信号和数字(Digital)信号。如图2-9所示，为最常见模拟调制方式模拟调频(FM)和最常见的数字调制模式数字调频(FSK)，其中FM常用于无线广播，而FSK常用于短距离无线通信。虽然两种调制都是对频率进行调制，但是其传输的信号不同，时域信号和频率信号也不同。随着科技的进步，现在主流的通信技术都采用数字无线通信技术实现。

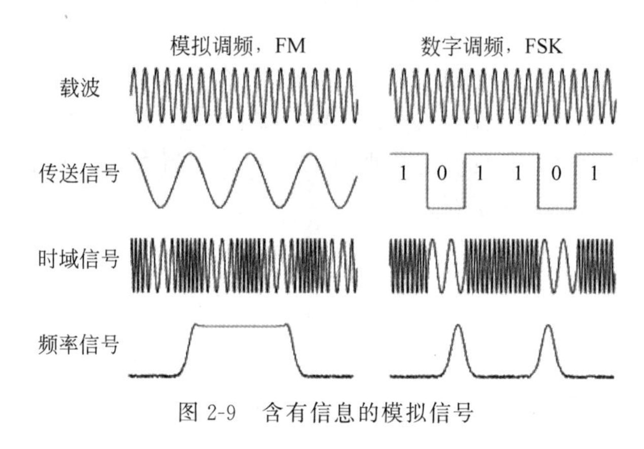

图2-9 含有信息的模拟信号

数字调制是将数字符号转换成适合信道特性波形的过程。基带调制中这些波形通常具有整形脉冲的形式，而在带通调制(Bandpass Modulation)中则利用整形脉冲去调制正弦信号，此正弦信号称为载波波形(Carrier Wave)，将载波转换成电磁场(Electromagnetic，EM)传播到指定的地点就可以实现无线传输。那么为什么一定要通过载波来实现基带信号的无线传输呢？这是因为，电磁场必须利用天线才能在空间传输，天线的尺寸主要取决于波长λ及应用的场合。对超高频RFID应用来说，天线长度一般为$\lambda/4$(针对标签和小型阅读器天线的尺寸一般为$\lambda/4\sim\lambda/2$)，其中波长等于c/f，c是光速(3×10^8m/s)。

假设发送一段超高频RFID基带有效信号($f=40$kHz)，如果不通过载波而直接耦合到天线发送，计算一下天线有多长？采用四分之一波长作为天线的尺寸，对于40kHz的基带信号，其尺寸为$\lambda/4=1875$m。为了在空间中传输40kHz的信号，不用载波进行调制，需要尺寸为1875m的天线。当然我们知道这么长的天线是完全不可行的，实际应用中很可能这个超高频RFID系统的工作距离只有5m，而天线超过1km，所以必须通过其他方法将数据传出去。如果把基带信号先调制在较高的载波频率上，比如调制到920MHz的中国超高频RFID频段上，那么天线的尺寸仅为8cm，很显然这个尺寸的天线是可以实现的，远距离的无线传输问题也就迎刃而解了。

在实际应用中，射频信号通过频带传输的方式主要是通过正弦载波进行调制的，调制的功能如下：

- 使信号更适合于信道传输；
- 实现信道复用提高通信系统的有效性；

• 提高通信系统的抗干扰能力，提高通信系统的可靠性。

2. 编码与译码

这里讲到的编码(Coding)和译码(Decoding)，主要针对信道编码和信道译码，并非密码学中的编码方式和译码方式(研究高频 RFID 部分时需要研究密码学，本书主要针对超高频 RFID，加密部分相对简单，不作为本书重点)。

信道编码：以提高信息传输的可靠性为目的的编码。通常通过增加信源的冗余度来实现。采用的一般方法是增大码率或带宽，也就是说，一般信道编码会增加一些信息，这些信息或者进行校验或者增强可靠性。图 2-10 为信道编码的示意图，通过编码器将信源的 S 集合映射为码字 C 集合。

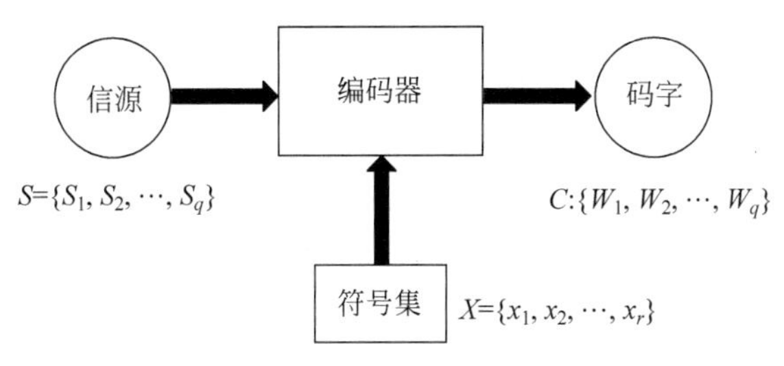

图 2-10 信道编码示意图

信道编码的种类很多，如霍夫曼(Huffman)编码、费诺(Fano)编码、香农-费诺-埃利斯(Shannon-Fano-Elias)编码等，此处不赘述。本书主要介绍 RFID 系统中常用一种的编码方式：曼彻斯特编码。

曼彻斯特编码(Manchester Encoding)也叫作相位编码(Phase Encode，PE)，是一个同步时钟编码技术，被物理层用于编码一个同步位流的时钟和数据。在曼彻斯特编码中，用电压跳变的相位不同来区分 1 和 0，即用正的电压跳变表示 1，用负的电压跳变表示 0。因此，这种编码也称为相位编码，如图 2-11 所示。由于跳变都发生在每一个码元的中间，接收端可以方便地利用它作为位同步时钟，因此，这种编码也称为自同步编码。曼彻斯特编码将时钟和数据包含在数据流中，在传输代码信息的同时，也将时钟同步信号一起传输到对方，每位编码中有一个跳变，不存在直流分量，因此具有自同步能力和良好的抗干扰性能。但每一个码元都被调成两个电平，所以数据传输速率只有调制速率的 1/2。

3. 调制与解调

1) 调制

调制(Modulation)就是对信号源的信息进行处理加到载波上，使其变为适合于信道传输的形式的过程，就是使载波随信号而改变的技术。一般来说，信号源的信息(也称为信源)含有直流分量和频率较低的频率分量，称为基带信号。基带信号往往不能作为传输信号，因此必须把基带信号转变为一个相对于基带频率高很多的高频率信号，以适合于信道传输。这个信号叫作已调信号，而基带信号叫作调制信号。调制是通过改变高频载波即消息的载体信号的幅度、相位或者频率，使其随着基带信号幅度的变化而变化来实现的。而解调则是

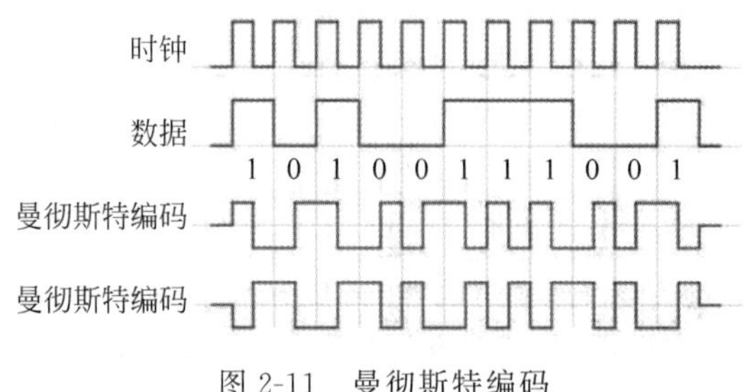

图 2-11 曼彻斯特编码

将基带信号从载波中提取出来以便预定的接收者(也称为信宿)处理和理解的过程。

调制的种类很多,分类方法也不一致。按调制信号的形式可分为模拟调制和数字调制:用模拟信号调制称为模拟调制;用数据或数字信号调制称为数字调制。按被调信号的种类可分为脉冲调制、正弦波调制和强度调制等。按调制的载波分为脉冲、正弦波和光波等。正弦波调制有幅度调制、频率调制和相位调制3种基本方式,后两者合称为角度调制。此外还有一些变异的调制,如单边带调幅、残留边带调幅等。脉冲调制也可以按类似的方法分类。此外还有复合调制和多重调制等。不同的调制方式有不同的特点和性能。

在通信中,我们常常采用的调制方式有模拟调制、数字调制和脉冲调制3种。

模拟调制:用连续变化的信号去调制一个高频正弦波。主要有幅度调制(调幅AM、双边带调制DSBSC、单边带调幅SSBSC、残留边带调制VSB以及独立边带ISB)和角度调制(调频FM、调相PM)两种。因为相位的变化率就是频率,所以调相波和调频波是密切相关的。

数字调制:用数字信号对正弦或余弦高频振荡进行调制。主要有振幅键控ASK、频率键控FSK和相位键控PSK。如图2-12所示为这3种数字调制的波形对比图。

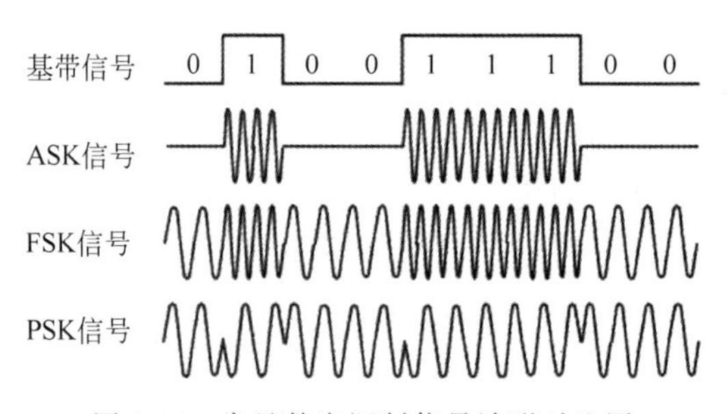

图 2-12 常见数字调制信号波形对比图

脉冲调制:用脉冲序列作为载波。主要有脉冲幅度调制(Pulse Amplitude Modulation,PAM)、脉宽调制(Pulse Duration Modulation,PDM)、脉位调制(Pulse Position Modulation,PPM)和脉冲编码调制(Pulse Code Modulation,PCM)。

在RFID的应用场景中一般都是比较简单的调制方式,且一般采用数字调制技术,最常见的是ASK、PSK、FSK。超高频RFID使用ASK调制技术;低频RFID使用FSK调制技术；2.4GHz RFID 主要使用 FSK 和 ASK 调制技术。也有一些其他通信系统使用 PSK 调制，如 ZigBee、Wi-Fi 等。

2）解调

解调（Demodulate）是从携带消息的已调信号中恢复消息的过程。在各种信息传输或处理系统中，发送端用欲传送的消息对载波进行调制，产生携带这一消息的信号。接收端必须恢复所传送的消息才能加以利用，这就是解调。解调是调制的逆过程。调制方式不同，解调方法也不一样。与调制的分类相对应，解调可分为正弦波解调（有时也称为连续波解调）和脉冲波解调。正弦波解调还可再分为幅度解调、频率解调和相位解调，此外还有一些变种，如单边带信号解调、残留边带信号解调等。同样，脉冲波解调也可分为脉冲幅度解调、脉冲相位解调、脉冲宽度解调和脉冲编码解调等。对于多重调制需要配以多重解调。

4. 数字通信实例

在了解了信号编码和调制的基础上，现在通过一个实例来加深对信号发射过程的认识。这个实例是 ISO/IEC 15693-2 中的内容，是关于标签向阅读器通信的调制过程。如图 2-13 所示，标签需要发送的信号为 0 和 1，其数字波形如图 2-13 中的数据（data）；编码后为图中的曼彻斯特编码（Manchester Coding）数字波形；副载波（Subcarrier）的作用是提高信息传输的可靠性；最终要发出去的数字信号就变成了副载波调制（Subcarrier Modulation）的数字波形；而最终发给阅读器端的数据是一个射频信号，标签通过负载调制耦合的最终信号为 13.56MHz 载波的负载调制信号（Load Modulation）。

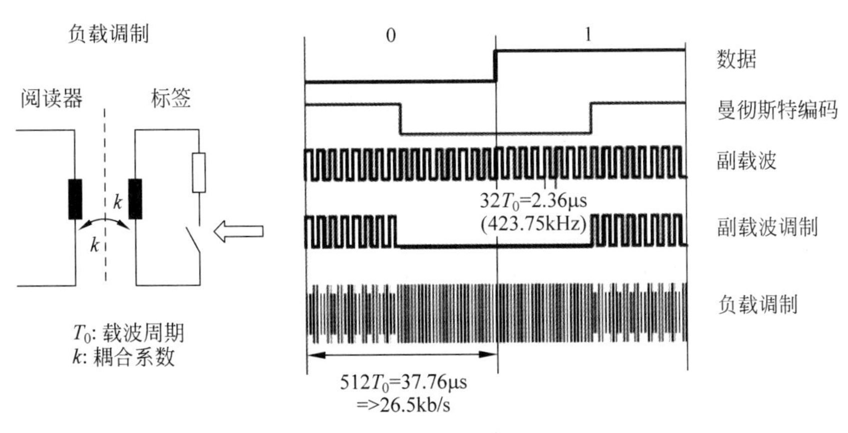

图 2-13　调制示例图

图 2-14 为该实例的数据信号频谱图，左边为时域（Time Domain），右边为频域图（Frequency Domain）。从中可以看到原始信号的频谱 f_{data}，其 $f_{0\text{data}}=0\text{Hz}$；经过副载波调制后有效信号就被搬到了±423.75kHz，其 $f_{0\text{carrier}}=0\text{Hz}$，而把原来的有效信号搬到了副载波频率上 $f_{0\text{data}}=\pm 423.75\text{kHz}$；第三个频域图是把 $f_{0\text{carrier}}$ 搬移到了 13.56MHz 的载波上。

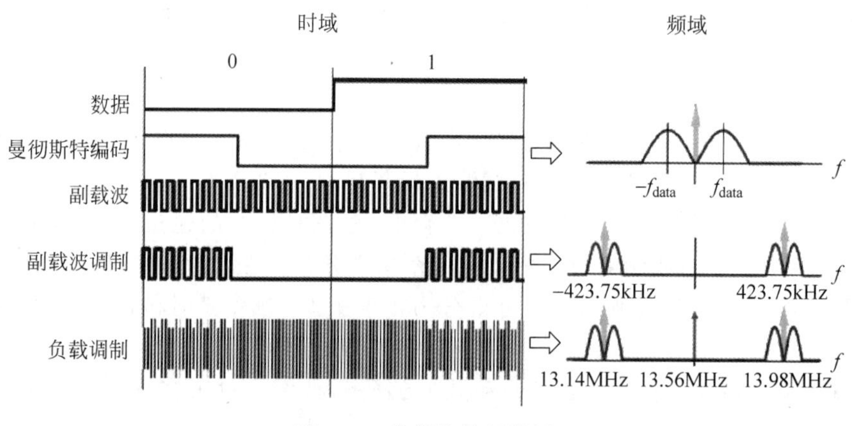

图 2-14 数据信号频谱图

通过对这个实例的分析,相信读者已经对射频识别系统中如何实现调制并发射信号有了一定的了解。

2.2 天线的基本原理

本节主要讲述天线的基本原理和基础知识。很多读者一看到天线和麦克斯韦就头疼,本节没有复杂的推导和公式,读者只需要学习和掌握几个简单的技巧和一些简单的定义。

视频讲解

2.2.1 天线与 RFID

在所有的无线通信技术中,只有 RFID 系统的无线收发装置和天线的关系最为特殊。在 RFID 的家族中,天线和 RFID 是同样重要的成员,RFID 和天线相互依存,不可分割。无论是阅读器还是标签,无论是高频 RFID 还是超高频 RFID,都离不开天线。对于到底是先有 RFID 还是先有天线的问题,做射频和天线的人都会说:当然是先有天线了。那么,到底是先有 RFID 天线还是先有 RFID 硬件呢?为什么高频 RFID 的频率是 13.56MHz,而超高频 RFID 的频率是 840～960MHz 呢?本节就针对超高频 RFID 来讲一下是先有鸡(天线)还是先有蛋(RFID)的故事。

超高频 RFID 由来:人们在长期使用条形码之后发现条形码有很多弊端,比如识别率比较低,容易被污染。这个时候就想是不是有一种技术可以通过电磁波来实现通信呢?因为电磁波通信不会被需要介质阻挡,不会出现无法识别的问题,加上电磁波的穿透能力可以实现多个物品一起识别。

有了这个想法的科学家们兴奋了,就开始深入研究,发现条形码的尺寸基本固定,一般宽高分别小于 3 英寸(7.5cm)、5 英寸(12.5cm),且总面积小于 12 平方英寸(75cm^2)。通过观察超高频 RFID 的标签可以发现,大部分面积都是天线,只有中间的一个小黑点是芯片。也就是说,标签的大小主要由天线尺寸决定。

既然已经知道了天线尺寸，接下来就要选择工作频率了。人们通过一组测试数据：固定发射天线输出功率及接收天线(RFID标签天线)尺寸，记录不同频率下的最大工作距离，得到如图2-15所示的不同频率下的工作距离图。

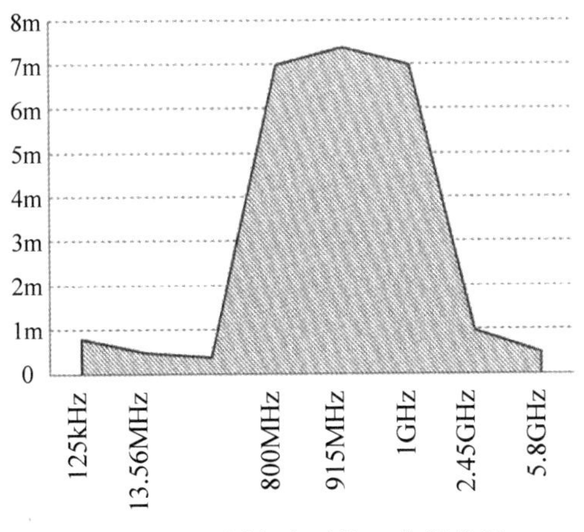

图2-15 不同频率下的工作距离图

从图2-15可以看到，在800MHz～1GHz的频段范围内，标签工作距离最远。其实早期的手机频率也是在这个频率范围，因为早期的手机尺寸及手机天线尺寸与超高频RFID天线接近，最终做手机协议的科学家就定下了这个频率。随后的故事大家应该都知道了，就是做RFID的科学家由于晚于手机的制定，从人家剩下的频段中找了一段给RFID用。

故事讲完了，有人就要发问了，为什么天线这么神奇，就只有在这个800MHz～1GHz的频率才工作距离最远呢？有两种回答：一种是“这就是天意，是上帝创造出来的”；另外一种就是通过经典天线原理或者麦克斯韦方程推算出来。比如通过标准偶极子天线长度与半波长尺寸相比拟，800MHz～1GHz的半波长为15～18cm，有宽度的偶极子长度比半波长尺寸略小，可以认为乘以一个系数0.8(宽度越大系数越小)，这样就发现与12.5cm非常接近了。

最后插一句，915MHz为无源超高频最好的工作频段，美国的RFID科学家就很聪明地选择了902～928MHz带宽中心频率915MHz。也难怪UHF RFID创始在美国，最好的频点在美国，最宽的带宽也在美国。实际上，在800MHz～1GHz范围内，超高频RFID标签在不同频率下实际工作距离差异很小，主要还是与标签的具体尺寸相关。

2.2.2 天线的定义与分类

1. 天线的定义

天线(Antenna)是一种变换器，它把传输线上传播的导行波，变换成在无界介质(通常是自由空间)中传播的电磁波，或者进行相反的变换。天线是无线电设备中用来发射或接收电磁波的部件。无线电发射机输出的射频信号功率，通过馈线(电缆)输送到天线，由天线以电磁波形式辐射出去。电磁波到达接收地点后，由天线接收(仅仅接收很小一部分功率)，并通过馈线送到无线电接收机，如图2-16所示。

图 2-16　天线的基本组成

可见，天线是发射和接收电磁波的一个重要的无线电设备，没有天线也就没有无线电通信。无线电通信、广播、电视、雷达、导航、电子对抗、遥感、射电天文等工程系统等，凡是利用电磁波来传递信息的，都依靠天线来进行工作。此外，在用电磁波传送能量方面，非信号的能量辐射也需要天线。一般天线都具有可逆性，即同一副天线既可用作发射天线，也可用作接收天线。同一天线作为发射或接收的基本特性参数是相同的，这就是天线的互易定理。

2. 天线的工作原理

当导线上有交变电流流动时，就可以发生电磁波的辐射，辐射的能力与导线的长度和形状有关。如图 2-17(a)所示，若两导线的距离很近，则电场被束缚在两导线之间，因而辐射很微弱；将两导线张开，如图 2-17(b)和图 2-17(c)所示，电场就散播在周围空间，因而辐射增强。

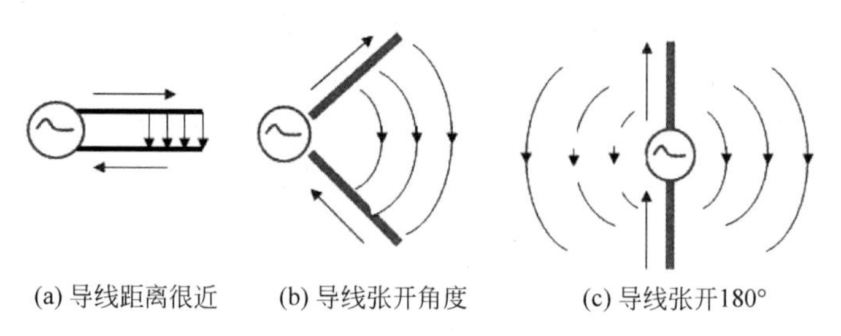

(a) 导线距离很近　(b) 导线张开角度　(c) 导线张开180°

图 2-17　电磁波的辐射原理图

必须指出，当导线的长度 L 远小于波长 λ 时，辐射很微弱；导线的长度 L 增大到可与波长相比拟时，导线上的电流将大大增加，因而就能形成较强的辐射。

3. 天线的分类

天线品种繁多，以便在不同频率、不同用途、不同场合、不同要求的情况下使用。对于众多品种的天线，进行适当的分类是必要的。

- 按工作性质可分为发射天线和接收天线。
- 按用途可分为通信天线、广播天线、电视天线、雷达天线等。
- 按方向性可分为全向天线和定向天线等。
- 按工作波长可分为超长波天线、长波天线、中波天线、短波天线、超短波天线、微波天线等。
- 按结构形式和工作原理可分为线天线和面天线等。描述天线的特性参数有方向图、方向性系数、增益、输入阻抗、辐射效率、极化和频宽。

- 按维数来分可以分成两种类型：一维天线和二维天线。一维天线：由许多电线组成，这些电线或者像手机上用到的直线，或者是一些灵巧的形状，就像出现电缆之前在电视机上使用的“老兔子耳朵”。单极和双极天线是两种最基本的一维天线。二维天线：变化多样，有片状（一块正方形金属）、阵列状（组织好的二维模式的一束片）、喇叭状、碟状。
- 天线根据使用场合的不同可以分为手持台天线、车载天线、基地天线三大类。

2.2.3 天线的参数指标

视频讲解

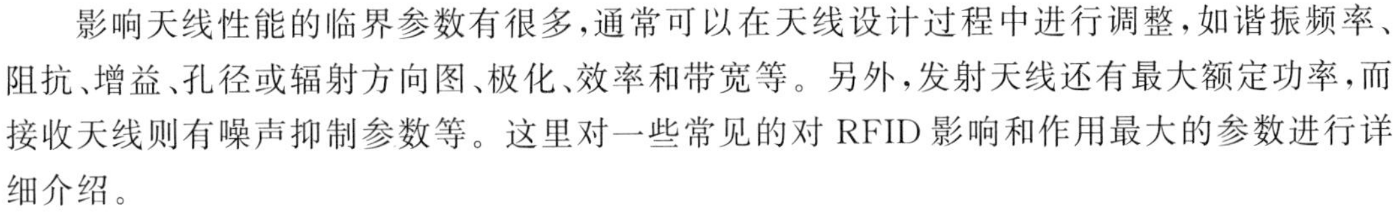
影响天线性能的临界参数有很多，通常可以在天线设计过程中进行调整，如谐振频率、阻抗、增益、孔径或辐射方向图、极化、效率和带宽等。另外，发射天线还有最大额定功率，而接收天线则有噪声抑制参数等。这里对一些常见的对 RFID 影响和作用最大的参数进行详细介绍。

1. 谐振频率(Resonance Frequency)

大家在选择和使用天线的时候，总会问一句，你的天线的工作频率是多少？在了解工作频率之前先了解一下谐振频率。天线一般在某一频率调谐，并在以此谐振频率为中心的一段频带上有效。但其他天线参数（尤其是辐射方向图和阻抗）随频率而变，所以天线的谐振频率可能仅与这些更重要参数的中心频率相近。“谐振频率”和“电谐振”与天线的电长度相关。电长度通常是电线物理长度除以自由空间中波传输速度与电线中速度之比。天线的电长度通常由波长表示。

天线的谐振频率与其长度尺寸相关。一些天线设计有多个谐振频率，另一些则在很宽的频带上相对有效。最常见的宽带天线是对数周期天线，但它的增益相对于窄带天线则要小很多。我们经常遇到同时支持两个差异很大的频率的双频天线，如同时支持 2.4GHz 和 900MHz 的天线，其在不同频率的增益就不同。

2. 天线阻抗、电压驻波比(VSWR)、回波损耗(Return Loss)

在使用天线的时候，大家经常会讨论天线阻抗是多少，天线 VSWR 是多少等问题。第一个问题很好回答，一般情况下天线的阻抗是 50Ω（RFID 阅读器天线一般都是 50Ω），而 VSWR 是什么呢？

VSWR 翻译为电压驻波比(Voltage Standing Wave Ratio)，一般简称驻波比，指的就是行驻波的电压波腹值与电压波节值之比，此值可以通过反射系数的模值计算：VSWR＝(1＋反射系数模值)/(1－反射系数模值)。从能量传输的角度考虑，理想的 VSWR 为 1，即此时为行波传输状态，在传输线中，称为阻抗匹配；最差时 VSWR 无穷大，此时反射系数模为 1，为纯驻波状态，称为全反射，没有能量传输。由上可知，驻波比越大反射功率越高，传输效率越低。

发射机与天线匹配的条件是两者阻抗的电阻分量相同、感抗部分互相抵消。如果发射机的阻抗不同，要求天线的阻抗也不同。在电子管时代，一方面电子管输出阻抗高，另一方面低阻抗的同轴电缆还没有得到推广，流行的是特性阻抗为几百欧的平行馈线，因此发射机的输出阻抗多为几百欧姆。而现代商品固态无线电通信机的天线标准阻抗则多为 50Ω,因此商品 VSWR 表也是按 50Ω 设计标度的。如果你拥有一台输出阻抗为 600Ω 的老电台,那就大可不必费心血用 50Ω 的 VSWR 来修理你的天线,因为那样反而会帮倒忙。只要设法调到天线电流最大就可以了。

当天线阻抗不是 50Ω 而电缆为 50Ω 时,测出的 VSWR 值会严重受到天线长度的影响。只有当电缆的电器长度正好为波长的整倍数而且电缆损耗可以忽略不计时,电缆下端呈现的阻抗正好和天线的阻抗完全一样。但即便电缆长度是整倍波长,电缆有损耗(例如电缆较细、电缆的电气长度达到波长的几十倍以上),那么电缆下端测出的 VSWR 还是会比天线的实际 VSWR 低。所以,测量 VSWR 时,尤其在 UHF 以上频段,不要忽略电缆的影响。

在讲 VSWR 的时候经常会听到一个词回波损耗(Return Loss),回波损耗是表示信号反射性能的参数。回波损耗说明入射功率的一部分被反射回到信号源。例如,如果输入 1mW(0dBm)功率给放大器,其中 10%被反射(反弹)回来,回波损耗就是 10dB。从数学角度看,回波损耗为 10lg [(入射功率)/(反射功率)]。VSWR 与回波损耗 RL 之间的换算公式为: RL=20lg10[(VSWR+1)/(VSWR−1)]。在天线匹配上 VSWR 和回波损耗是可以互换的,只是计算方法不同,其表达的意思是基本一致的。

3. 带宽(工作频率)

天线的带宽是指它有效工作的频率范围,通常以其谐振频率为中心。天线带宽可以通过以下多种技术增大,如使用较粗的金属线,使用金属“网笼”来近似更粗的金属线,尖端变细的天线元件(如馈电喇叭中),以及多天线集成的单一部件,使用特性阻抗来选择正确的天线。小型天线通常使用方便,但在带宽、尺寸和效率上有着无法回避的限制。

无论是发射天线还是接收天线,它们总是在一定的频率范围(频带宽度)内工作,天线的频带宽度有两种不同的定义。

- 一种是指在驻波比 VSWR≤1.5 条件下,天线的工作频带宽度;
- 一种是指天线增益下降 3dB 范围内的频带宽度。

在移动通信系统中,通常是按前一种定义的。具体地说,天线的频带宽度就是天线的驻波比 VSWR 不超过 1.5 时天线的工作频率范围。一般说来,在工作频带宽度内的各个频率点上,天线性能是有差异的,但这种差异造成的性能下降是可以接受的。

4. 方向增益(Gain)、dBi、dBd

“方向增益”指天线辐射方向图中的强度最大值与参考天线的强度之比取对数。如果参考天线是全向天线(理想孤立波源辐射),增益的单位为 dBi,大家可以理解为 dB(isotropic),isotropic 是全向的意思,dB 是比的意思,即与全向比的增益。比如,偶极子天线(半波振子)的增益为 2.15dBi。偶极子天线也常用作参考天线(这是由于完美全向参考天线无法制造,而理论半波振子天线与实际偶极子天线增益相似),这种情况下天线的增益以 dBd 为单位,理解为 dB(dipole)。图 2-18 为理想孤立波源辐射、理论半波振子辐射和一个四元半波对称振子辐射的天线方向增益图。

天线增益是无源现象,天线并不增加激励,而是仅仅重新分配而使在某方向上比全向天

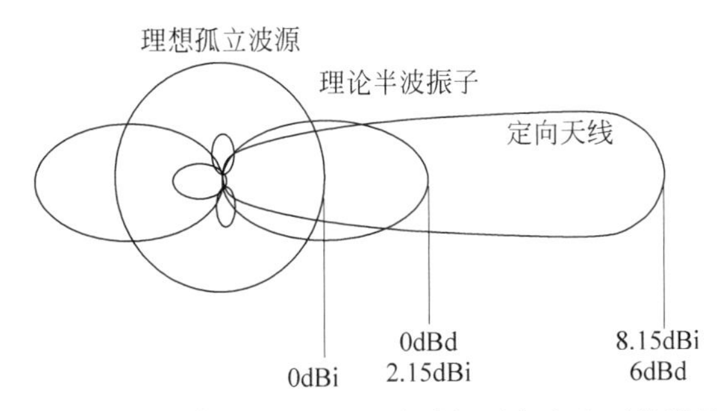

图 2-18 理想孤立波源、理论半波振子与定向天线增益

线辐射更多的能量(与 2.1.3 节的射频增益不同)。如果天线在一些方向上增益为正,那么由于天线的能量守恒,它在其他方向上的增益则为负。因此,天线所能达到的增益要在天线的覆盖范围和它的增益之间达到平衡。比如,航天器上碟形天线的增益很大,但覆盖范围却很窄,所以它必须精确地指向地球;而广播发射天线由于需要向各个方向辐射,它的增益就很小。碟形天线的增益与孔径(反射区)、天线反射面表面精度,以及发射、接收的频率成正比。通常来讲,孔径越大增益越大,对于相同的孔径,频率越高增益也越大,但在较高频率下表面精度的误差会导致增益的极大降低。

孔径和辐射方向图与增益紧密相关。孔径是指在最高增益方向上的波束截面形状,是二维的(有时孔径表示为近似于该截面的圆的半径或该波束圆锥所呈的角)。辐射方向图则是表示增益的三维图,但通常只考虑辐射方向图的水平和垂直二维截面。高增益天线辐射方向图常伴有副瓣。副瓣是指增益中除主瓣(增益最高波束)外的波束。副瓣在如雷达等系统需要判定信号方向的时候,会影响天线质量,由于功率分配副瓣还会使主瓣增益降低。

天线增益是指:在输入功率相等的条件下,实际天线与理想的辐射单元在空间同一点处所产生的信号的功率密度之比。它定量地描述一个天线把输入功率集中辐射的程度。增益显然与天线方向图有密切的关系,方向图主瓣越窄,副瓣越小,增益越高。例如,需要 100W 的输入功率,用增益为 $G=20(13\text{dB})$ 的某定向天线作为发射天线时,输入功率只需 100/20=5W。换言之,某天线的增益,就其最大辐射方向上的辐射效果来说,与无方向性的理想点源相比,相当于把输入功率放大或缩小的倍数。

增益特性:

- 天线是无源器件,不能产生能量,天线增益只是将能量有效集中向某特定的方向辐射或接收电磁波能力。
- 天线增益由振子叠加而产生,增益越高,天线长度越长。
- 天线增益越高,方向性越好,能量越集中,波瓣越窄。

5. 辐射方向图(Radiation Patterns)

天线的辐射电磁场在固定距离上随角坐标分布的图形称为方向图。用辐射场强表示的称为场强方向图,用功率密度表示的称为功率方向图,用相位表示的称为相位方向图。天线方向图是空间立体图形,但是通常应用的是两个互相垂直的主平面内的方向图,称为平面方向图。在线性天线中,由于地面影响较大,都采用垂直面和水平面作为主平面。在平板天线中,则采用E平面和H平面作为两个主平面。归一化方向图取最大值为1。

如图2-19所示为垂直放置的半波对称振子具有平放的"面包圈"形的立体方向图又称苹果图,如图2-19(a)所示。立体方向图虽然立体感强,但绘制困难,图2-19(b)与图2-19(c)给出了它的两个主平面方向图,平面方向图描述天线在某指定平面上的方向性。从图2-19(b)可以看出,在振子的轴线方向上辐射为零,最大辐射方向在水平面上;而从图2-19(c)可以看出,在水平面上各个方向上的辐射一样大。

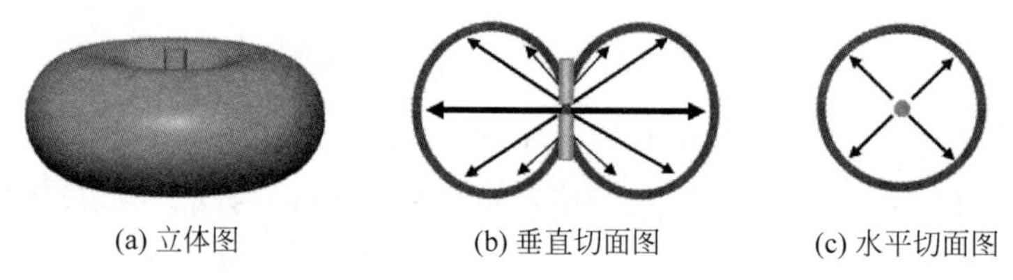
(a) 立体图　(b) 垂直切面图　(c) 水平切面图

图2-19　垂直放置的半波对称振子辐射方向图

6. 主瓣、旁瓣、波瓣宽度

方向图通常都有两个或多个瓣,其中辐射强度最大的瓣称为主瓣(Main-lobe),其余的瓣称为副瓣或旁瓣(Side-lobe)。如图2-20所示,为一个天线的主瓣和旁瓣示意图。

在主瓣最大辐射方向两侧,辐射强度降低3dB(功率密度降低一半)的两点间的夹角定义为波瓣宽度(Beam Width),又称波束宽度或主瓣宽度或半功率角,如图2-21所示。波瓣宽度越窄,方向性越好,作用距离越远,抗干扰能力越强。一般超高频RFID天线常用3dB波瓣宽度来定义,单位是度。

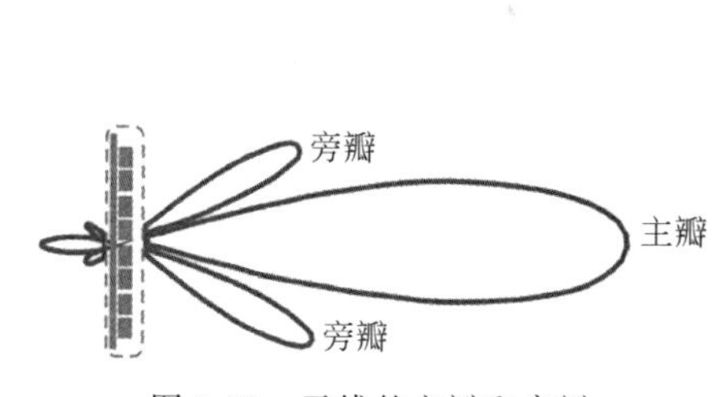

图2-20　天线的主瓣和旁瓣

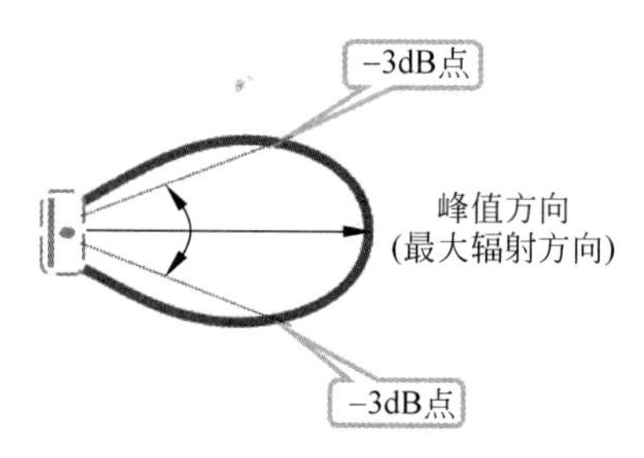

图2-21　－3dB波瓣宽度

还有一种波瓣宽度,即10dB波瓣宽度,顾名思义,它是方向图中辐射强度降低10dB(功率密度降至十分之一)的两个点间的夹角,如图2-22所示。

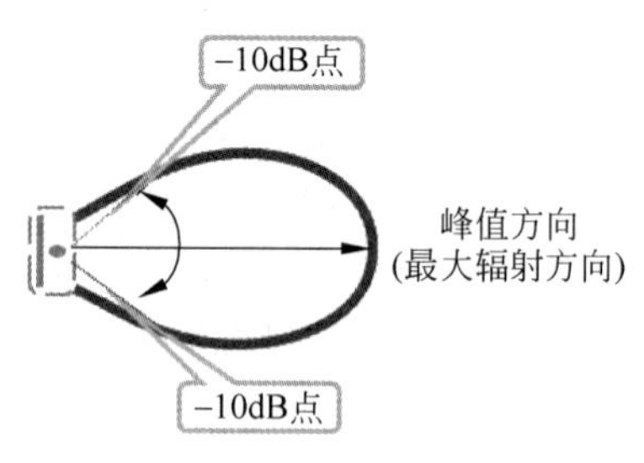

图2-22　－10dB波瓣宽度

7. 前后比、上旁瓣抑制

方向图中,前后瓣最大值之比称为前后比,记为F/B(Front-to-Back Ratio),如图2-23所示。前后比越大,天线的后向辐射(或接收)越小。前后比

F/B 的计算十分简单：

$F/B=10\lg$[(前向功率密度)/(后向功率密度)]。

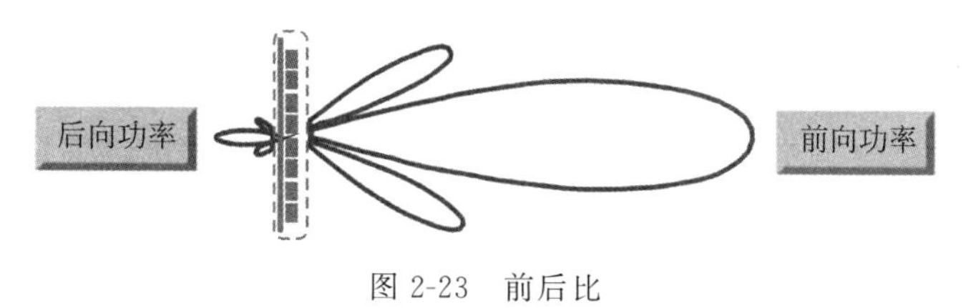

图 2-23　前后比

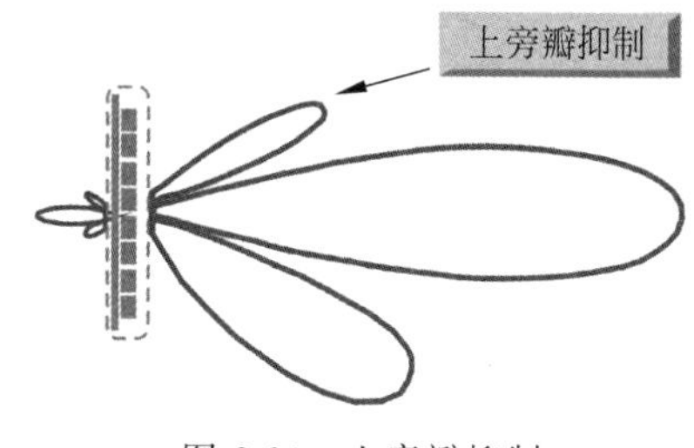

图 2-24　上旁瓣抑制

一些系统对天线的前后比 F/B 有要求，其典型值为(18～30)dB，特殊情况下则要求达(35～40)dB。一般的超高频 RFID 天线对前后比不敏感，只要高于 15dB 即可；如果是卫星天线等对前后比会要求很高，有很多要求达到 35dB。

对于基站天线，人们常常要求它的垂直面(即俯仰面)方向图中，主瓣上方第一旁瓣尽可能弱一些，如图 2-24 所示。这就是所谓的上旁瓣抑制。基站的服务对象是地面上的移动电话用户，指向天空的辐射是毫无意义的。在 RFID 的应用中，同样存在类似的环境，当需要控制的区域限制严格的时候，可以考虑使用旁瓣抑制的天线。

8. 极化特性——线极化、圆极化、轴比

天线向周围空间辐射电磁波。电磁波由电场和磁场构成。人们规定：电场的方向就是天线极化方向。一般使用的天线为单极化天线，也称为线极化(Linear Polarized)天线。图 2-25 给出了两种基本的单极化的情况，图 2-25(a)为垂直极化，是最常用的单极化天线；图 2-25(b)为水平极化，也经常被用到。

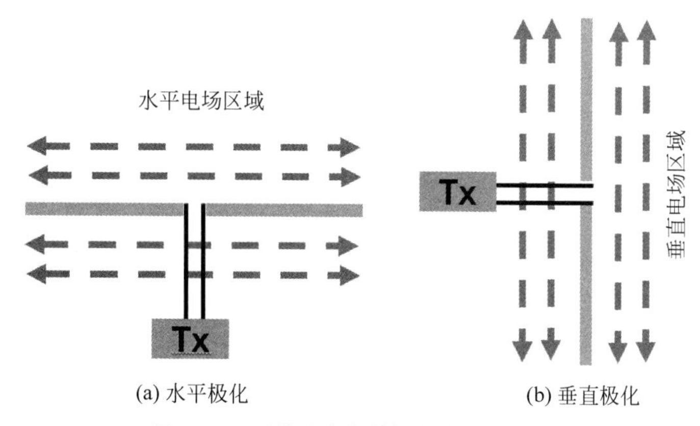

图 2-25　两种基本的单极化特性示意图

当一个天线同时存在两种极化的时候，称之为双极化天线；当水平极化和垂直极化相位差 90°时，电场磁场相互转换旋转向前辐射，就是圆极化天线(Circular Polarized)。如

图 2-26 所示为在 x 轴方向和 y 轴方向随时间变化的线极化矢量,从而形成了圆极化辐射。

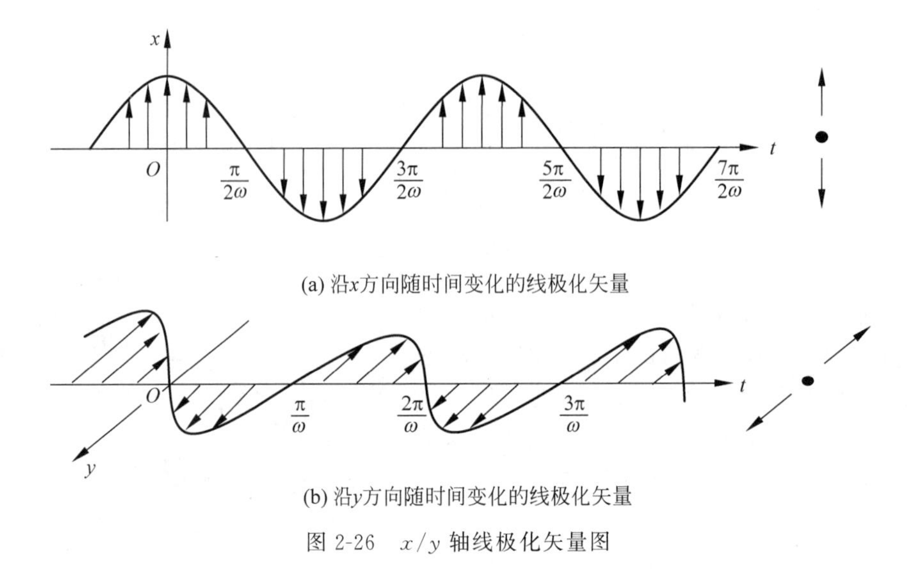

图 2-26 x/y 轴线极化矢量图

对于一般的情况,即正弦时间变化矢量的两个分量(水平极化和垂直极化)的大小、方向和相位均为任意大小,合成矢量的末端轨迹是一个椭圆,它们的合成矢量就是椭圆极化。总的来说,电磁波的极化类型分为线极化、椭圆极化和圆极化。极化波的合成矢量轨迹分别如图 2-27 所示。

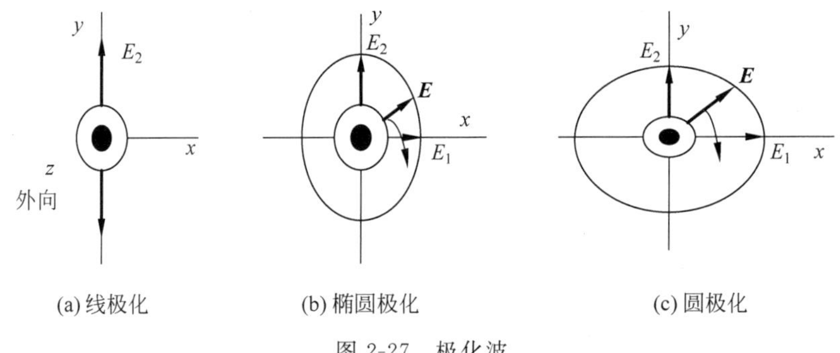

图 2-27 极化波

既然椭圆极化两个极化矢量(垂直极化和水平极化)大小存在差异(没有绝对的圆极化天线),那么这里提出一个概念轴比 AR(Axis Ratio)定义为:$\mathrm{AR}=\dfrac{\mathrm{OA}}{\mathrm{OB}}(1\leqslant \mathrm{AR}\leqslant\infty)$如图 2-28 所示,其中 OA 是半长轴,OB 是半短轴。

如果用分贝表示,则有 $\mathrm{AR(dB)}=20\lg|\mathrm{AR}|=20\lg\left(\dfrac{\mathrm{OA}}{\mathrm{OB}}\right)$。

为了反映极化波的旋向,规定 AR 具有正、负号:对左旋波,AR 的符号为正;对右旋波,AR 的符号为负。这样,由轴比 AR 和倾角 τ 便确定了任一极化状态。

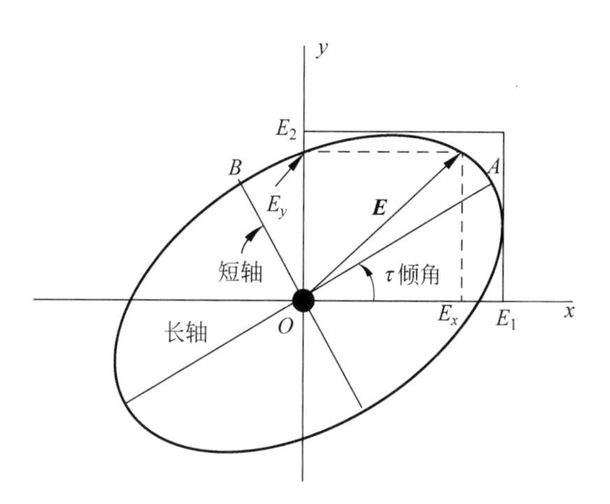

图 2-28 倾角为 τ 的椭圆极化

圆极化天线的基本电参数就是它所辐射的电磁波的轴比 $|AR|$，一般是指其最大增益方向上的轴比。对于圆极化波，$|AR|=1$，即 0dB。轴比 $|AR|$ 不大于 3dB 的带宽定义为天线的圆极化带宽。在进行 RFID 天线的设计时，轴比小于 3 的圆极化天线都被认为实现良好的圆极化。

圆极化波具有以下重要性质：

(1) 圆极化波是一个等幅的瞬时旋转场。即沿其传播方向看去，波的瞬时电场矢量的端点轨迹是一个圆。若瞬时电场矢量沿传播方向按左手螺旋的方向旋转，则称之为左旋圆极化波；若沿传播方向按右手螺旋旋转，则称之为右旋圆极化波。

(2) 一个圆极化波可以分解为两个在空间上和在时间上均正交的等幅线极化波。由此，实现圆极化天线的基本原理就是：产生两个空间上正交的线极化电场分量，并使二者振幅相等、相位相差 90°。

(3) 任意极化波都可以分解成两个旋向相反的圆极化波。比如，一个线极化波可以分解成两个旋向相反、振幅相等的圆极化波。因此，任意极化的来波都可由圆极化波天线接收；同样，圆极化天线辐射的圆极化波也可以由任意极化的天线接收。在超高频 RFID 某些应用中，比如机场行李处理系统，为了能在特定范围内提供高方向性和窄波束来更好识别物体，阅读器天线一般设计成线极化，而由于标签摆放的方向不定，为了满足阅读器天线极化特性要求必须实现标签天线的圆极化。

(4) 天线若辐射左旋圆极化波，则只能接收左旋圆极化波而不能接收右旋圆极化波；反之，若天线辐射右旋圆极化波，则只能接收右旋圆极化波而不能接收左旋圆极化波。这称为圆极化天线的旋向正交性。在超高频 RFID 系统应用中应注意天线的极化特性。

(5) 圆极化波入射到对称目标(如平面、球面等)时，反射波会变为反旋向的，即左旋变右旋，右旋变左旋。根据这个性质，采用圆极化波工作的雷达具有抑制雨雾干扰的能力。由于不同的物体对波具有不同的反射特性，用圆极化波照射物体，分析接收的反射波可以知道物体的特性，因此，圆极化天线在目标识别中也有着广泛的应用。

9. 极化损耗(Loss)、极化隔离(Isolation)

垂直极化波要用具有垂直极化特性的天线来接收,水平极化波要用具有水平极化特性的天线来接收。右旋圆极化波要用具有右旋圆极化特性的天线来接收,而左旋圆极化波要用具有左旋圆极化特性的天线来接收。

当来波的极化方向与接收天线的极化方向不一致时,接收到的信号都会变小,也就是说,发生极化损失。例如,当用+45°极化天线接收垂直极化或水平极化波时,或者,在用垂直极化天线接收+45°极化或-45°极化波等情况下,都要产生极化损失。当用圆极化天线接收任一线极化波时,或者,在用线极化天线接收任一圆极化波等情况下,也必然发生极化损失,只能接收到来波的一半能量。

表 2-3 给出了极化损失的典型实例,应用中可以参考本表计算极化损耗。

表 2-3 极化损失的典型实例

发射(或接收)天线	发射(或接收)天线	接收功率 P/P_{max}
垂直(或水平)极化	垂直(或水平)极化	1
垂直(或水平)极化	水平(或垂直)极化	0
垂直(或水平)极化	圆极化	1/2
左旋(或右旋)圆极化	左旋(或右旋)圆极化	1
左旋(或右旋)圆极化	右旋(或左旋)圆极化	0

在超高频 RFID 实际应用中,为了增加取向的多样性,阅读器天线通常设置为圆极化辐射,而大多数超高频 RFID 标签都设计成线极化,这时就会产生极化损失,而且标签只能接收到传输功率的一半。比如阅读器天线对于一个线极化标签来说标称 8dBi 的圆极化天线其实只相当于 5dBi 的线极化天线;因此在这种情况下如果把阅读器天线换为线极化天线,且极化方向相同,则标签的功率接收可以改善 3dB。

当接收天线的极化方向与来波的极化方向完全正交时,例如,用水平极化的接收天线接收垂直极化的来波,或用右旋圆极化的接收天线接收左旋圆极化的来波时,天线就完全接收不到来波的能量,这种情况下极化损失最大,称为极化完全隔离。

理想的极化完全隔离是没有的。馈送到一种极化的天线中的信号多少总会有那么一点点在另外一种极化的天线中出现。例如,在如图 2-29 所示的双极化天线中,设输入垂直极化天线的功率为 10W,结果在水平极化天线的输出端测得的输出功率为 10mW。这种情况下的极化隔离为 Loss=10lg(10 000mW/10mW)=30(dB)。

在超高频 RFID 的一些应用中,我们可以充分地利用极化隔离来避免一些信号的干扰。如在一个车辆管理系统中,使用两组电子车牌,且需要同时工作,可以一组使用垂直极化,一组使用水平极化,同时阅读器天线也使用垂直极化和水平极化,这时两个阅读器可以同时对靠近的两个标签进行识别,且不会互相干扰,就是利用了极化隔离的技术。

10. 天线的输入阻抗 Z

定义:天线输入端信号电压与信号电流之比称为天线的输入阻抗。输入阻抗具有电阻

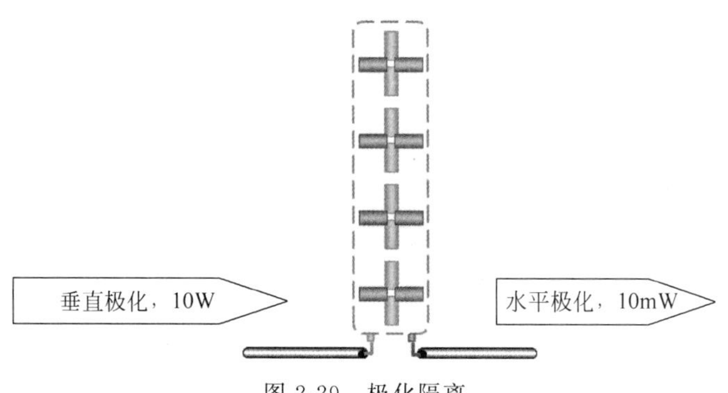

图 2-29　极化隔离

分量 R_{in} 和电抗分量 X_{in}，即 $Z_{in}=R_{in}+j\,X_{in}$。电抗分量的存在会减少天线从馈线对信号功率的提取，因此，必须使电抗分量尽可能为零，也就是应尽可能使天线的输入阻抗为纯电阻。事实上，即使是设计、调试得很好的天线，其输入阻抗中总还含有一个小的电抗分量值。

输入阻抗与天线的结构、尺寸以及工作波长有关，半波对称振子是最重要的基本天线，其输入阻抗为 $Z_{in}=73.1+j42.5\Omega$。当把其长度缩短(3～5)%时，就可以消除其中的电抗分量，使天线的输入阻抗为纯电阻，此时的输入阻抗为 $Z_{in}=73.1\Omega$(标称 75Ω)。注意，严格地说，纯电阻性的天线输入阻抗只是对点频而言的。

关于超高 RFID 的阅读器，其输出端口阻抗为 50Ω，且常用的平板天线都是 50Ω 阻抗，正常情况下阅读器和平板天线不用考虑失配问题(平板天线受环境影响不大)，但是如果项目中使用的是定制天线(如智能货架、智能书柜)，其在不同的环境中的阻抗会有很大的变化(对称振子类天线容易受到外界影响)，在项目实施时尽可能用设备进行测量，如无法提供设备可以用阅读器进行测量(现在一些阅读器提供反射能量参数，通过反射能量与入射能量可以算出 VSWR 等参数，5.2.3 节中有相关介绍)。

关于超高频 RFID 标签芯片，其阻抗由实部和虚部组成，如 15－j150Ω，并不是 50Ω，所以标签的天线不能直接用 50Ω 的天线，要根据不同芯片的阻抗进行设计。如果一定要连接 50Ω 的平板天线，可以接一段匹配电路使其阻抗变为 50Ω。

2.2.4　常见 RFID 天线

视频讲解

在超高频 RFID 中常见的天线主要有两类：一类是偶极子，一类是微带天线(本节只讨论远场的天线，近场天线 5.3.1 节有详细讲解)。如图 2-30 所示的标签 ALN9662(见图 2-30(a))和一个白色平板(见图 2-30(b))天线分别是偶极子天线(Dipole Antenna)和微带天线的代表。

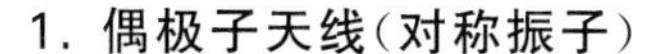

1. 偶极子天线(对称振子)

对称振子是一种经典的、迄今为止使用最广泛的天线，单个半波对称振子可简单地独立使用或用作为抛物面天线的馈源，也可采用多个半波对称振子组成天线阵。

两臂长度相等的振子叫作对称振子。每臂长度为四分之一波长、全长为二分之一波长的振子，称半波对称振子，如图 2-31(a)所示。

(a) 标签偶极子天线

(b) 阅读器平板微带天线

图 2-30 常见超高频 RFID 天线代表

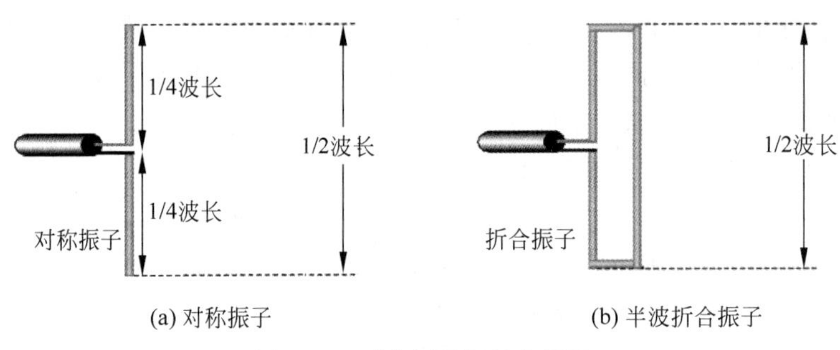

(a) 对称振子 (b) 半波折合振子

图 2-31 对称振子与折合振子

另外,还有一种异型半波对称振子,可看成是将全波对称振子折合成一个窄长的矩形框,并把全波对称振子的两个端点相叠,这个窄长的矩形框称为折合振子,注意,折合振子的长度也是二分之一波长,故称为半波折合振子,如图 2-31(b)所示。

在超高频 RFID 标签天线中,最常见的为偶极子天线的变形,包括一些手持机天线也是偶极子天线。偶极子天线的特点是制作简单,设计方便,极化方向为线极化,其缺点为抗环境影响差,标签周围若有其他物质,对其性能有较大影响。偶极子的天线增益一般情况下为 2dBi 左右,所以常见的标签天线(抗金属标签不算)、手持机天线(偶极子)增益都为 2dBi 左右,如果天线尺寸偏小,其增益就会变小,如 0dBi 或者 -2dBi 的标签天线很多。但是对于 4dBi 的标签天线,除非特殊工艺尺寸很大,否则很难实现。值得一提的是,偶极子天线没有前后比的概念,其辐射方向是全向的。

2. 微带天线

微带天线(Micro Strip Antenna)是在一个薄介质基片上,一面附上金属薄层作为接地板,另一面用光刻腐蚀方法制成一定形状的金属贴片,利用微带线或同轴探针对贴片馈电构成的天线。按结构特征微带天线可分为两大类,即微带贴片天线和微带缝隙天线。

超高频 RFID 中最常见的微带天线为贴片天线,如图 2-32 所示为一个最简单的贴片微带天线图。

微带天线利用接地板(反射板),把辐射能控制到单侧方向。如图 2-33 的水平面方向图说明了反射面的作用，反射面把功率反射到单侧方向，提高了增益。

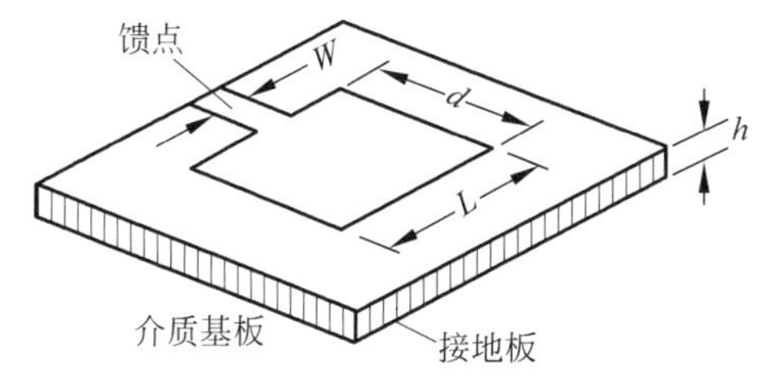

图 2-32 一个简单的贴片微带天线图

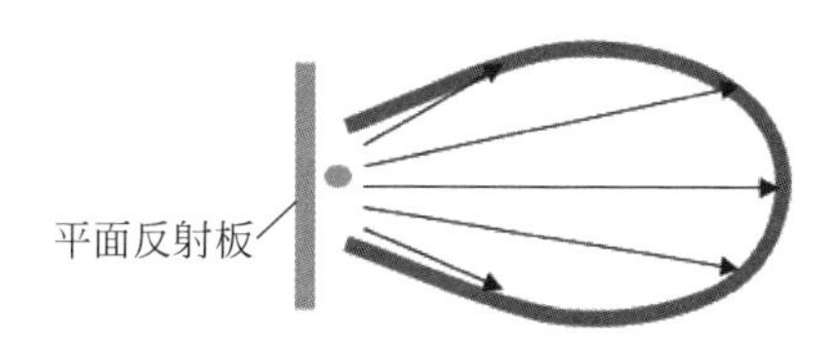

图 2-33 水平反射板辐射方向图

阅读器使用的陶瓷天线就是利用这个原理，如图 2-34 为各种尺寸的陶瓷天线。陶瓷天线有很多弊端，比如其轴比很差(2～5dB 不等)，尤其在手持机上使用时，标签旋转一下，工作距离可能会大幅降低，给客户带来很多困扰(详细的阅读器天线应用讨论请见 5.3.1 节)。

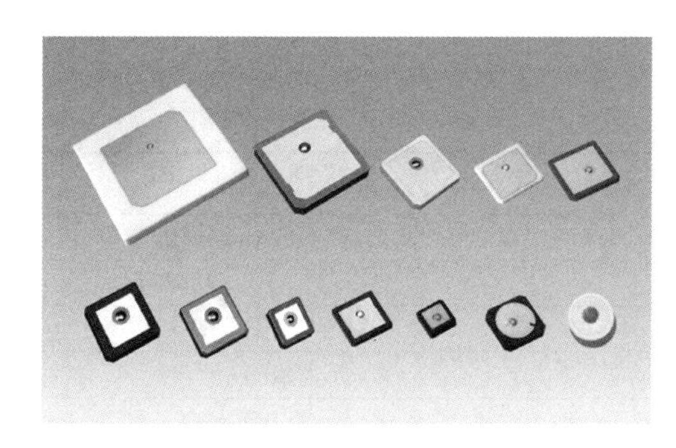

图 2-34 陶瓷天线

如果仔细观察会发现陶瓷天线上会有各式各样的划痕，这些划痕是为了调整谐振频率。因为陶瓷的介电常数很高，在烧制的过程中由于工艺和材料的问题，每个批次的产品的介电常数都不太相同，这就需要进行调整。

如果对性能要求比较高，就需要稳定性比较高的天线，如图 2-35 所示的天线就是一款常用的圆极化手持机天线(不是微带天线)，其特点是一致性好、增益高、轴比小于 2，其圆极化特性很好(水平方向与垂直方向工作距离一样远)。这个天线的工作原理是利用 4 个单极子天线，其相位各相差 90°，最终形成一个轴比较好的圆极化天线。

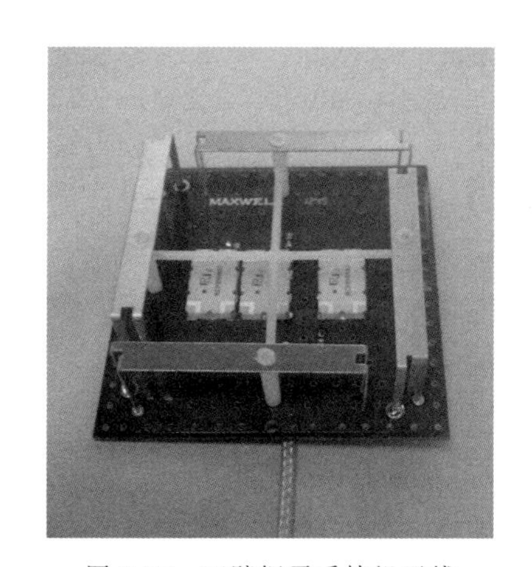

图 2-35 四臂振子手持机天线

超高频 RFID 固定式阅读器最常用的天线为平板天线，也是微带天线。下面总结微带天线的特点：

- 体积小,重量轻。超高频 RFID 应用中智能仓库中的货架和叉车都经常安装微带天线。
- 电性能多样化。不同设计的微带元,最大辐射方向可以从边射到端射范围调整;易于得到各种极化。超高频 RFID 在交通应用中常使用线极化天线,而在智能书架多采用圆极化天线。
- 易集成。能和有源器件、电路集成为统一的组件。超高频 RFID 的许多 PDA 设备和手持设备都安装平板天线,还可以作为一体机使用。

2.2.5 天线实例学习

本节对一款超高频 RFID 中常用的天线 Laird S8658WPR 进行分析,对它的产品说明书(Datasheet)进行讲解,并讲解天线的每一个参数与超高频 RFID 应用的关系。

1. 天线特性(Antenna Characteristics)

这款天线的天线特性如表 2-4 所示。

表 2-4 Laird 天线特性表

参　数	性　能
天线编号(Antenna Part Number)	S8658WPR72RTN
频率(Frequency)	865～956MHz
天线增益(Gain)	6dBil max
轴比(Axial Ratio)	2dB
天线阻抗(Nominal Impedance)	50Ω
极化特性(Polarization)	RHCP(Right Hand Circular Polarized)右手圆极化
电压驻波比(VSWR)	小于 1.4∶1
水平极化方向 3dB 波瓣宽度(Horizontal 3dB Beam Width)	65°
垂直极化方向 3dB 波瓣宽度(Vertical 3dB Beam Width)	65°
前后比(Front Back Ratio)	18dB
连接馈线(Pigtail)	72 英寸(1.8m)
射频接头(RF Connector)	Rev-Polarity TNC(M),反极性 TNC 接头(公头)
额定输入功率(Power)	2W
重量(Weight)	2.5lb(1.1kg)
RoHS 认证	符合(Compliant)

- 天线编号(Antenna Part Number):S8658WPR72RTN。
- 频率(Frequency):天线的工作频率为 865～956MHz,是一个带宽接近 100MHz 的天线,可以在美国和中国以及欧洲使用。这个指标非常重要,许多天线的带宽很窄,在选择天线时要注意。

- 天线增益(Gain)：6dBil max；dBil 是指与全向天线比的线极化增益大小，可以理解为 dB+i(isotropic)+l(linear polarization)。这里的天线增益为 6dBil 并非 6dBi，请一定注意。由于天线是圆极化天线，也可以理解为该天线是最大增益为 9dBi 的圆极化天线。
- 轴比(Axial Ratio)：2dB。
- 天线阻抗(Nominal Impedance)：50Ω。
- 极化特性(Polarization)：RHCP(Right Hand Circular Polarized)右手圆极化，常见的还有 LHCP，为左手圆极化天线。超高频 RFID 应用中主要使用右手圆极化天线。
- 电压驻波比(VSWR)：小于 1.4∶1；这里强调自由空间中的驻波比，而不是在其他介质中或正面靠近金属的驻波比。在超高频 RFID 的应用中一般要求驻波比小于 2∶1 即可使用，建议天线的驻波比小于 1.5∶1。
- 水平极化方向 3dB 波瓣宽度(Horizontal 3dB Beam Width)：65°(后面关于辐射图部分会做详细解释)。
- 垂直极化方向 3dB 波瓣宽度(Vertical 3dB Beam Width)：65°。
- 前后比(Front Back Ratio)：18dB。在超高频 RFID 的应用中这个参数并不重要，只要达到 15dB 即可。
- 连接馈线(Pigtail)：72 英寸(1.8m)；1 英寸＝0.0254m。Pigtail 字面意思是猪尾巴，其实是指天线的馈线的长度。在超高频 RFID 应用和项目中，一定要注意馈线的长度，是否要增加额外的馈线，比如智能交通系统的馈线长度为 6m，而这个天线自带的馈线只有 1.8m，就需要再采购 4.2m 的射频馈线。
- 射频接头(RF Connector)：Rev-Polarity TNC(M)，反极性 TNC 接头(公头)，其中 M 代表公头(Male)，F 代表母头(Female)，TNC 是一种常用的接头，还有常用的为 SMA 接头和 N 型接头。在超高频 RFID 的应用中一定要注意接头的型号，尤其是在有转接设备馈线的情况下，以免买回来的天线和阅读器馈线无法连接在一起。
- 输入功率(Power)：最高输入功率 2W，限制阅读器输出功率不能超过 2W，否则天线会受损或天线的性能会发生变化。
- 重量(Weight)：天线重量 2.5lb 其中 1lb＝0.4532kg，天线重量约为 1.1kg。
- RoHS 认证通过：RoHS Compliant，现在的大公司都需要有 RoHS 认证的要求。

2. VSWR 与频率

如图 2-36 所示，为该天线在不同频率下的驻波比，从数据看这个天线的驻波比非常理想，在 865～956MHz 的所有频点驻波比都在 1.2 之下，在 915MHz 频率附近的驻波比最好，最适合在中国频段和美国频段应用。一般正规的天线厂商都会提供 VSWR 频率图。

3. 天线辐射图

如图 2-37 所示，为天线辐射方向定义图，定义天线的垂直极化和水平极化的初始角度，方便理解后面的辐射图。

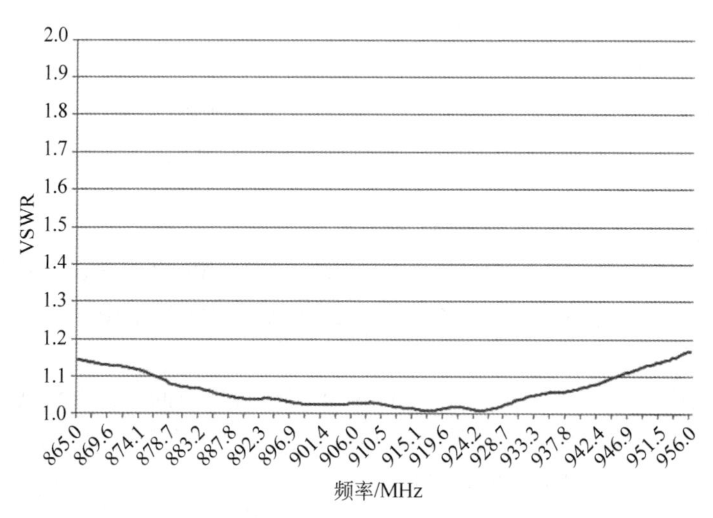

图 2-36 VSWR 与频率图

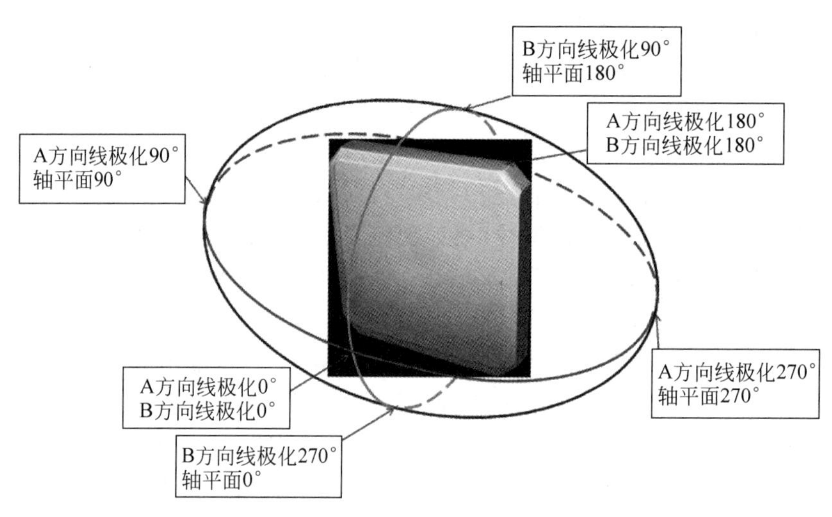

图 2-37 天线辐射方向定义图

图 2-38 为 865MHz 时的天线辐射方向图,共 3 张,分别为 A 方向线极化增益图,B 方向线极化增益图以及轴向的增益图。可以看到图 2-38(a)和图 2-38(b)很相似,且轴向辐射图 2-38(c)为一个圆形。一个圆极化微带天线的辐射图,基本是通过 3 张辐射图的形式展现。利用刚刚学过的天线知识,通过分析图可以看到天线的 3dB 波瓣宽度、10dB 波瓣宽度前后比等参数。同时,可以看到旁瓣值很小,基本都在主瓣的背后。图 2-38(c)表明天线的轴比很好,圆极化特性很好。在超高频 RFID 项目中,选择天线,一定要关注主瓣和旁瓣的大小和位置,如果旁瓣很大或者位置靠近主瓣,在类似仓库管理的项目实施时会遇到很大问题,请慎重选择。

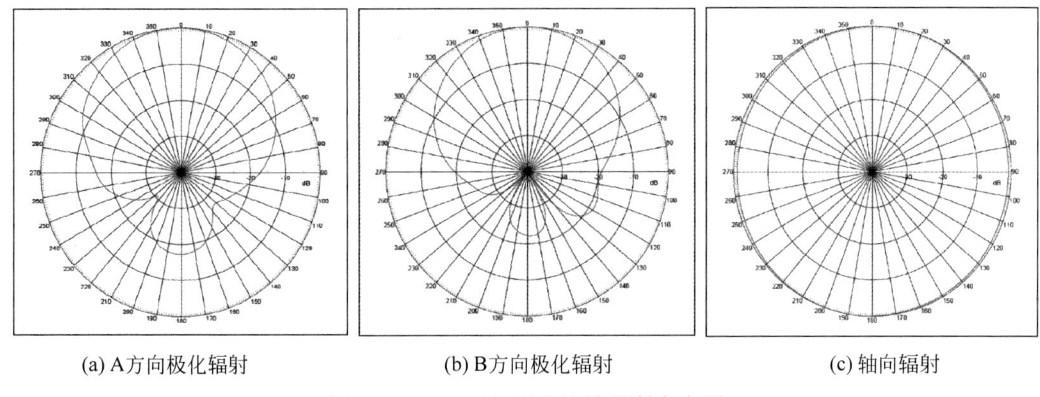

(a) A方向极化辐射　　(b) B方向极化辐射　　(c) 轴向辐射

图 2-38　865MHz 时的天线辐射方向图

图 2-39 和图 2-40 也是辐射特性图，其频点分别是 915MHz 和 956MHz，其目的是通过这 3 组不同频率的天线辐射图让客户更加了解天线的特性，这 3 个频率分别是中心频率和边界频率，足以说明天线的性能稳定，各项指标达标。

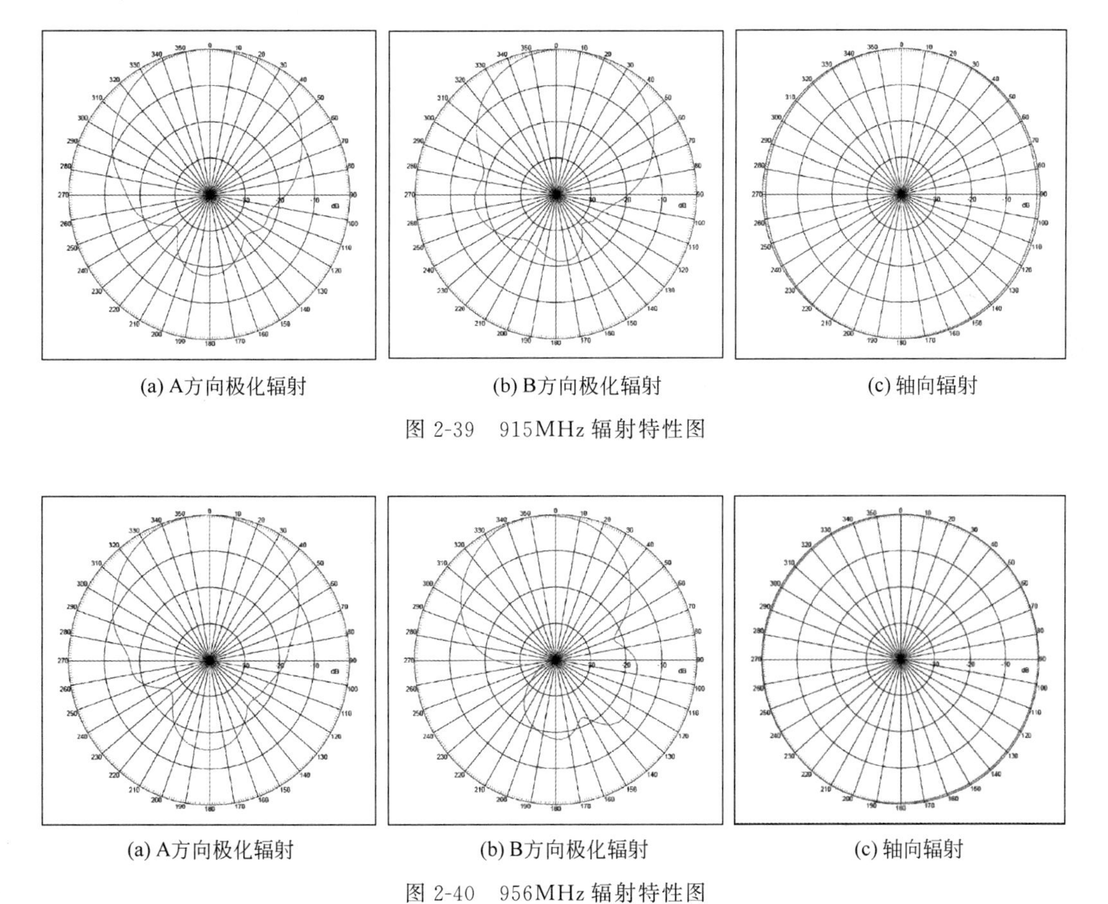

(a) A方向极化辐射　　(b) B方向极化辐射　　(c) 轴向辐射

图 2-39　915MHz 辐射特性图

(a) A方向极化辐射　　(b) B方向极化辐射　　(c) 轴向辐射

图 2-40　956MHz 辐射特性图

4. 轴比 Axial Ratio 与频率

如图 2-41 所示为天线在不同频率下的轴比图，从图中可以看到，其轴比全部小于 2dB，且在大部分频率范围只有 1dB 左右，说明这个天线的圆极化特性非常好。刚刚在图 2-38(c)中可以看到，天线的圆极化特性很好，但是具体轴比数据通过轴比图来了解更加准确。通过这个参数就可以更加了解并有效使用该天线，无论标签如何旋转贴放(面对面放置)，其最远与最近工作距离差小于 10%(1dB 对应工作距离约 10%，具体计算可参照 2.3.1 节)。

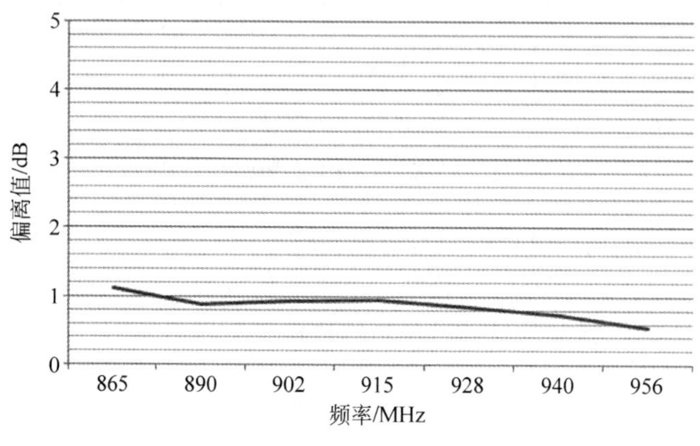

图 2-41 天线在不同频率下的轴比图

5. 线极化峰值增益角度(Peak Gain Angle Linear)

图 2-42 为线极化增益角度与频率图。对于此图，我们重点关注天线辐射最大增益的时候，是不是在 0°位置。根据图 2-24(a)，A 方向线极化峰值增益正好在 0°位置，性能非常好。在超高频 RFID 的应用中这一点非常重要，比如在车辆管理的时候，要求采集每个车道哪辆车通过，天线对车道的扫描范围要求很高，就需要准确了解天线的最强增益的角度。图 2-24(b)为 B 方向的线极化峰值增益角度与频率图，可以看到其并不是在 0°位置，而是在 1°～5°，在要求严格的项目应用中需要调整并校准位置。

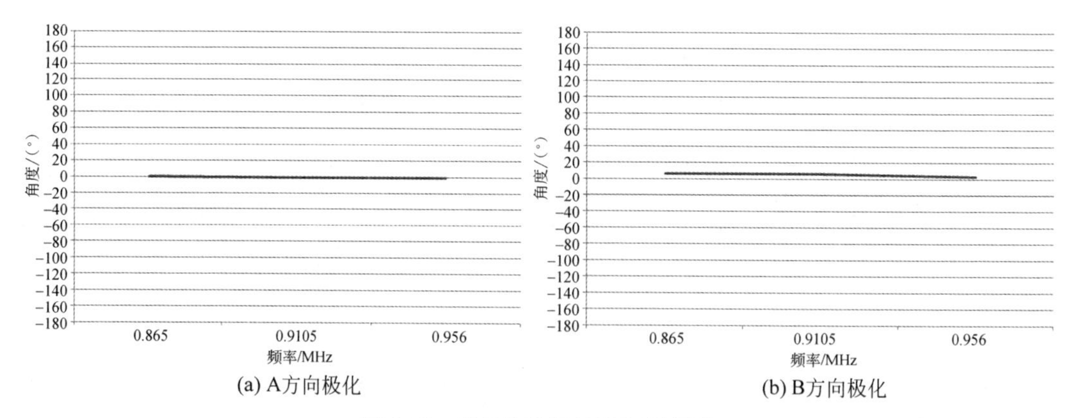

(a) A方向极化　　(b) B方向极化

图 2-42 线极化增益角度与频率图

6. 波瓣宽度与频率

图 2-43 给出了波瓣宽度与频率的关系和在两个极化方向的 3dB 波瓣宽度与频率的关系,其宽度随着频率变大而变小。一般情况下,天线在频率高的时候增益高,波瓣宽度窄。在超高频 RFID 的项目中,由于不同地区使用的频率不同,就要根据频率来确定波瓣宽度从而计算覆盖范围。具体的测试和应用方法会在 6.1.3 节进行详细讲解。

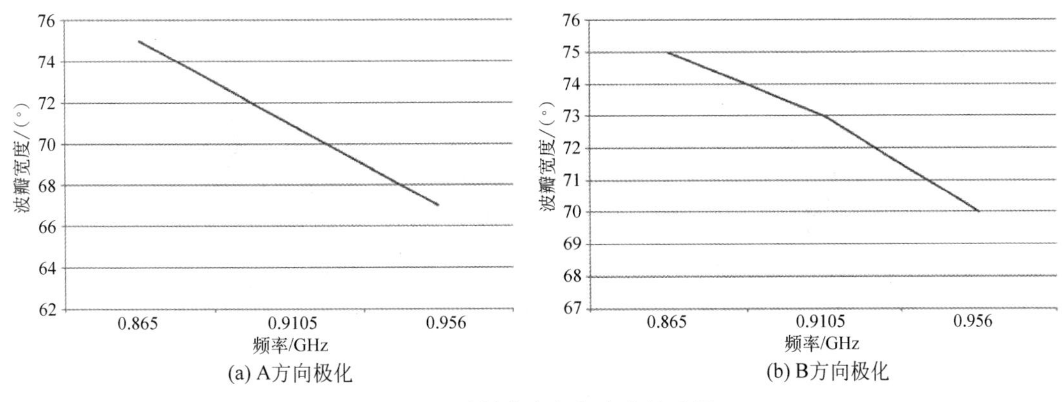

图 2-43 波瓣宽度与频率的关系图

7. 前后比(Front to Back)

图 2-44 为天线的前后比,其前后比随着频率的增加而降低,最低点为 16.8dB。该天线的前后比大于 15dB,在一般的超高频 RFID 项目中可以正常使用。

这里举一个超高频 RFID 项目中关于前后比的实际案例。有一个通道天线固定在支架上,其前后比为 12dB,天线正方向读取标签的距离为 8m,在项目运行中经常会发现莫名其妙多读到很多标签,经过检查发现,在天线的正后方 1m 多的一些地方依然可以稳定地读取标签,原因就是这个前后比太差。最终的解决办法就是在天线的背板后面又放了一个金属板才解决了平板天线背后读取标签的问题。

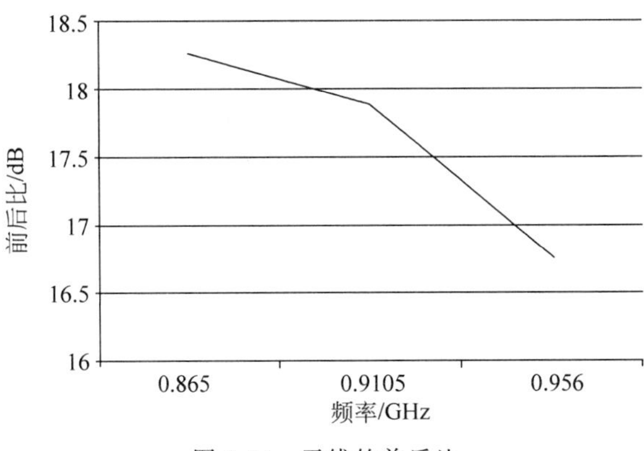

图 2-44 天线的前后比

8. 测试环境(Test Equipment Summary)

图 2-45 为该天线的测试环境，分别为测试驻波比和测辐射方向图的测试环境。其中测试驻波比用的是安捷伦的 E5071B 网络分析仪，测试暗室为高 36 英寸、宽 36 英寸、深 34 英寸(可以理解为一个边长为 1mm 的立方体)，其内部的吸波材料为底为 2 英寸×2 英寸高为 5 英寸的方锥。辐射方向图的暗室就大很多了，测试天线距离被测天线之间的距离为 8.8m，天线的中心距离地面 72 英寸(暗室的高度为 144 英寸)。测试时使用单轴、单测试源测试的方法(关于暗室的详细介绍请参照 6.1.1 节)。

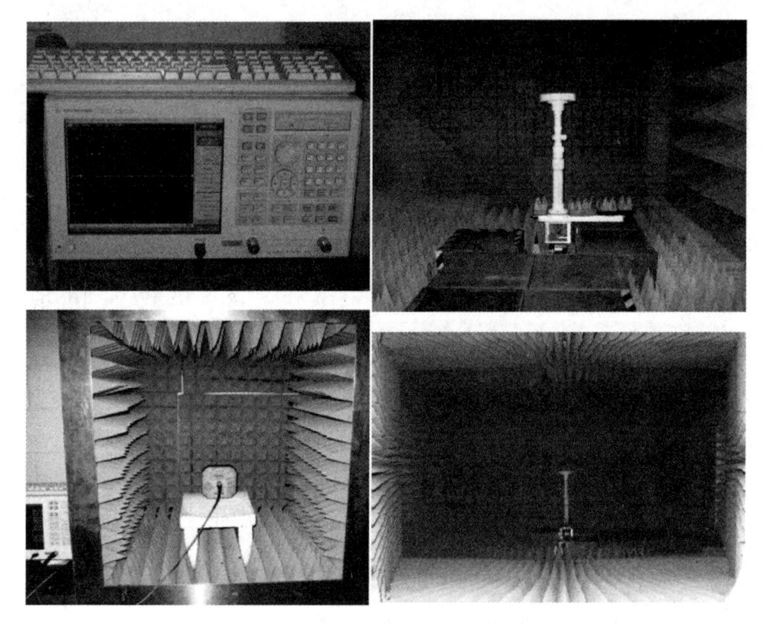

图 2-45　天线的测试环境

莱尔德(Laird)让我们了解他的测试环境和测试方法，是想告诉我们他的天线是经过认真测试的，当然如果要设计和测试天线，可以直接照搬他的测试方法。

9. 增益与频率

上面介绍了 Laird 天线，其中还有一个很重要的指标没有列出，就是增益与频率。这里通过 Huber+Suhner 公司的 SPA8090 这款天线进行分析。SPA8090 天线是一个线极化天线，如图 2-46 所示，增益随频率变化是有波动的，960MHz 增益比 800MHz 整整高 1dB。在标签性能测试或高精度测试时需要精确地知道阅读器天线的频率增益曲线，一般高端的阅读器天线会提供相应报告。

10. 装配图

装配图是指天线的尺寸和固定孔位信息。对现场施工的影响很大，在前期做方案的时候就要考虑，如图 2-47 所示为 Alien Technology 公司的 ALR-8696C 的天线装配图。从这个装配图上同样可以获得很多信息，如孔径、孔位置、馈线长度等。

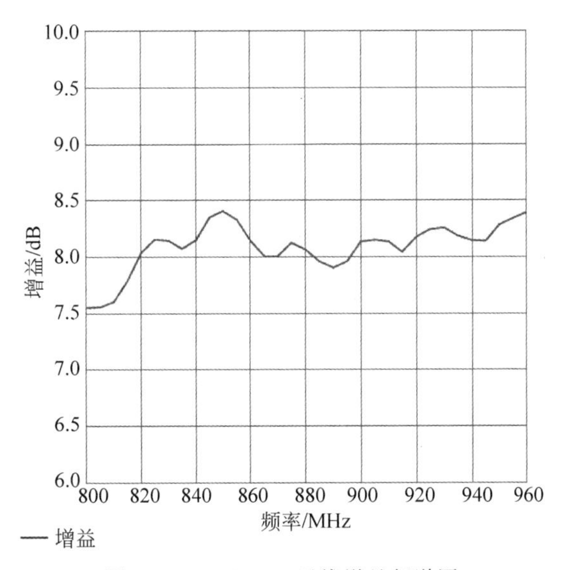

图 2-46　SPA8090 天线增益频谱图

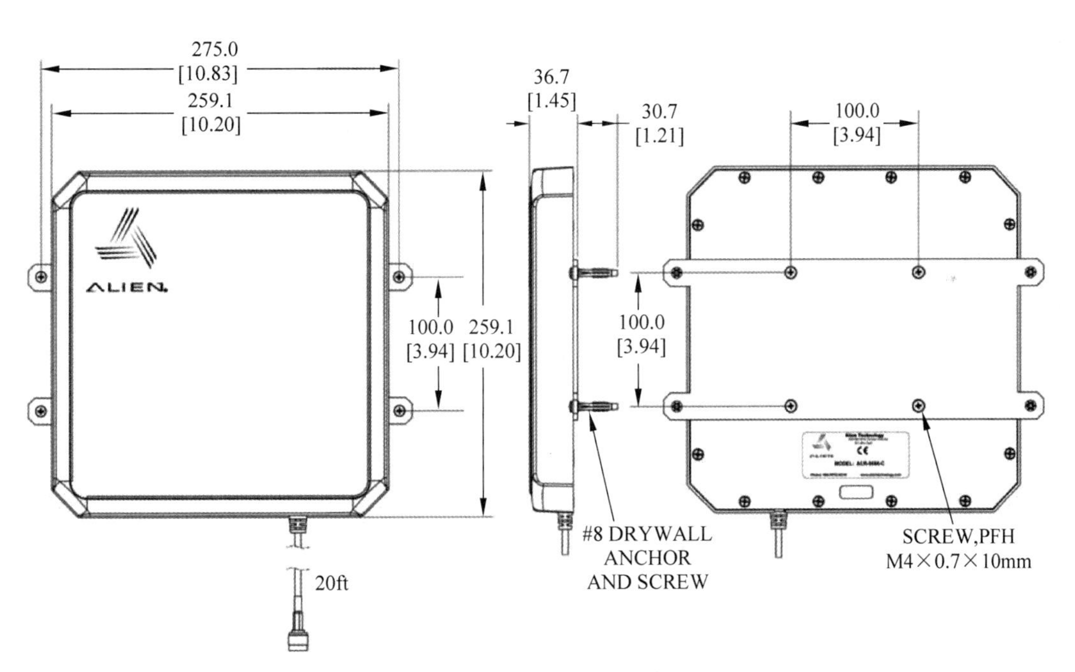

图 2-47　ALR-8696C 的天线装配图

经过前面的天线实例学习，我们知道了一个天线的每一个参数应该怎么理解，如何选型。但是并不是所有的公司都会提供齐全的产品资料，一些天线厂家只提供一份参数表和一个非常简单的辐射方向图，最后附上一张装配图。大家一定要灵活地运用自己学到的知识，灵活地分析这些给出的参数，根据自己的需求进行选择。

2.3 超高频 RFID 系统的识别距离

谈到超高频 RFID,最常谈论的问题是这个标签或者这个阅读器能工作多远,这也一直是一个令人纠结的问题。同样一个标签,有的人说能读 10m,有的人说能读 3m。到底读取距离与什么有关系呢?有经验的朋友一定会说,一般情况下阅读器的输出功率越大、阅读器天线增益越大、标签灵敏度越高、标签天线增益越大,整个系统的工作距离越远。那到底这个关系是如何计算的呢?读者需要先学习弗里斯(Friis)及雷达距离方程。弗里斯非常重要,对计算超高频 RFID 的识别距离非常有用,2.3.1 节会进行简单的公式推导,希望大家跟着本书推导一次,今后在各种超高频 RFID 应用中都会有很大帮助。

视频讲解

2.3.1 弗里斯及雷达距离方程与标签识别距离的关系

识别距离是超高频 RFID 标签最重要的参数之一,主要受到两个参数的影响,分别是标签刚好能够从阅读器获取足够开启功率的最大距离 R_{tag}(即标签激活距离)和阅读器能够检测到标签反向散射信号的最大距离 R_{read},有效的识别范围取这两个距离的较小值 $\min(R_{tag}, R_{read})$。

通过理论分析有效地确定反向散射无源标签 RFID 系统的识别距离和识别范围。由自由空间传输理论方程——Friis 传输公式,可知标签激活的最大距离 R_{tag},通过研究雷达距离方程可得检测到标签反向散射信号的最大距离 R_{read},其主要目的在于找到合适有效的方法来研究该类 RFID 系统的有效识别范围。

1. 弗里斯传输公式

弗里斯传输公式也称为功率传输方程,是天线理论中最重要的公式之一。弗里斯传输理论用于解释并确定无线电通信线路中负载匹配的天线所接收到的功率。

如图 2-48 所示,发射机将发射功率为 P_t 的能量馈送给增益为 G_t 的发射天线,在距离 R 处有一接收天线,此接收天线的增益为 G_r,并设接收机由接收天线而接收到的功率为 P_r。

图 2-48 简单发射接收系统示意图

则在自由空间、无损耗、极化匹配、端口匹配的情况下接收天线所接收到的信号功率为

$$P_r = \frac{P_t G_t}{4\pi R^2} \cdot \frac{\lambda^2}{4\pi} G_r \tag{2-10}$$

这就是弗里斯传输公式。这个等式关系自由空间路径损耗、天线增益、天线接收和发射功率。这是一个基本天线理论方程。由式(2-10)可知,发射天线与接收天线的增益直接影响接收天线的功率。

弗里斯传输公式还有另一种有用的形式:

$$P_r = \frac{P_t G_t G_r c^2}{(4\pi R f)^2} \tag{2-11}$$

由式(2-11)可知，频率越高，接收天线接收到的功率越低，即衰减越大。

利用弗里斯传输公式(2-10)可知，在任意给定 P_t、G_t、P_r、G_r、R 5 个量中的任意 4 个量之后，剩余的 1 个量必定可求。最大可读距离 R：

$$R=\frac{\lambda}{4\pi}\sqrt{\frac{P_tG_tG_r}{P_r}} \tag{2-12}$$

其中，P_r 为标签的接收功率(最低开启功率)；P_t 为阅读器天线发射功率；G_t 为阅读器发送天线增益；G_r 为标签接收天线增益；R 为接收天线和发射天线之间的距离。

若标签芯片的读取灵敏度为 $P_{\text{Chip-th}}$。由 $P_{\text{Chip-th}}=P_r\eta_{\text{matching}}$，则弗里斯传输公式可以表示为：

$$R_{\text{tag}}=\frac{\lambda}{4\pi}\sqrt{\frac{P_tG_rG_t\eta_{\text{matching}}}{P_{\text{Chip-th}}}} \tag{2-13}$$

其中，定义功率传输系数(匹配系数)$\eta_{\text{matching}}=1-|\Gamma_m|^2$，$0\leqslant\eta_{\text{matching}}\leqslant 1$，其中 Γ_m 为修正反射系数，为 $\Gamma_m=\dfrac{Z_L-Z_A^*}{Z_L+Z_A}$；$Z_A=R_A+jX_A$；$Z_L=R_L+jX_L$；$R_A$ 为天线电阻；X_A 为天线电抗；R_L 为负载电阻；X_L 为负载电抗；所以 $\eta_{\text{matching}}=\dfrac{4R_AR_L}{|Z_A+Z_L|^2}$，称为功率传输系数。当 $\eta_{\text{matching}}=1$ 时，即是完全匹配情况时，标签可以达到最大识别距离 R_{tag}。

如果完整地考虑识别距离，就要同时考虑天线的极化效率 $\eta_{\text{polarisation}}$ 和标签天线的辐射效率 η_{antenna}，公式变为：

$$R_{\text{tag}}=\frac{\lambda}{4\pi}\sqrt{\frac{P_tG_rG_t}{P_{\text{Chip-th}}}\cdot\eta_{\text{matching}}\cdot\eta_{\text{antenna}}\cdot\eta_{\text{polarisation}}} \tag{2-14}$$

2. 雷达距离方程

雷达距离方程(Radar Range Equation)用于计算雷达在各种工作模式(搜索、跟踪、信标、成像、抗干扰、杂波抑制等)下的最大作用距离的方程式。它是根据已知雷达参数、传播路径、目标特性和所要求的检测与测量性能来计算雷达的最大距离的基本数学关系式，对作为检测和测量设备的雷达进行性能预计。它与雷达参数(如发射功率、接收机噪声系数、天线增益、波长等)、目标特性(如目标的雷达截面积等)和传播性能(如大气衰减、反射等)有关。雷达截面简称为 RCS(Radar Cross Section)，指的是其有效反射电磁波的面积。

我们知道，标签通过负载调制反向散射电磁波使阅读器接收到有效的信号，就是说标签在调制和不调制的时候反向散射的电磁波能量不一样。如图 2-49 所示，标签在调制的时候比不调制的时候反射的电磁波能量强，阅读器就是靠接收这个电磁波的差值来解析 0 或 1 的信号的。图中的 S_R 为距离阅读器天线 R 处的功率谱密度：

$$S_R=\frac{P_tG_r}{4\pi R^2} \tag{2-15}$$

这个时候标签反射(未负载调制)的能量为：

$$P_{\text{Tag,unmod}}=S_R\cdot \text{RCS}_{\text{unmod}} \tag{2-16}$$

其中，$P_{\text{Tag,unmod}}$ 为标签反射的能量，$\text{RCS}_{\text{unmod}}$ 为当前为反射时标签的雷达截面。

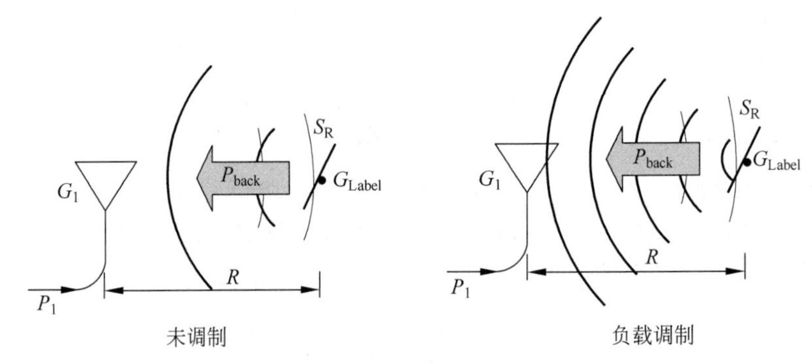

图 2-49 负载调制反向散射原理

同理，当标签负载调制时反射的能量为：

$$P_{\text{Tag,mod}} = S_{\text{R}} \cdot \text{RCS}_{\text{mod}} \tag{2-17}$$

其中，$P_{\text{Tag,mod}}$ 为标签反射的能量，RCS_{mod} 为当前为反射时标签的雷达截面。由于未调制时标签芯片与天线阻抗匹配，反射能量较小，而负载调制时天线与芯片失配，反射能量增强，因此 $P_{\text{Tag,mod}} > P_{\text{Tag,unmod}}$。

定义 $\Delta\text{RCS} = \text{RCS}_{\text{mod}} - \text{RCS}_{\text{unmod}}$ 负载调制与未负载调制的差值为有雷达截面差值。

$$\Delta\text{RCS} = \frac{\lambda^2}{4\pi} G_{\text{t}}^2 (|\Gamma_{\text{mod}}|^2 - |\Gamma_{\text{unmod}}|^2) \tag{2-18}$$

其中，Γ_{mod} 为负载调制时的反射系数，Γ_{unmod} 为未负载调制时的反射系数。

根据 ISO 的标准，ΔRCS 在其标签工作距离在 50%以上应超过 0.005，由图 2-50 可知，标签的雷达截面并不是一成不变的，在不同的能量场下的雷达截面是不同的，在功率大的情况下雷达截面比较小，但是这不影响阅读器的接收，因为其所处的能量场密度比较大，反射的能量也比较大。需要关注的是在正向最远工作距离时的雷达截面的大小。

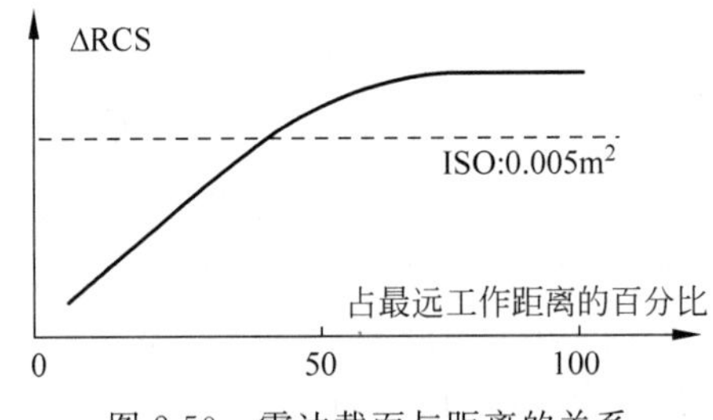

图 2-50 雷达截面与距离的关系

如图 2-51 所示，标签反向散射的能量差值为 $\Delta P_{\text{Diff-reflected}} = S_{\text{R}} \cdot \Delta\text{RCS}$

所以阅读器可以收到的能量通过弗里斯传输公式，式(2-10)进行计算，假设标签为发射源，发射能量为 $\Delta P_{\text{Diff-reflected}}$，则得到：

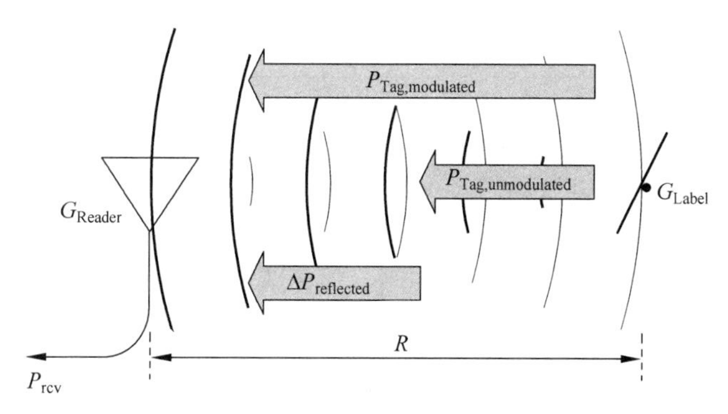

图 2-51 标签反向散射能量

$$P_{\text{Diff-Reader-rcv}} = P_t G_t^2 \frac{\lambda^2}{(4\pi)^3 R^4} \Delta\text{RCS} \tag{2-19}$$

设阅读器接收反射信号的灵敏度为 $P_{\text{read-th}}$，故在阅读器识别返回信号的临界状态为：

$$P_{\text{read-th}} = P_t G_t^2 \frac{\lambda^2}{(4\pi)^3 R^4} \Delta\text{RCS} \tag{2-20}$$

可知，检测到标签反向散射信号的最大距离 R_{read} 为：

$$R_{\text{read}} = \sqrt{\frac{G_t \lambda}{4\pi} \sqrt{\frac{P_t \Delta\text{RCS}}{4\pi P_{\text{read-th}}}}} \tag{2-21}$$

由式(2-21)可以看出，R_{read} 与阅读器的输出功率、阅读器的天线增益、阅读器的灵敏度、工作频率和标签的雷达截面差值几个参数相关。

2.3.2 正向识别距离与反向识别距离

视频讲解

通过 2.3.1 节的学习，读者应该已经掌握了弗里斯传输公式和雷达方程。以下通过几个例子来验证一下所学的知识。

1. 正向距离

定义阅读器发射的能量足够激活标签工作的距离为正向距离。

假如标签的接收灵敏度 $P_{\text{th-tag}}$ 为－18dBm，阅读器天线发射功率 P 为 20dBm，标签天线增益 G_{tag} 为 2dBi，阅读器天线增益 G_{reader} 为 8dBi，工作频率为 $f=915\text{MHz}$，且假定此时标签芯片与天线完全匹配，极化效率 100%，天线辐射效率为 0.5，其工作距离根据式(2-14)可得：

$$R_{\text{tag}} = \frac{\lambda}{4\pi}\sqrt{\frac{P G_{\text{reader}} G_{\text{tag}}}{P_{\text{th-tag}}} \cdot \eta_{\text{matching}} \cdot \eta_{\text{antenna}} \cdot \eta_{\text{polarisation}}}$$

$$= \frac{0.33}{4 \times 3.14} \times \sqrt{\frac{100 \times 1.58 \times 6.31}{0.016} \times 1 \times 1 \times 0.5} = 4.6(\text{m})$$

计算可得不同类型增益的标签天线对标签激活距离的影响随阅读器天线增益变化的曲线如图 2-52 所示。无源反向散射超高频 RFID 系统的标签激活距离既与标签天线增益有关，也与阅读器天线增益有关。

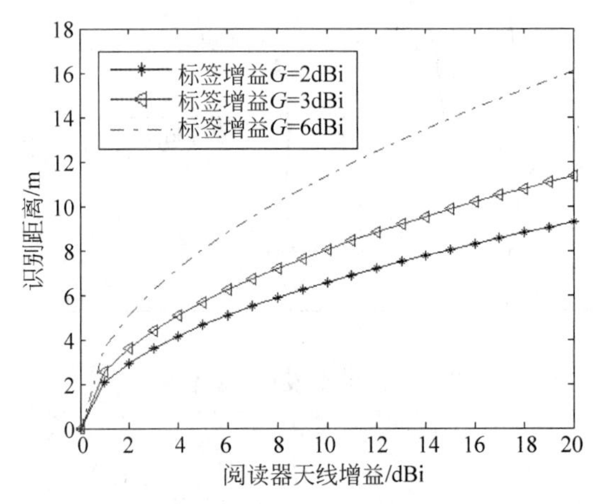

图 2-52 不同类型增益的标签天线对标签激活距离的影响随阅读器天线增益变化的曲线

天线的工作频率对系统的读取距离也有一定影响。通常，超高频 RFID 系统的工作频率为 842.5MHz、868MHz、915MHz、922.5MHz、953.5MHz 等，针对这些频率对应的工作波长分别为 0.356m、0.346m、0.328m、0.325m、0.315m。

超高频 RFID 系统的识别距离与其工作波长成正比。通过使用较低的工作频率，即较大的工作波长，可以增大系统的识别距离。天线工作频率对识别距离的影响如图 2-53 所示，假定系统中标签天线增益为 2dBi。图中曲线描述了工作频率分别为 842.5MHz、915MHz、953.5MHz 时系统识别距离随阅读器天线增益变化的情况。

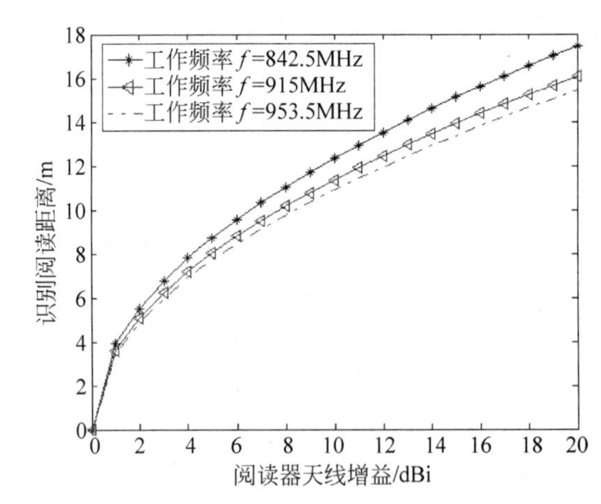

图 2-53 天线的工作频率对系统的读取距离的影响

2. 反向距离

定义阅读器可以解析标签反向散射的信号的最远距离为反向距离。

假设标签的接收灵敏度 $P_{\text{th-tag}}$ 为-18dBm，标签的 ΔRCS$=0.01\text{m}^2$（对于普通标签，ΔRCS 取值为 $0.005\sim0.03\text{m}^2$），阅读器的接收灵敏度为 $P_{\text{th-reader}}=-60$dBm，阅读器天线发射功率 P 为 20dBm，标签天线增益 G_{tag} 为 2dBi，阅读器天线增益 G_{reader} 为 4.5dBi，工作频率为 $f=915$MHz，且假设此时阅读器芯片与天线完全匹配，极化效率为 100%，其工作距离根据式(2-21)可得：

$$R_{\text{read}}=\sqrt{\frac{G_{\text{reader}}\lambda}{4\pi}\sqrt{\frac{P\Delta\text{RCS}}{4\pi P_{\text{read-th}}}}}=\sqrt{\frac{2.82\times0.33}{4\times3.14}\times\sqrt{\frac{100\times0.01}{4\times3.14\times10^{-6}}}}=4.6(\text{m})$$

若保持其他参数不变，只是更改 ΔRCS 分别为 $\Delta\text{RCS}_1=0.01\text{m}^2$，$\Delta\text{RCS}_2=0.03\text{m}^2$，$\Delta\text{RCS}_3=0.005\text{m}^2$，则反向距离的变化曲线如图 2-54 所示。

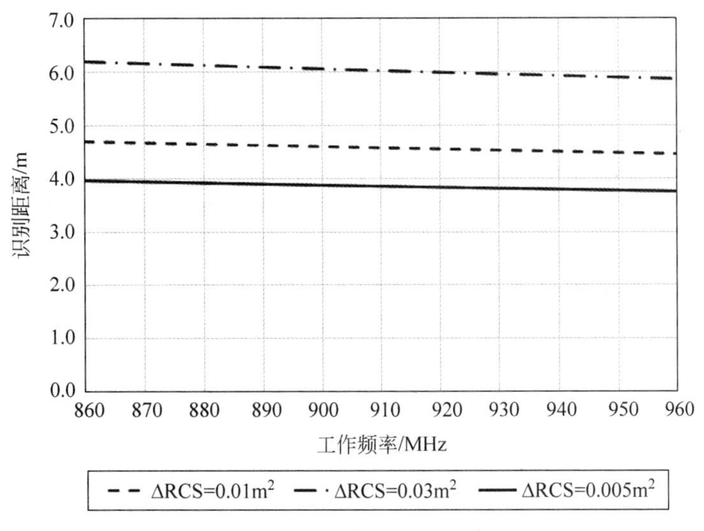

图 2-54　反向距离变化曲线图

2.3.3　标签灵敏度、阅读器灵敏度与识别距离

2.3.2 节讲解了识别距离主要受到两个参数的影响，分别是标签刚好能够从阅读器获取足够开启功率的最大距离 R_{tag}（即标签激活距离）和阅读器能够检测到标签反向散射信号的最大距离 R_{read}，有效的识别距离取这两个距离的较小值 $\min(R_{\text{tag}},R_{\text{read}})$。其实任何一个无源系统都是由两部分链路组成的：一部分是阅读器发给标签的能量将标签激活，另一部分是标签返回一个命令让阅读器"听到"，这个链路就算完成了，也就是我们常说的读到标签了。这里要注意的是，一定是标签先被激活，才会反向散射，阅读器才可能听到标签的"发言"，若标签没有被激活，也就不存在阅读器是否"听到"的问题了。

那到底是因为标签没有被激活引起的读取标签失败，还是因为阅读器"没有听到"标签呢？用专业术语表示为正向功率受限和反向阅读器灵敏度受限。这个受限与阅读器和标签的灵敏度有什么关系呢？这里通过两个例子解释。

图 2-55 中的两幅图,分别代表高性能大功率阅读器和低性能小功率阅读器读取距离的差异。

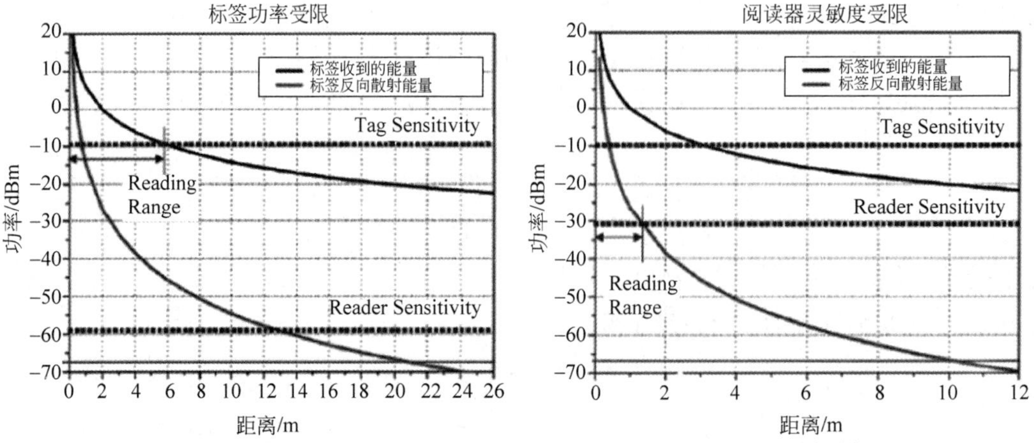

(a) 正向受限

(b) 反向受限

图 2-55 高性能大功率阅读器和低性能小功率阅读器读取距离的差异

图 2-55(a)中标签灵敏度为－10dBm,阅读器灵敏度为－60dBm(两条虚线),正向能量和反向能量随距离的变化曲线(两条实线)。可以看到标签可以工作于 6m 的距离,阅读器可以工作于 12m 的距离,取最小值,其工作距离是 6m,工作距离由正向距离决定,我们称之为正向受限或标签功率受限。

同理,由图 2-55(b)可以看出标签的灵敏度为－10dBm,而阅读器灵敏度为－30dBm。那么正向距离为 3m,反向距离为 1.5m,其工作距离为 1.5m,工作距离由反向距离决定,我们称之为反向受限或阅读器灵敏度受限。

有很多阅读器在输出大功率的时候灵敏度急剧下降,最终导致工作距离大幅下降,反而没有低功率输出的时候距离远。在使用低性能阅读器需要增加工作距离时,最好的方法不是增大功率而是增大阅读器天线增益,增大天线增益可以增加工作距离而不影响系统的灵敏度。

小结

本章讲解了所有与超高频 RFID 技术相关的基础技术,包括射频技术、天线技术以及射频识别距离等。其中 2.1 节和 2.2 节中有大量的概念,需要掌握并灵活运用,2.3 节中的超高频 RFID 系统识别距离的计算需要掌握,并可以根据项目需求进行计算和方案设计,这也是整个超高频 RFID 系统中最重要的计算部分。本章的内容是本书的基础,是学好后面章节的必要保证。

课后习题

1. 工作在 800～900MHz 频段的 RFID 系统识别距离一般为(　　)。

   A. 1cm　　B. 10cm　　C. 10m　　D. 1000m

2. 在超高频 RFID 系统中,标签的天线往往是(　　),阅读器的天线往往是(　　)。

A. 偶极子　偶极子　　B. 微带天线　微带天线

C. 偶极子　微带天线　　D. 微带天线　偶极子

3. 下列关于超高频 RFID 系统中表述错误的是(　　)。

A. 阅读器输出 0dBm 功率表示阅读器没有输出功率

B. 阅读器输出功率每增加 3dB,意味着输出功率增加一倍

C. 阅读器 0.1W 输出功率等于 20dBm 输出功率

D. 阅读器原有 1W 输出的功率,增加 6dB 衰减器后,输出功率为 0.25W

4. 下面关于超高频 RFID 天线原理说明正确的是(　　)。

A. 天线增益越大对于项目越好

B. 一般情况下,天线尺寸越大,增益越大

C. 我们平时使用的天线是向四面八方发射的,且每个方向辐射的能量相同

D. 高增益的天线可以使阅读器的输出功率放大

5. 如果超高频 RFID 系统中的阅读器输出功率降低 3dB,同时标签芯片的性能也提升 3dB,这个时候系统的工作距离为原来的(　　)。

A. 同样距离　　B. 一半

C. 2 倍　　D. 四分之一

6. 下面关于阅读器与标签的工作距离与灵敏度描述中最准确的是(　　)。

A. 标签灵敏度越高,工作距离就一定越远

B. 一个系统中原来阅读器灵敏度为－80dBm,标签灵敏度为－18dBm,现在阅读器灵敏度再提升到－90dBm,工作距离不变

C. 阅读器输出功率越大,工作距离一定越远

D. 阅读器灵敏度为－40dBm,标签灵敏度为－18dBm,此时的工作距离应该为正向受限

7. 一个超高频 RFID 系统中,阅读器输出功率为 30dBm,标签芯片灵敏度为－15dBm,阅读器天线为一个圆极化天线,其增益为 5dBi,标签的天线增益为－1dBi。请计算此时的系统最大工作距离(只需要考虑正向距离)。

8. 一个超高频 RFID 阅读器发射的 RF 信号强度为 100mW,经过一个 10dB 的功率放大器后连接到一个衰减为 3dB 的馈线,最后连接天线,请问此时天线接口处的信号强度为多少?

9. 一个超高频 RFID 系统中原有的工作距离为 5m,现在希望可以提高到 20m,请提出 3 种解决方法实现该工作距离。

10. 在选择阅读器天线时,最重要的几个参数是什么?这些参数对于系统的影响有哪些?

第3章 超高频 RFID 标准及规范

本章旨在让读者掌握超高频 RFID 的核心协议 EPC C1 Gen2 协议(ISO/IEC 18000-6C),主要针对协议中一些常见的问题以及一些常见的技术术语进行讲解。对于读者最关注的多标签防碰撞算法,3.3 节将进行分析和讲解,其中 3.3.2 节的清点率是笔者首先发现的,并应用于阅读器的应用中,对提高工程中多标签读取有一定的指导意义。3.4 节为我国自主知识产权的超高频 RFID 协议。本章节虽然讲述的是协议,但绝对不是照抄协议条目,而是针对每一个协议内容与实际应用结合,为从业人员深入了解产品选型和项目实施提供参考依据。

视频讲解

3.1 超高频 RFID 无线电射频标准

3.1.1 RFID 与无线电频谱

谈到超高频射频识别(UHF RFID)技术,大家经常会遇到协议和工作频率的问题,如中国频率是多少?欧洲频率是多少?为了解答这些问题,我们先从全频电波频谱讲起。图 3-1 为无线电波的全频段分类。

图 3-1 中的各个频段内容比较生动,可以很直观地了解从长波(Long-waves)、广播(Radio)、电视(TV)到微波频段,再到红外线、可见光、紫外线和 X 射线的频谱和波长。这里我们关注的协议是 840~960MHz 频段的 EPC C1 Gen2(ISO 18000-6C)部分。

3.1.2 全球超高频 RFID 的无线电频谱规范

超高频 RFID 在各个国家和地区频段分配是不同的,其射频输出及发射规范也各不相同,如图 3-2 所示为全球各区域的频率规划。

从世界各地的超高频 RFID 频谱分布看,除了中国的 840~845MHz 频段外,其他地区的频段都在 EPC C1 G2 的 860~960MHz 范围中。中国的超高频有两个频段:第一个频段 840~845MHz(简称 China1)全球支持的阅读器很少,一般只有本土的特殊项目才会使用这个频段。一般情况下,中国超高频 RFID 频段常指 920~925MHz(简称 China2)。如图 3-3 所示,从频带宽度来分析,美国(北美)频段最宽,中国、新加坡、韩国的频段都在美国频段范围内。

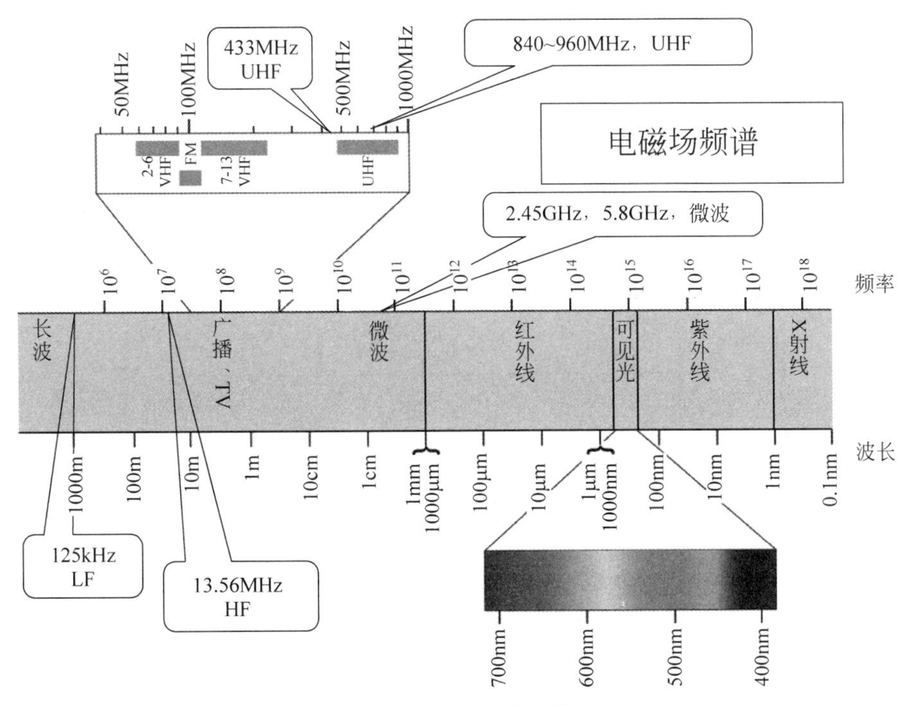

图 3-1 全频电波频谱

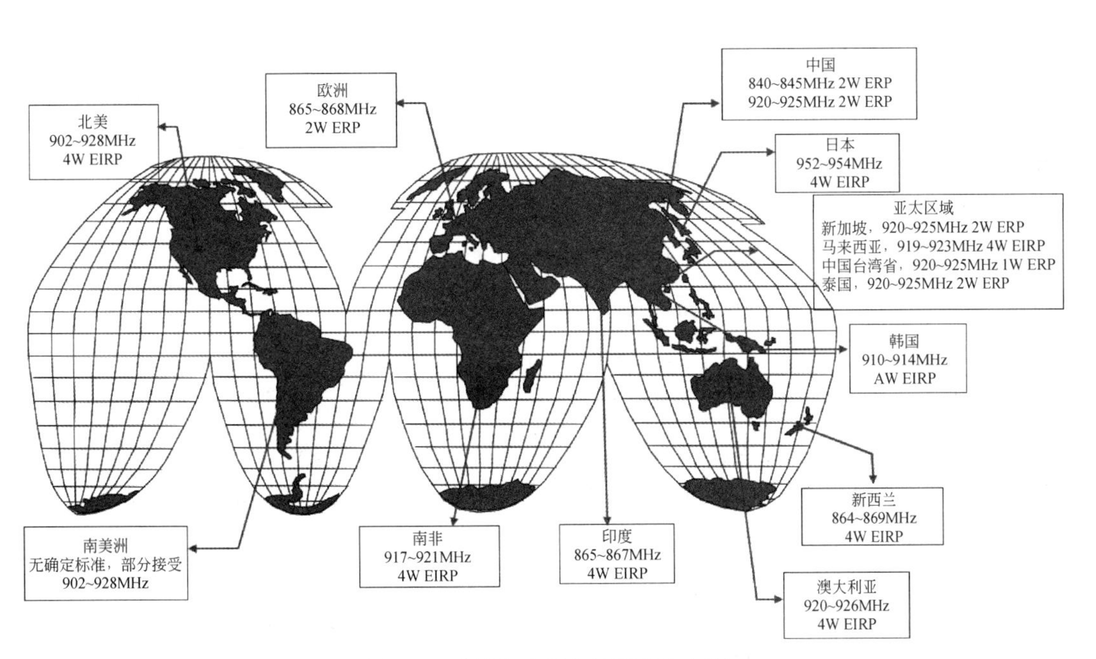

图 3-2 世界各地超高频频率分布图

可见，美国在超高频 RFID 投入的力量是非常大的，这也同时印证了北美的超高频市场份额最大。从这个频段也可以理解到现阶段的超高频 RFID 市场已经是一个全球市场，在产品的设计和生产上一定要考虑全球化的因素。比如一款超高频 RFID 标签的设计，其具有 100MHz 带宽，以支持 860MHz 附近的欧洲频段，同时也要支持美国和日本频段，这也给设计和开发带来了更多的挑战和机遇。

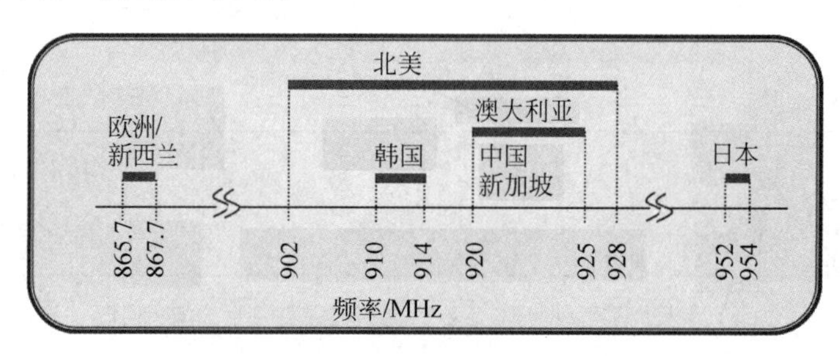

图 3-3 世界超高频常见地区频带范围图

在讨论各个国家和地区的无线电规范时，除了要关注其工作带宽(Span)，还要考虑其他的一些参数，包括中心频率(Mid-band Frequency)、频道数量(Channel)、全向辐射功率(EIRP)、频道宽度(Channel BW)、频带抗干扰特点(Technique)，如表 3-1 所示。

表 3-1 世界超高频 RFID 常见地区标准指标

区　　域	中心频率/MHz	带宽/MHz	信道数量(最小)	最大辐射功率	信道带宽	抗干扰技术特点
北美	915	902～928	25	EIRP 4W	500kHz	跳频
澳大利亚	922	920～925	8	EIRP 4W	500kHz	跳频
新加坡	922	920～925	10	EIRP 3.2W 或 ERP 2W	500kHz	跳频
中国	922	920～925	18	EIRP 3.2W 或 ERP 2W	250kHz	跳频
韩国	912	910～914	15	EIRP 4W	150kHz	跳频
欧洲/新西兰	866	865.6～867.6	10	EIRP 3.2W 或 ERP 2W	200kHz	LBT/CCA

表 3-1 中最重要的参数是最大辐射功率和带宽。其中，最大辐射功率决定了系统的工作距离，而带宽决定了系统的容量和抗干扰。带宽越大，则具有更多的信道数量，在一个大型仓库中，可以有多台阅读器同时工作，同理，当遇到干扰的时候，可以通过切换工作信道的方式进行规避。频道宽度决定了阅读器与标签通信的最大速率，不过这一点在中国的实际应用场景中一般都直接被忽略。需要注意，根据中国无线电管理委员会规定，信道宽度为 250kHz，使用超过 250kHz 的链路速率是违反国家无线电管理规范的。

3.1.3 LBT(先听后说)与跳频技术

1. 全球频谱资源管理规范组织

在3.1.1节的学习中我们发现全球各地的超高频RFID工作频率、带宽都各不相同,这个是由什么决定的?是什么部门制定的?这里先介绍一下各个国家和地区的制定标准的组织:

- 中国制定和管理的部门是国家信息产业部无线电管理委员会,国家无线电监测中心简称MII(Ministry of Information Industry)。在应用中许多项目都要求超高频RFID阅读器通过信息产业部无线电管理委员会认证,就是指的MII认证。
- 美国制定和管理的机构是联邦通信委员会简称FCC(Federal Communications Commission),其中FCC Part 15.247内容为超高频RFID相关标准,卖到北美的产品都要通过FCC认证。
- 欧洲制定和管理的机构是欧洲电讯标准协会简称ETSI(European Telecommunications Standards Institute),其中ETSI EN 302-208-1内容为超高频RFID相关标准。
- 韩国制定和管理的部门是信息通信部简称MIC(Ministry of Information and Communication)。

关于阅读器的射频指标认证的内容在6.2.2节有详细介绍。

2. LBT/CCA 技术

从表3-1的技术特点一栏可以发现,在频带抗干扰技术上,欧洲和其他地区都是不一样的。欧洲使用的是LBT/CCA技术;而其他地区使用的是跳频(Frequency Hopping)技术,这些都是由各地区的情况决定的。

LBT/CCA全称为Listen Before Talk/Clear Channel Assessment,中文意思为监听载波/无干扰信道评估。该规范要求阅读器发射信号之前,先监听一下所有的信道,并记录各个信道的使用情况,然后选择空闲的信道进行工作,如图3-4所示为该规范的示意图。

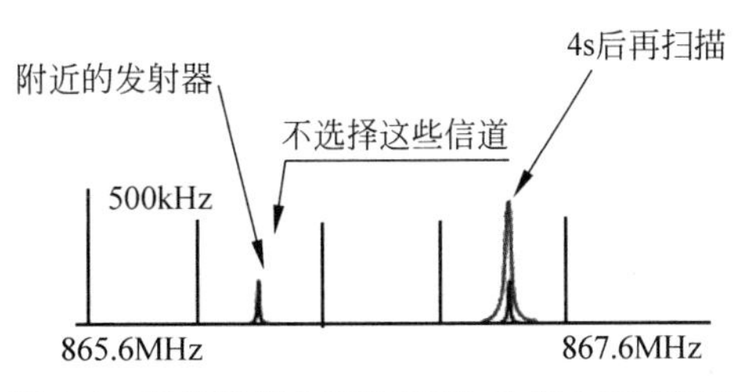

图3-4　现行欧洲UHF RFID法规LBT/CCA

从图3-4中很容易理解LBT/CCA技术,即每次工作前进行监听,之后每间隔4s再次进行监听,其目的是防止意外的信号干扰当前的阅读器工作。这个技术的优点非常明显,每一个新的信道都与之前的互不干扰,缺点是每次工作的时候都要先监听一下,需要消耗一定的时间。当然这与ETSI制定的标准有很大关系,欧洲频段只有2MHz的带宽,分为4个信道。由于信道太少，且是独享带宽，没有办法与其他阅读器系统共用。如果使用跳频的方式，会有很大的冲突机会，整个系统的效率会大大降低，只有选用 LBT/CCA 技术才能克服信道少的缺点，通过牺牲监听时间来降低阅读器之间的干扰。

3. 跳频技术(Frequency Hopping)

跳频技术被多数地区所采用，这里我们就用中国频率来举例。中国频率有两部分：920～925MHz 和 840～845MHz，常用 920～925MHz 部分。920～925MHz 内共有 16 个信道，每次工作的时候随机选择一个信道，2s 内换下一个信道进行工作，如此反复，如图 3-5 所示。

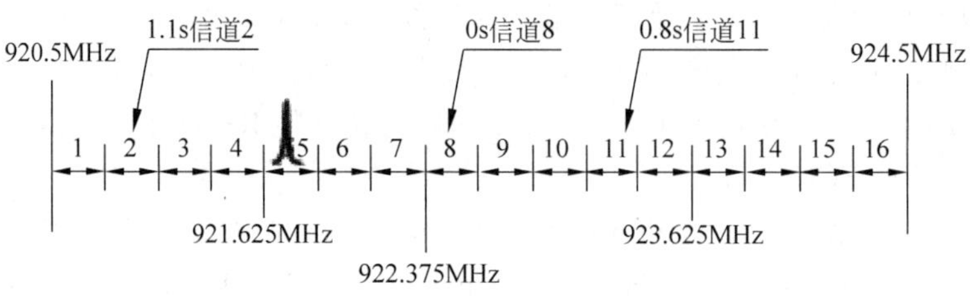

图 3-5 跳频在中国频率

在图 3-5 中，阅读器开始工作就直接随机选择了一个信道 8，0.8s 后又换了信道 11，再 0.3s 后跳到了信道 2，保证 2s 内换一下工作信道，防止一个信道被长期占用(在 FCC、CE 等认证中，这个时间会有不同要求，如在 FCC 认证中，时间小于 400ms)。

跳频工作的最大优点在于较强的抗干扰能力、保密性好和抗多径干扰等。

在美国，超高频 RFID 频率 902～928MHz 共 26MHz 是工科医用(ISM)频段，因而必须采取跳频扩频的工作模式来抗干扰。

我国超高频 RFID 设备使用的 920～925MHz 频段与点对点立体声广播传输业务共用，所以也采用跳频扩频的方式来减少干扰。

最后强调一点，在开发阅读器的时候，绝对不允许出现定频的情况(实验室测试除外)。现在大量的国产阅读器都开发了定频工作模式，而非跳频工作模式，对行业的推广带来了很大的负面影响。一般正规阅读器厂商的设备都是默认跳频工作模式，且无法被强制修改。

3.1.4 ERP 与 EIRP

在表 3-1 中的世界各地的最大辐射功率一栏中，存在两个不同的单位：ERP 和 EIRP。ERP 和 EIRP 与 dBi 和 dBd 这两个单位的知识点非常类似，ERP 和 EIRP 的区别为采用不同单位，如图 3-6 所示为 ERP 和 EIRP 的辐射示意图。

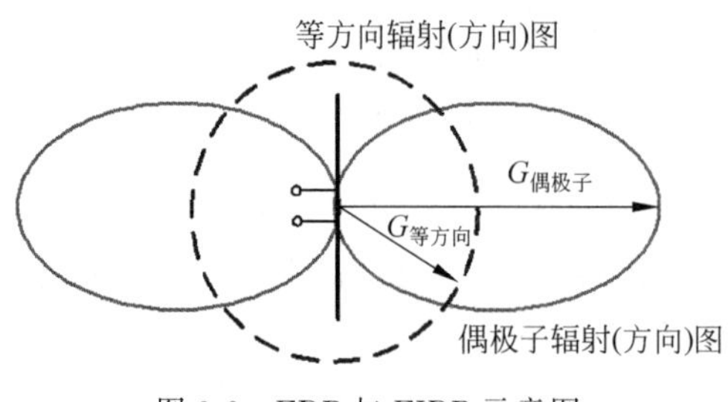

图 3-6 ERP 与 EIRP 示意图

ERP＝Effective Radiated Power，等效辐射功率，相对偶极子天线对比，对应 dBd。

EIRP＝Effective Isotropic Radiated

Power，等效"全向辐射功率"，相对全向天线对比，对应 dBi。

ERP 的物理意义是：发射机功率乘天线增益，计量单位可以用 W、mW、dBW 或 dBm。表达公式如下：

$ERP=P_T \times G_T$，其中 P_T 为发射功率，G_T 为天线增益。

$ERP(dBW)=P_T(dBW)+G_T(dBi)$（用 dBW 表示发射端口功率和天线的联合效果）。

EIRP 的原理与 ERP 相同，$EIRP(dBW)=P_T(dBW)+G_T(dBd)$。

这两个单位的关系和换算公式为：

$$P_{EIRP}=P_{ERP}\times 1.64$$

或表示为：

$$(dB)P_{EIRP}=(dB)P_{ERP}+2.14dB$$

中国标准规定最大辐射功率为 2W ERP，可以表示为 3.28W EIRP。意思是在中国使用的所有超高频 RFID 设备发射的信号在空气中最大的等效全向辐射功率为 3.28W。

【例 3-1】 一个阅读器使用的天线增益为 8dBi，不考虑馈线衰减天线失配等因素时，端口允许输出的最大功率是多少？

解：理论上阅读器的输出功率为 $P_T=33+2.15-8=27.15dBm$。约为 0.5W 输出功率。

从例 3-1 可以看出，最大输出功率只有 0.5W，小于一般阅读器的最大输出功率。一个系统中并不是天线增益越大越好，输出功率越大越好，一定要符合国家的标准才行。现阶段国内的无线电监管还不严格，尤其是在一些特殊应用中，存在设备超标发射，最终输出功率超过 2W ERP 规范。相信今后 RFID 项目越来越多，若大家都不遵守规范，相互干扰会越来越严重。因此各个阅读器厂商和项目集成商需要严格遵守国家和地方的无线电规范。

谈到最大发射功率问题，还有一个一直以来备受关注的问题，那就是标签能工作多远的问题。相信这个问题一定一直困扰着很多人，因为大家所听到的结果各异，标准也不同。尤其是针对固定式阅读器，自身没有天线，那么选择不同的天线，其对外的辐射功率就不同，针对不同的标签的工作距离也就不同。所以针对阅读器的工作距离，本书给出一种统一的评判标准。同样，标签的工作距离也是按照这个方法来计算出来。根据式(2-14)：$R_{tag}=\frac{\lambda}{4\pi}\sqrt{\frac{P_t G_r G_t}{P_{Chip\text{-}th}}\cdot\eta_{matching}\cdot\eta_{antenna}\cdot\eta_{polarisation}}$ 合并 P_t 和 G_r，变换可得：

$$R_{tag}=\frac{\lambda}{4\pi}\sqrt{\frac{P_{EIRP}\cdot G_{tag}}{P_{Chip\text{-}th}}\cdot\eta_{matching}\cdot\eta_{antenna}\cdot\eta_{polarisation}} \tag{3-1}$$

其中，已知在中国 $P_{EIRP}=3.2W$，一般的偶极子标签增益 $G_{tag}=1.64(2dBi)$，芯片的灵敏度为 $P_{Chip\text{-}th}=0.0158mW(-18dBm)$，标签芯片与天线的匹配效率 $\eta_{matching}\approx 0.8$（一般设计得比较好的天线可以达到 0.8 左右），标签天线的辐射效率为 $\eta_{antenna}=0.5$（偶极子天线的辐射效率为 0.5），标签天线的极化损耗效率为 $\eta_{polarisation}=1$（针对阅读器天线为线极化，如阅读器天线为圆极化，则 $\eta_{polarisation}=0.5$）。

将上述参数代入式(3-1),计算得到：

$$R_{\text{tag}}=\frac{\lambda}{4\pi}\sqrt{\frac{P_{\text{EIRP}}G_{\text{tag}}}{P_{\text{Chip-th}}}\eta_{\text{matching}}\eta_{\text{antenna}}\eta_{\text{polarisation}}}$$

$$=\frac{0.325}{4\times 3.14}\times\sqrt{\frac{3.2\text{W}\times 1.64}{15.8\times 10^{-6}\text{W}}\times 0.8\times 0.5\times 1}=9.4\text{m}$$

通过上面的计算可知,如果一个标签的工作距离在上述环境中达到了9.4m,说明这个标签是达标的。

同样,将美国 $P_{\text{EIRP}}=4\text{W}$ 代入式(3-1),可以算出美国标准情况下标签的工作距离为：

$$R_{\text{tag}}=\frac{\lambda}{4\pi}\sqrt{\frac{P_{\text{EIRP}}G_{\text{tag}}}{P_{\text{Chip-th}}}\eta_{\text{matching}}\eta_{\text{antenna}}\eta_{\text{polarisation}}}$$

$$=\frac{0.328}{4\times 3.14}\times\sqrt{\frac{4\text{W}\times 1.64}{15.8\times 10^{-6}\text{W}}\times 0.8\times 0.5\times 1}=10.6\text{m}$$

面对中国客户询问标签或阅读器的工作距离,我们的回答是9.4m；面对美国客户我们就可以回答标签或阅读器的工作距离是10.6m,当然上述前提条件要说清楚。这个计算数据也是理论值,只有在完全没有反射的全波暗室环境中测试才会出现这个准确的工作距离。在普通的测试环境中,由于反射的加强效果,实际测试距离会略大于理论值。

通过对超高频RFID的无线电标准的学习,大家需要掌握各个国家的标准的差异,无论在技术还是商务层面都是很重要的。另外,面向欧洲的阅读器需要考虑LBT/CCA的设计和操作流程,同样,面向北美和中国的供应商应严格按照协议设置跳频的功能。本节最重要的部分是关于标签工作距离的计算,希望能成为行业的统一标准,为行业的沟通带来便利。

3.2 EPC Class1 Gen 2(ISO18000-6C)空中接口详解

在学习和应用超高频RFID系统时,会遇到EPC协议中的许多问题,如Query的Q设置问题、BLF选择的问题,本节将会针对大家在项目中经常遇到的空中接口问题进行讲解。在EPC Class1 Generation 2(简称Gen2)协议中有许多参数,本节不会一一介绍,只会对普通超高频RFID项目中经常遇到的、对项目有指导意义的参数进行详解。

视频讲解

3.2.1 EPC C1 Gen 2空中接口数字部分

1. Q(Query)询问命令

Query是询问命令,是针对多标签的快速盘点而产生的,在学习这个知识点之前,首先要了解超高频RFID协议是半双工的通信方式,且是由阅读器先主动发起通信,也就是说,阅读器"说一句",标签"应答一句",如此往复。

首先分析Query命令包含哪些内容,如表3-2所示,其中：

- Query的命令字为1000,一共4字节,是一个常用的命令字。

- DR 是与反向链路频率 BLF 相关的配置参数。
- M 代表编码方式：$M=0$ 代表 FM0 编码；$M=1$ 代表 Miller2 编码；$M=10$ 代表 Miller4 编码；$M=11$ 代表 Miller8 编码。
- Sel 表示选择 Select 命令配置参数，3.2.4 节会详细介绍。
- Session 表示会话层，3.2.3 节会详细介绍。
- Target 表示标签的状态，一共有两个状态：A 或 B。
- Q 是 Query 的简称，是超高频 RFID 协议中最重要的参数。

表 3-2 Query 命令

	命令	DR	M	TRext	Sel	Session	Target	Q	CRC-5
# of bits	4	1	2	1	2	2	1	4	5
描述	1000	0：DR=8 1：DR=64/3	00：M=1 01：M=2 10：M=4 11：M=8	0：无前导 1：使用前导	00：All 01：All 10：～SL 11：SL	00：S0 01：S1 10：S2 11：S3	0：A 1：B	0～15	

在阅读器发 Query 命令的时候，会自带一个参数 Q，这个 Q 的大小决定了整个系统的清点率。Q 可以设置为 0～15 的整数，标签收到命令后会从 $0\sim2^Q$ 随机产生一个数字，作为这个标签的应答槽。阅读器可以通过命令让标签应答槽中的数字不断变小，直到变为 0，此时标签会返回一个 16 位的随机数，与阅读器通信。也可以理解为标签有一个随机响应概率 $p=\frac{1}{2^Q}$，其中 Q 的最大值为 15，如表 3-3 所示为 Q 为 0～5 时对应的位置计数器大小。

表 3-3 Q 值与位置计数器

Q	$P=\frac{1}{2^Q}$	位置计数器
0	$P=\frac{1}{2^0}=\frac{1}{1}$	1
1	$P=\frac{1}{2^1}=\frac{1}{2}$	2
2	$P=\frac{1}{2^2}=\frac{1}{4}$	4
3	$P=\frac{1}{2^3}=\frac{1}{8}$	8
4	$P=\frac{1}{2^4}=\frac{1}{16}$	16
5	$P=\frac{1}{2^5}=\frac{1}{32}$	32

Q 设得越大,理论上可以清点的标签数量越多。如果标签少,那么 Q 设置过大效率会降低(随机响应概率 p 太小导致)。因为 Q 的最大值为 15,槽计数器的最大值为 $2^{15}=32\ 768$,也就是说,一个阅读器可以同时读取 32 768 个标签。理论上,只要场内标签数量不超过最大值的 3 倍,就可以相对高效地完全识别,或者理解为在 EPC C1 Gen2 协议下,一个阅读器可以同时识别的标签数量上限为 10 万个。当然实际场景中一般只有几个或几十个标签在辐射场内,只有非常特殊的应用场景中会出现超过 1000 个标签在同一个阅读器的辐射场内,所以 Query 协议在设定时已经充分考虑到了这些问题。下面通过几个例子来分析 Query 对应的实际场景:

- 场景 1,场内永远只有 1 个标签,那么 Q 直接设置成 0,以最快速的方式进行读取,如果此时场内有 2 个标签,则会出现冲突,阅读器会返回冲突告警,说明场内有超过 1 个标签出现。这种应用在电子票据上很常见,因为电子票据都是一个一个通过的,不应该出现 2 个标签同时被识别的情况,因此设置 $Q=0$ 最合适。
- 场景 2,场内有大量标签(如 100 个),Q 的值如果设定太小,小于 7,则会出现大量的冲突。假如设置为 5,一共有 32 个槽计数器,100 个标签,那么每个槽里面有 3 个标签,一定会冲突,读取效率会降低,所以这个情况的 Q 一般设置为 7。
- 场景 3,场内有 10 个标签,Q 如果设置过大,比如 7,会有 128 个槽计数器,数了 128 次才清点出来这 10 个标签,效率太低。

关于 Q 算法有很多,在 3.3 节有详细的分析,有兴趣的读者可以详细研读相关内容。

2. 阅读器与标签的握手过程

从应用层看阅读器读取标签,只需要一个简单的盘点命令,很快就收到读取的 EPC 号码。但是这个读到标签的通信过程并非一次简单的应答,而是通过多次的握手实现的。下面将详细讲解该握手的过程。通过学习这个握手的过程,读者可以了解到阅读器和标签如何进行数据交互和身份认证,标签传达的数据是什么。通信握手过程如图 3-7 所示。

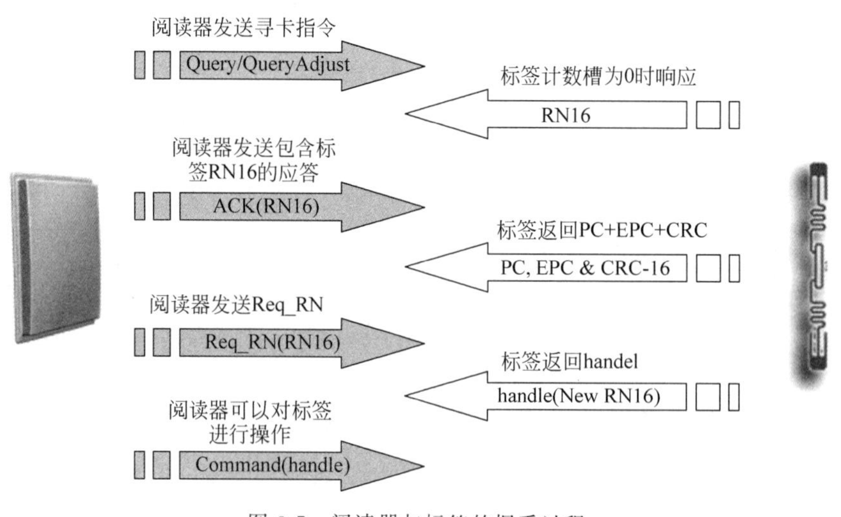

图 3-7 阅读器与标签的握手过程

如图 3-7 所示，左边是阅读器天线（代表 Reader），右边是电子标签（代表 Tag）。在 Gen2 协议中每次的通信握手都是由阅读器发起的，阅读器通过清点命令（Query 及其辅助命令 QueryAjust QueryRep）获得标签的句柄（16B 的随机数，代表标签在此次清点过程中的身份）。阅读器通过获得的句柄，发送 ACK 命令（Acknowledge），可以理解为通过"暗号"来获取标签的电子编码信息；标签返回自己的 PC+EPC+CRC 信息给阅读器，其中 PC 是决定 EPC 长度的标识段，EPC 是阅读器需要获得的电子编码信息，CRC 是做校验用的。此时阅读器已经获取了所需要的标签 EPC 数据，如果阅读器需要对标签的其他数据区进行操作，需要再要一次句柄 Req_RN（Request Random Number），意思就是再做一次身份认证，标签会再给一个 RN16，随后阅读器可以继续发送其他命令，如读、写、锁、杀。可以看到，超高频 RFID 的整个通信过程非常简单，相比 Wi-Fi 等其他无线通信技术的数据认证要简单很多，其特点就是快速简单。在多数应用中，只需要完成快速的 EPC 获取，一般不需要图 3-7 中最后那一次握手（Req_RN）。在实际场景中，阅读器可以实现每秒几十个甚至上百个标签的快速识别。图 3-8 和图 3-9 为单标签的通信握手过程和多标签抗冲突的标签通信握手过程。

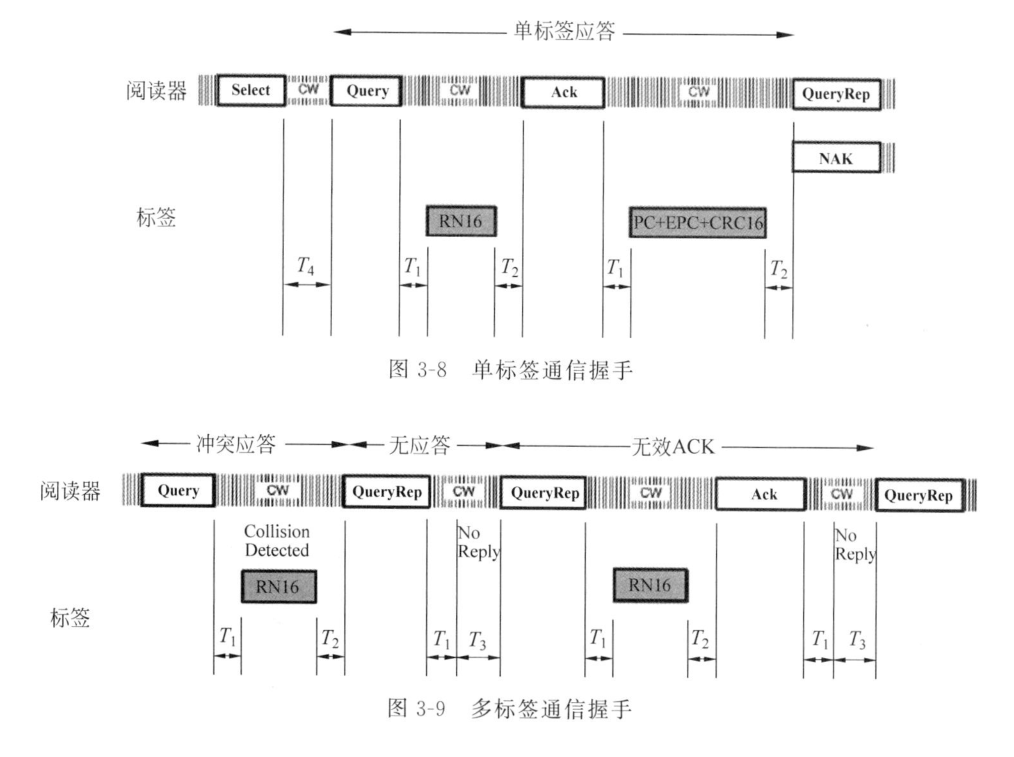

图 3-8　单标签通信握手

图 3-9　多标签通信握手

关于数据区的处理本节不做详细讲解，4.3.2 节会做详细讲解。

阅读器识别标签 EPC 所需要的时间是应用项目中大家最关注的问题。若项目中遇到物体快速通过的场景，则要考虑读取一个标签所需的时间。这个时间是由两部分决定的：超高频 RFID 空中接口的通信时间及阅读器的通信时间（如网口，串口的通信时间以及阅读器固件的通信机制，是实时返回还是定时返回等）。一般情况下，空中接口部分读取一个标签的 EPC 数据的时间不会超过 5ms(多标签情况下),当然这个读取时间与 BLF 等众多空口参数相关,多数情况下选择的 BLF 通信频率会超过 160kHz,具体的时间戳的计算方法这里就不详细介绍了。5ms 这个数字非常重要,读者可以通过加上通信时间计算出系统的最快响应时间,从而优化阅读器的工作占空比等参数。

3. Session

超高频 RFID 空中接口通信协议中,最难理解的参数是 Session(翻译为会话层)。如表 3-4 所示,Session 共有 S0、S1、S2、S3 这 4 种会话层。(Session SL 与这几个不同,不放在一起介绍。)

表 3-4 Session 定义

Session	标签进入辐射区域	标签离开辐射区域
S0	无限时间	0s
S1	500ms～5s	500ms～5s
S2	无限时间	>2s
S3	无限时间	>2s

Session 描述的是标签的状态跳转的条件,其目的是将场内的标签全部清点完成,针对不同的应用场景采用不同的清点方式,选择不同的 Session。

每个标签都有 4 个会话层,每个会话层都有 A 和 B 两个状态,默认的初始状态为 A,当标签被清点后变成状态 B,当标签离开辐射区域或到达指定时间后状态跳转回 A。下面通过一个挑夫数桃子的例子来解释 Session 的意义。假定所有的超高频 RFID 标签都是桃子,且有 4 个挑夫分别为 S0～S3,每个挑夫都有两个筐子,分别是 A 筐和 B 筐,每个桃子只可能放在其中的一个筐内。默认状态为 A 筐,可以理解为,无论选哪个挑夫,任何初始的情况都是所有桃子在 A 筐中。当一个标签读取后(ACK 应答后)就会从 A 筐放入 B 筐,此处讨论 Session 的不同,就是讨论的几个挑夫的不同特点。

第一个挑夫(S0)一旦离开筐子(阅读器场强离开标签),所有 B 筐内的桃子(标签)就都立刻(0s 的时间响应)跳回 A 筐;如果挑夫不离开筐子(标签一直在场内),则桃子一直留在 B 筐,当挑夫在 A 筐内找不到新的桃子,则说明所有的桃子都在 B 筐中;

第二个挑夫(S1)把桃子(标签)从 A 筐放入 B 筐后开始计时,500ms～5s 后自动跳回 A 筐中,无论挑夫在不在筐边,这个跳回操作都会发生;

第三个挑夫(S2)和第四个挑夫(S3)的特点是,当离开筐(标签离开场强)后开始计时,超过 2s 后,桃子回到 A 筐内。

不同 Session 中的跳转机制直接影响到标签的清点率。对于不同的应用场景需要选择不同的 Session,这样才能达到 Gen2 协议的最佳效率。关于 Session 的场景使用推荐如下:

- S0 应用于快速识别场景,如智能交通生产自动化的快速流水线等,主要针对单个标签或少量标签的应用。
- S1 应用于有一定批量多标签场景,如一箱服装、几个小的货架管理等。

• S2、S3 应用于大量标签场景，如仓库管理等。

在实际应用场景中，选择合适的 Session 进行操作，才可事半功倍。不同的芯片 Session 的长度也不同，在实际使用中必须了解清楚。比如 Alien Technology 的 H3 芯片中 S2 的时间长达 200s 左右。如果一直用 S2 来读标签，等了一分钟再读标签发现标签的状态还在 B 没有回来，如果不会使用 Select 命令让标签从 B 翻转到 A，只能等待 200s 后再做下一次盘点。

4. Select 和 Mask 命令的妙用

Select 命令的字面意思是选择，即在大量的标签中选择出所需要特定标签进行操作。Select 命令主要有两个功能，其一是针对 3.2.3 节中 Session 会话层的 A 和 B 进行翻转设置，另一个功能就是针对特定类别标签的选择操作。

在前面的内容中，我们已经了解了超高频 RFID 的协议可以支持大批量的标签识别，但是如果标签的数量非常巨大，阅读器工作量效率会变得非常低。例如，在一个仓库中有几万件不同货物，货物上装有超高频 RFID 标签，我们需要找到一个特定的货物，并把该物品对应标签的数据区进行更改。试想一下，当你在仓库里面打开阅读器对标签进行盘点的时候，成百上千的标签都会返回自己的 EPC，应用软件通过 EPC 号码判断是否为所找的物品。按照这种方式需要盘点整个仓库才有可能完成任务。由于多标签的读取需要时间，仓库管理员需要慢慢对每一个区域进行详细的盘点，人力和时间的消耗都非常大。为了解决这个问题，Gen2 协议设计了 Select 命令，这个命令的作用是只让符合特定规则的一个或一类标签返回数据而其他不符合规则的标签完全不响应阅读器命令，这样的操作方式可以大大提高识别效率。当然 Select 命令还有许多作用，比如多标签的防冲突识别。

如表 3-5 所示，为 Select 命令字包含的内容。标签的选择是通过 Select 命令和 Query 命令共同实现的，先发 Select 命令再发 Query 命令。默认情况下 Query 命令的参数为 Sel＝00、Target＝0。

表 3-5　Select 命令内容

	Command	Target	Action	MemBank	Pointer	Length	Mask	Truncate	CRC-16
# of bits	4	3	3	2	EBV	8	Variable	1	16
描述	1010	000：Inventoried(S0) 001：Inventoried(S1) 010：Inventoried(S2) 011：Inventoried(S3) 100：SL 101：RFU 110：RFU 111：RFU	见表 3-6	00. RFU 01：EPC 10：TID 11：User	Mask 起始地址	Mask 长度 (bits)	Mask 数值	0：关闭 Truncation 1：启动 Truncation	

如表 3-5 中 Select 命令内容所示：

Select 的命令字 Command 是 1010，这是一个非常短的命令字，说明 Select 命令是常用命令。

Target 是针对 Session 会话层来描述的，指出 Select 命令针对的是哪个会话层（S0～S3），在寻找少量标签的时候可以使用任意的会话层。在 Target 中还存在一个会话层 SL，其作用是对标签的状态 A 和 B 进行翻转。

Action 是执行、动作的意思，其功能是通过 SL 对标签状态 A 和 B 进行翻转。根据标签的数据是否匹配，共有 8 种不同的翻转情况，如表 3-6 所示。可能很多读者不理解为什么只是翻转 A 和 B 就有这么多的可能性呢？这是 Gen2 协议的发明人考虑到了一些复杂的应用场景，并通过 Select 命令为之提供更高效的多标签解决方案。最常见的 Action 配置参数为 000，它的功能是让匹配（Matching）的标签变成 A 状态，不匹配（Non-Matching）的标签跳转到 B 状态。当阅读器在多标签盘点时使用该命令，则符合条件的标签响应阅读器命令，不符合条件的标签不做任何应答。

表 3-6　Select 命令中 Action 内容

Action	匹　配	不　匹　配
000	保持 SL 或盘点→A	不保持 SL 或盘点→B
001	保持 SL 或盘点→A	无动作
010	无动作	不保持 SL 或盘点→B
011	取消 SL 或（A→B，B→A）	无动作
100	不保持 SL 或盘点→B	保持 SL 或盘点→A
101	不保持 SL 或盘点→B	无动作
110	无动作	保持 SL 或盘点→A
111	无动作	取消 SL 或（A→B，B→A）

MemBank 是英文 Memory Bank 的简写，意思为数据存储区，在 Select 命令中指对比的数据区。根据 EPC 协议规范，其数据区一共有 4 个，分别是密码区（RFU）、电子编码区（EPC）、厂商编码区（TID）、用户区（User）。

Pointer 是指选择对比的起始地址；Length 是指选择对比的数据长度；Mask 是指选择对比的数据内容，由于只有 8b 协议长度，最多可以 Mask 的数据内容为 256b。当使用 Select 命令时，需要根据需求设置存储区、指向起始地址、选择对比数据长度。

例如，在一个仓库中需要盘点 EPC 前 32b 是 0A/0B/19/29 这组数据的所有标签。此时需要使用 Select 命令，其命令字配置如下：Target＝000（S0 速度最快）；Action＝000；MemBank＝01；Pointer＝2（EPC 区有效地址是从 2 开始）；Length＝00010000（32b）。通过上述设置就可以快速地盘点这个批次的所有标签了。

关于 Select 和 Mask 的使用特别多，本节再介绍两种高效的使用方法，给它们命名为“排除异己法”和“一休哥数树法”。

在一些项目中，有竞争对手把他们的标签掺在了我们的标签中，我们必须将这些标签剔除出去，这时就使用“排除异己法”。但是这些标签的 EPC 数据与原有的标签数据是一样的（EPC 可以由客户改写）。可以通过对厂商编码区 TID 区进行 Select-Mask，只留下自己的标签进行操作。一般情况下，自己提供的同一批次同种标签的 TID 为相同字段，即使竞争对手使用同样型号的芯片也无法替代。“排除异己法”在国内应用非常多，特别是在智能交通领域，一般电子车牌标签的 TID 都是由芯片厂家定制的，可以轻松地通过 Select 命令选择本项目的标签。

“一休哥数树法”主要针对离线环境中需要对标签的数据区进行改写的案例。由于离线操作没有数据库的认证，对大批量的标签进行数据改写，会带来大量的重复操作，同时也无法发现未执行改写操作的标签。因此需要 Select-Mask 命令的帮助，如果一个标签数据区改写完成后在它的 RFU 区的首位写入 1(默认值为 0)，然后通过 Select 命令选择该存储位置是 0 的标签继续进行操作，直到全部标签的 RFU 区的首位写入 1，所有标签停止响应(之所以选择 RFU 区的首位，是因为这部分的数据一般没有人使用)。至于为什么叫“一休哥数树法”，是小时候看《聪明的一休》得到的创意：一次将军出了一个难题，要一休把树林里有多少棵树统计出来，一休的方法就是用绳子系在树上，把树林中的树都系上绳子，最后计算绳子的数量就知道有多少棵树，与这个方法异曲同工。

Truncate 的使用较为复杂，一般的应用中不启动，应设为 0。

3.2.2　EPC C1 Gen 2 空中接口模拟部分

视频讲解

1. 阅读器的调制方式与编码方式

谈到调制方式，大家一定想到 ASK(振幅键控)、FSK(频移键控)和 PSK(相移键控)。超高频 RFID 的协议中采用的是 ASK 的调制方式，因为 ASK 是最简单的调制方式，其解调电路也相对简单。超高频 RFID 的电子标签是一个无源标签，通过电磁场获得的能量非常小，无法实现高功耗的 ADC 解码和 DSP 数据处理，因此其电路的解调部分要求架构简单、功耗低，采用 ASK 是最优的选择。

图 3-10 给出了阅读器的编码方法——PIE 编码。PIE 编码是一个非常简单的 1 比特编码：0 对应的编码是一个标准长度，定义为 Tari，在一个 Tari 周期内翻转一次；1 对应的编码的长度为 1.5～2.0Tari。

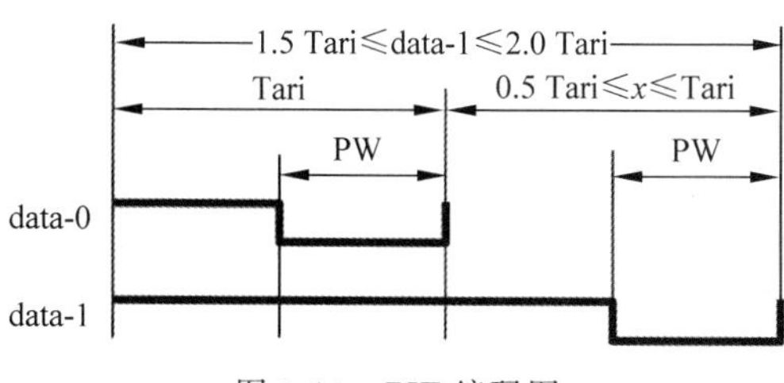

图 3-10　PIE 编码图

为什么协议的创造者会选择这么奇怪的编码方式呢？因为标签是一个非常简单的无源器件，其内部不可能有高精度的晶振，且振荡频率不会有几十兆赫兹那么高，那么解码和同步的时候就会存在很大的误差，但如果采用 0 和 1 使用不同的长度，标签可以通过用自身的时钟(2MHz 左右)计算下一个信号的长度与 Tari 的区别即可判断这个信号是 0 还是 1。当然这个 PIE 编码也有它的缺点，就是 Tari 的长度不能太短，Tari 长度太短会引起标签对 0

和 1 的判断出错，从而决定了阅读器向标签的通信速率的极限值。

Tari 的要求如表 3-7 所示，最短长度为 6.25μs，最大长度为 25μs，其长度误差必须小于 1%，且适用于所有的调制方式。1%的误差是对阅读器输出 Tari 精度的要求，对于一个有源大功率的阅读器来说，这个数字是非常容易实现的。从这些数据可以看出，超高频 RFID 的整个系统无论是对标签还是阅读器都要求很低，是一个面向物流的简单通信协议。

表 3-7　Tari 要求

Tari 值	Tari 值误差容限	频　　谱
6.25μs	±1%	PR-ASK SSB/DSB-ASK
12.5μs	±1%	
25μs	±1%	

经常有读者会询问阅读器向标签的通信速率是多少？这里简单地做一个估算：假定用最快的速度发送的数据全是 0，那么通信速率为 1s÷6.25μs=160kbps；假定用最慢的通信速率发送数据全是 1，且符号 1 的长度为 2 倍 Tari，那么通信速率为 1s÷50μs=20kbps。阅读器向标签通信过程中还有前导、校验等，实际的有效通信数据率还要略小一些，不过影响不大，姑且可以认为阅读器的通信速率为 20～160kbps。

调制方式 SSB-ASK、DSB-ASK 是通信教科书中常见的调制方式，而 PR-ASK 是一种专门为超高频 RFID 设计的调制方式，主要通过翻转相位来实现调制。如图 3-11(a)所示为传统的 ASK(SSB、DSB)波形图；图 3-11(b)所示为 PR-ASK 的波形图，可以看出其相位反转得很快。PIE 编码方式是通过高低电平的翻转时间不同实现的，配合上 PR-ASK 可以实现更加精确的 0 和 1 翻转判断。

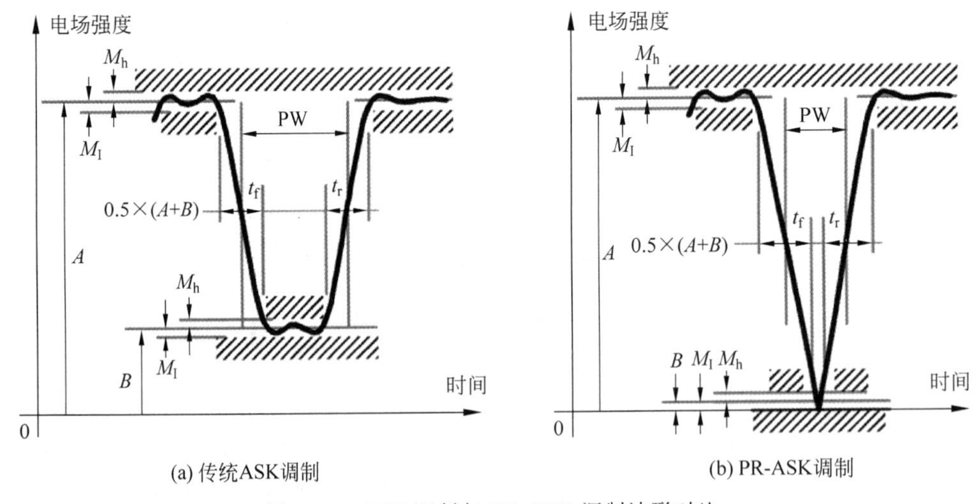

(a) 传统ASK调制　　(b) PR-ASK调制

图 3-11　ASK 调制与 PR-ASK 调制波形对比

如图 3-12 所示，为普通 ASK 调制与 PR-ASK 调制在调制和解调过程中的波形对比。假设阅读器要发送的数据为 010，由图可见，两种调制方式的基带波形是完全相同的。阅读器调制后，调制波形变化很大，其中 PR-ASK 在低电平位置相位发生明显翻转。标签解调后，0 和 1 的边界在 PR-ASK 更为明显。

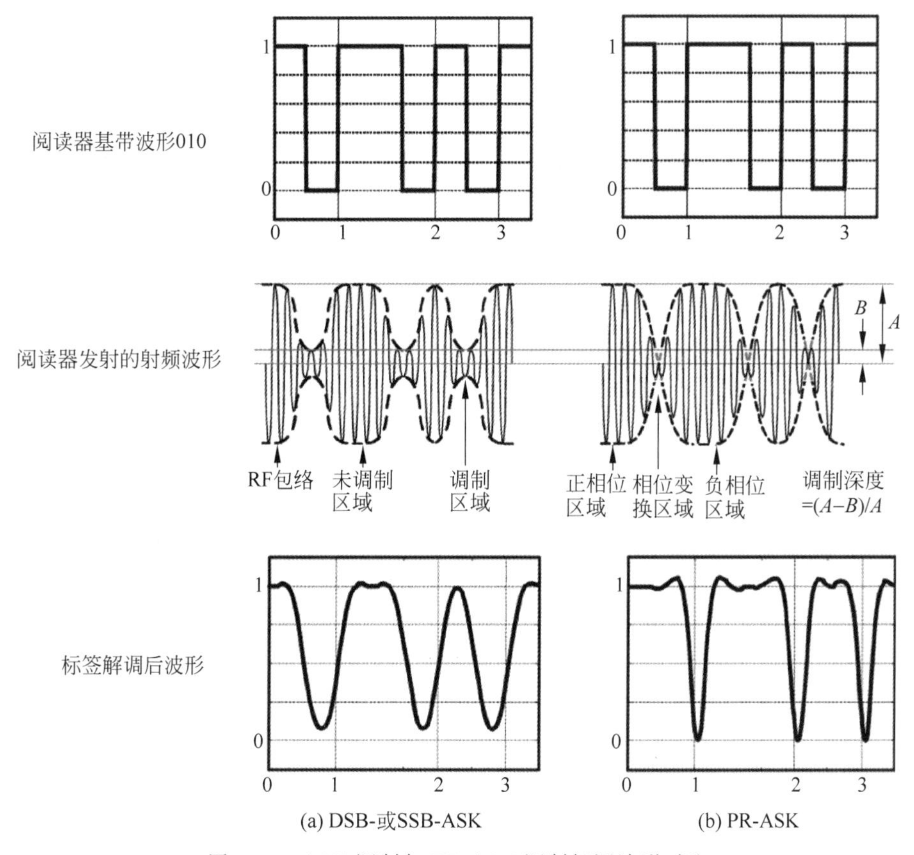

图 3-12 ASK 调制与 PR-ASK 调制解调波形对比

从这些调制和解调波形可以看出，PR-ASK 在超高频 RFID 协议中具有一定的优势。在超高频 RFID 刚刚出现时，由于芯片设计不够成熟，一般优先选择 PR-ASK 进行编码，以获得更好的效果。但是随着超高频 RFID 标签芯片设计技术的不断进步，解码水平不断提高，使用传统的 ASK 或 PR-ASK 调制时解码的精度都不会有太大的差别。

那么在实际项目中选择使用哪个调制方式呢？要解答这个问题，需要从两个方面来对比分析：一是哪种调制方式标签可以获得更强的能量；二是哪种调制方式标签可以获得更好的解调。只有标签能获得足够的能量，标签才能够正常工作。刚刚我们分析过现阶段标签解调能力很强，对于两种调制方式性能差别不大。从图 3-11 可以看出，PR-ASK 的能量比 SSB 或 DSB-ASK 的能量略强，但是这个差别很小，只有 0.1dB 左右。通过理论分析 SSB 比 DSB 能量小一点，这个差别也非常小。所以读者在使用超高频 RFID 设备的时候不用太担心调制方式的问题，当遇到标签芯片设计有问题时，可以通过调制方式来弥补。

2. FM0 编码和 Miller 编码

谈到标签的编码方式，可回顾 2.1.4 节介绍的霍夫曼(Huffman)编码、费诺(Fano)编码、香农-费诺-埃利斯(Shannon-Fano-Elias)编码、曼彻斯特编码(Manchester Encoding)等多种编码方式。超高频 RFID 采用了一种最简单的编码方式 FM0 编码，如图 3-13(a)所示，0 和 1 的判断依据为在一个时间周期内是否有高低电平翻转(时间周期到达时必须翻转一次不计算在内)。如果有翻转代表的信息为 0，没有翻转则代表信息为 1，如图 3-13(b)所示 FM0 编码状态机转换图。如图 3-13(c)所示，阅读器只要监测每一个上升沿和下降沿的时间就可以判断是 0 还是 1，当然这个简单的编码的目的是方便标签的调制。FM0 编码还有一个特点，每个周期结束必须做一次翻转，如图 3-13(d)所示的 FM0 编码时序，同样可以提高系统的容错率，如果标签在系统中出现任何数据问题，阅读器可以及时发现。

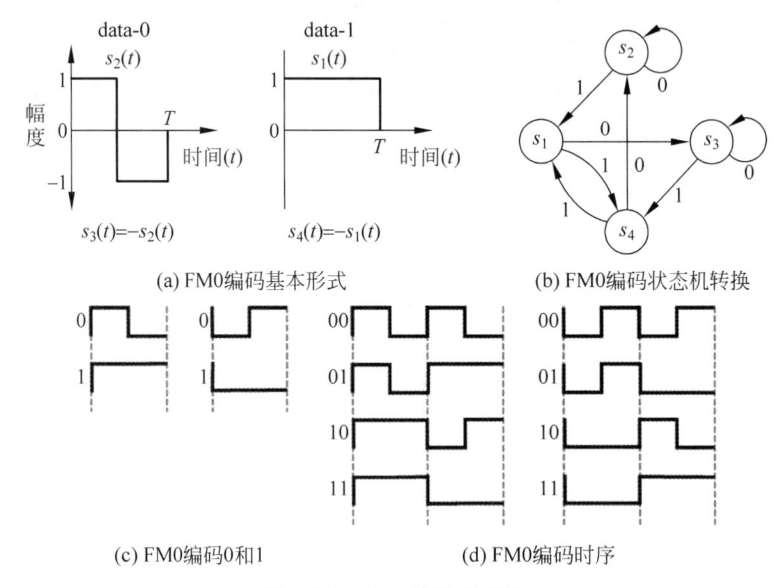

(a) FM0编码基本形式　(b) FM0编码状态机转换

(c) FM0编码0和1　(d) FM0编码时序

图 3-13　FM0 编码原理图

与此同时，这个特点可以为标签的同步前导提供帮助，如图 3-14 所示为标签在 FM0 编码下的两种不同的前导(两种前导由 Query 中的 TRext 决定，作为阅读器同步使用)。其中，有一个符号 V。这个 V 出现前的周期结束时没有进行翻转，与图 3-13(b)中的状态机转换不符，从而这个 V 就成了一个标志位，标志着后面的数据开始为正式的标签数据的开端。

超高频 RFID 采用 FM0 编码最重要的一个原因是冲突检测，当多个标签在同一个时隙发生冲突时，阅读器可以在一个时隙内检测到多个翻转，从而判断出有多个标签发生冲突。发生冲突后将不对数据进行解调，并丢弃数据，继续对下一个时隙的数据进行检测。

在超高频 RFID 的标签编码方式中还有另外一种编码方式名为 Miller 编码，中文名为米勒编码。Miller 编码分为 Miller2 编码、Miller4 编码和 Miller8 编码，其结构形式和状态机变化如图 3-15 所示。

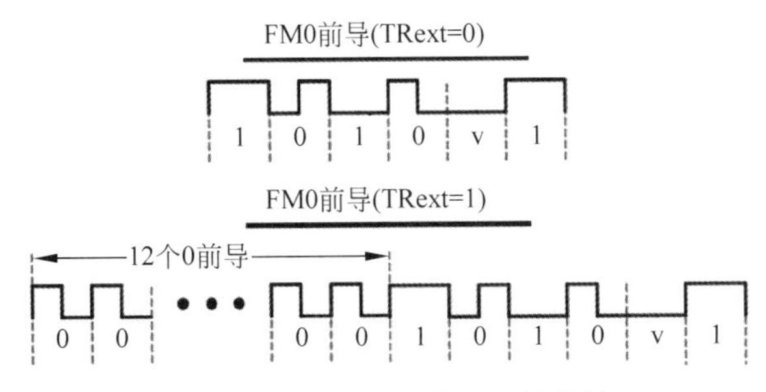

图 3-14 标签 FM0 情况下的前导

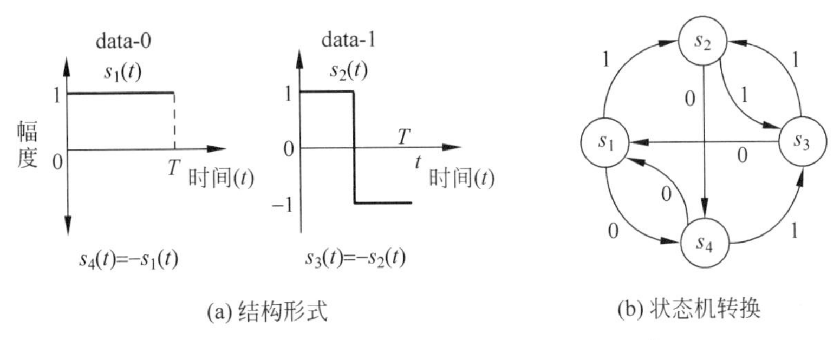

图 3-15 标签 Miller 结构形式和状态机变化

Miller 编码的时序图如图 3-16 所示，Miller2 编码的 0 和 1 判断依据为一个周期内其相位是否翻转 180°，相位不变表示 0，相位翻转 180°表示 1；Miller4 编码和 Miller8 编码同样是判断时隙中相位是否翻转，只是重复次数不同。从阅读器解调角度，则是判断在一个时隙内，是否存在相位的 180°翻转，有相位翻转为 1，无相位翻转则为 0。

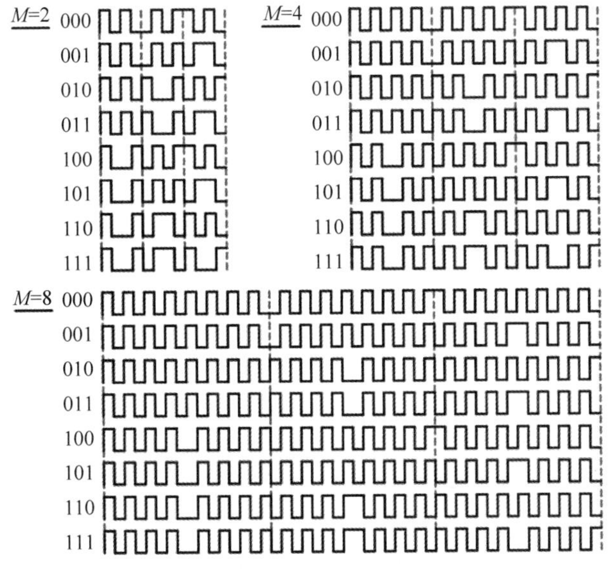

图 3-16 Miller 编码时序图

经常有读者问，不同的 Miller 编码就是重复、重复、再重复，这不是浪费时间么，其物理意义在哪里？当然不是浪费时间，其意义在于增强抗干扰能力，提高阅读器的灵敏度。

Miller2 编码对比 FM0 编码相当于通信了 2 次。在同样噪声环境中，采用 Miller2 编码灵敏度优于 FM0 编码。如图 3-17 所示，为 FM0、Miller2、Miller4 和 Miller8 这 4 种不同的编码在不同信噪比环境中阅读器的误码率。环境噪声较大时，使用不同的编码方式误码率不同。如在生产制造场景的超高频 RFID 现场，有大量的噪声干扰，此时的信噪比也许只有 5dB，如果采用 FM0 编码，阅读器的误码率高达 10%，系统几乎无法工作；在同样的环境中采用 Miller8 编码时，阅读器的误码率仅为 0.2%，系统可以稳定工作。当在环境噪声很小，系统信噪比更高的环境中时(信噪比大于 15dB)，几种编码方式的误码率都很低，从系统稳定工作的角度分析差异不大。

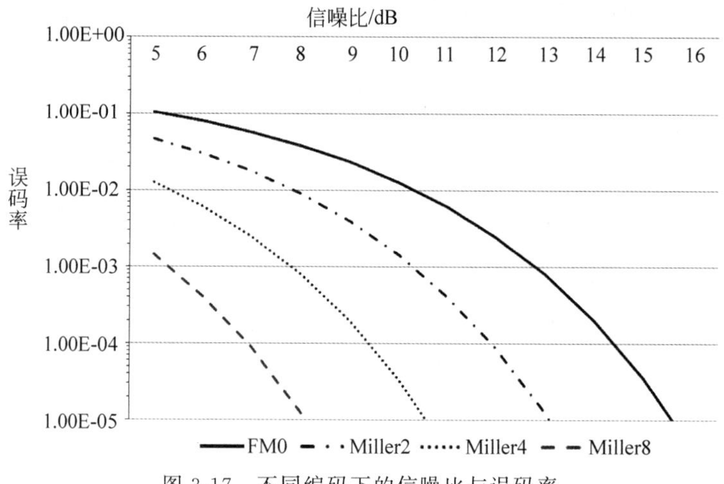

图 3-17　不同编码下的信噪比与误码率

通过上述分析可以看出，当环境噪声比较小的时候，选择 FM0 可以获得更快的标签读取速度；而在有干扰的环境中一般使用 Miller2 编码 Miller4 编码；在环境非常恶劣的情况才会选择 Miller8 编码。

许多业内销售人员向客户介绍自家产品性能时，表示其阅读器识别速度可以达到 500 标签/秒，但这是一个完全没有意义的指标，因为这是他们在实验室中使用 FM0 编码的测试结果，在具体应用中很少有这么好的信噪比环境。所以大家在使用超高频 RFID 现场实施的时候一定要了解现场的无线电干扰情况，做相应的测试。尤其是存在大量数据读取和写入的项目，一定要使用 Miller4 编码或 Miller8 编码，因为整个通信链路一旦误码，就要重新开始，会浪费更多的时间。

3. BLF 标签反向链路频率

反向链路频率(Backscatter Link Frequency，BLF)是标签向阅读器通信的带宽频率，决定了标签的通信速率。如表 3-8 所示，为 BLF 的所有频率列表及其频率的容忍误差。BLF 最低的通信带为 40kHz，最高通信带为 640kHz，且可以在 40～640kHz 设置任意带宽。

表 3-8　BLF 频率及其容忍误差

DR：参数	TRcal/(μs(1±1%))	链路频率/kHz	频率误差容忍度(常温)	频率误差容忍度(高低温)	一个反向数据中的频率漂移
64/3	33.3	640	+/−15%	+/−15%	+/−2.5%
	33.3< TRcal < 66.7	320 < LF < 640	+/−22%	+/−22%	+/−2.5%
	66.7	320	+/−10%	+/−15%	+/−2.5%
	66.7< TRcal < 83.3	256 < LF < 320	+/−12%	+/−15%	+/−2.5%
	83.3	256	+/−10%	+/−10%	+/−2.5%
	83.3< TRcal < 133.3	160 < LF < 256	+/−10%	+/−12%	+/−2.5%
	133.3< TRcal < 200	107 < LF < 160	+/−7%	+/−7%	+/−2.5%
	200 < TRcal < 225	95 < LF < 107	+/−5%	+/−5%	+/−2.5%
8	17.2< TRcal < 25	320 < LF < 465	+/−19%	+/−19%	+/−2.5%
	25	320	+/−10%	+/−15%	+/−2.5%
	25 < TRcal < 31.25	256 < LF < 320	+/−12%	+/−15%	+/−2.5%
	31.25	256	+/−10%	+/−10%	+/−2.5%
	31.25< TRcal < 50	160 < LF < 256	+/−10%	+/−10%	+/−2.5%
	50	160	+/−7%	+/−7%	+/−2.5%
	50 < TRcal < 75	107 < LF < 160	+/−7%	+/−7%	+/−2.5%
	75 < TRcal < 200	40 < LF< 107	+/−4%	+/−4%	+/−2.5%

这里说的是反向链路频率 BLF(kHz)是通信带宽并非通信数据率(Data rate)。数据率是与编码方式相关的，如果选用 FM0 编码，其通信数据率就等于通信带宽，当选用 Miller2 编码时，其通信数据率为 BLF 的一半；同理 Miller4 编码和 Miller8 编码为 BLF 的四分之一和八分之一，如表 3-9 所示。

表 3-9　数据率与编码关系图

周期副载波符号数量	调 制 类 型	数据率/kbps
1	FM0	LF
2	Miller	LF/2
4	Miller	LF/4
8	Miller	LF/8

高速率的 BLF 与低速率的 BLF 对比优势是传输的数据速率高，缺点是噪声带宽较大，对阅读器灵敏度要求较高。当阅读器灵敏度较差或环境噪声较大的环境中，高速率的 BLF 会因为系统信噪比不足引起误码率上升，从而引起系统的识别率下降。此时调整为较低的传输速率则会有更好的识别效果。

灵敏度差异可以通过实际的传输速率的比值计算。假设两个标签 A、B 分别工作在：Miller 4 BLF=160kHz 和 FM0 BLF=640kH 参数下，则两个标签的通信速率分别为：DR_A=160/4=40kbps；DR_B=640kbps。

$\Delta DR=\frac{640kbps}{40kbps}=16=12dB$，通过计算可知标签A比标签B的抗噪能力好12dB，对于阅读器有更好的适应性。

在实际应用中由于标签性能存在一致性差异，且环境干扰不可控，阅读器不会单独使用高速的BLF与编码FM0的组合。

4. 协议与标签的识别特性

通过学习本节的知识，可以全面的分析标签的读取速度和效率到底与谁有关。主要与3部分相关：应用环境影响、射频链路选择及算法与逻辑层面的选择。其中，

- 应用环境：环境噪声、频带带宽限制、是否为多阅读器场景；
- 射频链路层：反向链路频率BLF，标签编码方式FM0、Miller、阅读器的编码方式及调制方式；
- 算法与逻辑层：多标签清点Query、选择Select-Mask、会话层Session。

在实际应用中，应根据不同应用环境选择合适的射频链路参数，如表3-10所示。

表3-10 应用环境对阅读器标签通信速度的影响

应用环境	阅读器标签通信速度
环境噪声大	需要慢速(BLF小)，Miller4或Miller8
信噪比要求高	
多阅读器	
环境噪声小	高速工作(BLF大)，FM0或Miller2
频带带宽大	
少阅读器	

- 环境噪声：根据环境中噪声大小选择编码方式，如FM0适合实验室，Miller4和Miller8适合嘈杂环境。
- BLF选择：标签距离阅读器较远或标签尺寸较小时，对信噪比要求较高，则应选择较低的BLF以保证阅读器的灵敏度要求。
- 多阅读器场景：许多应用中需要多台阅读器在很靠近的环境中，就存在DRM(密集阅读器模式)，此时需要选择小带宽的BLF。DRM的频率选择与频带数量有关系，如美国频带数量多达50个，DRM效率高，而欧洲只有4个频带，DRM效率低，只能用LBT方式工作，等待时间长、效率低。

3.3 Gen2多标签的算法

多标签算法是大家经常提及的问题，超高频RFID协议是一个简单协议，其多标签算法基础是比较简单的。基于3.2.1节讲解的Query命令已经可以解决80%的多标签算法问题，一台符合超高频RFID协议的普通阅读器，对于一般的多标签处理不会有任何问题。由于现在的物联网项目越来越多，客户的要求也越来越苛刻，就需要不断改进多标签算法。本

节将分别从工程及算法两个方面进行详细介绍。

3.3.1 基于工程场景的多标签防碰撞算法——碰撞读取率 A

1. RFID 常见多标签算法简介

从 13.56MHz 频段的 ISO/IEC 14443 协议、ISO/IEC 15693 协议到 900MHz 频段的 ISO/IEC 18000-6B/C 协议，防碰撞协议在现有的技术中一般都基于两种基本算法：时隙 ALOHA 算法和二进制树的搜索算法。

其中 18000-6C 采用的是时隙 ALOHA 算法：应答器（标签）只在规定的同步时隙中才传输数据包。在这种情况下，对所有应答器的同步由阅读器控制。本质上时隙 ALOHA 算法是一种由阅读器控制的随机时分多址（TDMA）算法。它将信道分为很多时隙，每个时隙正好传送一个分组。对于射频系统，标签只在规定的同步时隙内才能传输数据包，对所有的标签所必需的同步由阅读器控制，但发生碰撞后，各标签仍是经过随机延时后分散重发的。

时隙 ALOHA 算法较为实用，由于时隙 ALOHA 算法不关注实际冲突的位数，而只关注是否发生冲突，因此实现较为方便。但在实际系统中，其算法效率相对不高。如果应答器数目过多，时隙数量不够，那么发生冲突的概率增大，需要的时间也过长。因此，当多个应答器在阅读器工作范围内停留时间太短，识别率就会相应变低。

ISO/IEC 14443、15693、18000-6B 采用的是二进制树搜索算法：如果数据包在传输过程中发生碰撞，阅读器使用二进制树搜索的运算法则和一个比特的数据来解决冲突。因为每个标签本身都有一个地址（ID），所以阅读器可以指定一个特定范围内的地址来读取标签，而这些标签必须对阅读器的询问做出应答，其他标签则表示缄默。这时，如果有两个标签由于同时上传数据而发生碰撞，阅读器可以精确地检测出地址发生碰撞的比特位，并找出对应的标签。依靠二进制树搜索的运算理论，阅读器可以读出所有的标签。

基本的二进制树搜索算法抗干扰能力差，数据容易误读而造成效率低，难以实现。

2. 基于实际工程场景的多标签——清点率介绍

本书中的防碰撞算法结合实际阅读器特性，提出阅读器碰撞读取率这个概念，并结合实际的工程场景，精确计算标签清点的时间期望值，从而大大提高了阅读器的清点率，有利于推动以物流仓储为代表的超高频 RFID 多标签场景的广泛应用。

该防碰撞算法的模型包括 1 个阅读器，0 个或者多个应答器（标签）。使用的要素包括 Q（时隙数标识数据）、A（碰撞读取率）、N（标签的总量）。

（1）在阅读器对标签清点的通信中，阅读器先向所有标签发 Query 命令，在 Query 命令中包含参数 Q，Q 可以取 0～15 的任意数值。

（2）所有标签收到 Query 命令后会各自从 $0\sim 2^Q-1$ 中产生一个随机数。若标签的随机数为 0，则标签立即返回 RN16，阅读器可以通过该 RN16 与这个标签通信。

（3）当阅读器发送 Query 后，会连续发 2^Q-1 个 Query_rep 命令，标签每次收到 Query_rep 命令后，其随机数减 1，直到随机数变为 0，返回 RN16。

(4) 在该通信过程中，如果标签数量 N 比较大(比如 100)，而 Q 比较小(比如 4)，那么 100 个标签每个都从 0～15 个数字中随机分配一个，必然存在相同的随机数，这样当阅读器发出 Query 或者 Query_rep 命令后，两个或多个标签同时返回它们各自的 RN16 就发生冲突，由于两个或多个标签的数据交叠在一起，阅读器很难分辨数据，因此无法和特定的一个标签进行通信，这就是冲突的产生。

(5) 发生冲突的标签会在下一轮的 Query 清点中被清点到，已经被清点过的标签则不响应，直到 Session 翻转，直到将全部的标签清点完毕。

由于技术的进步，阅读器的灵敏度和解调能力不断提高，当遭遇多标签冲突时，阅读器有一定的概率 A 正确解调一个标签的 RN16，从而完成对一个标签的清点，在这里称这个概率 A 为碰撞读取率。深入研究碰撞读取率，还可以分成 2 个标签碰撞时读取率为 A_2，3 个标签碰撞时读取率为 A_3，或者 N 个标签碰撞时的读取率为 A_N。当然为了简单分析，在这里对所有的碰撞读取率统一为 A，方便大家理解和计算。

为方便后续计算，提出清点率 F 这个概念，就是单位时间内识别标签的数量。假设一轮清点过程中清点到的标签数量为 M，那么 $F=M/2^Q$。为了提高清点率，针对不同的标签数量 N 和当前的阅读器的碰撞读取率 A，选择最优的清点参数 Q。

如图 3-18 所示，在清点过程中，每个时隙都可能出现 3 种情况：

(1) 只有一个标签返回 RN16，清点到标签；

(2) 有多个标签返回 RN16，发生冲突，有 A 的概率清点到标签；

(3) 没有标签返回 RN16，没有清点到标签。

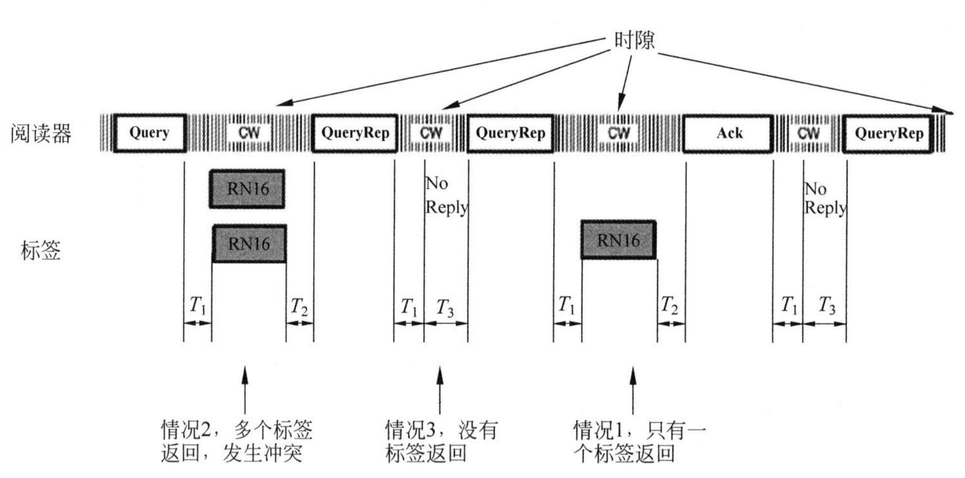

图 3-18　标签清点示意图

在这 3 种情况下，在 2^Q 个时隙内的期望值分别为：

(1) 只有一个标签返回，

$$\left(\frac{2^Q-1}{2^Q}\right)^{N-1}\times N \tag{3-2}$$

（2）有多个标签返回，

$$2^Q - \left(\frac{2^Q-1}{2^Q}\right)^N \times 2^Q - \left(\frac{2^Q-1}{2^Q}\right)^{N-1} \times N \tag{3-3}$$

（3）没有标签返回，

$$\left(\frac{2^Q-1}{2^Q}\right)^N \times 2^Q \tag{3-4}$$

那么清点率为(1)+(2)×A：

$$F = \left(\left(\frac{2^Q-1}{2^Q}\right)^{N-1} \times N + \left(2^Q - \left(\frac{2^Q-1}{2^Q}\right)^N \times 2^Q - \left(\frac{2^Q-1}{2^Q}\right)^{N-1} \times N\right) \times A\right) / 2^Q \tag{3-5}$$

3. 基于实际的工程场景的多标签——实例分析

假设标签数量分别为 $N=40$、$N=100$ 和 $N=200$，3 个阅读器碰撞读取率分别为 0%、10%和 30%，即 $A_1=0$；$A_2=0.1$；$A_3=0.3$。那么每个阅读器在不同标签环境中所选用的 Q 的最优值可以用式(3-5)计算出不同的清点率 F，将 $Q=4\sim10$ 以及 N 和 A 的数值代入后，得到表 3-11。

表 3-11 阅读器 Q 值与标签数量与碰撞概率的关系

标签数量	$N=40$			$N=100$			$N=200$		
碰撞概率	$A_1=0$	$A_2=0.1$	$A_3=0.3$	$A_1=0$	$A_2=0.1$	$A_3=0.3$	$A_1=0$	$A_2=0.1$	$A_3=0.3$
$Q=4$	0.202	0.271	0.419	0.010	0.109	0.307	0	0.100	0.300
$Q=5$	*0.362*	*0.398*	*0.469*	0.135	0.217	0.382	0.011	0.110	0.307
$Q=6$	0.338	0.351	0.377	0.329	0.375	*0.467*	0.136	0.218	0.382
$Q=7$	0.230	0.234	0.242	*0.359*	*0.377*	0.415	0.328	0.374	*0.474*
$Q=8$	0.134	0.135	0.137	0.265	0.271	0.283	*0.358*	*0.377*	0.414
$Q=9$	0.072	0.073	0.073	0.161	0.163	0.166	0.265	0.271	0.282
$Q=10$	0.037	0.038	0.038	0.089	0.089	0.090	0.161	0.162	0.166

在实际应用中根据表 3-11 选择清点率最高时所对应的 Q(表中斜体数字为最优清点率)。在传统的算法中，Q 的选择依据为表 3-12(传统算法中未考虑冲突识别率，可以认为 $A=0$)。

表 3-12 Q 值表

Q	0	1	2	3	4	5	6	7	8	9	10
N	0～1	2	3～4	5～8	9～16	17～32	33～64	65～128	129～256	257～512	513～1024

将传统算法和本书中创新的算法进行对比：

在标签 $N=40$、$A=0$ 的情况下，根据表 3-11 计算选择 $Q=5$，而传统算法选择 $Q=6$，那么创新算法效率比传统增加了 7.1%。若选择 $N=200$、$A=0.3$，创新算法选择 $Q=7$，而传统算法选择 $Q=8$，那么创新算法的效率比传统算法提高了 14.5%。

现在的超高频 RFID 阅读器种类繁多，通过对应设备的测试可以发现，每个阅读器的碰撞读取率是不同的。从阅读器的设计角度来讲，是由阅读器的射频链路性能以及基带的解调能力不同导致的。不同的阅读器在使用不同的调制编码方式时其碰撞读取率是不同的。比如 Alien Technology 的 ALR9900＋的碰撞读取率 A 大概为 0.3，而低端分离器件的阅读器的碰撞读取率 A 约等于 0。

在实际应用中，应先由阅读器的协议算法控制部分根据标签个数和阅读器的碰撞读取率生成一张类似于表 3-11 的映射表，然后根据式(3-5)计算 Q 为 0～15 时所得到的所有清点率，最后选择清点率 F 最高时所对应的 Q，作为这轮清点的 Q 值；下一轮清点根据剩下的标签数量继续查表选择清点率最高时对应的 Q，直到标签全部清点完毕。

3.3.2 基于实际场景的多标签防碰撞算法——动态 Q 算法

1. 标签数量 N 与 Q 的概率分析

3.3.1 节的多标签碰撞算法是针对已知固定数量标签场景中所使用的方法。在不知道天线覆盖场内有多少标签时，Q 怎么选择，如何最有效率地读取标签，就需要一个可以自动调节的 Q 算法来实现，称之为动态 Q 算法。

考虑一下，在标签数量未知的情况下如果 Q 是固定的一个数字，那么无论 Q 设什么样的数字都会存在很大问题。比如把 Q 设为 4，如果场内有 500 张标签，一定会出现碰撞严重导致很难读全；如果场内标签只有 1 张或没有，又需要浪费许多时隙时间。这个时候就需要动态 Q 算法，即阅读器可以根据场内读取的标签数量以及效果进行动态的调整，如果标签多，Q 就自动变大；如果标签少，Q 就自动变小。那如何判断场内的标签数量呢？这需要从概率的角度着手进行分析。阅读器对标签的识别体现在每一个时隙上，根据 3.2.1 节中的分析，在一个时隙内可能发生 3 种情况，分别是一个标签返回：读取；多个标签返回：冲突；没有标签返回：空闲。在不考虑碰撞读取率时($A=0$)，这 3 种情况下根据标签数量为 N、清点参数 Q 的清点率 F 的概率表达式如下：

(1) 只一个标签返回——读取

$$\left(\frac{2^Q-1}{2^Q}\right)^{N-1} \times N \div 2^Q \tag{3-6}$$

(2) 有多个标签返回——冲突

$$\left[2^Q-\left(\frac{2^Q-1}{2^Q}\right)^N \times 2^Q-\left(\frac{2^Q-1}{2^Q}\right)^{N-1} \times N\right] \div 2^Q \tag{3-7}$$

(3) 没有标签返回——空闲

$$\left(\frac{2^Q-1}{2^Q}\right)^N \tag{3-8}$$

只是通过这样枯燥的算式，发现不了任何规律。不妨假设场内标签的数量为固定的一些数量，选用不同的 Q 时碰撞和无返回的概率是多少。假定场内的标签数量分别是：$N=1$、2、5、10、20、50、100、200、500、1000；动态 $Q=1$、2、3、4、5、6、7、8、9、10。将这些参数代入式(3-6)，得到读取的概率如表 3-13 所示；同理，代入式(3-7)和式(3-8)可得到表 3-14 和表 3-15。

表 3-13 读取 Q、N 概率表

N / Q	1	2	5	10	20	50	100	200	500	1000
1	0.50	0.50	0.16	0.01	0.00	0.00	0.00	0.00	0.00	0.00
2	0.25	0.38	0.40	0.19	0.02	0.00	0.00	0.00	0.00	0.00
3	0.13	0.22	0.37	0.38	0.20	0.01	0.00	0.00	0.00	0.00
4	0.06	0.12	0.24	0.35	0.37	0.13	0.01	0.00	0.00	0.00
5	0.03	0.06	0.14	0.23	0.34	0.33	0.13	0.01	0.00	0.00
6	0.02	0.03	0.07	0.14	0.23	0.36	0.33	0.14	0.00	0.00
7	0.01	0.02	0.04	0.07	0.13	0.27	0.36	0.33	0.08	0.00
8	0.00	0.01	0.02	0.04	0.07	0.16	0.27	0.36	0.28	0.08
9	0.00	0.00	0.01	0.02	0.04	0.09	0.16	0.26	0.37	0.28
10	0.00	0.00	0.00	0.01	0.02	0.05	0.09	0.16	0.30	0.37

表 3-14 碰撞 Q、N 概率表

N / Q	1	2	5	10	20	50	100	200	500	1000
1	0.00	0.25	0.81	0.99	1.00	1.00	1.00	1.00	1.00	1.00
2	0.00	0.06	0.37	0.76	0.98	1.00	1.00	1.00	1.00	1.00
3	0.00	0.02	0.12	0.36	0.73	0.99	1.00	1.00	1.00	1.00
4	0.00	0.00	0.03	0.13	0.36	0.83	0.99	1.00	1.00	1.00
5	0.00	0.00	0.01	0.04	0.13	0.47	0.82	0.99	1.00	1.00
6	0.00	0.00	0.00	0.01	0.04	0.18	0.46	0.82	1.00	1.00
7	0.00	0.00	0.00	0.00	0.01	0.06	0.18	0.46	0.90	1.00
8	0.00	0.00	0.00	0.00	0.00	0.02	0.06	0.18	0.58	0.90
9	0.00	0.00	0.00	0.00	0.00	0.00	0.02	0.06	0.26	0.58
10	0.00	0.00	0.00	0.00	0.00	0.00	0.00	0.02	0.09	0.26

表 3-15 空闲 Q、N 概率表

N / Q	1	2	5	10	20	50	100	200	500	1000
1	0.50	0.25	0.03	0.00	0.00	0.00	0.00	0.00	0.00	0.00
2	0.75	0.56	0.24	0.06	0.00	0.00	0.00	0.00	0.00	0.00
3	0.88	0.77	0.51	0.26	0.07	0.00	0.00	0.00	0.00	0.00
4	0.94	0.88	0.72	0.52	0.28	0.04	0.00	0.00	0.00	0.00
5	0.97	0.94	0.85	0.73	0.53	0.20	0.04	0.00	0.00	0.00
6	0.98	0.97	0.92	0.85	0.73	0.46	0.21	0.04	0.00	0.00
7	0.99	0.98	0.96	0.92	0.85	0.68	0.46	0.21	0.02	0.00
8	1.00	0.99	0.98	0.96	0.92	0.82	0.68	0.46	0.14	0.02
9	1.00	1.00	0.99	0.98	0.96	0.91	0.82	0.68	0.38	0.14
10	1.00	1.00	1.00	0.99	0.98	0.95	0.91	0.82	0.61	0.38

从表 3-13 中可以明显地看到，在标签数量 N 不同时，不同的 Q 的读取率是不同的，且读取率比较高的 Q 一般在 $\log_2 N$ 附近。如 $N=10$，在 $Q=3, 2^Q=8$ 和 $Q=4, 2^Q=16$ 之间，此时读取率最高为 $Q=3$ 时的 0.38 和 $Q=4$ 时的 0.35。从表 3-13 中也可以看到，表格的左下角和右上角的概率基本都是 0，左下角为时隙多标签少空闲的概率大导致读取率低；右上角时隙少标签多碰撞概率大导致读取率低。

在正常的多标签动态算法的过程中如果连续两个时隙的状态都是读取状态，就说明当前的 Q 与 N 非常合适，不需要进行 Q 的调整。

从表 3-14 碰撞 Q、N 概率中可以发现，N 越大碰撞概率越大，Q 越小碰撞概率越大，该表格的右上角碰撞概率基本都为 1，也就是说，要 100%发生碰撞，就需要把 Q 调大。

在正常的多标签动态算法的过程中，如果连续两个时隙的状态都是碰撞状态，就说明当前的 Q 相对于 N 太小，需要增大 Q。也可以通过表 3-14 计算得出结论，假定当前状态为 $N=10, Q=2$，碰撞概率为 0.76，连续两次碰撞的概率为 $0.76 \times 0.76 = 0.57$，此概率大于 50%，就需要将 Q 增大为 3。由表 3-11 可知，$N=10$ 时 $Q=3$ 或 4 是最合适的，刚好与之前的结论相吻合。

由表 3-15 可知，标签 N 越多空闲概率越小，Q 越大空闲概率越大，该表格的左下角概率值都为 1，就是说要 100%发生空闲，就需要把 Q 调小。

在正常的多标签动态算法的过程中如果连续两个时隙的状态都是空闲状态，就说明当前的 Q 相对于 N 太大，需要减小 Q。读者也可以通过表 3-15 计算得出结论，假定当前状态为 $N=10, Q=5$，碰撞概率为 0.73，连续两次碰撞的概率为 $0.73 \times 0.73 = 0.53$，此概率大于 50%，就需要将 Q 减小为 4。由表 3-11 可知，$N=10$ 时 $Q=3$ 或 4 是最合适的，刚好与之前的结论相吻合。

2. 动态 Q 的实例分析

经过上述的算法和概率分析，已经了解了 Q 变化的基本要领，但是在实际的案例中，阅读器的动态 Q 是如何设置的呢？我们通过对主流阅读器的动态 Q 算法研究，总结了一套非常适合工程应用的动态 Q 策略，其步骤如下：

(1) $Q=0$ 检测场内是否有标签；

(2) $Q=3$ 初始化 Q 状态识别标签；

(3) 连续碰撞 2 次，则 $Q+1$；连续空闲 2 次，则 $Q-1$，无连续碰撞和连续空闲则读取识别；

(4) 连续发 3 次 $Q=0$ 为空，确定全部识别，场中不剩下任何标签；

(5) 掉电开启下一轮盘点。

该动态算法中，步骤(1)首先发 $Q=0$，看场内是否有标签，会出现 3 种情况，如果没有标签，则跳转到步骤(5)进行下一轮盘点；如果有一个标签，则读取该标签数据跳转到步骤(4)，确认场内没有标签后再跳转到步骤(5)进行下一轮盘点；如果场内有多张标签，则跳转到步骤(2)发 $Q=3$ 进行识别标签，再到步骤(3)～(5)。

这里将步骤(3)和(4)的组合称为基础动态Q策略，这个策略是最常用的动态Q策略，读者也可以开发类似的动态Q策略，比如监控多次识别的结果判断Q是否跳转等，不过实量结果比基础动态Q策略的提升不会超过10%。

假定场内标签数量$N=100$，但是阅读器未知该信息，此时的多标签动态Q识别过程如下：

- 运行步骤(1)$Q=0$，发生冲突、场内存在多个标签($N=100$；时隙$M=1$)；
- 运行步骤(2)$Q=3$($N=100$)；
- 运行步骤(3)$Q=3$时连续两次冲突$Q=4$($N=100$；$M=2$)；
- 运行步骤(3)$Q=4$时连续两次冲突$Q=5$($N=100$；$M=2$)；
- 运行步骤(3)$Q=5$时连续两次冲突$Q=6$($N=100$；$M=2$)；
- 运行步骤(3)$Q=6$时连续进行读取，第一轮读取标签21个，还剩79个(根据表(3-13)中$Q=6$、$N=100$概率给出数据$33\%\times 64\approx 21$，实际情况略有不同)($N=79$；$M=64$)；
- 运行步骤(3) $Q=6$时继续进行读取，第二轮读取标签23个，还剩56个(根据表(3-13)中$Q=6$、$N=79$概率为$36\%\times 64\approx 23$，实际情况略有不同)($N=56$；$M=64$)；
- 运行步骤(3) $Q=6$时继续进行读取，第三轮读取标签24个，还剩32个(根据表(3-13)中$Q=6$、$N=56$概率为$37\%\times 64\approx 24$，实际情况略有不同)($N=32$；$M=64$)；
- 运行步骤(3) $Q=6$时继续进行读取，第四轮读取标签20个，还剩12个(根据表(3-13)中$Q=6$、$N=32$概率为$31\%\times 64\approx 20$，实际情况略有不同)($N=12$；$M=64$)；
- 运行步骤(3) $Q=6$时连续两次空闲，$Q=5$($N=12$；$M=2$)；
- 运行步骤(3) $Q=5$时继续进行读取，第五轮读取标签8个，还剩4个(根据表(3-13)中$Q=5$、$N=12$概率为$26\%\times 32=8$，实际情况略有不同)($N=4$;$M=32$)；
- 运行步骤(3)$Q=5$时连续两次空闲，$Q=4$($N=4$；$M=2$)；
- 运行步骤(3)$Q=4$时连续两次空闲，$Q=3$($N=4$；$M=2$)；
- 运行步骤(3)$Q=3$时继续进行读取，第六轮读取标签3个，还剩1个(根据表(3-13)中$Q=3$、$N=4$概率为$33\%\times 8=3$，实际情况略有不同)($N=1$；$M=8$)；
- 运行步骤(3)$Q=3$时连续两次空闲，$Q=2$($N=1$；$M=2$)；
- 运行步骤(3)$Q=2$时继续进行读取，第七轮读取标签1个，还剩0个(根据表(3-13)中$Q=2$、$N=1$概率为$25\%\times 4=1$，实际情况略有不同)($N=0$；$M=4$)；
- 运行步骤(3)$Q=2$时连续两次空闲，$Q=1$($N=0$；$M=2$)；
- 运行步骤(3)$Q=1$时连续两次空闲，$Q=0$($N=0$；$M=2$)；
- 运行步骤(4)取连续发3次$Q=0$确定全部识别；
- 掉电重复下一轮盘点。

上述识别过程中Q先变大再变小最终将所有标签都识别到，并确认场内没有遗漏的标签。虽然看起来非常烦琐，但是大大提高了识别效率。对识别效率的评估可以通过标签时隙比实现，即总共标签数量与总共时隙的比值，比值越高说明效率越高。标签数量 $N=100$ 个，时隙数量就是把上述识别过程中的所有时隙 M 加起来 $M_{总}=319$，那么标签时隙比为 $100÷319=31.3\%$，这是一个非常高的效率值。

为了让读者了解动态 Q 的优势，将其与固定 Q 算法进行对比。此处采用固定 Q 的最优方式，假设阅读器已知场内标签数量。在 $N=100$ 时，已知 $Q=7$ 具有最高的识别率，那么：

- $Q=7,N=100$，读取率 $0.36\times128\approx46$ 个($N=54$；$M=128$)；
- $Q=7,N=54$，读取率 $0.28\times128\approx36$ 个($N=18$；$M=128$)；
- $Q=7,N=18$，读取率 $0.12\times128\approx15$ 个($N=3$；$M=128$)；
- $Q=7,N=3$，读取率 $0.023\times128\approx3$ 个($N=0$；$M=128$)；
- $Q=7,N=0$，读取率 0 个($N=0$；$M=128$)。

从 $Q=7$ 的固定 Q 可以看到，一共运行 5 轮确定所有标签都被识别且 $M=640$，对应的标签时隙比为 15.6%。

再对比一下 $Q=6,N=100$ 的情况，固定 $Q=6$，那么：

- $Q=6,N=100$，读取率 $0.33\times64\approx21$ 个($N=79$；$M=64$)；
- $Q=6,N=79$，读取率 $0.36\times64\approx23$ 个($N=56$；$M=64$)；
- $Q=6,N=56$，读取率 $0.37\times64\approx24$ 个($N=32$；$M=64$)；
- $Q=6,N=32$，读取率 $0.31\times64\approx20$ 个($N=12$；$M=64$)；
- $Q=6,N=12$，读取率 $0.16\times64\approx10$ 个($N=2$；$M=64$)；
- $Q=6,N=2$，读取率 $0.031\times64\approx2$ 个($N=0$；$M=64$)；
- $Q=6,N=0$，读取率 0 个($N=0$；$M=64$)。

从 $Q=6$ 的固定 Q 可以看到，一共运行 7 轮确定所有标签都被识别且 $M=448$，对应的标签时隙比为 22.3%。

再对比一下 $Q=5,N=100$ 的情况，固定 $Q=5$，那么：

- $Q=5,N=100$，读取率 $0.135\times32\approx4$ 个($N=96$；$M=32$)；
- $Q=5,N=96$，读取率 $0.147\times32\approx5$ 个($N=91$；$M=32$)；
- $Q=5,N=91$，读取率 $0.163\times32\approx5$ 个($N=86$；$M=32$)；
- $Q=5,N=86$，读取率 $0.181\times32\approx6$ 个($N=80$；$M=32$)；
- $Q=5,N=80$，读取率 $0.204\times32\approx7$ 个($N=73$；$M=32$)；
- $Q=5,N=73$，读取率 $0.232\times32\approx7$ 个($N=66$；$M=32$)；
- $Q=5,N=66$，读取率 $0.262\times32\approx8$ 个($N=58$；$M=32$)；
- $Q=5,N=58$，读取率 $0.297\times32\approx9$ 个($N=49$；$M=32$)；
- $Q=5,N=49$，读取率 $0.334\times32\approx11$ 个($N=38$；$M=32$)；
- $Q=5,N=38$，读取率 $0.367\times32\approx12$ 个($N=26$；$M=32$)；

- $Q=5$，$N=26$，读取率 0.367×32≈12 个（$N=14$；$M=32$）；
- $Q=5$，$N=14$，读取率 0.290×32≈9 个（$N=5$；$M=32$）；
- $Q=5$，$N=5$，读取率 0.138×32≈4 个（$N=1$；$M=32$）；
- $Q=5$，$N=1$，读取率 0.031×32≈1 个（$N=0$；$M=32$）；
- $Q=5$，$N=0$，读取率 0 个（$N=0$；$M=32$）。

从 $Q=5$ 的固定 Q 可以看到，一共运行 15 轮确定所有标签都被识别且 $M=480$，对应的标签时隙比为 20.8%。

关于其他固定 Q 的标签时隙比，这里不做更多的计算，但明显可以推论 Q 大于 7 时会有更多的空闲，导致 M 偏大，而 Q 小于 5 的会有大量的冲突，同样导致 M 偏大。在未知场内标签数量的情况下使用动态 Q 算法会比即使已知场内标签数量的固定 Q 算法效率高 50%。因此应用中合理使用动态 Q 会大大提高多标签识别的效率和准确性。

3.3.3　多标签识别综合解决方案

由于近些年来超高频 RFID 的应用场景越来越多，面临多标签识别和环境干扰等诸多挑战，尤其是阅读器厂商在设计和生产阅读器时并不知道客户的最终应用场景。因此阅读器的适应性需要很强，能够根据具体情况在多个场景中自动切换。本节将给出一套完整的解决方案，通过算法调节多个参数最终实现阅读器可以应对绝大多数的标签识别场景。

首先将所有超高频 RFID 识别的应用场景和需求总结如下：

- 场内标签数量——没有标签、1 个标签、几十个标签、几百个标签或一两千个标签等多种可能性。
- 识别率——需要保证每一轮的识别将场中的标签全部清点完毕，不能存在遗漏。
- 识别速度——在保证识别率的前提下需要保证尽可能最快的方式实现场内的标签识别。
- 现场环境——无论在实验室的良好环境中，还是在恶劣的工厂干扰环境中，都保证最优的识别率和识别速度。
- 覆盖范围——许多场景中标签分布比较分散，或标签的位置较差，需要更大的覆盖范围，保证对弱标签的识别效果。

根据上述需求，可以从本章介绍的多个参数中找到解决问题的手段。

- Session 会话层，可以使已经被识别到的标签不再重复响应阅读器的命令。
- BLF 链路速率，既可以提供较高的链路速率实现高速识别，又可以提供较低的链路速率实现较高的灵敏度。
- FM0/Miller 编码，FM0 可以提供高的链路速率实现高速识别，Miller8 可以提供较好的抗干扰特性。
- 动态 Q 算法，可以实现不同数量的多标签识别率和最高效的清点率。

- 多天线场景：在多天线的场景中，不仅实现区域的覆盖，同时满足识别率和识别速度(增加多个天线可以增加覆盖范围和识别率，但多天线的场景中有大量的标签是重复覆盖的，需要采用 Session 解决重复识别的问题)。

上面几条需求看似不可能完成的任务，但经过超高频 RFID 的技术专家多年的努力，最终找到了完美的解决方案。解决方案如下：

(1) 配置初始参数 Session=1；Target A 到 B；初始天线=1。

(2) 配置 BLF=640kHz；编码=FM0；$Q=4$。

(3) 基础动态 Q 策略(连续碰撞 2 次 $Q+1$；连续空闲 2 次 $Q-1$，无连续碰撞和连续空闲则读取识别；直至 3 次 $Q=0$ 为空)。

(4) 配置 BLF=40kHz；编码=Miller8；$Q=3$。

(5) 基础动态 Q 策略。

(6) 若存在多天线，则跳转为下一个天线重复步骤(2)～步骤(5)，直至所有天线轮询一遍，停止盘点。

(7) 配置初始参数 Session=1；Target B 到 A；初始天线=1。

(8) 步骤(2)～步骤(5)。

(9) 转步骤(6)。

(10) 掉电继续下一轮盘点。

上述策略的步骤为，首先采用最高速率的配置参数组合 BLF=640kHz、编码=FM0 将场中绝大多数容易识别的标签快速盘点完成，采用初始 $Q=4$ 是工程经验选择，具有最好的适应性。第二次识别采用系统中抗干扰和灵敏度最高的配置参数组合 BLF=40kHz、编码=Miller8 将场中的一些信号较弱的标签实现盘点，$Q=3$ 的初始值是因为剩下未盘点的标签一般数量较小，采用较小的初始 Q 足以满足需求。此时再跳转到另外一个天线重复前面的操作，由于所有已经被天线 1 盘点到的标签已经在 Session1 跳转到了 B 状态，新的天线在盘点时不会发出响应，故不会因为重复覆盖而影响盘点速度。当所有天线都完成上述操作后，场内的标签已经全部完成盘点，则进入下一轮反向盘点。最终所有的标签状态又回到了 Target A，一次完整的盘点结束。

本节提供的多标签识别综合解决方案是很好的解决方案，如果还要提升系统性能，则需要优化多标签碰撞识别率 A 和基础动态 Q 策略，前者可以通过提升阅读器的灵敏度和数字信号处理算法实现，后者可以通过 AI 学习算法增强也可以使用 MATLAB 多次仿真取最优策略，但这两者投入较大，对于系统的识别率和识别速度提升空间有限。

3.3 节中几种基于 Gen2 的多标签算法是我们经过多年的研究和许多项目实践经验总结出来的结论，在应用和阅读器的开发中会有帮助。虽然本节有许多计算内容，但都是比较简单的基础计算，如果读者也能自己推导，并根据推导的结果用阅读器和标签进行验证，对这部分知识的理解会更有帮助。

3.4 国标超高频 RFID 协议

3.4.1 国标协议的历史背景

超高频 RFID 在全球的高速发展，带来了大量的创新应用。然而超高频 RFID 的主流协议 EPC C1 Gen2 和相关专利都掌握在美国企业手中。由于我国的一些超高频 RFID 应用涉及军用和安全领域，因此迫切需要一个自主知识产权的超高频 RFID 协议标准，GB/T 29768-2013 应运而生。

该协议的全称为《信息技术 射频识别 800/900 MHz 空中接口协议》英文名为 *Information technology—Radio Frequency identification—Air interface protocol at 800/900MHz*。协议的筹备工作始于 2012 年，经过全国的超高频 RFID 相关企业和单位的拼搏努力编撰完成，其中包含了多个业内公司的核心专利共享以及行业人士的全力奉献。最终于 2013 年 9 月 18 日发布，2014 年 5 月 1 日实施。

本标准起草单位包括中国人民解放军国防科学技术大学、工业和信息化部电子工业标准化研究院、北京中电华大设计有限责任公司、天津中兴智联科技有限公司、睿芯联科（北京）电子科技有限公司、西安西电捷通无线网络通信股份有限公司、深圳市远望谷信息技术股份有限公司、国家无线电监测中心、北京航空航天大学、上海聚星仪器有限公司、北京同方微电子有限公司、西安电子科技大学、中国物品编码中心、上海坤锐电子科技有限公司。

本标准主要起草人：李建成、耿力、高林、王宏义、冯敬、杨青、谷晓忱、沈红伟、王立、管超、曹军、王政、杜志强、兰天、宋继伟、金倩、王文峰、夏娣娜、刘文莉、曹国顺、郑黎明、吴建飞、李聪、张兵兵、冯汉炯、宋起柱、张有光、陈柯、吴行军、刘伟峰、王毅、李卓凡、乔申杰、朱正。

3.4.2 GB/T 29768 国标协议详细内容

GB/T 29768 中有大量内容，本节主要针对有特色的部分以及与 Gen2 协议差异较大的部分进行详解。国标协议中的创新部分为阅读器的编码方式、多标签碰撞算法、安全加密机制。

1. 工作频率

阅读器工作频率为 840～845MHz 和 920～925MHz，频带内共 40 个信道，每信道带宽为 250kHz，其信道中心频率 f_c 表达为

$$f_c = 840.125 + 0.25n \quad 或 \quad f_c = 920.125 + 0.25n \tag{3-9}$$

式中，f_c：信道中心频率，单位为兆赫(MHz)；n：整数，取值范围为 0～19。

2. 跳频(FHSS)参数

该标准规范了跳频的频点数量以及驻留时间，驻留时间不可以超过 2s。阅读器使用 FHSS 通信时，应使用式(3-9)中工作频率规定的 40 个信道，每信道的最大驻留时间为 2s。在一般系统中，一般驻留时间都是小于 1s 的，从而保障更多的信道被释放和充分利用。

3. 邻信道功率泄漏比

图 3-19 给出了阅读器的邻信道功率泄漏比，其主要目的是限制阅读器工作时，对附近信道的干扰。

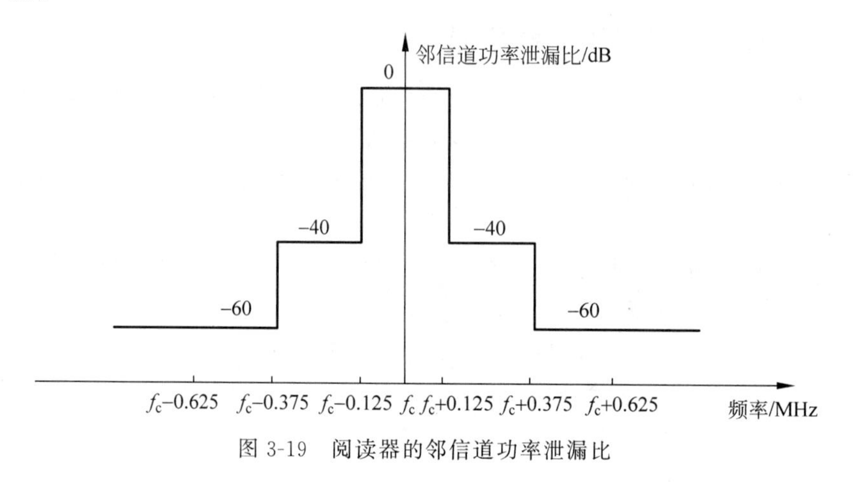

图 3-19 阅读器的邻信道功率泄漏比

阅读器在发射信道 R 的功率 $P(R)$和其他信道 S 的功率 $P(S)$的比值应满足下述规定：

- 当$|R-S|=1$ 时，$10\lg(P(S)/P(R))<-40\text{dB}$；
- 当$|R-S|>1$ 时，$10\lg(P(S)/P(R))<-60\text{dB}$。

对于左右相邻的两个信道，其输出信号的抑制要求超过 40dB；对于除相邻信道之外的带内信道，其抑制比超过 60dB。国标中邻信道功率泄漏要求比 FCC 苛刻一些，目的是保障多阅读器场景中的系统灵敏度和稳定性。

4. 数据编码

阅读器使用如图 3-20 所示的 TPP 对基带数据进行编码。符号 00 的持续时间为 $2T_c$，符号 01 的持续时间为 $3T_c$，符号 11 的持续时间为 $4T_c$，符号 10 的持续时间为 $5T_c$，4 种符号的长度允差均为±1%。T_c 可以取 6.25μs 或者 12.5μs，长度允差为±1%，阅读器应在一个盘点循环内使用固定的 T_c。当数据包的长度为奇数时，则最后一位补 0 后再进行编码。

TPP 编码与 Gen2 采用 PIE 编码非常相似，只是从 1 比特编码变成 2 比特编码，从 2 种符号变为 4 种符号。

在超高频 RFID 系统中采用 TPP 编码可以比 PIE 编码提供更多的正电平载波，也就是说，标签工作时接收到更多的能量，灵敏度会更高。通过计算和实测，在相同标签芯片整流电路系统下，采用 TPP 编码可以提高 0.1dB 的灵敏度。

5. 反向链路频率

反向链路频率由启动查询命令中的反向链路速率因子数据域决定，可按照式(3-10)计算反向链路频率值，反向链路频率具体值见表 3-16。

$$\text{BLF}=1/T_{\text{pri}}=320\text{kHz}\times K \tag{3-10}$$

式中，K 为反向链路速率因子。

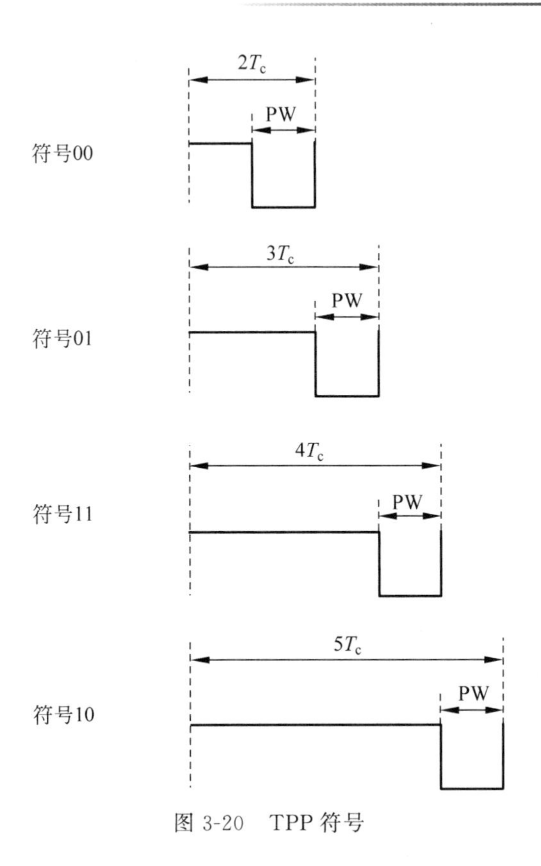

图 3-20 TPP 符号

表 3-16 反向链路速率

反向链路速率因子	BLF/kHz	FT	温度范围
1/5	64	−20%～20%	−25～60℃
3/7	137.14		
6/11	174.55		
1	320		
2/5	128		
6/7	274.29		
12/11	349.09		
2	640		

由表 3-16 可以看出，GB29768 协议中的反向链路频率固定 8 种，与 Gen2 协议的多种连续可选不同。在实际应用中这 8 种链路速率已经足够，再配合 FM0/Miller 的 4 组编码可实现 32 种组合，足够应对所有场景。

6. 多标签算法

多标签的防碰撞使用 DDS-BT 机制如图 3-21 所示。在该机制中，标签时隙计数器初始值置为 0，根据后续命令逐步调整时隙计数器，当时隙计数器为 0 时，标签从仲裁状态跳转到应答状态，开始响应阅读器。

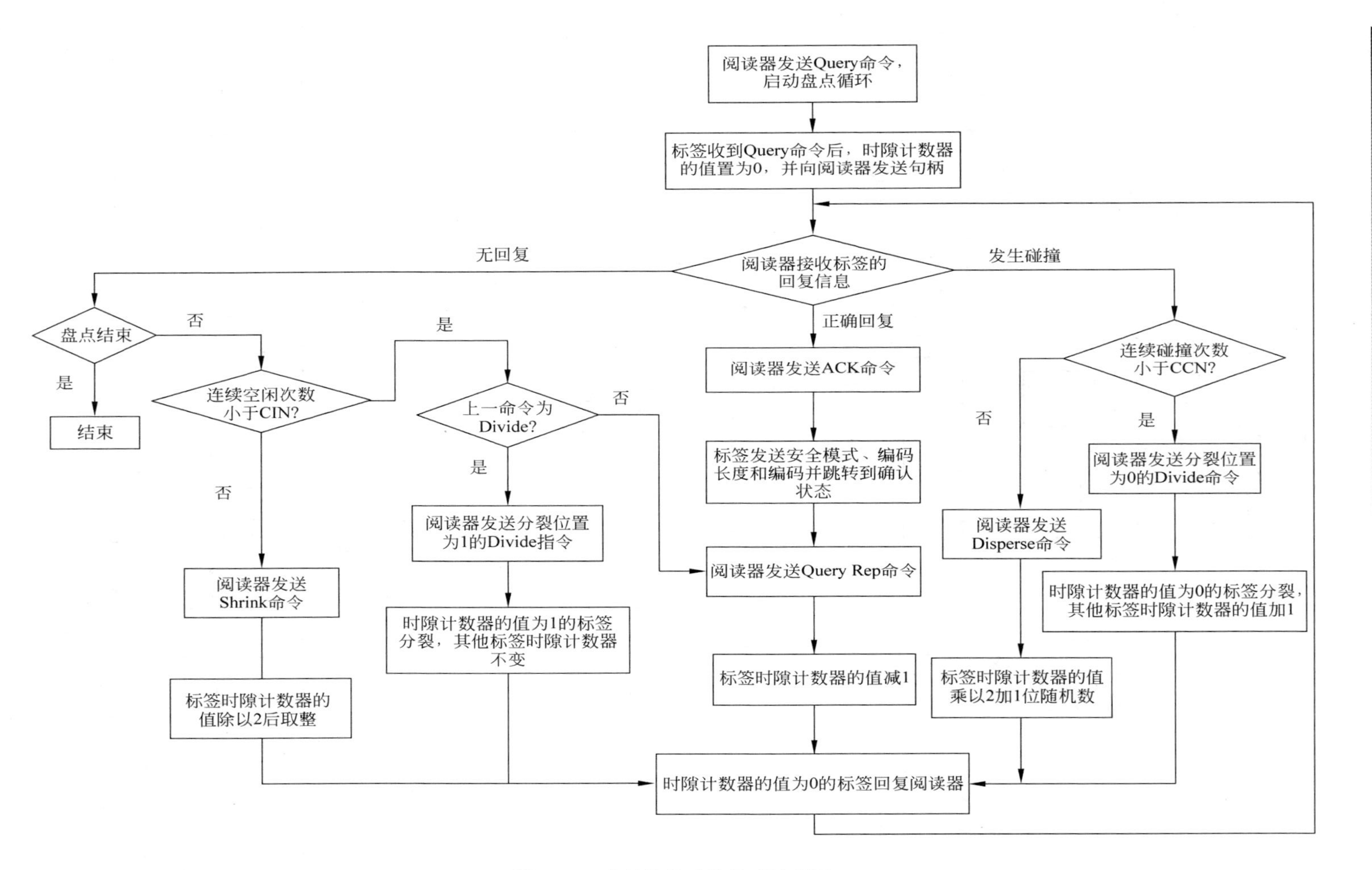

图 3-21 多标签防碰撞处理流程图

1）当标签无回复时

（1）在阅读器无法接收到标签回复的时候，首先判断是否结束盘点，如果判据为真，则认为盘点结束，结束的判断方法为阅读器设置盘点结束阈值。阅读器发送启动查询命令时，将盘点结束阈值置为2；阅读器发送分裂位置为0的分裂命令时，盘点结束阈值加1；阅读器发送重复查询命令时，盘点结束阈值减1；阅读器发送分散命令时，盘点结束阈值乘以2后加1；阅读器发送收缩命令时，盘点结束阈值除以2后取整；阅读器发送其他命令时，盘点结束阈值不变。如果盘点结束阈值为0，则阅读器认为盘点结束。

（2）如果不结束盘点，需要判断连续空闲时隙的次数是否达到CIN（连续空闲阈值，典型值为4）。如果连续空闲时隙的次数不小于CIN，则发送收缩命令，所有仲裁和应答状态的标签时隙计数器值除以2后取整。

（3）如果连续空闲时隙的次数小于CIN，且上一时隙阅读器发送的是分裂命令，阅读器发送分裂位置为1的分裂命令，所有时隙计数器值为1的标签分裂。

（4）如果连续空闲时隙的次数小于CIN，且上一时隙阅读器发送的不是分裂命令，则阅读器发送重复查询命令，所有仲裁和应答状态的标签时隙计数器值减1。

2）当标签正确回复时

阅读器接收到标签正确回复的RN11+CRC5，阅读器发送编码获取命令，标签发送安全模式、编码长度和编码并跳转到确认状态。

3）当标签发生碰撞时

（1）当阅读器接收到多个标签碰撞信号的时候，需要判断连续碰撞时隙的次数是否达到CCN。

（2）如果连续碰撞时隙的次数小于CCN（连续碰撞阈值，典型值为3），则发送分裂位置为0的分裂命令，处于应答状态的标签分裂，仲裁状态的标签时隙计数器加1。

（3）如果连续碰撞时隙的次数不小于CCN，则发送分散命令，所有应答和仲裁状态的标签时隙计数器的值乘以2之后加上1位随机数。

DDS-BT机制的多标签算法与Gen2的协议不同，不需要用户再对算法进行二次开发和优化，在标准中已经规定了所有的算法和策略，对于普通开发者来说这是方便的。从系统复杂度看，国标的多标签算法比Gen2协议的复杂一些，阅读器的判断流程也复杂一些，不过这些复杂度对于阅读器和标签的实现与Gen2协议几乎没有差别。从多标签识别数量上看，采用DDS-BT机制的多标签算法的随机数只有11位，而Gen2具有16位随机数，在场内标签数量巨大时，Gen2具有优势。从多标签识别速度看，在Gen2采用较高的多标签策略时，两种的多标签识别效率相差无几。

7. 安全鉴别协议

安全鉴别协议是国标超高频RFID创新出来的，Gen2协议中没有相关内容。安全鉴别协议的目的是保证通信连接的阅读器和标签的身份是安全的，协议中共存在3种鉴别方式，分别是标签对阅读器的单向鉴别协议、阅读器对标签的单向鉴别协议和双向鉴别协议。在鉴别过程中的加密算法协议中提供了最简单的异或加密算法或用户可以采用自建的对称加密算法，如现在的电子车牌和军队应用都是采用了 SM7(商用加密 7 号算法)作为系统的鉴别对称加密算法。

阅读器和标签的对称加密双向鉴别协议流程见图 3-22。

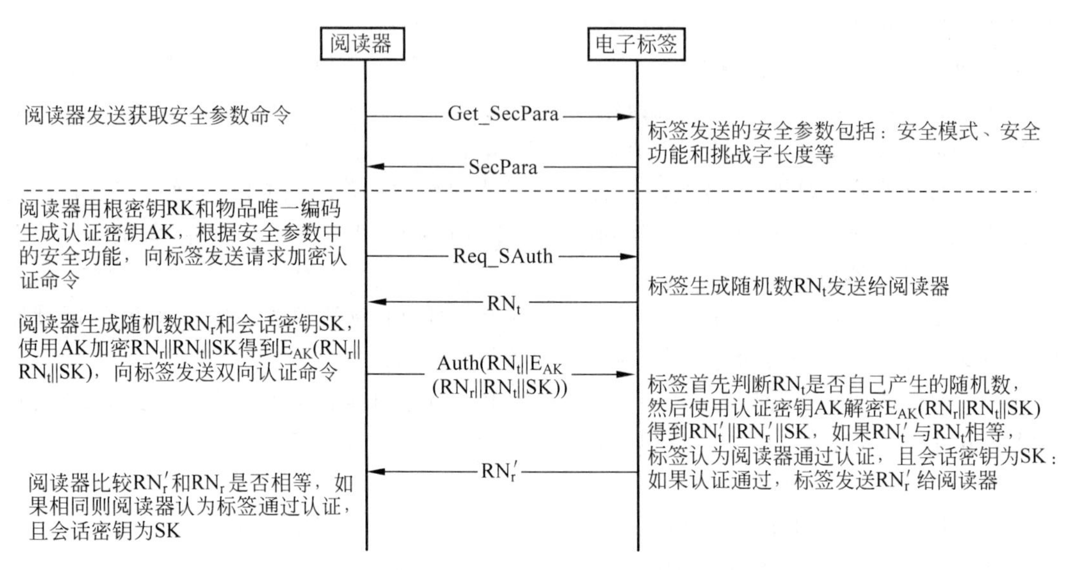

图 3-22 阅读器和标签的对称加密双向鉴别协议流程

(1) 阅读器发送安全参数获取命令；

(2) 标签发送安全参数；

(3) 阅读器用根密钥 RK 和 TID 生成鉴别密钥 AK，发送请求鉴别命令 Req_SAuth；

(4) 标签生成随机数 RN_t 发送给阅读器；

(5) 阅读器生成随机数 RN_r 和会话密钥 SK，用 AK 加密 $RN_r \| RN_t \| SK$ 得到 $E_{AK}(RN_r \| RN_t \| SK)$，发送双向鉴别命令 $Mul\_SAuth(RN_t \| E_{AK}(RN_r \| RN_t \| SK))$；

(6) 标签首先判断收到的 RN_t 是否与自己在步骤(4)中产生的 RN_t 相等，如果相等，则标签用 AK 解密 $E_{AK}(RN_r \| RN_t \| SK)$ 得到 $RN_r' \| RN_t' \| SK$，比较 RN_t' 和 RN_t，如果相等，则标签认为阅读器过鉴别，将 RN_r' 发送给阅读器，跳转到开放状态，且会话密钥为 SK；如果不相等，则标签认为阅读器未通过鉴别，发送响应数据包，跳转到仲裁状态。

(7) 阅读器比较 RN_r' 和 RN_r，如果相等，则阅读器认为标签通过鉴别，且会话密钥为 SK；如果不相等，则认为标签未通过鉴别。

采用安全鉴别后，整个通信的身份得到识别和鉴别，保证了许多安全领域的要求。不过采用较为复杂的加密算法带来的缺点也很明显，比如芯片尺寸增加导致成本增加，芯片的功耗增加导致灵敏度下降，通信时间增加。在传统的物流领域应用中使用的芯片，一般不会携带该功能。关于安全加密鉴别协议部分是芯片的可选内容，并非系统必需。

8. 安全通信协议

需要进行安全通信的标签可采用安全通信协议。安全通信协议的目的是保证通信过程中的数据即使被截获，也无法还原有效的传输数据。

标签在通过安全鉴别后，只响应盘点组命令和安全通信命令。安全通信协议流程见图3-23。

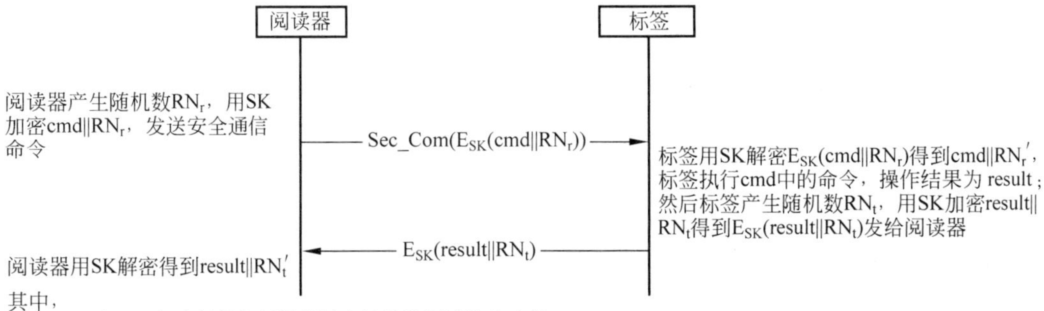

图3-23　安全通信协议流程

（1）阅读器生成随机数RN_r，用SK加密cmd‖RN_r，发送安全通信命令Sec_Com(E_{SK}(cmd‖RN_r))。

（2）标签用SK解密E_{SK}(cmd‖RN_r)得到cmd，标签执行cmd中的命令，操作结果为result；然后标签生成随机数RN_t，用SK加密result得到E_{SK}(result)发送给阅读器。

（3）阅读器用SK解密得到result。

安全通信协议对于有数据交互前关注数据安全的超高频RFID应用有重要作用，尤其是在应用于大数量存储的重要物品，如军工设备、危险爆炸物等的情况下。

总体来说，GB/T 29768国标协议是有非常重要的历史意义的，并且在许多方面有很大的创新，对我国RFID的发展作出了重要的贡献。

小结

本章详细讲述了有关超高频RFID的所有标准及规范，其中3.1节的超高频RFID无线电射频标准需要完全掌握，3.2节的Gen2空中接口通信协议需要完全理解，3.3节是本书的精华部分，蕴含了行业中最重要的多标签碰撞算法的深入解析以及多标签的综合解决方案，对这部分感兴趣的读者可以深入学习；3.4节的国标协议，有兴趣的读者可以详读。

课后习题

1. 下面关于超高频RFID射频规范的描述中不正确的是（　　）。

   A. 在中国的超高频RFID规范中，阅读器不可以在同一个频点连续工作超过2s

   B. 中国的超高频RFID频段带宽比美国的频带带宽小

C. 在中国超高频 RFID 阅读器的输出功率大小是有限制的，最大输出功率不能大于 2W

D. 中国和美国的超高频 RFID 规范中都采用跳频技术

2. 下面关于 ERP 和 EIRP 的描述中不正确的是(　　)。

A. ERP 1W 比 EIRP 1W 大

B. 30dBm 输出功率的阅读器配套 2dBi 的天线，相当于 EIRP 32dBm

C. 30dBm 输出功率的阅读器配套 2dBi 的天线，约等于 ERP 30dBm

D. ERP 和 EIRP 只是中国和美国的不同叫法，大小相同

3. 下面关于 LBT 和跳频的描述中正确的是(　　)。

A. LBT 目的是事先监听信道，减小不必要的干扰

B. LBT 是中国标准建议使用的技术手段

C. 超高频 RFID 系统中使用跳频技术可以加快数据的传输速率

D. 超高频 RFID 系统中使用跳频技术的目的是增加系统的安全性，防止被监听

4. 下面关于 Session 的描述不正确的是(　　)。

A. Session1 的保持时间与是否掉电无关

B. Session0 是应用于高速环境的最佳选择

C. Session2 的掉电持续时间长度小于 0.5s

D. Session0 的掉电持续时间长度为 0s

5. 下面关于 FM0 编码和 Miller 编码的描述正确的是(　　)。

A. Miller 编码就是重复的 FM0 编码，就是浪费时间，毫无意义

B. 采用 Miller 编码传输的优点在于系统的抗干扰能力增强

C. 正常情况下阅读器默认采用 FM0 编码进行识别

D. Miller8 编码只有在实验室中才会使用

6. 下面关于 BLF 的说法正确的是(　　)。

A. BLF 是阅读器与标签的通信速率

B. BLF 最大值为 640kHz，国内规范中可以使用该数值

C. BLF 越小，其频率偏差要求越高

D. BLF 是标签自身决定，与阅读器发射的命令无关

7. 关于动态 Q 的应用中，初始 $Q=0$，场中有 10 000 个标签，试问动态 Q 值的变化过程是怎样的?

8. 请自己设计一套优于基础动态 Q 策略(连续碰撞 2 次 $Q+1$；连续空闲 2 次 $Q-1$，无连续碰撞和连续空闲则读取识别；直至 3 次 $Q=0$ 为空)的机制。提醒：比如采集 N 次统计对于碰撞、空闲、识别的 3 种状态给予权重，最终加权后提出下一步策略。

9. 请提出一种评测方法，估算 3 台不同阅读器的碰撞识别率 A。

10. 根据国标的多标签算法，当场内标签数量大于 2^{11} 时，系统是否可以正常工作? 如果可以，会产生什么现象?

第4章 标签技术

本章旨在让读者了解超高频 RFID 标签的基本构成和分类，并针对标签的重要知识点进行讲解，帮助读者学习如何在项目中选型；同时介绍与标签相关的制作工艺和封装设备。本章的内容知识点比较多，对于一些知识点可以先概略学习，若实际项目中有需要再作为工具书查阅。

4.1 超高频 RFID 标签基础

视频讲解

4.1.1 超高频 RFID 标签的基本构成

虽然因应用环境不同导致标签外观和结构有所不同，但归根结底标签还是由标签芯片和标签天线两部分经过封装连接而形成。所以超高频 RFID 电子标签最重要的 3 个要素为：标签芯片、标签天线、标签封装，本节将通过对最简单的标签形式——Inlay 进行分析。

如图 4-1 所示，为 2010 年前生产的 ALN-9640 标签（Inlay），其主要由标签芯片（Tag IC）、标签天线（Tag Antenna）经过标签封装（Tag Bonding）工艺连接构成一个完整的 RFID 超高频电子标签。

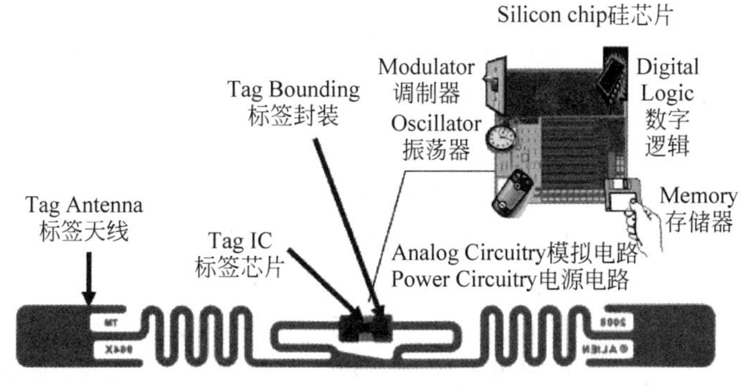

图 4-1 ALN-9640 标签基本构成

图 4-1 右上部分是标签芯片（Tag IC）的放大图，其实际的大小仅为 $0.5mm^2$。超高频 RFID 芯片是硅芯片（Silicon Chip）实现的，虽然很小但内部结构和功能很多，包括模拟电路

(Analog Circuitry)、电源电路(Power Circuitry)、振荡器(Oscillator)、调制器(Modulator)、数字逻辑(Digital Logic)、存储器(Memory)等。可以看到,这个芯片虽然很小,但是其内部构造复杂、功能齐全。标签芯片是标签的核心部件,标签的所有功能和绝大部分的性能都是由这颗芝麻大的标签芯片决定的。

图 4-1 下半部分是标签天线,这款标签天线是由蚀刻铜的工艺制成的,其形状的不同决定了天线的射频特性。早期的标签天线主要采用蚀刻铜工艺,随着超高频 RFID 标签的应用普遍,对成本的压力越来越大,先进主流的超高频 RFID 标签天线使用的是铝工艺(蚀刻铝和电镀铝较为常见)。如果说标签芯片是核心,那么标签天线则是协助核心发挥作用的外围器件,同样也起着非常重要的作用。市场上主流的超高频 RFID 标签芯片一共不过几十种,而标签的天线种类有上万种。这是因为标签的核心功能基本都一致,而标签的应用场景是多种多样的,有的用在纸箱上;有的用在玻璃上;有的需要工作距离近,有的需要工作距离远,有了标签天线的多样性才可以满足日益增长的应用需求。

封装是一种工艺,使标签芯片和标签天线连接在一起,且为电气连接。芯片那么小,要把芯片上更小的射频引脚和天线连接在一起并保证稳定性和批量的快速生产,对封装技术的要求非常高。图 4-1 中的封装方法是条带(Strap)封装,是由 Alien Technology 发明的技术,早期的标签封装经常使用。现在主流的封装技术为倒封装(Flip chip)技术。

随着海量的超高频 RFID 应用扩展,整体成本不断降低,芯片、天线和封装这 3 部分的成本逐渐呈现出 4∶1∶2 的比例关系。

4.1.2 标签与 Inlay(标签中料)

在进入 RFID 标签领域后,大家会经常听到一个词叫 Inlay['ɪnleɪ]。Inlay 这个英文的字面意思是镶嵌物、镶补的意思,在 RFID 领域理解起来相当于嵌入在标签内的意思,或者翻译为标签中料。关于标签和 Inlay 的区别就是,能直接用在最终产品上的叫作标签,不能直接用在最终产品上,但是可以与 RFID 阅读器通信工作的叫作 Inlay。

Inlay 也有很多分类,大致分为干 Inlay(Dry Inlay);透明湿 Inlay,也叫湿 Inlay(Clear Wet Inlay);白 Inlay,也叫白标签(White Wet Inlay)。其中 Dry Inlay 还分为普通 Dry Inlay 和窄幅的 Dry Inlay。本节将通过对 ALN-9640 Inlay 的说明书进行详解和分析,帮助读者增进对 Inlay 的认识。

现阶段所有的 Inlay 产品都是按照卷带方式包装、运输和使用的。图 4-2 中有 3 卷 Inlay,其中图 4-2(a)为普通干 Inlay;图 4-2(b)为窄幅干 Inlay(对比第一卷可以看出基材的宽度比较窄);图 4-2(c)为透明湿 Inlay 或白 Inlay。

干 Inlay 与基材(干 Inlay 一般是 PET 基材、湿 Inlay 一般为离型纸基材)在卷带(Roll)上合为一体,而湿 Inlay 是单个的贴在卷带的基材上的。因此,干 Inlay 是更加原始的状态,而且干 Inlay 可以通过加工变成湿 Inlay,同样湿 Inlay 可以加工变成白 Inlay。湿 Inlay 和白 Inlay 都是贴在卷带基材上的,可以取下来直接贴在物品上使用,而干 Inlay 无法直接使用,一般需要进入复合机进行下一步加工变成可以使用的标签。另外需要注意的一点是,干

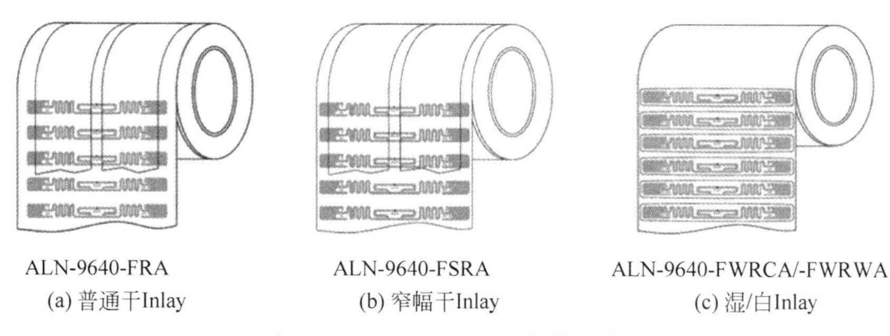

图 4-2 ALN-9640 Inlay 卷带方式图

Inlay 的标签上有两个白色的纸条卷叫作夹层保护(Interleaf protection),其作用是在生产和运输中起到保护干 Inlay 中的芯片不受损坏。

如图 4-3 所示,为 ALN-9640 Inlay 的规格图,图中极其精确地标识了 Inlay 的每一个尺寸,包括外观尺寸、总体尺寸、定位尺寸等。这些尺寸要求非常精确,因为在生产过程中一点点的误差都会导致生产良率问题。

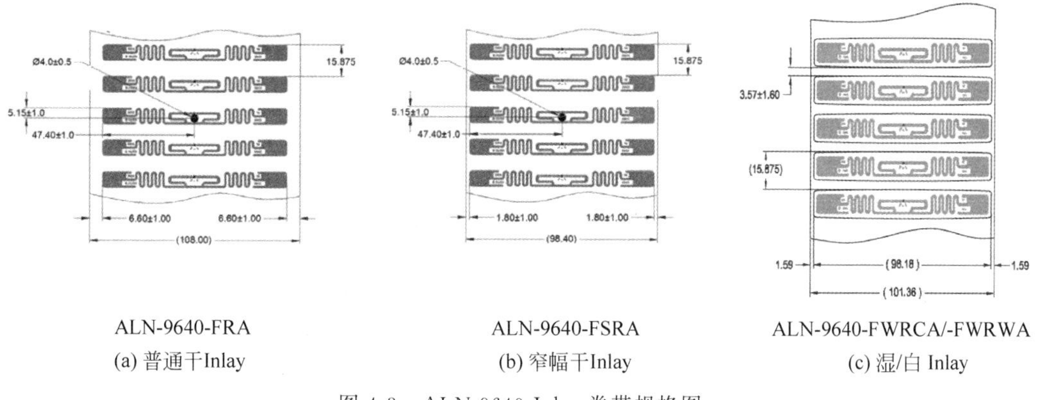

图 4-3 ALN-9640 Inlay 卷带规格图

许多读者经常咨询为什么干 Inlay 有两种,窄幅的干 Inlay 是否多余?其实这是因为现阶段的高速复合设备的切刀是与天线方向平行的,无法对 Inlay 的两边进行切割,采用宽幅 Inlay 经过复合机模切后留下的干 Inlay 尺寸会很大,也许比一些标签的最终尺寸还大,导致无法进行复合生产。

如图 4-4 所示,为 ALN-9640 Inlay 概要尺寸,说明书中对每一种 Inlay 都有完整的尺寸描述,包括芯片厚度、基材厚度等。这些参数在复合生产中很重要,尤其在一些高品质要求的标签产品中,需要标签芯片的黑点不明显,而整体的厚度又有限制,就需要对复合材料及复合的压力等参数等进行合理的设置。

图 4-5 为 ALN-9640 Inlay 叠层图(剖面图)。

图 4-5(a)为干 Inlay 的叠层图,其中小方块代表标签芯片,而长条代表的是天线和基材。其中天线的厚度是 0.05mm,包括芯片的整体厚度为 0.25mm,误差±10%。

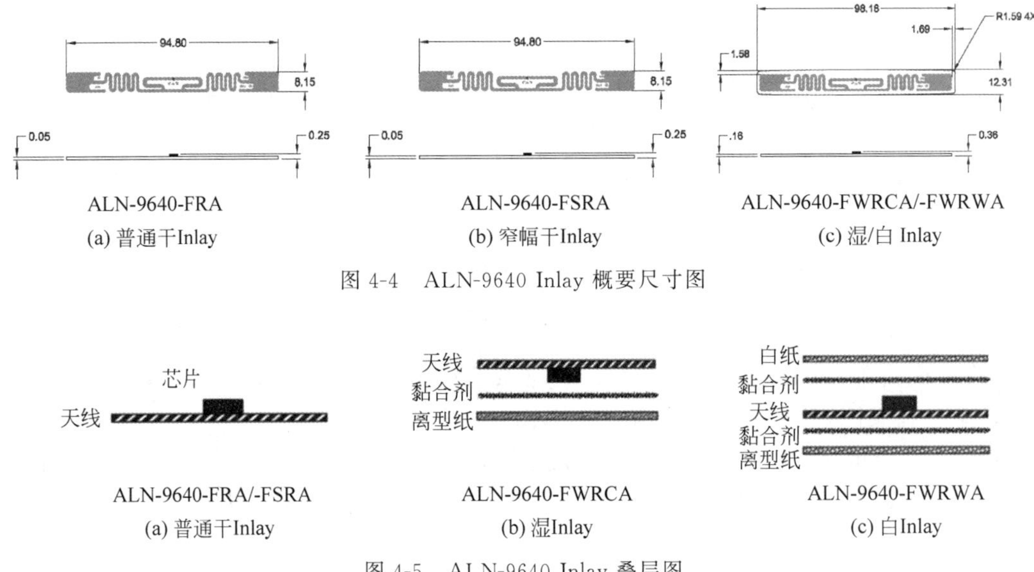

图 4-4　ALN-9640 Inlay 概要尺寸图

图 4-5　ALN-9640 Inlay 叠层图

图 4-5(b)为湿 Inlay 的叠层图，此时卷带的基材为离型纸(Release Liner)又称隔离纸、防黏纸、硅油纸，是一种防止预浸料粘连又可以保护预浸料不受污染的防黏纸。离型纸的上一层是黏合剂(Adhesive)，具有黏性，与其他材料可以很好地黏合且很容易从离型纸上分离。湿 Inlay 是由干 Inlay 加工而成的，具体方式为将干 Inlay 从卷带上切下来，在芯片一面涂胶，再翻转 180°贴在离型纸的卷带上。其中天线部分厚度 0.08mm，因为离型纸和黏合剂增加了 0.03mm 的厚度，同样包括芯片的总厚度也增加了 0.03mm 变为 0.28mm，误差±10%。

图 4-5(c)为白 Inlay 的叠层图，白 Inlay 也是由干 Inlay 加工而成的。在白 Inlay 的复合过程中，先将干 Inlay 切下并两面涂胶，上表面粘贴覆盖一层白纸(Overlay)，下面的胶粘在离型纸上(白 Inlay 的卷带基材也是离型纸)。其中天线部分的厚度为 0.16mm，比干 Inlay 增加了 0.11mm，故包括芯片的总厚度增加了 0.11mm 为 0.36mm，误差±10%。

通过上述内容，相信读者应该对标签的复合工艺有了一定的了解。那么，如果标签已经生产成了湿 Inlay，能否继续加工成为白 Inlay 呢？答案是否定的，图 4-5(b)和图 4-5(c)中芯片的朝向不同，湿 Inlay 芯片朝下面对离型纸，而白 Inlay 芯片朝上背对离型纸。

图 4-6 为 ALN-9640 Inlay 的标签辐射图，其中图 4-6(b)为测试状态描述，表述初始状态和阅读器天线位置。天线在 Z 轴的中间，0°时标签与阅读器天线正对。图 4-6(a)为辐射特性图(关于天线辐射内容请参照 2.2 节)，标签在 0°和 180°辐射特性最优，在 90°和 270°最差。

除上述参数之外，还要考虑一些其他 Inlay 参数。

- 一卷 Inlay 标签数量：ALN-9640 为一卷 2 万张，常规的 Inlay 一卷为 1 万到 2 万张。
- 超高频 RFID 特性如存储、功能等：主要由芯片决定。

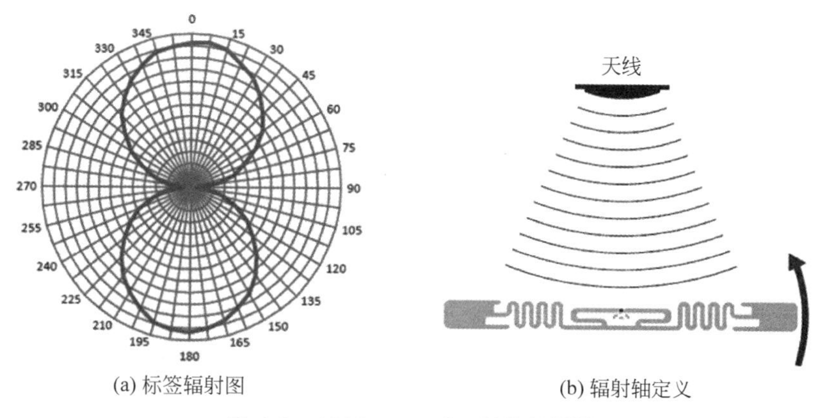

(a) 标签辐射图　　(b) 辐射轴定义

图 4-6　ALN-9640 Inlay 标签辐射图

- 存储环境要求：温度－25℃～＋50℃，湿度 20％～90％ 且无冷凝。
- 存储寿命：主要考虑湿 Inlay 和白 Inlay，因为胶的寿命是有限的，在存储不当时胶的效果就会发生变化，黏性太强或太弱都会对应用带来影响。所以一般情况下不会直接生产生湿 Inlay 和白 Inlay，而是大量地储备干 Inlay，等有客户明确需求时再复合成为湿 Inlay 和白 Inlay。

4.1.3　超高频 RFID 标签的应用范围

关于 RFID 的各项技术对比及应用对比，1.3 节中有非常详细的介绍，本节主要针对应用范围进行分析，其目的是针对特定的技术和特定的应用进行对比分析，让大家了解到超高频 RFID 到底可以做什么，极限在哪里，缺陷又在哪里，在遇到项目的时候可以第一时间分析是否可以通过超高频 RFID 技术解决问题，而不是盲目地用超高频 RFID 硬套项目。

首先将所有与 RFID 相关的技术都罗列出来，然后进行对比分析，在遇到特定的项目时可以直接选择合适的技术。这里列出来的识别技术有低频（LF）RFID、高频（HF）RFID、有源 433 技术、超高频（UHF）RFID、有源 2.4G 技术、蓝牙技术、ZigBee 技术、UWB 技术。在如下的对比中，分别从技术特点和常用应用入手进行分析。

1. 低频 RFID 技术

- 技术特点：工作频率低呈现静磁场特性，在近距离具有非常稳定的读取效果，且标签的尺寸可以做到非常小。通信速度很慢，标签只有一个 ID 号码，没有数据区和加密内容。具有简单的抗冲突机制，只能应对小量低速的应用场景。
- 常用应用：随着其他技术的发展和进步，现阶段低频 RFID 技术仅剩的应用为动物管理，将低频电子标签制作成为玻璃管打入动物体内或鸽子的脚环上。阅读器的工作距离一般为 10cm 左右。

2. 高频 RFID 技术

- 技术特点：工作频率中等，其工作原理基于磁场耦合技术，只可以工作在中近距离。

标签的尺寸从 10mm 直径圆形到 ISO 卡大小。通信速度较快，且标签有存储空间，可以进行复杂加密和安全认证。在金属材质表面通过铁氧体材料可以正常工作。一般工作距离为 10cm，特殊的环境应用可达 1m 左右。

- 常用应用：高频 RFID 技术应用非常广泛，从金融支付类的公交卡到停车卡门禁卡，再到远距离的图书馆应用和门禁管理(工作距离最远 1m)，同样具有多标签抗冲突特性。

3. 有源 433 技术

- 技术特点：顾名思义，工作频率在 433MHz 左右的有源标签。工作频率适合远距离电场通信，一般应用在超过 100m 的工作距离，且电池的耗电低寿命长，一般工作寿命大于 1 年，有的可以达到 5～10 年。通信速率不高，但是同样具有抗冲突算法。对标签的尺寸大小没有要求，且有一些标签可以连接传感器并把传感器信息传送给阅读器。
- 常用应用：需要超远距离长时间工作的特殊应用，如高速公路广告牌管理，码头船只管理等。

4. 有源 2.4G 技术

- 技术特点：该技术与有源 433 技术非常类似，只是标签的尺寸会比较小，工作距离也比较近，一般工作距离为 10～100m，工作寿命为 1～3 年。外形尺寸小到一粒纽扣，大到 ISO 厚卡尺寸，同时标签可以连接传感器。
- 常用应用：需要较远距离长时间工作的特殊应用，如医院、养老院、监狱的人员管理与人员定位，以及类似场景连接传感器等。这里的人员定位是区域定位，也就是说一个阅读器获得了某个标签的信息就确定在这个阅读器的辐射范围内有这个标签，类似手机的基站定位，可以锁定一个人或一个物品在某个区域或某个房间。

5. 蓝牙技术

- 技术特点：蓝牙技术是一个通用技术，现在的手机中的标准配置，与 RFID 相关的主要是与 RFID 技术相配合，如与 HF 技术或阅读器配合。由于蓝牙技术比有源 2.4G 技术功耗大，很少直接使用蓝牙芯片作为电子标签。
- 常用应用：与 HF 技术配合的蓝牙音箱，与超高频 RFID 阅读器配合的蓝牙阅读器等。

6. ZigBee 技术

- 技术特点：ZigBee 技术是一种低功耗的自组网技术，可以将每一个标签作为链路进行数据传输，在大量的传感器网络中，不需要对阅读器进行布网，只需要布大量的 ZigBee 标签即可。
- 常用应用：常用的传感器网络布网，以及人员定位等。由于 Zigbee 技术中的网络节点比较多，通过算法可以有效地实施人员较为精确的定位。一般用于井下作业人员定位。

7. UWB 技术

- 技术特点：UWB 在 RFID 技术中主要用于定位和数据传输。定位采用三点定位，在室内定位时定位精度可以达到 0.1m。由于 UWB 的频率和带宽都很高，可以进行高速数据传输。
- 常用应用：室内定位，针对贵重物品的室内定位。UWB 的标签价格非常高。

8. 超高频 RFID 技术

- 技术特点：工作距离一般为 0.5～8m，特殊情况下可以在近距离或远距离应用，但是一般最远工作距离不超过 30m。在不考虑加密的情况下可以替代大部分 HF 技术的产品(UHF 工作距离大于 HF)。具有非常好的抗冲突和多标签特性，可以针对海量物品进行多标签识别。
- 常用应用：仓储物流、服装管理、生产自动化、智能交通电子车牌、物品的防伪等应用最为广泛。

在所有的 RFID 技术中，超高频 RFID 技术具有广泛的应用，是物联网的重要组成部分。

4.2 超高频 RFID 标签的分类

视频讲解

超高频 RFID 的应用是非常多的，按照应用或外观分类都十分困难。为了方便讲解，暂且分为普通材质标签和特种材质标签两大类，每个大类中又有不同的应用标签。

4.2.1 普通材质标签

普通材质标签的定义：凡是通过 Inlay 直接复合生产而成的标签叫作普通材质标签；特种材质标签的定义：通过其他生产工艺(非复合)实现的标签。

普通材质标签的特点是价格便宜、生产简单，适用于海量应用。最常见的服装吊牌、物流标签等都是普通材质标签。普通材质标签占电子标签总量的 95%。

1. 服装吊牌标签

服装吊牌标签是超高频 RFID 全球应用最广泛的领域，标签的形式比较简单，与传统的服装吊牌标签是一样的，只是在吊牌内复合了超高频 RFID Inlay。

如图 4-7 所示为服装吊牌标签，其中图 4-7(a)为标签的整体外观，看起来与传统服装标签没有任何区别。这个服装吊牌标签内部为图 4-7(b)所示的 Inlay。

服装吊牌标签有软标签和硬标签两种。如果是软标签可以直接使用白 Inlay；如果是硬标签就一定需要复合的工序，再经过模切成独立的硬标签。

(a) 标签

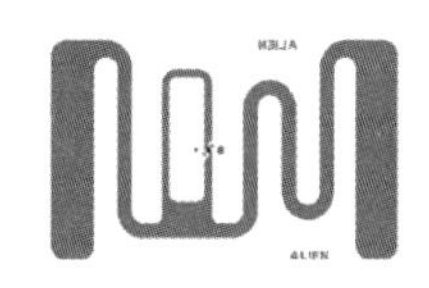

(b) 内部Inlay

图 4-7 服装吊牌标签

2. 行李标签

由于机场对行李分拣的要求越来越高，就提出了机场行李次标签的概念，并且已经在全球范围内广泛应用。如图 4-8 为最早商用的行李标签，2008 年香港机场使用的行李标签。

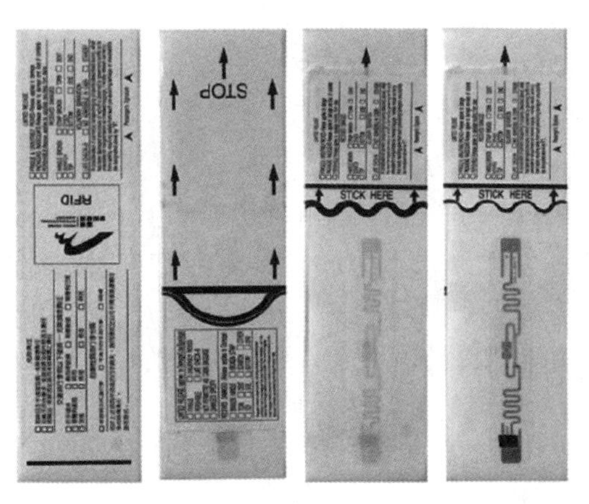

图 4-8　香港机场行李标签

图 4-8 中的标签是成卷的软标签，使用时需要把标签 Inlay 部分露在行李外部(贴在行李上的部分不包含标签 Inlay 部分)，这样阅读器对标签进行读取时不会受到行李内部物品影响。随着技术的进步，现在主流的行李标签已经升级为 3D 标签或圆极化标签，是因为行李在传送带上搬运时，方向很难确定，偶极子标签存在一定的盲点。

3. 易碎纸标签

易碎纸标签是中国地区应用于防伪和溯源的一类标签，其特点是一旦标签被转移或商品开封，标签的天线就会损坏，而无法工作。随着中国的防伪和自主知识产权的不断升级，已经有大量的品牌将易碎纸 RFID 标签用于防伪。如图 4-9 所示为五粮液的易碎纸标签。

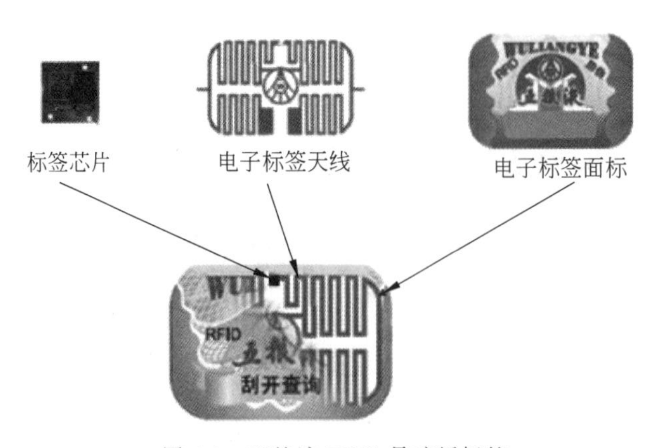

图 4-9　五粮液 RFID 易碎纸标签

易碎纸标签有两种常见工艺：一种是铝天线转移工艺，一种是银浆工艺。铝天线转移工艺就是将 Inlay 的天线层和芯片与 PET 基材剥离转贴在易碎纸上，此工艺的缺点是转移的时候良率很低，对成本影响很大。银浆工艺是在易碎纸上用银浆作为天线，再倒封装芯片，这个工艺最大的缺点是，由于基材是易碎纸，在倒封装芯片时良率很低。总的来说，这两种工艺都有自身的缺陷，导致成本较高，同时运输和保存的过程中也容易损坏，导致整个项目识别存在一定的问题。除了这两种工艺，还有一些新的创新工艺，但是至今还没有一种特别合适的工艺能解决上述问题。但是市场的需求是无法阻挡的，大量的商品都在使用易碎纸标签，相信在市场的推动下技术也会不断进步，最终能以高性能、低价格的方式推动易碎纸电子标签的发展。

4. 图书档案标签

图书及档案管理 RFID 标签的应用非常广，国内的高校图书馆已经基本统一使用超高频 RFID 电子标签作为图书管理的工具。图书和档案标签有两个特点：一是不需要在标签上打印信息，只需要将信息写入标签芯片即可；二是需要多个标签接近时性能不受影响。既然不需要打印信息，就可直接使用湿 Inlay。多个标签靠近互相影响的问题可以通过合理的天线设计来改善。

如图 4-10 所示为图书标签，其尺寸为 94mm×5.8mm，这么细的原因有两点：一是标签很细的时候标签之间的天线影响会很小，对多本书籍或档案堆叠时的影响较小；二是图书标签是装订在书脊上的，只有很细的标签才能装订进去。

图 4-10 图书标签

HF 标签也在图书馆有不少应用，两者差别在于：

- HF 图书标签一般是正方形或者圆形，其面积一般大于 20mm×20mm，在日常使用中很容易被读者发现并撕毁。
- HF 图书标签由于 HF 是近场通信，工作距离不超过 1m，无法大批量快速的盘点。
- UHF 标签只是一个湿 Inlay，其成本也低于 HF 标签。

基于上述 3 个原因，新的图书 RFID 管理应用多选择超高频 RFID 技术。

普通材质的 RFID 标签应用种类还有许多种，如新零售应用的折叠抗金属标签，可以利易拉罐等金属物体作为天线的一部分，从而实现抗金属的特性。随着应用的扩展及超高频 RFID 技术的创新，普通材质的标签经过少许变形会出现在更多原来无法实现的应用中。

4.2.2 特种材质标签

随着超高频 RFID 的应用越来越多，电子标签被使用在各种复杂的环境中，有的需要贴在金属物品的表面，有的则要经受环境的压力和碰撞，基于这些市场的要求，各种新型材料和创新设计的超高频 RFID 特种标签应运而生。

1. 抗金属标签

在特种标签家族中最常见的是抗金属标签。抗金属标签采用特殊的天线设计,从技术上解决了电子标签不能附着于金属表面使用的难题。产品可防水、防酸、防碱、防碰撞,可在户外使用。将抗金属电子标签贴在金属上能获得良好的读取性能,甚至比在空气中读的距离更远。抗金属标签分为四大类:PCB抗金属标签、陶瓷抗金属标签、塑料抗金属标签、超薄抗金属标签。

1) PCB抗金属标签

如图4-11所示为最常见的PCB抗金属标签9525,意思就是长度为95mm,宽度为25mm,其厚度一般为3~4mm,表面的覆盖层可以丝印或打码,背面有背胶,可以贴在金属上。主要应用于货架识别管理、仓储资产管理、仓储地标管理、IT资产管理、室内设备管理、智能电网识别、银行资产管理、电信资产管理。其工作距离大于6m(ERP=2W环境测试)。PCB抗金属标签具有较强的抗碰撞和抗腐蚀特性,一般的标签的长度要大于20mm,厚度大于3mm。其固定方式多样,可以螺丝、铆钉、强力胶、扎带、双面胶安装。PCB抗金属标签由于结构简单、价格便宜,现在已经成为国内主流的抗金属标签。

2) 陶瓷抗金属标签

如图4-12所示为几种陶瓷抗金属标签,陶瓷抗金属标签与PCB抗金属标签原理相同,其不同点在于陶瓷的介电常数比较大,可以在更小的尺寸上达到天线的电长度要求。一般情况下,尺寸越小的陶瓷标签其介电常数越大,对于10mm大小的陶瓷标签,陶瓷基板的介电常数为100左右。陶瓷抗金属标签小尺寸的特点是PCB抗金属标签无法实现的,所以长度小于20mm的抗金属标签市场几乎被陶瓷标签占据。陶瓷基板的另外一个优点在于耐高温,尤其是在超过125℃或更高温的环境中PCB的基板会由于高温发生材料特性变化,从而使标签的性能或稳定性受到影响。而陶瓷标签由上千度的高温烧制而成,化学特性稳定,不会因为几百度的高温而发生变化。所以在许多具有高温的应用中,都选择陶瓷标签,如医疗器械、汽车电子、电力监测等。

图4-11 PCB抗金属标签9525

图4-12 陶瓷抗金属标签

同样,陶瓷标签也有它的一些问题,首先陶瓷基材的成本比PCB贵很多,其次陶瓷基板在烧制的过程中由于掺杂和温度很难保证一致性,陶瓷标签的一致性较差,一般需要人工调整工作频率。由于陶瓷标签尺寸较小,其带宽很窄,使用环境若发生变化,其工作性能很可能会有较大变化。上述问题是限制陶瓷标签快速发展的主要因素。

3）塑料抗金属标签

塑料抗金属标签常见形式为一个结实的塑料外壳包裹内部天线和芯片，如图4-13所示，其内部为一个塑料材质的抗金属标签（内部的抗金属标签也可以单独使用，只是不具备稳定性和防污染等特性）。这些抗金属标签一般厚度大于5mm，有的厚度达到10mm，尺寸各异，但是长度一般大于30mm。这些具有结实塑料外壳的抗金属标签，可以承受上吨的压力和特殊化学物品的污染。塑料抗金属标签凭借其卓越的性能和防护特性，成为海外应用最为广泛的抗金属标签。如图4-13的标签为Omni-ID的Dura系列，主要应用在回收型物流运输、工厂设备以及集装箱的追踪，也可用于金属、非金属材质和液体附近，适用于石油、天然气、军事、建筑和汽车等行业。

塑料抗金属标签的结构决定了它具有更好的量产能力以及批量的一致性。其外壳内部的抗金属标签是通过一个湿Inlay卷在一个塑料块上实现的。图4-14(a)为塑料抗金属标签内部结构图，包括塑料基板和一个Inlay，Inlay的设计图如图4-14(b)所示。塑料外壳是注塑而成，整个产品可以实现高精度的工业化控制和全产线的自动化生产。

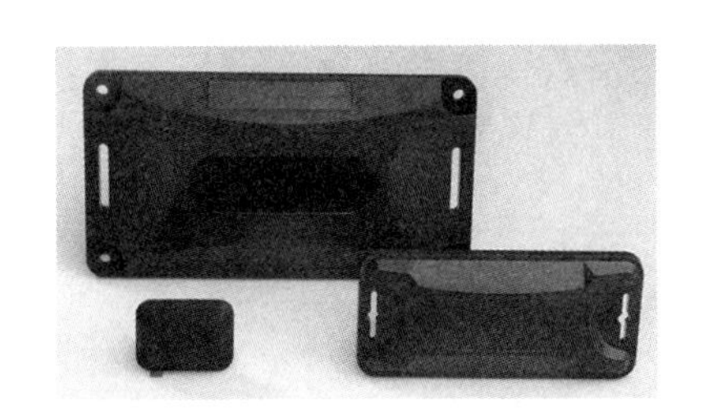

图4-13 塑料抗金属标签

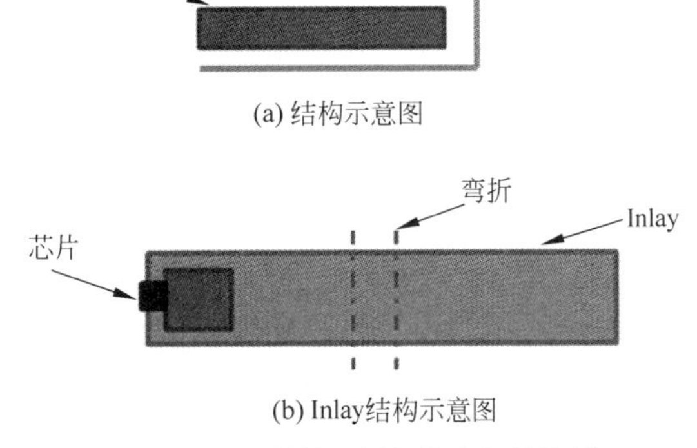

图4-14 塑料抗金属标签内部结构图

4）超薄抗金属标签

如图4-15所示为超薄抗金属标签，其厚度一般为0.8mm的卷料形式封装，且可以通过RFID打印机进行写码。其最大特点就是超薄、柔性、可打印，是用于资产管理和IT管理的最佳选择。

超薄抗金属标签的设计和生产都有一定的难度，其设计方法如图4-16所示，顶部是一个白标签，中间是一层高介电常数材料，底部使用黏合剂与离型纸（或PET）。从天线设计的角度分析，由于该标签非常薄，天线距离金属衬底的距离太近，标签的性能受限，对于天线设计的要求非常高。从生产工艺的角度考虑，中间层的

图4-15 超薄抗金属标签

高介电常数材料需要一致性好且厚度均匀，生产中产生的一点点厚度不均匀都会对天线的性能有非常大的影响。

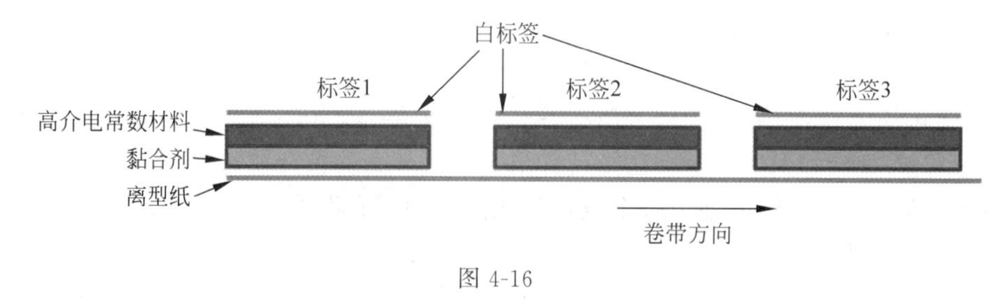

图 4-16

2. 洗涤标签

目前，酒店、医院、浴场及专业的洗涤公司正面临每天都要处理成千上万件的工作服、布草的交接、洗涤、熨烫、整理、储藏等工序，如何有效地跟踪管理每一件布草的洗涤过程、洗涤次数、库存状态和布草有效归类等是一个极大的挑战。超高频 RFID 洗涤标签配合射频识别系统的引入，将使得用户的洗衣管理变得更为透明，且提高了工作效率，解决了以往无法通过其他技术实现的管理顽症，如：大批量的待洗布草的统计、交接。

常见的洗涤标签有硅胶洗涤标签织唛洗涤标签以及一些创新型的标签。

1）硅胶洗涤标签

硅胶洗涤标签是最早出现的洗涤标签，如图 4-17(a)所示，其设计思路非常简单，通过硅胶保护 Inlay 不受高温和化学腐蚀，通过硅胶具有弹性的特点保障洗涤时不会损坏衣物及标签，且具有一定的承压能力，可以减小内部 Inlay 的压力。

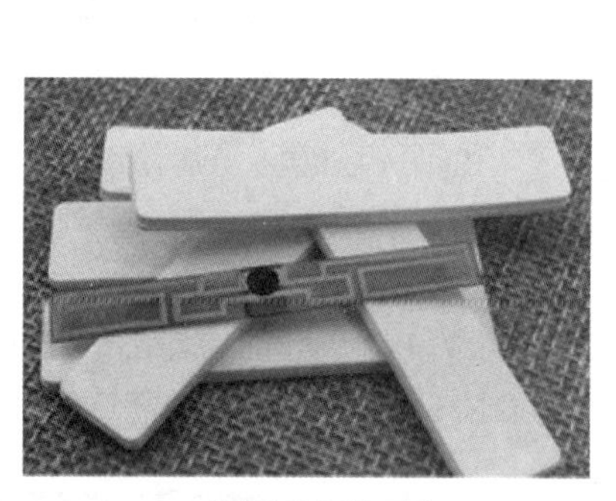

(a) 硅胶洗涤标签照片

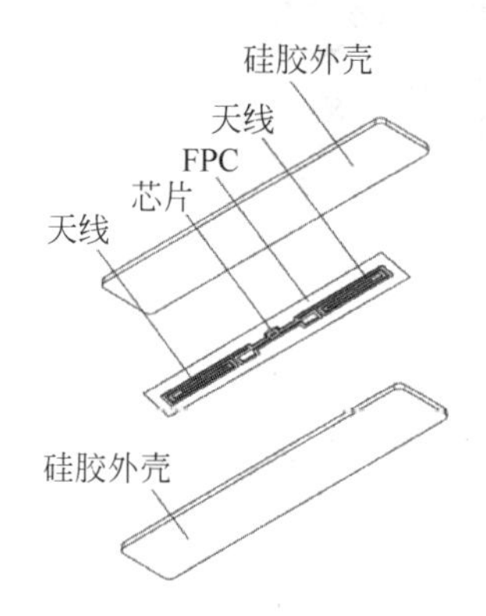

(b) 硅胶洗涤标签内部结构

图 4-17　硅胶洗涤标签

图 4-17(b)为这个硅胶标签的设计图，上下两片硅胶都通过超声波焊接在一起。为了保证芯片与天线的连接强度，一般采用 FPC 作为基材，而且会在芯片与天线连接处添加环氧树脂或其他保护材料。如果在芯片与天线连接处没有增加保护，该标签的平均使用寿命一般不超过 5 次，增加了连接保护的硅胶标签一般可以保证 50 次的使用寿命。虽然只有

50 次,但在早期的洗涤领域带动了行业的变革,做出了重要的贡献。

2) 织唛洗涤标签

如图 4-18 所示,织唛洗涤标签是一种耦合式天线设计的标签。其中心为一个独立的小模块,小模块内部为一个圆形(或方形)近场天线和标签芯片封装在一起,如图 4-18(a)所示,一般采用 PCB 的 COB 技术；如图 4-18(b)所示,也可以直接封装成一个正方形的塑料外壳模块,这个小模块的尺寸一般为 5～10mm。

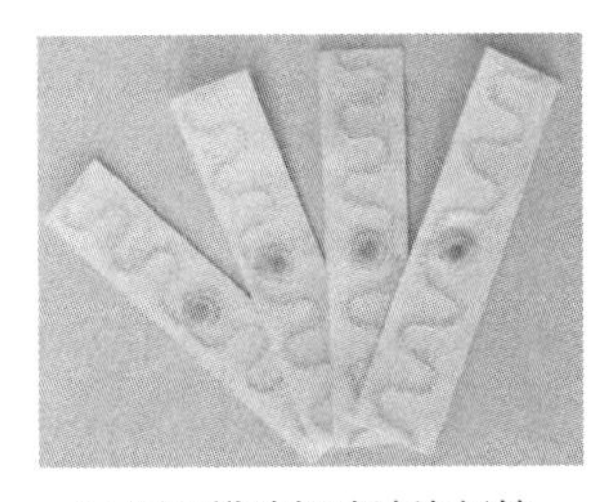

(a) 圆形模块织唛洗涤标签

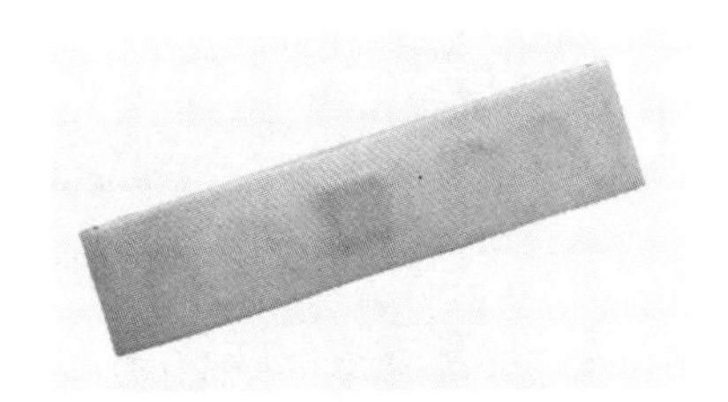

(b) 正方形塑料模块织唛洗涤标签

图 4-18　织唛洗涤标签

织唛洗涤标签的辐射天线通过缝纫的方式固定在织唛上,通过耦合的方式与芯片电磁连接,辐射天线的材质是不锈钢和一些韧性材料的合金具有抗腐蚀和柔韧性强的特点。

如图 4-19(a)所示,为图 4-18(b)中的正方形塑料模块 X 光透视图。如图 4-19(b)所示,可以理解为 2 匝的电感线圈与标签芯片封装在一起。

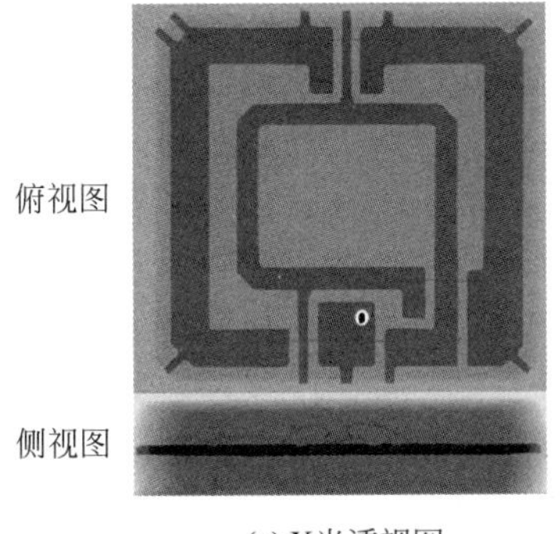

(a) X光透视图

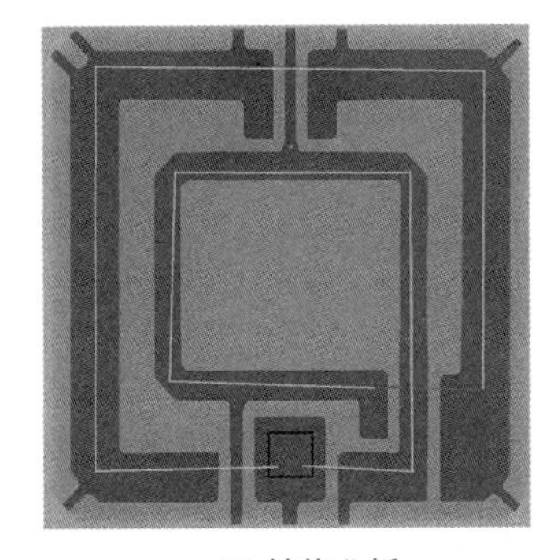

(b) 结构分析

图 4-19　织唛洗涤标签正方形塑料模块 X 光透视图

织唛洗涤标签在自动化洗涤使用过程中会遇到超高压和化学洗衣液的侵蚀,并会在高温高压的环境中反复使用,一般要求其寿命超过 200 次。这就要求这个织唛标签具有非常强的抗压抗褶皱的能力。RFID 标签最脆弱的地方是天线与芯片的连接部分,为了解决这个问题,织唛洗涤标签采用耦合天线技术,中间的小模块尺寸小,受力影响小。而辐射天线具有较强的柔韧性,不容易折断,从而增强了系统的稳定性。

对比硅胶标签,织唛洗涤标签具有柔韧性好、使用寿命长等优点,是现在的主流技术。

3）扣子洗涤标签

近年来，洗涤标签有许多新颖的方案，如图4-20所示的扣子洗涤标签既可以作为衣服的备用扣子，又可以反复多次洗涤而不损坏，并且一般不会发现里面有电子标签，这种标签就是扣子洗涤标签。

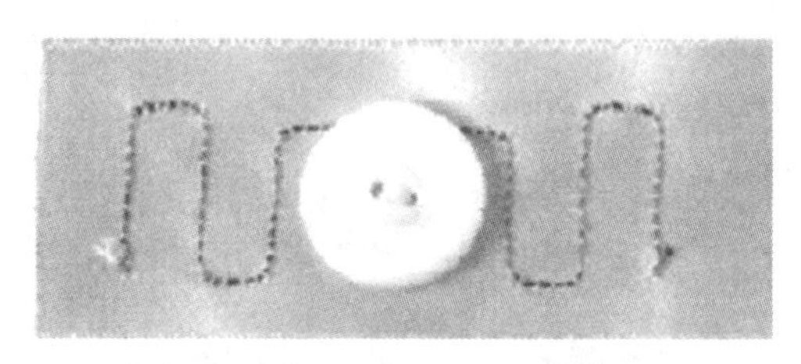

图4-20 扣子洗涤标签

这款标签是由两部分组成的：一部分是扣子，扣子里面有一个小圆环Inlay；另一部分是织唛，织唛上有金属线缝纫的天线。扣子里面的小圆环Inlay与织唛的天线进行电感耦合，最终达到远距离工作的效果。

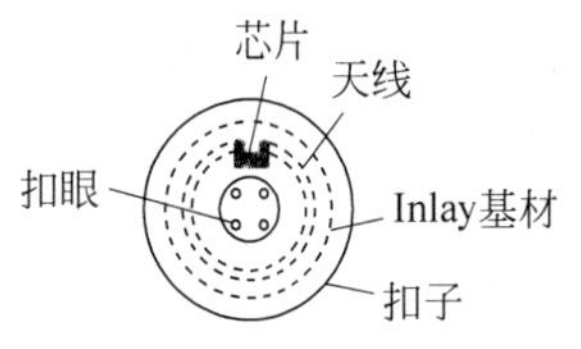

图4-21 洗涤标签扣子结构图

在图4-21中可以看到这个洗涤标签的扣子与传统扣子基本一样，只是内部嵌入了一个圆环Inlay。从外观上没有人能分辨出是普通的扣子还是带有Inlay的扣子，其坚硬程度等其他特性也都一致。

这个扣子洗涤标签不仅仅是一个洗涤标签，它就是这个衣服的身份证，从衣服生产到运输销售的整个过程中都有超高频RFID技术的辅助，已经完全替代了吊牌标签，并且无法被替换（许多商家会更换吊牌）。对整个服装品牌的渠道管理和品牌建设有非常大的帮助。再加上衣服在多次洗涤后依然能够对其电子标签进行追溯，带来的便利也是不言而喻的。

3. 超小型封装标签

超小型封装标签是由村田、日立等半导体封装企业发起的一种将超高频RFID标签芯片和小型化的天线封装为一颗芯片的创新技术。超小型封装标签具有尺寸小、结构简单、稳定性高等特点，既可以单独近距离工作，也可以配合多种场景实现远距离工作。从结构上看，这类标签只是在封装上进行了创新，但从应用场景分析，是将耦合天线的应用场景放大了，将许多之前无法低成本实现的超高频RFID金属环境变为现实。

1）日立IM5-PK2525超小型超高频RFID封装标签

为了应对金属表面和一些特殊环境的超高频RFID应用，日立公司开发了一款超小型的超高频RFID封装标签，如图4-22所示，为IM5-PK2525超小型超高频RFID封装标签，其尺寸为2.5mm×2.5mm×0.3mm，是能够独立工作的最小型的超高频RFID标签之一。

该标签是由芯片、天线和塑料外壳（包括基板和注塑）组成。其中芯片为传统的超高频RFID标签芯片，通过SIP封装的方式（4.5.2节详细介绍绑线技术）与天线连接，该天线具有电感特性，相当于天线设计中的电感线圈（见4.4.1节的偶极子标签构成），只是通过多匝

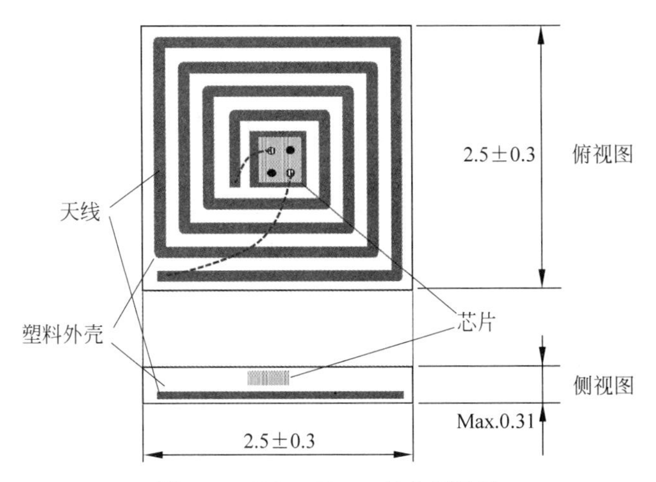

图 4-22　IM5-PK2525 结构封装图

螺旋结构实现足够大的电感值。

该标签的生产工艺为半导体传统工艺，具有量产能力强、稳定性高、成本低的优势，该工艺的生产过程为：

(1) 生产带有天线的芯片基板；

(2) 将标签芯片粘贴在基板中心；

(3) 使用绑线机器，将芯片的射频管脚与天线的两端连接；

(4) 注塑填充，并冷却打磨，成为最终的超小型标签。

该标签可以独立使用或配合外部天线工作。当标签独立工作时，由于尺寸很小，不具有偶极子天线获取远场电磁波的能力，只能通过近场耦合的方式获得足够能量。因此最好配合近场天线使用，工作距离一般为 5～10mm。当该标签配合远场天线工作时，通过电感耦合或电容耦合的方式与外部天线传输能量，可以实现几米的工作距离。如本节介绍的织唛洗涤标签，就可以采用该芯片作为中间的小模块。只要合理利用外接金属物品都可以实现远距离的工作，如在 PCB 表面、药品包装、金属机械结构、带有金属丝的衣服上等，也可以使用这种小型标签开发远距离的抗金属标签，具有更好的稳定性。

2) 村田 Magicstrap 标签

Magicstrap(神奇条带)是由村田公司发明一种超小型陶瓷工艺封装的超高频 RFID 标签，其尺寸为 3.2mm×1.6mm×0.7mm，如图 4-23 所示为该标签的结构示意图。其结构与日立 IM5-PK2525 非常相似，不同点在于天线部分，Magicstrap 的天线部分基材采用了低温共烧陶瓷(Low Temperature Co-fired Ceramic，LTCC)技术，可以在较小的尺寸实现较大的电长度，从而实现芯片的阻抗匹配。采用 LTCC 的另外一点好处是具有更好的 ESD 保护。

该标签共有两种材料，分别是上半部分的树脂材料和下半部分的 LTCC 材料，树脂材料可以固定和保护芯片，并连接下半部分的陶瓷材料。由于尺寸和工艺限制，该芯片与天线

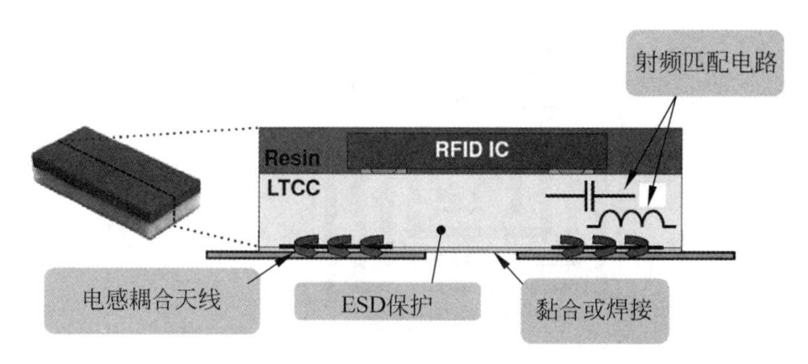

图 4-23　Magicstrap 结构示意图

的连接没有使用绑线技术，采用具有小尺寸封装优势的 CSP 封装。CSP(Chip Scale Package)封装是芯片级封装的意思，在各种封装中，CSP 面积最小，厚度最小，因而是体积最小的封装。

如图 4-24 所示为芯片的尺寸图，Magicstrap 的底部有两个焊盘，可以直接焊接在 PCB 上，对于电路板的应用非常合适。如果可以在 PCB 上做简单的天线设计，可以实现很好的远场特性。

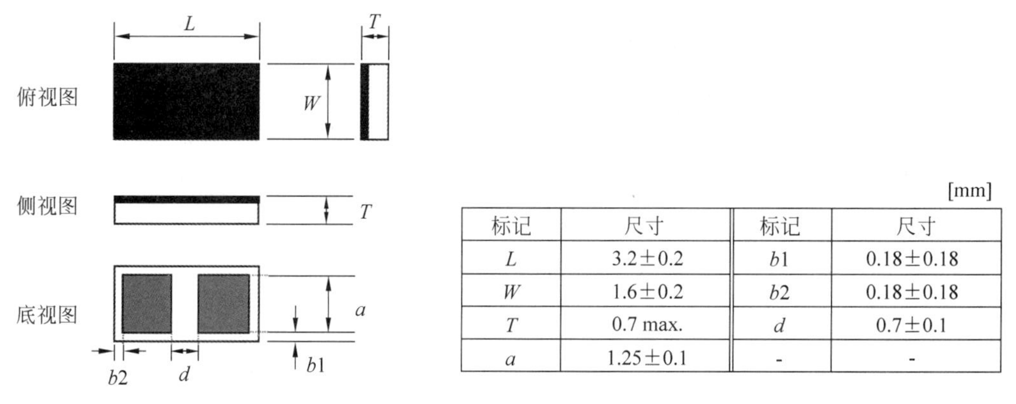

[mm]

标记	尺寸	标记	尺寸
L	3.2±0.2	$b1$	0.18±0.18
W	1.6±0.2	$b2$	0.18±0.18
T	0.7 max.	d	0.7±0.1
a	1.25±0.1	-	-

图 4-24　Magicstrap 尺寸图

一般电子产品的 PCB 都会铺地，因此普通超高频 RFID 的偶极子天线无法工作，且偶极子天线还需要占用较大的面积，当使用 Magicstrap 后，可以通过缝隙天线的方式实现较好的射频性能，如图 4-25 所示为 4 种 PCB 的天线设计方案。

这种 PCB 板上标签的工作距离与该板子的长度、标签芯片焊接的位置以及开槽大小相关。当 PCB 板长度为 10～20cm 时，Type 1 可以实现 1m 的工作距离；Type 2 可以实现 2.5m 的工作距离；Type 3 和 Type4 可以实现 5m 的工作距离。这种 PCB 的解决方案可以替代原有的 PCB 上的条形码标签，实现远距离、批量、自动化识别，从而对生产自动化管理、供应链管理和产品生命周期管理等起到关键作用。

当 Magicstrap 标签单独工作时，其近场通信的工作距离为 5～10mm，对比 IM5-PK2525 的优势为有较好的抗金属特性。虽然工作距离较近，但对于许多应用场景仍有不

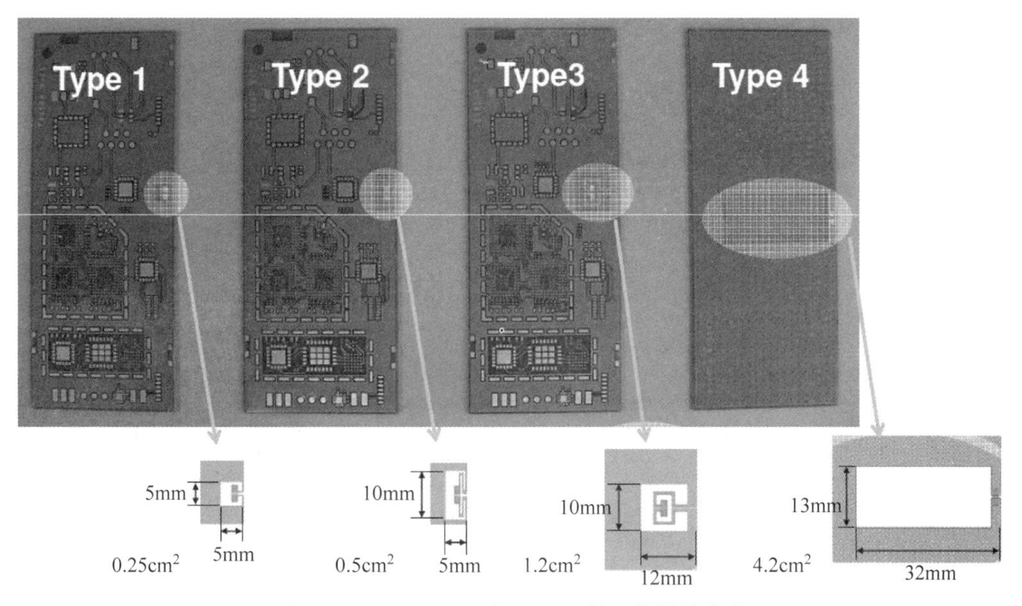

图 4-25 Magicstrap 在 PCB 上的天线设计方案

错的效果，如眼镜管理、手术刀管理、金属模具管理、电子产品管理等。

当 Magicstrap 利用金属表面作为辐射天线时，具有 1～5m 的工作距离，具体方案为在金属表面开槽，与 PCB 板上标签方案相同。可以应用的场景有钢板管理、金属筒管理、金属盒管理等。

3）集成天线的芯片技术

片上天线技术（On-Chip Antenna，OCA）是一种将天线设计在集成电路（IC）上的技术。在超高频 RFID 标签芯片中使用片上天线技术，可以实现标签的最小化，同时也可以降低标签的封装成本。如图 4-26 所示，为一个尺寸为 1mm×1mm 的超高频 RFID OCA 标签芯片，芯片的内部为传统芯片的构造（见 4.3.1 节），标签外部是 4 匝线圈作为电感天线。

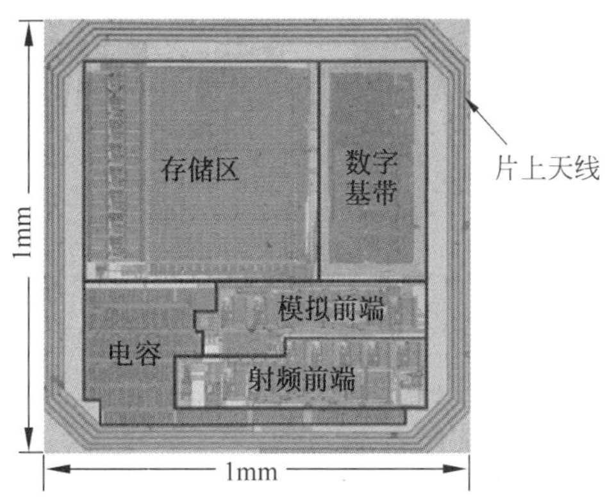

图 4-26 片上天线超高频 RFID 标签芯片

这个电感天线是通过芯片的顶层金属(top metal)环绕而成,其线宽为 11μm,线距为 2μm。该线圈的电感值约为 64nH,高频电阻(900MHz 附近)约为 300Ω。OCA 芯片方案与日立的 IM5-PK2525 标签非常相似,只是天线的位置和性能不同,整个标签的尺寸不同。

该 OCA 标签可以单独使用,其工作距离略小于日立和村田的封装标签。该 OCA 标签还可以做成 Inlay。当 Inlay 中使用 OCA 标签芯片后,其封装工艺也更加简单,不需要使用高精度的封装设备,只需要粘贴在一个天线内即可,其封装成本可以大幅下降,由于天线和芯片之间没有电器连接,其稳定性也大幅提升。如图 4-27 所示,标签天线只需要做一个大于芯片尺寸的电感线圈,将 OCA 芯片粘贴在中间即可。

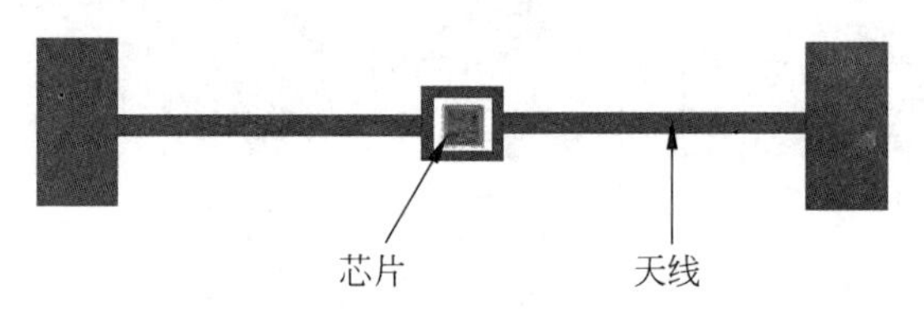

图 4-27 OCA 芯片的标签结构

OCA 超高频 RFID 标签曾经在 2010 年左右在市场上出现,但由于成本和性能等问题一直没有得到市场的认可。其最主要的问题是芯片尺寸的增加,导致成本也增加了,由于芯片上的天线性能较差,Q 值很低,只有 1.2 左右,在信号传输过程中损耗太大。所以标签的工作距离很有限,只能用于票据等近距离的应用中。

特种材质标签还有许多种,如用于电力的堵头标签,用于汽车轮胎的弹簧标签,用于防伪的种子标签等,几乎每个新的领域都需要标签的定制和开发。

由于超高频 RFID 标签的种类非常多,这里只是列举一些常见的种类,在第 8 章的案例中会针对几个不同类型的项目进行详细讲解。做物联网技术最重要的是根据需求进行创新,无论是产品创新还是方法创新,尤其是特种材质标签,需求的多样性催生的特种材质标签广泛应用,带来的物联网的高速发展是不可估量的。

4.3 标签芯片技术

超高频 RFID 标签基本构成的 3 个要素中最重要的是芯片,它决定了这个标签的功能和主要性能,同样芯片也是设计最复杂、技术难度最高的部分。

视频讲解

4.3.1 标签芯片构造

标签芯片主要由 3 部分组成:数字部分、模拟部分和存储部分,如图 4-28 所示。其中数字部分的作用为:协议处理、逻辑处理、全局运算控制处理等,第 3 章内容中所有与协议相关的功能都由数字部分处理。模拟部分的作用是:电源管理、调制解调、主频时钟,其中电源管理部分把接收到的射频电磁波整流成为直流电给整个标签芯片供电,主频时钟为数字部分和存储部分提供系统的震荡时钟,调制解调完成标签与阅读器通信的信号处理工作。

存储部分为 EPC、TID、User 等的存储区，现在的常用存储器为 NVM(非易失性存储器)或者 EEPROM，一般存储大小为几百比特。

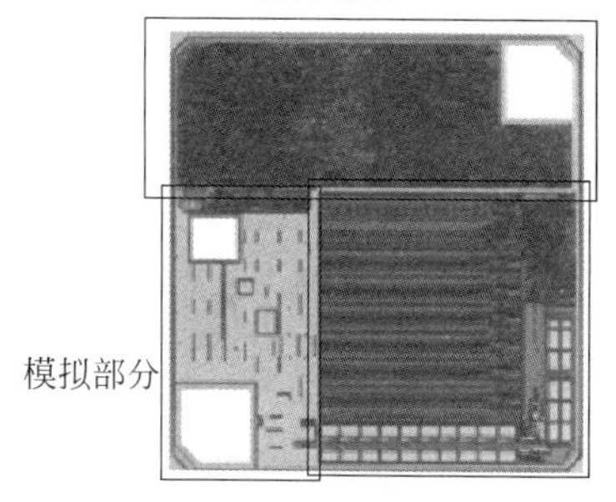

图 4-28 标签芯片电路结构图

通过如图 4-29 所示的标签结构框图，可以更明确地了解 3 部分之间的关系。最左边是模拟射频接口部分(Analog RF interface)，天线连接在模拟部分上，其中有 4 个主要器件：整流器(Rectifier)，起前端整流作用；基准电压(Vreg)，为整个系统提供稳定电压；解调器(Demodulator)；调制器(Modulator)。中间部分为数字控制部分(Digital Control)，其功能为防冲突算法(Anti-collision)；阅读器作(Read Write Control)；访问控制(Access Control)；射频接口控制(RF Interface Control)，数字部分与模拟部分进行数据通信，并控制存储部分的读写操作。最右边的是 EEPROM 存储器(存储部分)，其内部有一个电荷泵升压电路(Charge Pump)，为写标签时提供高电压。

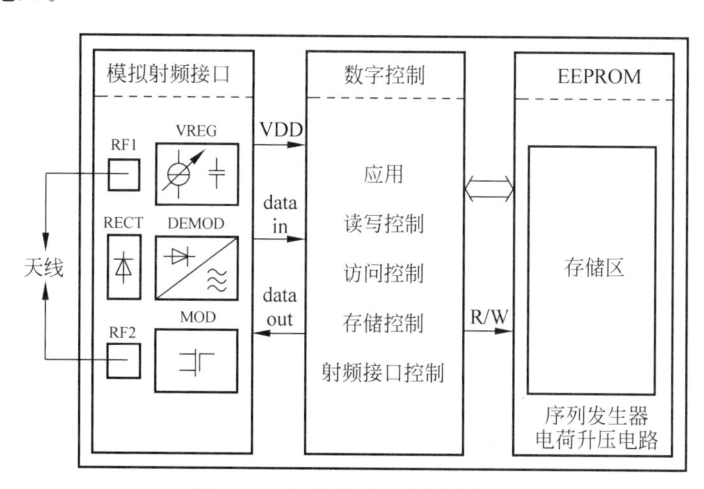

图 4-29 标签芯片内部结构框图

现在的标签芯片出厂形式为晶元盘，英文名 Wafer，一般一盘 Wafer 包含芯片几万颗到几十万颗不等，如图 4-30 所示为 NXP Ucode7 晶元盘上的标签芯片位置图。在图中可以看到，芯片在晶元盘内只是占有非常小的一块面积，也可以说，一个晶元盘上有十几万同样的标签芯片。通过对图中注释的分析可知，芯片的尺寸 460μm×505μm；芯片的 4 个凸点的位置以及尺寸为 60μm×60μm；RF1 和 RF2 凸点是连接天线的，而 TP1 和 TP2 2 个凸点只是起支撑作用。

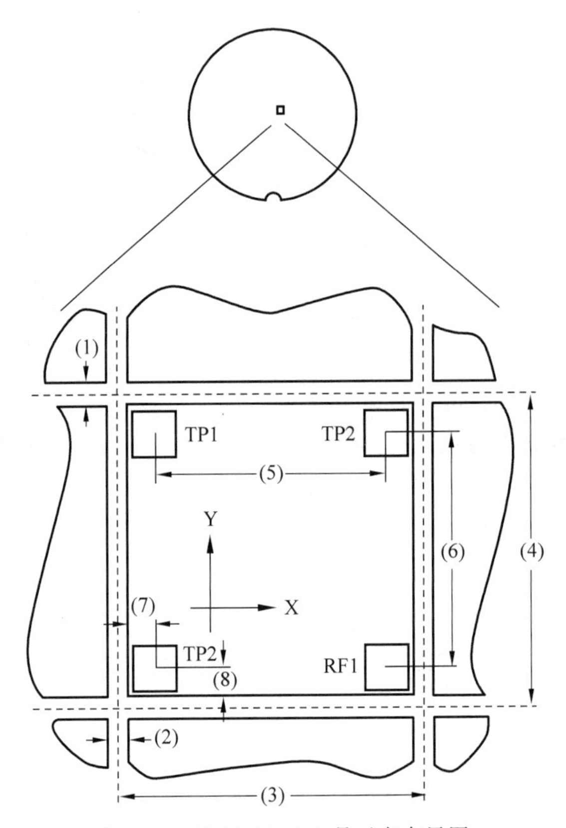

图 4-30 NXP Ucode7 晶元盘布局图

4.3.2 芯片的存储分区及操作命令

超高频 RFID 的标签芯片需要符合 EPC C1Gen2 标准(简称 Gen2 协议),也就是说,所有的超高频 RFID 标签芯片内部存储结构大致一样。如图 4-31 所示,标签芯片的存储区分为 4 个区(Bank),分别是 Bank 0 保留区(Reserved)、Bank 1 电子编码区(EPC)、Bank 2 厂商编码区(TID)、Bank 3 用户区(User)。

其中,Bank 0 保留区又称密码区,内部有两组 32 比特密码,分别是访问密码(Access Password)和灭活密码(Kill Password),灭活密码俗称杀死密码。当使用锁定命令后,需要通过访问密码才可以对芯片的一些区域进行读写。当需要杀死芯片的时候,通过杀死密码可以将芯片彻底杀死。

Bank 1 为电子编码区,是大家最熟悉的 EPC 区。根据 Gen2 协议,最先获得标签的信息是 EPC 信息,之后才能访问其他存储区进行访问。EPC 区分为 3 个部分:

- CRC16 校验部分共 16b,通信时负责校验阅读器获得的 EPC 是否正确。
- PC 部分(Protocol Control)共 16b,控制 EPC 的长度,其前 5b 的二进制数乘以 16 为 EPC 长度,如 96b EPC 时的 PC=3000,其前 5b 为 00110,对应十进制为 6,乘以 16

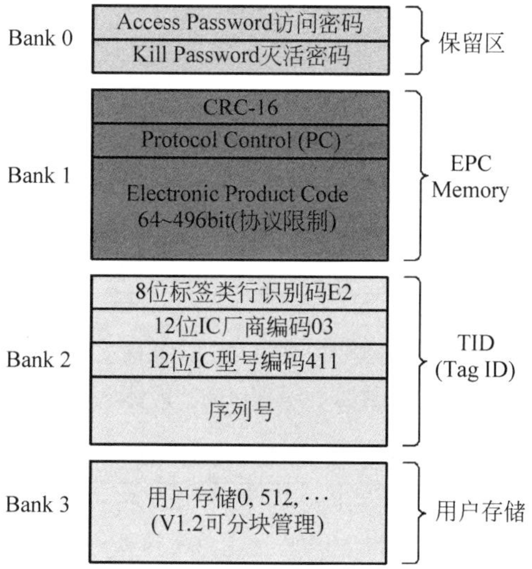

Bank 0
Access Password访问密码
Kill Password灭活密码
保留区
Bank 1
CRC-16
Protocol Control (PC)
Electronic Product Code
64~496bit(协议限制)
EPC
Memory
Bank 2
8位标签类行识别码E2
12位IC厂商编码03
12位IC型号编码411
序列号
TID
(Tag ID)
Bank 3
用户存储0, 512, ···
(V1.2可分块管理)
用户存储

图 4-31　标签芯片存储区结构图

为 96b。根据协议要求，PC 可以等于 0000～F800，相当于 EPC 的长度为 0、16b、32b 直到 496b。但是一般情况下超高频 RFID 应用中 EPC 的长度为 64～496b，也就是说，PC 值为 2000～F800。在平时的应用中经常有人搞不清楚 EPC 中 PC 的作用，会卡在 EPC 长度的设置上从而带来很多麻烦。

- EPC 部分，这部分才是最终用户从应用层获得的芯片电子编码。

Bank 2 为厂商编码区，每颗芯片都有自己的唯一编码。4.3.3 节中会重点介绍。

Bank 3 为用户存储区，该存储区根据协议规定最小空间为 0，但是多数芯片为了方便客户应用，增加了用户存储空间，最常见的存储空间为 128b 或 512b。

在了解了标签的存储区之后，需要进一步了解 Gen2 的几个操作命令即读(Read)、写(Write)、锁(Lock)、杀(Kill)。Gen2 的命令很简单，操作命令只有 4 个，且标签的存储区状态只有两种：锁定、未锁定。

因为读写命令都与数据区是否锁定相关，我们先从锁命令讲起。锁命令对 4 个存储区共有 4 个分解命令分别是锁定(Lock)、解锁(Unlock)、永久锁定(Permanent Lock)、永久解锁(Permanent Unlock)，只要访问密码非全 0 即可进行锁定命令。对应 4 个区的操作如表 4-1 所示。

表 4-1　锁定命令与存储区

操　作	保　留　区	EPC 区	TID 区	用　户　区
锁定	可以	可以	已经永久锁定	可以
解锁	可以	可以	已经永久锁定	可以
永久锁定	可以	可以	已经永久锁定	可以
永久解锁	可以	可以	已经永久锁定	可以

读命令，顾名思义就是读取存储区的数据，如果存储区被锁定，可以通过 Access 命令以及访问密码对该数据区进行访问，具体读取操作如表 4-2 所示。

表 4-2　读命令与存储区

读取操作	保留区锁定	保留区未锁定	EPC 区锁定	EPC 区未锁定	TID 区	用户区锁定	用户区未锁定
有访问密码	可以	×	永久可读	永久可读	永久可读	可以	×
无访问密码	不可以	可以	永久可读	永久可读	永久可读	不可以	可以

写命令，与读命令类似，如果存储区未锁定，可以直接操作，如果存储区已经被锁定需要通过 Access 命令以及访问密码对该数据区进行访问具体写操作如表 4-3 所示。

表 4-3　写命令与存储区

写操作	保留区锁定	保留区未锁定	EPC 区锁定	EPC 区未锁定	TID 区	用户区锁定	用户区未锁定
有访问密码	可以	×	可以	×	不可改写	可以	×
无访问密码	不可以	可以	不可以	可以	不可改写	不可以	可以

杀死命令是一条终结芯片生命的命令，一旦芯片被杀死就再也不能起死回生了，这不像锁定命令还可以解锁。只要保留区被锁定且杀死密码非全 0，则可以启动杀死命令。一般情况下杀死命令极少使用，只有在一些涉密或涉及隐私的应用中才会把芯片杀死。如果你想在芯片被杀死后再来溯源获得这个芯片的 TID 号码，那么只能通过解剖芯片的方法，解剖芯片花销巨大，所以在平时应用中尽量不要启动杀死命令。同样在项目里也要防止别人搞破坏，最好的方法是把保留区锁定，并保护好访问密码。

4.3.3　厂商编码 TID

厂商编码(TID)是芯片最重要的标识，是伴随其生命周期的唯一可靠代码。在这一串数字中隐藏着很多密码。如图 4-32 所示为一颗 H3 芯片的 TID：E20034120614141100734886。

图 4-32　H3 芯片 TID

- E2 字段代表芯片类型，所有的超高频 RFID 标签芯片的标签类型都为 E2。
- 003 字段为厂商代码，03 代表美国意联科技 Alien Technology；厂商代码的首字段可以为 8 或 0，如 Impinj 的厂商代编码一般为 E2801 开头。
- 412 字段代表芯片类型 Higgs-3。

• 后面的 64b 为芯片的串号，64b 能代表的数字大小为 2^{64}。$2^{64}=1.845\times10^{19}$ 已经是一个天文数字了，所以大家不用担心出现重号的问题。

早期的时候一些厂商的唯一编码为 32b，其实已经够用了，但是为了体现物联网的数据量，现在主流的芯片厂商的唯一识别编码的长度都升级为 64b。

为了方便各位读者了解现在所有的厂商以及芯片型号，表 4-4 统计了全球所有超高频 RFID 芯片的厂商代码(数据更新截至 2020 年 4 月 13 日)，读者在遇到新的芯片时可以直接查表。

表 4-4 全球 TID 厂商代码

芯片公司	厂商编码	芯片公司	厂商编码
Impinj	01	ORIDAO	20
Texas Instruments	02	Maintag	21
Alien Technology	03	Yangzhou Daoyuan Microelectronics Co. Ltd	22
Intelleflex	04	Gate Elektronik	23
Atmel	05	RFMicron, Inc.	24
NXP Semiconductors	06	RST-Invent LLC	25
ST Microelectronics	07	Crystone Technology	26
EP Microelectronics	08	Shanghai Fudan Microelectronics Group	27
Motorola	09	Farsens	28
Sentech Snd Bhd	0A	Giesecke & Devrient GmbH	29
EM Microelectronics	0B	AWID	2A
Renesas Technology Corp.	0C	Unitec Semicondutores S/A	2B
Mstar	0D	Q-Free ASA	2C
Tyco International	0E	Valid S. A.	2D
Quanray Electronics	0F	Fraunhofer IPMS	2E
Fujitsu	10	ams AG	2F
LSIS	11	Angstrem JSC	30
CAEN RFID srl	12	Honeywell	31
Productivity Engineering GmbH	13	Huada Semiconductor Co. Ltd (HDSC)	32
Federal Electric Corp.	14	Lapis Semiconductor Co., Ltd.	33
ON Semiconductor	15	PJSC Mikron	34
Ramtron	16	Hangzhou Landa Microelectronics Co., Ltd.	35
Tego	17	Nanjing NARI Micro-Electronic Technology	36
Ceitec S. A.	18	Southwest Integrated Circuit Design Co., Ltd.	37
CPA Wernher von Braun	19	Silictec	38
TransCore	1A	Nation RFID	39
Nationz	1B	Asygn	3A
Invengo	1C	Suzhou HCTech Technology Co., Ltd.	3B
Kiloway	1D	AXEM Technology	3C
Longjing Microelectronics Co. Ltd.	1E	Guangzhou Syschip Technology Co., Ltd	3D
Chipus Microelectronics	1F	MaxWave Microelectronics Ltd.	3E
		IDRO Co., Ltd	3F

根据表 4-4，全球共有 63 家公司申请了超高频 RFID 芯片厂商代码，其中不乏一些中国的企业，如上海坤锐电子、复旦微电子、国民技术、远望谷等超过 10 家企业，说明我国在超高频 RFID 方面投入了很大的精力，并在核心芯片技术上努力奋斗着。这张表格也在不断更新，相信会有更多的厂商加入到超高频 RFID 芯片的行业中。

视频讲解

4.3.4 标签芯片参数指标解读

关于标签芯片，我们需要关注的参数和指标有哪些或者说在我们项目中芯片选型时如何选择合适的芯片呢？本节内容将通过 Ucode 7 这款芯片展开讲解。

1. 存储区

选择一颗超高频 RFID 标签芯片，首先要看其存储区的配置，如表 4-5 所示 U Code7 芯片存储区配置表，该芯片只有 Bank 0、Bank 1 和 Bank 2，没有 Bank 3 用户区，也就是说，这个芯片具有 64b 保留区，128b EPC（不包含 CRC 和 PC），96b 的 TID，0 比特的用户区，另外多了 16b 的配置字（Configuration Word）放在 EPC 区。

表 4-5 Ucode 7 存储区配置表

存　储　区	大　小	Bank
保留区（32b 访问密码和 32b 灭活密码）	64b	00b
EPC（不包含 CRC 和 PC）	128b	01b
UCODE7 配置字	16b	01b
TID（包括永久所动的唯一 48b 串码）	96b	10b

现阶段主流芯片的保留区和 TID 区的大小都是固定的，分别是 64b 和 96b。EPC 的长度一般固定为 128b，配置字放在哪里不重要，不影响整体使用。

从项目角度分析，由于不具有用户区，所以只能支持在线读取的项目，如果用户提出离线应用和大量的数据保存要求则不能选择这款芯片。另外，由于 EPC 长度是固定的，所以如果需要定制不同长度的 EPC，如需要快速读取 64b EPC 或使用加长编码的 256b EPC，那么该芯片无法满足需求。因此，该芯片的定位为海量服装物流应用。

2. 物理参数

其次要关注的是标签芯片的物理参数，如表 4-6 所示，该芯片的保存温度（storage temperature）T_{stg} 为 $-55℃\sim125℃$；工作环境温度（ambient temperature）T_{amb} 为 $-40℃\sim85℃$；最大释放静电电压（electrostatic discharge voltage）V_{ESD} 为 2kV；其最大射频输入功率为 100mW。

表 4-6 Ucode 7 耐限值表

符号	参　数	条　件	最　小	最　大	单　位
T_{stg}	保存温度	—	−55	+125	℃
T_{amb}	工作环境温度	—	−40	−85	℃
V_{ESD}	释放静电电压	人体模型	—	±2	kV
P_i	射频输入功率	—	—	100	mW

其实芯片可以在环境温度限制外的更低温度和更高温度工作，只是灵敏度变化比较大，厂商不做保证。关于其存储温度，我们也做过大量测试，在接近200℃的高温箱中持续两周后，数据的保存是没有任何问题的(但不保证是否影响后续多年的保存寿命)。现在市场上的主流芯片我们也大都做过测试，测试结果都与Ucode 7类似，所以大家在做项目的时候可以做一些超过说明限制的开拓项目。

主流标签芯片的ESD都是2kV。有一些项目需要标签的静电防护等级很高，那是针对标签的，只需要把标签用各种绝缘体材料与外界隔离开即可满足要求。一些电力应用中需要超高的ESD等级，需要采用更厚的绝缘材料，以及采用闭合环的天线设计才能满足。

关于芯片RF脚最大输入功率，如果不是直接连阅读器一般不会有超过100mW，传统的标签应用大可放心。但如果使用的是封装芯片(SOT、QFN)与阅读器直连工作，就需要注意这个问题。

3. 性能参数

与标签芯片性能相关的参数是工作频率、灵敏度及其阻抗等，如表4-7所示。

表4-7　Ucode 7射频参数特性表

参　　数	条　　件	最　　小	典　　型	最　　大	单　　位
工作频率	—	840	—	960	MHz
读灵敏度	配合2dBi天线	—	−21	—	dBm
写灵敏度	配合2dBi天线	—	−16	—	dBm
写入速度	16b	—	1	—	ms
	32b(块写)	—	1.8	—	ms
芯片阻抗	866MHz	—	14.5−j293	—	Ω
	915MHz	—	12.5−j277	—	Ω
	953MHz	—	12.5−j267	—	Ω
封装阻抗	915MHz	—	18−j245	—	Ω
封装阻抗(接单端天线)	915MHz	—	13.5−j195	—	Ω

- 芯片的工作频率为840～960MHz，适合全球所有频段的超高频RFID应用。
- 其读灵敏度为−21dBm，这里要注意该灵敏度为配合2dBi的天线的标签灵敏度，也就是说，芯片的读灵敏度为−19dBm；同理，写灵敏度需要减去2dB，为−14dBm。
- 写入速度(encoding speed)是描述标签写入快慢的一个参数。
- 芯片的阻抗值是给天线设计人员使用的，其给出了在欧洲、美洲和日本的3个中心频率的阻抗值，同时给出了芯片封装后的阻抗值(Typical assembled impedance)，从而更方便设计人员使用。

其中，需要注意以下问题：

- 虽然芯片的工作频率是840～960MHz全频段，但是其灵敏度并不是在所有频率点都一样好，不同的芯片有一定的差别，读者在设计宽带标签的时候需要特别注意。
- 关于灵敏度，一般芯片灵敏度在−18dBm左右即可，当然灵敏度越小越好。

- 关于写入速度,在需要写入的项目中是一个很重要的指标(多数项目只做初始化时写入一次),Ucode 7 的写入速度在同类型产品中速度是最快的。如果需要更快的写入速度,则只能选择富士通的铁电标签。其写入速度为纳秒级别,坏处是读写灵敏度都比较差。

4. 存储参数

最后要考虑的参数是存储器的特性,如表 4-8 所示。该芯片数据保存时间(retention time)t_{ret} 在环境温度小于 55℃的情况下可以达到 20 年,其存储器的重复写入次数(write endurance)N_{endu} 为 10 万次。

表 4-8 Ucode 7 存储器的特性表

符号	参数	条件	最小	单位
t_{ret}	数据保存时间	环境温度≤55℃	20	年
N_{endu}	重复写入次数	—	100k	次

市场上的标签芯片,一般都声称数据保存时间大于 10 年,有的声称 20 年,有的 50 年,至今没有一个厂商的产品在真实环境验证过(市场上与超高频 RFID 相关 NVM 和 EEPROM 都是在最近十多年发明的)。关于写入次数,一般的芯片厂商声称重复写入次数在 10 万次到 100 万之间,由于超高频 RFID 特性不在于加密和支付,所以至今未见一个项目要求写入次数大于 10 万次的,对此也不用担心。

视频讲解

4.3.5 标签芯片的特殊功能

早期的标签芯片只支持 Gen2 协议和功能,也只是针对零售、物流的应用,但随着技术的进步和客户需求的不断增加,芯片设计过程中出现了越来越多的特殊功能,有的功能可以提高系统的稳定性,有的功能可提升灵敏度和适配性,有的功能有助于减少运营困难。

1. EAS 功能

EAS 是 Electronic Article Surveillance 的简称,又称电子商品防窃(盗)系统,是目前大型零售行业广泛采用的商品安全措施之一。如果把 EAS 技术引入超高频 RFID 芯片中,同时具有 RFID 和 EAS 两个功能,则可以为零售、图书等行业提供更好的服务。如图 4-33 所示带有 EAS 功能超高频 RFID 标签,将物流和防盗功能在一起,可以大大减少额外开支。具体操作为:对于没有检验或者出售的产品,阅读器可以通过特殊命令来迅速发现,并告警。图书管理也是同样的道理。如果项目中需要该功能,则

图 4-33 带有 EAS 功能超高频 RFID 标签

可以采购 NXP 的超高频系列芯片，这系列芯片多数具备此功能。

2. 铅封功能

铅封功能是一种对重要物品箱体或包装使用的技术，也可以嵌入 RFID 技术之中，如图 4-34 所示，芯片的 4 个管脚中除了 RF 和 GND 接天线，另外的两个管脚之间的电器连接特性可以通过芯片内部进行识别。也就是说，可以在另外两个管脚之间连接一条导线，当导线被剪断之后，标签内部可以识别出来电阻的变化，从而获知铅封被间断的信号。此种技术可以替代传统的铅封和电子锁，如果把天线设计技术融为一体，即标签天线和铅封为一个天线，则可以用于小件物品的铅封，如酒类防伪、贵重包装、快递等行业。当然这个技术存在一定的局限性，标签芯片在没有辐射场覆盖情况下无法工作，只有在有阅读器访问时才能发出报警信号，存在时效性问题。在实际应用中，若有使用铅封技术需求，可以使用 NXP 的 G2il+芯片。

3. 数据交互功能

物联网需要把 RFID 网络和传感器网络结合在一起，此时就需要标签芯片具有数据交互功能。其实现方式为数据输出激活一个设备，或者把传感器的数据输入到芯片中，再通过射频通信与外界进行数据交互。

如图 4-35 所示，一些超高频 RFID 芯片已经增加了 IIC 接口或 SPI 接口，可以配合其他设备一同工作，而有些芯片已经把温湿度传感器和模数转换器(ADC)嵌入到了标签芯片内部，可以直接在电力测温、冷链管理等项目中使用。如果有此类芯片需求，则可以参考 IDS 公司的 IS900A. impinj 公司的 Monza X 和 EM 公司的 EM4235。此类带有数据交互功能的芯片一般情况下是不需要额外供电的，但一些外接的设备依然需要电池供电。也可以认为带有数据接口功能的超高频 RFID 标签芯片是一类半有源产品。

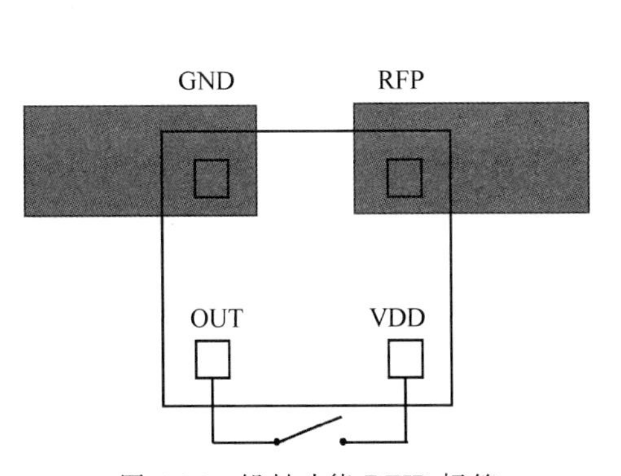

图 4-34 铅封功能 RFID 标签

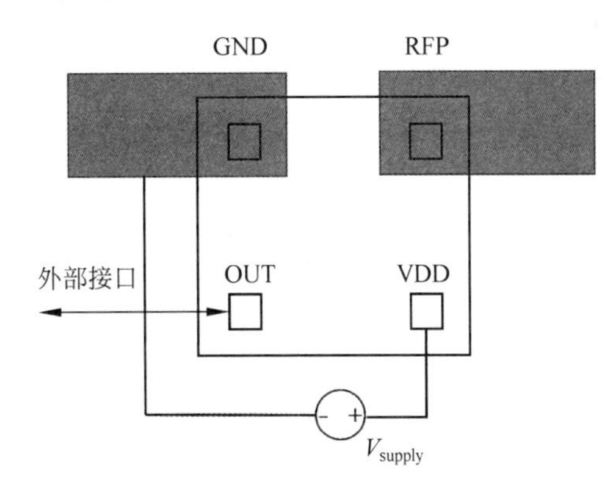

图 4-35 数据交互功能 RFID 标签

在具体使用中，芯片内部可以有多种配置方式，比如只有当无源芯片被激活时再启动电池供电，这样做的好处是可以大大节省外接电池的寿命。不过系统的局限性是比较明显的，既然有电池存在，就可以使用其他无线技术，如有源 RFID 等，尤其是带有数字接口的超高频 RFID 标签芯片，如果不采用外接电源，且工作距离非常近，那么效果较差，与有源 RFID

相比竞争力较弱。

4. 电池辅助功能

由 2.3 节的介绍可知，由于超高频 RFID 电子标签为无源标签，很难用于较远的工作距离，如果给标签增加一块额外的电池辅助供电，工作距离则可以大大增加。如图 4-36 所示，标签的阅读距离可以增加 2～3 倍，应用于智能交通电子车牌等项目，可以大大提高车辆识别率。EM 公司开发了带有电池辅助功能的芯片。

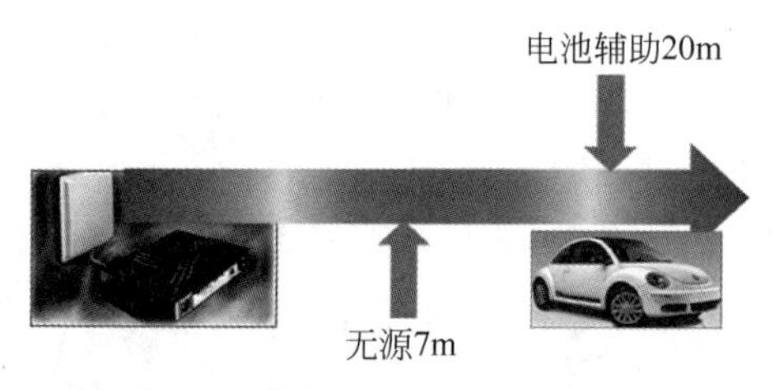

图 4-36　数据交互功能 RFID 标签

电池辅助的本质是给芯片增加额外的电池供电，在原来较远距离供电不足的情况下依然可以启动接收电路和反向散射电路。相当于标签芯片的接收机灵敏度提升，同时对反向散射的调制深度提升，从而提高整个系统的工作距离。但是电池辅助对于系统的工作距离提升是很有限的，这与芯片内部的接收机解调电路相关，由于超高频 RFID 芯片的内部结构比较简单，无法采用传统的超外差式接收机，能够解调的灵敏度有限。影响电池辅助系统工作距离的最主要因素是标签的反向调制信号强度。当标签远离阅读器时，即使标签芯片接收电路可以解调阅读器的信号，但是通过反向散射调制后的信号太微弱，以至于阅读器收到远距离传来的信号后无法解调，反向距离受限，具体的推导过程可以参照 2.3.2 节和 2.3.3 节。所以有源标签的系统比传统的无源标签工作距离提升一般不超过 3 倍。

5. 近距离加密保护功能

根据 Gen2 协议，超高频 RFID 标签的加密等级较低，且大部分数据区透明，容易引发信息安全问题，尤其是一些敏感信息的电子标签。这就需要一种加密保护技术，该技术的特点是可以控制标签的灵敏度，控制标签的工作距离，同时对数据区进行分区加密，安全要求高的数据必须在近距离通过特殊认证命令进行访问，如图 4-37 所示。需要注意的是，超高频 RFID 标签由于系统功耗较小，很难实现非常复杂的加密算法，无法达到像 HF 那样的金融支付安全等级，但对于一些普通数据的保密是足够了。如果需要此近距离加密的芯片可以选择 Impinj 的 QT 技术或 G2il+芯片，或者采用国标加密芯片。

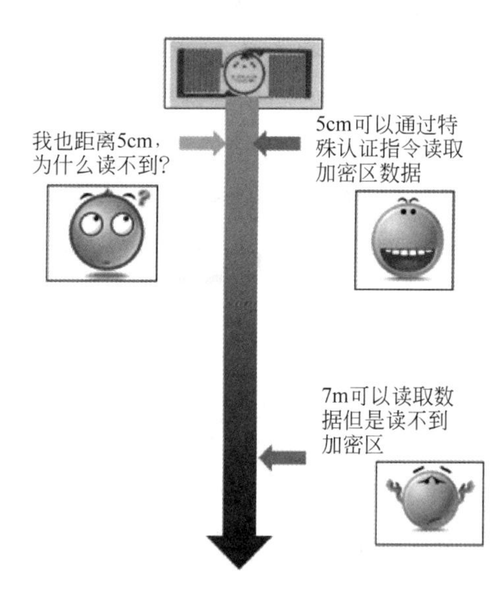

图 4-37　近距离加密保护功能

6. 阻抗自动调节技术

阻抗自动调节技术(AutoTune)是Impinj公司的Monza 6家族标签芯片的一个新功能,它可以在标签启动时调整芯片的接收机,以最大限度地提高标签在当前环境下的灵敏度。

相同的标签在不同的应用环境中会表现出不同的性能。例如,由于贴标物品的材料不同,以及堆叠都会对原有的标签的频率和性能特性产生影响。在AutoTune技术出现之前,标签制造商通过增加标签尺寸或专门为特定应用设计标签来减小这些影响。AutoTune技术采用了标签芯片接收机的阻抗自动调节功能,解决了上述问题。AutoTune不需要用户干预,是一个全自动的命令。

每个标签都有一个工作频率范围,在这个范围内它能提供最好的读取性能。标签的带宽就是这个频率范围的宽度。AutoTune增加了标签的带宽。与窄带标签相比,宽带标签更能容忍生产制造导致的性能一致性问题、贴标物品的材料差异和环境变化。AutoTune降低了整个供应链的标签SKU数量(多种物品共用一类标签),降低了复杂性和成本。AutoTune还提高了零售商店中的标签灵敏度,并为需要小尺寸的零售标签打开了新的市场空间。

AutoTune技术的实现机理其实并不复杂,其原理是调整标签芯片接收电路的阻抗,使其与天线阻抗匹配。4.4.1节中介绍了天线设计非常重要的参数是天线与芯片的阻抗匹配。虽然在标签设计时已经完成了完美的阻抗匹配,但标签在生产和使用过程中会存在失配的情况,此时标签的带宽和性能都会受到一定的影响。此时需要调整芯片内部的阻抗,使芯片和天线之间重新回到阻抗匹配,还可以在芯片内部设置多个开关电容,每个开关电容的大小不同,通过开关切换可以配置出多种不同的芯片阻抗电容值,从而实现阻抗匹配的优化。

具体工作流程如下:

(1) 假定具有自动阻抗调节的芯片内部有3组不同的开关电容,分别是$C_1=1\text{pF}$、$C_2=0.5\text{pF}$、$C_3=0.25\text{pF}$,芯片自身电容为$C_s=1\text{pF}$,这些电容的连接方式为并联。当3个开关都断开时,芯片内电容为自身的$C_s=1\text{pF}$;当开关1和开关2接通开关3断开时,芯片内电容为自身电容与开关1和开关2连接的电容并联,则总电容为:$C_s+C_1+C_2=2.5\text{pF}$。

(2) 当标签芯片上电后,芯片内部的AutoTune模块启动,电源管理模块和处理器也启动,AutoTune模块会快速地调节这3个开关,共形成8组不同的电容值组合,分别为1pF、1.25pF、1.5pF、1.75pF、2pF、2.25pF、2.5pF、2.75pF。与此同时,电源管理模块会记录每次电容值变化时接收到的能量并发给处理器。当阻抗匹配时,接收机可以收到最强的射频能量,对应于电源管理模块的能量传感器检测电压最高。

(3) 处理器将8组数据中检测电压最高时对应的电容值记录下来,并告知AutoTune模块,在本次盘点过程中固定该阻抗(固定3个开关的参数)。

(4) 阅读器停止盘点下电后,AutoTune停止工作,并丢弃之前记录的参数。阅读器再次上电时,AutoTune模块重新启动,重复之前的流程。

7. 芯片连接管脚封装技术 Enduro

传统的超高频 RFID 芯片管脚采用凸点的形式，称为 Bump，一般采用黄金作为 Bump 的材质，再通过封装机配合异向导电胶热压芯片和天线制作为 Inlay。这种 Bump 管脚和封装方式已经在超高频 RFID 领域使用了十几年。Impinj 公司提出的创新的芯片连接管脚封装方式称为 Enduro。

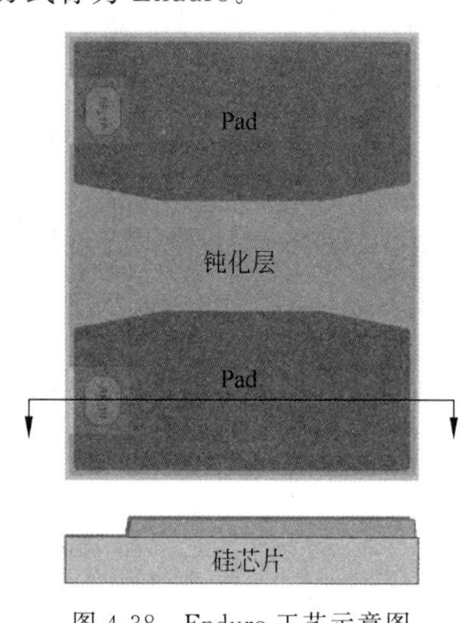

图 4-38 Enduro 工艺示意图

1）Enduro 技术介绍

Enduro 将通常使用的凸点替换为大的、扁平的金属垫，这些金属垫是光刻实现的，并形成了 IC 和天线之间的连接，如图 4-38 所示。所述扁平金属垫生成在覆盖集成电路的垫厚的钝化层上，每个金属垫覆盖将近 50%的集成电路面积。

由于整个系统采用集成电路工艺，一致性好，稳定性高。当基于 Enduro 技术的芯片连接到天线上时，其连接的公差很小，且电气特性保持更高的稳定。由于尺寸很大，即使芯片与天线封装时有一定的误差，对性能影响也很小，相比之下，采用 Bump 的形式的系统误差大很多。

由于 Monza 系列的芯片内部使用了平衡整流器，因此不用考虑天线的正负极问题。

2）Enduro 优势分析

为了深入了解 Enduro 的技术优势，下面通过与采用 Bump 技术的 Monza 5 芯片作对比，在采用相同的封装天线和封装设备的前提下进行了多种测试。

与凸点 Bump 相比，封装的连接电阻显著降低，从而提高了嵌入灵敏度并降低了灵敏度的可变性。从图 4-39 中可以看出，采用 Bump 方式封装的连接电阻一致性较差，有 6%的样本接触电阻大于 500mΩ，而采用 Enduro 技术封装的标签连接电阻一致性很好，几乎都落在 100mΩ 之内。

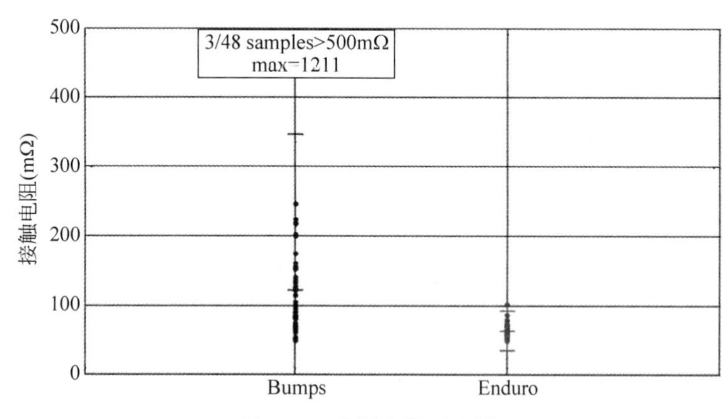

图 4-39 接触电阻对比图

由图 4-40 可知，每增加 1Ω 的接触电阻，会导致灵敏度约 0.5dB 的下降。从数据分析，采用 Bump 的方式会有约 5%的标签会因为接触电阻的问题灵敏度减少 0.3～0.6dB；而采用 Enduro 技术的封装，绝大多数情况下灵敏度减少 0.05dB，可以忽略不计。

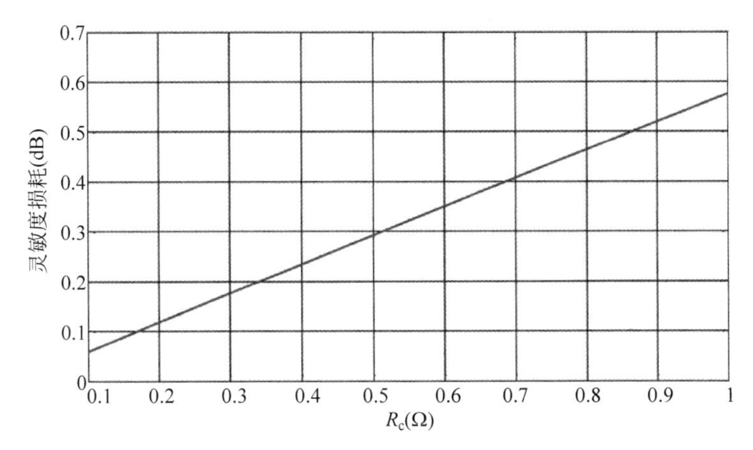

图 4-40 灵敏度损失与接触电阻的关系图

Enduro 技术具有更大的接触面积，因此与天线封装时接触面积相对固定，导致的接触电容相对稳定，从而可以减小封装引起的工作频率变化。如图 4-41 所示，采用 Enduro 技术的谐振频率偏差为 8.9MHz，比采用 Bump 技术提升了 44%。相应地整个标签的灵敏度也会比 Bump 封装的标签提升约 0.25dB。

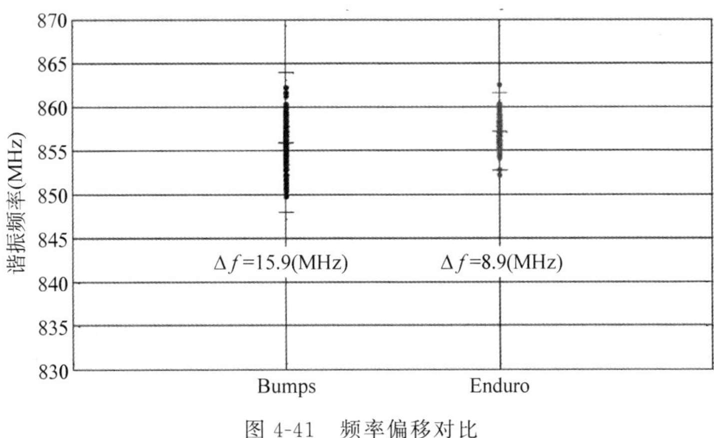

图 4-41 频率偏移对比

由于 IC 是平面的，所以在封装机械上更坚固，在打印机、组装和转换机器中受力时更不容易破裂，具有更好的结构稳定性。如图 4-42 所示，为两种不同封装的 Inlay 在经过 168 小时的温度湿度测试(THT)后的灵敏度变化图。很明显，Bump 工艺的标签灵敏度衰减更大，且有 6.7%的标签没有通过测试，相比之下 Enduro 工艺的标签灵敏度衰减较小，且全部通过测试。

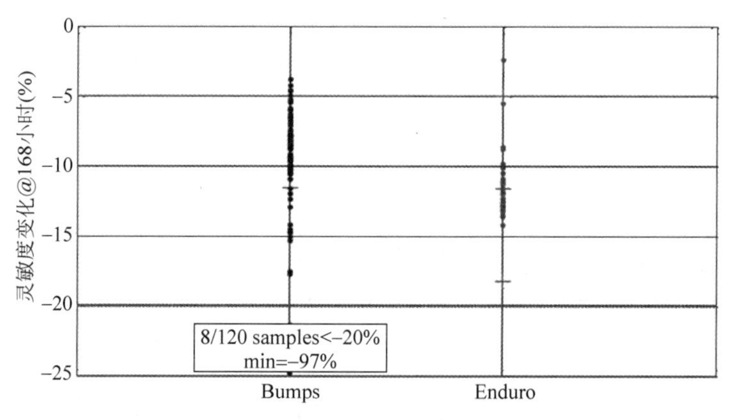

图 4-42　温度湿度测试(THT)的灵敏度变化图

现在 Alien Technology 和 NXP 公司都已经开发出了类似 Enduro 的大管脚封装技术，相信今后 Bump 封装会逐渐转变为 Enduro 类封装。

8. 存储纠错安全技术 ECC

由于超高频 RFID 采用超低功耗技术，其存储单元也是采用低功耗器件实现的，因此带来了数据存储稳定性问题。尤其是在写入功率不足时，存储单元的 0 和 1 的判断电平不够，在长时间放置漏电后，会存在存储判断错乱的现象。如图 4-43 所示，当写入功率过大或过小时，都会引起写入失败。存储单元 0 和 1 的判断可以理解为图中那一杯水的水位高低，长时间放置会引起"水位"不稳定。虽然这个问题在芯片设计的时候采用差分存储单元的方式进行弥补，但依然会出现数据丢失的问题，即使概率很低(万分之几)，依然对 RFID 项目有不小的影响。因此，多家芯片厂商都提出了存储纠错技术 ECC。

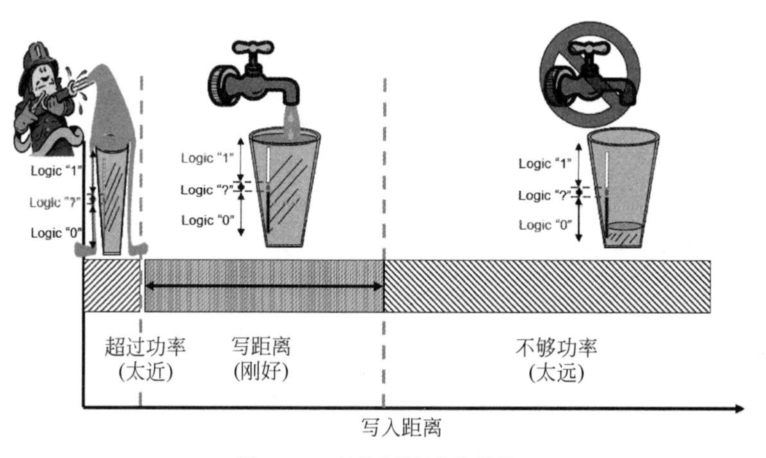

图 4-43　存储判断错乱现象

ECC 是 Error Correcting Code 的简写，ECC 是一种能够实现"错误检查和纠正"的技术，ECC 内存就是应用了这种技术的内存，一般多应用在服务器及图形工作站上，可提高计算机运行的稳定性并增加可靠性。

ECC是在奇偶校验的基础上发展而来。我们知道，在数字电路中，最小的数据单位是“比特(bit)”，也叫数据“位”。“比特”也是内存中的最小单位，它是通过1和0来表示数据高、低电平信号。在数字电路中，8个连续的比特是一个字节(byte)，在内存中不带“奇偶校验”的内存中的每个字节只有8位，若它的某一位存储出了错误，就会使其中存储的相应数据发生改变而导致应用程序发生错误。而带有“奇偶校验”的内存在每一字节(8位)外又额外增加了一位用来进行错误检测。比如一个字节中存储了某一数值(1、0、1、0、1、0、1、1)，把这每一位相加起来(1+0+1+0+1+0+1+1=5)，5是奇数，如果采用奇校验[即一个字节(8位)，加上检错的那1位共9位，对应数字的和为奇数]，那么检错的那1位就应该是0(5+0=5才是奇数)，如果采用偶校验[即一个字节(8位)，加上检错的那1位共9位对应数字的和为偶数]那么，检错的那一位就应该是1(5+1=6才是偶数)。当处理器返回读取存储的数据时，它会再次与前8位中存储的数据之和相加，计算结果是否与校验位一致。当处理器发现二者不同时就会尝试纠正这些错误。

虽然采用ECC技术需要增加额外的存储空间保存校验码，不过这些额外的投入对于数据的安全稳定是值得的。采用ECC技术已经成为现在超高频RFID芯片的主流，越来越多的RFID芯片供应商采用类似的方式来保证数据稳定。

9. 储能功能

标签芯片的灵敏度是由其系统的功耗决定的，如果希望提高灵敏度，就要减小芯片各部分的功耗，这显然是非常困难的。如果可以把微弱的能量收集并存储起来，等到收集的能力足够完成一次通信时再启动标签与阅读器通信命令，就可以让标签工作在更低的场强环境中，从而提高灵敏度。这种储能的方案是采用时间换灵敏度的策略，系统的极限是由标签芯片的解调极限决定的，一般极限可以做到-23dBm左右。

该功能的硬件实现需要增加一个储能电容和一个芯片内部的电压检测模块，当标签收到阅读器的电磁波时，会通过电压检测模块判断收到的信号强度情况，如果信号足够强，则标签直接与阅读器进行通信，无须打开储能部分；当收到的信号比较弱时，无法直接驱动整个芯片电路，则启动电源管理模块对电容充电，当电容充电一段时间后，电压检测模块检测到电容的电压足够支持一次通信，则启动标签芯片与阅读器通信。

在实际应用中储能的时间非常关键，这与收到的信号强度相关，信号强度越弱，则储能时间越长，在灵敏度极限附近时，储能时间可能需要几十秒。

4.3.6　全球知名芯片详解

视频讲解

全球芯片出货量最大的3家超高频RFID芯片供应商为英频杰Impinj、恩智浦NXP和意联Alien Technology，本节将针对每家公司的一款热卖芯片进行详细分析，分别是Alien Technology的Higgs-3(简称H3)、Impinj的Monza 4(简称M4)和NXP的Ucode 7。

1. Alien Technology的Higgs-3芯片

Higgs-3(简称H3)芯片代表了一个时代，引领了那个时代的潮流。在那个年代，可以说

Higgs-3 芯片是国内第一批超高频 RFID 芯片设计人员心中的最高境界。早在 2008 年，当时的超高频 RFID 技术还不够稳定，标签芯片的灵敏度普遍只有 −15dBm，稍微困难一点的项目都无法应对，超高频 RFID 的发展遇到了各种瓶颈。在这个时候 Alien Technology 推出 Higgs-3 芯片，其 −18dBm 的灵敏度让世人惊叹，从而推动了香港机场的项目测试实施，给整个超高频 RFID 行业带来了希望。从此 −18dBm 成为了行业的门槛，达到 −18dBm 的芯片才算进入超高频 RFID 的芯片核心圈。截至 2020 年的今天，Higgs-3 的芯片依然在出货，不少的项目仍使用 Higgs-3 芯片，可见 Higgs-3 芯片的经典。

Higgs-3 芯片采用 0.18μm CMOS 工艺，一盘晶元大概 6 万颗芯片，是最早提出 TID 96 比特的芯片。

Higgs-3 芯片具有以下优点：

- EPC 和 User 区可以动态配置，EPC 可以扩展。实用性强，存储空间大，适用于各种 RFID 项目。
- 数据区可以分区锁定，增加安全级别。对于一些特殊项目和有安全要求的项目有特别的效果。
- 具有动态身份认证功能(Dynamic Authentication)，其他芯片无法仿造，相当于芯片内有一个加密硬件，与阅读器之间通过私有认证算法进行通信。配合唯一 TID 可以营造一个完全可靠的物流、防伪、追溯体系。其最大的缺陷是 Alien Technology 不开放动态身份认证算法，至今只有 Alien Technology 的阅读器支持此算法。

2. Impinj 的 Monza 4 芯片

Monza 4 芯片，一盘晶元约 6 万颗芯片，它的出现虽然没有像 Higgs-3 当年的轰轰烈烈，不过也带来了许多新的功能，同样带动了行业的发展。Monza 4 芯片有许多的创新：3D 天线、QT 功能、Tag-Focus、Fast-ID。

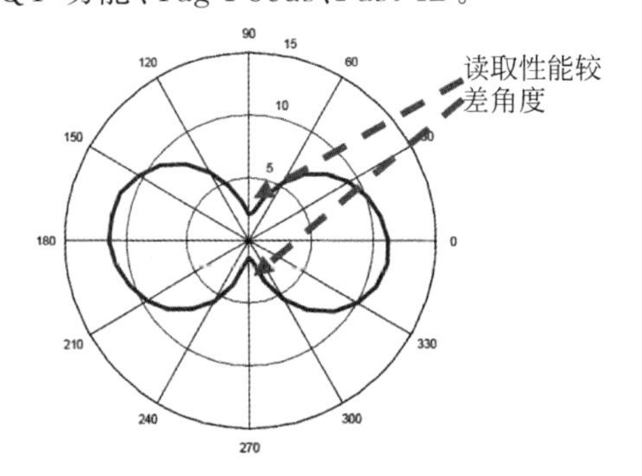

图 4-44 偶极子标签及其方向图

1) 3D 天线

谈到 Monza 4(以下简称为 M4)芯片，大家首先想到的是它的真三维天线技术(True3D antenna technology)。如图 4-44 偶极子标签及其方向图所示，偶极子标签在 90°和 180°会存在巨大的盲点，且整个标签的工作距离在各个方向差别较大，标签随机摆放时最远与最近距离相差 6 倍，在应用中非常不便利，因此行业迫切需要一款全向性的标签，从而引出了 3D 全向标签的设计。

在 M4 芯片出现之前，工程师们通过天线设计的方式尽力实现 3D 功能，只是性能不尽如人意。如图 4-45 所示，是使用 M3 芯片和圆极化天线设计制作出来的伪 3D 标签，其工作距离很近，最远不到 4m，沿着 *XY* 平面旋转时，表现的增益差距超过 3dB，如果在 *XYZ* 球辐射面分析，会存在约 10dB 盲点角度，无法达到真正的 3D 效果。

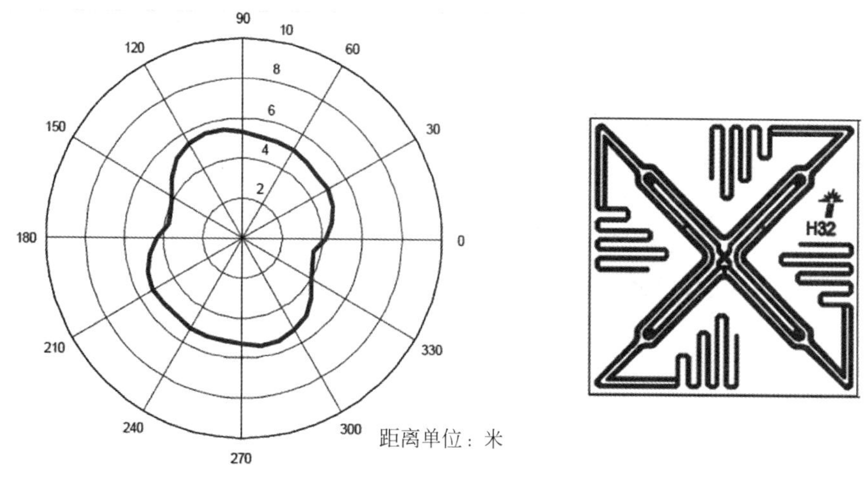

图 4-45 传统圆极化标签及其方向图

在 M4 芯片问世之后，真 3D 标签也出现了，如图 4-46 所示，真 3D 标签较伪 3D 读取距离大幅提高，最远工作距离与最近工作距离相差 1.25 倍(方向增益约差小于 2dB)，且在标签的 XYZ 轴的任意角度最大增益差小于 3dB，是真正的 3D 标签。

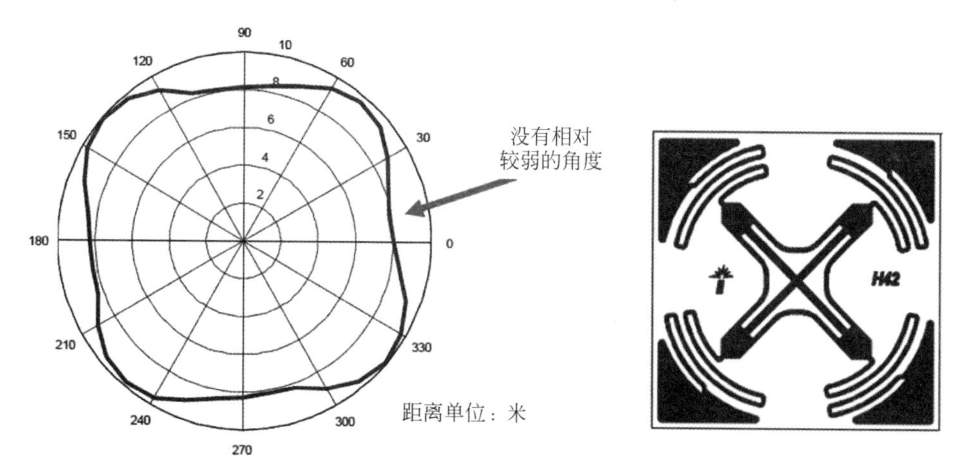

图 4-46 真 3D 标签及其方向图

M4 标签可以实现真正 3D 的原因不是改进了天线设计，因为无论如何改进天线设计，在常用 Inlay 的尺寸和材质下，都是无法实现真 3D 天线设计的。M4 标签的真 3D 源于芯片设计做了整体改造，其芯片由传统的 2 个管脚馈电变为了 4 个管脚馈电，如图 4-47(a)为 M4 芯片顶层图，其内部结构也发生了变化，共有两组整流器电路，且两组整流电路之间的相位差为 90°，如图 4-47(b)所示。关键点在于这个 90°的相位差，通过计算或仿真可知，两个相交偶极子天线之间如果相位差为 90°，则这个整体天线会成为一个圆极化标签，且从各个方向看都为圆极化，从而实现了3D标签。

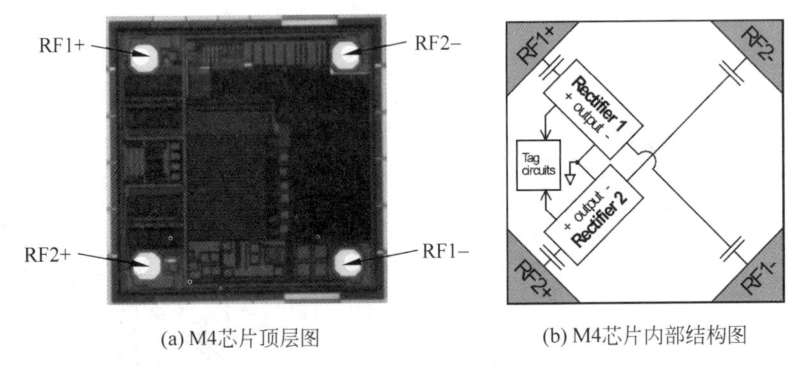

(a) M4芯片顶层图　　(b) M4芯片内部结构图

图 4-47　M4 标签芯片图

关于 M4 芯片的 QT 功能在 4.3.5 节中已经进行了介绍，其功能基本一致，只是操作前需要仔细阅读相关文档。

2）Tag Focus

M4 还有一个很有特色的命令叫作 Tag Focus，当阅读器在 Session 1 工作时，能量弱的标签会有更多的机会与阅读器通信，从而提高多标签效率。这个功能的基本原理为：M4 的芯片内部有一个能量检测装置，每个标签根据接收阅读器的能量大小记录下来，超过一个阈值的为强标，其他的为弱标。Impinj 的阅读器的多标签盘点机制比较特殊，是 Session 1 从 A 到 B，再从 B 到 A，然后下电，再上电 A 到 B，如此反复。M4 的 Tag Focus 机制是在 B 到 A 的情况下只有弱标签响应阅读器询问，强标签保持缄默。有大批量标签读取经验的从业人员都知道，在大批量多标签读取的过程中，读全的时间是由那几个弱标签决定的，很多时候需要反复读取多次才能把所有的弱标签识别到。M4 标签工作在 Tag Focus 模式下，弱标签有更多的通信机会，更容易被识别。我们做过一个项目，在项目中有 1024 枚标签，如果使用 M4 芯片和 Impinj 的 R420 阅读器（R420 默认 Tag Focus 模式），读全标签的时间为 5～10s，而如果换作其他阅读器或标签，则读全的时间需要 15～30s。可以看到这个 Tag Focus 提高了不少效率。该技术对于弱标签的快速识别有非常大的帮助，因此一些芯片厂商也模仿类似的策略。

3）Fast-ID

M4 的 Fast-ID 命令是一个被广泛应用的扩展命令，根据 Gen2 协议阅读器进行盘点时（Query Command）标签只是返回 EPC 数据，而 Fast-ID 返回的数据为 EPC＋TID，大大降低了过去协议读取 TID 的时间。经过测试，使用 Fast-ID 命令大概是使用传统方式批量读取 TID 时间的三分之一左右。为了安全管理，许多项目需要同时读取 EPC 和 TID，或只需要 TID，且对批量读的速度有要求，此时使用该命令最为合适。

Fast-ID 命令对于一些需要同时获得 EPC 和 TID 的项目非常有帮助，并获得了市场的广泛认可。

3. NXP 的 Ucode 7 芯片

NXP 的 Ucode 7 芯片是 2013 年的产品，采用 CMOS 0.14μm 工艺，一盘晶元约 12 万颗芯片，在当时的超高频 RFID 行业算是一个创新产品，成为第一个实现一盘 8 寸 Wafer 量产 12 万颗芯片的产品。与此同时，Ucode 7 芯片也带来了一些有创新的技术，其中有 3 个比较重要：EAS、Tag Power Indicator、Parallel encoding。

在 2010 年之前，NXP 已将 EAS 技术集成在超高频 RFID 芯片中，Ucode 也具有 EAS 功能。其实 EAS 功能仅占用芯片存储器的一个比特，数字逻辑几乎没有变化，是一个性价比非常高的命令，具体内容可以参照 4.3.5 节中关于 EAS 的内容。

1）Tag Power Indicator

Tag Power Indicator 功能主要是为批量生产准备的，因为在生产、卷带测试和初始化的时候，两个 Inlay 之间的距离非常近（请参照图 4-2 卷带方式图），这样阅读器很难判断当前的标签是否是被选中的标签，写入的数据很可能是错的。如图 4-48 所示，芯片会根据自己收到的能量和阈值来确定自己是不是被指定的芯片。当然采用更合适的近场天线技术解决也可行，不过对环境的要求比较高。如果卷带或产线由于一些原因无法架设合适的近场天线或标签与天线之间的距离受限，那么最好的办法就是使用 Tag Power Indicator 技术。

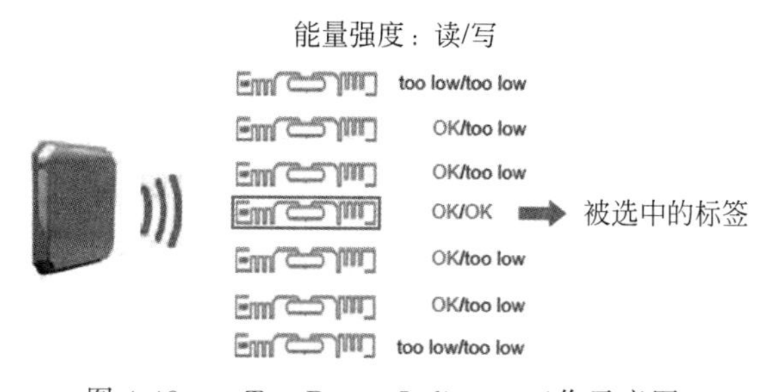

图 4-48　Tag Power Indicator 工作示意图

Tag Power Indicator 和 Monza 4 芯片的 Tag focus 命令有相似之处，但应用的场景不同。

2）Parallel encoding

Parallel encoding 并行编码技术是针对传统 Gen2 协议的批量写操作的。在传统的写标签操作中，必须选中第一个标签，对标签进行写操作，再选中第二个标签写，如图 4-49 所示。由于标签出厂时的 EPC 数据区的后 35b 已经是唯一的串码，客户应用只需要更改 EPC 前面的字段即可，且所有标签的写入内容都一样。如果再按照传统的写入方法只会浪费时间。

经过 Ucode 7 芯片的改进，在 Select 命令中加入了编码状态字（encoding bit），再接着发 Query=0，即可唤醒所有 Ucode 7 芯片，并同时写入所有数据，如图 4-50 所示。对于海量服装应用，整箱服装可以不开箱批量写入其产品信息，如箱内有 20 件衣服，则写入效率提高 20 倍。在物流盘点时可以实现不停顿通过。超高频 RFID 批量写入功能最早应用于

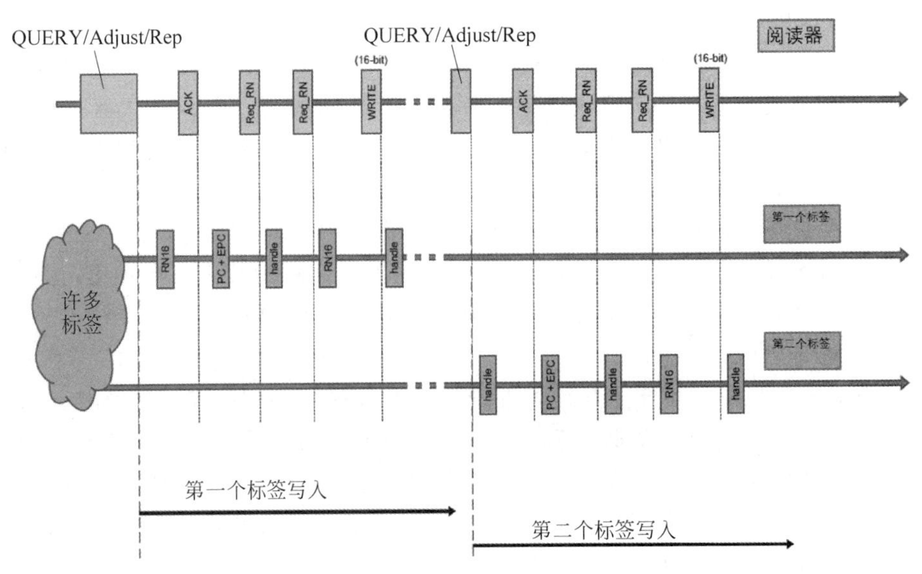

图 4-49 传统多个标签写入空中接口通信时序图

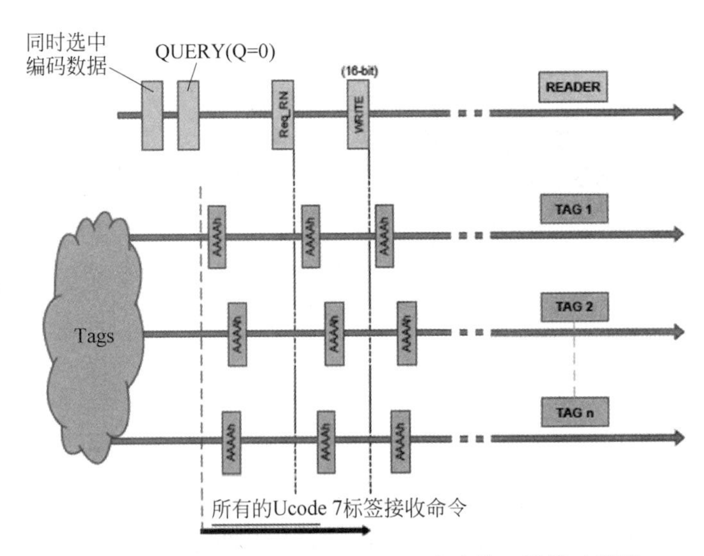

图 4-50 Ucode 7 Parallel encoding 空中接口通信时序图

Alien Technology Higgs-4 芯片的爆炸写功能，不过系统效率是 Ucode 7 更优。

4. 标签芯片的发展路线

超高频 RFID 标签芯片至今也有近 20 年历史，其发展过程中有各种的创新，从早期对灵敏度的追求(2010 年之前)，到对多种创新功能的追求(2010—2015 年)，直到现在主要对成本和稳定性的追求(2015—2020 年)。

由于超高频 RFID 行业发展已经相对稳定，其传统物流零售应用的标签芯片已经趋于稳定,这类芯片的发展方向是成本更低。对于半导体芯片降低成本的唯一办法就是芯片的面积减小。芯片的面积减小会带来封装良率的下降和封装成本的上升,这也是全球主流芯片厂商采用类 Enduro 的大管脚方案。即使如此,如果芯片的尺寸减小太多,会带来封装成本的大幅上升,从而导致整体成本上升而得不偿失。所以芯片的尺寸不会不断下降,因此芯片的成本下降空间不大。现阶段的芯片成本的发展趋势依然是在不断下降过程中,只是相对比较缓慢。

全球各大厂商对超高频 RFID 标签的灵敏度不断努力,截至 2020 年,行业内灵敏度最高的标签芯片当属 Impinj 公司的 M700 系列,其灵敏度可达-22dBm。从 2008 年的 Alien Technology Higgs-3 芯片到 2020 年的 Impinj M700 芯片,这 12 年间标签芯片的灵敏度只是提升了 4dB。由于受半导体工艺的限制灵敏度提升空间很有限,只能采用 AutoTune 和 Enduro 等技术略微提高整体系统的灵敏度。由于更好的半导体工艺成本高,再加上现在系统的灵敏度已经足够满足绝大多数的应用,通过半导体工艺改善灵敏度暂时行不通。当然即使换了更好的半导体工艺,其芯片灵敏度提升空间也不大;即使芯片灵敏度有一定的提升,阅读器的灵敏度也需要做较大的革新才能满足系统的需要。当然各大半导体厂商依然在追求更好的灵敏度,只不过采用的手段多为通过一些小创新或外围辅助手段。

非传统类的超高频 RFID 芯片属于定制芯片,如中国国家电网的资产管理标签芯片,就是采用国家标准带有安全加密的超高频 RFID 芯片;如国家电子车牌的芯片以及一些军工应用;如一些需要大容量或高低温等特殊应用的芯片。这些芯片总体出货量不大,但单价高,对应用的适配性好。

总结来说,标签芯片的发展路径有两条:一条是传统业务的标签芯片,主要由国际厂商提供,其发展方向是性能更好、成本更低;另一条是针对定制业务的标签芯片,其特点是更贴近特种应用,对成本不敏感但对于特定应用要求非常严格。

4.3.7 无芯超高频 RFID 技术

视频讲解

整个超高频 RFID 系统的成本主要取决于标签的成本,因此,许多企业和学者努力开发无芯片 RFID 标签,这意味着市场正在寻找更低成本的标签解决方案。迄今为止,市面上仅有的无芯片 RFID 标签是表面声波(SAW)标签。

今天,用超高频 RFID 标签来代替条形码已成为趋势。超高频 RFID 系统仍然没能取代条形码的唯一原因是标签的价格。与条形码相比,目前存在的超高频 RFID 标签的成本仍然高出很多,其主要成本来自镶嵌在标签中作为信息承载和处理器件的芯片以及封装的成本,这两部分占 Inlay 成本超过 80%。正是由于 RFID 与条形码的成本相差悬殊,因此 RFID 标签的使用率连条形码的 0.1%都不到。因此,无芯 RFID 技术的探索提上日程,即使这个技术仍然处于萌芽状态,但在工业界中已经有了很大的发展。

近些年来,市场上已经报道了一些无芯片 RFID 标签的开发工作。然而,大多数标签仍然是作为试验样品来进行报道的,并且从商业角度上讲,只有少量的结果被认为是可行的。在设计无芯片 RFID 标签时,研究者们所面临的挑战是,如何在没有芯片的情况下进行数据编码和存储。根据这个问题,可以将无芯 RFID 标签划分为如图 4-51 所示的 3 种基本类型。

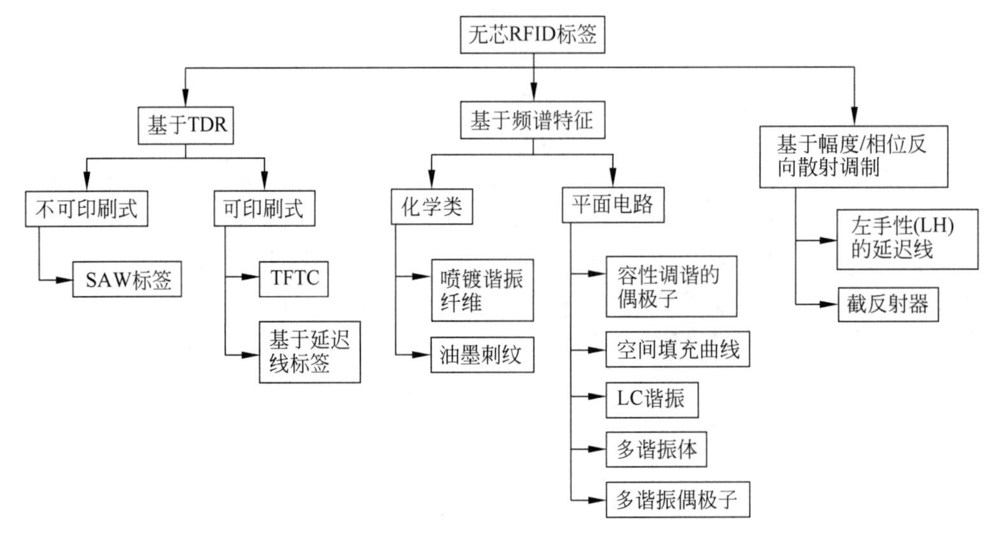

图 4-51　无芯 RFID 标签分类

根据公开文献,有可能将无芯片 RFID 标签划分为 3 个主要类型:

- 基于时域反射计(TDR)的无芯片标签;
- 基于频谱特征的无芯片标签;
- 基于幅度/相位反向散射调制的无芯片标签。

1. 基于时域反射计的无芯片标签

基于 TDR 的无芯片标签的询问过程:阅读器发出一个脉冲形式的信号,然后接收由标签发出的脉冲回波。因而,会生成一串脉冲,这个脉冲可以被用来对数据进行编码。与含有芯片的标签相比,这种标签的优点是低成本、更大的带宽范围以及能够用于定位应用的能力。这种标签的缺点在于:标签编码的位数少;能够产生且探测超宽带(UWB)脉冲所要求的高速阅读器实现较难。市场上已出现了采用 TDR 技术来进行数据编码的一些 RFID 标签,可以将其分为不可印刷式 TDR 标签和可印刷式 TDR 标签两种。

1) 不可印刷式 TDR 无芯标签

其中,不可印刷式 TDR 无芯片 RFID 标签的一个典型例子是由 RF SAW 公司开发的 SAW 标签。SAW 标签是由阅读器发出的中心频率为 2.45GHz 的线性啁啾高斯脉冲(Chirped Gaussian Pulse)来激励的,如图 4-52 所示为一款声表面波(SAW)标签的电路架构。

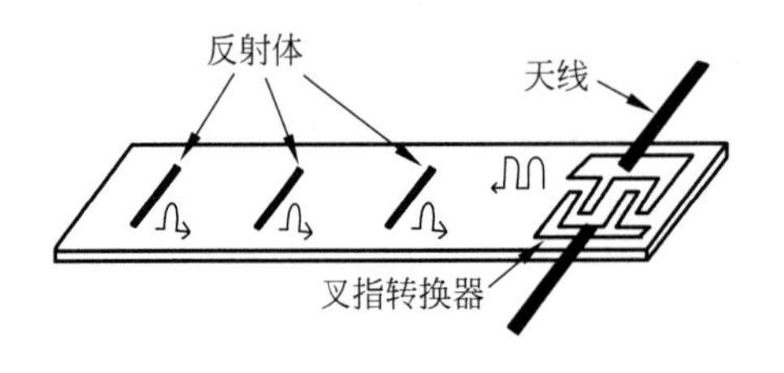

图 4-52　声表面波(SAW)标签的电路架构

询问脉冲通过使用一个叉指转换器(IDT)来转换为表面声波。声波穿过压电晶体，并且由多个反射体进行反射，这便生成了一串具有相位偏移的脉冲。这个脉冲串又通过使用 IDT 而被转换变回 EM 波，并且在阅读器这一端进行探测，此时，标签的 ID 便可以通过解码而得到。实际上，这仅有的一款量产的无芯 SAW RFID 产品由于成本和结构的影响，只用于无线测温的应用中（8.5.2 节介绍了该产品与其他无线测温的技术对比），通过温度对声表面波器件的频率影响从而实现对 ID 号码和当前温度的采集。然而，这个产品的市场受到了无源测温 RFID 芯片（见 4.6.2 节）的冲击，市场份额也在逐渐萎缩。

2）可印刷式 TDR 无芯标签

可印刷式 TDR 无芯片标签可以用薄膜晶体管电路（TFTC）或具有不连续性的基于微带线的标签来实现。TFTC 标签是在低成本的塑料薄膜上高速印刷的。TFTC 标签由于其较小的尺寸和较低的功耗而具有比有源和无源含芯片标签更优越的性能。它们比其他无芯片标签需要更高的功率，但也具有更多的功能。然而，人们现在还没有开发出用于 TFTC 标签的低成本制造工艺。有机 TFTC 可以提供一个具有成本效益的解决方案。正在进行有机 TFTC 开发的一个研究所是日本国家先进工业科学和技术研究院（AIST）。如图 4-53 所示为在柔软的塑料薄膜上印刷的有机 TFTC 标签。

在柔软的塑料薄膜上印刷的有机薄膜晶体管电路存在另一个问题：较低的电子迁移率，这便将工作频率限制在几兆赫兹的水平上。基于延迟线的无芯片标签是通过在一段延迟线后使用一个微带线的不连续性来工作的。一个基于延迟线的无芯片标签如图 4-54 所示，其中含有贴片天线和延迟线。

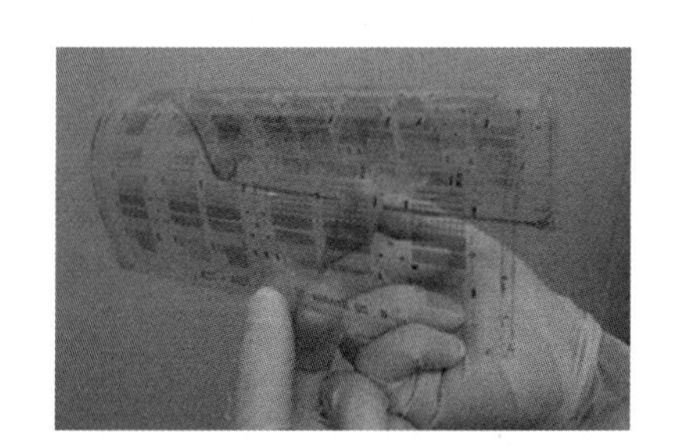

图 4-53 柔软的塑料薄膜上印刷的有机 TFTC 标签

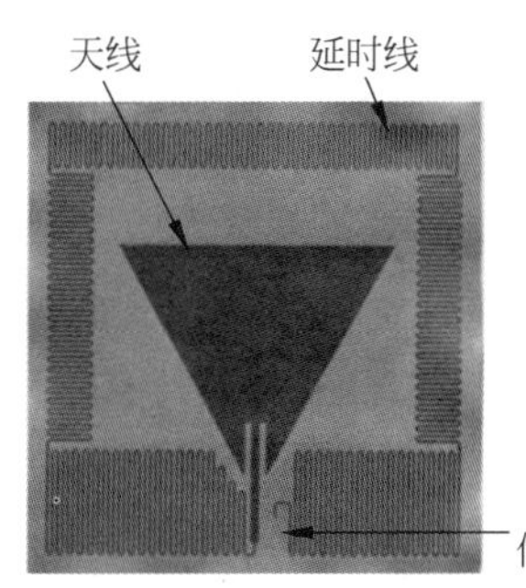

图 4-54 基于延迟线的无芯片标签

标签是由一个短脉冲（一般为 1ns）EM 信号来激励的。询问脉冲由标签来接收，并且在沿着微带线的不同点处产生反射，生成了询问脉冲的多个回波，如图 4-55 所示。

回波之间的时延是由不连续点之间延迟线的长度决定的。这种类型的标签是采用微带线技术来再现 SAW 标签，微带线技术使其成为可印刷式标签。虽然人们已经报道了这种无芯片技术最初的试验，但只能成功地进行 4b 数据的编码，突显出这种技术的局限性。

2. 基于频谱特征的无芯片标签

基于频谱特征的无芯片标签采用谐振结构将数据编码进入频谱中。每个数据比特通常与频谱的预设频率点上谐振峰值的出现与否相关。这些标签的优点是完全可印刷、牢靠、比

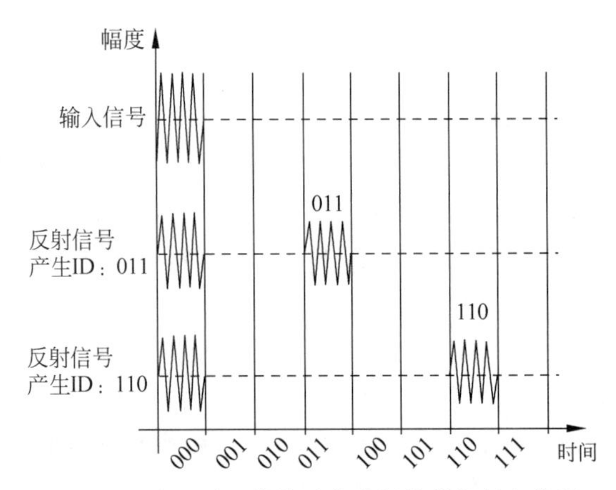

图 4-55 基于延迟线的无芯片标签的询问和编码

其他无芯片标签具有更大的数据存储能力，且成本低。其缺点是用于数据编码所要求的频谱宽，无芯片标签对方向性、尺寸和宽带以及专用阅读器中的射频部件都有一定的要求。到目前为止，市场上已出现了多种基于频谱特征的可印刷式标签。可以根据标签的性质，可分为化学类标签和平面电路类标签。

1）化学类无芯片标签

化学类标签是通过喷镀谐振纤维或特殊的电子墨水来实现的。以色列有两家公司利用纳米材料来设计无芯片标签。这些标签是由很小的化学粒子组成的，这些化学粒子展示出不同程度的磁性，当受到电磁波撞击时，它们便会在不同的频率上产生谐振，阅读器便可以探测到这些谐振频率。这类标签因其轻薄、便宜的特点，特别适用于纸张、重要文件等物品的防伪和鉴定等应用。

油墨刺纹(ink tattoo)无芯片标签也是化学类无芯片标签的另一种典型代表。这种标签采用的方法为嵌入或表面打印电子油墨天线刺纹。阅读器通过一个高频微波信号(>10GHz)与该标签进行通信。读取距离据宣称可以达到 1.2m。

2）平面电路无芯片标签

平面电路无芯片 RFID 标签是采用标准平面微带线/共面波导/带状线谐振结构(如天线，滤波器以及分形结构)设计的。这些结构可以印刷在厚薄及柔软度不同的层压板和聚合物基片上。无芯片标签由若干个偶极子天线组成，这些天线在不同频率处产生谐振。可以进行容性调谐的偶极子天线标签如图 4-56 所示。当标签由一个扫频信号来询问时，阅读器会寻找因偶极子而在频谱中所产生的幅度骤降(谐振吸收，反射减小)。每个偶极子与数据比特位具有一一对应的关系。这种技术所涉及的问题包括标签尺寸(较低频率对应着较长的偶极子，与半波长相关)以及偶极子单元之间的互耦效应(mutual coupling)。

被用于频谱特征图形编码 RFID 标签的空间填充曲线最早是由 McVay 给出的。标签被设计为 Piano 和 Hilbert 曲线，谐振中心频率大约为 900MHz。标签代表的是一个可以进行频率选择的表面，这个表面是通过使用空间填充曲线来操纵的(如 Hilbert 曲线和 Piano

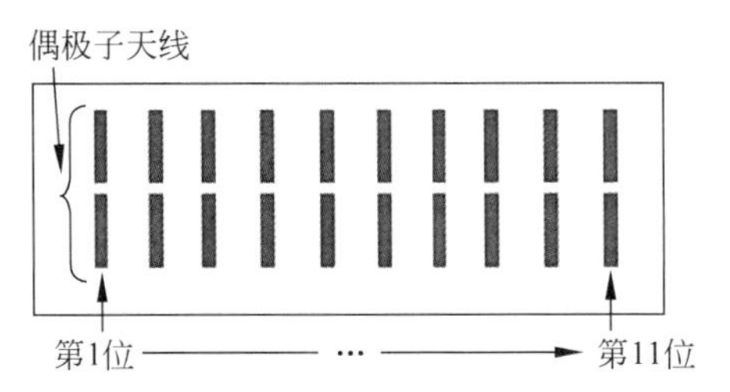

图 4-56　容性调谐的偶极子被用作一个 11b 无芯片 RFID 标签

曲线)。空间填充曲线显示出在频率点上谐振的一个特性,其波长远远大于它的尺寸。利用这个优势,可以实现在超高频频率范围内开发小尺寸标签。图 4-57 所示的一个 5b 空间填充曲线无芯片标签,这个标签是由 5 个二阶 Piano 曲线阵列组成的,它可以在标签的雷达截面上(RCS)产生 5 个峰值。

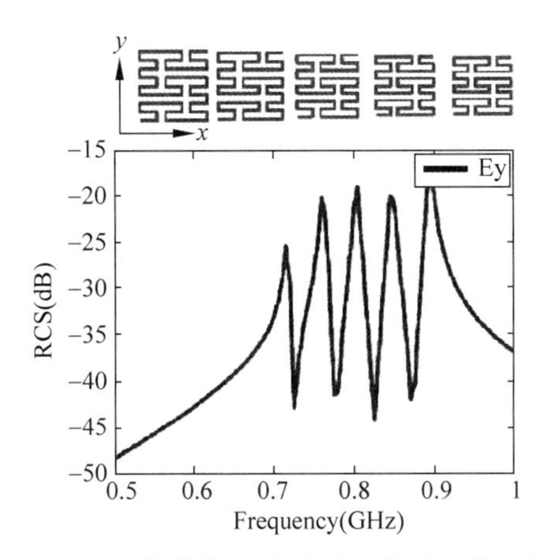

图 4-57　基于 Piano 曲线的 5b 标签和标签雷达截面的频谱特征

这类标签的优点是尺寸较小,这是由空间填充曲线而产生的。这类标签的缺点是,为了对数据进行编码,要求对版图进行很大的修改。

LC 谐振无芯片标签包含一个简单的线圈,它会在一个特定频率处进行谐振。这些标签被看作是 1b RFID 标签。其工作原理是基于阅读器和 LC 谐振标签之间的磁耦合。阅读器不断地进行扫频来寻找标签。一旦扫描的频率与标签的谐振频率相一致,标签便开始振荡,从而在阅读器的天线端口产生一个电压骤降。这种标签的优点是价格低、结构简单(单个谐振线圈);缺点是工作范围小、信息存储小(1 比特)、工作带宽窄和多标签之间有相互冲突的问题。这些标签主要用于超市和零售商店的电子物品防盗标签(EAS)。

基于多谐振体的无芯片 RFID 标签由在 Monash 大学工作的作者设计并申请了专利。无芯片标签包含了 3 个主要部件:发射(Tx)和接收(Rx)天线及多谐振电路。一个含有基本部件的集成化无芯片 RFID 标签的方框图示于图 4-58 中。

基于多谐振体的无芯片 RFID 标签包含了一个垂直极化的 UWB 圆片加载的单极接收

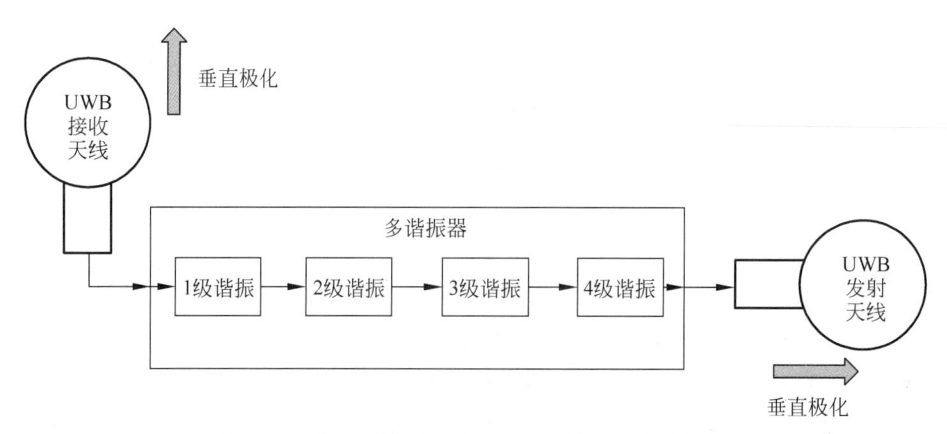

图 4-58　多谐振体无芯片 RFID 标签的电路方框图

标签天线，一个多谐振电路和一个水平极化的 UWB 圆片加载的单极发射标签天线。阅读器发出一个扫频连续波信号来进行询问，当询问信号到达标签时，使用 Rx 单极天线接收并且向多谐振电路进行传播。多谐振电路采用级联的螺旋线谐振器来对数据位进行编码，这便会在频谱中特定的频率上引入衰减和相位的跳跃。在通过了多谐振电路之后，信息便包含了标签的一个独特的频谱特征，随后通过使用 Tx 单极标签天线而被发回到阅读器。为了将询问信号与之后发射的包含有频谱特征的编码信号之间的干扰减到最低程度，Rx 和 Tx 标签天线交叉极化。图 4-59 展示了一个在 TaconicTLX-0 上（$\varepsilon_r=2.45$，$h=0.787$mm，$\tan\delta=0.0019$）设计的一个 35b 的标签。

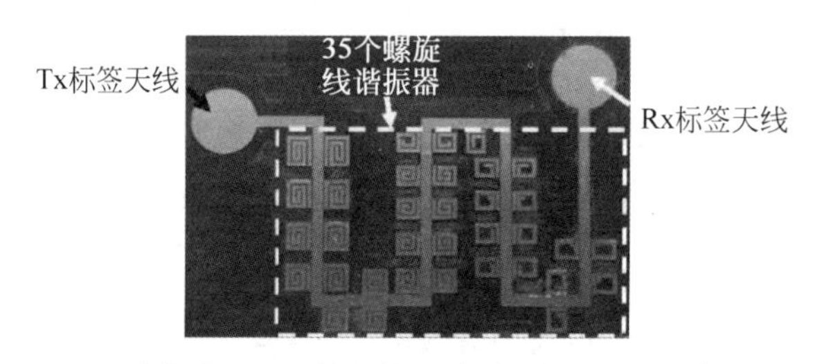

图 4-59　35b 无芯片 RFID 标签的照片（长度＝88mm，宽度＝65mm）

基于多谐振器的标签和前面所介绍标签的主要区别在于，这种标签对数据在幅度和相位上均要进行编码，标签工作在 UWB 的范围，它可以支持简单的螺线管，从而缩短了数据编码。标签响应并不是在 RCS 反向散射的基础上形成的，而是通过将含有编码的唯一的频谱 ID 的交叉极化询问信号再次传输来进行的。

3. 基于幅度/相位反向散射调制的无芯片标签

基于幅度/相位反向散射调制的无芯片标签比基于 TDR 和基于频谱特征标签的操作所要求的带宽要小。数据编码是通过改变基于无芯片标签天线的负载来改变反向散射信号的幅度或相位而实现的。负载的改变不通过处于两个阻抗之间的接通/关闭开关来控制（芯片实现方式），它是由标签天线的电抗性负载来进行控制的。天线负载会在幅度或相位上对天线的 RCS 产生影响，而这个影响可以由一个专用的 RFID 阅读器进行探测。由于天线负载是一个模拟传感器或左手性(LH)的延迟线，或者天线是由一个基于微带线的反射器来进行端接的，因此，负载的电抗有可能会发生变化。

这类无芯片标签的优点是，它可以工作在很窄的带宽上，且构架简单；缺点是，它所能探测的位数以及数据编码是由一个集总或芯片组件来实现的，而这提高了成本。

无芯片标签的 LH 延迟线负载是无芯片标签技术最新的开发成果之一。它采用了模拟电路来进行相位调制，并通过使用 LH 延迟线的慢波效应来提高反应速度，这同样也将标签的尺寸减到了最低程度。这种无芯片标签的工作原理如图 4-60 所示。

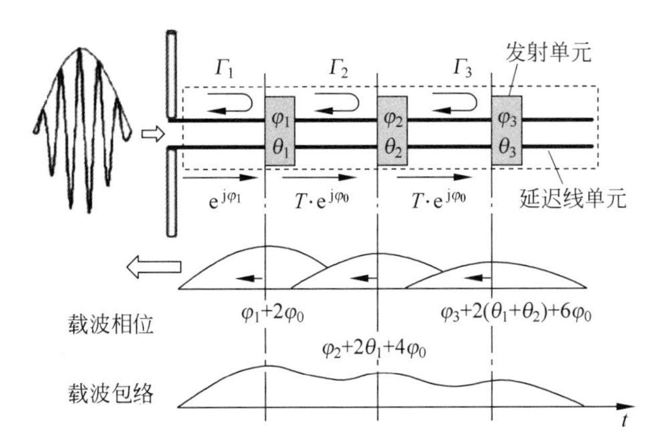

图 4-60　基于左手延迟线的无芯片 RFID 标签的工作原理

根据图 4-60，RFID 阅读器发射具有频段限制的脉冲询问信号，无芯片标签的天线接收该询问脉冲，并通过一系列级联的 LH 延迟线来传播，这些延迟线代表着周期性的不连续点。所接收到的询问脉冲是当其到达每个不连续点时反射的信号，信息是通过反射信号的相位与参考相位的相对关系进行编码的。含有编码数据的反射信号的包络保持着相似的幅度(包络)，但相位变化是不同的，这是由于不同的 Γ_1、Γ_2、Γ_3 分别具有不同的相位 φ_0、φ_1、φ_2。其数据编码方式采用高阶数的调制方法，如正交相移键控(QPSK)，它能产生更大的信息吞吐量，但要求更高的信噪比。在无芯片标签中所使用的 QPSK 调制方法基于可变电抗性元件，它将幅度的变化减到最小，使相位的变化达到最大。

无论采用时域反射计(TDR)、频谱特征还是幅度/相位反向散射调制的无芯标签系统，对比传统超高频 RFID 标签都有几个先天的缺陷。

- 数据容量太小，无法承载几十比特甚至上千比特的存储需求。
- 存储数据无法更改，一旦标签生成，内部包含的数据信息无法更改。而传统的标签芯片内部的存储采用 EEPROM 或 NVM 实现，可以实现数据的存储和改变。
- 功能逻辑简单，只能实现 ID 读取。
- 无法实现多标签场景，不具有逻辑处理能力，没有多标签碰撞机制。即使现在已经商用的 SAW RFID 标签也只能支持同时识别不超过 10 个标签。

- 工作距离短，由于缺乏有效的能量收集和发射机调制机制，只是通过无源器件的反射，阅读器接收到的信号非常弱，即使发射功率增大也很难提升识别距离。
- 对阅读器要求高，无芯系统中对阅读器的要求为高速实时响应，超宽频带发射和接收，且宽频解调能力要求都非常高，阅读器很难实现且成本较高。
- 系统稳定性差，由于无芯系统采用的工作频率多为非授权频段，且编码不具有校验和纠错能力，加上系统信噪比很差，误码率会非常高。
- 量产复杂，由于无芯标签的数据是靠其自身结构和天线不同实现的，因此，每一个无芯标签都是彼此不同的，这对量产环节带来非常大压力，至今尚无较好的解决方案。

虽然无芯标签有这么多问题，但依然是今后发展的一个方向，尤其是针对一些防伪、单品级管理的应用，仍存在许多机会。

4.4 标签天线技术

在4.1节中介绍了标签技术第二要素就是天线，天线技术的发展是推动超高频RFID标签技术进步的另一大原动力。本节针对标签天线的设计技术进行讲解，分别从标签设计的多个维度讲解展开，最后讲解几款市场上比较流行的标签天线。本节内容具有一定专业性，但是没有复杂的推导，即使非天线设计人员也能看懂，当然对于标签天数设计工程师有更大的学习价值。

视频讲解

4.4.1 标签天线设计基础

一直以来，标签天线设计被认为是一个非常专业的事情，许多其他行业的天线工程师看到超高频RFID标签天线后也会感到无从下手。这是因为行业内缺乏相对专业的产业和培训，多数小公司无法完成自己的天线设计，只有行业内的几个大企业才有专业的标签天线工程师。其实标签天线设计并不难，只要掌握其等效模型，并具有测试环境，就可以进行天线设计了。

1. 偶极子标签构成分析

普通材质的超高频RFID标签天线多为偶极子天线，这是因为偶极子天线设计简单且与标签的尺寸要求接近。

如图4-61所示，为一个常见的偶极子天线标签，从天线设计角度分析，共由4部分组成，分别是标签芯片、偶极子天线、电感线圈(LC谐振环)、耦合部分。

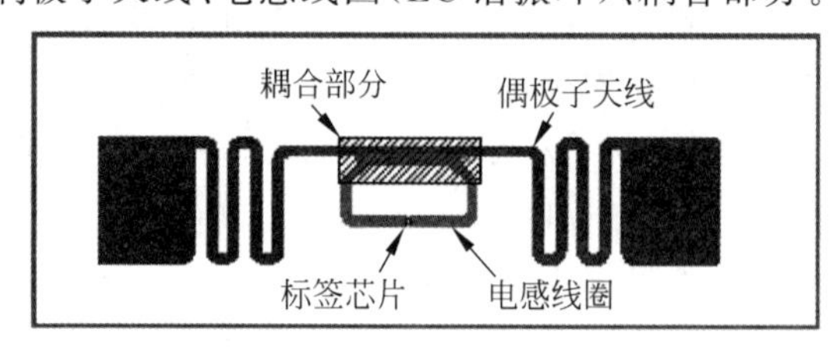

图4-61 标签天线设计构成

1）标签芯片

通过解调标签芯片在天线端口接收到的信号，并调制出一个信号返回到同一端口的阅读器，与阅读器通信。标签芯片是“被动”的，它没有内置电源，而是从读取器的射频信号中收集能量。当标签芯片从读取器信号采集功率时，标签天线阻抗必须与芯片阻抗有较好的共轭匹配。

2）偶极子天线

偶极子天线有两个辐射臂，如图4-62所示，从一个点向外延伸（通常在同一轴上）。偶极臂的长度和厚度决定了天线的主要特性。例如，常用的偶极子是半波偶极子，半波偶极子的电长度为所需工作频率波长的一半。然而，偶极子阻抗值为70Ω（谐振时阻抗），与标签芯片匹配的最佳值相差甚远。而且其物理长度（半波偶极子在900MHz时约为15cm）对于大多数超高频RFID标签应用来说太长了。

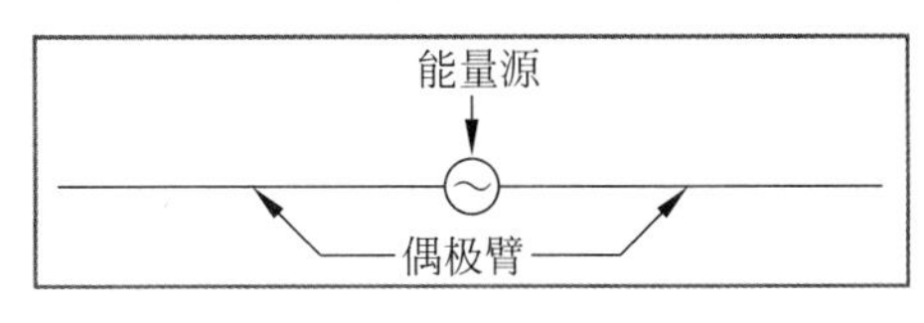

图4-62　偶极子天线

对于无源RFID芯片来说，偶极子天线可以等效为一个射频能量源（电压源），为芯片供电。

3）电感线圈

电感线圈有两个主要功能：一个是与芯片的电容进行共轭匹配，另一个是将偶极子耦合的能量传递给芯片。电感线圈的尺寸对一个标签天线的匹配具有决定作用。如果掌握了调节电感线圈的技巧，就可以成为一名初级的RFID天线工程师了。

4）耦合部分

耦合部分是能量在偶极子和电感线圈之间转移的重要部件。这部分以感应方式连接偶极子和电感线圈，类似于变压器磁芯之间的耦合。偶极子中等效射频电源的能量可以耦合到电感线圈内并传递给芯片。超高频RFID系统就是利用偶极天线远距离收集的能量并传输到标签芯片上的。电感线圈和偶极子可以进一步分离以减少耦合，也可以拉近或共享更宽的部分以增加耦合。

2. 标签天线等效模型

为了方便进行工程分析，可以将偶极子标签转换为等效电路模型。如图4-63所示，偶极子标签包含的标签芯片、偶极子天线、电感线圈、耦合部分这4部分等效为一个电压源射频传输电路：

- 标签芯片内部阻抗等效为一个电容和一个电阻的并联，分别为C_{chip}和R_{chip}，这两个参数在芯片的说明书中可以找到。
- 偶极子天线等效为电压源V、辐射电阻（Radiation resistance）R_{a}、偶极子电容C_{a}、偶

极子电感 L_a。这些参数都是偶极子天线所特有的参数，与天线的结构尺寸相关，且在不同工作频率时表现出不同的特性。

- 电感线圈等效为电感 L_2，L_2 大小与电感线圈尺寸相关。
- 耦合部分等效为电感 L_1，L_1 的大小与电感线圈和偶极子之间的距离相关。

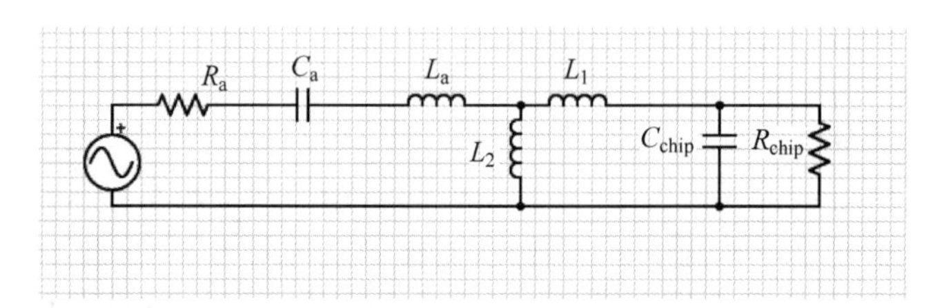

图 4-63 偶极子标签等效电路模型

等效电路建立后，只需要计算电压源 V 供电后，在要求的工作频率范围内，R_{chip} 能够获得的能量。这个能量越大，系统的匹配越好。电路的具体计算比较复杂，可以使用 ADS 软件进行仿真。辐射电阻 R_a、偶极子电容 C_a、偶极子电感 L_a、电感线圈等效电感 L_2、耦合部分等效电感 L_1 这些参数的大小需要在 HFSS 仿真中获得。

3. 设计步骤

在标签天线设计过程中由于标签芯片已经确定，只需要依次完成电感线圈设计、偶极子天线设计和耦合部分设计这 3 部分即可。

1) 电感线圈设计

设计标签天线的第一步是构造标签芯片的电感线圈，电感线圈的主要功能之一是设置谐振以匹配芯片的电容。电感线圈的形状可以采取任何形式，只要它完成一个闭环。设计电感线圈时不必太关注是否与芯片在工作频率点谐振，这是因为，一旦电感线圈连接到偶极子，其谐振频率就会发生改变。

电感线圈有 3 个设计参数：线宽、环路面积(内圈面积)和线长。使用宽的线宽可以减小电阻从而减小损耗。

电感线圈设计有两个主要权衡点：

- 第一个是在线度和环路形状之间。更宽的线宽可以减小欧姆损耗，但环路面积必须增大以补偿减小的电感。
- 第二个是在环路面积和形状之间。如果形状更接近圆形或方形，则获得相同电感所需的面积将比狭长形状更小。最终，形状将很可能由标签尺寸要求决定。对于一个长窄标签形状，圆形或方形环都不合适。

图 4-64 中显示了两个不同尺寸标签的电感线圈设计实例，分别针对方形标签和长窄标签。一般情况下，电感线圈被放置在标签区域的中心。

2) 偶极子设计

偶极子天线是标签天线中最大的部分。由于偶极子必须保持在标签的尺寸限制之内(一般小于半波长尺寸)，通常使用一些尺寸减小技术，如采用弯折手段。当偶极子采用弯折

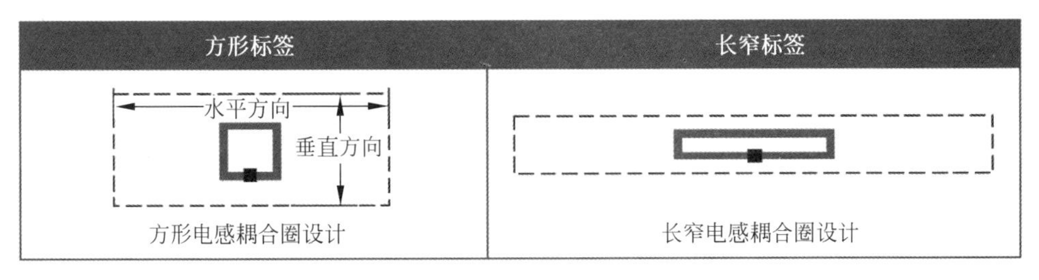

图 4-64 电感线圈设计

设计后可以实现预期的半波电长度，但尺寸的减小意味着增益和带宽的减小。

偶极子同样有一组重要参数需要折中：线宽和线长。与电感线圈类似，更宽的线宽将减小损耗，但需要更长的长度才能达到相同的谐振频率。此外，由于面积受限，更宽的线宽可能无法达到标签所需的电子长度。

偶极子的设计案例如图 4-65 所示。这里显示的两个偶极子设计几乎完全填满了标签尺寸区域。如果标签的材料具有较高的介电常数特性，则可能需要减少弯折或弯折的次数。相反，如果标签材料的介电常数较小，则可能需要减小线宽并增加弯折度。

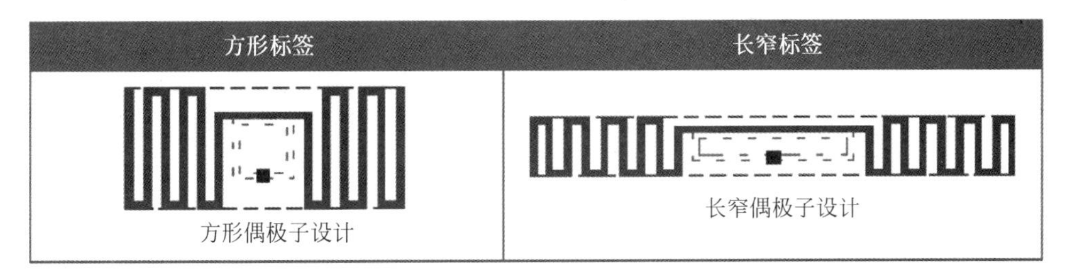

图 4-65 偶极子设计

在这一步设计时需要了解基材的介电常数，需要与供应商联系或在实验室中测试得到。如果有差分网络分析仪和测试台，则可以更好地了解该偶极子部分的特性。

3）耦合设计

电感线圈体积小，是一种近场结构，无法在电磁波中为标签芯片提供足够的能量。为了使标签芯片能够与阅读器通信，必须在偶极子和电感线圈之间传输能量。通常电感线圈的最佳位置是靠近偶极子的中心，在那里可以获得最大的电流。一旦电感线圈与偶极子耦合，电感线圈和偶极子的谐振频率就会发生位移，需要重新调整。

电感线圈和偶极子之间的耦合系数是一个非常关键的参数。电感线圈与偶极子间重叠的程度决定耦合系数，重叠越深耦合系数越大，能量传递的效率就越高，但与此同时，偶极子的电路特性对芯片的影响越大，会导致标签的带宽较窄。

耦合系数决定了阻抗变换的系数，在标签天线等效模型中，L_1 左侧的所有电路会通过 L_1 影响到芯片端。因此耦合的最佳值取决于标签天线的大小和芯片阻抗。

控制耦合系数最简单的方法是改变电感线圈和偶极子之间的间距，如图 4-66 所示。距离越远耦合系数越小,距离越近耦合系数越大。

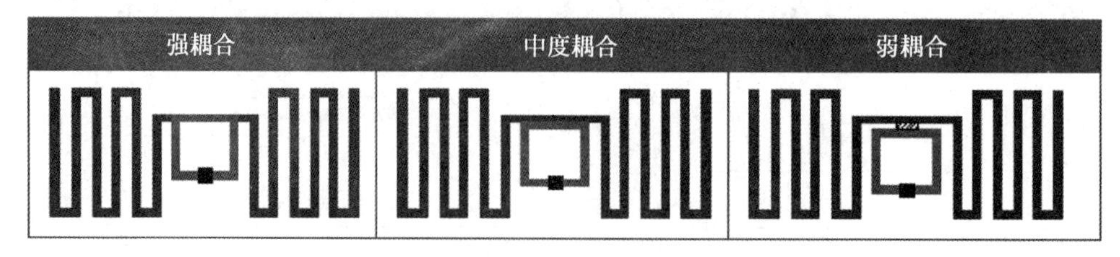

图 4-66　耦合设计

一般情况下,对于窄带的标签采用较大的耦合系数,可以实现更好的性能(更多能量耦合到芯片内),而对于有宽带设计要求的标签一般采用较小的耦合系数,如标签需要贴在多种不同介电常数的物体上,也应使用弱耦合设计,从而减小偶极子阻抗变化对芯片匹配的影响。

4.4.2　标签天线设计要点

超高频 RFID 标签天线设计要求主要取决于标签的应用场景。但是所有的应用场景都有它们的共性,这些共性就是标签天线设计的要点。

1. 天线频带

天线的工作频段主要取决于该国家或地区所使用标签频率的规定。例如,中国国家无线电委员会规定的超高频 RFID 标签工作频率为 840.5～844.5MHz 和 920.5～924.5MHz。如果在美国或欧洲就要选择当地对应的工作频带。

2. 天线的形状和大小

天线形状和大小必须使标签顺利嵌入或贴在所指定的目标上,也需要适合标签生产、写码要求。例如,硬纸板盒或纸板箱、航空行李、身份识别卡等。也就是说,天线的形状和大小主要取决于标签的使用情况和应用环境。

3. 识别范围

标签的最小识别范围通常由 3 个因素规定,分别是有效辐射功率(EIRP),目标和方向性。其中,有效辐射功率通常由国家或地区的规则确定,例如,中国规定超高频 RFID 使用的 ERP 2W,美国的为 EIRP 4W。标签的性能随其放置目标的不同而发生变化,或者当其他物体靠近标签时其性能也会受到影响。标签天线设计要尽可能地减小标签对不同目标或环境的敏感度,并优化标签的性能。识别范围也依赖于标签天线的方向性,某些应用要求标签天线具有指定的方向模式,如全向性或半球性覆盖。

4. 移动性应用要求

考虑这样一种情况:贴有 RFID 标签的物体可能处于托盘或纸板箱中,它们被传送带以 200m/min 的速度传输。在这种情况下,工作频率为 915MHz 的 RFID 系统的多普勒频移少于 30Hz,这通常不会影响 RFID 系统的运行。然而,标签在阅读器的识别范围内停留的时间更少,所以要求 RFID 系统具有高速阅读能力。在此情况下,必须仔细设计 RFID 系统以便能可靠地识别移动中的标签，这也对标签天线设计提出了更高要求。

5. 成本要求

由于超高频 RFID 标签是一种低成本设备，使得标签天线的制造成本受限。这就决定了标签天线设计中结构和材料的选择，以及与之相连的标签芯片。标签天线中的导体通常选用铜、铝和导电油墨等材料；绝缘体则优先选用柔性聚酯和刚性 PCB 介质基底等材料，如 FR4、PET 等材料。

6. 可靠性要求

超高频 RFID 标签也是一种可靠设备，可以承受温度、湿度、压力等外界条件的影响，并且在标签插入、打印和层叠的过程中不会受损坏。所以在天线设计时，也要求考虑这些因素的影响。

4.4.3 标签天线设计过程

视频讲解

在介绍完标签天线设计要点之后，接下来要讨论的是标签天线的设计过程。超高频 RFID 标签天线的性能主要取决于随频率变化而变化的标签芯片复数阻抗。在天线的设计过程中，为了满足设计要求，必须密切关注标签的识别范围。由于天线大小和工作频率限制了天线的最大可达增益和带宽，所以必须对标签性能进行优化，以便满足设计要求。通常，对于不同材料和不同的工作频段，可调谐的天线设计更倾向于为标签制造的误差和标签性能的优化提供容差。

标签天线设计过程与阅读器天线设计过程类似，但又有所区别，主要包括以下几个基本步骤，如图 4-67 所示。

(1) 确定超高频 RFID 标签的应用环境，一旦确定了应用类别，对标签的要求就可以确定了，再根据要求准备设计数据，为设计做好准备工作。

(2) 由于天线是标签的核心组成部分，对标签的设计要求可以进一步转变为对标签天线的设计要求，而标签天线设计要求主要有频段、尺寸和形状、阻抗带宽、辐射特性、识别范围、应用时的可移动性、成本和可靠性等。

(3) 确定天线的材料，即根据标签天线设计要求确定天线的构建材料，Inlay 天线的材料选取主要是指辐射导体和绝缘基底材料的选择。目前，多数 Inlay 使用 PET 作为绝缘基底材料，使用铝作为辐射导体。

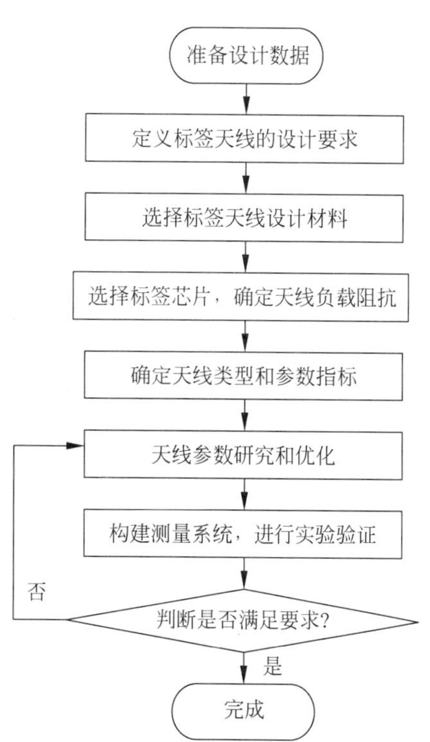

图 4-67　超高频 RFID 标签天线设计的一般过程

(4) 确定标签天线的负载阻抗。传统无线通信系统中的天线输入阻抗大多采用 50Ω 或 75Ω 特性阻抗，而超高频 RFID 标签天线输入阻抗则需要根据所选用的专用芯片阻抗来确定。通常情况下，标签天线输入阻抗为类似 20+j200Ω 的复数形式。

(5) 确定天线类型及其参数指标。目前，标签天线通常采用微带天线(含缝隙天线)，偶极子天线，以及变形的微带和偶极子天线等类型。微带天线由于具有很多优点而成为阅读器天线和抗金属标签的首选天线类型，普通 Inlay 多采用偶极子天线类型。天线的参数指标主要针对具体应用来确定，一旦应用确定后，标签天线的工作频段、阻抗带宽、增益、辐射模式等特性就基本确定了。

(6) 通过对标签天线建模，并对标签天线参数进行多次仿真研究和优化，直到设计结果满足设计要求。目前，标签天线建模和仿真计算及优化的工具较多，比较具有典型性的建模和仿真软件有 HFSS、FEKO、CST、ADS 和 IE3D 等，而具有代表性的电磁计算方法有矩量法(MOM)、有限元法(FEM)和有限差分时域法(FDTD)等。

(7) 建模和仿真是标签天线设计的重要环节，而实验分析和测量则是对前者取得结果的验证，并且通过实验也可以帮助分析和优化天线设计。

(8) 将仿真和实验得出的结果与具体应用的设计要求进行比较，就可以得出设计评价。设计评价的积累至关重要，有经验的天线设计工程师都是在每一次的设计评价积累中练就出来的。

4.4.4 标签天线设计案例

在学习了标签天线设计基础、设计要点和设计过程之后，需要找一个简单的设计案例来练习一下。

要求根据一款特定芯片，设计其在 915MHz 下的工作标签天线，已知该芯片输入阻抗在频率 915MHz $Z_{in}=15-j140\Omega$。那么就需要设计标签天线在频率为 915MHz 处阻抗与之共轭匹配 $Z_{in}=15+j140\Omega$。设计及仿真过程如下：

图 4-68 为标签设计的模型图。本书使用的仿真工具是 Ansoft 的天线仿真软件 HFSS。

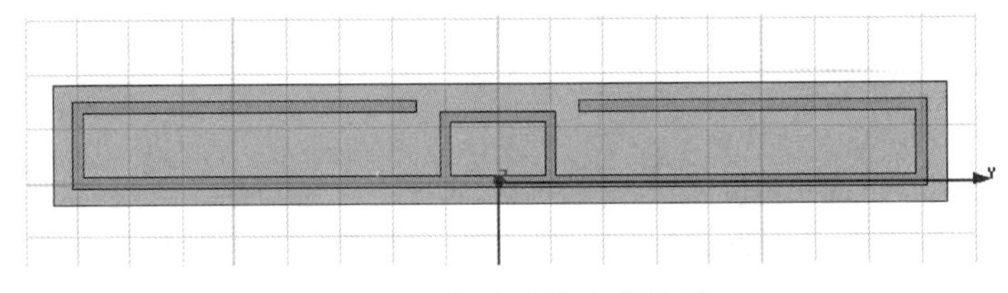

图 4-68 标签天线仿真模型

如图 4-69 所示，天线方向图具有全向性特性，辐射增益为 2dBi 左右。

在图 4-70 中，横坐标为频率值，纵坐标为阻抗值；其中 $m2$ 为天线阻抗虚部，$m1$ 为天线阻抗实部。由图中的标准点可得，在频率为 915MHz 处天线阻抗为 $Z_{in}=15+j139\Omega$，在此频点上满足与芯片阻抗 $Z_{in}=15-j140\Omega$ 的共轭要求。根据传输线理论，此时芯片可获得最大工作能量。

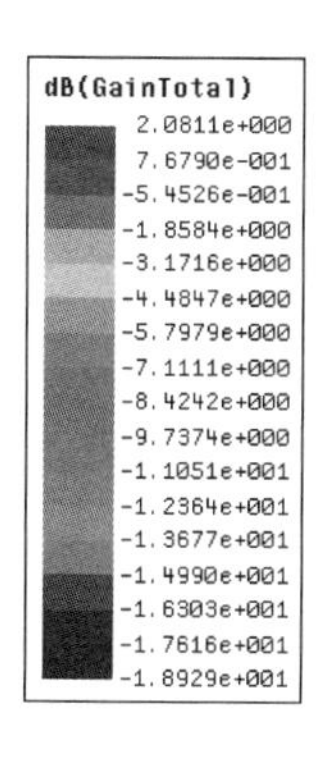

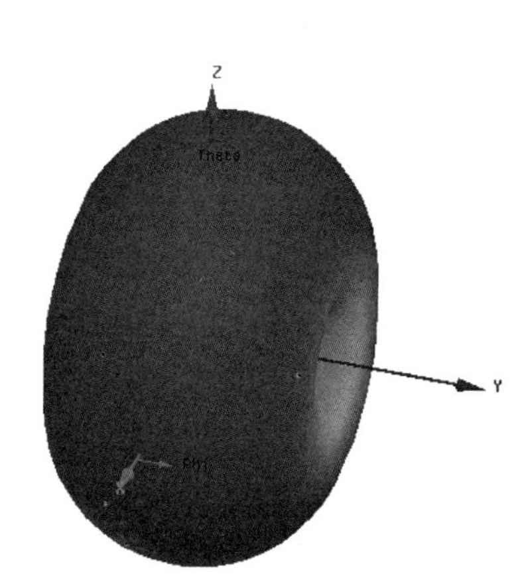

图 4-69　标签天线仿真方向图

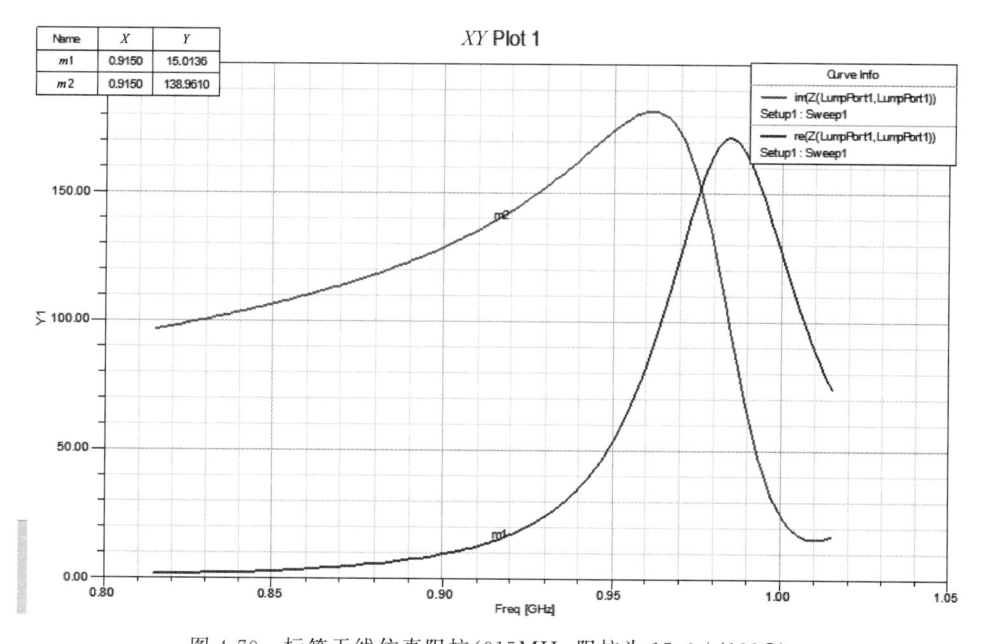

图 4-70　标签天线仿真阻抗(915MHz 阻抗为 15.0+j139Ω)

由图 4-70 可得,天线随频率具有特定的分布特性,其中最明显的特征为阻抗实部随频率升高有一个明显的上升和起伏,而阻抗虚部随频率升高则有一个急剧的下降,即处在一个谐振状态的边缘。每一种、每一个天线都有其特定的阻抗随频率的分布特性。

因此,如能仿真计算和测试芯片整个频带内的阻抗分布特性,使后端天线的设计能够根据芯片的阻抗频率特性来实现与之在宽频带内的共轭匹配,则可以实现在较宽的频带内,标签读取距离达到最远,射频的性能达到最佳。

如果大家对超高频 RFID 天线仿真和实操很感兴趣,可以看一下《UHF RFID 天线设计仿真与实践》这本书。

4.4.5 常见标签天线详解

本节主要介绍 4 款超高频 RFID 标签及其天线设计原理,市场上大多数普通材质标签设计思路和结构外形都与这 4 款天线相似。在今后的天线设计过程中,可以将这 4 款天线作为蓝本,设计自己的天线。

1. Alien Technology 的 ALN-9640(Squiggle)

由于经典,所以 ALN-9640 第一个被拿出来详解,这款天线也是许多天线设计工程初学时的范例。ALN-9640 原名 Squiggle,如图 4-71 所示,尺寸为 94.8mm×8.1mm,使用 Higgs-3 芯片。

图 4-71 ALN-9640 标签天线图

这款标签的几个设计被之后的天线设计者普遍学习和使用。

- 两端加宽结构:增加辐射能力,或理解为增加其辐射电阻。
- 波形短线结构:减少多标签堆叠干扰影响,电磁波可以透过波形短线把一些能量传递到后面的标签;增加辐射尺寸(电长度),一般偶极子天线的长度为半个波长,约为 17cm,通过波形短线即可使原长度 9.48cm 的标签达到 17cm 标签的电长度,从而获得较好的方向增益。
- 非对称结构:仔细观察可以发现,该标签是非对称的,非对称结构使阻抗在不同频率变化平缓,从而增加标签的带宽。

此类天线的标签最适合应用于箱标,且支持批量箱子堆叠通过识别。

2. Alien Technology 的 ALN-9654(G-Tag)

ALN-9654 又名 G-Tag,如图 4-72 所示,其尺寸为 93mm×19mm,是一种适合贴在各种不同的介电常数物体上的标签,常用于玻璃风挡标签。这种标签设计同样颠覆了传统标签的设计思路。

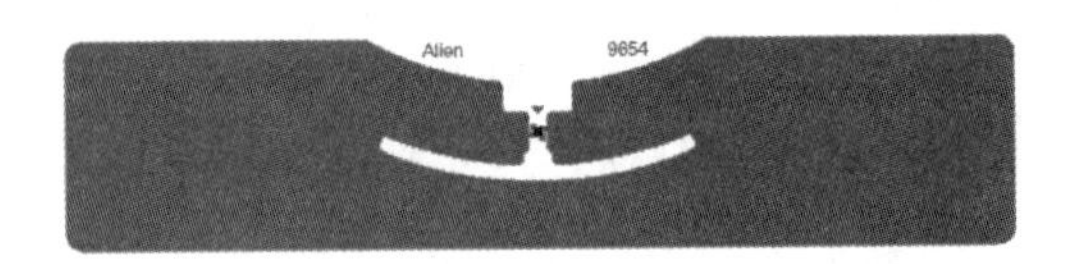

图 4-72 ALN-9654 标签天线图

这款天线的特点如下:

- 金属覆盖面积大——雷达截面大,反向散射能量强,阅读器接收标签反射的能量很强，即使在很复杂的环境中依然可以使用。

- 缝隙耦合方式——相当于弱耦合连接方式，外界介电常数影响小，环境适应能力强。
- 非对称结构——仔细观察可以发现，该标签是非对称的，非对称结构使阻抗在不同频率变化平缓，从而可以增加标签的带宽。

综合以上的特点，该类型的标签有致命的缺点，就是标签覆盖面积太大，对后面的标签电磁场阻挡非常严重，在批量标签应用中劣势比较明显。

3. Alien Technology 的 ALN-9613(SIT)

ALN-9613 又名 SIT，如图 4-73 所示，其尺寸为 12mm×9mm，是一款近场标签设计。只要见到一个闭合的小环标签，就可理解为近场标签。

该标签的特点是尺寸小，只能近距离工作。配合近场阅读器天线效果更佳，保证读卡距离在近场、远场突变明显。此类型天线的标签一般做成白 Inlay 用于单品级防伪，由于标签尺寸小，相对成本较低，加上防伪应用时需要近距离一对一操作，相比与传统的远场偶极子标签，在防伪等应用中具有优势。此类型标签通常制作成易碎标签使用。

4. Impinj 的 H47(True 3D)

Impinj 的 H47 标签是第一款 3D 标签，如图 4-74 所示，尺寸为 44mm×44mm，是首次实现了真正全向辐射的标签。

图 4-73　ALN-9613 标签天线图

图 4-74　Impinj 的 H47 标签天线图

其设计要点：在一个正方形或圆形的区域内，设计两个相互垂直的偶极子天线，同时还要完成匹配特性。这里一定要注意的是，要处理好这两个相互垂直的偶极子天线之间的耦合系数。

H47 标签采用 True 3D 天线技术，可用于服装、零售业、资产管理、物流等行业。对于机场行李管理类似场景，标签在传送带运输时无法确定标签的朝向，采用 3D 标签在不确定阅读器辐射极化方向的应用中具有较好的识别效果。

如果完全掌握了本节的内容，就成为一名合格的中级超高频 RFID 天线设计工程师了。如果还希望在超高频 RFID 标签天线设计上继续提升自己，就需要在更多领域研究，包括芯片内部构造、封装工艺影响、反向信号强度天线设计、堆叠模型等。而这些领域一般人很难接触到，只有在芯片原厂或大的标签公司才有学习和锻炼的机会。

视频讲解

4.5 标签封装技术

标签的封装技术同样是标签技术中的重要环节，本节将针对标签的封装技术进行讲解，包括纸质标签的封装技术、特种标签的封装技术和流水自封装(Fluidic Self-Assembly，FSA)技术。希望通过学习这些封装技术，让读者更加了解超高频RFID标签的更多知识以激发创新。

4.5.1 普通材质标签的封装技术

关于普通材质标签的封装技术，分为两个步骤：一次封装和二次封装。一次封装又称倒封装(Flip-Chip)技术，是把标签芯片和标签天线连接在一起成为干Inlay的技术，也叫标签绑定；二次封装又称复合技术，是将Inlay变成成品标签的技术，最简单的复合操作就是将干Inlay转化为湿Inlay的过程。

倒封装技术一直是超高频RFID标签的主流封装技术，超过95%的标签都是通过倒封装制作而成的。如图4-75所示，倒封装设备主要的组成模块包括点胶模块、翻装贴片模块、热压固化模块、检测模块和基板输送模块，每个部分的功能和特点如下：

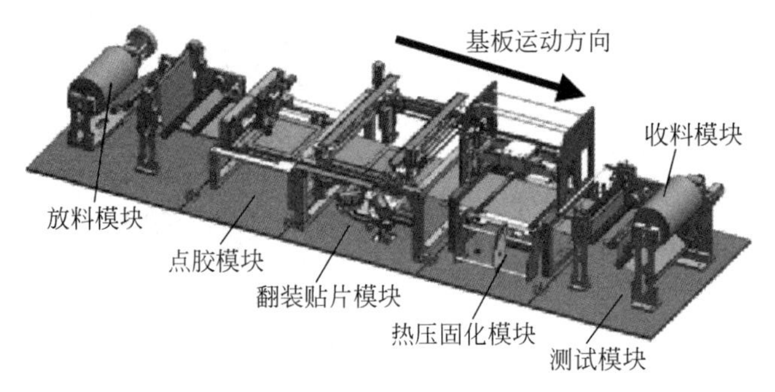

图4-75 倒封装设备模块示意图

(1) 点胶模块。如图4-76所示的步骤1，在机器视觉引导下，点胶头移动至天线焊盘处，并通过点胶控制器的作用，点上适量的胶水。胶水为异向导电胶(ACP)，该胶水既可作为芯片与天线的导电材料，又可实现芯片与基材的机械固定。

(2) 翻装贴片模块。如图4-76所示的步骤2，从晶元盘上取下单个芯片并翻转180°后精确放置到天线焊盘上点有胶水的位置；具体工作步骤为：翻转头从*XY*精密平台上的晶元晶圆中拾取芯片，然后将芯片翻转180°；贴装头吸嘴从翻转头吸嘴上完成芯片转接；最后在视觉引导下，贴装头将芯片放置到基板的指定焊盘位置；从而实现芯片的转移和贴装任务。

(3) 热压固化模块。如图4-76所示的步骤3，热压模块的主要功能是在点胶、贴装完成后，通过对芯片施加一定的温度和压力，使胶水固化，将芯片与基板可靠互联形成带有完整功能的Inlay。热压模块要求对热压头的温度和压力进行精确控制，使芯片所受的温度和压力均匀。

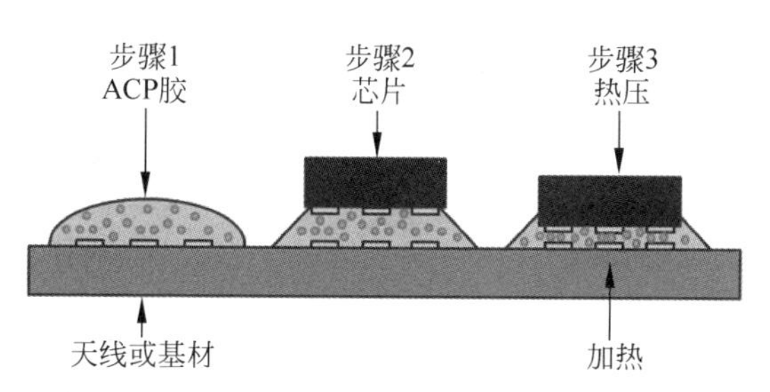

图 4-76 倒封装工艺中芯片与天线连接的过程图

(4) 检测模块。用于检测封装好的标签的好坏,并对不能导通的坏标签打上标记;通过更换阅读器模块来检测高频和超高频 Inlay。

(5) 基板输送模块。基板输送模块的主要功能是把成卷的 RFID 天线基板从料卷中平稳地展开,稳定准确地输送到其他工作模块,并使基板张力保持恒定,最后把加工好的 Inlay 边沿整齐地收卷起来。

倒封装核心的步骤是热压固化过程,如图 4-77 所示,热压的过程是用一定的压力 F(不同的芯片不同,以不压坏芯片但可以激活异向导电胶为准),用 200℃的热压头压芯片,并保持 3~4s 时间使异向导电胶固化,这是工艺的关键。由于芯片为裸片比较脆弱,所以在热压头与芯片之间加入了缓冲耐 200℃的薄膜隔离纸,一方面防止标签芯片破裂,另一方面防止导电胶与热压头碰到,起到隔粘作用。

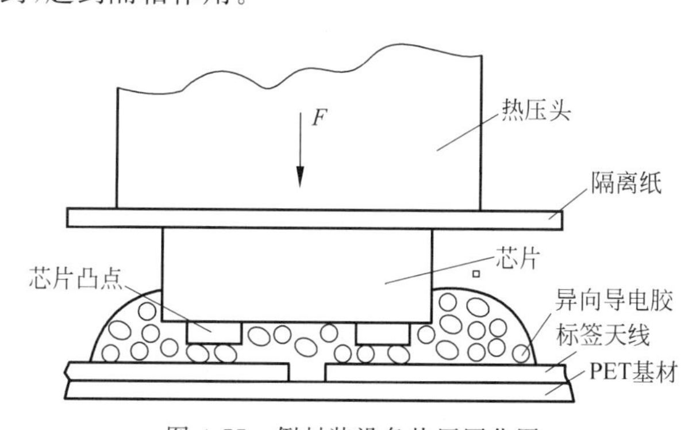

图 4-77 倒封装设备热压固化图

只是看功能,可能会觉得倒封装设备和复合设备不复杂,其实这些设备的价格动辄上百万美金。为什么这些设备那么贵呢?电子标签的生产要求速度非常快,一般要求倒封装设备一小时完成几千个甚至上万个标签的封装,而标签芯片尺寸很小,需要高精度且快速稳定的机械运动。对于机械设备的要求非常高,导致价格昂贵。

现阶段全球主流的倒封装生产线供应商为德国纽豹(Muehlbauer),其全球占有率最高的设备叫 TAL-15000,又名宽幅 Inlay 倒装贴片生产线,如图 4-78 所示,顾名思义,就是一小时能加工 15 000 个干 Inlay。

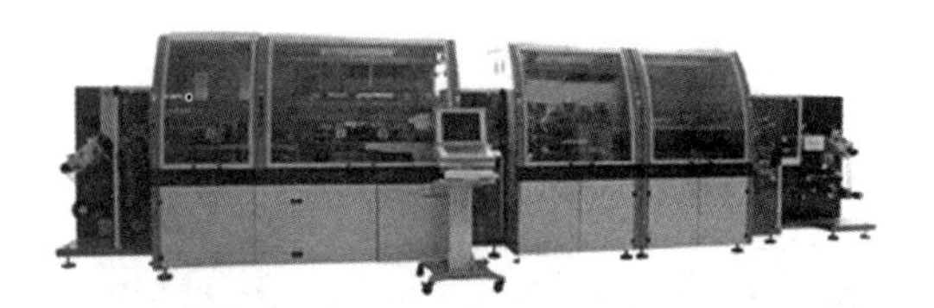

图 4-78　纽豹倒封装设备 TAL-15000

TAL-15000 宽幅载带系统包括一个模块化的平台，包含的进程有：天线载带处理，喷胶，翻转芯片贴合，最终固化、测试和标记，以及分切成单行天线（可选）。其具有独立的芯片贴合和最终固化模组的柔性系统，全程 100%视觉控制保证最高良品率；并且具有最新喷胶技术，产生最少胶水消耗（倒封装过程中，成本消耗最大的是胶水），处理从 0.3mm×0.3mm 到 3.0mm×3.0mm 范围内的所有芯片类型，其封装年产量高达 8000 万颗。一般评估 TAL-15000 的产能按照月 500 万个，年 6000 万个计算。TAL-15000 能够处理的芯片最小尺寸为 0.3mm×0.3mm，限制了标签芯片设计的最小尺寸，如 4.3.6 节中标签芯片发展路线所描述，芯片的尺寸无法不断减小，因为会使封装的难度大幅上升。

随着中国自动化产业的发展，也有不少国产倒封装设备问世，其中一些也投入量产。虽然国产倒封装设备在生产速度和良率上与纽豹的设备有差距，但其凭借价格优惠和良好的本地服务正在逐步增加市场份额占比。

复合设备的市场情况与倒封装不同，不是一家独大，因为复合技术已经是很古老的传统技术。现在全球主流的复合设备有 3 家，分别是必诺（Bielomatik）、妙莎（Melzer）和纽豹，这 3 家的产品各有优劣。一般复合机与倒封装机的配比是 1∶3。

4.5.2　特种材质标签封装技术

特种材质的超高频 RFID 标签封装技术常用两种：贴片技术（SMT）和绑线技术（Wire Bonding）。这些封装技术主要服务的对象是特种材质标签，如 PCB 抗金属标签等。这些封装技术对比普通材质特种标签封装技术稳定性高，生产设备价格便宜，但生产速度慢很多。

标签芯片最常见的形式是 Wafer 晶圆，其次是封装片，还有少数的条带 Strap。其中封装片的形式有多种，如 DFN 封装、SOT 封装、QFN 封装。如图 4-79(a)所示为 Higgs-3 芯片的 SOT323 封装照片，图 4-79(b)为封装片的管脚说明。

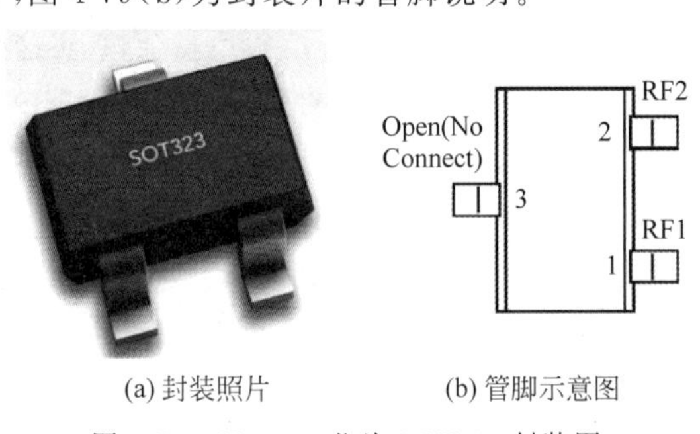

(a) 封装照片　　(b) 管脚示意图

图 4-79　Higgs-3 芯片 SOT323 封装图

1. 贴片技术

这些 SOT 封装的芯片并不是像 Wafer 那样一盘几万颗，它的包装形式如图 4-80(a)所示的载带(Tape)的方式包装，载带卷成圆盘，如图 4-80(b)所示。图 4-80(b)所示的载带卷轴是 SMT 设备所接受的标准包装，类比于 Wafer 是纽豹 TAL-15000 所接受的标准包装。

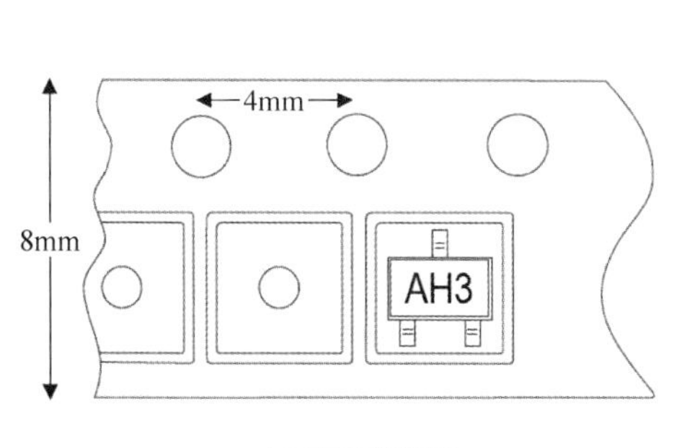

(a) 封装载带图

(b) 封装载带卷轴图

图 4-80 SOT323 封装载带

SMT 是表面组装技术(又称表面贴装技术，Surface Mount Technology 的缩写)，是目前电子组装行业最流行的一种技术和工艺。一般采用 SMT 之后，电子产品体积缩小 40%～60%，重量减轻 60%～80%，且具有可靠性高、抗震能力强、高频特性好等特点。同时易于实现自动化，提高生产效率，降低成本。

在超高频 RFID 应用中，最常使用的是电子器件生命周期管理和特种标签。可以回顾图 4-25，只需要在电子产品的主板上合适的位置 SMT 上电子标签芯片，并在 PCB 板上设计天线即可。

2. 绑线技术

绑线技术是一种简单的使用金属线把芯片凸点和天线连接在一起的技术。一般情况使用金线绑定，现在由于成本控制，大量抗金属标签的绑定使用铝线。如图 4-81 所示为绑线机器对一颗标签芯片绑线的示意图。

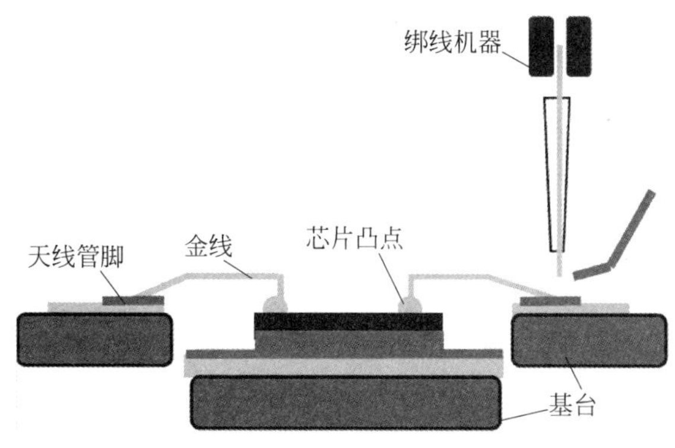

图 4-81 绑线示意图

由于抗金属标签并非标准尺寸，且固定不方便，很难使用大型快速绑线机器对PCB抗金属标签进行批量生产，这就导致现阶段的超高频RFID生产中使用的绑线机器多为半自动设备，速度慢、良率低，无法向Inlay的生产设备那样快速高效地生产。

PCB标签多数采用绑线工艺，少数采用SMT工艺，主要原因是标签芯片的封装片普及率不高。对比两个技术，成本类似，工艺稳定性类似，但是SMT一致性和良率高，占用人工少，缺点是尺寸略大。相信将来随着市场的需求增加，SMT工艺的PCB标签市场占有率会逐渐提升。

4.5.3 流体自组装技术

流体自组装技术英文全称为Fluidic Self Assembly，简称FSA，又称流水封装。很少有人听说过这个技术，也许有人会质疑为什么会讲一个非主流的技术。有两点理由：一是这个技术非常具有创新力，也许是下一代封装技术的始祖；二是现在市场依然使用的条带(Strap)最初是由FSA技术产生的。

FSA技术通过4个步骤可以生产出条带，通过5个步骤可以生产出干Inlay，如图4-82所示，其步骤如下：

(1) 准备大量Wafer，这台FSA设备一次开机就要吃掉几百万颗芯片，如果没有那么多芯片这个机器根本无法运转。

(2) 把整盘Wafer中的芯片切成如图4-82(b)所示的特定形状，这样的形状可以在流水封装中翻转为正方向。

(3) 进入流体冲刷过程，最终停留在指定的方格中，由于流体的冲力和可以让每一个方格被芯片按正方向填充。

(4) 正面凸点与导电印刷基板连接，这样就形成了条带。

(5) 将条带与天线封装在一起就形成了干Inlay。

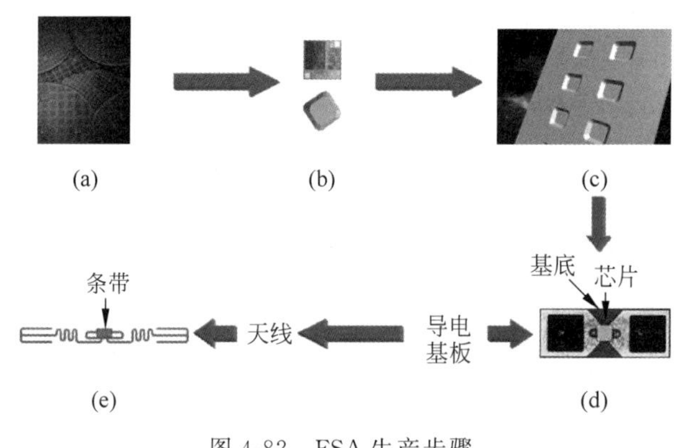

图4-82 FSA生产步骤

那么用条带制成的Inlay与之前介绍的用倒封装贴片的Inlay有什么不同呢？如图4-83所示，由于倒封装工艺使用的是热压异向导电胶，其芯片与天线之间的连接接触面积小，电器连接也很脆弱，再加上导电胶在一些环境中会不稳定（这也是特殊材料标签不适用倒封装工艺的原因），导致在一些稳定性要求高的环境中会存在风险。相比之下，条带工艺则不同，它使芯片与天线紧密地衔接在一起，芯片连接条带，条带连接到天线上，这样与天线之间的连接紧密，电性能好，这个标签可以应对更复杂的环境。这也是为什么条带工艺一直到现在还在使用的原因，不过现在的条带制成已经不再使用 FSA 生产了。

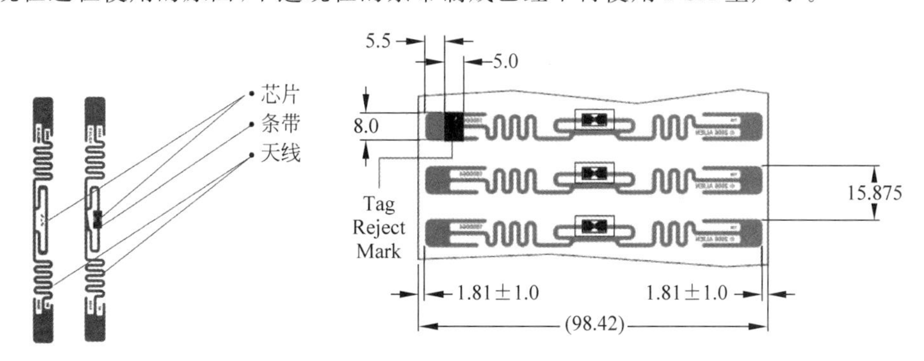

图 4-83　条带工艺与倒封装工艺对比

从运营管理的角度看，使用条带可以制成任何一种天线的 Inlay，而采用倒封装技术必须根据需要生产指定的一款 Inlay。如果在不确定后续客户需要哪种 Inlay 的前提下，可以先生产为条带，当有需求时，再通过条带生产为 Inlay。

FSA 生产线是美国意联科技公司发明的，大概 2008 年开始运转，据说花了 1.5 亿美元的研发费用。一条生产线的年产能达 2 亿颗，相当于 30 台纽豹 TAL-1500 的产能。但是 2008 年的时候全球超高频 RFID 标签需求量还不到 2 亿颗，市场还没有等来，却等来了金融危机，从此这台机器就放在了意联公司位于俄亥俄州 Dayton 的实训基地仓库里，至今一直寂寞地等在那里。如果今后物联网发展像计算机一样风靡，相信这台大家伙一定能进入物联网博物馆。最后让大家在观摩一下先驱的“遗照”吧，见图 4-84。

图 4-84　FSA 流水线照片

4.6　无源传感标签技术

视频讲解

物联网的应用需求非常广泛，其中很重要的一部分是对传感器数据的采集，尤其是无线传感数据的采集。由于超高频 RFID 具有一定的通信距离，且低功耗成本低，具备承载低功耗传感器的能力（无源传感），从十多年前开始，一些学者和企业在这个领域展开研究，至今还在不断努力。

4.6.1 无源传感标签的发展和特点

在一个超高频 RFID 系统中，标签在大多数情况下处于被动状态，只有阅读器对标签进行盘点才能获得标签的数据。传统的无源 RFID 标签功能非常简单，只能提供简单的 ID 号码。然而，RFID 无源传感系统很多时候需要通过 RFID 管理和控制一些传感器设备，从传统的 RFID 标签到具有管理控制能力的无源传感标签之间有一定的距离。经过十几年的努力，这条路终于走通了，它的发展有如下几个方向：传统无源超高频 RFID 标签、带有简单接口功能的标签、内置温度传感器的标签、内置处理器及数字接口的标签、内置 ADC 及处理器的标签。

1. 带有简单接口功能的标签

带有简单接口功能的标签在 2010—2012 年量产问世，如 NXP 的 G2iL＋和 Impinj 的 Monza-X 系列。其特点是具有简单接口，但是无法获取传感数据，且如果开启 IIC 等数字通信接口，则需要外接电源，从而无法实现无源无线传感。这些标签带有数字通信的接口一般只能作为从机使用，需要外置 MCU 控制，无法实现无源无线管理。

从芯片设计的角度分析，带有简单接口功能的标签只是在传统的超高频 RFID 标签芯片设计上做了一些小的改动。

1) IO 接口

新增芯片内部的 IO 接口（输入输出端口），连接到新的管脚。原有的超高频 RFID 标签芯片只有两个有效管脚 RF＋和 RF－，新增 IO 接口后管脚至少扩展到 4 个，如新增 Pout 和 Pin。

其中 Pout 的作用是输出一个高或低的电平，触发或启动外部设备，可以通过无线通信的方式控制 Pout 的 0/1 数值；Pin 的作用是接收外部设备的电平，判断是高或低，再通过无线的方式传输出去。

4.3.5 节中介绍的铅封功能，就是在芯片的 Pout 口输出高电平 1，然后判断 Pin 接口的高低电平。如果 Pout 和 Pin 是电气连接的，那么 Pin 口的电平为高；同理，如果两个接口之间的连接断开，则 Pin 口接收到的电平为低，系统可以通过 Pin 口的电平判断铅封的状态。

在连接外部设备的时候，可以采集 1b 的外部设备状态以及提供 1b 的外部控制。如 Pin 口连接一个外部设备，阅读器不断与该标签通信并不断获取外部设备连接的 Pin 口参数，当外部设备启动或完成工作对 Pin 口输出高电平时，阅读器可以快速获得。同理，阅读器可以通过无线 Pout 口可以触发一个外部设备工作或停止。

2) 电源管理

改变原有的电源管理模块，普通标签芯片的电源管理模块只为芯片内部的各个部分提供能量，无法为外部设备供电，也无法使用外部电池供电。新的电源管理模块除支持原有普通标签芯片的功能外，新增了外部电源辅助功能和输出电源功能。

其中，电池辅助功能可以为芯片提供能量，当外接辅助电池且启动该功能时，芯片的射频电路、存储电路、数字逻辑电路等部分的供电均来自外部电池，可以大幅提高芯片的灵敏度，灵敏度的极限由原来的功率受限（正向受限）变为阅读器灵敏度受限（反向受限）。此时芯片的读和写灵敏度是相同的，由标签芯片的解调灵敏度决定；而普通标签读和写灵敏度有一定的差别，是由于写操作时存储器的功耗远大于读操作时的功耗。

具有外部电池辅助功能后，芯片可以提供更大的驱动能力，从而可以支持 IIC 等功耗较大的数字电路，同时可以输出带有一定驱动能力的稳压电源，给其他外部设备供电。新的芯片在没有外部电池供电时，也可以提供一个能量较小的输出驱动电压源，其负载能力较弱，可以在较近距离处点亮一个 LED 灯，该应用也已经有不错的扩展，如在一批标签中指定一个或多个具有特性的标签点亮 LED，方便人工寻找。

3）数字接口

普通的标签芯片只具备无线通信的数据交互能力，当芯片配合外部设备工作时，仅仅通过 1b 的通信是不够的，最简单的方式是增加数字接口。

此类芯片常用的数字接口为 IIC；IIC（Inter-Integrated Circuit）其实是 IIC Bus 简称，所以中文应该叫集成电路总线，它是一种串行通信总线，使用多主从架构。IIC 串行总线一般有两条信号线：一条是双向的数据线 SDA，另一条是时钟线 SCL。所有接到 IIC 总线设备上的串行数据 SDA 都接到总线的 SDA 上，各设备的时钟线 SCL 接到总线的 SCL 上。

带有数字接口的芯片可以实现双通道通信，无线通道与阅读器通信，数字有线通道与外接设备通信。由于标签芯片为了省电一般只支持数字接口的从机，整个系统的通信过程有些复杂。具体操作为：外部设备可以通过数字接口对芯片内部的存储区进行读写操作，同样阅读器可以通过无线通道对芯片内部的同样存储区进行操作。当外部设备完成某项工作时或有其他主动要求时，将数据卸载到存储区的指定位置，阅读器周期性的读取标签，并获取该区域的数据，从而获得外部设备的状态或命令；同时当应用层需要外部设备执行某项命令时，可以通过阅读器在标签的存储区的指定位置写入特定数据；外部设备周期性的通过数字接口识别芯片的存储区域，获得应用的需求从而执行。如此的双向通信方式，标签芯片作为一个接口转换器，将原有只具备有线通信的设备改造为无线通信控制的设备。

当然采用其他的无线技术也可以实现有线到无线的通信改造，这里要注意的是，只有小型化、超低功耗、低成本且大量的物联网设备需要改造时采用该方案才具有优势。

总的来说，带有简单功能接口的标签芯片开发较为简单，且都使用传统技术，只是原有标签芯片的简单升级。从应用的角度看，可以实现如铅封和点灯等简单创新应用，无法实现复杂的传感器集成应用。

2. 内置温度传感器的标签

内置温度传感器的超高频 RFID 标签芯片这个概念在 2005 年就已经提出，香港科技大学模拟芯片实验室就是在 2005 年开始承接当地政府的物流测温超高频 RFID 芯片项目的，然而其大规模量产要等到 10 年后的 2015 年。内置温度传感器的标签一直是 RFID 与传感器结合的热门话题，最初的目标市场是冷链应用。不过至今冷链市场中 RFID 的用量都不大，更别提带有温度传感器的 RFID 标签了。所以内置温度传感器的标签市场重心转为工业领域，尤其是在超高温等无法使用电池供电的无线测温场景（如电力温度监控等）下，取得了一定的成果。

测温是超高频 RFID 标签最容易实现的芯片集成功能；压力相关的传感器一般需要机械结构的支持(如采用 MEMS 技术),湿度相关的传感器同样需要结构电容的参与。一般采用栅状结构实现,不过在超高频 RFID 标签中可以合理利用天线设计实现,其他类型的传感器则需要更多芯片和结构的支持,很难集成到一颗标签芯片内部。同时温度传感器也作为其他传感器校准使用的基础参数,许多传感器的精度都需要通过温度进行计算和校准,如湿度、压强等传感器都需要先采集到温度数据,再进行运算才可以得到精确的数值。

内置温度传感器的标签芯片与普通的标签芯片在外观上完全相同,同样只是两个有效管脚 RF+和 RF-,在封装工艺上也是相同的,同时支持晶元级的倒封装和 SOT/QFN 的回流焊封装以及特种标签的 SIP 封装。不同点在于内置温度传感器的标签由于应用场景不同,使用的工艺不同。如需要使用在电力等高温环境中,则不能使用传统的倒封装工艺以及 PET 基材,需要使用陶瓷基材的银浆标签配合 SIP 封装或回流焊工艺。此外,倒封装工艺热压时,会改变芯片的一些物理特性,对温度的精度有所影响,对于冷链等精度要求并不高的应用勉强可以接受；对于精度要求较高的人体、动物测温等,不建议采用倒封装技术。

从芯片设计的角度分析,内置温度传感器的标签芯片主要做了两点创新,分别是电源管理部分和低功耗的温度传感器。

1）电源管理部分

一般情况下,内置温度传感器的标签芯片面积比传统的标签芯片面积要大很多,这部分增加的面积并不是因为新增温度传感器,主要是由电源管理模块增加的。普通标签芯片的电源管理部分为了节约面积(面积决定成本),其结构非常简单。而带有温度传感器的标签芯片需要稳定工作在高低温场景中,尤其是在高达 150℃的环境中时,芯片内部器件的特性都会发生很大的变化。普通的标签芯片由于系统漏电等原因,在超过 85℃时其性能急剧下降,还没有到达 100℃就无法工作了。与此同时,内置的温度传感器需要一个非常准确的基准电压,这个电压要求大范围温度段内要有较好的一致性。在工业场景中,系统对于稳定性的要求非常高,需要芯片具有很强的鲁棒性。

基于上述原因,整个芯片的电源管理部分需要完全重新设计,并在高温和常温的特性上寻找一个相对平衡的灵敏度曲线,在稳定性、成本和性能上进行折中。

2）内置温度传感器

温度传感器是最常见的传感器,用芯片实现温度传感器也是通用方法,不过采用超高频 RFID 技术的内置温度传感需要具有低功耗和小尺寸的特点。

最简单实现方式是通过两个不同特性的振荡时钟计数转换为对应的温度。由于半导体工艺中的器件具有随温度变化,根据相应的变化曲线,可以构造一个环形振荡器 A,其振荡频率随温度变化,再构造一个不随温度变化的标准振荡器 B(振荡器 B 的频率远高于振荡器 A),用标准振荡器 B 采集振荡器 A,可以得到一个振荡器 A 的周期内存在多少个振荡器 B 的周期,从而通过公式可以计算出对应的当前温度。

由于半导体在生产过程中存在工艺偏差,需要在芯片测试的时候进行校准,以达到预期的温度精度。不同应用的标签芯片需要校准的温度范围和校准方法略有不同。一般情况下，精度要求越高或测温范围越大，其校准难度越大、校准时间越长、成本也越高。普通的温度计和体温计都是需要经过校准的，相比而言，内置温度传感器的标签在批量校准时具有优势。

内置温度传感器的精度还与接收到的阅读器功率以及自身封装有关。当阅读器输出功率变化或到标签的距离变化时，标签收到的功率也会发生变化，从而影响振荡器的频率。如国外某品牌的温度传感标签在不同输入功率下温度相差7℃之多，该产品只能通过阅读器变化输出功率，多次采集数据后算法优化的方式获得改进温度数据，即使有所改善，误差仍然很大。优秀的电源管理模块和消除压力影响的振荡器设计会有很大改善，但依然会产生0.1℃～0.2℃的误差。

标签的封装与实际的测温有很大的相关性，这里需要考虑的3个参数是自发热、热源传导特性和散热性。

- 自发热，顾名思义是芯片在工作的时候接收到阅读器的电磁波转化为电能支持系统工作，与此同时，多余的能量会导致内部损耗引起自发热。系统所需要的能量是固定的，标签芯片收到的能量越多，多余的能量就越多，自发热就越明显。当阅读器持续不断地发射较大的电磁波给标签供电时，芯片的自发热就会比较明显，从而导致测试温度高于实际环境温度。解决该问题的手段有减小盘点次数、控制标签输入功率、标签封装采用较好的散热或采用内置ADC配合外置温度传感器的方案。
- 热源传导特性是指需要测温的热源需要将热量传递到标签芯片中，这个热传递过程的效率非常关键。如果热源传递到测温标签芯片时的温度与热源不相同，或传递时间过长(跟温性差)都会影响系统测温结果。采用良好的导热材料和封装技术是解决该问题的关键点。
- 散热性也是测温标签需要重点关注的，在许多应用中，热源的温度与环境的温差很大，标签芯片获得的热源传导能量很容易受到环境温度的影响。

在实际应用中，应该综合考虑应用环境，在自发热、热源传导特性和散热性几个方面折中的设计方案，有时还需要通过一些公式进行优化。通过数据处理，可以实现更多功能，如在电力应用中，当前的温度度数可能是几分钟前的实际温度，异常的温度变化趋势有时表现为设备的异常预警。

市场中一些特种标签，并不需要测温，但要求在高温工作时依然有一定的性能保证，传统的标签芯片在高温时完全无法工作，也可以采用这种耐高温的内置温度传感器的标签。内置温度传感器的标签应用也越来越多，如人体测温、动物测温等新的应用层出不穷，后续的发展趋势围绕封装工艺和标签温度校准的开发和创新。

3. 内置处理器及数字接口的标签

由于带有简单接口功能的标签只能作为从机使用，所以无法主动管理外部多种复杂的传感器。尤其是一些需要本地运算的传感器，如果把原始数据都存储在标签芯片的存储区，再由阅读器读取后传递给应用层运算，那么其芯片的存储空间需要几百KB，且传输的过程也需要很多时间，因此迫切需要一种带有运算功能的标签芯片。传统的有源无线传感产品，都是通过微控制单元(Micro-Controller Unit，MCU)控制传感器，并通过有源无线技术传输出去。一些企业就将这套传统方案移植到了超高频 RFID 标签芯片系统中，将 MCU 嵌入标签系统中。

市场上的传感器集成度越来越高，多数采用 SPI 数字接口与 MCU 通信。SPI 是 Serial Peripheral interface 的缩写，顾名思义就是串行外围设备接口，是 Motorola 首先在其 MC68HCXX 系列处理器上定义的。SPI 接口主要应用在 EEPROM、Flash、实时时钟、AD 转换器、数字信号处理器和数字信号解码器之间。SPI 是一种高速、全双工、同步的通信总线，并且在芯片的管脚上只占用 4 根线，节约了芯片的管脚，同时为 PCB 的布局节省了空间。正是出于这种简单易用的特性，现在越来越多的芯片集成了这种通信协议。因此内置处理器及数字接口的标签芯片采用了 SPI 接口。由于系统中有时候需要 MCU 控制传感器，有时候需要被控制，所以该芯片的 SPI 接口既可以作为主机，也可以作为从机。由于一些传感器的功耗比较大，只是依靠标签的供电是不够的，需要外部的供电，因此，该芯片具有外接电源的能力，且需要具备超低功耗电池接口的管理能力。

内置处理器及数字接口的标签的雏形已经出来近十年时间，但市场的拓展并不顺利，主要原因是其灵敏度较差，无法在较远距离工作。由于芯片内部具有数字接口，其功耗较高，再加上需要给外部传感器供电(外部传感器功耗最大的部分也是数字接口)，最终导致标签接收到的能量不够，只能通过调整阅读器与标签之间的距离增加能量强度，从而提供更大的电流。当使用外部电池供电时，标签工作距离也不超过 20m。对比传统的无线传感方案没有优势，传统的无线方案可以将信号传播到几百米外的接收机。

即使工作距离很近，对于一些只能使用无源传感的应用，最终不得不选择内置处理器及数字接口的标签技术，尤其是项目中指定为某种 SPI 接口的传感器。

4. 内置 ADC 及处理器的标签

基于内置 ADC 及处理器的标签芯片存在功耗大、距离近的问题，国内的一家无源无线传感公司开发了内置 ADC 及处理器的标签芯片。

在分析内置处理器及数字接口的标签芯片时发现影响系统功耗最大的部分是芯片内部的 SPI 数字接口和传感器内部的数字接口。一个带有数字接口的传感器内部有以下几个部分：模拟传感器件部分、信号放大器部分、模数转换器 ADC 部分、数字处理部分。一次传感器的数据采集过程为：阅读器通过无线命令告知标签芯片启动传感器采集；标签芯片给传感器供电并通过 SPI 接口启动传感器芯片；模拟传感器件部分输出电压或电流参数；信号放大器部分将模拟传感器输出的信号放大；模数转换器 ADC 部分将模拟信号转换为数字信号；数字处理部分对数据进行处理并通过 SPI 接口传给标签芯片。从上述的传感器数据传输过程中可以发现系统中两次用到 SPI 接口，而真正的有效数据与 SPI 接口无关，但系统需要给标签芯片和传感芯片的两个 SPI 数字部分供电(低功耗模式下 SPI 的功耗为几微安)。如果将两颗芯片的 SPI 数字接口去除，则系统仍然是完整的，只是无法将数据传输到标签芯片中。如图 4-85 所示，如果将上述信号放大器部分、模数转换器 ADC 部分、数字处理部分都放在标签芯片内，则既可以实现数据的传输，又可以实现低功耗，只是从原来的SPI数字接口改为现在的模拟接口。

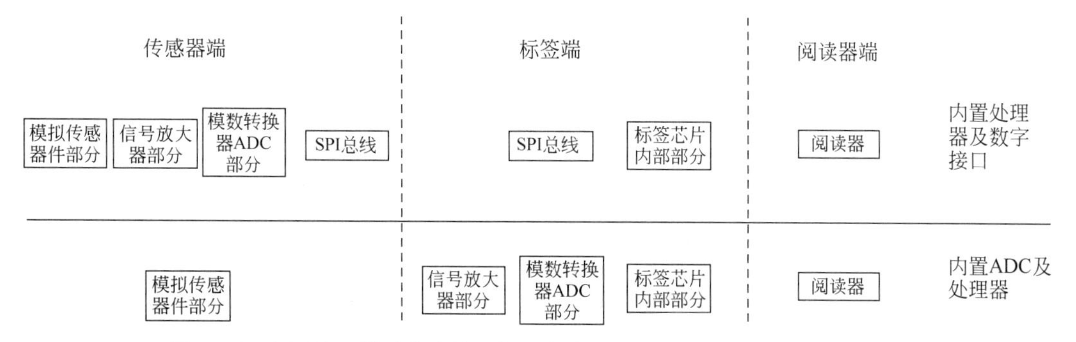

图 4-85 内置处理器及数字接口标签与内置 ADC 及处理器标签架构对比

具有内置 ADC 及处理器的标签芯片是 2018 年左右才出现的全新无源无线产品，具有低功耗、传感器适配性强等优点。在一些数字传感器芯片中已经集成了温度传感器，这是为了精度校准，而采用模拟传感器件后就需要额外的温度传感器进行校准，因此标签芯片集成了温度传感器，当然也可以通过模拟接口连接外接的温度传感器实现温度校准的功能。其可以连接的传感器种类非常多，包括温度传感器、气压传感器、应力/压力传感器、亮度传感器、湿度传感器等。

具有内置 ADC 及处理器的标签芯片是行业的创新，主要应用于复杂的工业控制采集环境，如重型机械轴承管理、超高温（300℃）环境测温、建筑应力管理等。

4.6.2 无源传感芯片详解

为了方便读者深入了解无源传感标签的技术特点，本节将对 4 款芯片进行剖析，深入探究每种技术的优缺点及技术实现方式。

1. 简单接口功能的标签 Monza X-2K

Monza X-2K 是一款支持 Gen2 协议的超高频 RFID 标签芯片，其内部集成 2176 比特的非易失性存储单元（Non Volatile Memory，NVM）和 IIC 数字通信接口，是一款无线加有线的双通道大容量的超高频 RFID 芯片。

芯片特性：

如图 4-86 所示，为 Monza X-2K 芯片的应用示意图，该芯片具有如下特点：

- 支持标准的 EPCglobal 和 ISO 18000-63 协议，完全支持 Gen2V2 标准。
- 具有 2176b 的 NVM 用户区。
- 支持 QT 加密功能。
- 支持通过 IIC 的从机接口读写 NVM 数据。
- 支持 IIC 控制的射频通路。
- 支持通过写命令唤醒芯片。

- 支持单端或者双端天线工作,单端灵敏度为－17dBm,双端灵敏度为－19.5dBm。
- 支持辅助电源供电功能。

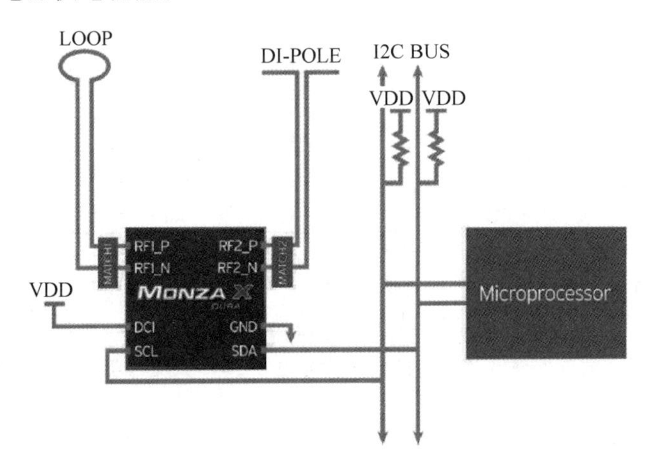

图 4-86　Monza X-2K 芯片的应用示意图

从上述特性可以看出,其芯片结构与 Monza 4 芯片非常相似,如 QT 功能和 3D 天线功能,可以认为 Monza X-2K 是在 Monza 4 的芯片基础上开发的,其无源灵敏度略差于 Monza 4 芯片,这是因为其芯片的存储空间变大了,存储空间越大,系统的漏电流越大。Monza X-2K 与 Monza 4 芯片的不同点是增加了 IIC 接口和电源输入。Monza X-2K 只能作为 IIC 的从机,MCU 可以通过操作 Monza X-2K 芯片的存储区实现与阅读器的通信。不过在使用 IIC 通信时需要提供外部供电。当没有外部供电时,整个芯片可以独立实现超高频 RFID 的所有标准功能。

在没有电池辅助的无源状态下,芯片的读灵敏度为－17dBm,写灵敏度为－12dBm,这与普通 RFID 芯片的读写灵敏度差值相符。当增加电池辅助功能后,Monza X-2K 芯片的读写灵敏度(0℃～85℃)都变为－24dBm,这说明系统的灵敏度由接收电路的解调极限决定。当温度降到 0℃之下时,灵敏度降到－20dBm,这是由芯片工艺和设计决定的。该差异说明该芯片没有做低温补偿的电路设计。

Monza X-2K 系统需要提供 1.6～3.6V 的直流输入才能驱动 IIC 接口的工作。在外部电池供电时,系统的写操作时电流为 100μA 左右,而系统读操作时的电流为 15μA 左右,系统空闲时的电流也是 15μA 左右。

芯片空闲时的漏电流非常大,如果电池一直供电,则系统的耗电问题会很严重。这也是早期的简单接口功能标签芯片的通病,由于内部不具备低功耗管理机制,所以只能使用这种简单的方式实现。因此在实际应用中很受限,需要外接的 MCU 控制给 Monza X-2K 供电。

2. 内置温度传感器的标签:浙江悦和科技的 LTU32 芯片

LTU32 是一款符合 EPCTM Global Class1 Gen2 通信协议的无源无线温度传感芯片。芯片利用先进的超高频无线电波能量收集(Energy Harvesting)技术,通过 840～960MHz 的 RF 电磁波获得能量。芯片内置 512b 可擦写非易失性数据存储单元(NVM),供存储用户信息等数据。射频芯片通信接口支持 EPC Global C1G2 v1.2 通信接口，可搭配各型超高频 RFID 读写设备搭建无源无线传感系统。

1）芯片介绍

如图 4-87 所示为 LTU32 芯片的模块框图，其内部结构与普通标签芯片相似，只是增加了温度传感器模块，由数字控制模块管理。

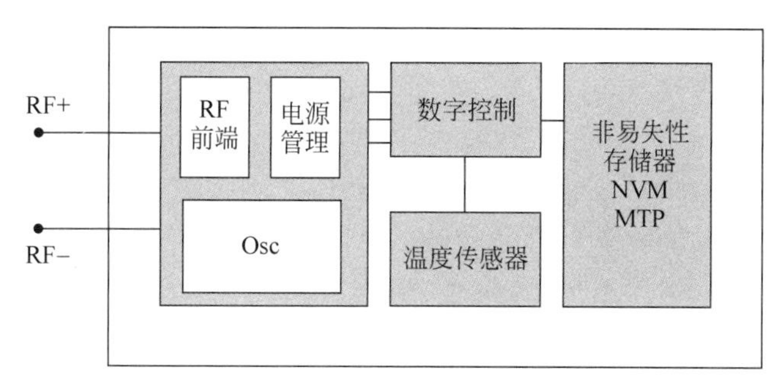

图 4-87　LTU32 芯片模块框图

LTU32 芯片的技术特点为：

- 芯片读取灵敏度为−16dBm，温度传感时的灵敏度为−15.5dBm。
- EPC 段存储空间为 96b；TID 段存储空间为 128b，其中 80b 为芯片序列号。
- 使用全球领先的存储器 IP，25℃环境中重复擦写次数高达 100 000 次，数据保存年限达 100 年。
- 支持 SELSENSE 功能，支持批量传感操作，可节省大量时间。
- 温度传感范围为−40℃～150℃。
- 温度传感精度约为 1℃，温度传感分辨率为 0.01℃。

2）内置传感器特性

随着低功耗电路设计技术的发展以及更多应用场景的出现，集成在 RFID 标签上的温度传感器不仅需要低功耗，传感精度和分辨率等指标也需要与分立式传感器相当。LTU32 传感器温度信号采用了非线性读取，后端数据可根据预设参数实现快速的线性化，方便原始温度数据读出后与摄氏（华氏）温度之间的转换。

校准后（出厂后）关键区段温度数据精度达到±1℃，全温度段误差曲线如图 4-88 所示。具体芯片的温度误差曲线与实际校准相关，如只需要体温段的精度，可以调整校准策略，实现体温段±0.1℃的精度。在−40℃～150℃的宽范围内很难实现各个区域都具有较高的温度精度，如果希望全温度范围具有更好的温度参数，则需要在校准测试上花费更多成本。

3）极限参数特性

如表 4-9 所示为 LTU32 系列芯片的极限参数特性表，其中需要注意的是，标签存储器的寿命与温度相关，且温度越高芯片寿命指数级下降。标签应尽量避免长时间处于超高温的环境中，如果实在无法避免高温存储环境，则可以定期地对存储区的数据进行写操作，加强存储电荷的稳定性，减小长时间高温漏电导致的 0、1 电平判别错位的问题。

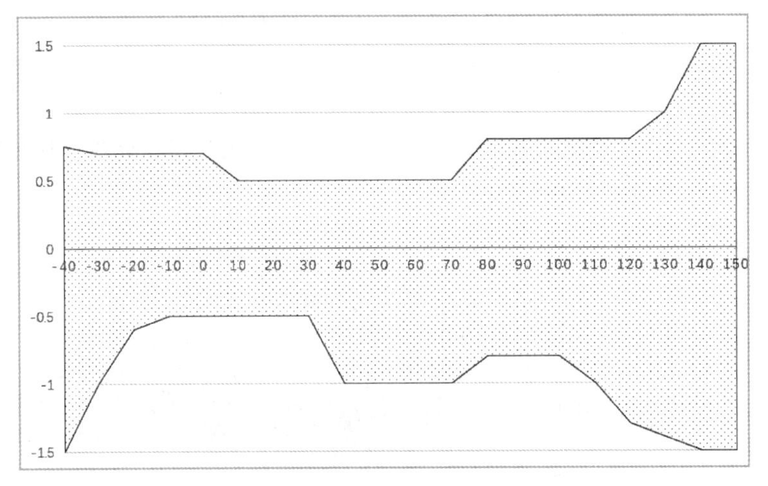

图 4-88 全温度段误差曲线

表 4-9 LTU32 系列芯片的极限参数特性表

参　数	单位	最小	典型	最大	备　注
工作温度	℃	－40	25	＋150	—
储存温度	℃	－40	25	＋200	150℃～200℃温度区间内，数据保存时间会相对缩短
装配温度	℃	－45	25	＋175	—
外形保证温度	℃	－45	25	＋250	—
温度变化率	℃/s	—	—	10	—
ESD	kV	—	±2	—	人体模型(HBM)

另外需要注意的是，标签芯片在不同温度时的灵敏度也会发生变化。普通的标签芯片一般灵敏度在25℃的环境中最佳，超过25℃后灵敏度会下降，当超过85℃时灵敏度下降非常厉害甚至无法工作。而LTU32芯片专门针对该问题做了芯片设计优化，可以实现极限温度时稳定工作，只是此时的灵敏度较25℃时有所下降。标签的工作距离与温度的关系，如图4-89所示，在135℃的环境中，标签依然可以达到最远工作距离的40%。

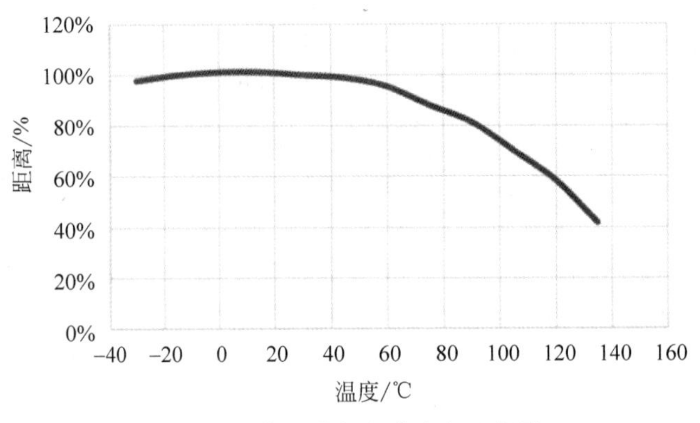

图 4-89 归一化标签读取与温度图

4）SELSENSE 功能

为了方便 LTU32 系列芯片的推广，其所有传感命令都支持 Gen2 协议，只需要对普通的 Gen2 阅读器进行简单命令改造即可实现所有的测温命令。如图 4-90 所示为对一个 LTU32 标签的测温过程，其中将测温命令 Sense 融合在写命令 Write 中。

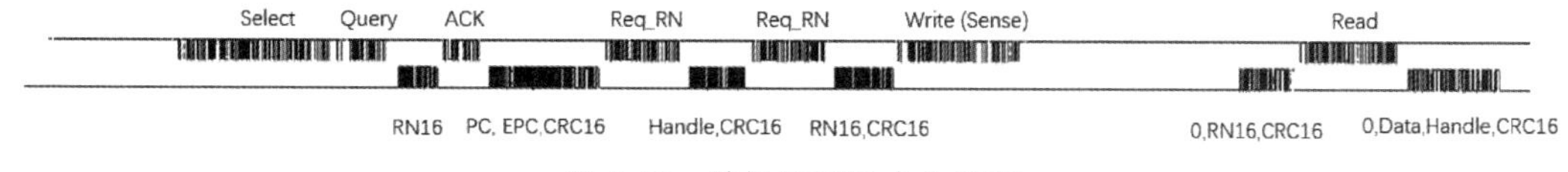

图 4-90 单标签测温命令过程

此测温命令将传感命令融合在 Write 命令中，是因为在 Gen2 协议中写命令后的数据返回间隔最长支持 20ms，在这个时间内系统将启动温度传感器模块测温，最终将测温结果通过读命令返回至阅读器。

当环境中标签数量很大时，如果采用这种对单个标签操作的方式效率很低，悦和科技创造性地发明了 SELSENSE 命令，实现大批量的快速温度采集。如图 4-91 所示为 SELSENSE 命令，其中 SELSENSE 命令与 SELSENSE 命令之间的时间间隔应不小于 15ms。SELSENSE 命令格式与普通 Select 命令一致。

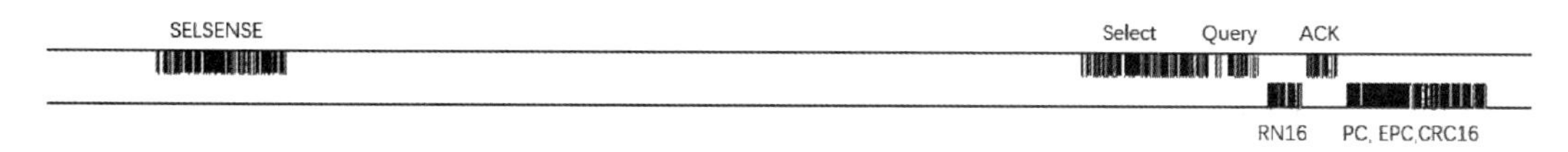

图 4-91 多标签测温命令过程(SELSENSE 命令)

当使用 SELSENSE 命令后，场内的所有标签全部启动传感器，所有标签 StortedPC 的 MSB 5b 自动变成 00110(StortedPC 为 0x3000 或 0x3400)。如未使用 SELSENSE 命令启动传感器，那么此时 StortedPC 值与存储器中存储的一致。当使用 SELSENSE 命令启动传感器后，传感数据通过 ACK 命令返回，ACK 返回的 EPC LSB 32b 为传感数据。

SELSENSE 同时具有 Parallel encoding 命令和 Fast-ID 命令的特点，可以说 SELSENSE 是一种充分利用 Gen2 协议特点改造出来的命令，具有非常高的效率。

在大批量的温度采集环境中，使用 SELSENSE 命令后，采集所有标签温度参数所需的时间长度与盘点所有标签所需的时间长度是相当的。

3. 内置处理器及数字接口的标签：Farsens ROCKY100

为了解决无源外接传感器和空闲状态电池漏电问题(简单接口标签芯片的痛点)，Farsens 公司开发了 ROCKY100 标签芯片，其目标是实现在无源状态给外接传感器供电并实现 SPI 通信，当有电池辅助时保证电池的长效寿命。

1）芯片特性

ROCKY100 具有许多创新特性，其主要特性如下：

- 支持 EPC Gen2 和 ISO18000-6C 的协议标准。
- 在没有外接传感器的情况下，芯片读取灵敏度为－14Bm。

- 具有参数可设置的 PSK 调制加深功能。
- 支持 1.2～3.0V 的稳压电源输出。
- 具有输出电压 VDD 监控功能。
- 支持电池开关管理，漏电流 500nA。
- 具有 5 个可配置的 GPIO 口。
- 具有主机的 SPI 接口，可以控制外围设备。
- 外围设备可以通过控制 SPI 从机模块从而对芯片的存储区进行操作。
- 芯片的工作温度为－40℃～85℃。

从 ROCKY100 的特性看，该芯片新增了无源电压输出功能、电池低功耗管理功能、SPI 主从模式功能。对于普通的标签芯片有了很大的改变，甚至可以认为是一个低功耗传感器管理芯片增加了超高频 RFID 的通信功能和无源取电功能。ROCKY100 的设计理念更多的是为传感器连接而产生，如稳压电源输出是为外围的传感器供电；电池低功耗管理功能是为需要电池辅助的设备提供更久的寿命，Monza X-2K 的漏电流为 15μA，而 ROCKY100 仅为 0.5μA，电池生命延长了 30 倍；具有 SPI 主从功能，可以更好地管理外接传感器。

2）框图说明

如图 4-92 所示为 ROCKY100 芯片框图，对比普通超高频 RFID 标签芯片，其新增了省电模式核(PSM core)、省电负载输出(PSM LOAD)、主从 SPI 等模块。其中 VDD、VBAT、VSS、VREGL、GLOAD 为电源接口。

- VDD 为系统的正电源电压，可以为芯片内部器件及外部网络供电，这个电能是通过接收机收到的射频信号转化而成，因此其负载能力与接收到的信号强度有关。
- VSS 为系统的负电源电压，为整个系统内部器件及外部网络供电。
- VBAT 为电池输入口，可以通过电池为系统供电。当有电池连接，可以通过芯片内部设置将 VBAT 接口连接到 VDD 上，内部系统和外部网络都可以使用电池供电，增加负载能力和系统性能。
- VREGL 为可配置的线性稳压源输出接口，直接连接外接负载(传感器芯片)，这部分能量来自 VDD。没有直接使用 VDD 的原因是 VDD 的电压稳定度不够，且输出电压值不可控。
- GLOAD 为外接负载的地，不过并没有直接连接到 VSS，在两个接口之间有一个开关，这个开关的功能是在不启动外接设备时，断开开关减小漏电。

从框图的分析中可以看出，ROCKY100 芯片针对电源管理下足了功夫，尤其是低功耗管理和负载管理部分。无论采用无源模式还是电池辅助模式都最大限度地提高了系统的驱动能力、灵敏度和寿命。

3）电气特性

ROCKY100 芯片的读灵敏度为－14dBm，当有 1.8V 5μA 负载时，其灵敏度降为－10dBm，当有电池辅助时灵敏度可以达到－24dBm，在采用增强电池辅助时，灵敏度可以达到－35dBm。在使用增强型电池辅助时，必须启动反向调制加深工能，否则即使标签芯片

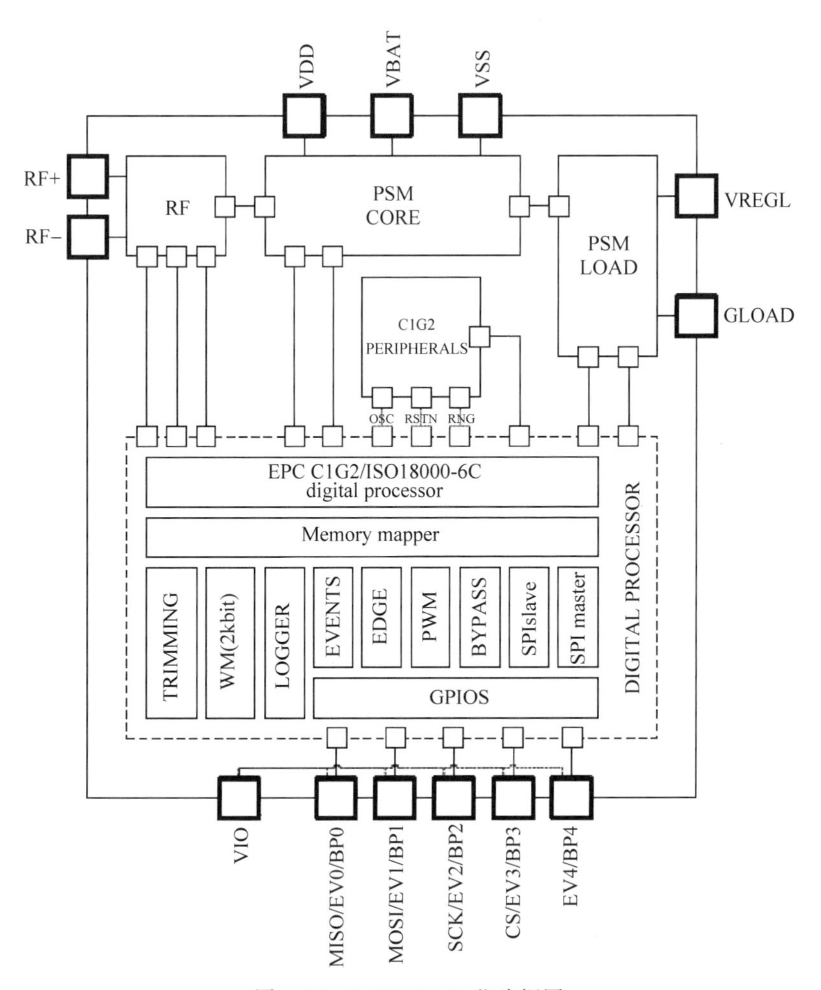

图 4-92 ROCKY100 芯片框图

可以工作，阅读器也无法接收到标签返回的数据。

具有负载时，芯片需要提供更多的能量给负载供电，因此其灵敏度会下降。这里可以做一个简单的计算，当没有负载时，芯片接收机收到的信号强度为 40μW(−14dBm)，当连接负载后芯片接收机需要接收到 100μW(−10dBm)的能量。一般情况下，超高频 RFID 系统的射频能量转换直流能量的转换效率约为 25%，输出的电压 VDD 约为 3.2V，因此可以提供的额外电流为(100μW−40μW)×25%=15μW。由于 VREGL 的 LDO 需要消耗额外的 0.5μA 电流，VDD 电压监控需要消耗 1μA 的电流，需要消耗 1.5μA×3.2V=4.8μW，1.8V 5μA 负载需要的能量为 9μW。15μW−4.8μW=10.2μW>9μW，足够支持负载工作。

芯片的阻抗参数在读取、带有负载和电池辅助的情况下会发生变化。在相同频率下，一般芯片的虚部变化不大，实部与芯片的无源负载电流大小相关，无源负载电流越小，其实部越小。当电池辅助时，无源负载最小，其实部参数也最小，当无源带有外部负载时，系统的无源负载最大,其实部参数也最大。

标签芯片的供电参数中最关键的是 I_{BAT},电池辅助时的漏电是保证芯片寿命的关键参数。VREGL 作为负载输出电压端口,其输出电压为 1.2～3.0V,输出的电压解析度为 3mV,误差为 5%,支持的负载最大电流为 5mA(需要电池辅助)。负载电流大小与系统的灵敏度相关,负载电流越大其灵敏度会越差,当芯片接收机接收到的能量不足以支撑负载时,就会拉低系统端口电压 VDD。如图 4-93 所示为输入信号强度与不同负载的曲线图。

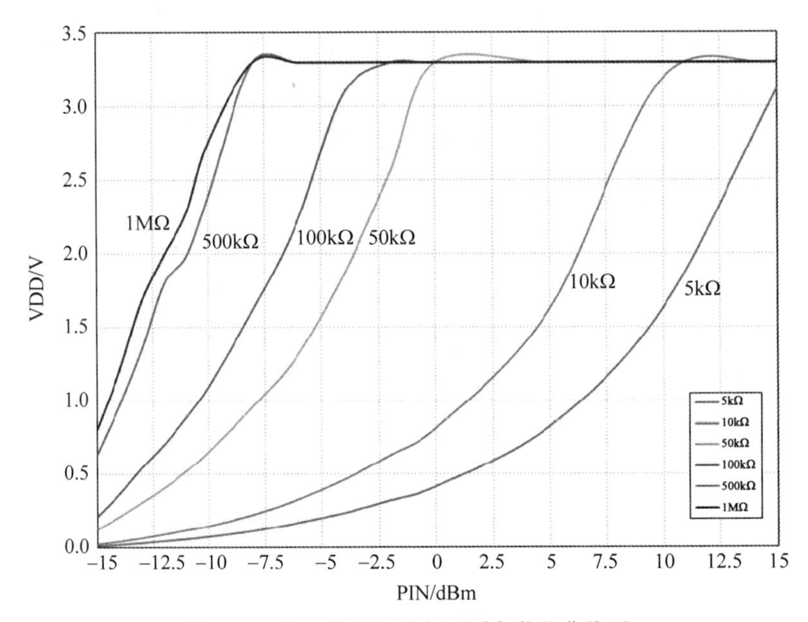

图 4-93　输入信号强度与不同负载的曲线图

一般情况下,低功耗 SPI 接口的传感器的供电需要保证 10μA 的电流,对应的负载为 100kΩ,如该传感器需要 3V 的供电,则系统的灵敏度只有 −4dBm。若系统需要 0.1mA 的电流 3V 的电压,则灵敏度只有 9dBm,工作距离只有 30cm 左右。因此在使用 VDD 给负载供电时一定要充分考虑负载的电流,尽量采用小电流的传感器和负载电路,或采用电池辅助。一般情况下,对于负载电流大于 100μA 的传感器都建议采用电池辅助功能。

4) 电池辅助模型

如图 4-94 所示为 ROCKY100 标签系统的应用示意图,芯片连接一个微处理器,并具有电池辅助供电。电子标签绝大多数时间都是处于休眠状态,只有少数时间处于工作状态。ROCKY100 芯片的电池辅助最大的优点是省电,在一般状态下都处于休眠状态,电池的漏电流小于 1μA,当有电磁波激活标签时,再启动电池辅助功能,这样既能完成传感功能又可以增加电池的寿命。

4. 内置 ADC 及处理器的标签：浙江悦和科技 LAU2

鉴于 SPI 数字接口给系统带来的功耗损失,为了提高灵敏度,悦和科技开发了内置 ADC 及仪表放大器的无源无线传感芯片 LAU2。其中 ADC 的精度达到 14b,仪表放大器

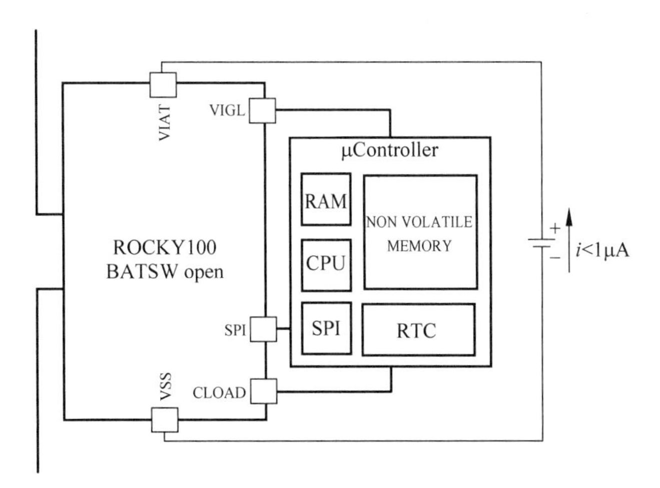

图 4-94 ROCKY100 标签系统的应用示意图

的增益可达 160 倍。ADC 的作用是将模拟信号转化为数字信号，仪表放大器的作用是将传感器微弱的模拟信号放大到合适的幅度。

1）关键参数

如表 4-10 所示，为 LAU2 芯片的关键参数，该芯片不仅内置 ADC 还内置了 40℃～150℃宽范围的温度传感器。该芯片支持多种物理量的测量方式，包括支持 0～1V 的电压测量，10pF～500nF 的电容测量以及 200kΩ～500MΩ 的电阻测量。在无负载启动 ADC 和测温时，其芯片灵敏度为－15dBm。

表 4-10 LAU2 芯片的关键参数

参　　数	单位	最小	典型	最大	备　　注
工作频率	MHz	840	—	960	—
灵敏度	dBm	—	－15	—	启动 ADC/测温
输入阻抗	Ω	25－j220			—
工作温度	℃	－40	—	150	—
温度传感精度	℃	—	±1	—	—
温度传感分辨率	℃	—	0.01	—	—
电压测量范围	V	0	—	1	—
电容测量范围	F	10p	—	500n	—
电阻测量范围	Ω	200k	—	500M	—
数据保存	年	10	>100	—	25℃
写入循环次数	次	100 000	—	—	—
ESD	kV	—	±2	—	HBM

2）模块框图

如图 4-95 所示为 LAU2 芯片的模块框图，图中有多个传感器输入端口，其目的为适应不同类型的传感器,与SPI的标准接口不同,模拟接口种类较多且连接方式多样。传感器的数据经过仪表放大器(Instrumentation Amplifiers,IA)放大到合适的电压后,模拟数字转换器(Analog-to-Digital Converter,ADC)将量化后的传感数据传到数字基带,此时通过阅读器的特殊命令可以将此传感数据读出,并经过数据处理后得到外接传感器的真实数据。整个LAU2芯片无须电池辅助,VC2端口可以为外接模拟传感器网路供电。其中温度传感器的实现方式也发生了变化,不再是LTU32中的通过振荡器脉宽计算温度,而变为一个模拟温度传感器加上ADC的方式,其精度和稳定度也大幅提升。

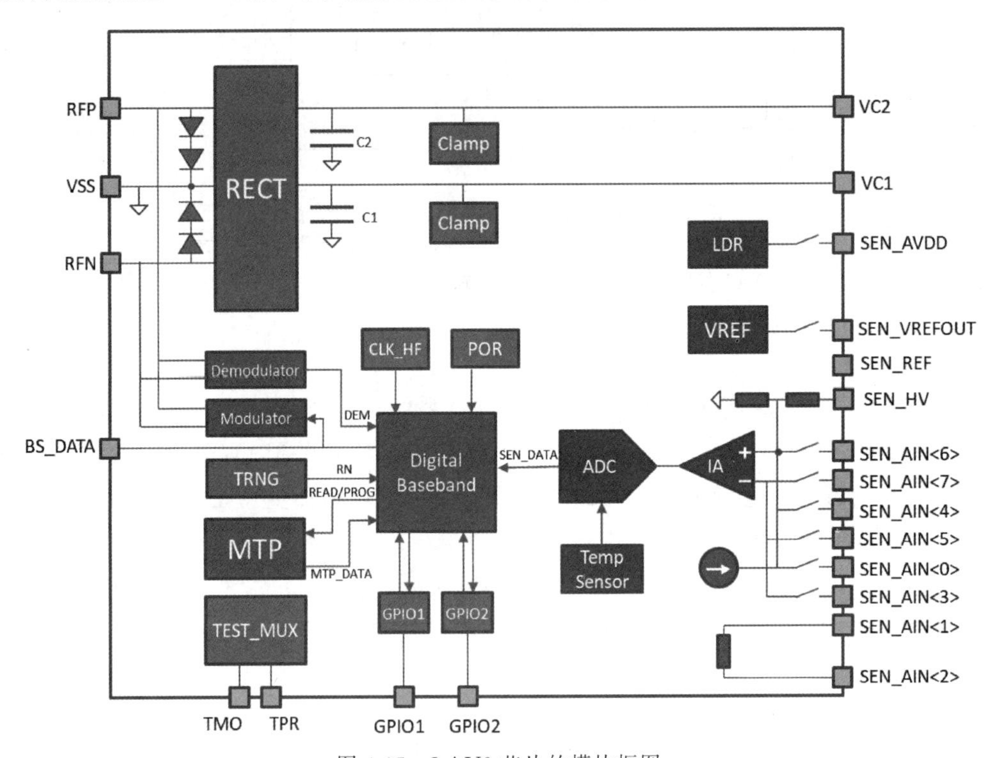

图4-95 LAU2芯片的模块框图

LAU2支持接入多种不同的模拟传感器类型,包括二/四线电阻型传感器(无内部放大)、电桥型传感器、电容型传感器、电流型传感器、单端绝对电压型传感器和高压电压型传感器。

3) 电气特性

如表4-11所示,为LAU2芯片的电气特性,芯片可以在全温度段(−40℃~150℃)提供稳定的钳位电压VC2,可以为系统的外围网络供电。同时针对外围传感器可以提供1.5V或1.8V的高精度电源,在全温度段电压精度为2%,最大输出供电电流为1mA。一些传感器需要高精度基准电压源,因此LAU2芯片提供了1.257V的精度为0.5%的高精度基准参考电压。针对一些超高压的应用,LAU2提供了20V的高压监测功能。

表 4-11 LAU2 芯片的电气特性

参 数	测试条件	最小	典型	最大	单位
整流器电压输出 VC2					
VC2 钳位电压	全温度段(−40℃～150℃) 最小在−40℃,最大在 150℃	1.8	1.9	2.2	V
稳压电压输出 SEN_AVDD					
输出电压	—	—	1.5/1.8	—	V
输出电压精度	T_A=−40℃～150℃	—	—	±2	%
输出电流	—	—	—	1	mA
负载电容	—	—	—	1	nF
基准源输出 SEN_VREFOUT					
输出电压	—	—	1.257	—	V
输出电压精度	T_A=25℃	—	—	±0.3	%
	T_A=−40℃～150℃	—	—	±0.5	%
输出电流	—	—	—	0.5	mA
负载电容	—	—	—	1	nF
高压监测输入 SEN_HV					
输入电压	—	—	—	20	V

4) 模拟接口传感器对灵敏度的影响

LAU2 芯片内部功耗约为 5.4μW,远低于 ROCKY100 的功耗。LAU2 芯片的整流器效率约为 25%。如表 4-12 所示,为不同功耗外接传感器时对芯片灵敏度的影响。

表 4-12 LAU2 外接传感器时的灵敏度

传感器功耗(μW)	灵敏度(dBm)
10	−12.1
20	−9.9
50	−6.5
100	−3.8
200	−0.9

一种传感器使用模拟接口的功耗要远小于采用数字接口,再加上 LAU2 内部没有 SPI 控制等单元,其负载能力更强,整个系统的工作距离会明显优于 ROCKY100。不过 LAU2 的缺点也非常明显,模拟接口的传感器集成度很差,开发难度也大很多,且芯片的接口种类也不统一,尤其一些带有内部运算的传感器无法采用模拟接口实现,如振动频率采集、瞬时加速度采集等。不过这是采用无源无线传感实现远距离最优的手段,相信随着应用的普遍化和技术的普及,越来越多的应用会采用内置 ADC 的标签。

无源无线传感的需求一直存在,现在能够实现的解决方案只有采用超高频 RFID 无源技术,过去市场不成熟,直到近几年无源传感的产品和方案才出现,市场的推广和发展需要时间。无源无线传感的技术在不断发展的过程中，现在只是刚刚开始，相信随着越来越多的工业应用需求的出现，无源无线传感器的市场会迎来飞跃式的发展。

小结

本章详细讲解了超高频 RFID 标签相关的多个技术点，是本书最重要的一章。其中 4.1 节和 4.2 节为标签技术的基础知识，其中的技术点应全部掌握；4.3 节标签芯片技术为本章的重点，读者应仔细学习并尝试记忆，其中 4.3.7 节为扩展内容有兴趣的读者可以学习；4.4 节标签的天线技术和 4.5 节标签封装技术普通读者以了解为主，专业读者可以深入研究；4.6 节内容为扩展内容，有兴趣的读者可以学习。

课后习题

1. 超高频 RFID 标签存储数据中，最常使用且操作最便捷的数据区为(　　)；数据无法改写的数据区是(　　)。

A. EPC 区；TID 区　　B. EPC 区；保留区

C. 用户区；保留区　　D. TID 区；EPC 区

2. 电子车牌的标签选型中，如下标签哪个会入选？(　　)。

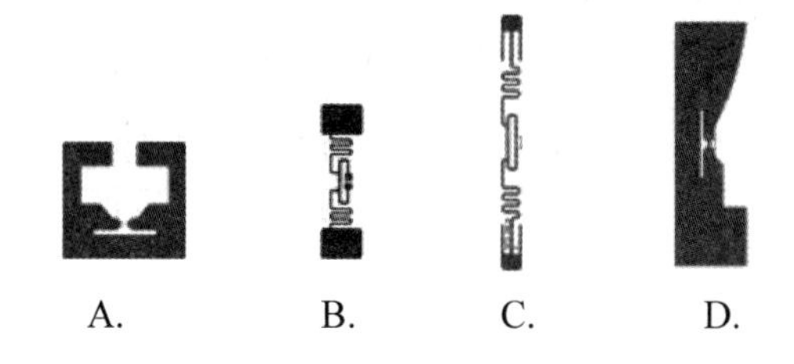

A.　B.　C.　D.

3. 下列不是超高频 RFID 干 Inlay 构成的是(　　)。

A. 芯片　B. PET 基材　C. 蚀刻铝天线　D. 离型纸

4. 下列对易碎纸标签的说法中，正确的是(　　)。

A. 易碎纸标签只能使用银浆天线

B. 易碎纸标签的成本低于干 Inlay

C. 易碎纸标签常用于防伪物品的开口处

D. 易碎纸标签良率高于干 Inlay

5. 下列关于特种标签的说法中不正确的是(　　)。

A. PCB 标签是特种标签中最常见的

B. 一般高温环境中常使用陶瓷标签

C. 织唛洗涤标签具有抗金属特性，可以直接当抗金属标签使用

D. 硅胶洗涤标签的寿命一般低于织唛洗涤标签

6. 下列关于标签芯片描述的说法中,不正确的是(　　)。

A. 芯片的存储区较大时,其灵敏度会减小

B. 芯片的环境温度过高时,其灵敏度会变差

C. 芯片的面积越小越好,因为成本会更低

D. 通过对芯片的 TID 识别,可以获得芯片的厂商及芯片类别等信息

7. 下列关于标签天线的说法中,正确的是(　　)。

A. 当需要超小尺寸的标签时,可以选择高介电常数基材的陶瓷天线

B. 天线中的电感线圈越大越好,因为可以获得更多能量

C. 天线的耦合部分越强越好,因为芯片可以获得更多能量

D. 对于相同的芯片,大尺寸的标签一定比小尺寸的标签灵敏度好

8. 下列关于标签封装技术的说法中,不正确的是(　　)。

A. 采用倒封装技术的优点是效率高,设备成本较低

B. 采用 SOT 封装的标签稳定性一般优于倒封装的标签

C. 采用 SIP 封装的标签一般成本高于倒封装的标签

D. 倒封装是现在标签封装的主流技术

9. 如果在一个多标签场景中有多张弱标签,那么你将采用的芯片特殊功能为(　　)。

A. EAS 功能　　B. ECC 功能

C. Tag-Focus 功能　　D. Fast-ID 功能

10. 一个无源无线传感系统中,需要测量一个温度范围为－40℃～300℃的物体,请提供解决方案。

第5章

阅读器技术

本章从超高频RFID阅读器的基本构成和分类讲起，并针对阅读器的核心模块、芯片展开技术详解和对比，最后介绍与阅读器配套的天线技术。本章中会介绍许多行业最新的技术和创新产品，旨在与大家一同分享行业发展的新方向。相信无论是初学者还是经验丰富的从业人员都能有所收获。

5.1 超高频RFID阅读器基础

视频讲解

5.1.1 超高频RFID阅读器的功能和架构

1. 超高频RFID阅读器功能

阅读器又名读写器，是超高频RFID系统中的重要组成部分。虽然名字叫阅读器，但它的功能不只是简单地读取标签信息那么简单，阅读器包含有许多辅助功能，如主机通信、IO控制等。如图5-1所示为一个超高频RFID系统组成。阅读器通过阅读器天线辐射的电磁波给标签供电，同时发送同步时钟及Gen2的空中接口命令，并接收标签的返回数据。阅读器与标签之间的通信方式为半双工，即阅读器向标签发送数据时无法接收标签返回阅读器的数据，阅读器的发射和接收是时分的。但是由于标签为无源器件且无法储能，需要阅读器实时供电，当标签向阅读器发送数据的时候，阅读器必须发送载波给标签提供能量，这就是超高频RFID系统所特有的半双工通信方式。这种特殊半双工通信方式带来不少阅读器的技术难题，如自身干扰问题、接收链路(RX)的线性度(Linearity)问题等。

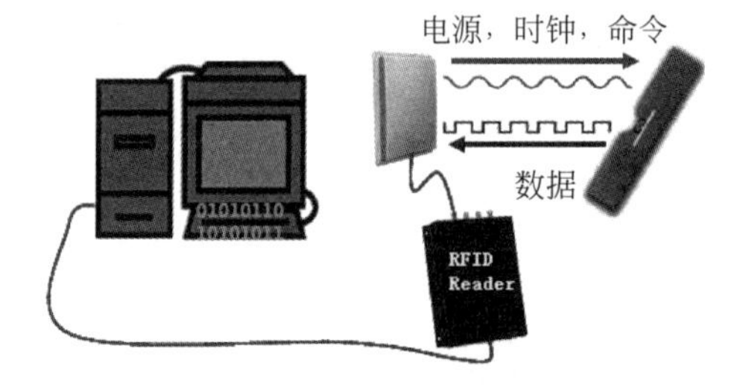

图5-1 RFID系统组成图

虽然阅读器在与标签的通信过程中一直是主机模式，标签为从机模式，但其实阅读器一直是配合标签工作的。当标签功能升级后，阅读器需要配套具备该功能的操作命令实现新应用。当标签的灵敏度提升后，阅读器的接收灵敏度需要加倍提升才能实现系统的稳定通信，如标签灵敏度提升了3dB，在标签的反向散射能力（反射系数）不变时，阅读器需要相应地增加6dB的灵敏度才能保证正向与反向链路预算相等。当然还有许多阅读器问题等着我们去解决，如在许多应用中需要一台阅读器盘点几千张标签，此时系统对阅读器的灵敏度、抗干扰、多标签算法等提出了很高要求，阅读器也在针对不同的应用场景不断改善和进步。

在图5-1中，阅读器的另外一端与计算机连接，可以理解为与数据终端或处理器终端连接。只有将阅读器与系统连接才能实现控制操作命令与数据的传输，从而获得标签数据信息，组成物联网的数据采集节点。阅读器不仅是标签的采集节点，同时可以当作传感器的采集节点或传感器的控制节点。随着技术的进步和行业的发展，阅读器的功能会越来越强大，在物联网中的地位也会越来越重要。

2. 超高频RFID阅读器架构

一个标准的阅读器系统包括阅读器的硬件本身、阅读器天线和其他外围设备。其他外围设备包括电源部分、主机通信部分等。许多阅读器内部都有操作系统可以独自执行任务，不过最终还是要与数据库进行数据通信。

如图5-2所示为阅读器的硬件架构图，图中阅读器内部分为两大部分：面向计算机终端和面向射频标签。在面向射频部分主要是收发电路，面向计算机部分为逻辑（Logic）、电源（Power）、输入输出（I/O Interface）、主机接口（Host Interface）。其外围设备中供电设备常有两种形式：一种是AC适配器转换为DC给阅读器供电，另一种为以太网供电POE（Power Over Ethernet）。同时阅读器可以通过外围设备以太网（Ethernet）或串口（RS-232）与主机或服务器通信，也可以通过I/O与外围的传感器和指示灯等连接。

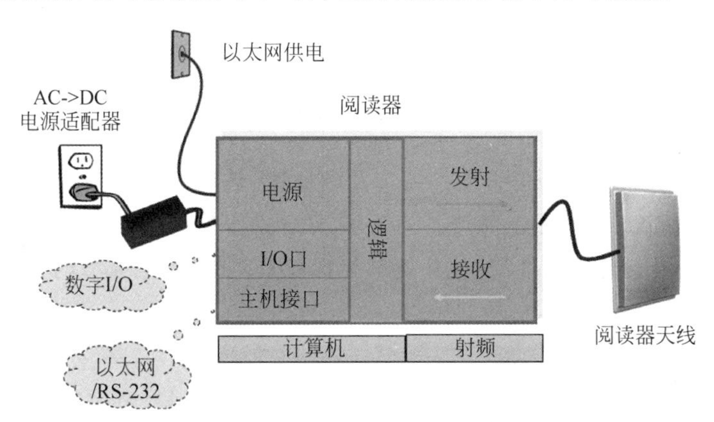

图5-2　阅读器硬件架构图

在服务层阅读器的架构如图5-3所示，图中与超高频RFID相关且最重要的是阅读器固件（Reader Firmware）和射频硬件（RF Hardware），这两部分合在一起叫作阅读器核心模块，简称阅读器模块，5.1.2节会对模块做深入讲解。在项目中最常见的是通过人机界面和应用程序（Humans/Applications）控制阅读器工作。在其底层的阅读器固件之上为阅读器的主机协议(Reader-Host Protocol),在项目和软件开发中经常谈到的通信协议就是指这个主机协议。一般情况下,每一家厂商都有自己特有的主机协议,且互不兼容,所以在比较大的项目中选择中间件或低级阅读器协议(Low Level Reader Protocol,LLRP)。LLRP是由EPC Global创始的基于超高频RFID的统一阅读器协议,5.1.4节有关于LLRP的协议详解。阅读器注册服务(Reader Registration Services)为阅读器的心跳包服务,阅读器每过一个时间段,则向阅读器注册服务器发送一个UDP心跳报文(Reader Heartbeat),这样即使是空闲情况,服务器端也知道阅读器是否正常工作。动态主机配置协议(Dynamic Host Configuration Protocol,DHCP)是一个局域网的网络协议,使用UDP协议工作,主要有两个用途:给内部网络或网络服务供应商自动分配IP地址,是用户或者内部网络管理员对所有计算机进行中央管理的手段。时间服务主要是与系统时间同步,保证数据的时间戳正确,以及在准确的时间启动或停止响应的操作和I/O控制。

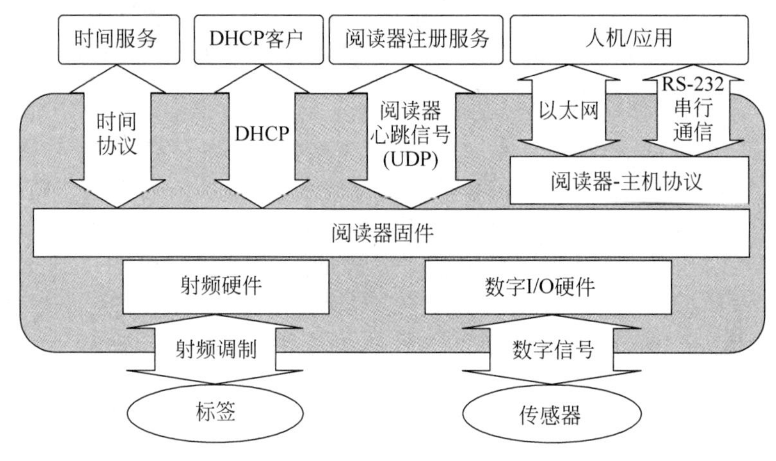

图5-3 阅读器服务层架构图

上述所有的服务层架构为最全面的阅读器的架构,最简单的阅读器只要具有射频硬件、阅读器固件、主机协议和RS-232即可。评价一个阅读器是否全面主要看是否支持时间服务、DHCP、心跳信号这几个功能(其他功能都为标配)。如果是全球型的大项目还必须支持LLRP功能。

5.1.2 阅读器的分类

超高频RFID阅读器的核心部件是阅读器模块,它是整个阅读器的心脏,负责与标签通信的所有功能。阅读器根据功能和应用不同有多种表现形式,分为固定式阅读器、手持式阅读器(手持机)、一体式阅读器(一体机),这3类阅读器的共同点是都具有阅读器模块(简称模块)。

1. 阅读器核心模块

在5.1.1节中介绍了阅读器固件(Reader Firmware)和射频硬件(RF Hardware)这两

部分合在一起叫作阅读器核心模块，又叫作阅读器模块或模块。阅读器模块是构成阅读器的关键部件，阅读器功能和性能主要通过模块体现，而模块最关键的部分是射频硬件性能。

1）射频收发芯片选型

目前超高频 RFID 模块主要有 3 种：采用专用超高频 RFID 阅读器芯片、采用集成无线收发芯片、采用分立元件集成。

（1）采用专用超高频 RFID 阅读器芯片。现在用于超高频 RFID 模块的专用芯片有 Impinj 公司的 R1000/R500/R2000 系列、奥地利微电子公司的 AS3990/AS3991/AS3992/AS3993 系列（已被 ST 公司收购）、Phychips 公司的 PR9000/PR9200 系列。其中 Impinj 的 R1000 芯片是最早出现的集成专用超高频 RFID 阅读器芯片，是由 Intel 公司开发的，后卖给了 Impinj 公司，具有良好的性能，是早期阅读器模块的首选方案。Impinj 的 R2000 芯片在 R1000 的产品上做了较大提升，增加了载波抵消功能，现阶段该芯片是市场上性能最好的专用阅读器芯片，中高端阅读器模块 95%以上都采用该方案。采用 Impinj 系列专用芯片开发模块时，需要配套 MCU 工作，这个 MCU 工作为对专用芯片的寄存器进行操作，从而实现对协议和射频收发的控制，一般高端采用 ARM7 及以上规格的 MCU。Phychips 的 PR9200 芯片是一款小型化内置 MCU 的高集成度的阅读器芯片，具有低成本、低功耗、小尺寸的优点，在中低端的阅读器中占有较大市场份额。国内的一些阅读器芯片开发公司也开发了自主知识产权的阅读器芯片，如上海智坤半导体推出对标 Impinj R2000 的带有载波自抵消功能的 IBAT-2000，无锡旗连电子开发了对标 Phychips PR9000/ PR9200 的系列芯片。采用专用阅读器芯片的优点为：系统内嵌 ISO/IEC18000-6 协议、外围电路简单、易于调试和开发周期短。其缺点为：资料透明度低、扩展开发困难、成本相对集成无线收发芯片方案较高、核心芯片无法替换导致供应链风险较大。

（2）采用集成无线收发芯片。由于超高频 RFID 的工作频率为 840～960MHz，与手机和许多小无线设备的工作频率重复，可以在市场上找到廉价的集成无线收发芯片。目前在超高频 RFID 模块中得到广泛应用的有 ADI 公司推出的 ADF7020、TI 公司的 CC100CC11、Semtech 公司的 SX1230 等。由于上述芯片在市场上有很大的销售数量，其单价成本相对于专用超高频阅读器芯片低很多。这是由于专用阅读器芯片只能用于超高频 RFID 阅读器，其芯片销量很少，一般一年只有几十万颗（或更少），而芯片开发的前期成本很高，就需要通过这每年的几十万颗专用芯片分担，因此单价很高。而这些集无线收发芯片年销售量在千万颗左右，其开发成本早已经被分担。一般情况下，集成无线收发芯片的成本仅为专用阅读器芯片的不到 10%。采用集成无线收发芯片的模块外围电路不太复杂，但需要工程师独立开发协议栈部分，一般因为成本因素会选择一个单片机来实现 Gen2 协议和集成无线收发芯片的控制。这样会给工程师提供很大的开发空间，开发具有自己知识产权的产品。采用集成无线收发芯片的模块成本很低，性能很差，常用于廉价的一体机和桌面机。

（3）采用分立元件集成。即通过使用调制解调器、PA、Balun、ADC、DAC 等射频器件集成实现。由于采用分立元件，因此每一个部件都可以选择性能最好的，分立元件的性能优于集成芯片。由于采用分立元件集成的方案是针对高端应用，其协议和数据处理的要求很高,一般采用 FPGA 或 DSP 实现协议处理,采用 ARM 9 及以上规格的 MCU 作为系统主控。如此开发的阅读器模块具有高性能的特点,其缺点是开发难度大周期长,尺寸大,产品成本也非常高。现阶段只有 Impinj 和 Alien Technology 等公司的高端阅读器会采用分元件的方案,一般分立元件集成实现的阅读器模块不在市场上销售,都会以整机的形式出现。

2) 阅读器模块的选择依据

阅读器模块选择的重要依据包括:符合产品标准要求、成本、体积、功耗、输出功率、抗干扰能力、接收灵敏度、外围元件的多少、数据传输速率和开发难易等等。下面重点介绍几点。

- 符合协议要求:这是设计中的重点,如果这一点不符合,系统则无法工作。
- 输出功率:发射功率越大,信号不仅覆盖面积广而且传输距离远。因此在同等条件下,应选择输出功率高的产品(符合当地无线电规范)。
- 抗干扰能力:同等发射功率和接收灵敏度的情况下,系统的抗干扰能力越强则实际的通信距离就会越远。
- 接收灵敏度:接收灵敏度反映接收机捕获微弱信号的能力。超高频 RFID 阅读器模块的接收灵敏度越高,识别误码率和识别距离都会有很大改善。
- 系统体积大小:可以有效减小 PCB 的空间,降低成本,利于超高频 RFID 阅读器的小型化开发。
- 识别速率:与处理器和算法相关,尤其是在仓库、智能零售等应用中,需要快速识别几百个标签,对处理和计算要求很高。采用集成无线收发芯片方案的模块多标签算法较差,很难支持超过 50 个标签的同时读取。
- 成本考虑:实际上中国的超高频 RFID 项目中,成本是非常关键的因素之一,许多时候选型是由成本决定的。

3) 阅读器模块案例分析

图 5-4 Mercury6e 嵌入式超高频 RFID 阅读器模块

如图 5-4 所示为 ThingMagic 公司的 Mercury6e (M6e)嵌入式超高频 RFID 阅读器模块,其内部采用了 Impinj 的 R2000 芯片,搭配 ARM7 作为处理器。该器件按照全尺寸阅读器的性能标准设计,其体积小、能效高,足以满足移动应用要求。M6e 支持 4 端口,并能提供最大+31.5dBm 输出功率。M6e 提供串行接口和 USB 接口,以支持板到板和板到主机连接。

M6e 模块的特性有:

- 支持多协议,包括 EPCglobal Gen 2(ISO 18000-6C),含 DRM、ISO 18000-6B(可选)和 IP-X(可选)。
- 4 个 50Ω MMCX 连接器,支持 4 个单静态天线。
- 独立的读取和写入电平,命令调节范围为 5~31.5dBm(1.4W),且高于 +15dBm 时精度为±0.5dBm。

- 支持 860～960MHz 超高频 RFID 全载波频率范围，以满足全球规范要求。
- 可在采用 FCC、ETSI、MIC(韩国)和 SRRC-MII(中国)监管规范的国家获得使用认证。
- TTL 电平异步数据接口支持高达 921.6kbps 的速率。
- USB 2.0 全速设备端口(高达 12Mbps)。
- 工作温度范围为－40℃～＋60℃。
- 采用高性能设置，标签读取速度为每秒 750 个标签。
- 在使用 6dBi 天线的情况下，标签最大读取距离超过 30 英尺(9 米)。
- 4 个 GPIO 线路通过数据接口控制。

Thingmagic 公司的 M5e/M6e 等系列模块，一直是超高频 RFID 市场上高性能模块的典范。不过随着中国市场的发展以及越来越多的人才进入超高频 RFID 阅读器领域，国产阅读器模块的性能越来越好，加上中国制造的低成本优势，现在中国的中高端模块市场中也有大量的国产品牌。

2. 固定式阅读器

固定式阅读器一般应用于工业场景中，具有高性能、高可靠性等优点。其核心模块一般采用分立元器件集成方案或 R2000 的专用芯片方案，前面介绍过的 M6e 模块就是为固定式阅读器设计的。固定式阅读器一般具有 4 个射频端口(也有 2 端口和 8 端口等不同端口的固定式阅读器)，同时具有多种外部接口。

如图 5-5 所示为 Impinj R700 阅读器，是市场上性能最优的固定式阅读器之一，其具有如下特点。

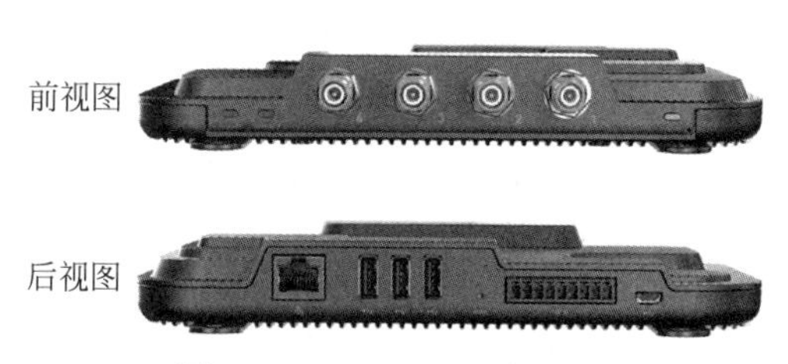

图 5-5　Impinj R700 阅读器

- 企业级可靠性和安全性：具有安全防护功能并支持现场升级。
- 专为企业级部署而设计：高速处理能力和优越的接收灵敏度，适用于企业级物联网解决方案。
- 开发简单：通过 API 轻松地连接到 IoT 应用程序，并支持主流的 IoT 数据传输技术。
- 系统构建强大的、支持自定义的解决方案：具有强大的嵌入式系统，支持自定义的阅读器应用程序。
- 快速连接到 IoT 应用程序：阅读器支持千兆以太网连接防止了数据阻塞并降低了

延迟。

- 可在恶劣的环境下工作：阅读器具有坚固、抗冲击的铸铝外壳。

R700的超高频RFID特性非常优越，体现在输出功率、标签识别速率、阅读器的灵敏度以及支持多种阅读器场景等几个方面。

- 输出功率：最大输出功率可达33dBm(PoE+供电)。在普通PoE供电模式下由于供电能力不足无法支持最大功率输出，因此只支持30dBm的输出功率。现阶段市场上超高频RFID阅读器的最大输出功率一般设置为33dBm，其主要原因是大功率可以获得更好的工作距离。并不是输出功率一味放大就可以增加工作距离，如果输出功率再增大，阅读器接收机中的载波信号会加强以至于系统的灵敏度下降，反而使系统的工作距离减小。
- 标签识别速率：可以达到最快每秒1100个标签，这是市场上速率最快的工业级固定式阅读器之一。R700采用的多标签算法在3.3.2节中有详细介绍。
- 阅读器的灵敏度：阅读器在误码率千分之一的条件下实现了-92dBm的灵敏度，可以说是市场上灵敏度最好的阅读器，领先行业其他竞争对手。
- 支持多种阅读器场景，如多阅读器场景(Dense Reader Mode)，或干扰较大的场景，阅读器可以根据环境的干扰情况调整工作方式。

从市场的反馈看，R700阅读器在主流固定阅读器中的性能第一，这与二十多年来Impinj公司的努力分不开，加上Impinj公司既有标签芯片，又有阅读器芯片，对整个系统的积累非常深，他们开发的R700阅读器无论在性能还是在稳定性上都有卓越的表现。

3. 手持式阅读器

手持式阅读器是超高频RFID应用中常见的阅读器设备，它不仅包含阅读器模块，还包含了操作系统、人机输入输出系统(按键、显示屏)、天线模块，可以说包含了一个超高频RFID系统中除了标签之外的所有元素。手持式阅读器体积小，操作方便，可以不依赖外界设备单独工作，广泛适用于资产管理、服装盘点、车辆管理、高速收费、仓储管理、金融管理等领域。

手持式阅读器根据是否带有操作系统和屏幕分为超高频RFID手持终端和超高频RFID蓝牙阅读器(也叫SLED)。

1) 超高频RFID手持终端

超高频RFID手持终端从出现至今也有十几年的历史了，其最早是通过手持条形码扫描枪改造而来的，只是在手持条形码扫描枪的前端放置了阅读器模块和天线。随着智能手机的发展，安卓系统的手机功能越来越强大且成本逐渐降低，因而手持终端的开发变为将安卓系统的手机增加握柄、阅读器模块和天线。如图5-6所示为Alien Technology的H450手持机，该手持机是笔者主导开发的产品。

H450手持机是一款具有按键的工业级手持机，具有如下特点：

- 支持一维条形码和二维码。
- 支持蓝牙、Wi-Fi、GPS和3G通信，还支持与智能手机相同的摄像头、麦克风、光亮

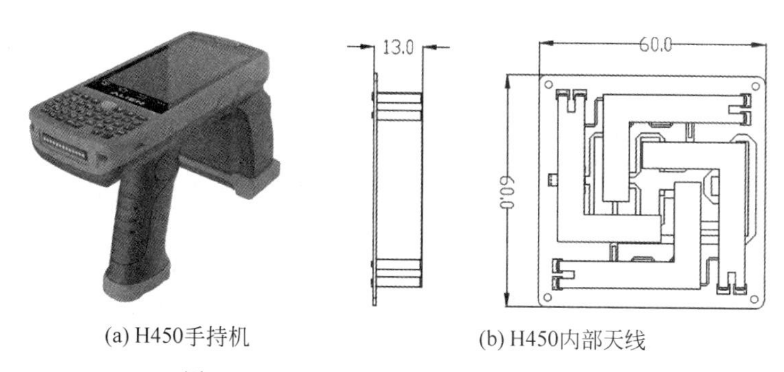

(a) H450手持机　　(b) H450内部天线

图 5-6　Alien Technology 的 H450 手持

及重力传感器等。

- 支持触摸屏和实体按键。实体按键的加入是许多工业用户的要求，因为一些应用场景中操作员需要带着厚重的手套，无法使用触摸屏。
- 有两块电池，一块 3200mAh 的电池在键盘的背面，一块 5200mAh 的电池在握柄内。
- 防护等级为 IP64。
- 支持 1.2m 跌落防护。
- 其超高频 RFID 模块为 R2000 的单端口模块，配合一个 5dBi 圆极化天线放置在手持机顶部的方形塑料盒中。支持 5～30dBm 的射频功率输出。

在一般的超高频 RFID 项目中，都会配套手持终端，用于人工盘点和管理，尤其是在服装应用中，每个门店都会有 2 或 3 台手持终端。

2）超高频 RFID 蓝牙阅读器

蓝牙阅读器，顾名思义就是通过蓝牙通信作为与外界数据交互的阅读器。蓝牙阅读器构造非常简单，包括一个阅读器模块、天线以及蓝牙接口，与手持终端相比只是缺少了安卓系统的硬件设备。蓝牙阅读器必须配合手机等带有蓝牙通信功能的设备才能工作，同样具有简单灵活的优点。与手持终端相似，蓝牙阅读器的前端也有一个方形塑料盒子，里面是阅读器模块、天线、扫描头等，如图 5-7 所示为该前端的装配图。

如图 5-8 所示为一款带有手机夹子的蓝牙阅读器。该蓝牙阅读器可以配套 Android/iOS 手机工作，直接从一台简易的蓝牙阅读器变为手持终端。该设备的特点如下：

- 尺寸为 143mm×76mm×140mm（仅主体）；重量为 483g。
- 电池规格：5200mAh；待机时间＞70 小时（蓝牙连接状态）；工作时间 6 小时左右（超高频群读）。
- 具有 3 个指示灯，分别是电源电量灯、工作灯、蓝牙连接灯。
- 支持蓝牙 4.0 和蓝牙 BLE。
- 连续滚动 1000 次 0.5m，6 个面接触面滚动后依然稳定运行，达到 IEC 滚动规格。
- IP54，达到 IEC 密封标准。
- ±15kV 空气放电，±8kV 接触放电。

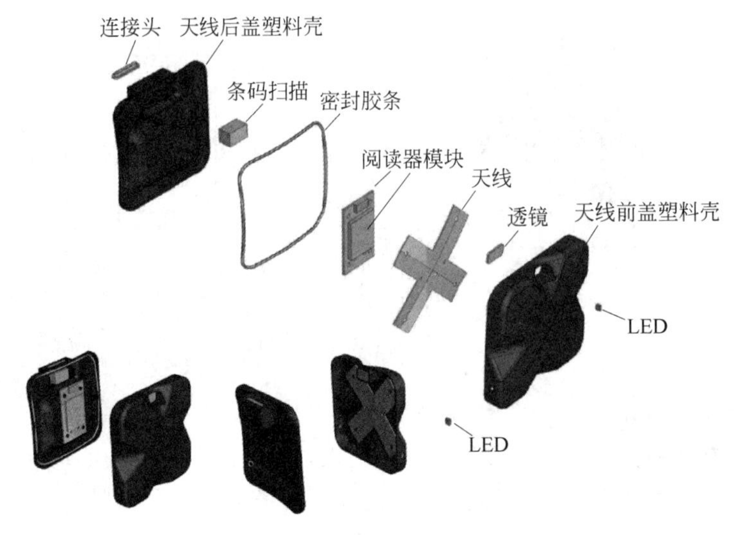

图 5-7 天线盒子装配图

图 5-8 带有手机夹子的蓝牙阅读器

- 支持一维条形码和二维条形码。
- 其超高频 RFID 模块为 R2000 的单端口模块，配合一个 3dBi 圆极化天线放置在手持机顶部的方形塑料盒中。支持最大 33dBm(2W)输出。

如图 5-9 所示为一个类似球拍形状的蓝牙阅读器，同样需要必须配合手机等带有蓝牙通信功能的设备才能工作。该蓝牙阅读器的特点是与手机完全分立，操作更方便，特别适合于服装盘点的应用。

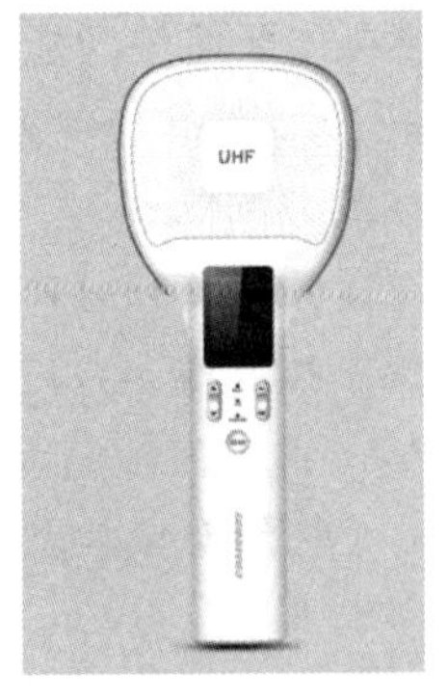

(a) 正面图

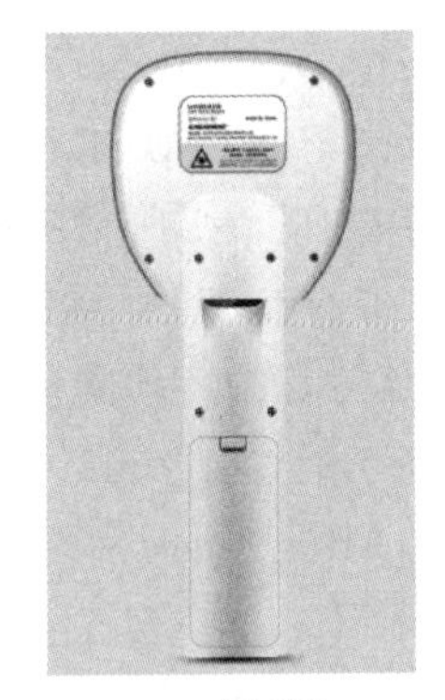

(b) 背面图

图 5-9 球拍形状的蓝牙阅读器

4. 一体式阅读器

一体式阅读器应用场景与固定式阅读器相同，都不需要人为改变阅读器的位置，不同点在于一体式阅读器内部集成了天线。常见的一体式阅读器为桌面读卡器和带有定位、数据处理等功能的网关(Gateway)设备。

1）桌面机

超高频 RFID 桌面机的产生是借鉴了 HF RFID 读卡器的应用场景。早期的公交卡、各种会员卡都是使用 HF RFID 技术，且需要大量的读卡器对 HF 标签进行初始化读取数据。因此超高频 RFID 桌面机只需要将原有的 HF RFID 读卡器内的模块和天线进行更换即可。

如图 5-10 所示为一款简易的超高频 RFID 桌面机，其特点为：

图 5-10　超高频 RFID 桌面机

- 超高频 RFID 桌面阅读器采用 Impinj R500 模块方案，最大输出功率 30dBm(对工作距离要求不高时可以采用成本更低的模块)。
- 内置 3dBi 圆极化天线，读取标签距离可达 0～1m(可调)。
- 可实现 100tags/s 的标签识别率。
- 可单独使用 USB 口实现供电以及通信功能，实现最简化的连接。
- 内置 LED 灯和蜂鸣器，可根据需求对 LED 以及蜂鸣器进行控制。单 USB 供电时最大输出功率为 15dBm，如需要输出 30dBm，则需要采用双 USB 供电。
- 写入性能极佳，特别适用于桌面发卡器或高性能工业应用中的标签识别设备。

2）网关设备

网关设计其实是高性能阅读器或模块与天线的结合，其表现形式有很多种，如作为物流使用放置在仓库门口的网关，或作为图书馆出入口的防盗门，或作为仓库顶悬挂的可以实现定位功能的网关，如图 5-11 所示。

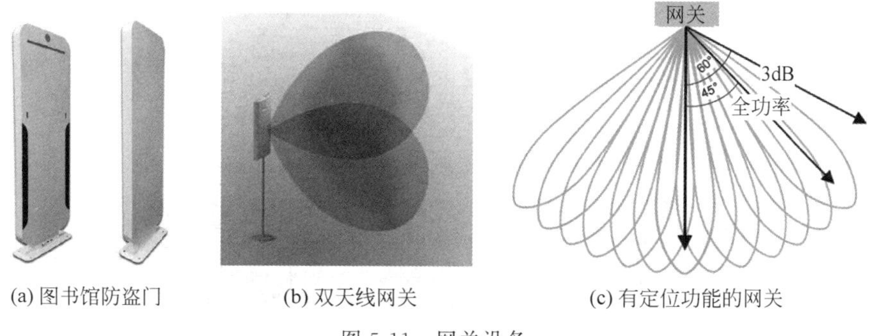

(a) 图书馆防盗门　(b) 双天线网关　(c) 有定位功能的网关

图 5-11　网关设备

这些设备的特点为根据具体的应用场景不同，将原来的固定式阅读器进行了一体化处理，配合更专业的天线实现良好的解决方案，许多网关设备内还带有强大的计算能力。这类网关设备的优点是专业性强，缺点是灵活度差，只能适合一类应用。

图 5-11(a)为一个图书馆防盗门网关，一般是由两扇门组成。该系统中有 4 个天线和一

个四端口模块或阅读器。如果采用固定式阅读器内置,则可以通过 I/O 口直接管理红外触发传感器;当采用阅读器模块时,则需要增加工控模块,管理 I/O 口和阅读器模块的工作和停止,并完成数据处理和传输。

图 5-11(b)为一个双天线网关,通过两个天线的切换,可以实现更好的覆盖,并减小盲点。

图 5-11(c)为一款带有定位功能的超高频 RFID 网关,当悬挂在房间顶部时,可以通过相位列阵天线的辐射角度变换判断房间内的标签分布位置。

视频讲解

5.1.3 阅读器外部接口详解

由于手持式阅读器和一体式阅读器的外部接口较为简单,所以本节将主要针对固定式阅读器的外部接口展开讲解,主要通过 Impinj 的 Speedway Revolution R420 和 Alien Technology 的 ALR-9900 这两款经典的阅读器设备作为案例进行详解。

1. Impinj R420 阅读器接口分析

如图 5-12 所示,为 Impinj R420 的端口连接图。图中从左到右依次是带有锁扣的外部直流 24V 供电接口、POE 网口、默认自恢复按键(Default Restore button)、USB Type B 接口(作为设备从机)、USB 接口(作为主机)、RJ-45 接口的操作台串口 RS-232(Console)、DE-15 口内部为 GPIO 和 RS-232。

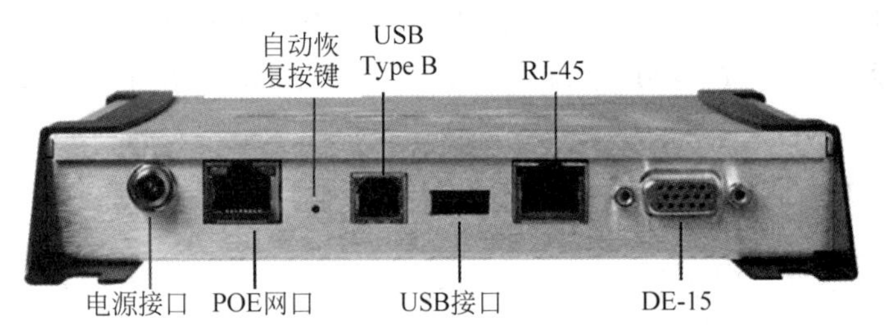

图 5-12 Speedway Revolution R420 端口连接图

如图 5-13 所示,为 R420 阅读器天线接口及状态灯,4 个 PR-TNC 天线接头和天线指示灯以及电源和状态指示灯。

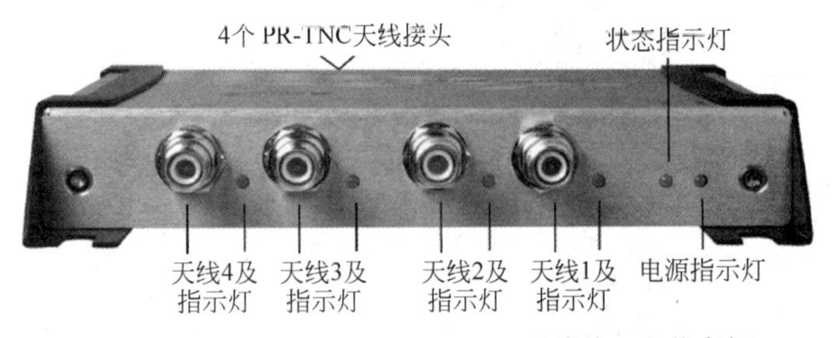

图 5-13 Speedway Revolution R420 天线接口及状态灯

从上述 Speedway Revolution R420 的资料进行分析,可以得出以下结论:

- R420 的供电方式有两种,分别是外部直接供电和 POE 供电,其中外部供电插头也为普通插头，在工业级应用中设备必须装在保护箱中。多数阅读器的供电为24V，只有少数的工业级阅读器或小型设备使用不同的供电电压。

- 具有从机USB接头，电脑可以通过USB接口控制阅读器并与之通信。实际案例中很少用USB与阅读器直接通信，因为稳定性不高。一般情况下，使用网口作为通信手段，少数使用RS-232串口。只有小型阅读器设备会使用USB接口通信，如小型桌面机。R420预留USB从机接口是为了方便开发者调试。
- 具有主机的USB接口，当设备的存储空间有限时，可以直接外接USB存储设备，扩大存储空间，可以理解为给计算机加了一个移动硬盘。此主机USB接口可以实现掉电保存功能，该方法被许多设备所采纳。
- 控制台RJ-45口，外形如网口，是类似思科设备的控制台串口，一般在阅读器内部配置参数时使用。
- GPIO的DE-15接口其实是一个普通计算机接头，需要再接其他转换头才可以把GPIO的4进4出和RS-232转换出来。当然这样设置也有它的好处——当系统通过串口或GPIO触发工作时(触发工作模式)只需要拉一根通信线。R420的GPIO接口有两个缺点：一个是使用不方便需要转接，另一个是GPIO的接口非工业级。
- 射频天线口为4个，并附有指示灯。一般的固定式阅读器输出天线口为4个，有的阅读器有2个或者1个，还有比较少的阅读器有8个射频天线接口，如MOTO的阅读器。如果需要阅读器连接更多的天线最好的方法是使用天线分配器。

2. ALR-9900阅读器接口分析

如图5-14所示为Alien Technology的ALR-9900阅读器外部接口图，对比Impinj的R420，其外部接口比较简单，包括多芯电源接口、9 Pin的RS-232串口、网线口、GPIO口。

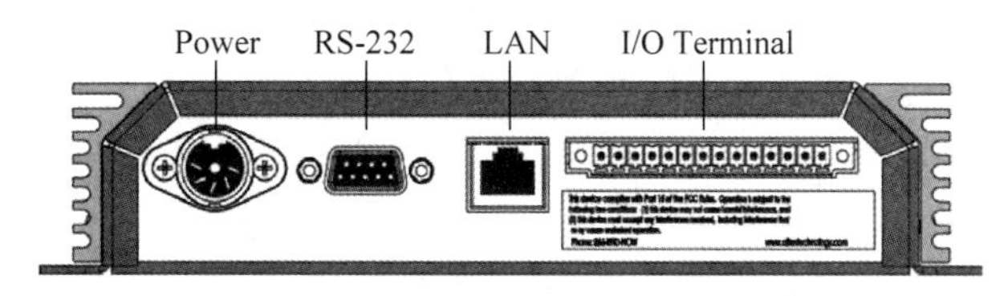

图5-14　ALR-9900阅读器外部接口图

如图5-15所示，ALR-9900阅读器同样有4个TNC天线接头，指示灯为电源(Power)、连接(Link)、天线0到天线3(Ant 0～Ant 3)、CPU、发现(Sniff)、错误(Fault)。其中Power表示是否有供电；Link表明是否连接网络；Active表明是否有数据在网络中传输；Ant 0～Ant 3表示各个天线是否在工作；CPU表示系统是否Boost成功并在运转中；Sniff表示有标签被阅读器发现；Fault表示阅读器是否出现错误。

从上述ALR-9900的资料进行分析，可以得出以下结论：

- ALR-9900采用工业级的电源适配器供电，多芯多电压输入，减少阅读器内部电源管理压力，EMC和EMI的稳定性提高，缺点是该设备没有POE供电，正常工作至少需要两根线缆。

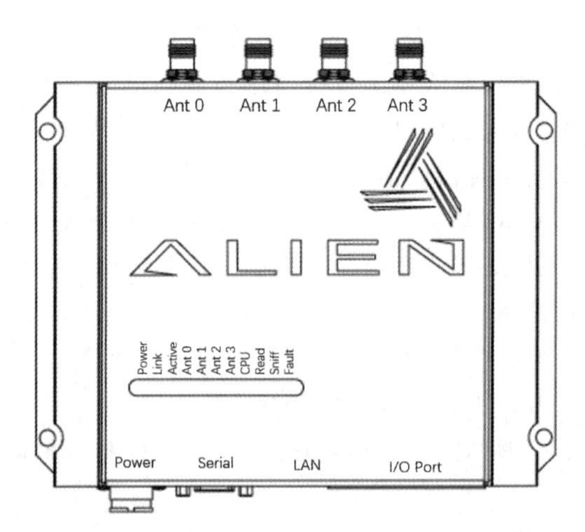

图 5-15　ALR-9900 阅读器天线接口及状态灯

- 串口采用标准 RS-232,使用 9-Pin D female 管脚,方便开发调试。
- I/O 接头使用了工业的标准接头,4 进 8 出 1 电源 1 地共 14-Pin,是非常专业的 I/O 接口。
- 指示灯非常齐全,开发和现场故障处理非常方便。

3. GPIO 接口对比

在做 GPIO 接口对比之前,先通过一个案例介绍一下 GPIO 的作用。如图 5-16 所示为 ALR-9900 阅读器给出的一个 GPIO 应用实例图,图中的叉车载着带有标签的物品通过一个区域,被区域内的红外传感器所感应,红外传感器通过 GPIO 的输入口将信息传递到阅读器。阅读器被红外信号触发启动盘点功能,发现正确的标签后通过 GPIO 的输出口点亮绿色指示灯,同时把标签的数据记录在阅读器的存储区。在整个叉车出/入库过程中,阅读器并未连接网络和计算机,只是通过自身的操作系统进行触发工作,不仅效率高而且节省了成本。许多智能仓库都采用这样的方案。

如图 5-17(a)为 R420 GPIO 的输入输出示意图,图 5-17(b)为 ALR-9900 GPIO 的输入输出示意图,两者的差异体现在电气隔离方式与供电方式的不同。

- R420 的 GPIO 与内部电路之间是通过电子管直连的;ALR-9900 的 GPIO 与内部电路通过光电耦合隔离,这样做的好处是当外界设备出现故障时不会损毁阅读器内部电路,也不会带来不必要的干扰。
- ALR-9900 的 GPIO 的输出 OUT 需要连接额外的电源供电 VDD,如图 GPIO 应用实例图中有一个很大的 24V DC 适配器供电,其输出电压可以达到 24V 0.5A。这个输出的驱动能力很强,可以直接驱动灯柱等外围设备;相比之下 R420 的输出驱动能力非常弱,只够实现简单的触发功能。

对比两个阅读器的 GPIO,ALR-9900 的要复杂很多,其优点为工业级稳定性高,而 R420 更加简单,可以直接与许多触发设备连接,使用简单方便。市场上大多数阅读器的

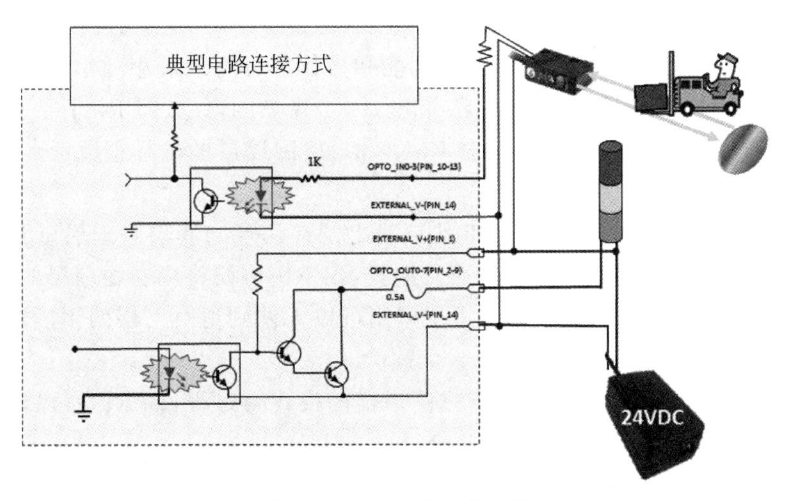

图 5-16 GPIO 应用实例图

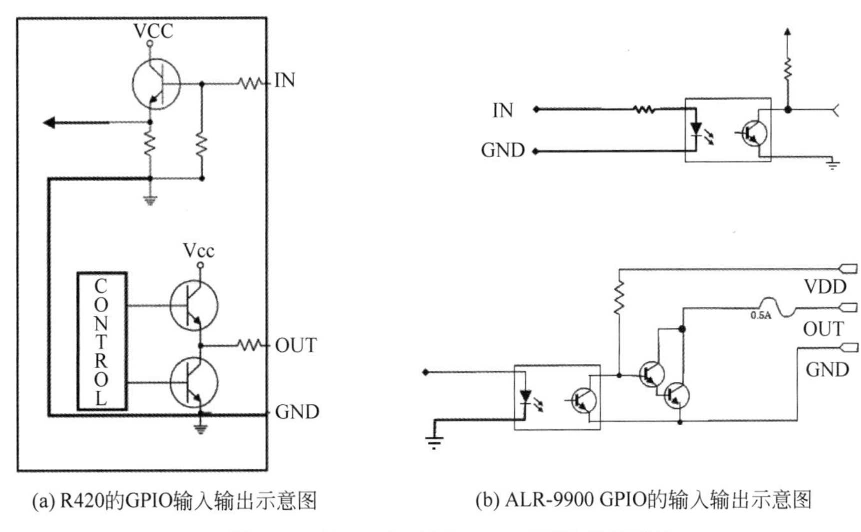

(a) R420的GPIO输入输出示意图 (b) ALR-9900 GPIO的输入输出示意图

图 5-17 R420 与 ALR-9900 GPIO 接口对比

GPIO 都是采用 R420 的方式。

5.1.4 阅读器协议——LLRP 协议详解

初级阅读器协议(Low Level Reader Protocol)简称 LLRP,也称为低级别阅读器协议,是市场上主流超高频 RFID 阅读器都兼容的一套阅读器协议。

1. LLRP 协议介绍

市场上每个超高频 RFID 阅读器厂商都有自己特有的阅读器硬件和配套的通信协议,但相互之间不兼容。当有一个大的项目需要同时使用多家供应商的阅读器时,就需要开发多套通信协议，管理十分不便。因此在EPCglobal的组织下，开发了LLRP协议。LLRP协议中低级别的含义是将原来阅读器的所有功能和操作都分解成最小的单元，每一步只完成最简单的一部分，如采用阅读器厂商的私有协议一个盘点的命令，LLRP需要多个命令才能实现。开发一个大项目时可以完全针对LLRP协议，阅读器的选择很宽泛，项目的代码复制也很简单。

在一个超高频RFID系统中，LLRP协议为上层应用层与底层物理层(阅读器设备)之间的中间接口，底层物理层因厂商不同而有差异，LLRP协议将底层物理层的差异屏蔽掉，为上层应用提供统一的协议接口，使得上层应用可以无差别地对下层的阅读器进行控制和管理。

LLRP协定定义了客户端与阅读器之间通信的格式与过程，LLRP协议通信格式单元为数据协议单位(PDU)，即报文(Message)。

LLRP协议有3个作用：标签数据的处理、阅读器装置的管理以及阅读器之间的协调与同步。LLRP的主要操作为盘点(Inventory)操作和存取操作，Inventory为阅读器在其读取范围内辨识标签中的EPC的动作，而Access则是对标签数据进行存取的动作，包含了读取(Read)、写入(Write)、锁定(Lock)及灭活(Kill)等操作。

2. LLRP操作与数据模式

从阅读器端传送给客户端的报文包含阅读器的状态回复报告、RF(Radio Frequency)调查、EPC盘点(Inventory)和标签存取结果回复报告等，从客户端传给阅读器端的报文包含阅读器配置档的获取与设置、阅读器的读取能力、管理盘点参数设定以及标签的存取操作等。

1) LLRP报文操作模式

客户端与阅读器之间典型LLRP报文序列会经过以下过程：

(1) 客户端在操作阅读器之前需先了解阅读器的能力，第一个过程就是客户端查询阅读器的能力，包含一般装置能力、LLRP能力及监管能力等信息，其内容可能包含天线数量、软件版本、支持何种通信协议、读取灵敏程度、是否支持RF调查等信息。

(2) 取得或设定阅读器的配置内容，包含设定阅读器事件通知模式、天线属性、ROSpec回复报告和AccessSpec回复报告的触发条件以及报告形态、事件和报告模式等。

(3) 发送阅读器操作命令，也即ROSpecs，其可能包含一个或多个盘点操作细节命令。

(4) 发送阅读器存取命令，也即AccessSpecs，其功能是要求阅读器存取标签数据。

(5) 获得的阅读器回复报告。

2) LLRP报文与动作

LLRP命令传输的最小单位为报文，报文可能由一组或多组参数(parameter)和场域(field)组合而成，在LLRP中大部分的报文是双向的，当客户端传递一组报文给阅读器时，阅读器会回复相对应的报告，如当客户端传送一个GET_READER_CAPABILITIES报文，则阅读器必须回复GET_READER_CAPABILITIES_RESPONSE报文，通知客户端报文是否成功及信息回复。LLRP报文依照功能分成下列几组。

- 阅读器装置能力报文：用于查询阅读器能力的报文，客户端在下达命令前必须了解阅读器的能力，以及阅读器支持何种命令，以便让客户端清楚如何对阅读器下达命令。
- 阅读器操作控制报文：控制阅读器通信协定中 Inventory 操作及 RF 调查动作的报文，Inventory 为辨识标签的操作，包含一连串的命令，当阅读器下达一个 Query 命令时，视为一个 Inventory 回合的开始；当客户端想要确认阅读器设备的操作环境，例如阅读器频率等，则需要进行 RF 调查的动作。
- 阅读器存取控制报文：客户端控制标签数据的存取操作的报文以及阅读器回复的报文，如对标签进行读取（Read）、写入（Write）、锁定（Lock）及删除（Kill）等存取操作。
- 阅读器装置配置报文：查询和设定阅读器装置的配置内容以及管理关闭客户端与阅读器之间连线的报文。
- 报告报文：这类报文主要有 Report、Notifications、Keepalives 三大类，当回传报告触发条件成立、使用者下达取得报告命令以及通知事件发生时，阅读器必须回复相对应的报告到客户端，报告可能包含阅读器的状态、标签数据、RF 调查报告结果等信息。Keepalives 主要是由阅读器向客户端发送，以确保与客户端的连线。
- 客户延伸报文：这个报文可以包含版本内容、客户需额外定义的数据格式以及数据内容等。
- 错误报文：此类报文负责定义错误事件或错误码，此错误报文会由阅读器回应给客户端。除了报文内容错误之外，如果接收到不支持的报文类型或是一个 CUSTOM_MESSAGE，阅读器也需要回应给客户端一个错误报文。

当阅读器接收到客户端传送的报文（message）之后，阅读器需做相对应的回复及动作。例如，当阅读器接收到 GET_READER_CAPABILITIES 报文时，阅读器此时应该回应阅读器的性能数据，除了回应客户端的要求之外，阅读器还需要时常发送 KEEPALIVE 报文给客户端，要求客户端保持连线以接收报文，而此时客户端需回应告知阅读器，没有回应阅读器将视为连线中断。客户端最后发送 CLOSE_CONNECTION 报文表示结束与阅读器的连线。

3. LLRP 的优缺点

LLRP 接口有以下优点：

- 客户端和阅读器之间的 LLRP 接口有助于对阅读器设备进行管理，以缓解阅读器对标记和阅读器对阅读器的干扰，并最大限度地提高了分离和数据操作的效率。分离是识别多标记环境中单个标记的过程。
- LLRP 接口提供了一种灵活的机制来管理对阅读器设备的访问操作，如读取、写入、删除和锁定。
- LLRP 接口帮助进行错误报告，并发现设备状态和设备功能。

LLRP 的缺点是操作复杂，阅读器厂商的私有协议效率远高于 LLRP 协议，一般的中小型项目中不会使用 LLRP 协议，只有大型的全球性项目或多阅读器供应商的项目才会使用它。

5.2 阅读器技术原理及创新

视频讲解

5.2.1 阅读器工作原理

在无源超高频 RFID 系统中，当标签进入电磁场时，标签接收到阅读器提供的能量被激活。阅读器将后台数据服务器发来的命令进行处理、编码并调制，通过天线以电磁波的形式辐射出去，同时为标签提供所需能量。标签一方面通过天线从电磁波中吸收部分能量以驱动标签电路工作，另一方面对包含有效信息的电磁波进行解调、解码，产生返回信号。标签通过对接收到的电磁波反射率的控制(负载调制)实现该信号的发射。阅读器将接收到的微小信号放大、解调，再送入数字基带提取有用信息发送给后台数据服务器，从而完成标签和阅读器的通信。

在此通信过程中，阅读器为标签提供能量向四周空间发射电磁波，到达标签后电磁波能量的一部分被标签吸收驱动标签电路工作，另一部分则以不同的强度散射到各个方向上，反射能量的一部分最终会返回阅读器的发射天线。标签正是利用这部分反射的能量，与阅读器实现数据传输。这种方式被称为反向散射技术(又叫后向散射)，是以雷达原理为基础的。

在无源超高频 RFID 标签系统中为完成与阅读器的通信，必须实现对反射信号的调制。反向散射是利用标签天线和其输入电路之间接口处的反射系数的变化来实现的，因为此反射系数是复数，故反射系数的变化实际是振幅和相位变化。其中改变反射系数是通过改变标签天线的阻抗来实现的。通过基于一种"阻抗开关"的原理实现控制标签天线阻抗。实际中采用的几种阻抗开关有变容二极管、逻辑门、高速开关等，其原理如图 5-18 所示。要发送的数据信号具有两种电平信号，通过控制一个简单的晶体管开关实现天线阻抗的改变，从而完成对载波信号的调制。因此，在整个数据通信链路中，仅仅存在一个发射机，却完成了双向的数据通信。

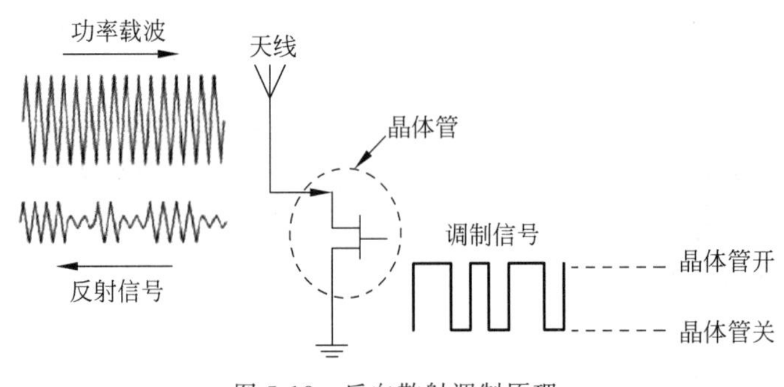

图 5-18 反向散射调制原理

为降低成本及减小阅读器体积而采用单天线系统(4 天线系统可以增加一个 1 分 4 的模拟开关)。由阅读器工作原理以及阅读器与标签之间的通信方式可以看出,在无源单天线系统中,超高频 RFID 阅读器系统结构框图如图 5-19 所示。超高频 RFID 阅读器系统根据功能主要分为数字基带和模拟射频两部分。电源模块为阅读器提供必需的能量以实现阅读器的正常工作,通信接口模块使得阅读器与后台数据服务器相连,实现阅读器与后台数据库之间的通信。控制模块主要实现阅读器数字基带的编解码、时序控制等功能,频率合成器主要为各模块提供它们各自所需的时钟频率。在单天线系统中,为使收发分置,利用隔离器件将接收信号与发送信号分离开实现半双工通信。天线主要负责接收标签后向散射回的信号及发送阅读命令和为标签提供能量的未调制载波。

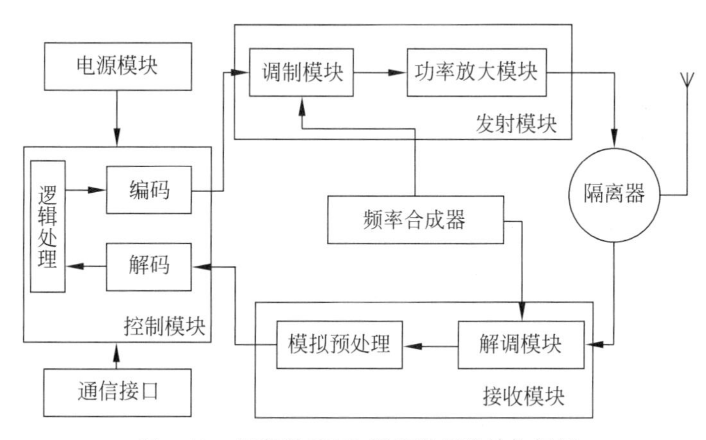

图 5-19 超高频 RFID 阅读器系统结构框图

射频部分主要由射频接收模块和射频发送模块组成。射频发送部分主要由调制模块和功率放大模块组成,负责将数字基带送来的信号调制成符合标准的信号,再经过功率放大模块放大。射频接收模块主要由解调模块和模拟处理模块组成,负责将从天线接收到的信号变频到模拟基带,经过模拟处理模块滤波、整形、放大,送往数字基带部分。其射频部分主要工作流程如下:

- 天线将从标签返回的电磁波转化为电信号,射频接收部分将电信号通过解调模块解调、滤波,并将微小信号进行放大、整形后送入数字基带进行处理。
- 将数字基带送来的基带信号对本振信号进行调制形成 ISO/IEC 18000-6C 标准规定的调制信号,再经功率放大形成最终的信号,最后通过天线以电磁波的形式辐射到空间。

其数字基带部分的主要工作流程如下:

- 将经过模拟预处理的信号进行滤波、整形、解码、校验,得到最终标签返回的有用信息,并通过通信接口送至后台数据服务器。
- 后台数据服务器通过通信接口发送命令给数字基带部分,数字基带将接收到的命令按照协议规定进行编码,形成基带信号送往射频处理部分。

5.2.2 超高频 RFID 阅读器结构方案

由 5.2.1 节所述，已从功能角度分析阅读器基本结构。本节将对阅读器的结构方案进行详解。由于超高频 RFID 系统遵循 ISO/IEC 18000-6C 协议标准，符合协议所要求的调制方式、数据率以及编解码方式，如图 5-20 所示为超高频 RFID 阅读器主流的方案框图。框图主要分为两部分：射频前端和数字基带部分，本节重点介绍射频前端部分（多数开发者采用专用芯片开发阅读器，射频前端是系统的关键）。

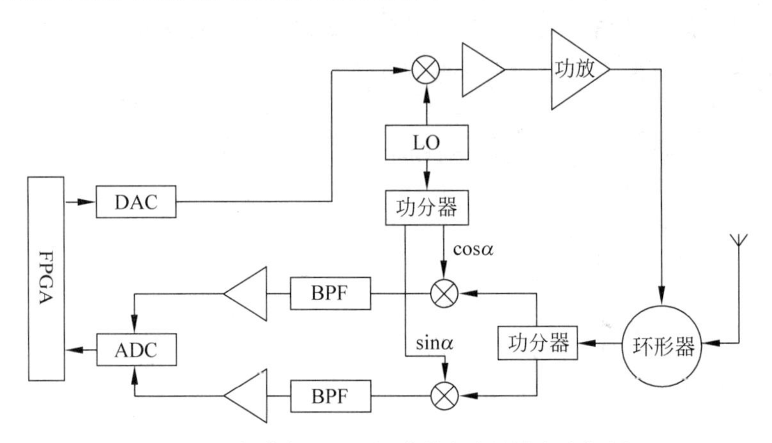

图 5-20 超高频 RFID 阅读器主流设计方案框图

本设计中，从天线经环形器馈入接收机的标签返回信号不像传统的射频接收机一样直接通过 LNA 和带通滤波器。这是因为在传统的射频接收机中，接收信号先通过带通滤波器，可以去除频段外的干扰，并对接收的微弱信号进行放大。但是在超高频 RFID 系统中，滤波器的用处并不大。因为其他频段的干扰信号幅度相对于无源标签反向散射的信号幅度较小（无源标签的信号强度一般为 −60dBm 左右，而同频带的干扰信号一般为 −100dBm 左右）；而不通过 LNA，则是因为超高频 RFID 的主要噪声来源于环形器泄漏的未调制载波，很容易导致低噪声放大器饱和并带来进一步影响。数字基带部分由模数转换器（ADC）、数字信号处理模块、协议控制器组成。其信号数字化采样、通道计算选择、数据相干判决以及数据编解码，都由一个单独的 FPGA 完成（如采用专用芯片，则芯片内部自带数字处理模块）。

1. 超高频 RFID 阅读器射频接收机架构

在现有的射频前端接收机结构中，最简单有效的设计便是在射频频段将信号数字化后直接送入数字基带进行处理，但考虑现有 A/D 转换技术限制及成本要求，接收机一般将从天线送来的射频信号先一级或多级下变频到能处理的频段再进行后续处理。根据混频器将天线送来的射频信号下变频到的频率不同，可将接收机分为超外差式接收机、零中频接收机和低中频接收机。

超外差接收机是利用本振将射频信号直接下变频到中频，选择性与灵敏度较好，较易实现有用信道的选择、A/D转换等，但其结构复杂，组合干扰频率点多，镜像干扰现象在3种结构中最为严重。零中频结构使本振频率与载频相同，将信号直接下变频到零频，不存在镜像干扰，使得结构相对简单、设计成本低，但存在本振泄漏、直流偏移等问题。低中频结构虽克服了直流偏移和闪烁噪声等问题，但是它对本振相位噪声要求较高并存在镜像干扰。在超高频RFID阅读器设计中，绝大多数采用零中频结构，将从天线接收到的射频信号直接通过本振下变频到零中频，并分为I/Q两路信号，如图5-21所示。

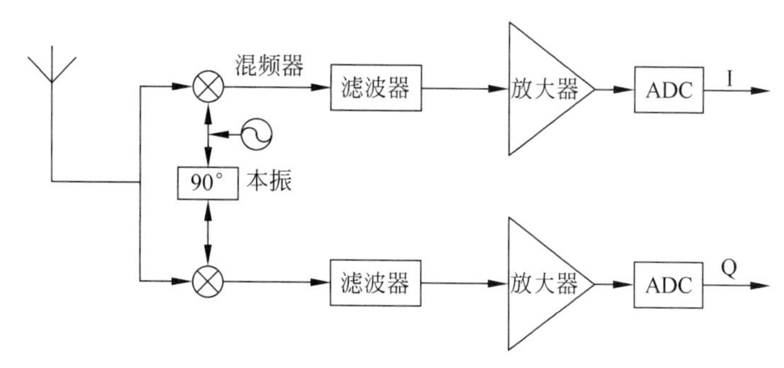

图5-21　零中频接收机架构

在超高频RFID阅读器中，接收机采用零中频设计结构的主要原因为：阅读器天线接收到的信号为标签对阅读器发送信号的反射，因此接收端接收信号的频率与阅读器本振信号频率相同，并且信号接收端本振和发送端本振可为同一个本振，从而简化电路结构并降低硬件开销。但仍然存在零点效应及信号自混频引起的直流偏移问题。直流偏移将导致后级电路阻塞或输入直流点偏移。

现今，在应对产生的直流偏移时，常用的方法如下：

(1) 在混频输出和基带之间加入一个截止频率很低的高通滤波器，滤除直流偏移的影响，为了不干扰有用信号，这些高通滤波器的截止频率通常应不低于数据率的0.1%，在实际应用中通常会用一个大电容代替高通滤波器。此方案最好对基带信号采用适当编码和合适的调制方式，以减少基带信号直流附近的能量。

(2) 对于时分复用(Time Division Duplexing，TDD)系统，由于收发时分复用，在发射阶段，接收机处于空闲状态，这时就可以利用这些空闲时隙对直流偏移进行采样并存储起来，在接收机转为工作状态时，将接收到的基带信号和存储的信号相减，就可以消除直流偏移的影响。

(3) 谐波混频。将本振信号频率设为接收射频信号频率的一半，本振信号的二次谐波与输入射频信号进行混频。因此，由本振信号泄漏引起的自混频将产生一个与其同频率的交流信号，而不产生直流偏移。有些器件支持该功能，在混频器内部对本振信号进行倍频或分频。

(4) 利用成熟的数字信号处理技术来确定直流偏移的大小，并将结果反馈回模拟前端来消除直流偏移。

在这些方法中，方法(3)较为复杂，在超高频 RFID 阅读器中，一方面直流偏移因为本振相位噪声的影响，不一定为直流，而是在低频段；另一方面，因为直流偏移噪声基本来自未调制载波通过隔离器件的泄漏，其强度远大于有用信号幅度，因此必须在放大器放大之前将其消除，故无法使用方法(2)。考虑到接收信号带宽有限，因此，为尽可能消除直流偏移问题，通常情况下在模拟前端采用类似(1)的方法，用截止频率较低的带通滤波器对其进行滤波，以滤除小部分有用信息为代价换取消除直流偏移现象，带通滤波器的低通截止频率由接收信号带宽确定。也可采用方法(4)，在射频前端增加功率抵消环路，消除直流偏移影响。市场上的绝大多数阅读器都是采用了方法(1)大电容隔离的方式减小直流偏置，其中，中高端阅读器同时还采用方法(4)载波抵消的技术方案提高系统灵敏度。

2. 发射机架构

在 ISO/IEC 18000-6C 协议中，前向链路和后向链路的调制方式、编码方式等因素决定了阅读器发射机的架构。在前向链路中采用 DSB-ASK、SSB-ASK、PR-ASK 调制方式，而后向链路采用 ASK 或 BPSK 对回波进行调制，因此发射机的架构要能够用于发送幅度和相位调制的信号，其结构图如图 5-22 所示，由混频器、本振、天线、功率放大器组成，利用本振和乘法器对基带送来的信号进行调制，经过功率放大器后由天线将射频信号辐射到空中。

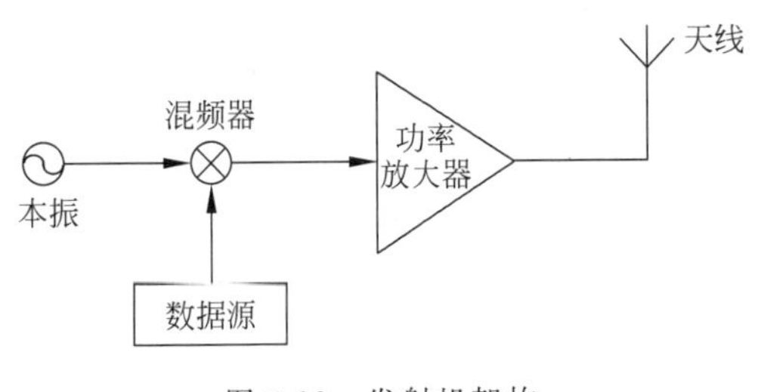

图 5-22　发射机架构

3. 收发通道隔离

无源 RFID 系统为半双工工作方式。阅读器一方面向外发射未调制功率载波为标签提供能量，另一方面还要接收标签后向散射回的有用信号，这种通信机制导致接收机前端的载波泄漏。阅读器工作时，两信号将同时出现在天线上且两信号频率相同，阅读器的发射信号强度远远大于接收的标签反向散射的信号。

载波泄漏信号的产生有 3 个途径：收发之间有限的隔离度使得发射端载波泄漏到接收前端；阅读器天线的失配造成载波信号反射到接收前端；环境对载波信号的反射再次进入接收天线。为了减小载波泄漏，需要在阅读器结构中将阅读器收发通道隔离，常用的隔离方式有 3 种，分别是采用收、发天线分离的双天线结构；采用环形器；采用耦合器。

1）双天线结构

对于使用无源标签的超高频 RFID 系统，无论是双天线结构还是单天线结构的阅读器，其接收前端都存在载波泄漏问题。对于如图 5-23 所示的双天线结构的阅读器，接收机天线与发射机天线之间的隔离度为 25～30dB，其隔离度与两个天线位置和摆放相关，如果两个天线靠得较近或辐射面相对则隔离度会大幅下降。

假设阅读器功率放大器的输出功率为 30dBm，接收天线收到的标签反向散射的信号强度为－60dBm，收发天线之间的隔离度为 25dB，天线的输入反射系数 S11＝－15dB(双天线

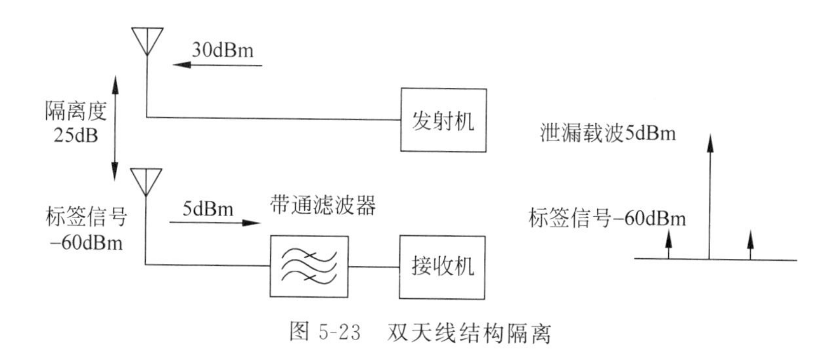

图 5-23　双天线结构隔离

结构中，天线的输入反射系数与载波泄漏无关）。此时产生的载波泄漏功率约 5dBm(30－25dBm)，通过带通滤波器后接收机收到的信号包括 5dBm 的泄漏载波和－60dBm 的标签信号。隔离效果的好坏主要由如下几个参数判断：接收机收到的载波信号的强度、标签信号的强度以及两个信号的差值。

- 接收机收到的载波信号越强，则直流偏移影响越大，所以接收到的载波越小越好。一般带有载波消除功能的阅读器能够处理的载波泄漏强度为＋15dBm 左右，如果大于该值将很难实现有效的载波消除，阅读器的灵敏度会受限。
- 接收机收到的标签信号强度越大，则系统越容易解调该信号，阅读器的灵敏度越高。在没有载波泄漏的情况下，阅读器的灵敏度可以达到－90dBm 之下的灵敏度，在有载波泄漏的环境中灵敏度会下降，中高端的阅读器可以实现在 10dBm 载波泄漏的环境下－80dBm 的灵敏度。因此标签反向散射的信号强度一般需要在－80dBm 之上。
- 两者信号强度的差值越小，信号处理越方便，可以获得更好的解调效果。接收机收到两个信号后，可以通过可变增益处理将两个信号同时变大或变小，从而满足载波消除和接收机小信号解调的问题。本系统中两者差值为 65dB，隔离效果非常不错。

双天线结构是常用 3 种隔离方式中效果最好的，其缺点是系统需要两个天线，成本和实施难度都提高了，应用时还需要注意两个天线的隔离问题。早期阅读器多采用双天线结构，不过随着对小型化、低成本、实施简易的要求，市场上的主流阅读器已经不再采用收发双天线结构了，而是采用收发同天线结构。

2）环形器

环形器是一种多端口器件（常见 3 个端口），采用的材料是铁氧体，利用铁氧体在恒定电场中对电磁波各方向表现出不同磁导率选择导通端口实现发送和接收通道的隔离。环形器是将进入其任一端口的入射波，按照由静偏磁场确定的方向顺序传入下一个端口的多端口器件。环形器是有数个端的非可逆器件。比如：从 1 端口输入信号，信号只能从 2 端口输出，同样，从 2 端口输入的信号只能从 3 端口输出，以此类推，故称作环形器。如图 5-24 为一个三端口的环形器，当从端口 1 进入时从端口 2 的插损为 1dB，同时端口 3 的隔离为 20dB。此处的插损 1dB 和隔离度 20dB 是常用器件的参数，实际中可以选择插损更小、隔离度更高的元件，这与环形器的尺寸和特性相关。

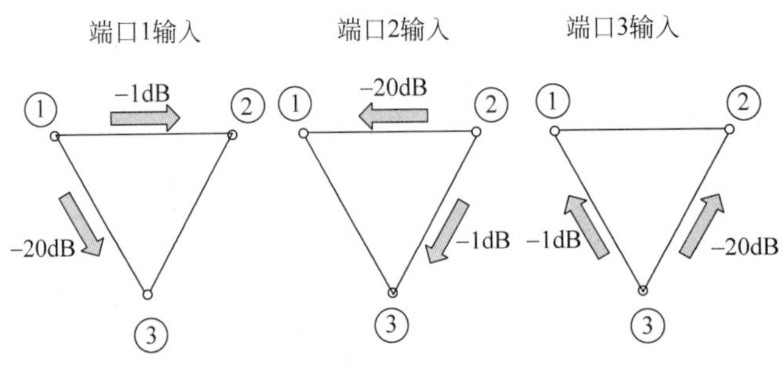

图 5-24　环形器原理

由于环形器具有直通和隔离的特性，因此非常适合超高频 RFID 阅读器的收发隔离系统，如图 5-25 所示为采用环形器作为隔离器件的单天线方案。同样阅读器功率放大器的输出功率为 30dBm，接收天线收到的标签反向散射的信号强度为－60dBm，天线的输入反射系数 S11＝－15dB。此时发射机的 30dBm 输出信号经过环形器衰减 1dB 后到达天线端辐射功率为 29dBm，由于天线输入反射系数为－15dB，则天线反射信号强度为 14dBm，该信号再次经过环形器衰减 1dB 后到达接收机，此时通过天线反射的载波泄漏为 13dBm。与此同时发射机的信号还可以通过环形器的隔离端口达到接收机，隔离泄漏信号强度为 10dBm，由于天线适配引起的载波泄漏是主要的，所以可以大致认为接收到的载波泄漏为 13dBm（13dBm ＞ 10dBm）。标签信号通过环形器衰减 1dB 后到达接收接，信号强度为－61dBm。

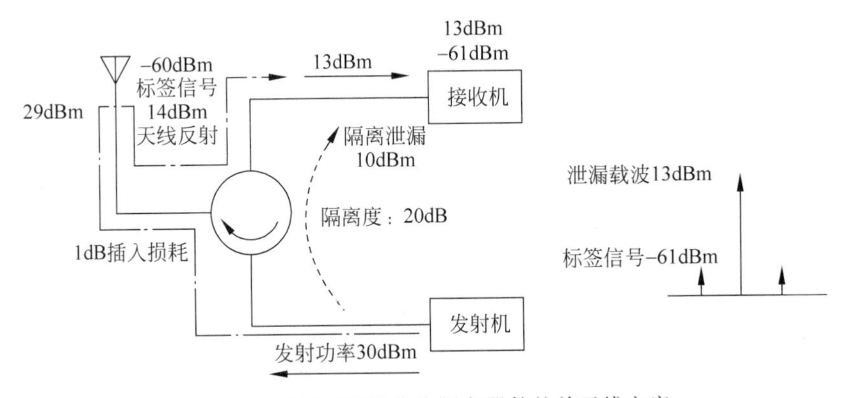

图 5-25　采用环形器作为隔离器件的单天线方案

从隔离效果看，使用环形器后，载波泄漏为 13dBm，可以通过载波消除的手段抑制；有效信号的强度为－61dBm，是不错的信号强度；两个信号的差值为 74dB，可以说有不错的效果。环形器在超高频 RFID 系统中广泛应用，尤其是高端阅读器，基本都采用环形器作为隔离器件。其缺点为尺寸较大，无法使用于小型阅读器或手持设备，再加上成本高，一般的阅读器都不采用该方案。

3）耦合器

在微波系统中，往往需将一路微波功率按比例分成几路，这就是功率分配问题，实现这一功能的元件称为功率分配元件，即耦合器。如图 5-26 所示为一个 4 端口的耦合器，其特点为：

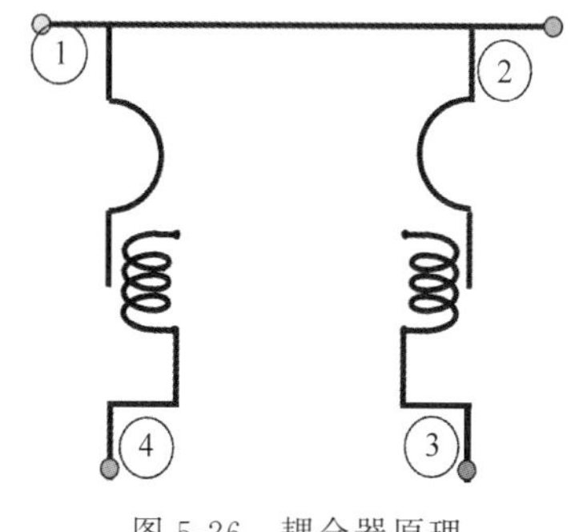

图 5-26　耦合器原理

- 1→2 为直接通路（direct path），衰减很小，一般小于 1dB。
- 1→4 耦合通路（coupled path），常见的耦合能量为 5dB、7dB、10dB 等，R2000 系列的阅读器常选择参数为 10dB 的耦合器。
- 1→3 隔离通路（isolated path），常见隔离度为 30dB。

超高频 RFID 阅读器常使用定向耦合器作为隔离元件。定向耦合器是一种具有方向性的功率耦合（分配）元件。它是一种四端口元件，通常由称为直通线（主线）和耦合线（副线）的两段传输线组合而成。直通线和耦合线之间通过一定的耦合机制（例如，缝隙、孔、耦合线段等）把直通线功率的一部分（或全部）耦合到耦合线中，并且要求功率在耦合线中只传向某一输出端口，另一端口则无功率输出。如果直通线中波的传播方向变为与原来的方向相反，则耦合线中功率的输出端口与无功率输出的端口也会随之改变，也就是说，功率的耦合（分配）是有方向的，因此称为定向耦合器（方向性耦合器）。

如图 5-27 所示为使用定向耦合器作为隔离器件的阅读器射频前端的结构示意图，其中阅读器功率放大器的输出功率为 30dBm，接收天线收到的标签反向散射的信号强度为 −60dBm，天线的输入反射系数 S11＝−15dB。定义该定向耦合器的输出端到输入端损耗为 0dB；输出端到耦合端的隔离为−30dB；输入端到耦合端的耦合为−10dB。此时，天线端的载波信号强度为 30dBm，天线失配反射的载波信号强度为 15dBm（30dBm−15dBm），耦合到接收机的载波信号强度为 5dBm（15dBm−10dBm），与此同时，发射机的载波也直接耦合

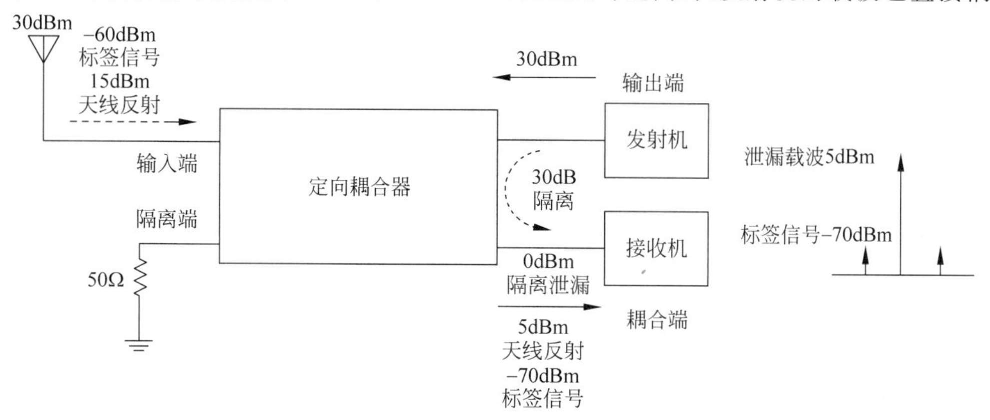

图 5-27　采用定向耦合器作为隔离元件的单天线方案

到接收机的信号强度为0dBm(30dBm－30dBm)。由于隔离泄漏的载波能量小于天线反射的耦合泄漏，因此可以认为接收机的载波泄漏信号强度为5dBm(5dBm＞0dBm)。标签信号通过耦合到达接收机的信号强度为－70dBm(－60dBm－10dBm)。

从隔离效果看，使用定向耦合器后，载波泄漏为5dBm自身泄漏并不大，还可以通过载波消除的手段进一步抑制，有效信号的强度为－70dBm，可以实现解调，两个信号的差值为75dB，与环形器的结果类似。定向耦合器借助其尺寸小、成本的优势成为超高频RFID阅读器系统中普遍使用的隔离器件。

定向耦合器的耦合系数太大或太小都不好，如果耦合系数太大，则接收机端的标签信号会衰减过大，导致低于阅读器芯片灵敏度无法解调；同理，如果耦合系数太小，则会有更多的载波泄漏入接收机。

在使用环形器和隔离器的电路中，天线的阻抗匹配是非常关键的参数，尤其是在阅读器大功率输出时，如果天线适配严重，则会引起接收机载波泄漏过大导致接收灵敏度下降。因此阅读器大功率输出时一定要选择输入反射系数小的天线，若天线的S11＞－10dB，则接收机很容易被泄漏的载波阻塞而无法工作。

许多阅读器都带有载波泄漏强度指示功能，可以显示当前的载波泄漏情况，也从侧面说明天线的匹配是否良好。如果未连接天线或天线适配严重，系统就会发出提醒，建议使用者检查接头或更换天线。其目的是保护电路。当大功率的PA输出的信号都返回到阅读器时容易引起高温，从而损坏电路。

视频讲解

5.2.3 载波泄漏消除技术

载波消除技术(Carrier Cancellation，CC)又叫载波抵消技术，也叫自干扰消除技术(Self-Jammer Cancellation，SJC)，是提高超高频RFID阅读器灵敏度的关键手段。

1. 载波泄漏消除技术的发展历史

5.2.2节多次提到载波泄漏带来的问题，然而在载波消除技术未被发明之前，超高频RFID阅读器主要采用了两种应对方法：一是承受载波泄漏的设计，这类阅读器通常利用高隔离度的环形器来衰减载波泄漏，通过设计无源高线性度的接收前端来承受载波泄漏信号的干扰，但无源前端噪声性能较差，影响灵敏度；二是利用衰减器减小载波泄漏，通过片内或片外衰减器减少载波泄漏信号，但同时衰减器也同比例减小了有用信号，从而降低了阅读器接收灵敏度。以上两种方法阅读器接收机灵敏度都不高：在0～5dBm载波泄漏时，阅读器接收机灵敏度通常为－70dBm左右，－10dBm级别及更小载波泄漏时，接收机灵敏度才可达到－85dBm，两种模式下灵敏度差异达15dB甚至更高。由此可见，较高的载波泄漏正是制约阅读器芯片接收机灵敏度的重要因素。因此，从2007年起，国内外学者开始对载波泄漏消除技术进行研究。

Analog Device公司的J. Y. Lee等人于2007年提出了一种具有载波泄漏消除的技术。该技术通过从片上本振信号抽取一路信号作为参考信号源，控制其幅度与相位，利用差分LNA与载波泄漏实时抵消的方法，信噪比有10～12dB的改善，最大可处理－6dBm的载波泄漏信号，在标签距离阅读器 90cm 处平均标签识别率从 0%提高到 42.8%。电路采用 0.18μm CMOS 工艺在 1.8V 电源电压下实现。

复旦大学的闵昊、倪熔华等于 2008 年提出通过片上本振信号抽取一路信号作为载波泄漏消除信号，控制其幅度与相位，与含有载波泄漏的有用标签信号分别输入差分 LNA 的两个输入端，实现消除共模载波泄漏信号，保留有用标签信号的目的，从而去除载波影响，最大可处理 5dBm 载波泄漏，灵敏度可达－80dBm。该电路采用 SMIC 0.18μm CMOS 工艺在 3.3V 电源电压下实现。

美国加利福尼亚大学的 A. Safarian 和 A. Shameli 等人于 2009 年 5 月提出了一种有源载波泄漏抑制前端，设置两条射频路径：线性路径同时放大载波泄漏信号与有用标签信号；非线性路径去除标签信号，保留载波泄漏信号，通过调整其增益，在输出端相减从而消除载波泄漏信号，放大有用的标签信号。该电路采用 0.18μm CMOS 工艺在 1.8V 电源电压下实现，信噪比有 50dB 的改善，最大可处理 15dBm 的载波泄漏信号。

韩国三星光电子的 S. C. Jung 等人于 2010 年 3 月提出了一种采用定向耦合器和阻抗调谐电路的载波泄漏抵消方法，该阻抗调谐电路通过 PIN 管和变容二极管来实现阻抗调谐，通过调节阻抗调谐电路使得定向耦合器隔离端产生失配并反射信号，该信号和载波泄漏信号一起进入到接收前端，调节从耦合端反射的信号，使其与载波泄漏信号大小相同、方向相反以达到消除载波的目的。该方法使得接收机灵敏度有 15dB 的提升，标签识别距离提高约 30%，工作频率为 840～960MHz。

复旦大学的闵昊、熊庭文等于 2010 年 2 月提出了一种利用分立元件实现的载波泄漏抵消方法，电路由分立的定向耦合器、相移器、衰减器、环形器和功率合成器等器件组成，通过微处理器控制载波参考信号的幅度和相位，通过加法器与载波泄漏信号抵消，在 920～925MHz 内收发机隔离性能从原来的 20dB 提高到 40dB。

韩国 J. Y. Jung 等人于 2012 年 1 月使用发射的连续载波信号作抵消参考信号源，控制其幅度和相位，利用加法器与载波泄漏信号抵消。该电路通过相移器、定向耦合器、功分器等分立元件实现，使得接收机读模式灵敏度最大提高 13dB。

韩国科学技术院 S. S. Lee 等人于 2013 年 2 月提出一种利用死区放大器来抑制载波泄漏的技术，该技术通过工作在 B 类的放大器，抑制载波信号，放大标签的调制信号，通过片上功率检测器和相应算法实现自动控制。该方法使得信噪比最高可改善 15dB，最大可处理 10dBm 的载波泄漏信号。该芯片采用 0.18μm 标准 CMOS 工艺实现，电源电压为 3.3V。

韩国三星电子公司的 M. S. Kim、S. C. Jung 等人于 2013 年 5 月提出了一种用直接泄漏耦合方法实现的具有自适应功能的发射端泄漏抵消前端。工作频率为 840～960MHz，该电路采用可变电容、可变电阻、电感、相移器以及 8 位微处理器等分立元件实现，和没有该抵消前端的阅读器芯片相比，商用标签的读取距提升了一倍。

至今仍有大量的学者和企业在针对载波泄漏的消除技术进行研究，这也是 Impinj R700 阅读器比上一代灵敏度更好的原因。

2. 载波泄漏消除技术方案

按照电路结构来分，现在主流的载波泄漏消除技术可概括为以下3种类型。

1）接收双路消除法

第一种载波泄漏消除方法为：在接收前端设置两条射频路径，其中一条为线性射频路径，另一条为非线性限幅射频路径，两条路径上的信号相减，保留有用标签信号且抵消泄漏信号。如图5-28所示，在射频接收前端，载波信号和泄漏信号同时通过两条射频路径：一条为线性路径，有用标签信号和载波泄漏信号都被放大；另一条为非线性限幅路径，该路径的输出信号只保留功率较大的载波泄漏信号的幅度及相位信号，去除了AM调制中位于包络中的标签信号，通过接收信号强度指示器(RSSI)监测输入输出信号的大小，通过由FPGA控制的数字算法调整非线性限幅路径的增益，使其输出信号和线性路径载波泄漏信号幅度、相位相同，在输出端相减，从而实现抵消载波泄漏信号、保留有用标签信号，该方法最大可获得30dB的载波泄漏信号衰减，然而抵消效果受到两条路径相位以及幅度匹配程度的影响，控制算法较复杂。

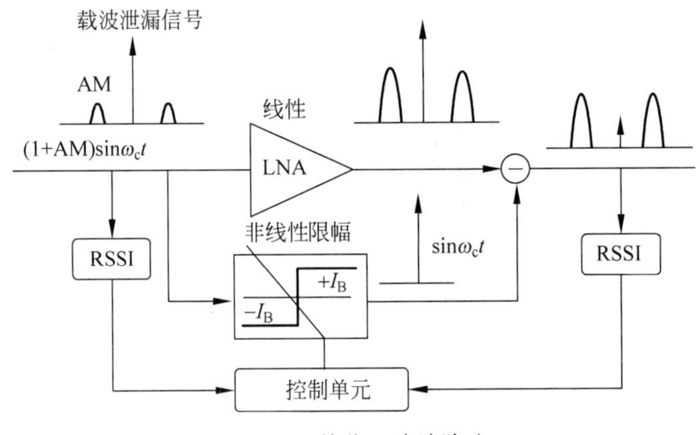

图5-28 接收双路消除法

2）负反馈环路法

第二种载波泄漏消除方法是通过载波泄漏消除负反馈环路来实现，如图5-29所示。该方法由载波消除参考源、相位及幅度调整、检测电路、控制单元4个电路模块组成。

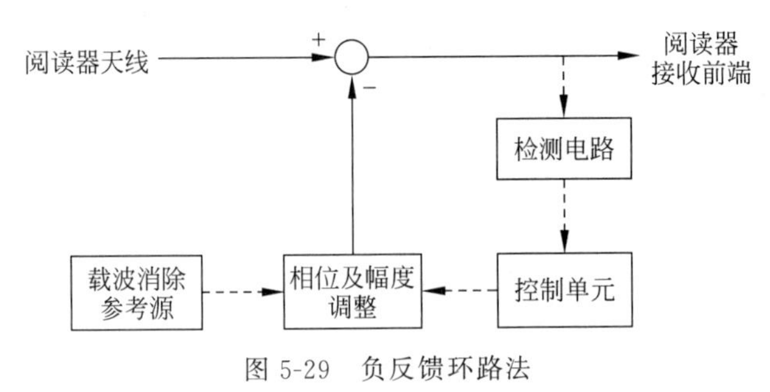

图5-29 负反馈环路法

其中，载波泄漏参考源一般从发射机输出经定向耦合器等方式获得；检测电路用来检测残留的载波泄漏信号，其实现方式可通过功率检测器在进入接收前端进行射频功率检测，也可通过检测经下混频后的 DC 量；控制单元根据检测电路的输出调节载波消除参考信号的幅度及相位，当该信号与载波泄漏信号幅度相同、相位相反，通过矢量相加即可完全消除载波泄漏信号，根据相位及幅度电路实现方式的不同，该方法具体有两种实现方式，如图 5-30 所示。

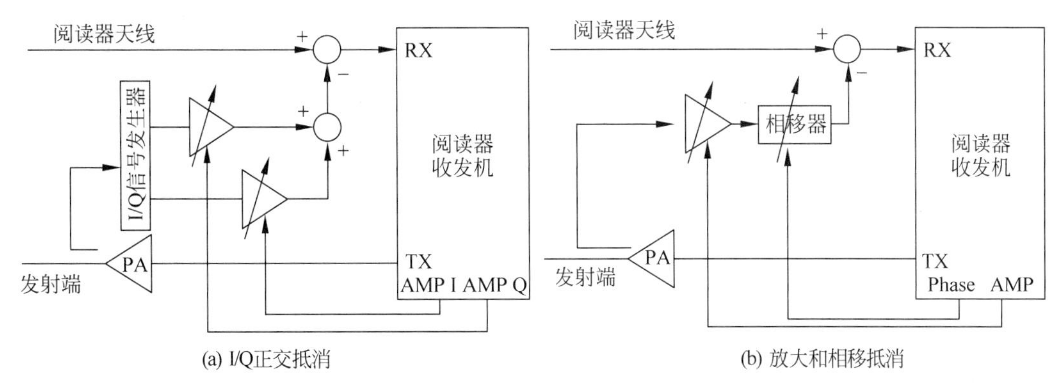

图 5-30　负反馈环路法电路实现

在图 5-30(a)中，载波消除参考源通过定向耦合器从发射机输出端获得，通过正交信号发生器产生两路正交 I/Q 信号，该电路通过由阅读器射频控制模块控制的两个可编程衰减器来实现其矢量合成信号的幅度和相位：同等程度地改变 I/Q 两路放大器的增益调节矢量合成信号的幅度；改变 I/Q 两路放大器的相对增益调节矢量合成信号的相位，该矢量合成信号与输入信号通过功率合成器或矢量加法器等方法相加，以消除载波泄漏信号。

在图 5-30(b)中，通过相同方法获得的载波泄漏参考源直接通过可编程放大器和相移器分别调整其幅度和相位，与输入信号在同一节点完成矢量合成以消除载波泄漏信号。

对于这两种电路实现方式，如图 5-30(a)所示的电路结构更容易与阅读器集成在一起，以 Impinj R2000 阅读器芯片为代表；如图 5-30(b)所示的电路结构一般通过分立的相移器和衰减器，以及微控制器来实现，以 R420 等高端阅读器为代表。

3）死区放大器抵消法

第三种载波泄漏消除方法是韩国科学技术院 Sang-Sung Lee 等人提出的一种利用死区放大器抑制载波泄漏的技术。根据 ISO 18000-C6 协议规定，标签向阅读器发送数据采用 FM0 或 Miller 副载波编码，DSB-AS 或 PSK 调制。当标签反向散射是通过改变标签内部天线阻抗的实部完成时，该调制为 ASK 调制；当标签反向散射是通过改变标签内部天线阻抗的虚部完成时，该调制为 PSK 调制。对于含有标签返回信号、载波泄漏信号的输入信号，标签以 ASK 调制数据时，只有包络中包含有用信号，该死区放大器可通过工作在 B 类的放大器实现。通过衰减位于死区内的载波泄漏信号、放大位于包络中的有用信号，从而达到抑制载波泄漏信号，放大有用标签信号的目的。通过片上集成的功率检测器、比较器以及预放大器来实现不同载波泄漏量的自适应消除,采用该方法信噪比最高可改善 15dB,最大可处理 10dBm 的载波泄漏信号。

在上述的 3 种方案中,第二种方案市场化最成功,即便如此,距离电子物理可以达到的灵敏度极限还有不小的提升空间,也期待大家在此技术上继续努力。

视频讲解

5.2.4 Impinj Indy 阅读器芯片详解

Impinj 的 Indy 系列阅读器芯片在全球市场占有统治地位。在采用专用集成芯片方案的全球中端阅读器市场中,几乎 100%采用 Indy 系列芯片。Impinj Indy 阅读器芯片的前身是 Intel 公司开发的阅读器芯片 Intel R1000,后 Intel 公司将该业务板块卖给了 Impinj,改名为 Indy R1000。R1000 芯片是最早的超高频 RFID 阅读器集成芯片。Impinj 后续在 R1000 的技术上又开发了带有载波消除功能的高性能阅读器芯片 R2000,从此确定了 Indy 系列在阅读器芯片市场的领导地位。

1. Indy 阅读器芯片系列

至今 Impinj Indy 共发布了 3 款阅读器芯片,分别是 R1000、R2000 和 R500,其中 R1000 的发布时间为 2008 年,R2000 和 R500 发布时间为 2010 年。这 3 款阅读器芯片均采用 0.18μm SiGe BiCOMS 工艺,如图 5-31 所示为 R2000 的硅芯片图。

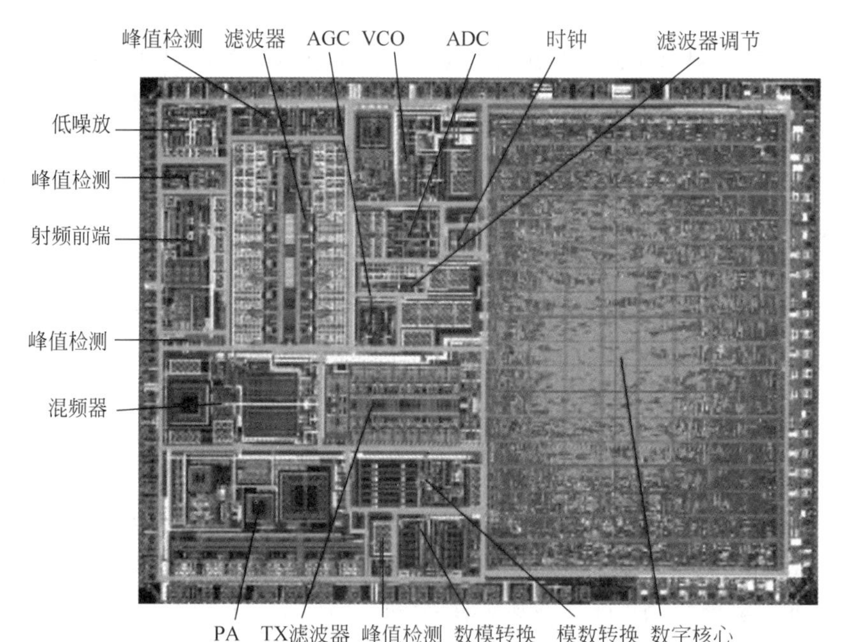

图 5-31 R2000 的硅芯片图

其中 SiGe 为硅锗材料,其特点为:高频特性良好,材料安全性佳,导热性好,而且制程成熟、整合度高,成本较低。

其中 BiCOMS 工艺的特点为:CMOS 工艺和 BiPolar 工艺是两种主要的硅集成电路工

艺，它们有各自的优点。CMOS 器件有集成度高、功耗低、输入阻抗高等优点。BiPolar 器件有截止频率高、驱动能力大、速度快、噪声低等优点。它们的优缺点正好互相补充，将它们集成到同一芯片上形成 BiCMOS 工艺，制得的器件性能定将超出单一工艺。由于 Indy 阅读器芯片中具有数字协议及处理部分，又需要射频高性能，因此采用 SiGe 材料和 BiCOMS 工艺的组合最合适，而 0.18μm 工艺具有很好的性价比，因此 Impinj 采用此选择。

作为全球最早出现的阅读器芯片，Indy 系列芯片具有如下优点：

(1) 集成度高。

- 集成了大约 90%的射频器件；
- 极大地降低了成本；
- 可以作为 RFID Modem；
- 适合于嵌入式应用。

(2) 灵活性强。

- 支持多种的阅读器设计模型；
- 尺寸小(R500 和 R2000 芯片 9mm×9mm；R1000 芯片 8mm×8mm)；
- 相对于分立设计功耗较小。

(3) 支持行业主要标准。

- ISO 18000-6B、ISO 18000-6C、ISO 18000-6D(IPICO)；
- EPC Global Class 1 Gen-2。

(4) 支持全球频段。

- 840～960MHz；
- 符合 SRRC、FCC，ETSI 规范要求。

如表 5-1 所示为 Indy 系列 3 款芯片的差异参数表。

表 5-1 Indy 系列芯片对比

比 较 项 目	Indy R500	Indy R1000	Indy R2000	说 明
RX 灵敏度(DRM)	−68dBm	−95dBm	−95dBm	密集阅读器模式的灵敏度
RX 灵敏度(LBT)		−110dBm	−110dBm	只是监听信道时的灵敏度
RX 灵敏度(10dBm 载波)		−70dBm	−82dBm	接收机 10dBm 载波泄漏时的灵敏度
RX 灵敏度(5dBm 载波)		−75dBm	−85dBm	接收机 5dBm 载波泄漏时的灵敏度
相位噪声@250kHz(dBc/Hz)	−124	−116	−124	相位噪声对于系统灵敏度和频谱规范有重要作用
封装尺寸	64 引脚 $9mm^2$ QFN	56 引脚 $8mm^2$ QFN	64 引脚 $9mm^2$ QFN	小尺寸且 QFN 封装，开发量产便利

由表 5-1 可以看出，在不同的情况下，阅读器的灵敏度是不同的，其中 R2000 芯片具有最好的载波消除特性，可以在 10dBm 载波泄漏的环境下依然保持很高的灵敏度。而 R1000

的芯片随着载波泄漏信号的增加灵敏度下降得很厉害。R500 芯片定义为中低端芯片，因此其灵敏度被锁死在－68dBm，但这并非坏事，对于近距离的阅读器，其稳定性优于 R1000 和 R2000。R500 和 R2000 芯片是在 R1000 芯片基础上开发出来的，因此锁相环的相位噪声有所提高，由于增加了载波抵消等功能，其管脚数量有所增加，因此采用略大的封装。

2. Indy 芯片架构

1）R1000

如图 5-32 所示为 R1000 芯片的框图，该芯片包含射频前端模块和数字模块，其中接收机采用零中频的一次变频方案。与传统的零中频接收机相比，其不同之处在于锁相环 PLL 通过发射电路给接收电路的混频器提供本振信号，而非锁相环分别给发射机和接收机提供本振信号，这是由于超高频 RFID 阅读器 RX 信号的载波是由自身发出的。

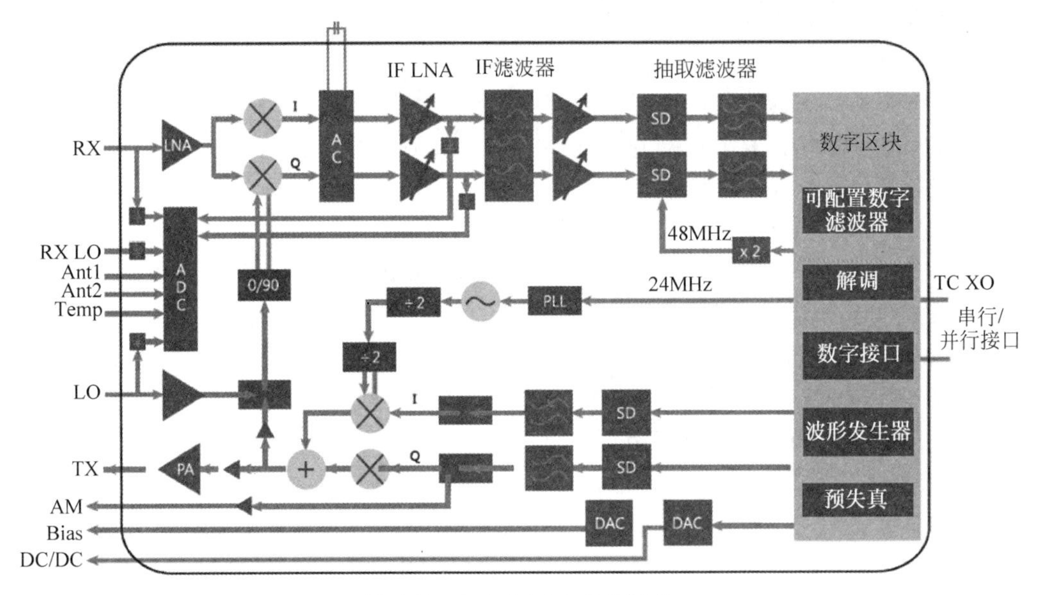

图 5-32　Indy R1000 芯片框图

标签反向散射的信号通过天线到达 R1000 接收机入口 RX，然后通过低噪声放大器(LNA)，将微弱的信号放大，再通过功分器，分为 I/Q 两路信号，并与本振信号相乘完成下变频。此时的信号具有很强的直流偏移，因此需要通过一个大电容的 AC 耦合，滤掉直流偏移影响。此时的标签有效信号已经变成了中频信号，再通过中频低噪放(IF LNA)和中频滤波器(IF Filter)。此时的信号具有较好的信噪比和解调性能，再通过一个可变增益放大器，其目的是调制信号幅度保证 ADC 采样精度。最终模拟基带处理好的信号通过 ADC 变为数字信号进行数据处理。

当阅读器需要发送命令时，波形发生器会产生需要的波形数字文件，再通过 DAC 转化为模拟信号，经过滤波后与本振相乘，完成上变频，成为超高频段的调制信号，再经过功率放大器输出芯片。

芯片的数字模块具有许多功能，包括数字信号处理、数字调制解调、数字接口管理和芯片电源管理等功能。

2）R2000

如图 5-33 所示为 Indy R2000 的芯片框图，其设计框架与 R1000 芯片基本相同。对比 R1000 芯片，其增加了载波抵消模块，大大提高了载波泄漏时的灵敏度。同时，还改善了 DRM 滤波器，支持二阶和高阶片外滤波器，从而实现更好的滤波效果。另外很重要的一点是，R2000 芯片大幅提升了锁相环 PLL 的相位噪声，不仅对灵敏度有改善，还对符合全球无线电规范的产品开发有帮助。

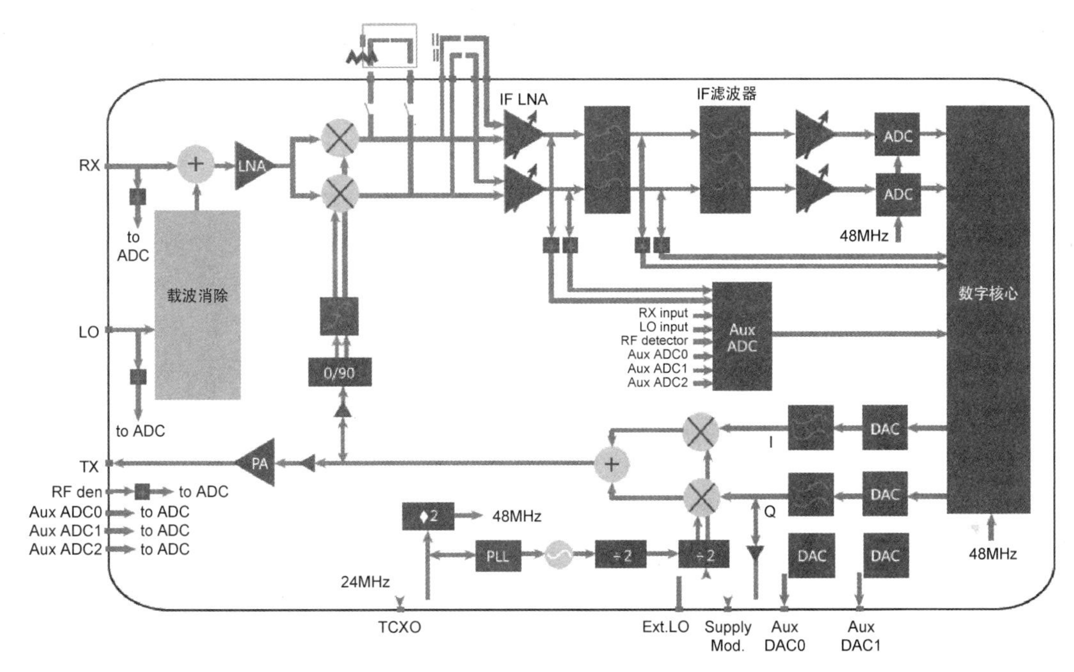

图 5-33 Indy R2000 芯片框图

R500 芯片其实就是 R2000 芯片的简化版，其基本参数完全相同，晶圆也是同一颗，只是在封装测试时在固件中锁死载波抵消功能，并在芯片封装时去掉了与载波消除相关的引脚的连接。

3. Indy R2000 载波抵消

5.2.2 节已经介绍了载波泄漏消除技术的实现方式，此处针对 R2000 芯片的载波抵消电路展开剖析。图 5-34 所示为 R2000 芯片内部载波抵消电路示意图。载波抵消电路是在芯片内的一个信号相加的电路，通过产生反向的载波，与接收端的泄漏载波相互抵消，从而抑制载波泄漏的大小。该电路实现方式为：

- 通过抽样耦合器从芯片的发射端引出一路参考信号。
- 将参考信号通过一个无源、低噪声的 90°多相位滤波器，输出为 4 路信号：＋I、－I、

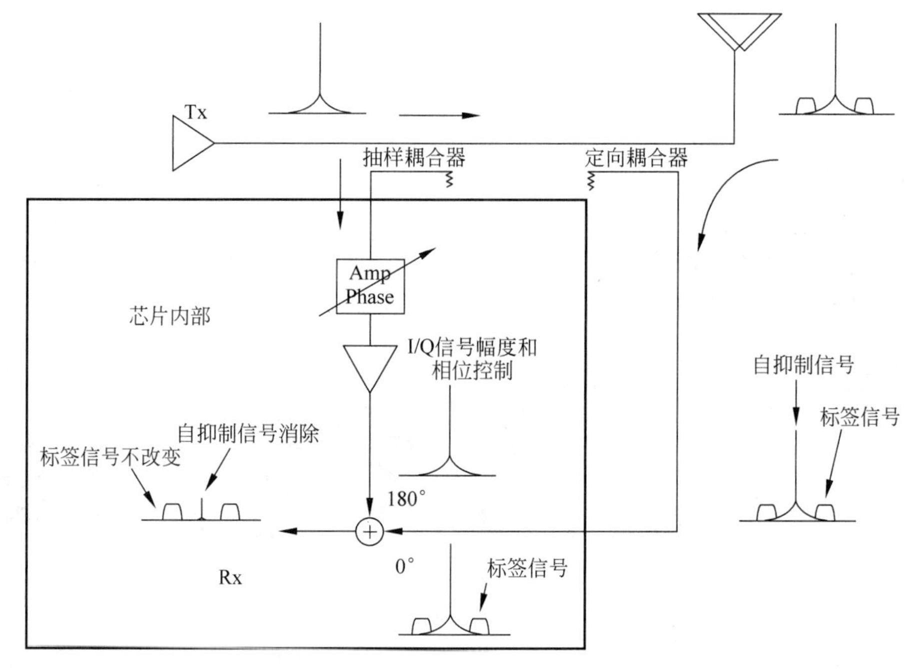

图 5-34　R2000 芯片内部载波抵消电路

+Q、-Q。

- 通过调整这 4 路 I/Q 信号的大小,可以实现一个与接收机泄漏载波大小相同、相位相差 180°的信号。通过两个信号相加后(载波抵消后)的信号强度判断是否达到载波消除的预期。
- 理论上,这个抵消信号具有与接收到的泄漏载波相同的相位噪声,当两个信号抵消时,系统的噪声(发射机自带再生)也会相互抵消,因而有效信号的信噪比也会有所提升。

该电路存在如下缺陷:

- 由于抵消信号是从发射电路中耦合出来的,其信号强度不会特别大,因此对于很大的载波泄漏信号无法进行有效的载波消除。
- 调整 4 路 I/Q 信号的大小产生抵消信号的过程需要经过多次尝试,尝试的次数越多抵消效果越好,但是消耗的时间越长,需要在载波消除效果和扫描时间中寻找折中点。
- 4 路 I/Q 信号的精度是有限的,精度越高可以产生相位与幅度更匹配的抵消信号,但其精度与成本及扫描时间相关,因此也需要寻找折中点。

在上述讨论中,I/Q 信号的精度、载波抵消的响应时间等问题都需要折中考虑,经过对市场需求的理解,Impinj 给出了一套快速寻找抵消信号的算法。R2000 芯片将输出 4 路信号:+I、-I、+Q、-Q 做 4 比特量化,每个信号的大小为 0～15,因此整个复频域空间共有

31×31=961个点。只要在这961个点中尝试,可以找到相对最合适的抵消信号,此参数的选择是经过折中考虑的结果。

为了提高寻找效率,R2000给出了一套快速寻找匹配点的算法,如图5-35所示,首先在复平面内粗略扫描一遍,寄存器会记录下每个扫描点对应的加法器后的功率计度数。粗略扫描结束后从寄存器中找到度数最小的点,并记录下来。下一轮扫描为详细扫描,将围绕刚刚记录下的点周围3×3的格子进行扫描(矩阵扫描),同时记录在寄存器中,寻找新的度数最小点。如果新的度数最小点不是上一个度数最小点,则进行下一轮详细扫描,继续对周围3×3的格子中未扫描的点进行扫描,直到无法找到新的最小点,结束扫描。通过上述算法不必对整个星座图遍历一遍,可以大大提升效率。当然读者也可以通过自己的算法减小扫描时间。

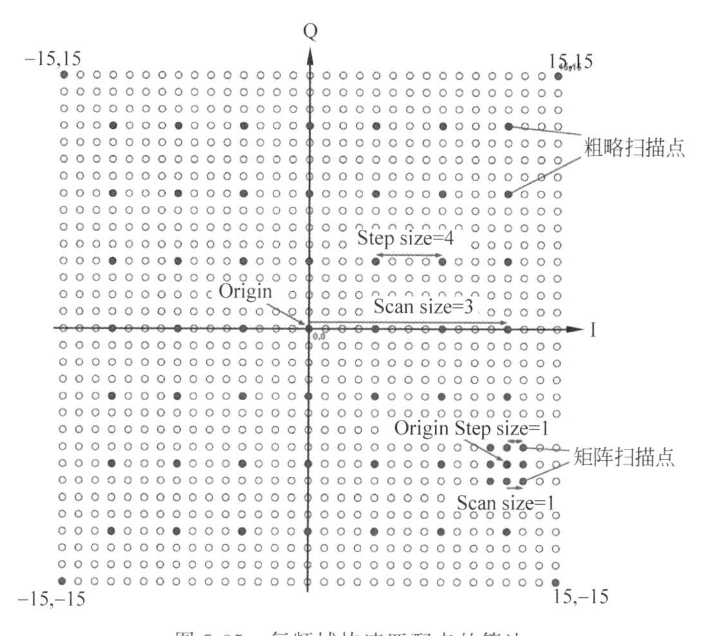

图5-35 复频域快速匹配点的算法

当R2000采用3MHz的数据采样频率实现SJC校准,且针对每个点的采样次数为16和8个样本,采样时间为5.3μs和2.6μs。执行一次粗略全扫描共需要49次,因此需要392μs。一个3×3矩阵扫描时间为72μs。为了获得更好的载波抵消效果,最好重复多次寻找合适的匹配点。在实际应用中,每次阅读器发出命令之前,都会先启动SJC电路完成载波消除。

4. Indy芯片使用架构和开发

如图5-36所示为Indy芯片的使用架构图,图中阅读器模块由Indy阅读器芯片、ARM7处理器(MCU)、功率放大器和隔离器件组成。其中,ARM7处理器中下载了Indy芯片的固件,包括Gen2协议,射频控制和接口等,通过调用Indy芯片的寄存器控制上述功能。主机通过 USB 或串口与 MCU 相连，通过 API 控制阅读器模块工作。

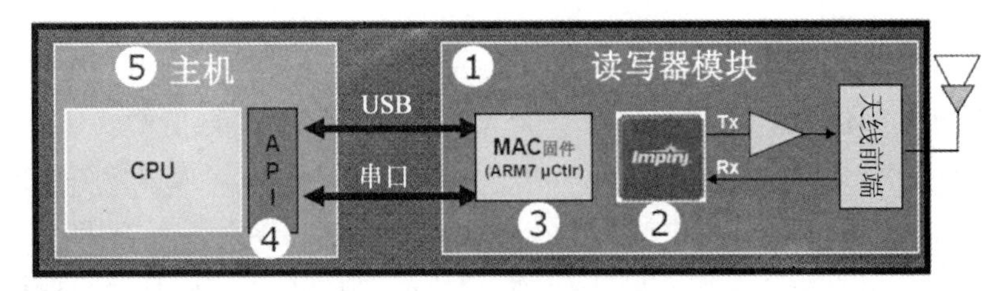

图 5-36　Indy 芯片的使用架构图

如图 5-37 所示为 Indy 芯片的固件架构图，该程序代码在 ARM7 芯片中，其中包括：

- 控制相关内容(Flash、GPIO、定时器、串口、调试)；
- 状态机管理；
- Indy 寄存器接口(SSP)其中包换 Gen2 协议和射频控制模块；
- 固件升级模块；
- 主机寄存器和命令逻辑。

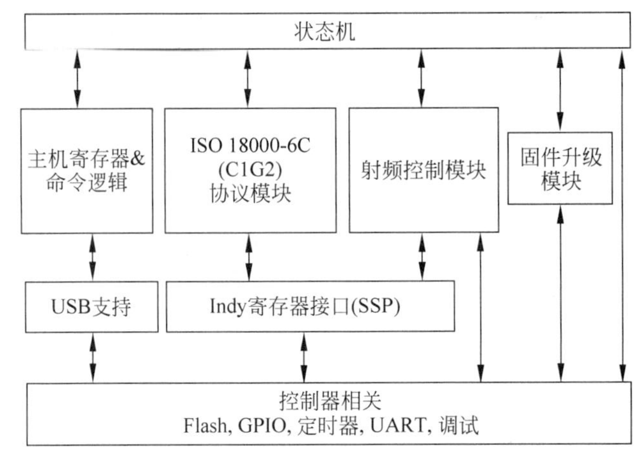

图 5-37　Indy 芯片的固件架构图

ARM7 固件内部 Flash 分 3 块，分别是：

- Bootloader，提供系统的恢复和升级机制。
- MAC 固件，管理调制解调器和主机接口寄存器。
- OEM 配置，静态设置寄存器，包括区域设置、主机接口设置、校准数据和板级诊断选项。

5.2.5　带有特殊功能的阅读器

视频讲解

4.3.5 节介绍了多种标签芯片的特殊功能，这些特殊功能中的大部分都需要阅读器的命令配合。本节主要介绍两种创新的阅读器功能，分别是接收信号强度(RSSI)处理功能和相位列阵定位功能。

1. 接收信号强度(RSSI)处理功能

市场上主流的阅读器在盘点标签时，不仅可以获得标签的EPC数据，同时还会获得该标签的信号强度。RSSI(Received Signal Strength Indicator)是接收信号的强度指示，它的实现是在反向通道基带接收滤波器之后进行的，体现为基带I、Q信道功率积分得到的瞬时值。当信号小于灵敏度或遇到干扰时则EPC无法被解调出来，因此RSSI的值一定大于灵敏度。

1) RSSI强度过滤

RSSI的数值越大表示信号越强，当使用同样的标签在辐射场中时，RSSI越大可以解释为标签距离阅读器天线越近。因此可以通过RSSI的信号强度判断标签与天线距离(具体计算方法可以参照2.3.3节)，从而实现过滤功能，如图5-38所示，将阅读器收到的信号强度根据一定特征分类，并选中其中的一类标签进行操作。如在一些近距离识别的应用场景中，远处堆放的标签有时候会被识别到，影响应用管理。这时，可以通过采用近距离过滤的功能。此时只有信号大于－40dBm的标签可以被识别，远处的干扰标签就可以被滤除掉。

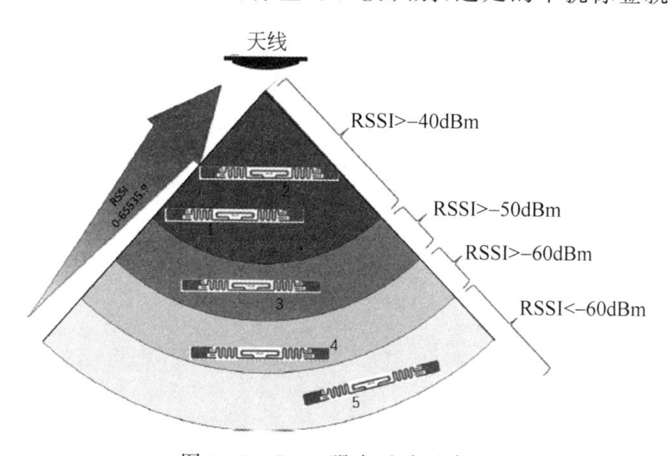

图5-38 RSSI强度过滤示意图

在实际应用中，通过RSSI过滤的应用有不少缺陷，主要是由于RSSI与标签的距离只有在理想状态下才能保证对应关系，主要是由如下几个问题引起的：

- 标签的一致性较差，标签生产时就存在一致性问题，且不同的标签灵敏度和反向散射的调制深度也不同，尤其是当标签贴放在不同物体上时，阻抗失配状况无法获得。
- 阅读器的灵敏度有限，在阅读器计算RSSI信号强度的时候会受到载波泄漏和直流偏移的影响，所以标签的RSSI会有一定的误差。
- 阅读器天线辐射与标签的耦合，即使阅读器天线采用圆极化天线，当标签垂直于天线平面时，则标签收到的信号强度会大幅下降甚至无法工作。

因此只是靠RSSI来判断标签的距离的确会存在不少误差。在利用RSSI的时候有几个窍门，对于常规标签正面识别时，RSSI读数非常大，如果大于－40dBm，那么一般标签都很近；RSSI 读数非常小时，如果小于－70dBm，那么标签一般很远。RSSI 读数很大的情况很容易理解，只有正向和反向损耗都很小才能有大的 RSSI；同理，只有在正向和反向损耗都很大的时候才能有很小的 RSSI。而有一些标签虽然距离天线不远但由于阻抗失配正向损耗很大，但其反向损耗不大，因此不会落在 RSSI 很大或很小的区间。

如果只是分析一个固定的标签，可以通过 RSSI 分析天线的辐射场区内的信号强弱变化。这一点对于现场测试非常有用，在没有便携功率计测试时，可以使用一个固定的标签摆放在不同的位置通过阅读器获得不同位置的 RSSI 信号强度数据，绘制出一张辐射信号强度分布图(6.1.3 节有辐射场图的相关介绍)。

2）速度及方向过滤

由于可以通过 RSSI 计算标签与阅读器天线之间的距离 s(计算方法可以参照 2.3.2 节)，RSSI 越大对应的 s 越小(距离近信号大)；同理，RSSI 越小距离越远。多次采集数据后获得连续时间内的多个 s，可以对 s 求导计算标签的速度 v。如图 5-39 所示，一个静止的标签，其 RSSI 的强度几乎保持不变，因此其速率表现为 0；当一个标签靠近天线时，其信号强度会变大，通过公式计算的 s 会变小，因此将标签向靠近天线运动的方向记为方向负(－)，同理远离天线的方向为方向正(＋)。当一个标签从天线辐射场区外进入场区内再离开场区，则获得的标签的 RSSI 变化为先变大再变小，速度变化为先负方向，再正方向。

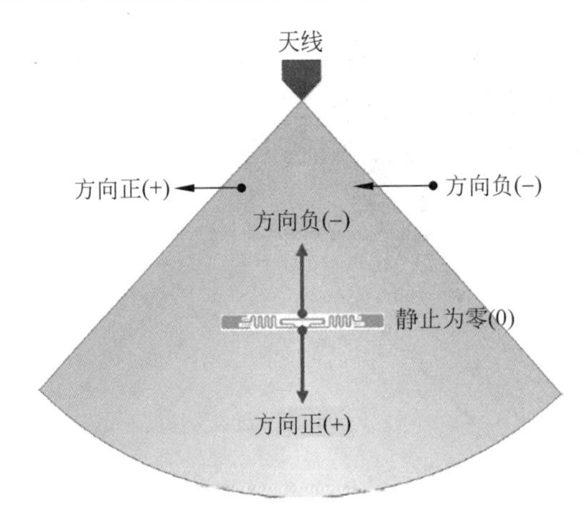

图 5-39　RSSI 方向判断示意图

在实际应用中，可以充分利用速度方向的特性，因为这个特性不会因为环境差异而发生变化，准确度非常高，只有在极少的情况下由于墙面或金属反射引起方向判断错误。通过 RSSI 速度方向的判断对于仓库的进出库管理等应用效果显著，尤其是配合具体的速度判断。如图 5-40 所示，不同移动速度的标签可以通过 RSSI 的变化速度展现出来，在快速进出库的叉车应用中，即使库房中有干扰标签的信号由于反射进入识别区域内，由于叉车内的物品标签具有相同的速度特性，而反射标签不具备该特性，从而可以过滤掉干扰标签。

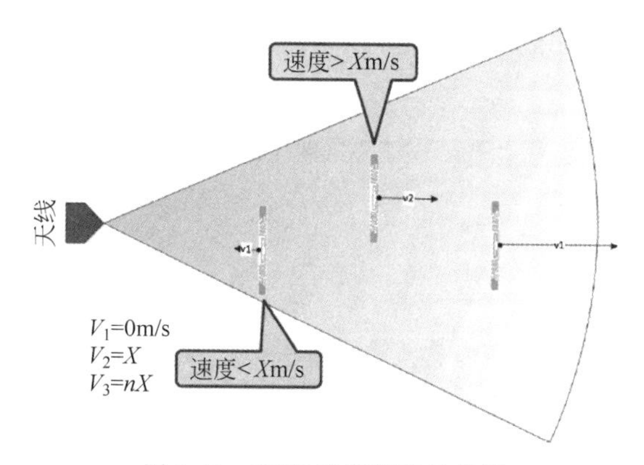

图 5-40 RSSI 速度判断示意图

3）RSSI 行为分析

在传送带的快速设备场景中，由于环境很难控制，因此无法实现传送带上的阅读器与标签一对一识别，许多时候阅读器都可以识别到传送带上前后多个标签，无法判断哪一个是正上方的标签。当采用 RSSI 作为判断手段时，可以通过“顶点”判断的方式确定哪一个标签是当前位置的标签，如图 5-41 所示。尤其是面对流水线上的标签一致性不同的情况，虽然每个标签的信号强度不同，但是它们的“顶点”是相同的。

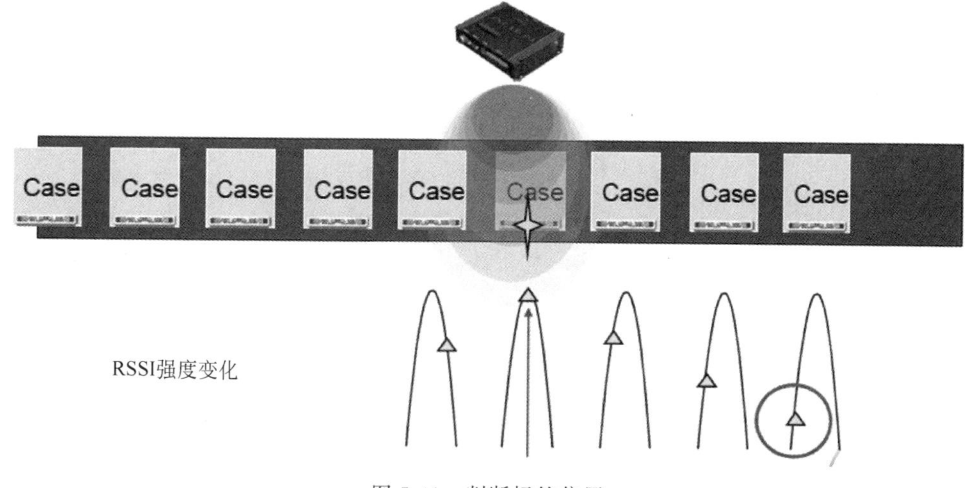

图 5-41 判断标签位置

这种“顶点”识别的方案在物流包裹分拣、单品贴标、流水线写标等场景中有很大帮助。

通过 RSSI 的数据分析还可以实现对零售客户行为的分析，该技术称为 RFID“天眼”。顾名思义，就是将超高频 RFID 阅读器天线放置在使用了电子标签的零售店铺的天花板上，并不断扫描覆盖区域的标签，相当于有一双眼睛一直看着这些标签。当有人经过时，人会遮挡或反射阅读器的电磁波，引起阅读器收集到的标签 RSSI 变化，经过 AI 学习，很容易判断出顾客的行走路径和停留时间，以及物品被拿起或带走等行为。如图 5-42 所示为“天眼”覆盖下的 3 个标签 RSSI 的变化曲线,从中可以判断出:有顾客经过、顾客离开、A 物品被拿起来以及 A 物品被带走。

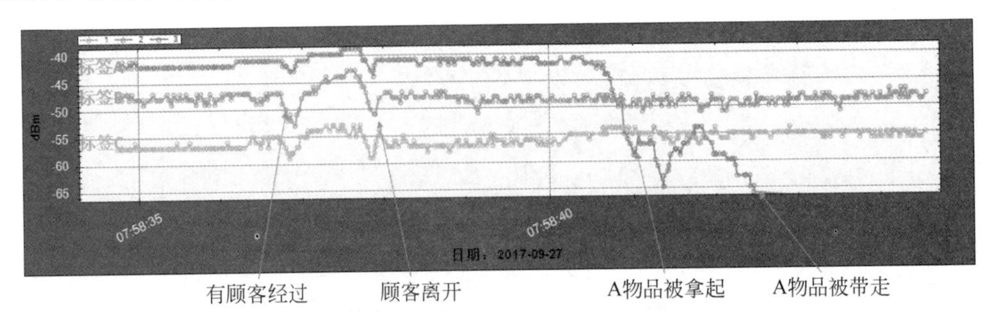

图 5-42 RSSI 数据分析曲线

至今,已经有多家超高频 RFID 厂商正在研究"天眼"技术,且已经有一些成功的试点,虽然技术还没有完全成熟,存在一定误判,但有不少的指导意义,尤其给新零售的发展开辟了一条新的道路。

2. 相位列阵天线

1) 超高频 RFID 相位列阵天线

相位列阵天线又叫相控阵天线,指的是通过控制阵列天线中辐射单元的馈电相位来改变方向图形状的天线。控制相位可以改变天线方向图最大值的指向,以达到波束扫描的目的。可以简单地理解为,传统的天线只有一个固定的辐射图,而列阵天线可以有多个不同方向的辐射图。当超高频 RFID 系统中使用了相位列阵天线后,可以将一个天线变成多个不同方向的天线,如图 5-43 所示为一个带有相位列阵天线的网关辐射图,原有的天线主瓣辐射轴 $\theta=0°$,对列阵天线中指定辐射单元进行相位调整后,其主瓣辐射轴会发生偏转,最大可以偏转 45°。采用图 5-43 方案的相位列阵网关,对比传统方案,覆盖范围大幅增加,原有的 3dB 辐射角度为 30°,现在变为 120°。

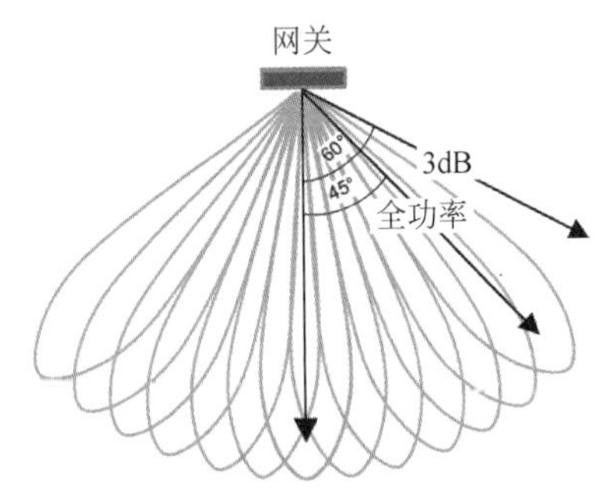

图 5-43 相位列阵天线的网关辐射图

相位列阵网关具体工作时可以理解为一个单端口阅读器变成一个多端口阅读器(相位存在多少种组合对应多少端口),原来单端口的阅读器只能接一个天线,辐射范围固定,而多端口阅读器可以接许多个天线,且每个天线辐射的范围不同,这个多端口阅读器可以根据需求选择需要扫描的区域启动对应的端口发射信号通过对应的天线覆盖指定的区域。

不过相位列阵网关也存在自身的问题,虽然其覆盖范围比传统的增大了很多,但需要不断地切换相位进行扫描,因此完成整个区域的扫描时间是过去的几十倍。若标签的数量较多则扫描时间会更长,就存在遗漏运动标签的情况。相位列阵网关的另外一个缺点是其设计和开发成本较高，如果只是为了增加覆盖区域，可以直接采用两个或多个天线辐射覆盖的方法，其覆盖的区域一般大于单个相位列阵网关的区域。只有在天线安装空间有限的情况下才会用单个相位列阵网关替代多天线系统。

2）相位列阵天线定位功能

市场上常见两款相位列阵网关：Impinj 的 xSpan 和 xArray。如图 5-44 所示为 xArray 的波束方向图，xArray 为一个正方形的相位列阵网关。当 xArray 悬挂在屋顶时，其覆盖区域为圆形，共 8 个扇区 52 个辐射区域，可以简单地理解为一个 52 端口的阅读器连接着 52 个不同辐射区域的天线。

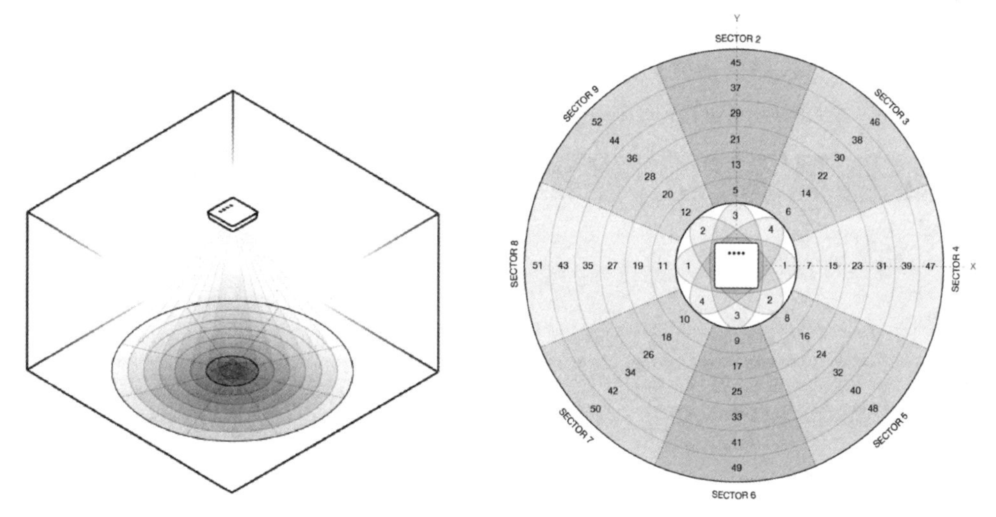

图 5-44　xArray 的波束方向图

如图 5-45 所示为 xSpan 的波束方向图，xSpan 为一个长方形的相位列阵网关。当 xSpan 悬挂在屋顶时，其覆盖的区域为一个长方形，共 13 个辐射区域，可以简单地理解为一个 13 端口的阅读器连接着 13 个不同辐射区域的天线。

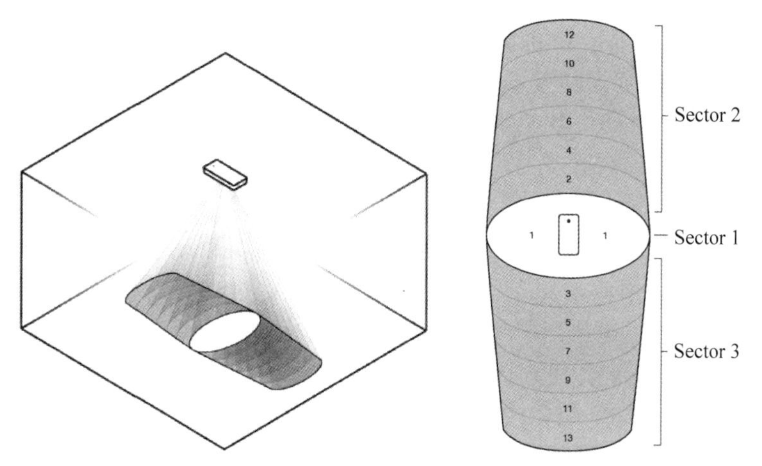

图 5-45　xSpan 的波束方向图

xSpan 网关可以被看作为 xArray 的简化版，当 xArray 的相位只工作在扇区(Sector)6 和扇区 2 时，其覆盖区域与 xSpan 相同。可以理解为 xArray 的 3 辐射扇区对应 xSpan 的 1 辐射扇区；xArray 的扇区 2 对应 xSpan 的扇区 2；xArray 的扇区 6 对应 xSpan 的扇区 3。因此当 xArray 只开启 3 辐射区的扇区 2 和扇区 6 内的所有辐射区时，实现的辐射覆盖波束方向与 xSpan 几乎相同。

实际环境中相邻编号的辐射区之间是相互重叠的，当多个编号的辐射区内都识别到同一个标签时，可以通过 RSSI 大小计算出标签的具体位置，计算过程为 RSSI 差转化为距离差，再通过多点定位算法实现。当然标签大概率落在 RSSI 值最大的辐射区内。

相位列阵网关最大的作用是定位，判断物品的位置和运动情况。如图 5-46 所示为 xSpan 和 xArray 可追踪的标签运动方式。其中，xSpan 只能追踪一个轴方向的标签运动，而 xArray 可以追踪多个不同方向运动的标签。

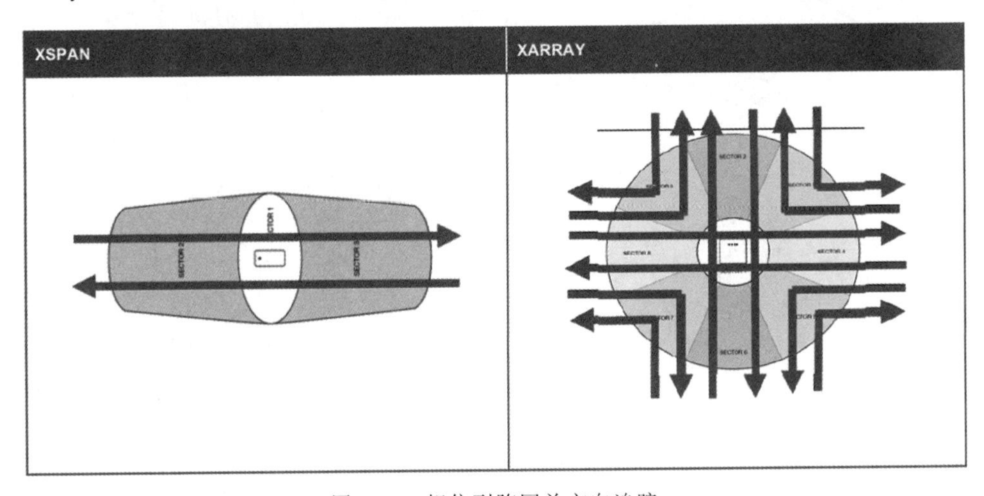

图 5-46　相位列阵网关方向追踪

为了保证追踪物体的实时性，需要保证天线切换的速度足够快，即使每次切换 50ms，xArray 将所有辐射区扫描一遍也需要 2.5s 的时间。因此在物品追踪的应用中，应保证场内的标签数量。如果需要高精度追踪，最好标签数量不超过 20 个；如果要实现高速追踪，标签数量要求不超过 50 个。如果需要追踪物体，则需要将 Session 设置为 S0；如果需要大批量盘点，则 Session 设置为 S1。

在实际测试中，由于多种原因，会存在一定的误差，在没有遮挡和反射的理想环境中实测数据为：有 85%的概率误差在 1.5m 之内。在复杂环境中该误差会更大，尤其是零售商店等具有货架、墙壁反射影响以及标签的堆叠和摆放高度都会对测试精度产生很大影响。不过对比传统的技术，采用相位列阵网关对于物品定位和寻找大大提高了精度和便利性。

3）相位列阵天线技术实现方法

虽然 xArray 具有 52 个辐射区域，但其内部并非有 52 个天线，实际上适合超高频 RFID 工作的天线尺寸即使最小化也无法将 52 个天线放置在 xArray 内。如图 5-47(a)所示为笔者开发制作的一款 60 辐射区的 9 元阵相位列阵天线的仿真模型图，该天线可以实现与 xArray 相似的特性，其辐射场特性如图 5-47(b)所示。

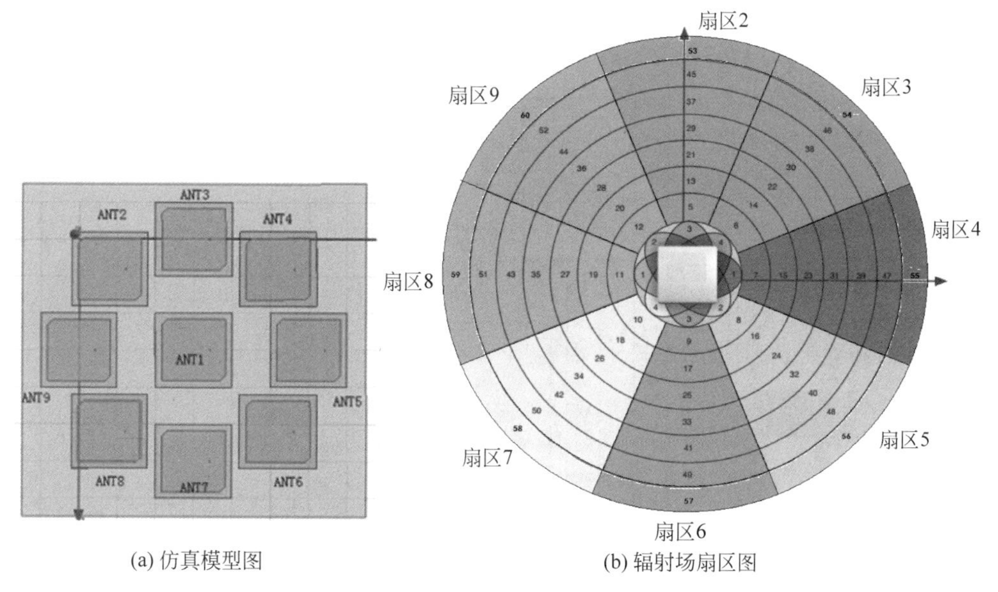

(a) 仿真模型图　　(b) 辐射场扇区图

图 5-47　9 元阵相位列阵天线设计方案

图中 5-47(a)共有 9 个小天线，每个小天线都是可以独立工作的超高频 RFID 天线，其中小天线 1(ANT1)在整个天线阵列的中间，因此它的相位不需要改变。列阵天线工作时，以 ANT1 为中轴线，配合对称的两个天线形成一组三元阵天线，覆盖两个扇区。ANT3、ANT7 和 ANT1 组成一组三元阵覆盖扇区 2 和扇区 6；ANT2、ANT6 和 ANT1 组成一组三元阵覆盖扇区 9 和扇区 5；ANT5 和 ANT9 和 ANT1 组成一组三元阵覆盖扇区 8 和扇区 4；ANT8、ANT4 和 ANT1 组成一组三元阵覆盖扇区 3 和扇区 7。通过调节一组三元阵中两个对称小天线的输入相位，可以实现天线主瓣辐射轴 θ 的变化，从而实现不同辐射区域。比如 ANT3 和 ANT7 相位输出共有 15 种不同的相位组合(ANT1 保持 0°相位不变)，从而实现了对辐射区域 53、辐射区域 45、辐射区域 37、辐射区域 29、辐射区域 21、辐射区域 13、辐射区域 5、辐射区域 3、辐射区域 9、辐射区域 17、辐射区域 25、辐射区域 33、辐射区域 41、辐射区域 49 和辐射区域 57 的扫描覆盖。当 ANT3 的相位为负而 ANT7 的相位为正时，辐射偏扇区 2，且相位差越大天线主瓣辐射轴 θ 值也越大；同理，当 ANT7 的相位为负而 ANT3 的相位为正时，辐射偏扇区 6，且相位差越大天线主瓣辐射轴 θ 值也越大。

上述 9 元阵相位天线的实现主要靠一个可控的相位电路实现，如图 5-48 所示，为该 9 元阵相位天线的电路实现方法。阅读器单端口输出的射频信号通过不等分功分器将能量分为 3 份，分别通往配到阵元 1(ANT1)、阵元 2 到阵元 5 中的一个以及其对称位置的阵元 6～阵元 9 中的一个，形成一组三元阵。数控相移单元可以调节相位的变化，其范围是 150°，通过调节相位实现主瓣辐射轴的变化。如果开发与 xSpan 类似的网关可以采用同样的设计方案,只需要选择阵元 3、阵元 1 和阵元 7 即可,电路基本相同,省去两组单刀四掷开关即可。

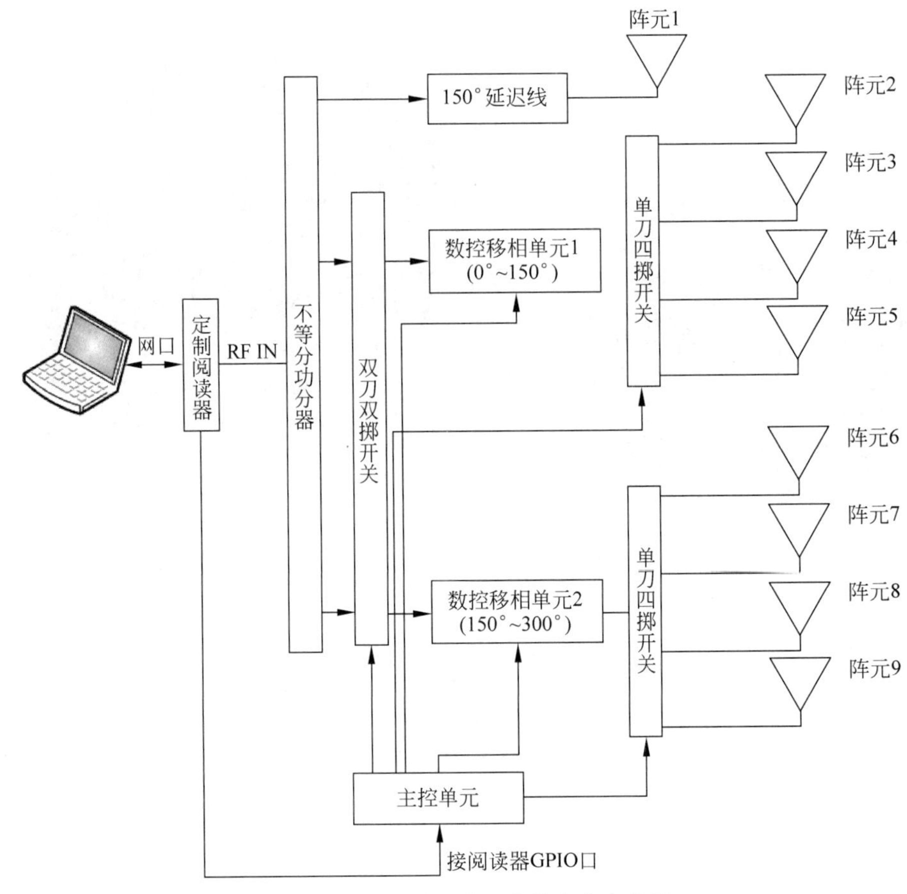

图 5-48　9 元阵相位天线的电路实现图

系统需要通过阅读器的 GPIO 管理主控模块实现天线的切换和相位的调节。由于主瓣辐射轴 θ 变化时,天线与地面标签的距离会发生变化 $L=H/\cos\theta$,其中,H 为天线与地面的距离,L 为标签与天线的距离,因此 θ 越大时天线距离标签的距离就越远,需要对阅读器输出功率进行校准,辐射区域为外围圈时需要增加输出功率进行补偿。

相位列阵天线的种类有很多,可以根据具体需求进行设计,需要考虑的主要参数为识别精度和追踪的实时性。在相同的覆盖范围内,辐射区域越多定位精度相对越高,实时性响应就越差,同理,辐射区域少的系统定位精度就越差,实时性响应就越好,比如单天线系统就有最好的实时性,不过无法实现定位功能。当然并不是辐射区域越多定位精度就越高,高精度定位可以通过不同区域的 RSSI 进行精确定位,有时候少量辐射区获得更高准确性的 RSSI 可以计算出更好的效果。

5.3 阅读器天线及配件

阅读器的系统中除了阅读器外，还需要天线和多种射频器件，最终配合实现项目，因此这些配合阅读器的射频器件也具有相当重要的作用。认识和了解这些天线和器件对于项目设计和实施非常重要。

5.3.1 阅读器天线

阅读器天线种类很多，且在2.2节中也有不少讲解，本节从应用入手，分析多种有特色的阅读器天线。

1. 天线的近场与远场分析

通常，天线周围场，划分为3个区域：无功近场区、辐射近场区和辐射远场区，如图5-49所示为这3个区域的示意图，其中：

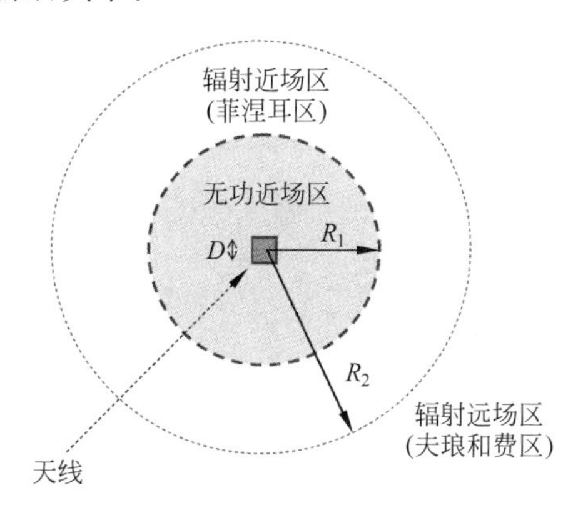

图5-49　天线场区分布示意图

- 无功近场区——又称为电抗近场区，是天线辐射场中紧邻天线口径的一个近场区域。在该区域中，电抗性储能场占支配地位，该区域的界限通常取为距天线口径表面 $R_1=0.62\sqrt{\frac{D^3}{\lambda}}$ 处，其中，D 为天线口径尺寸，λ 为波长。从物理概念上讲，无功近场区是一个储能场，其中的电场与磁场的转换类似于变压器中的电场、磁场之间的转换，是一种感应场。
- 辐射近场区——超过电抗近场区就到了辐射场区，辐射场区的电磁场已经脱离了天线的束缚，并作为电磁波进入空间。按照与天线距离的远近，又把辐射场区分为辐射近场区和辐射远场区。在辐射近场区中，辐射场占优势，并且辐射场的角度分布与距离天线口径的距离有关。该区域的界限通常取为距天线口径表面 R_1 与 R_2 之间的部分，其中，$R_2=\frac{2D^2}{\lambda}$。对于通常的天线，此区域也称为菲涅耳区。

- 辐射远场区——通常所说的远场区，又称为夫琅和费区。在该区域中，辐射场的角分布与距离无关。严格地讲，只有离天线无穷远处才能到达天线的远场区。一般情况下，辐射近场区与远场区的分界距离为 $R_2=\frac{2D^2}{\lambda}$，R_2 的外围区域为远场区。

一个天线在近场表现为磁场特性，其磁场强度与距离的三次方成反比；天线在远场区域为电场和磁场的相互转换过程，给标签供电和通信的主要为电场，其电场强度与距离的二次方成反比。因此可以看出天线的磁场衰减速度非常快，而电场可以辐射到很远的地方。当需要一个远距离工作的系统时，此时要求阅读器的天线和标签的天线都有较好的远场辐射特性；当需要一个只允许近距离工作的系统时，需要保证阅读器天线和标签天线至少有一个是远场辐射特性较差的，当然，如果两个天线在远场辐射特性都较差，则是一个完美的近场通信系统。由于近场磁场强度随距离三次方衰减，因此很容易出现一个识别范围的界限，这个界限对于不同标签差异只有几厘米，而类似的系统在远场的识别范围界限差异可能会超过 1m。近场天线和远场天线在近场磁场辐射特性是相似的，不同点在于近场天线在远场的辐射特性较差。如图 5-50 所示为一个微带天线的磁场辐射图，可以看到，靠近天线 10cm 之内的区域磁场辐射较强，之后磁场强度迅速降低。

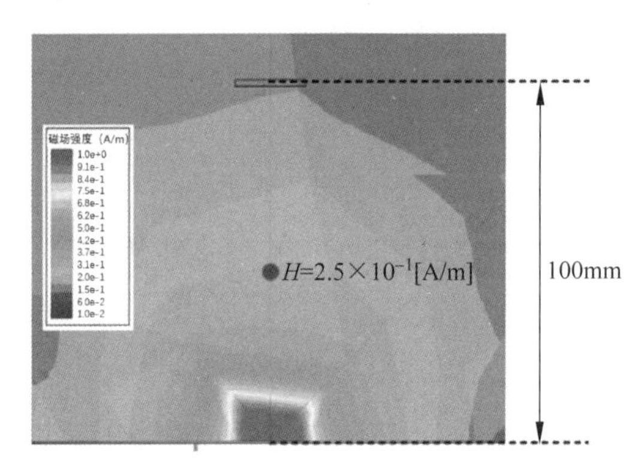

图 5-50 微带天线的磁场辐射图

下面通过一个测试来验证近场与远场的区别，在一个系统中，阅读器大线为一个口径为 25cm 的远场微带天线，工作在 920MHz 频率，标签有 4 种，分别是 A、B、C、D，如图 5-51 所示。其中，A 标签是一个闭合小环，远场特性较差，B、C、D 3 款标签具有一定远场特性。

(a) A标签

(b) B标签

(c) C标签

(d) D标签

图 5-51 4 种测试标签

分别在空气中和装满水的塑料瓶表面测试其工作距离(工作频率为915MHz)，由于水的介电常数是$\varepsilon_r=81$，而空气的$\varepsilon_r=1$，因此标签贴在水瓶表面后，其远场特性会发生很大的变化，可以理解为可以获得的远场能量几乎为零。其测试结果如表5-2所示，可以看到，A标签在空气中和在水瓶表面的工作距离均为30cm左右，而另外3款标签在自由空间中的工作距离为1～4m，而贴在水瓶表面后，工作距离只有40cm左右。经过计算该阅读器天线的近场区大小为：$R_2=\frac{2D^2}{\lambda}=\frac{2\times 0.25^2\times 920\times 10^6}{3\times 10^8}=38\text{cm}$。所有的4款标签的工作距离(水瓶表面)与阅读器的近场区域相似。

表5-2　4款标签在自由空间和水表面工作距离对比

标签类型	自由空间/cm	水平表面距离/cm
A标签	33	26
B标签	400	42
C标签	120	40
D标签	230	35

由上述的测试可以看到阅读器天线的近场辐射区与远场辐射区的分布。同时也可以发现，标签的电感线圈主要影响近场特性，偶极子天线部分影响远场特性。

2. 常见的近场天线方案

超高频RFID近场天线的目的就是让系统中的标签只能在近距离工作，犹如标签是纯近场标签。这和HF的工作原理是一样的，关键在于降低辐射近场区以及远场区的磁场。

HF近场天线(实际上HF在RFID应用中只有近场工作模式)，这主要是由HF的频率很低造成的，由于天线尺寸比波长短得多，其远场辐射特性非常差。而超高频的频率较高，很难抑制远场辐射特性，只能通过分段耦合、小尺寸设计、抑制表面波等技术手段实现近场特性。

1) 分段耦合近场天线

类似于LF/HF近场RFID系统，在超高频RFID近场阅读器系统中，近场天线也可以通过近场耦合的方式控制近场通信，其设计方式为一匝线圈。如图5-52所示为这个近场天线的仿真图，但通过仿真和测试发现，其近场辐射区域不均匀，在天线的中间位置有很大一片盲区。这是因为电流在天线周长上流动时相位会发生变化，而超高频的波长较短，当电磁波走了一段距离后其相位与之前的相差甚远，无法形成相同的磁场方向(HF没有该问题的原因是HF波长较长，围绕周长即使多圈其相位几乎不变)。

对于上述相位变化问题，提出了一种电感耦合的机场天线设计思路：要求沿着环的电流相位一致，且在一个单一的方向流动，所以能产生强大和均匀的磁场分布。

为满足上述要求，提出了分段耦合天线，其在PCB上的印刷天线如图5-53(a)所示。在笛卡儿坐标系中，在x-y平面上方有一个FR4 PCB板。该天线由很多分段线和匹配短截

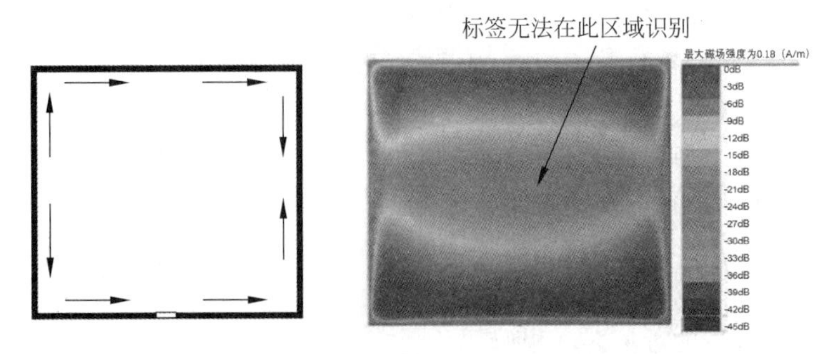

图 5-52 传统实线环天线的电流分布和磁场分布

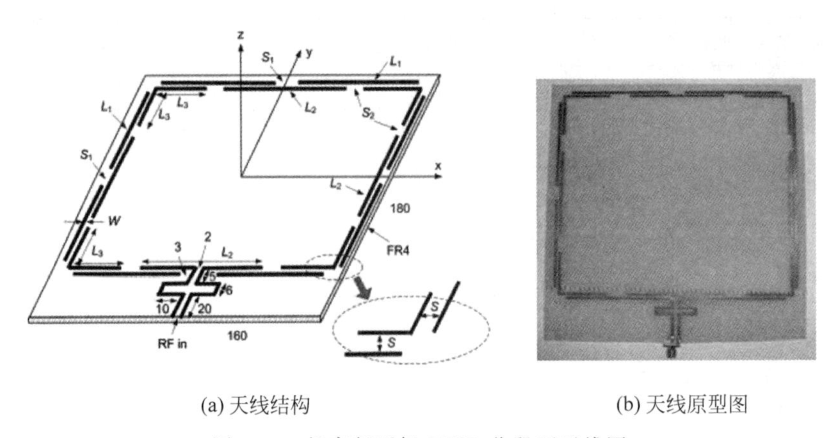

(a) 天线结构

(b) 天线原型图

图 5-53 超高频近场 RFID 分段环天线图

线组成。其中匹配短截线相对于 y 轴对称，也印刷在 FR4 PCB 的同一边(厚度 $h=0.5\text{mm}$，相对介电常数为 4.4，损耗角正切 $\tan\delta=0.02$)。分段耦合线段在与相连线段之间产生一个非常小的滞后相位，以至于电流流经分段线时，保持一个方向。换句话说，在分段环上的电流分布看起来是同步的。因此，即使改环为电大环，分段环天线产生的磁场仍是均匀分布的，如图 5-53(b)所示为天线原型。

如图 5-54 所示为分段耦合近场天线的仿真辐射图，可以看出，其天线内部的辐射非常均匀。

此类型天线非常适合近距离小型近场标签的批量识别，可以通过功率控制，稳定地调整近场标签的工作距离。虽然分段耦合近场天线有非常稳定的近场特性，但很难抑制其远场特性，无法实现对于一些远场标签的近距离控制。在识别近场标签时，若附近有远场标签，则很容易引起误读。

2）小尺寸近场天线

实现近场天线的另外一个手段是天线的尺寸足够小，当其尺寸远小于波长时，其远场辐射特性会非常弱，而近场特性可以保留，且近场辐射区也很小。分段耦合近场天线存在远场辐射特性的缺点，可以通过小尺寸设计近场天线的设计方案消除掉。如图 5-55 所示为一个

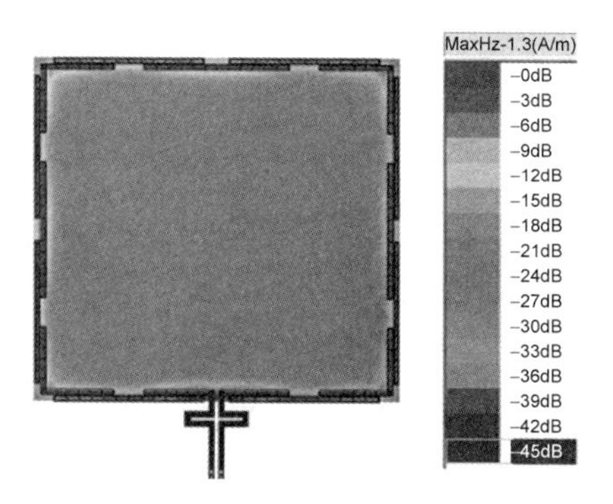

图 5-54　分段耦合近场天线的仿真辐射图

小尺寸近场天线。这个天线的大小为 3mm×4mm，其尺寸只有波长的 1%(922MHz 频率，波长为 325mm)。该小天线内部为一个闭合线圈，具有近场特性，由于超小的尺寸，远场特性很差。

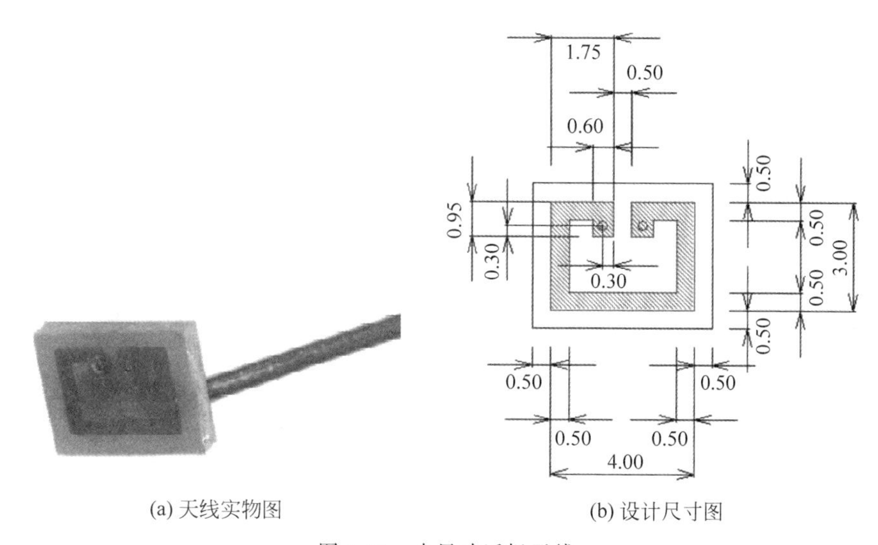

(a) 天线实物图　　(b) 设计尺寸图

图 5-55　小尺寸近场天线

小尺寸天线的空间有限，很难在天线上实现阻抗匹配，需要外接无源器件匹配到 50Ω，否则阅读器会因为天线适配引起载波泄漏过大而无法工作。如图 5-56 所示为小尺寸天线的阻抗匹配电路，该阻抗匹配电路需要额外焊接一个电容 C_1 和一个电感 L_1，可以与馈线一起焊接在天线 PCB 的背面，从而节省空间。

其中，C_1 和 L_1 的数值是由天线的形状以及工作频率决定的，可以通过网络分析仪进行测试并选择合适的参数。

由于小尺寸近场天线的尺寸很小，其辐射覆盖范围也很小，无法同时识别多个标签。同样由于自身尺寸，近场辐射区大小 $R_2=\frac{2D^2}{\lambda}=\frac{2\times 0.04^2\times 920\times 10^6}{3\times 10^8}=1\text{cm}$，尤其是针对小

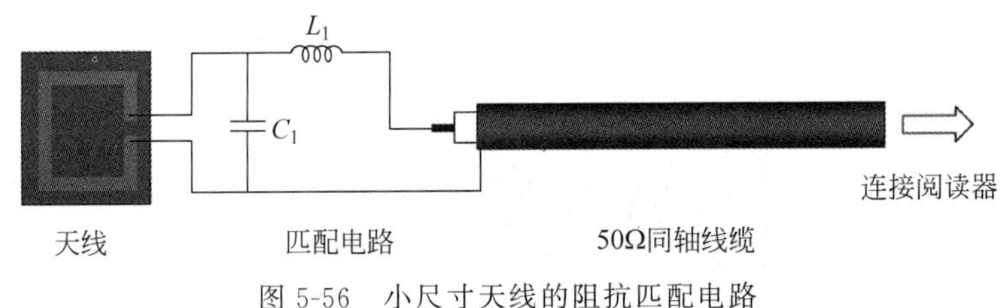

图 5-56　小尺寸天线的阻抗匹配电路

型近场标签，只有几毫米的工作距离，如图 5-57 所示。可以通过调整发射功率略微改变覆盖范围，但变化不大。

小尺寸近场天线适合一对一的应用场景，不容易受到外界标签和环境的干扰。尤其是具有超小型封装标签（见 4.2.2 节）的一些应用中，只有采用小尺寸近场天线配套才能完成识别。

3）抑制表面波近场天线

市场上有一类近场天线需求非常特殊，应用于标签生产及测试设备，要求生产测试设备的 Inlay 快速行进的过程中，只能识别天线正上方的一个标签（测试、写标），而不识别到旁边的两个标签，如图 5-58 所示，一卷 Inlay 上两个标签的间距非常小，普通的近场天线无法如此精确地控制识别范围，而小尺寸近场天线因辐射范围太小，当 Inlay 在高速传送过程中由于振动，很容易离开原有的辐射覆盖区域形成漏读。再加上这些设备预留天线的空间很小，很难实现有效的屏蔽。这个天线既要高速稳定，又要辐射场覆盖范围刚刚好只有正上方的一个小区域，因此提出了 EBG 结构的抑制表面波的近场天线技术。

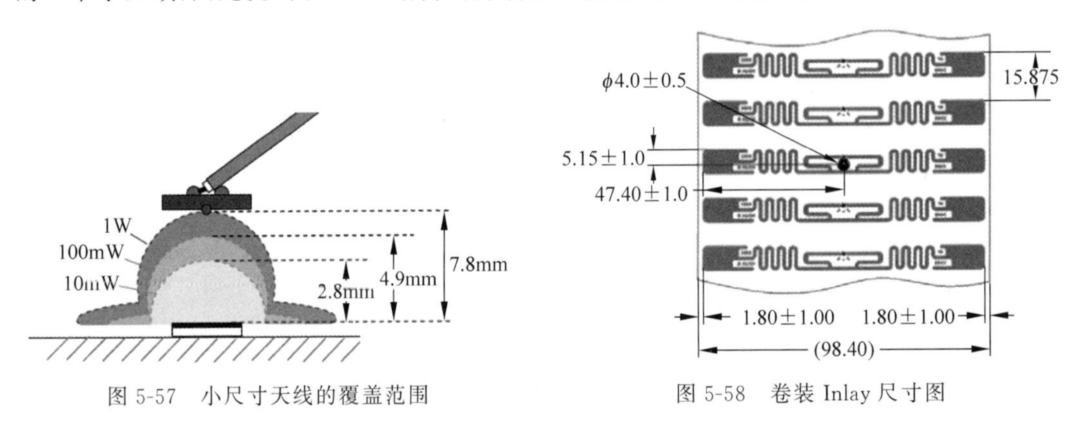

图 5-57　小尺寸天线的覆盖范围　　图 5-58　卷装 Inlay 尺寸图

EBG 即电磁带隙结构。电磁带隙材料也称为光子带隙材料，这种材料的特殊性在于：它能够在特定频率对反射波的相位进行特定的调制。由于其反射波的特殊性使得一般的偶极子天线以其为基板时仍可以正常使用。

如图 5-59 所示的蘑菇形 EBG 由如下几部分组成：两列中间有孔的金属贴片，双层电介质材料以及一个地板。其表面结构类似于一个集总环路。上表面相当于一个负载电容，一直通到地板处的孔洞则相当于一个电感。当电磁波向着它垂直入射时，其表面阻抗为：

$$Z = \frac{\mathrm{j}\omega L}{1-\omega^2 LC} \tag{5-1}$$

其中，ω 是入射波频率，L 是电感，C 是电容。故当频率 $\omega_0 = 1/\sqrt{LC}$ 时表面阻抗为无穷大。如此大的表面阻抗能够有效地抑制表面泄漏波。

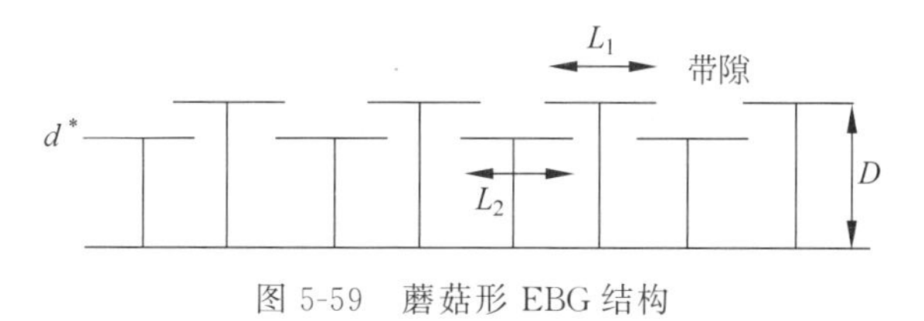

图 5-59 蘑菇形 EBG 结构

如图 5-60 所示为天线实物和辐射仿真图，可以看出其电场特性衰减非常快，且只有正上方的辐射主瓣，表面波的泄漏被有效地抑制了。

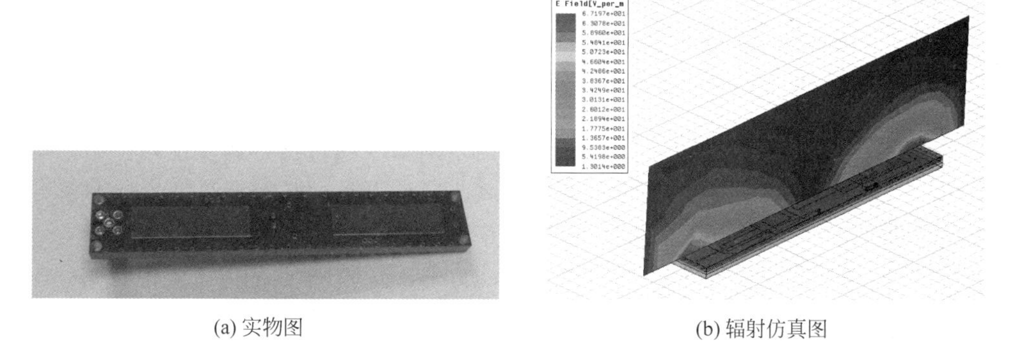

(a) 实物图　　　　(b) 辐射仿真图

图 5-60 抑制表面波的近场天线

EBG 结构的抑制表面波的近场天线技术具有非常特殊的辐射特性，可以满足 Inlay 卷测试机的严苛要求。

3. 常见的远场天线

2.2 节介绍了关于远场天线的主要内容，本节针对应用介绍两类比较特殊的远场天线，分别是手持机天线、高增益天线和泄漏同轴电缆天线。

1）手持机天线

超高频 RFID 手持机经过十多年的发展，虽然操作系统面板等有了很大的变化，但其核心的阅读器模块和天线的变化并不大，总的来说有两大类，分别是带有辐射背板的天线和不带辐射背板的天线。

不带辐射背板的天线主要采用偶极子天线或偶极子的变形。早期的得逻辑（Psion Teklogix）的手持机就是采用该方案，如图 5-61 所示手持机顶部的小区域为天线区域，其内部是一个偶极子天线的变形。该天线为一个线极化天线，具有 2dBi 的方向增益。该天线的优点是设计和生产都很简单，且成本很低。这种天线的缺点是由于线极化所以使用时很不方便,需要不停地转动手持机,寻找最好的角度,对于测试精度误差也很大,同时由于没有辐射背板,很容易被周围的物品影响,当手靠近天线时,天线的匹配会剧烈变化从而影响输入反射系数而大幅降低灵敏度。

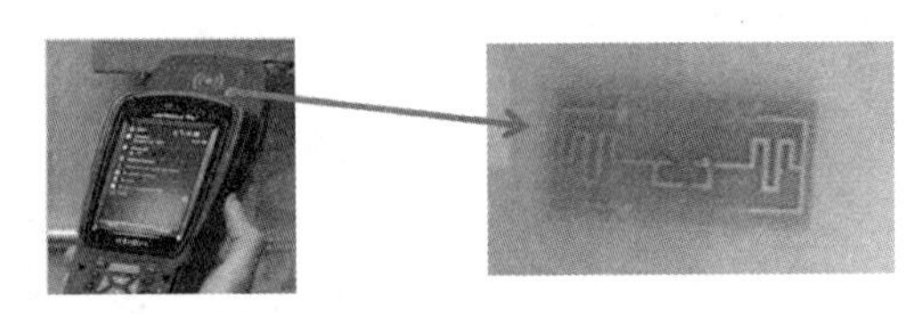

图 5-61 得逻辑手持机天线方案

为了解决线极化和抗干扰的问题,人们提出了采用微带天线的解决方案,由于手持机的尺寸受限,早期的中低端手持机设计中采用陶瓷天线。对于圆极化和抗干扰能力有所提升,但陶瓷天线自身问题非常多,包括圆极化特性很差,同一个标签面对天线旋转角度工作距离差异很大。陶瓷天线的量产一致性很差,阻抗和波束方向不一致。陶瓷天线的带宽也不好,还很重。上述的这些问题导致越来越多的公司开发小型的高性能手持机天线。常见的 5 种手持机天线如图 5-62 所示,其中:

- A 天线是一个四臂单极子天线,通过 3 个功分器将输入信号分为 4 路,能量平均分配到 4 个单极子天线,且 4 路信号相位都相差 90°(通过微带线实现相位差)。其底部的背板既可以增强方向增益,又可以减小环境干扰。其特点是阻抗性非常好,相位特性也比较好。
- B 天线与 A 天线很相似,只是没有采用功分器,通过微带线的方式实现功率分配,对比 A 天线,其 4 个单极子天线的功率有差异,圆极化特性受到影响。
- C 天线设计思路与 A 天线相同,不过在一块 PCB 板上实现,其带宽会稍差。
- D 天线设计思路与 A 天线相同,其所有部件都是采用 PCB 工艺组装焊接而成,组装对一致性会有影响。
- E 天线采用交叉偶极子天线设计,但并非圆极化天线,需要依靠模块的金属底板作为反射背板。

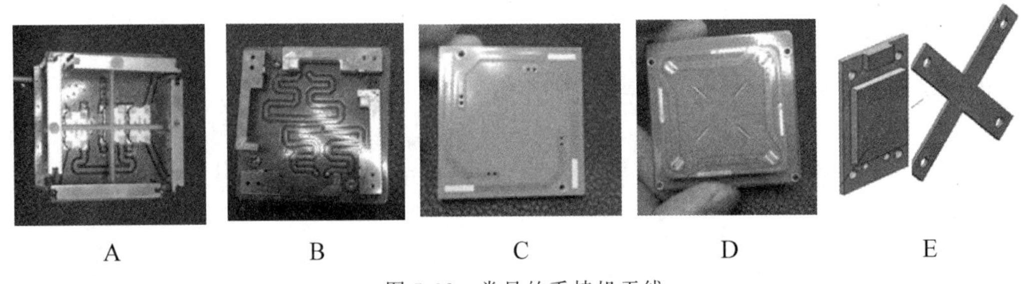

A　　B　　C　　D　　E

图 5-62 常见的手持机天线

这 5 款天线的对比如表 5-3 所示,手持机天线厂商可以根据客户需求设计适合自己的手持机天线。

表 5-3 手持机天线参数对比表

比较项目	A	B	C	D	E
增益	5	4	4	4	3
尺寸	2	3	4	3	5
设计难度	4	1	3	3	5
生产难度	2	4	5	3	5
成本	2	3	3	5	5
一致性	5	4	4	4	3
重量	3	4	2	5	5
带宽	5	3	2	5	3

评分标准为 1～5 分，其中 1 为最差，5 为最好。

2）高增益天线

在超高频 RFID 应用系统中，有的特殊应用需要更远的工作距离（不考虑输出功率规范），最简单有效的方法是选择更高增益的天线。这是因为增加阅读器输出功率会引起载波泄漏影响灵敏度，单增加标签灵敏度会引起反向散射能量过小导致阅读器灵敏度受限。在超高频 RFID 系统中，一般认为，方向增益超过 9dBi 的天线都为高增益天线，其中常见的天线增益为 12dBi 和 15dBi。一般情况下，正方形的高增益天线为圆极化天线，长方形的高增益天线为线极化天线。

高增益天线的实现方式与相位列阵天线相似，是通过多个振子辐射的聚集从而实现其高增益的，对比相位列阵天线，只是系统无法通过相位变化引起主瓣辐射角度变化，该辐射角度是固定的。如采用两个 6dBi 的小天线作为振子，最大可以实现接近 9dBi 的高增益天线；同理，若使用 4 个 6dBi 的小天线作为振子，理论上最大可以实现 12dBi 的高增益天线。因此很容易估算一个高增益天线的尺寸。

高增益天线常应用于智能交通相关的领域，多数采用长方形的线极化天线。

3）泄漏同轴电缆天线

泄漏同轴电缆（Leaky Coaxial Cable）又称漏泄同轴电缆，通常又简称为泄漏电缆或漏泄电缆，其结构与普通的同轴电缆基本一致，由内导体、绝缘介质和开有周期性槽孔的外导体 3 部分组成。电磁波在泄漏同轴电缆中纵向传输的同时通过槽孔向外界辐射电磁波；外界的电磁场也可通过槽孔感应到泄漏同轴电缆内部并传送到接收端。常用泄漏同轴电缆的频段范围为 450MHz～3GHz，适合现有的各种无线通信体制，应用场合包括无线传播受限的地铁、铁路隧道和公路隧道等。在国外，泄漏同轴电缆也用于室内覆盖。如图 5-63 所示为不同尺寸的几种泄漏电缆。

泄漏同轴电缆电性能的主要指标有纵向衰减常数和耦合损耗。

- 纵向衰减常数：衰减常数是考核电磁波在电缆内部所传输能量损失的最重要特性。普通同轴电缆内部的信号在一定频率下，随传输距离而变弱。衰减性能主要取决于

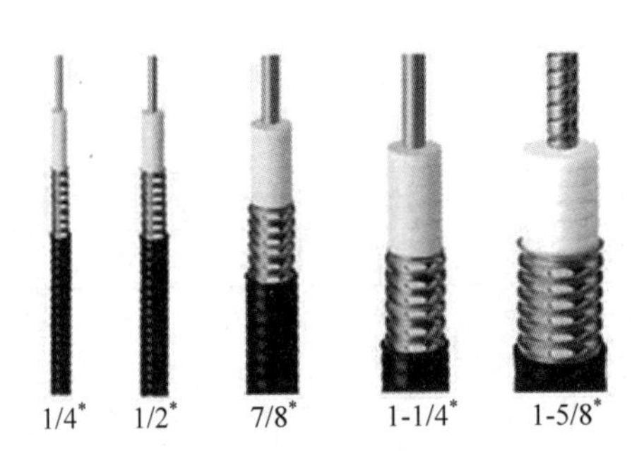

图 5-63 不同尺寸的泄漏电缆

绝缘层的类型及电缆的大小。而对于漏缆来说，周边环境也会影响衰减性能，因为电缆内部少部分能量在外导体附近的外界环境中传播，因此衰减性能也受制于外导体槽孔的排列方式。

- 耦合损耗：耦合损耗描述的是能量从电缆传播到外界天线或电路时发生的能量损耗，它定义为：特定距离下，被外界天线接收的能量与电缆中传输的能量之比。由于影响是相互的，也可用类似的方法分析信号从外界天线向电缆的传输。耦合损耗受电缆槽孔形式及外界环境对信号的干扰或反射影响。在宽频范围内，辐射越强意味着耦合损耗越低。根据信号与外界的耦合机制不同，主要分为以下 3 种泄漏同轴电缆：辐射型(RMC)、耦合型(CMC)和泄漏型(LSC)。

与传统的天线系统相比，泄漏同轴电缆天线系统在超高频 RFID 应用中具有以下优点：

- 信号覆盖均匀，尤其适合于不规则的小空间覆盖。
- 泄漏同轴电缆本质上是宽频带系统，某些型号的泄漏同轴电缆可同时用于 CDMA800、GSM900、GSM1800、WCDMA. WLAN 等系统。
- 泄漏同轴电缆的尺寸较小，可以装置在狭小的空间中。

超高频 RFID 应用中经常会遇到又长又窄的空间需要盘点其中的电子标签，如工业柜体内、深井中、管道中等。在这些环境中，普通的阅读器天线无法传播足够的距离，或由于天线的尺寸过大根本无法放置，再或者管道很长，无法同时放入多个天线和馈线。此时采用泄漏天线可以解决上述问题。大家可以理解泄漏天线就是一根屏蔽性能很差的射频线缆，在这根射频线缆附近的标签都可以被识别到，而且其长度可以根据需求定制，其长度甚至可达百米。

视频讲解

5.3.2 阅读器配件

在使用阅读器时，除天线之外，还有许多关键的射频器件对应用有很大帮助：4 端口阅读器中使用的射频开关；8 端口、16 端口甚至 64 端口工作时所需要的天线分配器；需要低功率输出时的衰减器；阅读器与天线之间的连接射频电缆。

1. 射频开关

微波开关又称射频开关，它实现了控制微波信号通道转换作用。射频和微波开关广泛用于微波测试系统中,用于仪器和待测设备(DUT)之间的信号路由。将开关组合到开关矩阵系统中,可以将来自多个仪器的信号路由到单个或多个 DUT。这使得多个测试可以在相同的设置下执行,无须频繁地连接和断开连接。整个测试过程可以自动化,从而提高大批量生产环境中的吞吐量。对于需要连接多个天线的阅读器,当使用射频开关后,不需要每次切换天线都手动更换射频接头,大大提升效率和实时性。

与其他电气开关一样,微波开关为许多不同的应用提供不同的配置:

- 单刀双掷(SPDT 或 1∶2)开关将信号从一路输入路由到两路输出路径。
- 多端口开关或单刀多掷(SPnT)开关允许一个输入到多个(3 个或更多)输出路径(5.2.4 节中相位列阵网关的原理图中就使用该射频开关)。
- 转换开关或双刀双掷(DPDT)开关可用于各种目的(5.2.4 节中相位列阵网关的原理图中就使用该射频开关)。
- 旁路开关从信号路径插入或移除测试组件。

超高频 RFID 阅读器多为 4 端口,因此经常使用 SP4T 的单刀 4 掷开关。如图 5-64 所示为一个单刀 4 掷开关的功能框图,其中输入端口为 RFC,输出端口为 RF1、RF2、RF3 和 RF4,当 SP4T 的 GND 和 VDD 有供电时,该芯片启动,可以通过 A、B 两个数字输入引脚选择 RFC 的信号从 RF1～RF4 中的哪个输出端口。A、B 的数字信号通过 2∶4 的 TTL 译码器后控制开关的打开和闭合,当 $A=0$、$B=0$(A、B 都为低电平)时 RF1 的端口接通与 RFC 直连。

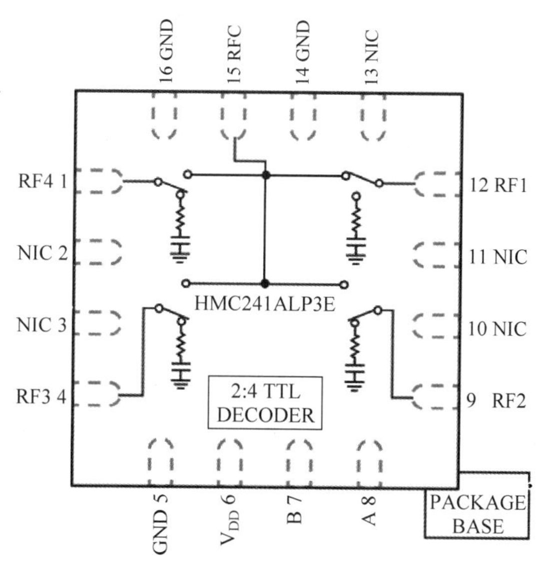

图 5-64 单刀 4 掷开关的功能框图

虽然多个参数与射频和微波开关的性能相关,然而以下 4 个由于其相互间较强的相关性而被视为至关重要的参数:隔离度、插入损耗、开关时间和功率处理能力。

- 隔离度:隔离度是在指定的端口检测到的无用信号的衰减程度。高隔离度减少了其他通道信号的影响，保持了测量信号的完整性，降低了系统测量的不确定性。在使用超高频 RFID 多端口阅读器时，经常会出现“串读”现象，当只启动天线 1 工作时，发现盘点到天线 2 附近的标签。这个现象在中低端的 4 端口阅读器中时常出现，是因为采用的射频开关隔离度差(如 30dB)，当端口 1 发射 33dBm 的信号时，端口 2 会耦合到 3dBm 的信号，从而进入天线 2，如果有标签距离天线 2 非常近，就可以识别到该标签，标签的反向数据会从端口 2 耦合到端口 1 再回到阅读器中，从而引起“串读”现象。这种“串读”现象尤其在端口 1 空载(未连接天线 1)失配时更为明显。

- 插入损耗：信号从输入口进入到输出口之间会有一个能量损失，称为插入损耗。插入损耗越小越好，一般超高频 RFID 阅读器的单刀 4 掷开关插入损耗为 0.5dB 左右。因此在电路完全相同的情况下，采用单端口输出比 4 端口输出的功率略大。
- 开关时间：当一个开关命令发出后，射频信号可以稳定传输的最小时间。对于超高频 RFID 阅读器的多天线快速识别应用，开关时间的大小也是至关重要的。现阶段超高频 RFID 阅读器常用的 SP4T 开关多数的延迟在 100ns 之内，对系统影响几乎可以忽略。
- 功率处理能力：由于通过电路实现的射频开关内部存在非线性器件，当大功率通过射频开关时，射频信号会发生畸变。超高频 RFID 阅读器的输出功率较大，一般都超过 30dBm，因此在选择射频开关时要非常重视。

微波开关可分为机电式继电器开关以及固态开关两大类。

机电式继电器开关的插入损耗较低(＜0.1dB)，隔离度较高(＞85dB)，且可以毫秒级的速度切换信号。此类开关的主要优点在于，其可在直流至毫米波(＞50GHz)频率范围内工作，而且对静电放电不敏感。此外，机电式继电器开关可处理较高的功率水平(达数千瓦的峰值功率)且不发生视频泄漏。然而，在机电式射频开关的操作中，开关的标准使用寿命大约只有 100 万次，而且其组件对振动较为敏感。

相比之下，由于固态开关的电路装配较为平坦且不包含较大的元器件，因此其封装厚度较小且物理尺寸通常小于机电式开关。超高频 RFID 阅读器开关一般选择固态开关。固态开关使用的开关元件为高速硅 PIN 二极管或场效应晶体管(FET)，或者为集成硅或 FET 单片微波集成电路。这些开关元件与电容、电感和电阻等其他芯片组件分立集成于同一电路板上。使用 PIN 二极管电路的开关产品具有更高的功率处理能力，而 FET 类型的开关产品通常具有更快的开关速度。当然，由于固态开关不包含活动部件，因此其使用寿命是无限的。此外，固态开关的隔离度较高(60～80dB)，开关速度极快(＜100ns)，电路的耐冲击/振动性较好。固态开关在插入损耗方面劣于机电式开关。此外，固态开关在低频应用中具有局限性。这是因为其工作频率下限只能到千赫级，而非直流。这一局限源于其所使用半导体二极管固有的载流子寿命特性。

2. 天线分配器

天线分配器英文名叫作 Antenna Hub，是基于超高频 RFID 多天线需求而出现的，其实现方式相对简单，只需要采用不同的射频开关。如16端口的天线分配器可以采用2级共5个单刀4掷开关实现，实现方式如图5-65所示。射频输入信号进入后通过第一级单刀4掷开关将一个信号分为4个输出RF_A、RF_B、RF_C和RF_D，同时它们又分接入下一级4个开关的输入端口，这样一共有16个输出端口。控制信号为4位，前2位管理第一级开关，可以选中第二级开关中的一个，后2位同时连接到4个开关，管理这4个开关的输出口。

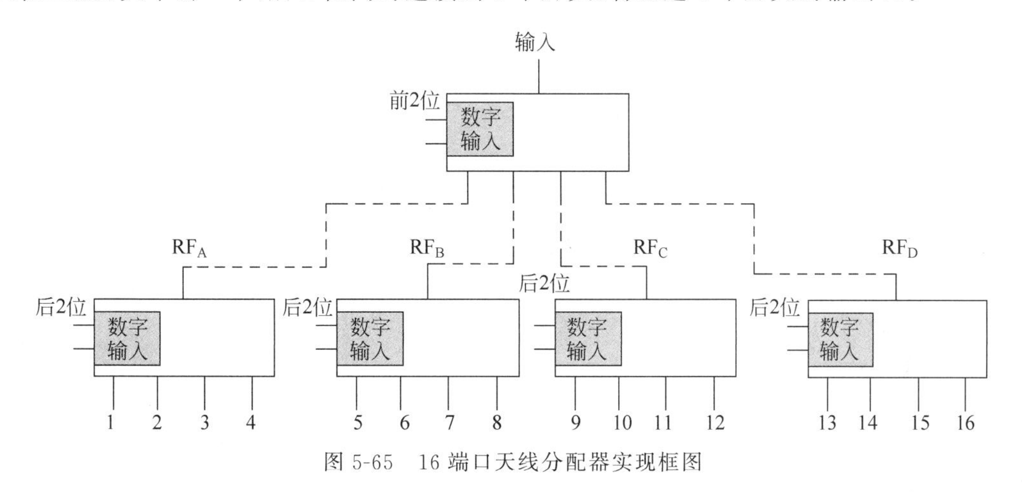

图5-65　16端口天线分配器实现框图

许多阅读器厂商开发了支持自家阅读器的专用天线分配器和配套控制单元。图5-66所示为Impinj公司提供的天线分配器方案。该系统可以从原有的4端口扩展为32端口，需要天线分配器(Antenna Hub)和GPIO适配器(GPIO Adapter Kit)。由于阅读器的GPIO接口数量有限，无法通过阅读器直接与多个天线分配器相连，因此需要一个GPIO适配器。GPIO适配器的功能是将阅读器的GPIO信号处理为4路RJ-45线缆的控制信号，传递给天线分配器，同时给天线分配器供电。与此同时阅读器的4个端口分别连接4个天线分配器的输入端口。

采用Impinj的这套32端口天线系统的优点为系统架设方便，接线简单，管理也相对容易。其软件管理也比较简单，当需要轮询32个端口时，需要先将阅读器固定第一个射频输出端口，然后再通过GPIO适配器控制第一个天线分配器控制1号输出端口与阅读器第一个射频输出端口导通，当盘点结束后再切换天线分配器的2号输出端，当第一个天线分配器的8个输出端口全部盘点完成后，切换阅读器的第二个端口。

这里有一点需要注意，天线分配器或多天线的切换逻辑常用的策略有两种：定时逻辑和盘存逻辑。定时逻辑为：规定好每个天线的工作时间，按时切换，其优点是每个天线都有相同的盘点时间，缺点是可能会出现在尚未盘点结束时时间到了切换到下一个天线，前后两个盘点区域的效率都有所降低。盘存逻辑为当阅读器确定该天线覆盖区域的标签已经被全部识别后，自动切换下一个天线，这种策略的优势为效率高。对于大多数场景应用中应选择盘存逻辑，只有在特殊需要定时管理的场景中可以采用定时逻辑，不过每次盘点的定时时长应足够长，以保证完全盘点该区域内的标签。

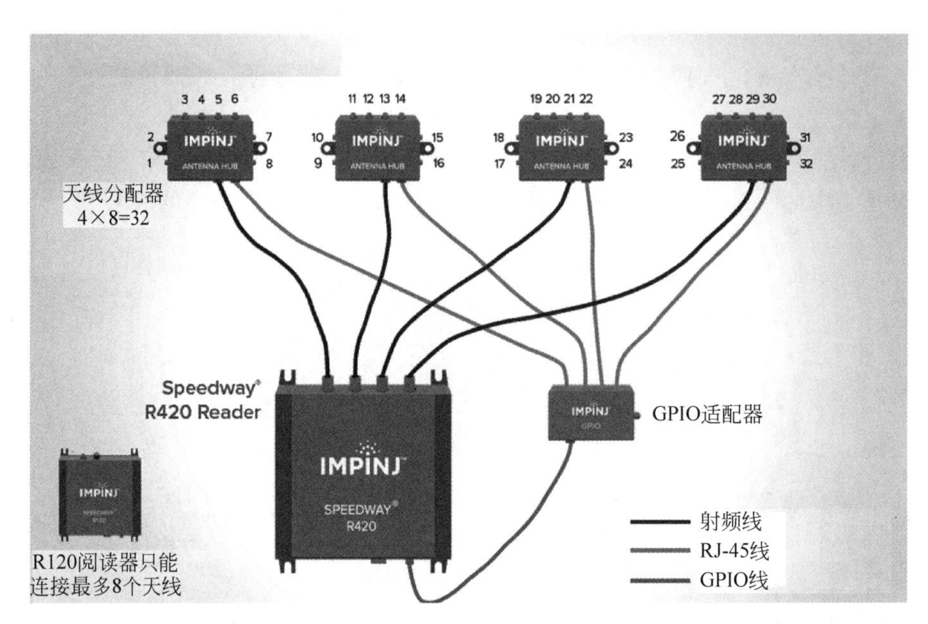

图 5-66 Impin 公司提供的天线分配器方案

3. 衰减器

衰减器是一种提供衰减的电子元器件，广泛地应用于电子设备中，它的主要用途是：

(1) 调整电路中信号的大小；

(2) 在比较法测量电路中，可用来直读被测网络的衰减值；

(3) 改善阻抗匹配，若某些电路要求有一个比较稳定的负载阻抗，则可在此电路与实际负载阻抗之间插入一个衰减器，能够缓冲阻抗的变化。

在超高频 RFID 阅读器系统中，衰减器的作用主要是(1)和(3)。由于阅读器的输出功率最小值一般为 5dBm 或 15dBm，在一些需要距离控制的应用中需要更小的输出功率，因此需要衰减器的辅助。对于一些小型天线或匹配较差的天线，其载波泄漏非常严重，影响阅读器的工作距离，当接入衰减器后虽然天线端口的输出功率有所下降，但其阻抗特性有很大的改善，阅读器端口的输入反射系数减小，系统灵敏度提高，工作距离反而增加了。

构成射频/微波功率衰减器的基本材料是电阻性材料。通常的电阻是衰减器的一种基本形式，由此形成的电阻衰减器网络就是集总参数衰减器。通过一定的工艺把电阻材料放置到不同波段的射频/微波电路结构中就形成了相应频率的衰减器。如果是大功率衰减器，体积肯定要加大，需要重点考虑散热设计。

衰减器的关键参数有频率响应、衰减参数、接头类型、功率指标等。

- 频率响应：即频率带宽，一般用兆赫兹(MHz)或吉赫兹(GHz)表示。通用的衰减器一般带宽为 5GHz 左右，最高到 50GHz。超高频 RFID 阅读器常用的工作频率为 800～900MHz，一般选择 3GHz 之内的衰减器即可满足要求。
- 衰减参数：用于描述传输过程中从一端到另一端的信号减少的量值。可用倍数或分贝数来表达。常见的衰减参数为3dB、10dB、14dB、20dB不等，最高可达110dB。结构形式一般分两种形式：固定比例衰减器与步进比例可调衰减器。固定比例衰减器是指在一定频率范围固定比例倍数的衰减器。步进比例衰减器是以一定固定值(例如，1dB)等间隔可调比例倍数的衰减器，又分为手动步进衰减器和程控步进衰减器。在实验室中一般需要一台步进衰减器，而在实际应用中，都采用小型的固定衰减器。

- 接头类型：连接头形式分为BNC型、N型、TNC型、SMA型、SMC型等，同时连接头形状具有阴、阳两种。连接尺寸分为公制与英制形式，以上根据使用要求决定；如果连接头的形式多样，可以配用相应的连接转换头，例如，BNC转N型头等。在阅读器配套的衰减器中常用TNC型和SMA型。
- 功率指标：衰减器将输入信号能量减小后输出，因而这部分被衰减的能量都留在衰减器内引起发热，当留在衰减器的热量过大时会损坏衰减器，因此需要确定该参数。一般尺寸大的衰减器具有较高的功率指标。

图5-67为一款阅读器常用的SMA接头衰减器，工作频率为DC到4GHz，衰减10dB，额定功率2W。

在应用中，如果需要指定衰减参数的衰减器，而市场上无法找到，可以通过两个衰减器做加法的方式实现。如需要一个13dB的衰减器，可以通过一个3dB的衰减器和一个10dB的衰减器串联实现。

4. 射频电缆

射频同轴电缆是用于传输射频和微波信号能量的。它是一种分布参数电路，其电长度是物理长度和传输速度的函数，这一点和低频电路有着本质的区别。射频同轴电缆大致可分为半刚和半柔电缆、柔性编织电缆和物理发泡电缆等几大类，不同的应用场合应选择不同类型的电缆。半刚和半柔电缆一般用于设备内部的互联；在测试和测量领域，应采用柔性电缆；发泡电缆常用于基站天线馈线系统。阅读器一般采用柔性射频同轴电缆，如图5-68所示。

图5-67　SMA接头衰减器

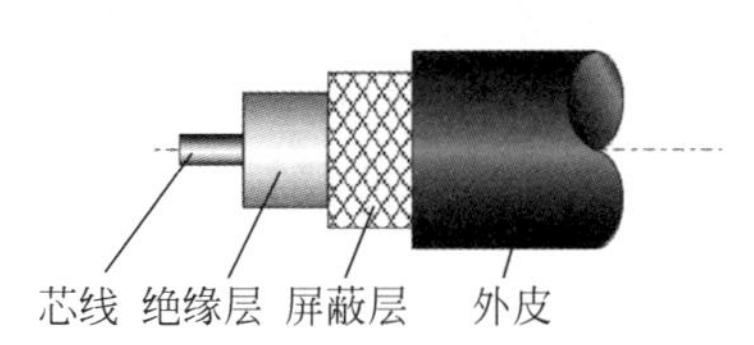

图5-68　柔性射频同轴电缆结构图

其中，射频同轴电缆从里到外可分为4层。

(1) 芯线。射频同轴电缆的内导体，其实现方式有：

- 单根或多根无氧铜线；

- 单根钢包铜线;
- 单根铝包铜线;
- 铝管或波纹铜管。

(2) 屏蔽层。射频同轴电缆的外导体,其实现方式有:

- 单层或多层多股铜线纺织层;
- 单层多股铜线纺织层加铝薄;
- 单层铝薄加镀银铜带包绕层;
- 层铜管或波纹铜管。

(3) 绝缘层。射频同轴电缆的内外导体间的支撑介质,决定着射频同轴电缆的许多电特性和机械特性,其实现方式有:

- 实心聚四氟乙烯或聚乙烯;
- 高发泡聚四氟乙烯填充;
- 高发泡聚乙烯填充;
- 高发泡聚四氟乙烯带包绕;
- 藕状或骨架式空气混合绝缘支撑;
- 空气介质加 1/4 波长金属支撑子。

(4) 外皮:射频同轴电缆的外保护层,其实现方式有:

- 聚四氟乙烯或聚乙烯外皮;
- 硅橡胶或有机材料编织外皮;
- 塑料或金属铠管护套。

射频电缆的关键参数有特性阻抗、传输损耗、频率范围,屏蔽效率、绝缘电阻、功率容量等。

- 特性阻抗:由射频同轴电缆的内导体外径 d、屏蔽层内径 D 和绝缘层的介电常数 ε_r 决定。阻抗 Z_0 计算方式为:

$$Z_0 = \frac{60}{\sqrt{\varepsilon_r}} \ln \frac{D}{d} \tag{5-2}$$

- 传输损耗:射频同轴电缆在传输微波信号时每百米电缆使信号产生衰减的分贝值。
- 频率范围:电缆厂家推荐的使用频率范围。同种结构的电缆,尺寸越小使用频率范围越宽。频率范围 f_c 计算方式为:

$$f_c = \frac{190.8}{\sqrt{\varepsilon_r}(D+d)} \tag{5-3}$$

- 屏蔽效率:在特定频率下电缆射频泄漏的 dB 值,由电缆的外导体结构决定。
- 绝缘电阻:考核绝缘介质材料特性的一项电性能指标。
- 功率容量:与电缆机械尺寸有关的一项电性能指标。

射频电缆组件的正确选择除了频率范围、驻波比、插入损耗等因素外,还应考虑电缆的机械特性、使用环境和应用要求,另外,成本也是一个永远不变的因素。上面详细讨论了射频电缆的各种指标和性能，了解电缆的性能对于选择一条最佳的阅读器射频电缆组件是十分有益的。

小结

本章讲解了超高频 RFID 阅读器相关的知识点。其中 5.1 节介绍阅读器的功能和架构、阅读器的分类以及接口和通信协议，这些知识都是基础的阅读器知识，需要全部掌握。5.2 节都是阅读器技术和原理相关内容，对于阅读器有兴趣且具有射频技术背景的读者可以重点学习；5.2.4 节的内容对于创新应用非常有帮助，应认真学习。5.3 节讲解的天线和配件需要认真掌握，对于超高频 RFID 的解决方案制定和实施有很大帮助。

课后习题

1. 在天线周围的场区中有一类场区，在该区域里辐射场的角度分布与距天线口径的距离远近是不相关的。这类场区称为(　　)。

A. 辐射远场区　　B. 辐射近场区
C. 非辐射场区　　D. 无功近场区

2. HF RFID 绝大多数射频识别系统的耦合方式是(　　)。

A. 电感耦合式　　B. 电磁反向散射耦合式
C. 电容耦合式　　D. 反向散射调制式

3. 下面关于超高频 RFID 在仓库管理的吊顶使用的阅读器天线选型所需要考虑的因素中，最不重要的是(　　)。

A. 天线的增益　　B. 天线的波瓣宽度
C. 天线的极化方向　　D. 天线的前后比

4. 下面关于超高频 RFID 阅读器天线选型表述中，错误的是(　　)。

A. 在物流中常使用圆极化天线
B. 在智能交通中常使用线极化标签
C. 一般情况下同尺寸的圆极化天线与线极化天线工作距离相当
D. 在图书馆通道门的应用中，波瓣宽度控制比增益更加重要

5. 在已经架设好的一个应用系统中如果发现总是会读取到旁边不需要读取的标签时，在保证读取率的前提下最好的解决方法是(　　)。

A. 减小功率　　B. 使用阅读器跳频技术
C. 使用阅读器过滤技术　　D. 更换阅读器天线或调整天线位置

6. 阅读器的过滤功能非常强大，其中单天线阅读器系统中无法过滤的是 (　　)。

A. EPC 不同类别的标签　　B. 速度不同(或是否运动静止)的标签
C. 位置不同的标签　　D. 不同厂商的标签

7. 关于天线分配器的使用，下列描述中错误的是(　　)。
   A. 天线分配器可以使一个阅读器连接多个天线，从而降低系统的成本
   B. 天线分配器在使用之后，系统需要时分轮询每一个天线，实时性很差，无法做人员定位等实时性要求很高的项目
   C. 天线分配器可以让阅读器连接很多天线，同时阅读器的功率就会降低相应的倍数，比如一个阅读器连接 32 个天线，那么每个天线接口的输出功率只有原来的 1/32
   D. 阅读器与天线分配器可以连接的数量(一个阅读器可以接多少个天线)与阅读器的 I/O 数量有关系
8. 下列关于阅读器配件和天线的说法中，正确的是(　　)。
   A. 一个系统中阅读器输出功率为 15dBm，配套天线为一个小尺寸近场天线，发现此天线失配严重(S11＝－3dB)。由于项目紧急且没有备用天线，此时使用一个 10dB 的衰减器，并提高阅读器的发射功率为 25dBm，其测试结果会有很大提升
   B. 阅读器的近场天线无法识 5m 外的远场标签
   C. 一个普通的远场微带天线，不具备近场特性，无法控制小环标签只在近距离工作
   D. 射频电缆的选择很重要，尽量应选择粗的，因为越粗其衰减越小，隔离度也越好，成本也越低
9. 下列关于载波泄漏消除技术的描述中，错误的是(　　)。
   A. 载波消除的目的是减少输出端的信号泄漏进入接收机
   B. 接收机中收到的载波泄漏信号中，最主要的是由于天线失配引起的输入反射系数，如采用双天线收发模式，可以大大减小该影响
   C. 如采用双天线收发模式，不再需要载波泄漏消除技术
   D. 采用环形器作为隔离器件比定向耦合器效果要好，但由于成本和尺寸问题无法普遍应用于阅读器模块中
10. 下列关于相位列阵天线的说明中正确的是(　　)。
   A. Impinj 的 xArray 可以覆盖 52 个区域，因此其内部具有 52 个天线振子
   B. 通过相位调整可以调整相位列阵天线的辐射范围，因此同尺寸的相位天线比传统天线在相同输出功率下可以覆盖更大的范围
   C. 相位列阵天线覆盖区域越广，其定位精度越高
   D. 相位列阵天线可以应用于定位和物品追踪，其天线覆盖区域越多，其物品追踪的轨迹相对越准确，实时性也越高

第 6 章

测试及认证

本章介绍与超高频 RFID 相关的测试内容及测试方法，包括标签和阅读器的性能测试以及应用现场的测试方法。在讲述测试技术的同时也会详细讲解实验室设备、测试原理等等。测试技术是超高频 RFID 技术中至关重要的一部分，一个好的工程师都是经过大量的实验室和现场测试磨炼出来的。同时，本章会对超高频 RFID 相关的重要行业认证进行讲解，尤其是芯片相关的 EPC Global 认证、阅读器相关无线电规范认证和标签性能相关的 TIPP 认证。产品认证是被市场接受的第一步，也是至关重要的一步，只有充分了解产品认证的原理才能做出得到市场认可的产品。

6.1 超高频 RFID 测试技术

超高频 RFID 测试的主要目的是选择合适的标签和阅读器，并在实际应用中更好地应用。因此从业人员需要熟练掌握标签的性能评测方法和阅读器的性能评测方法，并具备在应用现场中测试和找出问题的能力。

6.1.1 标签性能测试

视频讲解

在超高频 RFID 领域，标签的测试内容非常多，包括 Inlay 芯片的推力测试、标签的防水防潮测试、高低温冲击测试等，其中最受关注的是标签的性能测试。标签的性能最简单的体现是标签能读多远，深层次的理解是这个标签使用在不同物体上时，其灵敏度的频率曲线是怎样的（灵敏度可以换算读取距离）。为了能够更准确地测试标签的性能，需要在特定的环境中使用专用设备对标签进行测试，同时还需要具备对批量标签进行性能筛选的功能，因此出现了微波暗室和标签性能测试仪。

1. 测试环境介绍——微波暗室

测试标签性能时，阅读器发出的电磁波会在地板、墙壁和天花板等发生反射，从而影响标签处的电磁场分布，导致对标签灵敏度测试产生误差。这种电磁场的变化，有时候表现为增强，有时候表现为减弱。如图 6-1 所示，为一个反射的案例，阅读器（T）发出的电磁波通过路径 c 倒带标签（R）处，与此同时，由于地面对电磁波存在反射效果，还可以通过路径 a、

b 到达标签处。

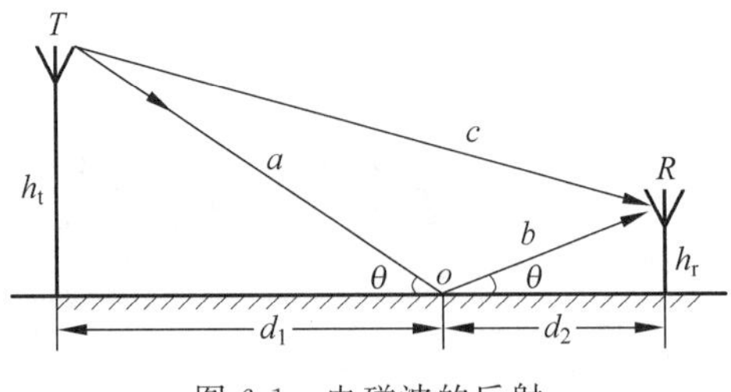

图 6-1 电磁波的反射

此时标签处收到两个信号，如果两个信号相位相等，则信号会增强；若两个信号相位相差 180°，则会相互抵消，信号减弱（若两个信号功率相同、相位相反，则合成后信号完全抵消），如图 6-2 所示。

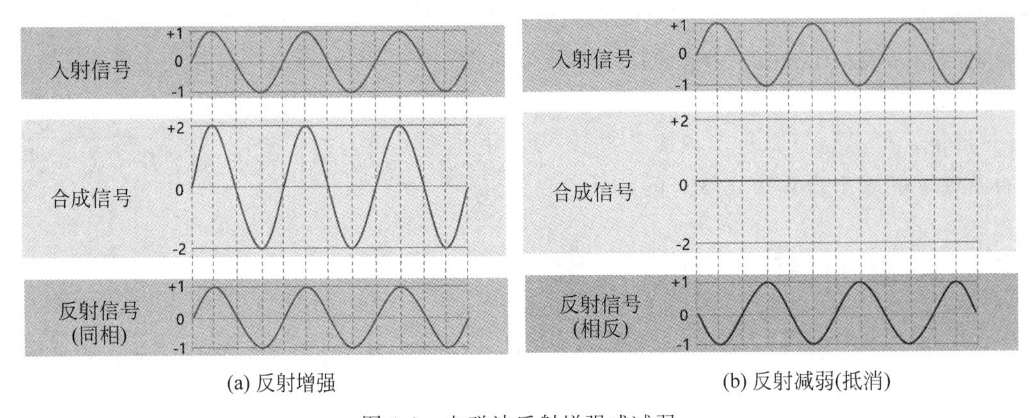

(a) 反射增强　　(b) 反射减弱(抵消)

图 6-2 电磁波反射增强或减弱

在对标签进行测试时还经常遇到未知的外界电磁波干扰，这些干扰的来源有可能是通过手机或基站，也有可能是另外一台阅读器产生的。这些干扰可能对标签的性能或阅读器的性能产生影响。

为了消除上述反射影响和外界干扰，需要一个没有反射或反射很小的环境进行测试，针对该问题，科学家发明了微波暗室。

微波暗室又叫吸波室、电波暗室。当电磁波入射到微波暗室的墙面、天棚、地面时，绝大部分电磁波被吸收，而透射、反射极少。微波也有光的某些特性，借助光学暗室的含义，故命名为微波暗室。微波暗室是吸波材料和金属屏蔽体组建的特殊房间，它提供人为空旷的"自由空间"条件。在暗室内做天线、雷达等无线通信产品和电子产品测试可以免受杂波干扰，提高被测设备的测试精度和效率。随着电子技术的日益发展，微波暗室被更多的人了解和应用。微波暗室就是用吸波材料来制造一个封闭空间，这样可在暗室内制造出一个纯净的电磁环境，如图 6-3 所示。

微波暗室材料可以是任何吸波材料，主要材料是聚氨酯吸波海绵。另外，测试电子产品电磁兼容性时，由于频率过低也会采用铁氧体吸波材料。

图 6-3 微波暗室照片

微波暗室的主要工作原理是根据电磁波在介质中从低磁导向高磁导方向传播的规律，利用高磁导率吸波材料引导电磁波，通过共振，大量吸收电磁波的辐射能量，再通过耦合把电磁波的能量转变成热能，从而减小反射。

微波暗室由 3 部分组成，分别是屏蔽室、吸波材料和其他配件。

- 屏蔽室：由屏蔽壳体、屏蔽门、通风波导窗及各类电源滤波器等组成。屏蔽壳体通常采用焊接式，如图 6-4 所示。其目的是保证外界的电磁波无法进入屏蔽室内。屏蔽室也可以单独使用，对于只关注外界干扰问题的测试，可以在屏蔽室内完成，一般是一些传导类测试。由于反射问题，屏蔽室内无法测试天线和标签的性能。屏蔽室的好坏用隔离度表示，好的屏蔽室可以实现 100dB 的隔离。简单测试屏蔽室隔离度的方法是把一部手机放进去，看是否还能被拨通。
- 吸波材料：共有两种，分别是单层铁氧体片（工作频率范围为 30～1000MHz）和锥形含碳海绵吸波材料。锥形含碳海绵吸波材料是由聚氨酯泡沫塑料在碳胶溶液中渗透而成，具有较好的吸波特性和阻燃特性。如图 6-5 所示为一种带有铁氧体瓦块匹配的角锥吸波材料，集成了铁氧体片和海绵吸波材料。其在不同频率的反射特性如表 6-1 所示。厚度越大的材料，吸收能力越强，反射越小。

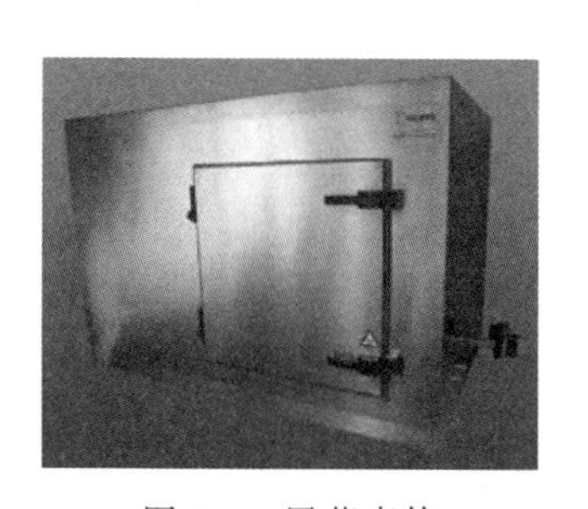

图 6-4 屏蔽壳体

图 6-5 锥形含碳海绵吸波材料

表 6-1 吸波材料的反射特性

型号	厚度 mm	单位面积重量 kg/m^2	垂直入射时的最大反射 dB						每块尺寸
			频率范围 GHz						mm^2
			0.03	0.1	0.5	3.0	10.0	15.0	
MAM400＋铁氧体瓦块	400	13	14	20	20	20	25	40	500×500
MAM700＋铁氧体瓦块	700	21	16	20	20	30	40	50	500×500
MAM1000＋铁氧体瓦块	1000	31	18	20	25	40	50	50	500×500

- 其他配件：主要有信号传输板、转台、天线、监控系统等；微波暗室内转台如图 6-6(a)所示；微波暗室内天线如 6-6(b)所示。这些内部设备通过屏蔽室中的连接器用射频线缆与外界仪器、设备连接在一起，保证外部干扰信号不会通过这些连接线或接头传到微波暗室内。

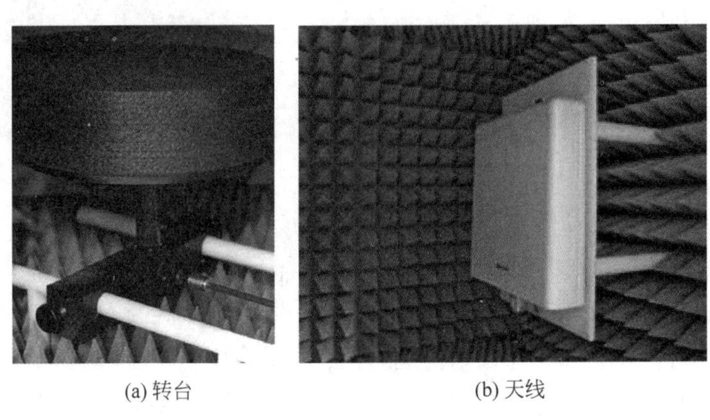

(a) 转台　　(b) 天线

图 6-6　微波暗室内的其他配件

2. 标签性能测试原理

标签的性能测试是为了了解标签的工作距离有多远，凭直觉这个参数应该与标签芯片选型、标签天线设计、阅读器天线增益、工作频率等有关系。标签的性能一般指标签的灵敏度和反向散射的调制深度，其中最重要的是灵敏度。标签性能的参数都无法通过设备直接获取，需要配合阅读器设备通过间接计算获得。

根据弗里斯传输方程，即式(2-11)：$P_r=\frac{P_tG_tG_rc^2}{(4\pi Rf)^2}$，将标签看作一个整体，可以变形为：

$$P_r=\frac{P_tG_tc^2}{(4\pi Rf)^2} \tag{6-1}$$

其中，P_r 为标签天线处收到的能量，标签接收到的能量由阅读器的输出功率 P_t、阅读器的天线增益 G_t、阅读器距离标签的距离 R 以及工作频率 f 决定。

当标签获得的能量大于或等于其自身灵敏度时，阅读器可以获得标签的应答，当标签获得的能量小于自身灵敏度时，则标签无法获得标签的应答。因此可以通过调节标签获得的能量大小寻找到刚刚可以激活标签的临界点，这个临界点就是标签的灵敏度 P_{tag_sens}。调节标签获得的能量可以通过多种方式，包括调节标签与阅读器的距离、更换阅读器天线或改变阅读器的输出功率。很显然，通过更改阅读器的输出功率调节标签处的能量强度的方式最方便。因此，在标签性能测试系统中阅读器天线的增益及位置、标签摆放的位置、测试环境等都是固定的，选择一个固定频率后，调节阅读器输出功率可以寻找激活标签的临界点对应的功率 P_t。然后更改下一个频率点，继续寻找标签在该频点对应临界点的功率 P_t，当所有要测的频点都测试之后，可以绘制出关于标签启动功率(临界值是阅读器的输出功率)与频率的关系曲线，如图6-7所示。

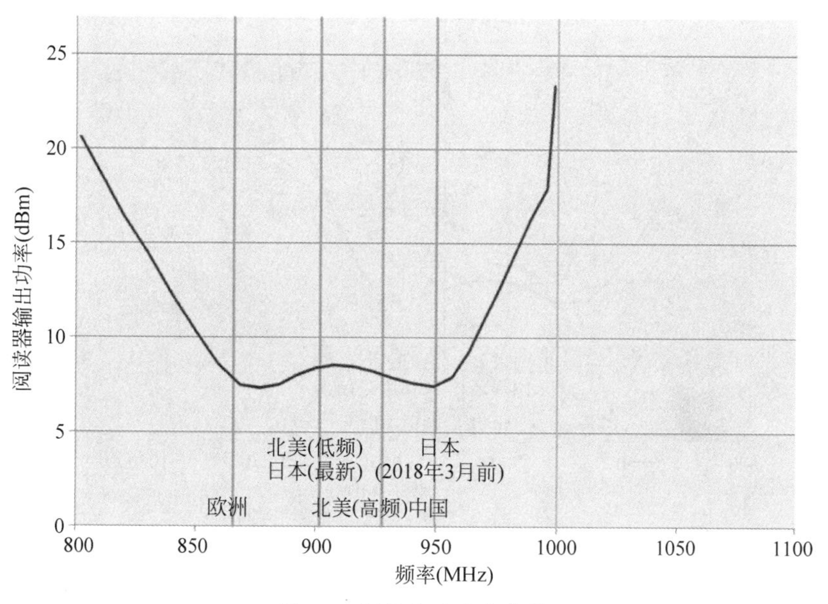

图6-7 标签启动功率曲线

将上述参数通过式(6-1)计算出不同频点 P_r 的值，再绘制成一个标签灵敏度与频率的曲线图(见图6-8)。可以看到，两个图中只是标尺单位不同，其曲线形状是完全一样的。这条曲线在图中的位置越靠下越好，说明灵敏度越高。标签工作在不同的频点时，灵敏度不同，可以简单地认为大于最高灵敏度3dB的频率宽带为该标签的带宽。该图中标签的带宽为从840～960MHz。

同理，标签反向散射的能量强度也可通过式(2-11)：$P_{\text{reader}}=\dfrac{P_{\text{tag}}G_{\text{reader}}c^2}{(4\pi Rf)^2}$变形为：

$$P_{\text{tag}}=\frac{P_{\text{reader}}(4\pi Rf)^2}{G_{\text{reader}}c^2} \tag{6-2}$$

其中，标签反向散射的能量为 P_{tag}，P_{reader} 为阅读器收到的RSSI值，G_{reader} 为阅读器的天线增益。在固定阅读器天线增益及位置、标签摆放位置和测试环境后，选择一个固定频率，调节阅读器输出功率可以寻找激活标签的临界点对应的RSSI，然后更改下一个频率点，继续寻找标签在该频点对应临界点的RSSI，当所有要测的频点都测试之后，经过公式计算获得标签反向散射的信号强度与频率的曲线如图6-9所示。反向散射的信号强度特点与灵敏度相反，信号越大越好，阅读器越容易解调。

通过上述方法可以计算出标签的灵敏度和反向散射强度。通过式(6-2)变形为：

$$R=\frac{c}{4\pi f}\sqrt{\frac{P_{\text{t}}G_{\text{reader}}}{P_{\text{r}}}} \tag{6-3}$$

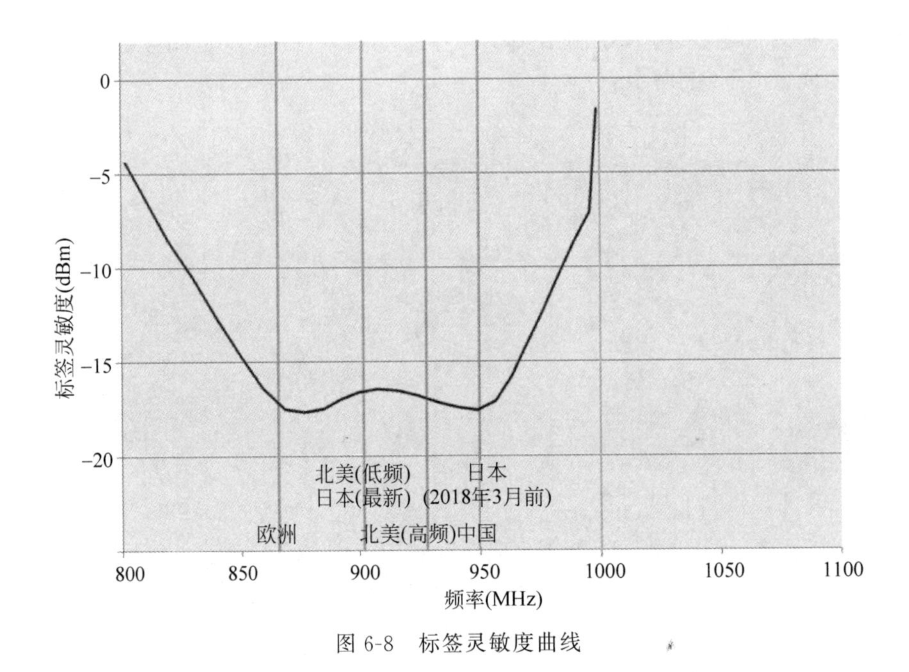

图 6-8　标签灵敏度曲线

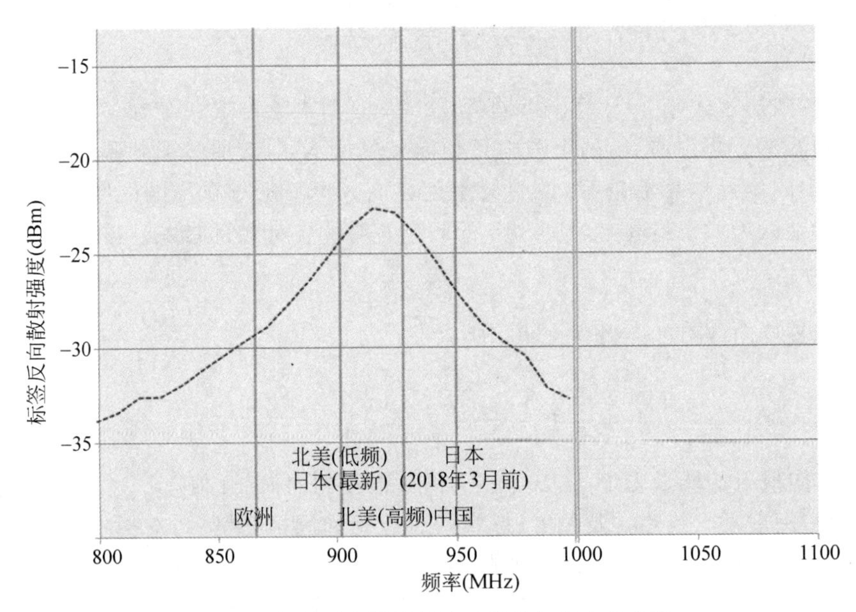

图 6-9　标签反向散射的信号强度与频率的曲线

可以计算出标签在实际应用中的工作距离 R，其中 P_t 是项目中使用阅读器的最大输出功率，P_r 为标签灵敏度。基于该原理可以使用阅读器开发对应的标签性能测试软件搭建，标签性能测试系统，这种标签性能测试系统优点是简单、容易实现，其缺点是精度较差。

3. 标签性能测试设备 Voyantic

基于普通阅读器开发的标签性能测试设备具有几个严重问题：

- 普通阅读器的工作频率受限，一般不支持 800～1000MHz 的全频带工作。
- 普通阅读器并非宽带匹配，其灵敏度在全频带不均匀。
- 普通阅读器的输出功率一般步进为 1dB，且误差 1dB，无法作为测试设备的级别。
- 阅读器天线在全频段的增益并不固定，且不具有每个频点的天线增益参数（灵敏度计算需要）。

由于上述问题，Voyantic 公司开发了一款专用标签性能测试设备，名为 Tagformance。Tagformance 是全球超高频 RFID 生态链公认的标签性能测试设备，所有的认证机构和主要的标签设计厂商都具有该设备。如图 6-10 所示为 Voyantic 的标签灵敏度测试系统，其硬件包括一台 Tagformance 主机、一台阅读器天线、塑料泡沫支架和其他配件，使用时需要配合计算机上的应用软件。

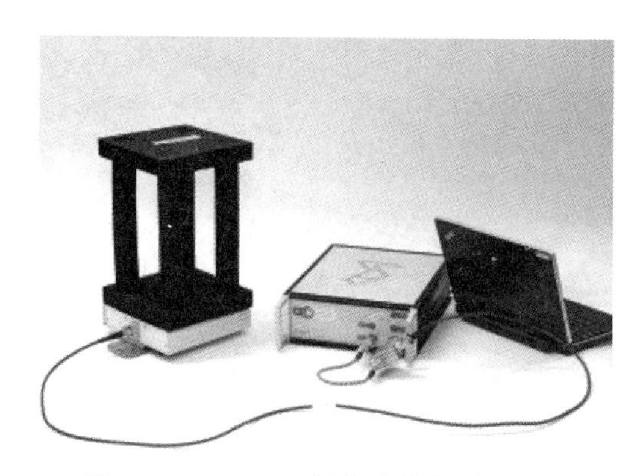

图 6-10 Voyantic 标签灵敏度测试系统

如图 6-11 所示为 Tagformance 设备的软件操作图，这套测试系统的特点为：

- 工作频率宽泛。支持标准扫描模式，频段为 800～1000MHz；支持超宽带扫描模式，频带为 700～1100MHz（图 6-10 中的天线只支持标准扫描模式，如使用超宽带扫描需要更换超宽带天线）。
- 输出功率范围宽泛为 −5～27dBm（标准扫描模式）；−5～24dBm（超宽带扫描模式）。
- 接收灵敏度为 −75dBm，这个参数并不重要，因为测试环境中标签与阅读器天线距离不是很远，一般不会出现反向受限的情况。
- 输出功率步进可选，可以选择 0.1dB、0.5dB 和 1.0dB。
- 扫描频率起始值和步进均可选，扫描频率步进为 0.1～100MHz 可选。
- 塑料泡沫支架为固定高度 30cm，携带安装简单，对电磁波几乎没有影响。当没有暗室等较好的测试环境时，可以直接按照图 6-10 所示的方式进行测试。
- 天线为宽带平稳增益的线极化天线。不选择圆极化天线是由于轴比的问题，会引起

1～3dB 的测试误差。测试时应注意标签的极化方向与天线相同。

- 软件。软件内部具有多种功能，具有自动的公式转换等功能，可以测量阅读器开启功率(Transmitted power)、反向散射能量(Backscattered power)、反向散射信号相位(Backscattered signal phase)，通过这几个参数可以计算出更多参数，如电场强度(Electric field strength)、反向散射雷达截面差值(Delta RCS)、标签正向启动功率(Power on tag forward)、标签反向散射功率(Power on tag reverse)、理论正向读取距离(Theoretical read range forward)、理论反向工作距离(Theoretical read range forward)。

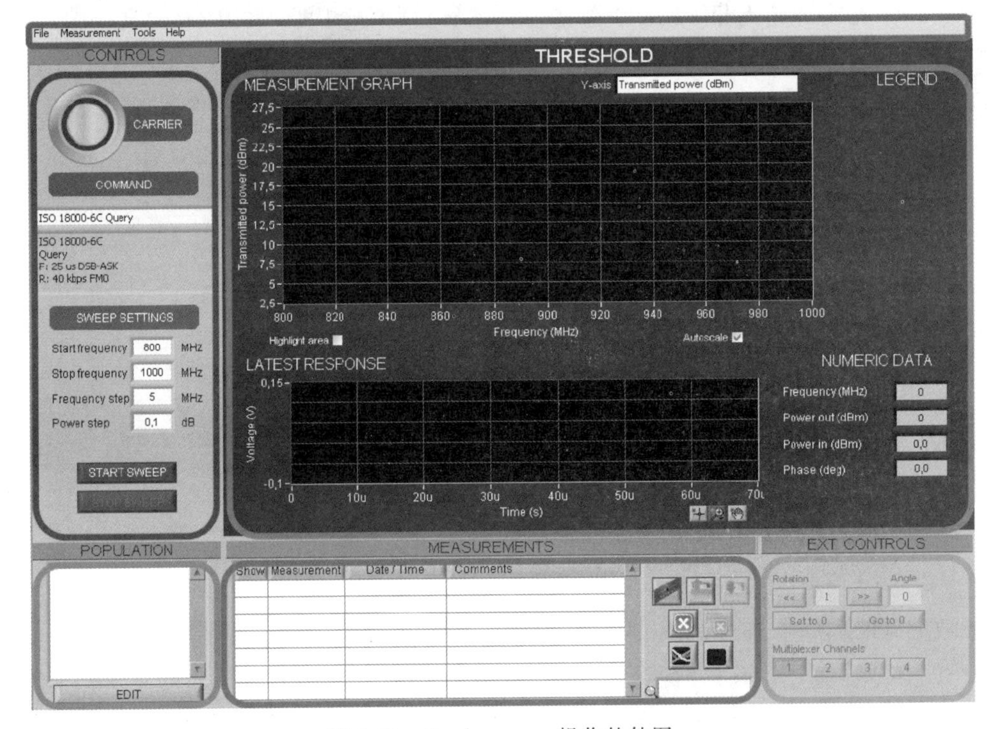

图 6-11 Tagformance 操作软件图

虽然这套设备具有较高的精度，但仍然难免存在系统误差，如馈线接头的松紧，天线的摆放角度影响，或者由于环境温度引起的射频发射功率误差。因此需要一套校准系统。Vojantic 公司提供了一套校准系统，如图 6-12 所示为 Tagformance 校准系统说明图。图中有个校准标签，系统预先知道该标签的灵敏度和反向散射功率的频率曲线。当系统扫描该校准标签的时候，将得到的曲线与系统中存在的校准标签参数进行比对，当发现两条曲线有一定差异时，测试人员可以做相应调整直至两条曲线近乎重合，从而减小系统误差。

校准对于系统精度非常重要，每次测试前都应先校准。当更换测试环境时还需要重新测量标签与天线之间的距离，重新填入 Tagformance 的软件中。若更换天线和馈线，也要重新输入参数(一般不建议更换)。

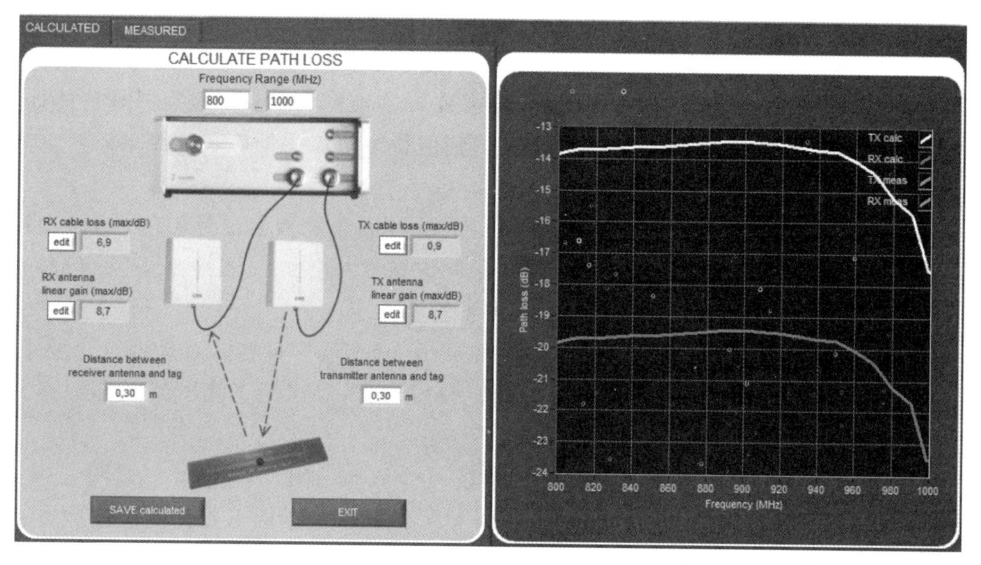

图 6-12　Tagformance 校准系统说明图

具体的测试过程为：先将被测试标签放置在指定位置，再在软件界面输入起始频率、频率步进、功率步进，单击“开始”按钮，如图 6-11 所示，会出现一条曲线。若需要测试下一个标签，则需要将上一个标签拿走，并放置新的标签，再次单击“开始”按钮。图中会出现两条曲线，每条曲线对应一个 EPC 号码以及扫描时间，可以测试多个标签并进行性能对比。

Tagformance 还可以配合转台实现标签的全向灵敏度测试，如图 6-13(a)所示，为在暗室中与 Tagformance 联动的转台，软件可以操作转台按照不同的步进转动，每次转动后进行扫描，最终可以绘制出一张标签的全向图，如图 6-13(b)所示，表现为标签在各个方向的辐射特性。

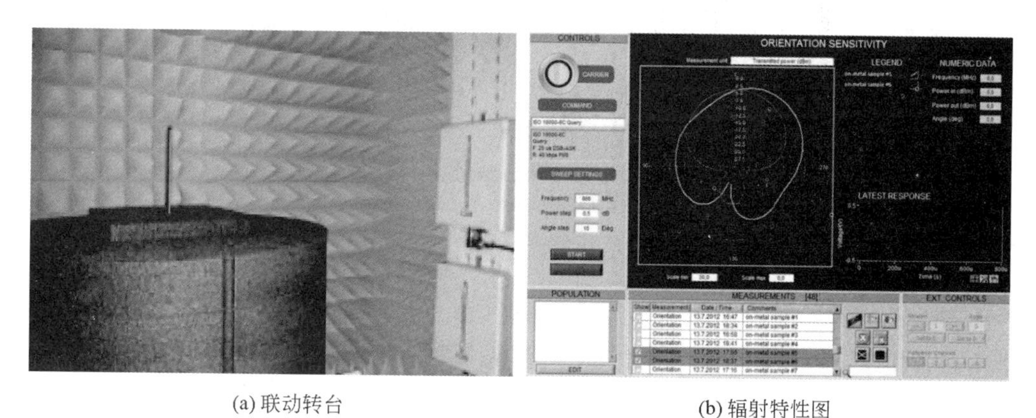

(a) 联动转台　　　　(b) 辐射特性图

图 6-13　Tagformance 全向灵敏度测试

Tagformance作为一个超高频RFID标签性能测试的高精度设备，建议配合暗室使用，标签距离天线的距离也尽量远一些(原装的塑料泡沫支架距离30cm有些近，误差会比较大)。由于现在TIPP认证需要全向测试，因此需要采购配套转台；如没有TIPP认证需求一般不需要购买转台，如需了解标签不同角度的辐射特性可以手动旋转再测试。

4. 标签一致性测试

Tagformance设备是应用于实验室测试的，主要用于开发和验证标签的性能。当大批量标签需要出货时，就需要标签一致性测试设备和方法。标签的一致性其实说的是标签的性能一致性，需要筛选符合要求的标签，滤除掉不符合要求的标签。一致性测试与标签性能研发测试的要求不同，它不需要获得标签具体的灵敏度数值，只关心标签是否符合要求；一致性测试要求快速测试，一般测试时间小于1s，而性能研发测试对于测试时间不关心，一般为几十秒或几分钟。

标签一致性测试的实现方式：只测试关注的几个频点和几个功率点。如图6-14所示为针对6个频点，每个频点测试13个功率点(共需要测试78次)的一致性测试设置，图6-14中会出现两种不同颜色的点分别表示是否在该频点和功率下正确盘点该标签。用户可以设置一个阈值，从而判断这个标签是否达标。

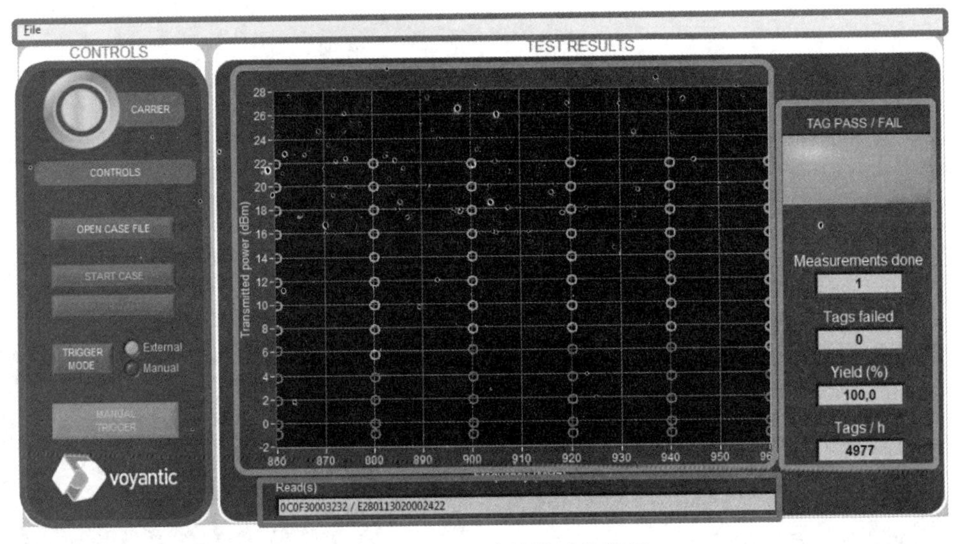

图6-14 标签一致性测试软件图

在实际应用中，一般最多测试3个频点，每个频点最多测试3个功率点。测试的点越多，测试时间越长，尤其是高速的卷对卷测试机的应用中，要求一小时实现10 000～20 000张标签的测试。如图6-15所示为一台卷对卷标签测试机，对于高速测试需求，卷对卷标签测试机一般只做单频点的单次功率测试，如果可以识别到标签，则通过；如果识别失败，则认为标签是不合格的。

对于特种标签的测试，一般采用手工测试。可以搭建简易的测试环境，与图6-10

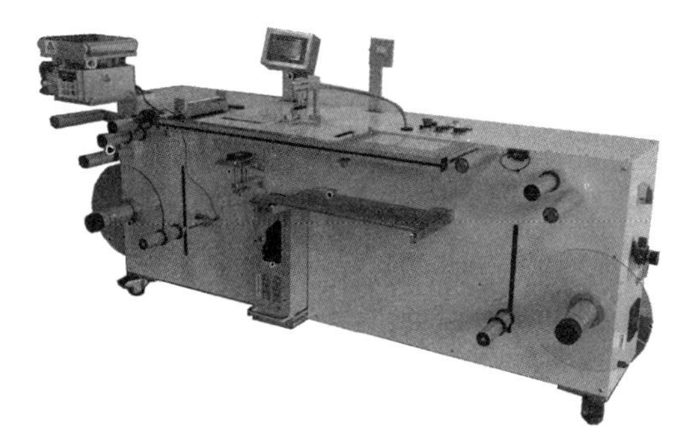

图 6-15　卷对卷标签测试机

Tagformance 所示的小平台类似，一般测试 3 个频点，每个频点测试一个功率点，都通过则记为合格。还可以自制校准标签以提高系统的精度，并自制屏蔽环境和应用软件。图 6-16 为笔者开发的特种标签测试系统，包括硬件、屏蔽环境和测试软件。屏蔽箱的制作：将一个天线固定在一个亚克力箱体的顶部，并用屏蔽网屏蔽粘贴在亚克力表面，亚克力箱体只留一面作为操作位。在使用校准标签软件校准并设置测试参数后，系统进入自动运行状态。当标签放入指定位置后，软件会自动显示通过还是失败，操作员就将该标签放入指定的收纳箱中。

(a) 屏蔽箱及阅读器天线

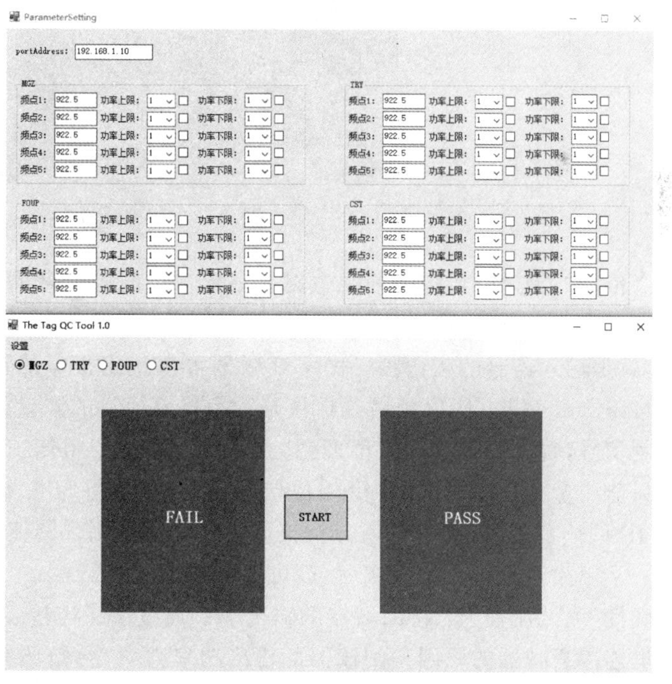

(b) 测试软件

图 6-16　特种标签测试系统

视频讲解

6.1.2 阅读器性能测试

阅读器的核心指标是灵敏度(包含载波抵消)和输出功率,选型时大家会发现,阅读器供应商的射频参数都差不多,那么怎样才能知道阅读器的性能好坏呢?本节不讨论阅读器的外围接口和支持的特殊功能,只考虑阅读器的输出功率、灵敏度和多标签性能。

1. 阅读器的输出功率

阅读器的输出功率在符合射频指标认证规范(6.2.2节有详细介绍)的前提下,需要对其输出功率的大小、精度以及工作频率的精度进行测试。这些参数的测量需要一台专用设备——频谱分析仪。

频谱分析仪是研究电信号频谱结构的仪器,用于信号失真度、调制度、谱纯度、频率稳定度和交调失真等信号参数的测量,可用来测量放大器和滤波器等电路系统的某些参数,是一种多用途的电子测量仪器,如图6-17所示为一台频谱分析仪的照片。它又可称为频域示波器、跟踪示波器、分析示波器、谐波分析器、频率特性分析仪或傅里叶分析仪等。

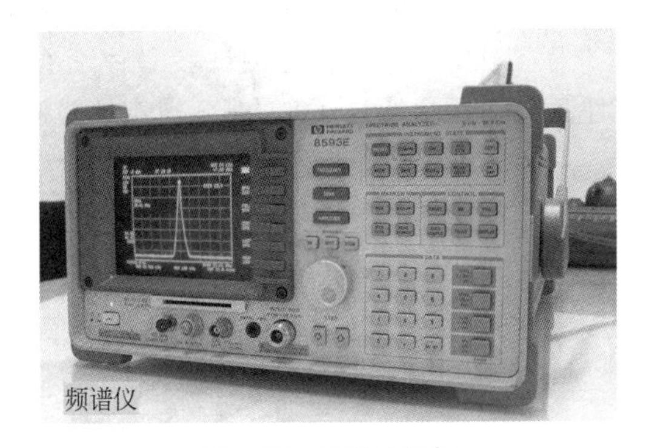

图6-17 频谱分析仪

传统的频谱分析仪的前端电路是一定带宽内可调谐的接收机,输入信号经变频器变频后由低通滤器输出,滤波输出作为垂直分量,频率作为水平分量,在示波器屏幕上绘出坐标图,就是输入信号的频谱图。由于变频器可以达到很宽的频率范围,图6-17的频谱范围为9kHz～26.5GHz,所以频谱分析仪是频率覆盖最宽的测量仪器之一。无论测量连续信号或调制信号,频谱分析仪都是很理想的测量工具。但是,传统的频谱分析仪也有明显的缺点,它只能测量频率的幅度,缺少相位信息,因此属于标量仪器而不是矢量仪器。早期超高频RFID阅读器的测试中,频谱分析仪的主要功能是测试阅读器的输出频率和输出功率。

掌握频谱分析仪的操作后,就可以对阅读器进行测试了。首先需要测试其输出功率的准确性,测试流程为:将阅读器的输出端口通过馈线连接衰减器和频谱分析仪的输入接口,这里连接衰减器的原因是阅读器的输出功率太大,会损坏频谱分析仪,频谱分析仪很贵,一定要小心使用。图6-17中频谱仪的输入端口下面有一排警示小字,说明该射频的输入功率不能超过30dBm。由于阅读器的输出功率大多超过30dBm,因此一定要增加一个衰减器,衰减值建议为20～30dB。然后启动阅读器发射特定功率的寻卡命令,此时频谱分析仪的显示屏上会显示出信号的跳动，记录最大功率；改变阅读器的输出功率后再次发送寻卡命令并记录频谱仪最大示数。对于频率精度的测试，先固定一个频率并设置阅读器发送载波信号，再从频谱分析仪上记录中心频率。如表6-2所示为测试记录表示例，需要在多个功率点和多个频率点进行测试并记录。

表6-2　功率和频率测试记录表

设置功率	33dBm	32dBm	31dBm	30dBm	25dBm	20dBm	15dBm	10dBm
实测功率	XXdBm							
设置频率	920MHz	920.5MHz	921MHz	922MHz	922.5MHz	923MHz	924MHz	925MHz
实测频率	XX.xxMHz							

测试结果需要关注的主要有3个参数，分别是：输出的最大功率，一般情况下输出功率越大工作距离越远；功率精度，实测功率与设置功率差值越小越好；频率精度，实测频率与设置频率差值越小越好。

2. 阅读器的灵敏度测试

超高频RFID系统中的阅读器灵敏度与载波泄漏关系很大，单纯地通过阅读器读取标签的距离无法评测阅读器的灵敏度，因为系统一般情况下为标签能量受限，对于阅读器的灵敏度没有指导意义。实际上阅读器的灵敏度对比是与其载波抵消能力的对比，需要充分考虑不同载波泄漏下的灵敏度。市面上有一些阅读器测试灵敏度测试的专用设备(6.2.1节介绍的NI设备就具有该功能)，其方法为虚拟一个电子标签改变负载调制的强度，从而测试阅读器的灵敏度。然而阅读器灵敏度的关键点在于载波抵消功能，当配套性能良好的阅读器天线时，其灵敏度一定非常好，即使用专用设备测试出灵敏度数值也没有意义，因为对于整个系统的工作距离没有任何影响。该测试的重点是构造一个不同载波泄漏的环境，在此环境下测试灵敏度。

构造不同载波泄漏的环境有两种方法，分别是选择多种不同输入反射系数的天线或制作多个不同输入反射系数的匹配电路。此时需要使用到一台矢量网络分析仪。

网络分析仪是一种能在宽频带内进行扫描测量以确定网络参数的综合性的微波测量仪器。全称是微波网络分析仪。网络分析仪是测量网络参数的一种新型仪器，可直接测量有源或无源、可逆或不可逆的双口和单口网络的复数散射参数，并以扫频方式给出各散射参数的幅度、相位频率特性。自动网络分析仪能对测量结果逐点进行误差修正，并换算出其他几十种网络参数，如输入反射系数、输出反射系数、电压驻波比、阻抗(或导纳)、衰减(或增益)、相移和群延时等传输参数以及隔离度和定向度等。图6-18为一款矢量网络分析仪的实物照片。

矢量网络分析仪自带了一个信号发生器，可以对一个频段进行频率扫描。如果是单端口测量，则将激励信号加在端口上，通过测量反射回来信号的幅度和相位，就可以判断出阻抗或者反射情况。而对于双端口测量，则还可以测量传输参数。由于受分布参数等影响明显，网络分析仪使用之前必须校准。

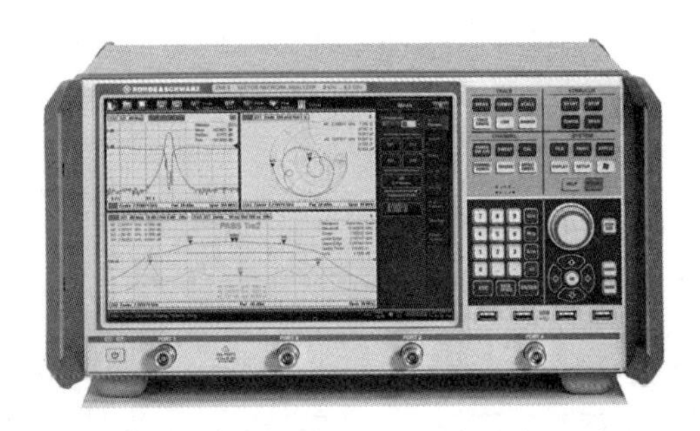

图 6-18　矢量网络分析仪的实物照片

在微波电路的设计和计算中，需要对所用元器件特性的全部网络参数进行全面定值。在微波元器件中，包括微波晶体管，大多采用 S 参数(散射参数)来表述它们的特性。一般二端口网络需要有 4 个散射参数($S11$、$S22$、$S12$ 和 $S21$)，才能对其全面定值。因此往往采用测量的方法来确定网络的参数。在测量阅读器天线或匹配电路时，采用 $S11$ 测量即可，代表的物理意义为输入天线的能量中反射回来的能量强度。

在超高频 RFID 系统开发中，矢量网络分析仪是非常重要的设备。尤其对于阅读器天线开发厂商，每天都要用到矢量网络分析仪。

在构造阅读器测试环境时，由于寻找多款不同输入反射系数的阅读器天线非常困难，最好的方式是通过自制匹配电路的方式实现多种不同的载波泄漏。制作 11 组匹配电路，当匹配电路连接一个固定天线(小尺寸、小增益天线)时，其天线的输入反射系数 $S11$ 为 $-5\sim-15$dB(若测试不带有载波抵消的功能的阅读器，需要选择 $-5\sim-20$dB 的匹配电路)，该参数需要在矢量网络分析仪下测试得到。下一步是架设测试现场环境，大尺寸的微波暗室是最好的选择，如果没有微波暗室，那么尽量在室外空旷的环境中进行测试。固定阅读器天线，设置阅读器发送最大输出功率，测量一个固定标签的最远工作距离。不断更换匹配电路板，从 -15dB 开始测试，逐渐增加载波泄漏强度，直到 -5dB。测试中使用的标签是一款高性能远距离的标签，且已知其灵敏度和反向散射强度的，读者可以参照 6.1.1 节，使用 Tagformance 获得一个标签的上述参数。测试结果记录到表 6-3 的“距离”一栏中，表中的实测数据是笔者对一台阅读器灵敏度测试时的原始数据，作为参考。

表 6-3　阅读器性能测试记录表

$S11$	-15	-14	-13	-12	-11	-10	-9	-8	-7	-6	-5
距离 R(m)	14.3	14.3	14.3	14.2	14.2	10.6	6.9	4.4	1.8	报警	报警
灵敏度(dBm)	>-79	>-79	>-79	>-79	>-79	-76	-72	-68	-61	无	无

在阅读器载波泄漏不严重时，系统的工作距离为正向受限，可以通过式(2-12)$R=\frac{\lambda}{4\pi}\sqrt{\frac{P_tG_t}{P_r}}$计算出来，其中，$P_t$ 为阅读器的最大发射功率，G_t 为阅读器天线的增益，P_r 为标

签的灵敏度，λ 由阅读器的当前工作频率决定。读者可以自行代入数据进行计算，看看此时计算的 R 是否与实测的数据相同(如果在室外测试，应先学习 6.1.3 节的应用测试方法)。如果计算数值与实测数值非常接近，则说明正向测试部分达到预期效果。若测试结果小于预期，则需要查看是否因为长时间发射引起发热导致输出功率变小。该测试系统中最大输出功率 $P_t=33\text{dBm}$，阅读器天线的增益为线极化 $G_t=2\text{dBi}$，标签灵敏度 $P_r=-20\text{dBm}$，工作频率为 922.5MHz，通过计算得到 $R=14.56\text{m}$，与实测数据相似。

如表 6-3 所示，在最初更换匹配电路后，系统的工作距离不变，此时还为正向受限。当更换输入反射系数更大的匹配电路后，阅读器载波泄漏越来越严重，导致工作距离突然变近，此时系统为反向受限，其工作距离可以根据式(2-11)$P_{\text{reader}}=\dfrac{P_{\text{tag}}G_{\text{reader}}c^2}{(4\pi Rf)^2}$计算出来，其中标签反向散射的能量为 P_{tag}，P_{reader} 为阅读器的灵敏度，G_{reader} 为阅读器的天线增益，f 为阅读器的当前工作频率，R 为表格中实测的工作距离。通过上述测试和计算，可以得到重要的阅读器性能参数，不同载波泄漏下的灵敏度。该测试系统中反向散射能量为 $P_{\text{tag}}=-26\text{dBm}$，阅读器天线的增益为线极化 $G_{\text{reader}}=G_t=2\text{dBi}$，工作频率 $f=922.5\text{MHz}$，将不同 S11 对应测试的距离 R 代入公式后可以计算出 P_{reader}，如表 6-3 最后一行的灵敏度所示。可以看到，随着载波泄漏的增加，灵敏度随之下降的情况。该特征参数是对于阅读器灵敏度最有效的展现形式。

3. 多标签性能测试

多标签性能是阅读器的重要指标，但如何评测多标签效果在行业中一直缺乏有效的方法。多标签性能主要是由阅读器的灵敏度和多标签算法(多标签算法详解见 3.3 节)决定。主要评测标准为两项：对于大量标签场景的读全率以及读全标签所需要的时间。

多标签测试最大的缺点是没有一套测试标准，不同的用户无法重现测试结果。只有在一些多标签的应用中，几家阅读器厂商进行对比的时候会在固定的场景中反复测试。当这个场景中的标签或摆放位置发生变化时，之前的测试数据就没有参考价值了，必须重新开始测试。因此提出两种测试方法：第一种是利用标签板的测试环境，测试环境单一，对于实际场景的重现性较弱；第二种是 PCB 板测试环境，可以做多种设置，对不同应用场景的重现性较好。

针对第一种测试环境，只需要一个天线对着数量已知且全部可以激活的标签即可。具体实现方式为做几个标签粘贴数量不同的泡沫白板(50 个、100 个、200 个)，固定白板与天线的距离。阅读器连接天线后，分别对每个白板进行识别，记录每次盘点完所有标签需要的时间，多次记录后取平均值。为了模拟实际场景中的弱标签，可以通过在标签天线上贴铝箔的方式。针对标签板的测试环境存在的问题是：随时间的变化，标签板由于老化或粘贴的问题其性能会发生改变，多标签测试时测试结果也会随之改变。而且天线与标签板的摆放误差也会引起测试结果的变化，重复性差的问题很严重。该测试方法制作简单，操作方便，是广大阅读器厂商常用的测试方法。

针对标签板测试方法中的测试场景单一、重复性差的问题，笔者提出了一种 PCB 的测试环境解决方案,在一个PCB板上通过微带线的方式连接几百个SOT或QFN封装的标签芯片,微带线上通过射频开关连接多种不同的衰减网络及选择不同数量的标签。最终可以通过射频开关选择不同标签的衰减参数,从而模仿真实场景,同时由于系统是由PCB焊接的,重复性好,同时还节省空间、测试误差小。该方案的缺点是制作较为复杂,没有市场销售价值,只能作为内部测试使用。

多标签性能测试存在一定的偶然性,因此需要对同一个场景做多次测试取平均值。尤其是阅读器存在跳频机制,有的标签所在的位置有可能在某个频点存在盲点,只有在跳频后才有机会读取到该标签。

对于阅读器的多天线测试,在标签板测试方法中,需要多架设几个阅读器天线,在PCB测试方法中,需要在PCB板上预留多个射频输入接口。

视频讲解

6.1.3 应用测试技术

超高频RFID的应用测试是针对具体项目的测试,其目的主要有两个:提高识别率和控制识别范围。一般从两方面入手,一方面是标签的摆放方式和位置,目的是让标签更容易被识别;另一方面是阅读器的放置方式,控制场区的范围,让工作区内最好没有盲点,工作区外识别范围尽量小。

1. 环境因素对标签的影响

在4.4节标签天线技术中可知,影响标签工作距离最主要的因素是匹配,由2.3节可知,影响标签工作距离的主要因素是标签能获得的能量和极化匹配。

1) 标签的贴放对性能的影响

当标签天线靠近高介电常数的物品时,其天线阻抗特性会发生变化,影响匹配,进入芯片的能量大幅度减小,使得标签的工作距离减小。玻璃、纯净水、陶瓷等都是高介电常数的材料,一般认为海绵、泡沫塑料、纸张的介电常数较低,对标签的影响较小。

当标签靠近金属物体或金属离子液体时,标签性能会发生剧烈变化,尤其是贴在金属上时,标签完全无法工作。如图6-19所示,当标签贴在金属表面时,其偶极子天线的两臂连通(与图2-17(a)中的场景相似),相当于将电池的正负极短路。带有金属离子的液体会有同样的效果,如在盐水瓶的表面贴标签后,该标签几乎无法工作。人体也可以理解为一种带有金属离子的液体,电子标签靠近人体后性能也会大幅度下降。即使标签天线没有与金属物品电气接触,对标签天线的阻抗影响也是非常大的,其性能影响比高介电常数的材料的影响大很多。

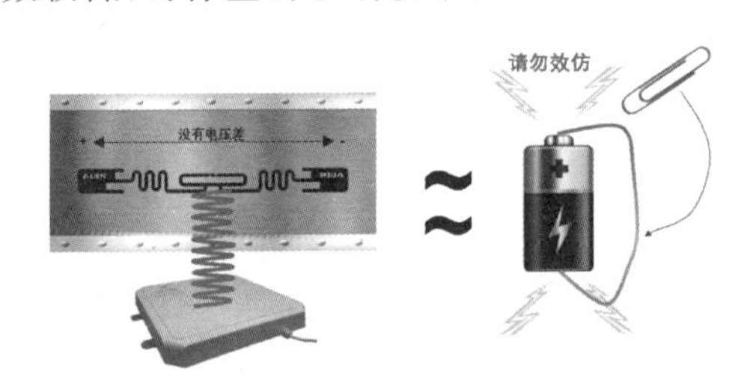

图6-19 标签贴在金属表面

2) 传播路径对标签的影响

电磁波传输过程中遇到物体会发生反射和穿透(折射),在此过程中能量会发生衰减。

对于纯金属的物体，电磁波绝大多数发生发射，少量被金属吸收，几乎没有穿透；对于玻璃、橡胶、塑料、食用油、木头等电磁波主要为穿透，一部分能量会被吸收和反射；对于导电性差的液体，电磁波主要体现为吸收特性，反射和穿透较小，人体和是湿木头属于这一类。如图 6-20 所示为电磁波穿过装满饮料的塑料瓶后，传输的信号强度大幅下降。

3）极化匹配及环境对工作距离的影响

标签的贴放时还需要注意：一定保证标签极化方向与阅读器天线的极化方向相同，当环境中有无法避免的金属阻挡时，应尽量选择更大的辐射孔或采用缝隙的方式通过能量。如图 6-21 所示为一个圆极化天线的辐射通过一个很窄的垂直缝隙（例如，两个金属板），从缝隙产生出水平极化的电磁波。因此一个线极化标签最佳的方向是与缝隙的方向垂直 90°，而标签放置方向与缝隙相同时则无法识别。上述方法在实际应用中非常有效，当然没有遮挡、缝隙和反射的环境是最好的。

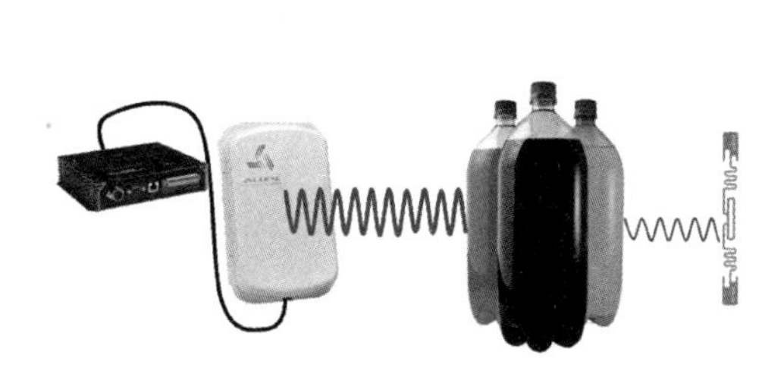

图 6-20　电磁波穿过装满饮料的塑料瓶

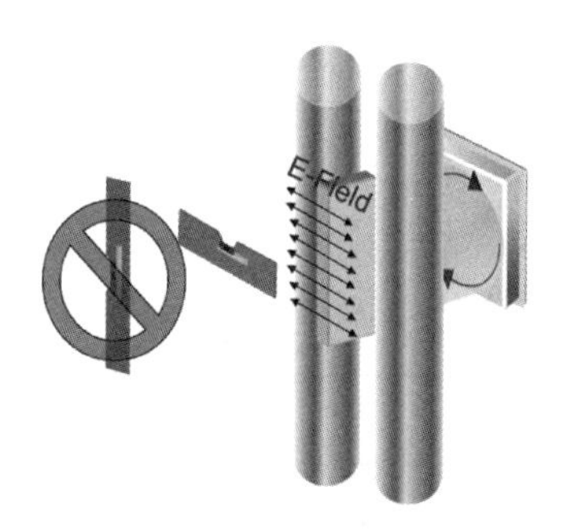

图 6-21　圆极化天线的辐射通过一个很窄的缝隙

多标签识别场景中，标签的贴放方法是至关重要的。对于箱体管理，标签应尽量贴放在人眼可见的位置。对于包装内有多个商品标签的场景，应保证包装内的商品按照一定的规则摆放，使每个标签的性能都不会有过大的下降。

2. 环境因素对辐射场区的影响

在实际应用环境中，需要尽量保证场区内工作范围稳定，场区范围内要求没有盲点，可以稳定地识别工作中的标签；并将不相关的标签放置在场区外，尽量不要产生误读和错读。许多仓库管理和物流的超高频 RFID 项目都是因为误读、漏读和错读的问题导致项目失败的。

1）反射盲点问题

6.1.1 节介绍了由于电磁的反射，在辐射区内的一些位置会出现盲点。这些盲点是由于直射和反射的信号强度相近，相位相差 180°引起的。盲点问题困扰了业内人士很多年，尤其是在封闭的箱体或柜体内，盲点的数量更多，为此业内人士进行了大量的尝试。早期的尝试都是通过改变天线或改变环境（增加或减少反射、增加吸收等），但效果都不是很好，经常遇到这样的情况：刚刚消除了一个盲点，在新的地方又出现了一个新盲点。直到微波暗室发明后才完全解决了盲点的问题，但是微波暗室的成本很高，而应用现场也不可能贴满吸波材料，尤其是应用现场的地面不可能使用吸波材料。因此需要采用成本更低、效率更高的解决方案。

由于盲点是与直射和反射信号的相位差相关的，而相位差与距离和波长相关，当阅读器的工作频率变化时，原来的盲点位置直射和反射的相位差就不再是180°了，原来的盲点也就消失了，此时有可能会在新的地方出现新的盲点。采用快速跳频的方式可以保证工作区内的所有盲点都消失。如表6-4所示，为美国频段超高频RFID的工作频率，其波长不同，传输同样距离时相位变化不同，从而解决盲点问题。实际应用中应尽量宽泛的使用跳频范围，且快速识别并跳转到下一个频率点。

表6-4 美国频段超高频RFID波长对比表

频　　率	波长(cm)	相关频率	波形图示例(6个波长)
902MHz	33.2	慢	
915MHz	32.5	↕	
928MHz	32.4	快	

在工业控制和生产自动化应用中，由于环境中的反射面特别多，很容易出现盲点现象。尤其是当距离较近且反射严重时，很容易出现无法摆脱的盲点问题，这是因为整个路径的长度仅有几个波长。在中国的频段中，最大波长为920MHz的32.6cm，最小波长为925MHz的32.4cm，两者相差0.2cm，假设入射为1个波长，反射为3.5个波长，频率从920MHz切换到925MHz后，相位差从之前的180°变为现在的190°，仍然存在盲点的可能性。此时需要通过增加反射或增加吸波材料的方法改变反射信号的强度，从而减少或消除盲点。

2）辐射场图

阅读器天线辐射的电磁场可以覆盖的区域，称为辐射场图，此处的覆盖区域指的是标签在该区域内可以获得足够能量被激活的区域。辐射场图是在项目中确定物品摆放位置和管理的重要依据。如图6-22所示为一个阅读器天线的辐射场图，该图为俯视图，辐射场图像一个小提琴。靠近天线处具有较宽的辐射角度，虽然旁瓣的辐射增益很小，但由于距离发射源很近，此处的信号强度足够激活标签。当距离增加时，旁瓣的信号强度不足，无法激活标签，因此相当于小提琴的“瘦腰”。距离继续增加后，其辐射场区主要由天线的主瓣覆盖，直到极限距离。在离开辐射场区之外的不远处，仍有不少的小区域可以识别到标签，这些小区域称为不稳定读取区。不稳定读取区是由于反射叠加增强引起的，之所

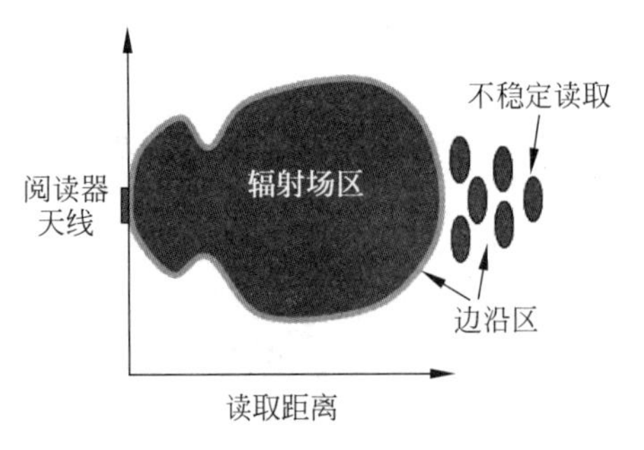

图6-22 天线的辐射场图(俯视图)

以不连续，是因为只有在相位相加的情况下才能有足够的能量激活标签，而相位相抵消的区域则无法激活标签。

许多读者在室外测试时发现标签的工作距离大于公式计算的结果，而在微波暗室中测试的结果与公式计算的几乎相同。这是因为室外测试时一直找最远处可以识别的点，是不稳定读取区，而非辐射场区。若要准确地找到系统的工作距离，最好的方式是在天线的中轴方向慢慢远离天线，直到第一次出现阅读器无法识别，记录当前距离，此时的工作距离与计算值相近（该测试的前提是天线增益不能太大，也不能架设太高）。

在应用现场绘制一张辐射场图是非常关键的。因此本节将重点介绍辐射场图的绘制方法，绘制方法分为两种，分别是简易辐射场图的绘制方法和带有梯度的辐射场图绘制方法。

现场测试绘图前首先需要准备绘制场区图的工具，如图 6-23 所示，阅读器天线固定高度为 40 英寸（约 1 米），天线的中心为直角坐标系的原点，其天线面的俯视投影为 X 轴，一侧为 X 正，另外一侧为 X 负，天线辐射轴向方向定义为 Y 轴正方向。使用 3 个相同的标签固定在一根长杆上，其中标签 A 的高度为 60 英寸（约 1.5 米），标签 B 的高度为 40 英寸（约 1 米），标签 C 的高度为 20 英寸（约 0.5 米）。阅读器天线可以采用 3 种形式，分别是圆极化天线、垂直线极化天线和水平线极化天线。标签的固定方式有两种选择，分别是水平放置和垂直放置。阅读器天线和标签的选型应按照应用项目的需求选择。

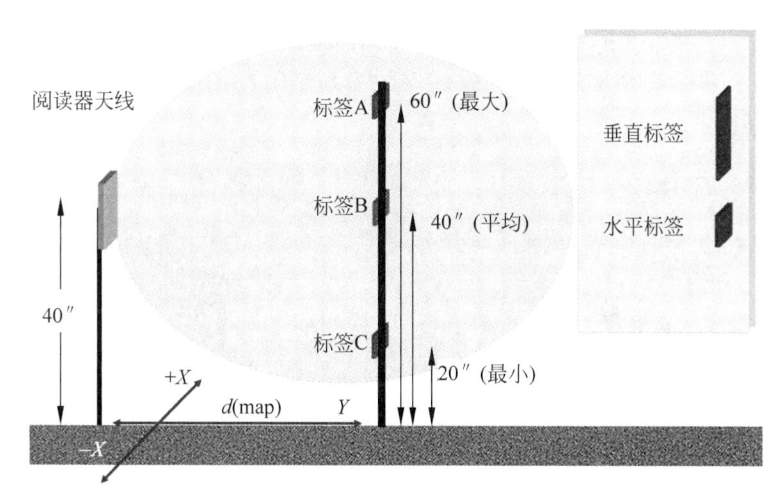

图 6-23 现场测试工具及准备

在应用场地上用粉笔沿着 X 轴和 Y 轴标出刻度，假定刻度为 1 英尺（约 0.3 米），并沿着刻度做 X 轴和 Y 轴的平行线，从而交织成一个网格，如图 6-24 所示，称为天线场区的地图格。与此同时，在做图纸上也应画下相同的地图格，并标识出天线的位置。

此时启动阅读器，手持标签长杆，从 $(X,Y)=(0,0)$ 开始，逐渐增加 Y 的值，直到第一个无法读取的点停下，在图纸上标计下来（在图 6-24 中是五角星）。此时再从 $(X,Y)=(1,0)$ 开始，逐渐增加 Y 的值，直到第一个无法读取的点停下，在图纸上标记下来，如此反复，如

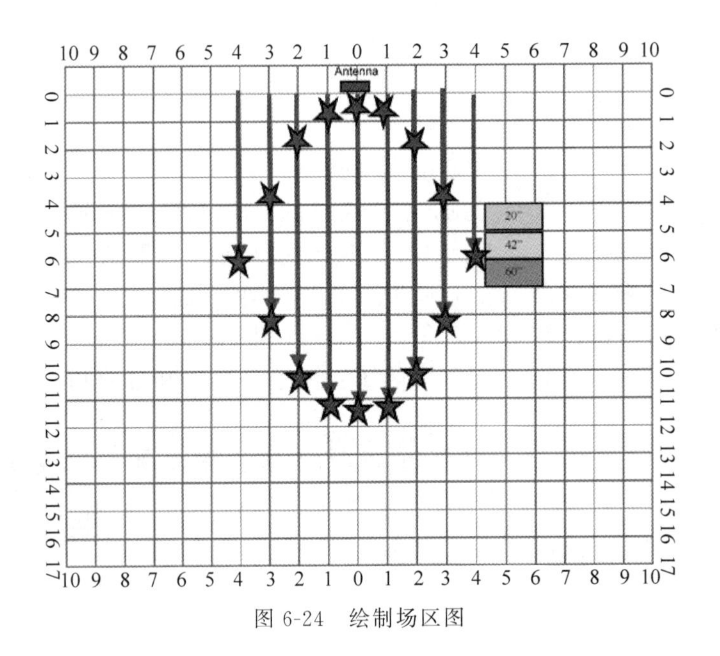

图 6-24 绘制场区图

图 6-24 所示，最终形成了一幅简易的辐射场区图。由于标签长杆上有 3 个标签，每个标签对应的辐射场区图是不同的，同样采用不同极化的阅读器天线也会有所不同。如图 6-25(a)所示为采用圆极化天线，水平标签的 3 个不同高度标签的简易辐射场图，图 6-25(b)为采用水平极化天线，水平标签的 3 个不同高度标签的简易辐射场图。相同增益的线极化天线会有更远的工作距离。

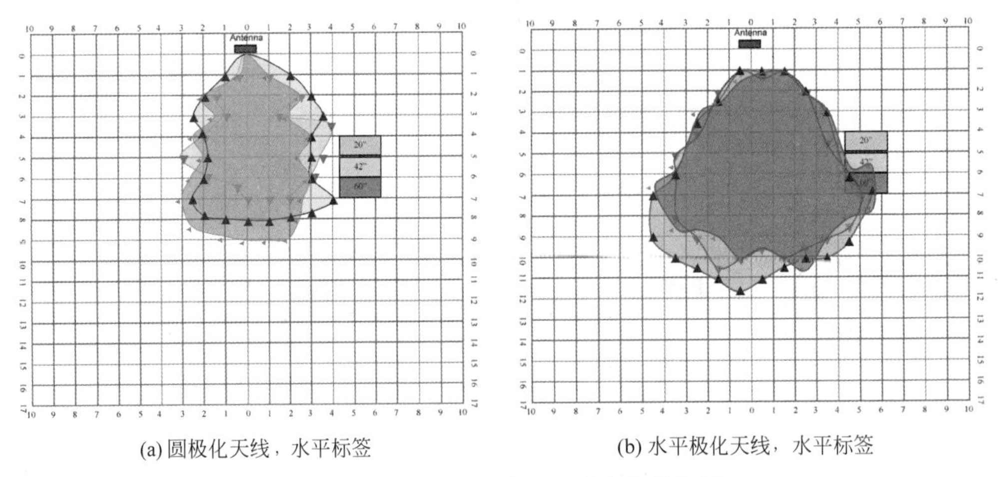

(a) 圆极化天线，水平标签　　(b) 水平极化天线，水平标签

图 6-25 3 个不同高度标签的简易辐射场图

采用简易辐射场图的绘制方法存在的问题是无法体现每个区域的信号强度，也无法体现区域内存在的盲点。因此可以采用梯度的辐射场图绘制方法，其要点为统计每个测试点的识别率。将阅读器设置连续寻卡 100 次(每次寻卡后跳频)，统计每个测试点读取标签的

次数，再将读取的次数进行量化，转化为不同颜色展示在图纸上，如图 6-26 所示为梯度辐射场绘图法示意图。其中图 6-26(a)展示了读取次数的梯度与位置关系，图 6-26(b)为采用颜色展示的俯视平面图，该图可以使用 Excel 绘制。

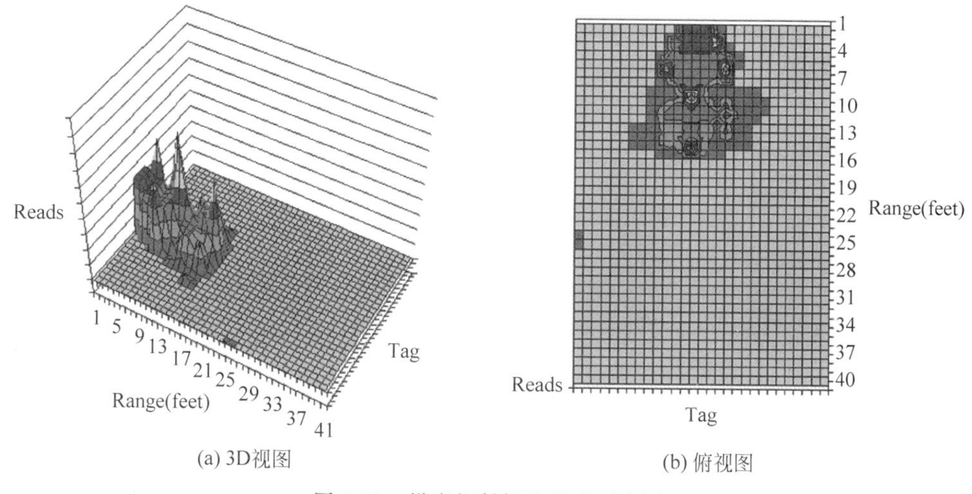

(a) 3D视图　(b) 俯视图

图 6-26　梯度辐射场绘图法示意图

天线固定在距离地面 40 英寸，测试区域大小为 30 英尺[①]×40 英尺的环境中，系统采用圆极化天线、水平标签时的俯视图如图 6-27 所示。其中 3 个不同高度的标签辐射场图的中间部分(13 英尺处)都存在无法识别的区域，当距离增大时，反而出现一大片可以识别的区域。根据计算，理论工作距离为首次无法识别区域之内的最远识别距离。第二个出现的识别区域是由地面反射叠加增强引起的。

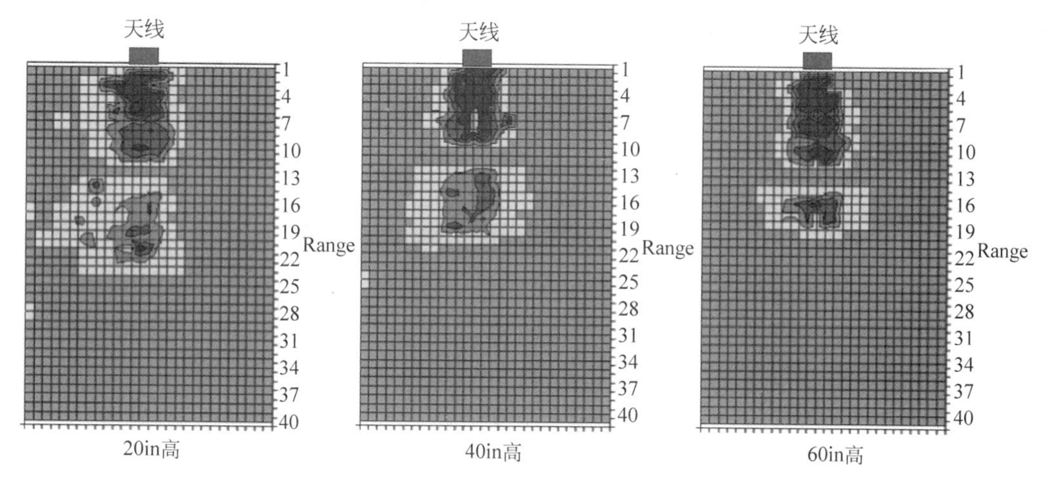

图 6-27　圆极化天线、水平标签梯度辐射场绘图

① 1 英尺＝0.305 米。

如图 6-28 所示为系统采用圆极化天线、垂直标签时的梯度辐射场俯视图。

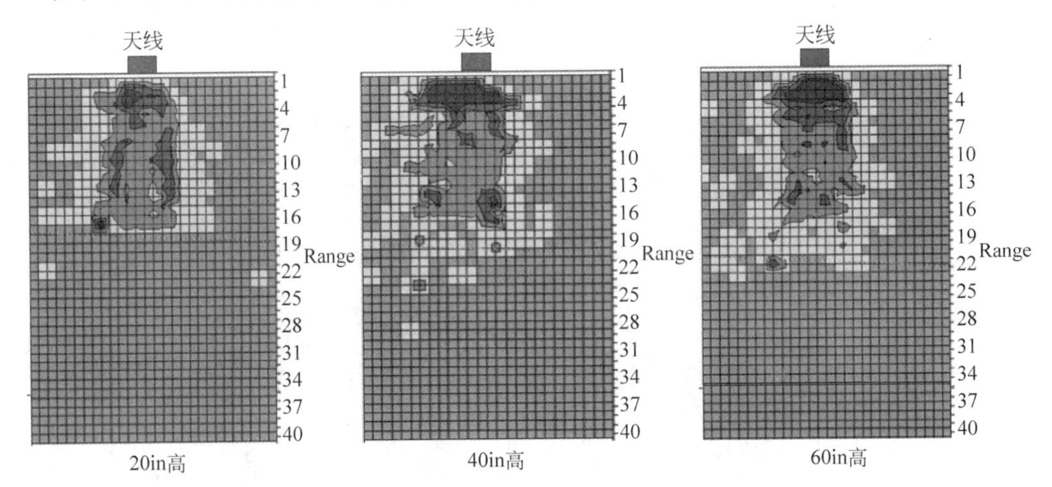

图 6-28 圆极化天线、垂直标签梯度辐射场绘图

如图 6-29 所示为系统采用线极化天线、水平标签时的梯度辐射场俯视图。

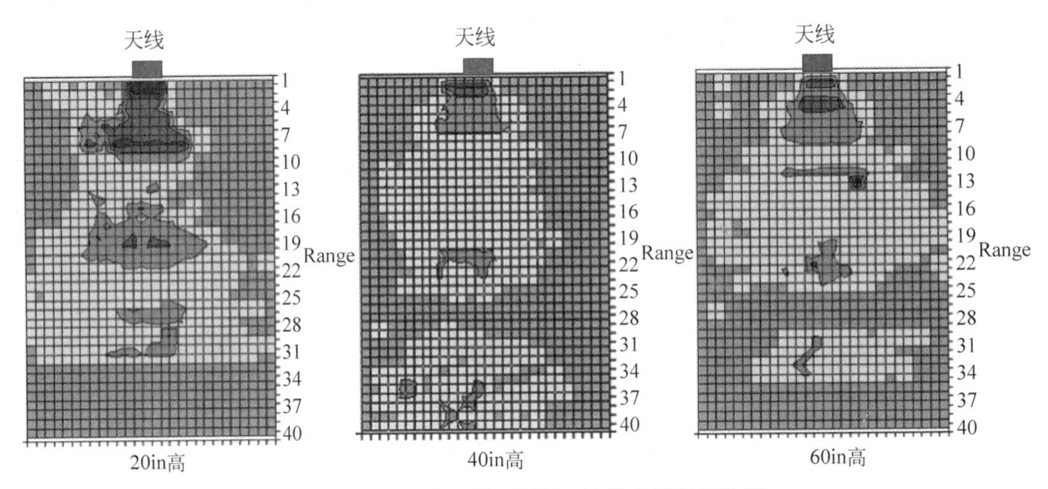

图 6-29 线极化天线、水平标签梯度辐射场绘图

如图 6-30 所示为系统采用线极化天线、垂直标签时的梯度辐射场俯视图。

在实际应用中很难有如此空旷的场地，不过同样可以采用该辐射场区的绘制方法，尤其在屋顶较低且反射面较多的场景，出现盲点区域的概率非常大，采用该方法可以有效地避免应用中不必要的漏读和误读。当天线正面距离反射墙面很近时，会引起辐射场区图很不理想，此时略微调节天线辐射轴与水平的仰角，就可有效规避反射抵消的问题。

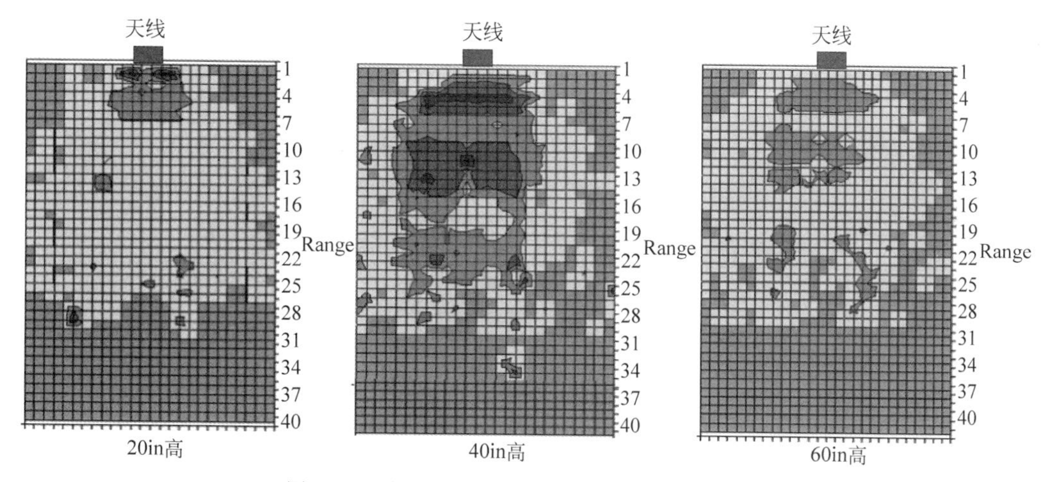

图 6-30 线极化天线、垂直标签梯度辐射场绘图

6.2 超高频 RFID 相关认证

超高频 RFID 的相关认证项目很多，其中最重要认证有三大类，分别是协议符合性认证、射频指标认证和标签性能认证。其中协议符合性认证主要认证标签芯片、标签或阅读器是否符合 ECP Class1 Gen2 协议，其目的是解决被认证设备与其他厂商的产品兼容性问题；射频指标认证是管理阅读器的输出信号是否符合一个国家或区域要求，只有符合认证，阅读器才可以在该区域销售和使用；标签性能认证是针对标签的性能指标的认证，符合一种类型的认证说明该标签可以胜任这类应用。

6.2.1 协议符合性认证

在超高频 RFID 领域，协议符合性认证只有 EPC Global 认证，这也是最早的与超高频 RFID 相关的认证。

1. EPC Global 认证介绍

早在 2005 年，EPC Global 为全球 4 个 RFID 测试机构颁布了“EPC Global 全球网络测试中心”的认证，确保行业内的硬件产品经过测试且将遵循 2004 年 12 月修订的 EPC Global UHF Gen 2 无线接口协议标准工作。获得这种认证资质的 4 个测试机构分别位于欧洲(麦德龙集团 AG/GS1 德国 RFID 测试中心)、中国台湾(亚太 RFID 应用检测中心)、美国(金佰利公司 Auto-ID 感应科技性能测试中心、阿肯色州大学 Sam M. Walton 商学院信息科技研究学院 RFID 研究中心)。并且这些认证机构所在领域跨越了零售业、制造业、非营利性学术界、商业机构以及第三方测试机构。EPC Global 认证最初的目的是帮助多个厂商找到自身协议符合性的问题，使所有厂商的阅读器和标签可以互联互通。

EPC Global 认证包含阅读器认证和标签(芯片)认证两类。其认证内容包括协议符合性测试、互操作性测试和性能测试三项内容，其中协议符合性测试和互操作性测试为必选项目，性能测试为可选项。

2005 年 9 月 14 日，非营利性组织 EPC Global Inc.，受委托推动电子产品代码(EPC)在全球供应链的商业应用，向 7 家阅读器厂商颁发了首批 EPC Global 认证标志，确保其产品符合 EPC Global 的技术标准。如表 6-5 所示，为这 7 家阅读器厂商及其通过认证的产品。

表 6-5 全球首批获得 EPC Global 认证阅读器产品列表

公司名称	产品名称
Alien Technology	Reader ALR-9800
Applied Wireless Devices (AWiD)	UHF Reader Module MPR-1510 UHF Reader MPR-3014
Impinj Inc.	Speedway^{TM} RFID Dense-Mode Reader 1.1
Intermec Technologies	Multi-Antenna RFID Reader Module IM5(865MHz) Multi-Antenna RFID Reader Module IM5(915MHz)
MaxID Group	MaxID RM100 RFID Reader
Symbol Technologies(NYSE: SBL)	XR-400 US RFID Fixed Reader
ThingMagic	Reader Mercury4, Model TM-M4W-NA-02

随后又有多家行业标签芯片企业通过了 EPC Global 的标签芯片认证，其中前 4 家完成认证的企业为：英频杰、意联科技、恩智浦、上海坤锐。随着越来越多的厂商及其产品通过 EPC Global 认证，行业的生态发展也更加快速。时至今日，已经很少有厂商再去做 EPC Global 认证。因为经过 15 年的发展，超高频 RFID 行业人才已经积累的足够多、足够有经验，对于他们来说开发一款符合协议的产品是件稀松平常的事情，因此 EPC Global 组织声明，不建议进行没有必要的 EPC Global 认证。

国内厂商如果需要 EPC Global 认证，可以在北京物品编码中心进行测试。

2. 认证设备

EPC Global 认证有专用的测试设备，但成本高且较为复杂，对于产品开发并不友善。因此上海聚星仪器有限公司使用 NI 设备开发了 NI-100 RFID 测试仪，专门针对超高频 RFID 的硬件开发。该设备适合标签芯片的开发、阅读器特殊协议和多标签算法的开发。笔者从 2008 年开始从事超高频 RFID 芯片设计工作，此时接触的第一台超高频 RFID 专用协议设备就是该 NI-100 RFID 测试仪(接触的第二台专用超高频 RFID 设备为 6.1.1 节中介绍的 Voyantic)。如图 6-31 所示为 NI-100 RFID 测试仪的照片。

NI-100 RFID 测试仪主要应用场景为：模拟阅读器测试标签协议、模拟标签测试阅读器协议和捕捉空中数据(阅读器与标签通信)。

1) 标签协议测试

如图 6-32 所示为 NI-100 RFID 测试仪模拟阅读器测试标签的操作界面，其中区域 1 为功率和时序显示区，可以显示测试仪模拟阅读器发射的信号以及标签的返回；区域 2 所指

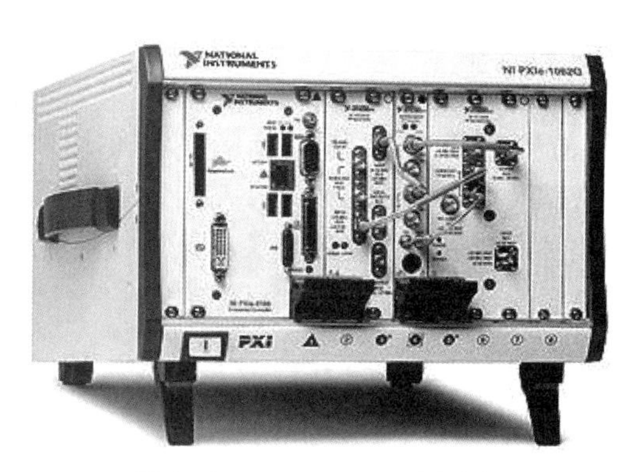

图 6-31 NI-100 RFID 测试仪

的两条竖线中间的部分为标签返回的数据，该标签返回的频谱、数据等可以在区域 3 中显示，且在区域 5 中可以解析该标签返回信号的数据。用户可以通过更改区域 10 中的参数改变模拟阅读器发出的命令，从而在区域 1 再次观测到不同的标签返回数据。通过其他区域的操作，可以设置更多与标签返回数据相关的具体参数，包括链路速率 BLF，连接时间 T1/T2/T3 等。

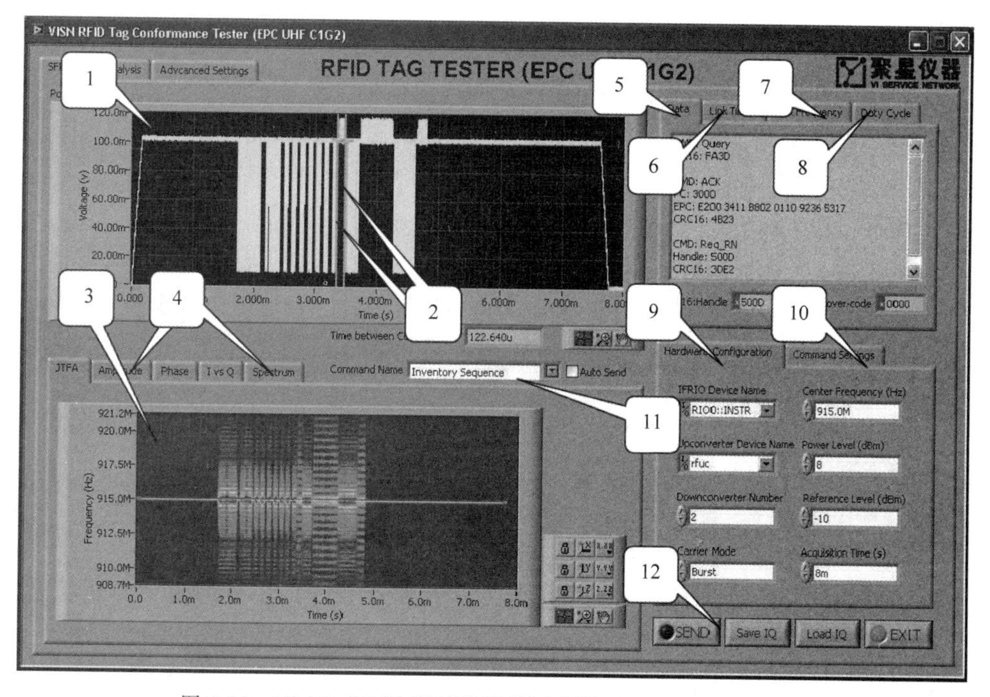

图 6-32 NI-100 RFID 测试仪模拟阅读器测试标签的操作界面

从仪器功能分析，NI-100 RFID 测试仪是一台功能更强大的阅读器，并可以把更多的中间状态数据展现出来。对于标签芯片的开发，该设备是必不可少的，标签芯片的认证也会采用该设备。

2）阅读器协议测试

由于在超高频RFID系统中，阅读器为主机，标签为从机，因此测试阅读器时，只需要模拟一个可控的负载调制。除了原有的接收机外，NI-100 RFID测试仪还需要外接一个带有开关的耦合器，并增加1b输出控制负载调制的开关。其操作界面与图6-32非常相似，只是操作界面需要设置的参数很少。

3）捕捉空中数据

NI-100 RFID测试仪具有捕捉空中超高频RFID数据的功能，可以通过天线将正在工作的阅读器空中信号捕捉下来，并解析出其所发的命令和数据，如果此时场内有标签响应，该空中信号也会被捕捉下来并解析其数据。该功能常用于阅读器的特殊命令开发或多标签协议开发。当阅读器与多标签通信时，可以观察到阅读器的多标签策略和冲突时的冲突解调能力(详见3.3节)，笔者早年就是通过这种方法把市场上的主流阅读器的多标签算法全部掌握的。当自己开发阅读器多标签算法时，也可以通过捕捉空中数据来验证自己的策略是否有效。

NI-100 RFID测试仪不仅可以用来功能测试，还可以用来测试性能，包括阅读器灵敏度和标签灵敏度。

3. 认证内容

超高频RFID协议中最重要的是标签芯片的协议认证。认证中至少包含协议符合性测试和互操作性测试，且测试内容的每一项都通过才算认证通过，因此标签测试的项目也非常多，其测试内容包括(详细内容见3.2节)：

- 频率范围——测试860MHz、910MHz和960MHz这3个频率点标签是否可以工作。
- 解调能力——测试在Tari=6.25μs、12.5μs和25μs 3种情况下标签是否可以工作。
- 占空比——测试在FM0/Miller2/Miller4/Miller8这4种不同编码形式下占空比是否符合要求。
- 前导码解调——测试在FM0/Miller2/Miller4/Miller8这4种不同编码形式下，阅读器解调标签的前导码，看是否符合要求。
- 链接频率偏差——测试在不同编码方式与链路频率的多种组合中是否符合链路频率的偏差。
- 链接时间——T1/T2/T3在不同编码方式与链路频率的多种组合中是否符合规范要求。
- TID内存数据——对TID内数据进行读写操作，保证可读不可改写。
- 灭活操作——测试密码正确和错误的不同情况下标签是否被灭活。
- 标签验证码——预写入标签校验码、可重写标签校验码。
- PC测试——PC保留位、PC默认值。
- 状态机测试——准备和应答状态、仲裁状态、确认状态、开放状态、安全状态。

- 状态跳转——确认到应答、安全到应答、开放到应答、开放到灭活、确认到安全、安全到灭活。

正常情况下一个标签的测试报告大概 40 页，需要多个标签进行测试(有的锁定、有的灭活)。当所有的项目都通过后，可以颁发 EPC Global 的认证证书，当然该测试认证最重要的是找到芯片的问题(Bug)，并修复这些问题。在芯片开发中最容易出问题的项目为链接频率偏差和链接时间 T_2。

6.2.2　射频指标认证

在超高频 RFID 系统中射频指标认证是对于阅读器的输出射频参数的认证。在现今社会，越来越多的无线设备问世，无线电频率资源的供需矛盾日趋加剧，电磁环境日益复杂，为了保证每个无线产品可以稳定工作且不干扰其他设备，需要对无线电子产品的射频指标进行管理和认证。各个国家和地区有不同的认证机构，其中最常见的是美国的 FCC 认证、欧盟的 CE 认证和中国的 SRRC 认证。

1. FCC 认证

FCC 全称是 Federal Communications Commission，中文为美国联邦通信委员会。于 1934 年由 Communications Act 建立，是一个独立机构，直接对美国国会负责。FCC 通过控制无线电广播、电视、电信、卫星和电缆来协调国内和国际的通信。FCC 涉及美国 50 多个州、哥伦比亚以及美国所属地区，为确保与生命财产有关的无线电和有线通信产品的安全性，FCC 的工程技术部(Office of Engineering and Technology)负责委员会的技术支持，同时负责设备认可方面的事务。许多无线电应用产品、通信产品和数字产品要进入美国市场，都要求有 FCC 的认可。FCC 委员会调查和研究产品安全性的各个阶段以找出解决问题的最好方法，同时 FCC 的职能也包括无线电装置、航空器的检测等。

根据美国联邦通信法规(CFR Part 47)的相关规定，所有进入美国的电子产品都需要电磁兼容性认证(FCC 认证)。所有的超高频 RFID 阅读器进入美国前都应该进行 FCC 认证，认证部分为 FCC Part 15.247 内容。FCC 认证的内容与 CE 和 SRRC 类似，只是针对频率和杂散的要求略有不同。

向 FCC 提交的技术报告中，包括了射频输出功率、调制特征、占用带宽、天线端口的杂散发射、杂散辐射场强、频率稳定性和频谱特征等方面的性能指标，FCC 法规原则上规定了每种性能指标的限值和测试要求，这里仅对相应的测试方法做简单的介绍。

- 射频输出功率：按照功率的调节程序，调节馈入到射频放大电路的电压和电流值，使其处于最大额定功率发射状态，并在射频输出端口加上合适的负载，从而测试得到最大射频输出功率。对不同的发射类型，功率调节的方法将会有所不同，在技术报告中应对此做详细说明。
- 调制特征：对语音调制的通信产品，需测定 100～5000Hz 频率范围内音频调制电路的频率响应曲线，如果产品使用了音频低通滤波器，还要测定该音频滤波器的频率响应曲线；对采用调制限制处理的产品，需测定在整个调制的频率和信号功率级范围内的调制百分比——输入电压的关系曲线；对采用限制峰值包络功率电路的单边带、独立边带的无线电话发射机，需测定峰值包络输出功率——输入电压的关系曲线；其他类型的产品将根据申请的认证类型及相应的法规进行处理。

- 占用带宽：测量占用带宽时，对采用不同调制方式的产品，测量方法将有所不同，但基本原则是选择典型业务模式下调制信号具有最大幅度的情况来进行测试，并且在报告中对输入的调制信号做详细说明。
- 天线端口的杂散发射：除了产品有用频点处的射频功率或电压外，还需要对无用的杂散频率进行测量。测量时，可以在天线输出端口加上合适的假天线；谐波和一些比较显著的杂散发射点需要重点关注。
- 杂散辐射场强：该项测试主要检测产品机壳端口、控制电路模块和电源端口的谐波以及一些较显著的杂散发射频点的场强。工作频率低于 890MHz 的产品，测量需要在开阔场或者微波暗室中进行。对于现场测试，需要对测量现场附近的射频源及明显的反射物体做详细的调查分析与说明。
- 频率稳定性：需要考查的频率稳定性包括环境温度和输入电压变化时产品频率的变化情况，在特殊情况下，还可能包括产品配用不同的天线或在较大的金属物体附近移动时的频率稳定性。温度变化的范围是－30℃～＋50℃，测量的温度间隔不大于 10℃。测量每个温度点的频率时，都需要等待足够长的时间以使谐振电路相关的元件达到稳定状态。电压变化的范围是额定工作电压的 85%～115%，对依靠电池工作的便携产品，最低电压可以是截止电压。
- 频谱特征：对杂散发射和辐射场强评估和测量的频谱范围，将依据产品的工作频率来确定。进行频谱特征研究的最低频率可以选择产品实际使用的最低频率点；如果最低频率低于 9kHz，则选择 9kHz 作为研究的最低频率点。最高频率的选择遵循以下原则：

(1) 对于工作频率在 10GHz 以下的产品，选择最高基频的 10 次谐波作为评估的最高频率，如果 10 次谐波的频率大于 40GHz，则选择 40GHz 作为评估的最高频率。

(2) 对于工作频率为 10～30GHz 的产品，选择最高基频的 5 次谐波作为评估的最高频率，如果 5 次谐波的频率大于 100GHz，则选择 100GHz 作为评估的最高频率。

(3) 对于工作频率在 30GHz 以上的产品，选择最高基频的 5 次谐波作为评估的最高频率，如果 5 次谐波的频率大于 200GHz，则选择 200GHz 作为评估的最高频率。

对于超高频 RFID 手持机等设备，还需要增加 SAR 测试，SAR 是 Specific Absorption Rate 的简称，中文通常称为特殊吸收比率，它用于衡量多少能量被单位质量人体所吸收，单位为瓦特每千克(W/kg)。目前世界上对手机辐射 SAR 的衡量有两种标准：一种是美国 FCC 采用的标准 1.6W/kg，另一种是欧洲 CE 采用的标准 2.0W/kg。对于美国标准，其具体含义是指，以 6 分钟为计时，每公斤人体组织吸收的电磁辐射能量不得超过 1.6W。

获得 FCC 认证的产品会获得一个 FCC 认证证书和一个 FCC ID，其商品上需要贴上该标志，如图 6-33 所示为一个 FCC 认证标签。

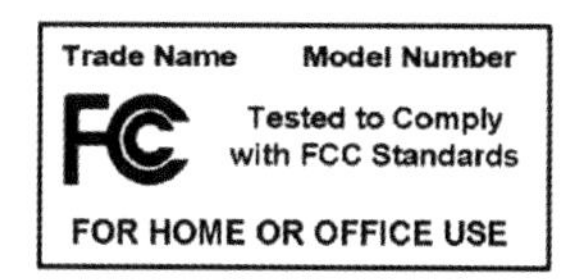

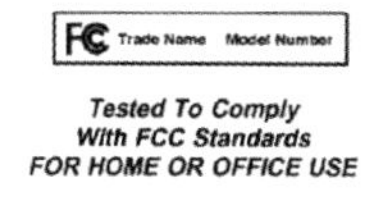

图 6-33　FCC 认证标签

2. CE 认证

CE 标识是欧盟法律对产品提出的一种强制性安全标识，它是法语"Conformite Europeenne"（欧洲合格评定）的缩写，凡是符合欧盟命令的基本要求并且经过适宜的符合性评定程序的产品皆可加贴 CE 标识。

CE 认证是欧盟有关安全管控的认证，确保产品最基本的安全保障，即只限于产品不危及人类、动物和货品的安全方面的基本安全要求，而不是一般质量要求，协调命令只规定主要要求，一般命令要求是标准的任务。CE 认证管控产品安全，不管控产品质量，CE 标识也是一种安全认证标志，产品贴有 CE 标志，才可进入欧洲市场。

在欧盟市场 CE 标志属强制性认证标志，不论是欧盟内部企业生产的产品，还是其他国家生产的产品，要想在欧盟市场上自由流通，就必须加贴 CE 标志，以表明产品符合欧盟《技术协调与标准化新方法》命令的基本要求。这是欧盟法律对产品提出的一种强制性要求。

CE 认证可在欧洲 32 个经济特区，包含 EU 欧盟 28 个、EFTA 3 个、土耳其。产品有了 CE 标识可在欧洲经济区（EEA）自由流通。具体 EU 欧盟 28 个国家名单为比利时、保加利亚、捷克、丹麦、德国、爱沙尼亚、爱尔兰、希腊、西班牙、法国、克罗地亚、意大利、塞浦路斯、拉脱维亚、立陶宛、卢森堡、匈牙利、马耳他、荷兰、奥地利、波兰、葡萄牙、罗马尼亚、斯洛文尼亚、斯洛伐克、芬兰、瑞典、英国。

不同于中国 CCC 认证发证统一由 CQC 发证，CE 没有统一的发证机构（所以也没有统一的查询渠道/网站），不同机构颁发的 CE 证书含金量是不同的。权威国际知名机构如 TUV、SGS、ITS 等颁发的 CE 证书市场认可度肯定是更高的，当然价格也比较昂贵，测试标准流程也相对严格，适合高要求的客户选择。有些国外客户也会指定这些大机构出具的报告证书。一般需求的也可以选择国内机构，价格适中，并且国内的机构一般以客户为导向，服务较好，包括预测试、协同整改等支持。一般情况下，一款超高频 RFID 阅读器的认证费用在几千元到上万元不等。CE 认证办理时间大概为 3 周。

CE 认证流程：

（1）申请公司填写申请表，提供资料，申请表，产品使用说明书和技术文件。

（2）机构评估 CE 认证检验标准及 CE 认证检验项目并报价。

（3）申请公司确认项目，送样。

（4）实验室进行产品测试安排及对技术文件审核评估完整性。

(5) 产品测试符合要求后,向申请公司提供产品测试报告或技术构造文件,测试通过后颁发CE证书。

(6) 申请公司签署CE保证自我声明,并在产品上贴附CE标示。

CE认证要准备的技术文件:

(1) 制造商的名称、地址,产品的名称、型号等;

(2) 产品使用说明书;

(3) 安全设计文件(包括关键结构图,即能反映爬申距离、间隙、绝缘层数和厚度的设计图);

(4) 产品技术条件(或企业标准),建立技术资料;

(5) 产品电器原理图、方框图和线路图等;

(6) 关键元部件或原材料清单(请选用有欧洲认证标志的产品);

(7) 测试报告(Testing Report);

(8) 欧盟授权认证机构NB出具的相关证书(对于模式A以外的其他模式);

(9) 产品在欧盟境内的注册证书(对于某些产品比如:Class I医疗器械,普通IVD体外诊断医疗器械);

(10) CE符合声明(DOC)。

超高频RFID的CE认证部分为ETSI EN 302-208-1条款,测试内容与FCC类似,有兴趣的读者可以自行学习。

3. SRRC认证

SRRC是国家无线电管理委员会强制认证要求,自1999年6月1日起,中国信息产业部(Ministry of Information Industry,MII)强制规定,所有在中国境内销售及使用的无线电组件产品,必须取得无线电型号的核准认证(Radio Type Approval Certification)。

SRMC认证又称SRRC认证,其前身为国家无线电管理委员会(State Radio Regulation Committee,SRRC)的中国国家无线电监测中心(State Radio Monitoring Center,SRMC),是中国内地唯一获得授权可测试及认证无线电型号核准规定的机构。中国已针对不同类别的无线电发射设备规定了特殊的频率范围,且并非所有频率都可在中国合法使用。换句话说,所有在其境内销售或使用的无线电发射设备会规定不同的频率。此外,申请者必须注意某些无线电发射设备的规定范畴,不但要申请"无线电型号核准认证",同时也必须申请中国强制认证(CCC)及/或进网许可证(MII)的核准。国家无线电监测中心是中华人民共和国信息产业部的直属事业单位,主要承担无线电监测和无线电频谱管理工作,是中国无线电管理的支撑机构。

2007年,我国已经发布了对RFID读写设备射频指标进行型号核准测试的技术规范。另外RFID设备的性能测试标准、空中接口协议标准、数据格式标准等都在积极研究和完善当中。对于超高频频段的RFID射频测试,我国目前的参考标准编号是:信部无[2007]205号,《关于发布800/900MHz频段射频识别(RFID)技术应用试行规定的通知》。具体的测试内容和要求如表6-6所示。

表 6-6 SRRC 超高频频段的 RFID 射频测试内容

<table>
<tr><th>技术参数</th><th colspan="2">公布信息</th></tr>
<tr><td>频率范围</td><td colspan="2">920.50～924.50MHz</td></tr>
<tr><td>调制方式</td><td colspan="2">ASK</td></tr>
<tr><td>天线增益</td><td colspan="2">6.0dBi</td></tr>
<tr><td>跳频点数</td><td colspan="2">16</td></tr>
<tr><td>载波频率容限</td><td colspan="2">$\leqslant 20\times10^{-6}$</td></tr>
<tr><td>发射功率(E.R.P.)</td><td colspan="2">≤33dBm</td></tr>
<tr><td>邻道功率泄漏比</td><td colspan="2">≤－40dB(±1CH) ≤－60dB(±2CH)</td></tr>
<tr><td>占用带宽</td><td colspan="2">≤250kHz</td></tr>
<tr><td rowspan="11">天线端口杂散发射(最大功率工作状态/待机状态)</td><td>30MHz～1GHz</td><td>≤－36dBm/100kHz</td></tr>
<tr><td>1～12.75GHz</td><td>≤－30dBm/1MHz</td></tr>
<tr><td>806～821MHz</td><td>≤－52dBm/100kHz</td></tr>
<tr><td>825～835MHz</td><td>≤－52dBm/100kHz</td></tr>
<tr><td>851～866MHz</td><td>≤－52dBm/100kHz</td></tr>
<tr><td>870～880MHz</td><td>≤－52dBm/100kHz</td></tr>
<tr><td>885～915MHz</td><td>≤－52dBm/100kHz</td></tr>
<tr><td>930～960MHz</td><td>≤－52dBm/100kHz</td></tr>
<tr><td>1.7～2.2GHz</td><td>≤－47dBm/100kHz</td></tr>
<tr><td>30MHz～1GHz</td><td>≤－57dBm/100kHz</td></tr>
<tr><td>1～12.75GHz</td><td>≤－47dBm/100kHz</td></tr>
<tr><td rowspan="2">机箱端口杂散发射</td><td>30MHz～1GHz</td><td>≤－36dBm</td></tr>
<tr><td>1～12.75GHz</td><td>≤－30dBm</td></tr>
<tr><td rowspan="3">电源端口传导发射</td><td>0.15～0.50MHz</td><td>66～56dBμV(准峰值)
56～46(平均值)</td></tr>
<tr><td>0.5～5MHz</td><td>56dBμV(准峰值)
46(平均值)</td></tr>
<tr><td>5～30MHz</td><td>60dBμV(准峰值)
50(平均值)</td></tr>
<tr><td>驻留时间</td><td colspan="2">≤2s</td></tr>
</table>

频率范围：市场上主流的阅读器主要工作于中国的 920～925MHz 频段，只有在交通等特殊应用中才使用 840～845MHz 频段。

载波频率容限：频率容限(亦称频率容差、频率公差、容许频偏)，指发射所占频带的中心频率偏离指配频率(或发射的特征频率偏离参考频率)的最大容许偏差。测试的目的为确保阅读器的发射频率准确，功率全部落在指定频带内。

发射功率(E.R.P.)：根据国家规定，阅读器的最大输出功率不超过 E.R.P 2W，即 33dBm。

邻道功率泄漏比：为了控制阅读器工作时对相邻信道及带内信道的干扰，定义相邻信道的功率泄漏能量应在小于工作信道能量 40dB 以上，相隔信道的功率泄漏能量应在小于工作信道能量 60dB 以上。

占用带宽：根据协议要求，应小于 250kHz。

天线端口杂散发射：目的为控制天线端口输出的其他频点的杂散，减少对其他频带下其他电子设备的干扰。该天线端口杂散发射的规范中对于不同频段有不同要求。其中最为苛刻的是对于 30MHz～1GHz 范围，要求≤－57dBm/100kHz。实际上容易出现问题的点为 920～925MHz 的二次谐波和三次谐波。

机箱端口杂散发射：确保机箱内的杂散较少辐射到外部，从硬件设计的角度考虑，应在射频电路板上增加屏蔽罩。由于机箱不会连接天线，就算其辐射略大也很难传播出去，因此其在规范中比天线端口杂散发射的要求低很多。

电源端口传导发射：电源端口同样存在低频震荡，影响外部电子设备，因此也有一定的要求。

驻留时间：根据标准和规范要求，每次驻留时间小于或等于 2s。

超高频 RFID 阅读器的认证只需要测试工信部无[2007]205 号即可，手持机设备的认证就复杂很多。除超高频 RFID 测试外，其内部的蓝牙、Wi-Fi、2G、3G、4G 的通信模块和所有制式都要测试一遍。当完成全部测试且符合规范后，会得到一个由中华人民共和国工业和信息化部无线电管理局下发的测试报告和型号核准证书，如图 6-34 所示，为笔者在北京无线电管理局测试的 ALH-90XX 手持机获得的 SRRC 认证证书。

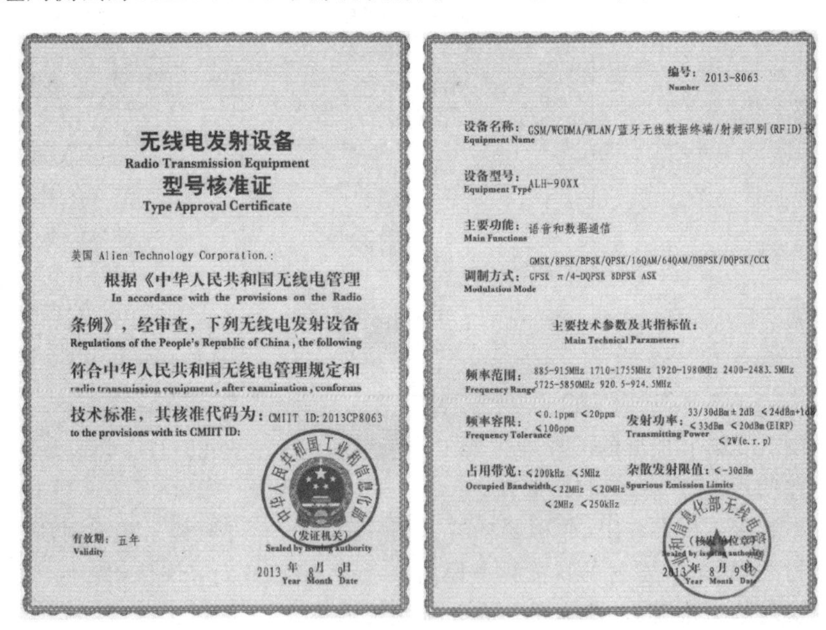

无线电发射设备
Radio Transmission Equipment
型号核准证
Type Approval Certificate

美国 Alien Technology Corporation.：

根据《中华人民共和国无线电管理条例》，经审查，下列无线电发射设备符合中华人民共和国无线电管理规定和技术标准，其核准代码为：CMIIT ID: 2013CP8063

In accordance with the provisions on the Radio Regulations of the People's Republic of China, the following radio transmission equipment, after examination, conforms to the provisions with its CMIIT ID:

有效期：五年
Validity

(发证机关)
Sealed by issuing authority

2013 年 8 月 9 日
Year Month Date

编号：2013-8063
Number

设备名称：GSM/WCDMA/WLAN/蓝牙无线数据终端/射频识别(RFID)设
Equipment Name

设备型号：ALH-90XX
Equipment Type

主要功能：语音和数据通信
Main Functions

调制方式：GMSK/8PSK/BPSK/QPSK/16QAM/64QAM/DBPSK/DQPSK/CCK GPSK π/4-DQPSK 8DPSK ASK
Modulation Mode

主要技术参数及其指标值：
Main Technical Parameters

频率范围：885-915MHz 1710-1755MHz 1920-1980MHz 2400-2483.5MHz 5725-5850MHz 920.5-924.5MHz
Frequency Range

频率容限：<0.1ppm <20ppm <100ppm
Frequency Tolerance

发射功率：33/30dBm±2dB <24dBm+1dB <33dBm <20dBm(EIRP) <2W(e.r.p)
Transmitting Power

占用带宽：<200kHz <5MHz <22MHz <20MHz <2MHz <250kHz
Occupied Bandwidth

杂散发射限值：<-30dBm
Spurious Emission Limits

Sealed by issuing authority

2013 年 8 月 9 日
Year Month Date

图 6-34 ALH-90XX SRRC 认证证书

在国内 RFID 阅读器圈有一个很奇怪的现象，凡是在中国销售的国外品牌阅读器，每个型号都获得了 SRRC 无线电发射设备型号核准证，而国产品牌只有少数公司会去做 SRRC

认证。相反,凡是出口欧洲和美国的国产品牌阅读器,全部通过了 CE 和 FCC 认证。虽然无线电管理局有明确要求,所有的超高频 RFID 阅读器设备都需要进行 SRRC 认证,但管理起来存在困难,只有遇到投诉时才会去进行执法管理。另外还需要注意的是,应查看供应商在 SRRC 认证时获得的测试报告。因为许多阅读器供应商的输出功率超标或大功率发射时杂散超标,也可以通过 SRRC 认证,只不过认证时使用较小的功率,小功率发射时其杂散也会减小。随着 RFID 技术的普及,越来越多的项目落地,没有通过认证的设备会对周边电子产品产生不小的影响,甚至在多阅读器场景中,几个阅读器互相干扰导致系统崩溃。因此建议大家在项目选型时,优先选择具有 SRRC 认证的阅读器产品。

6.2.3 标签性能认证

视频讲解

最早出现的标签性能认证是来自阿肯色大学(Arkansas University)主导的阿肯色大学认证(Arkansas Radio Compliance,ARC),也可以认为是标签的射频性能符合性认证。后来这个实验室搬到了奥本大学(Auburn University)。在早期的超高频 RFID 市场中,沃尔玛、梅西百货等机构开始大量使用电子标签,由于自身对于超高频 RFID 技术不了解,委托奥本大学制定一套标签选型的规则。ARC 认证主要针对服装和零售行业,制定的测试项目为标签贴在服装、纸板、泡沫塑料等物品上时的性能指标,是一种面向应用的认证。由于这些零售公司的需求不同,ARC 认证专门针对这些大公司指定了特有的类别,比如一款标签通过了 ARC 认证的 Category M,那么这款标签就可以用于梅西百货的商品标签。ARC 认证中具有多企业的分类,管理起来很麻烦,也很难成为一个行业标准,因此 GS1 推出了 TIPP[Tagged-Item Performance Protocol (TIPP) Tagged-Item Grading],其意义是贴标物体的性能协议与定级。ARC 评测的目标是标签,而 TIPP 评测的目标是贴标物体。

1. ARC 认证

1) ARC 认证测试环境

ARC 认证采用的设备为 Voyantic 的 Tagformance 仪器,测试环境为微波暗室中 4 个不同角度的线极化天线,如图 6-35 所示。这 4 个天线分别叫作 Antenna1、Antenna2、Antenna3 和 Antenna4,它们与水平的夹角分别为 0°、30°、60°和 90°。

被测标签放置在转台上,转台可以转动,在 ARC 认证中转台转动的角度为 0°、30°、60°、120°、150°、180°、210°、240°、300°和 330°。其中,90°和 270°时由于是标签极化方向,与天线的方向正交,测试意义不大,如图 6-36 所示为转台不同角度时标签极化方向与天线 4 的极化方向示意图。

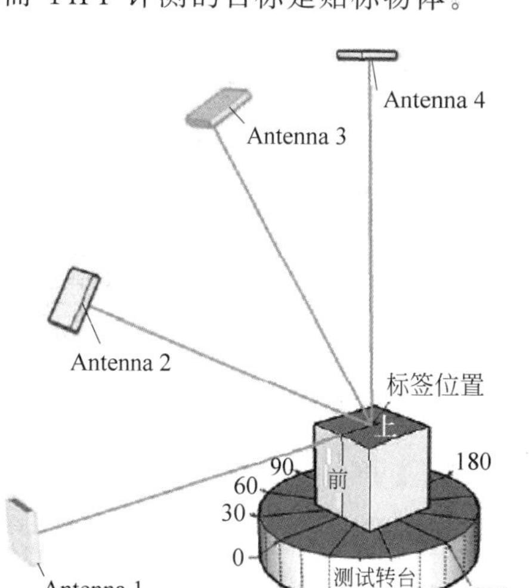

图 6-35 ARC 认证测试环境

为了保证测试稳定性，测试环境为微波暗室，如图6-37所示为ARC认证实验室中测试环境照片，其中要求每个天线与被测标签的距离应在0.5～2m，图中的天线与被测标签的距离为1.5m。

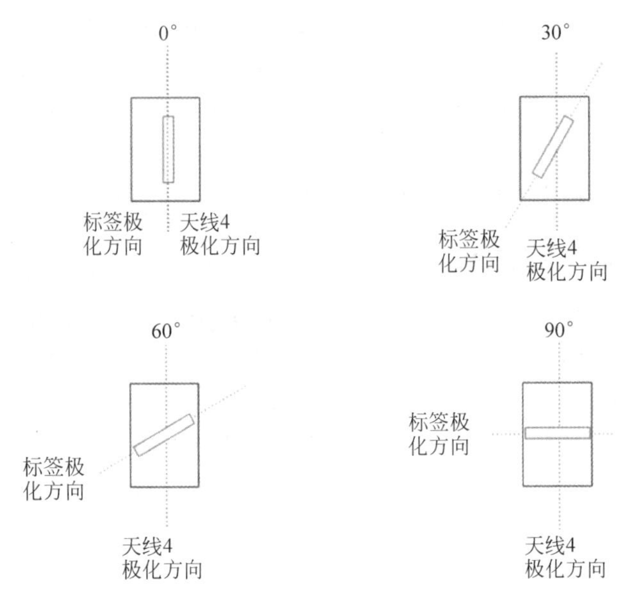

图6-36 极化方向示意图

图6-37 ARC认证实验室中测试环境照片

ARC测试的频率范围为800～1000MHz，步进为1MHz。Voyantic发射的电磁波通过天线到达标签处时能量为－25～10dBm，且0.1dB可调。选择－25～10dbm的范围是因为现在市场上最好的普通标签灵敏度也未到达－25dBm，10dBm灵敏度的标签在实际应用中工作距离为小于0.5m，灵敏度比10dBm还差的标签使用意义不大。

2）测试流程

测试前应提供500个一卷的干Inlay，这一卷Inlay中如果有坏标签（成卷生产存在良率问题），则可以通过黑点标记出来。测试时操作员会随机从这500张标签中抽出一些进行测试，带有黑点表记的会直接丢弃。要求厂商提供干Inlay测试是为了防止作弊，如果提供的是500个湿Inlay，那么厂商很有可能会通过精挑细选的方式选出性能达标的标签。

测试内容包括标准测试项和自定义测试项。

标准测试项有两项，分别是单标签测试和多标签靠近测试。如图6-38(a)所示，单标签测试为单标签放置在一种材料的表面，使用天线1～天线4进行测试，并记录其灵敏度。这种测试材料种类有泡沫聚苯乙烯、单壁瓦楞纸板、卡片、塑料、橡胶、玻璃、靠近水(0.3cm)、靠近金属(0.3cm)、带有水的塑料容器、金属表面。在认证测试时,根据分类(Category)中的要求进行测试,比如 Category A 中的测试项目为单标签在泡沫聚苯乙烯表面,而 Category I 中的测试项目为单标签在卡片表面。多标签靠近测试如图 6-38(b)所示,将 10 个相同的标签等距离地摆放在一起,其间距为 2.54cm 或 1.27cm。同样,多标签靠近测试时也需要使用天线 1～天线 4,间距的选择与根据分类(Category)中的要求相关。

(a) 单标签测试

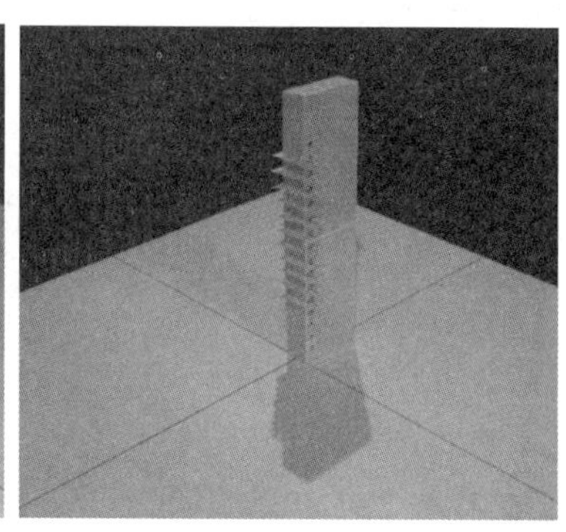

(b) 多标签靠近测试

图 6-38　标准测试项目

自定义测试项由最终客户提出,主要针对牛仔裤、塑料袋、内衣等,标签会以不同的方式放置在这些商品表面或内部,最终要求达到一定的指标。一般情况下采用 4 天线配合转台测试,需要获得不同标签环境中,不同天线、不同角度的标签灵敏度。

为了方便读者理解 ARC 认证,这里以 Category A 为案例进行详解。

测试频率:900～930MHz,步进 1MHz。

标准测试:单标签在泡沫聚苯乙烯表面;多标签靠近测试距离为 2.54cm。

自定义测试:单标签贴在一条牛仔裤的上表面,如图 6-39(a)所示;单标签放置在两条牛仔裤中间,如图 6-39(b)所示;单标签放置在 10 条牛仔裤中间,如图 6-39(c)所示;10 个标签分别贴在 10 个牛仔裤的上部并堆叠在一起,如图 6-39(d)所示。

(a) 单标签贴在一条牛仔裤的上表面

(b) 单标签放置在两条牛仔裤中间

图 6-39　ARC 认证 Category A

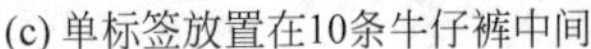
(c) 单标签放置在10条牛仔裤中间

(d) 10个标签分别贴在牛仔裤的上部并堆叠

图 6-39 （续）

Category A 中 2 个标准测试项和 4 个自定义测试项完成后，Tagformance 会打印 6 份测试项的测试报告。如表 6-7(a)所示为单标签在泡沫聚苯乙烯表面的测试要求，拿出测试报告进行对比，如果每个测试条目都优于表 6-7(a)中的要求值则该测试项通过。同理，表 6-7(b)为多标签靠近测试要求；表 6-7(c)为单标签贴在一条牛仔裤的上表面测试要求；表 6-7(d)为单标签放置在两条牛仔裤中间测试要求；表 6-7(e)为单标签放置在 10 条牛仔裤中间测试要求；表 6-7(f)为 10 个标签分别贴在 10 条牛仔裤的上部并堆叠在一起测试要求。

表 6-7 Category A 测试要求

Position 0 Ant 1	Position 0: Ant 2	Position 0: Ant 3	Position 0: Ant 4
-7.5	-7.5	-7	-7
Position 30: Ant 1	Position 30: Ant 2	Position 30: Ant 3	Position 30: Ant 4
-6	-6	-5.5	-5.5
Position 60: Ant 1	Position 60: Ant 2	Position 60: Ant 3	Position 60: Ant 4
-1	-1	-1	2
Position 120: Ant 1	Position 120: Ant 2	Position 120: Ant 3	Position 120: Ant 4
-1	-1	-1	2
Position 150: Ant 1	Position 150: Ant 2	Position 150: Ant 3	Position 150: Ant 4
-6	-6	-5.5	-5.5
Position 180: Ant 1	Position 180: Ant 2	Position180: Ant 3	Position 180: Ant 4
-7.5	-7.5	-7	7
Position 210: Ant 1	Position 210: Ant 2	Position 210: Ant 3	Position 210: Ant 4
-6	-6	-5.5	-5.5
Position 240: Ant 1	Position 240: Ant 2	Position 240: Ant 3	Position 240: Ant 4
-1	-1	-1	2
Position 300: Ant 1	Position 300: Ant 2	Position 300: Ant 3	Position 300: Ant 4
-1	-1	-1	2
Position 330 Ant 1	Position 330: Ant 2	Position 330: Ant 3	Position 330: Ant 4
-6	-6	-5.5	-5.5

(a) 标准单标签测试

Position 0 Ant 1	Position 0: Ant 2	Position 0: Ant 3	Position 0: Ant 4
1	-4	-6	-1
Position 30: Ant 1	Position 30: Ant 2	Position 30: Ant 3	Position 30: Ant 4
5	-2	-4	2
Position 150: Ant 1	Position 150: Ant 2	Position 150: Ant 3	Position 150: Ant 4
5	-2	-4	2
Position 180: Ant 1	Position 180: Ant 2	Position180: Ant 3	Position 180: Ant 4
1	-4	-6	-1
Position 210: Ant 1	Position 210: Ant 2	Position 210: Ant 3	Position 210: Ant 4
5	-2	-4	2
Position 330 Ant 1	Position 330: Ant 2	Position 330: Ant 3	Position 330: Ant 4
5	-2	-4	2

(b) 标准多标签靠近测试

续表

Position 0 Ant 1	Position 0: Ant 2	Position 0: Ant 3	Position 0: Ant 4
-11	-10.5	-10	-10
Position 30: Ant 1	Position 30: Ant 2	Position 30: Ant 3	Position 30: Ant 4
-9	-9	-8.5	-8
Position 60: Ant 1	Position 60: Ant 2	Position 60: Ant 3	Position 60: Ant 4
-2.5	-2.5	-1	3.5
Position 120: Ant 1	Position 120: Ant 2	Position 120: Ant 3	Position 120: Ant 4
-2.5	-2.5	-1	3.5
Position 150: Ant 1	Position 150: Ant 2	Position 150: Ant 3	Position 150: Ant 4
-9	-9	-8.5	-8
Position 180: Ant 1	Position 180: Ant 2	Position180: Ant 3	Position 180: Ant 4
-11	-10.5	-10	-10
Position 210: Ant 1	Position 210: Ant 2	Position 210: Ant 3	Position 210: Ant 4
-9	-9	-8.5	-8
Position 240: Ant 1	Position 240: Ant 2	Position 240: Ant 3	Position 240: Ant 4
-2.5	-2.5	-1	3.5
Position 300: Ant 1	Position 300: Ant 2	Position 300: Ant 3	Position 300: Ant 4
-2.5	-2.5	-1	3.5
Position 330 Ant 1	Position 330: Ant 2	Position 330: Ant 3	Position 330: Ant 4
-9	-9	-8.5	-8

(c) 单标签贴在一条牛仔裤的上表面

Position 0 Ant 1	Position 0: Ant 2	Position 0: Ant 3	Position 0: Ant 4
-11	-11	-11	-11
Position 30: Ant 1	Position 30: Ant 2	Position 30: Ant 3	Position 30: Ant 4
-10	-10	-9	-9
Position 60: Ant 1	Position 60: Ant 2	Position 60: Ant 3	Position 60: Ant 4
-4	-4	-3.5	-2
Position 120: Ant 1	Position 120: Ant 2	Position 120: Ant 3	Position 120: Ant 4
-4	-4	-3.5	-2
Position 150: Ant 1	Position 150: Ant 2	Position 150: Ant 3	Position 150: Ant 4
-10	-10	-9	-9
Position 180: Ant 1	Position 180: Ant 2	Position180: Ant 3	Position 180: Ant 4
-11	-11	-11	-11
Position 210: Ant 1	Position 210: Ant 2	Position 210: Ant 3	Position 210: Ant 4
-10	-10	-9	-9
Position 240: Ant 1	Position 240: Ant 2	Position 240: Ant 3	Position 240: Ant 4
-4	-4	-3.5	-2
Position 300: Ant 1	Position 300: Ant 2	Position 300: Ant 3	Position 300: Ant 4
-4	-4	-3.5	-2
Position 330 Ant 1	Position 330: Ant 2	Position 330: Ant 3	Position 330: Ant 4
-10	-10	-9	-9

(d) 单标签放置在两条牛仔裤中间

Position 0 Ant 1	Position 0: Ant 2	Position 0: Ant 3	Position 0: Ant 4
-10.5	-10.5	-10	-10
Position 30: Ant 1	Position 30: Ant 2	Position 30: Ant 3	Position 30: Ant 4
-8.5	-8.5	-8.5	-8
Position 60: Ant 1	Position 60: Ant 2	Position 60: Ant 3	Position 60: Ant 4
1.5	-1	-1	3.5
Position 120: Ant 1	Position 120: Ant 2	Position 120: Ant 3	Position 120: Ant 4
1.5	-1	-1	3.5
Position 150: Ant 1	Position 150: Ant 2	Position 150: Ant 3	Position 150: Ant 4
-8.5	-8.5	-8.5	-8
Position 180: Ant 1	Position 180: Ant 2	Position180: Ant 3	Position 180: Ant 4
-10.5	-10.5	-10	-10
Position 210: Ant 1	Position 210: Ant 2	Position 210: Ant 3	Position 210: Ant 4
-8.5	-8.5	-8.5	-8
Position 240: Ant 1	Position 240: Ant 2	Position 240: Ant 3	Position 240: Ant 4
1.5	-1	-1	3.5
Position 300: Ant 1	Position 300: Ant 2	Position 300: Ant 3	Position 300: Ant 4
1.5	-1	-1	3.5
Position 330 Ant 1	Position 330: Ant 2	Position 330: Ant 3	Position 330: Ant 4
-8.5	-8.5	-8.5	-8

(e) 单标签放置在10条牛仔裤中间

Position 0 Ant 1	Position 0: Ant 2	Position 0: Ant 3	Position 0: Ant 4
-1	-5	-6	-3.5
Position 30: Ant 1	Position 30: Ant 2	Position 30: Ant 3	Position 30: Ant 4
2	-1.5	-3	-3
Position 150: Ant 1	Position 150: Ant 2	Position 150: Ant 3	Position 150: Ant 4
2	-1.5	-3	-3
Position 180: Ant 1	Position 180: Ant 2	Position180: Ant 3	Position 180: Ant 4
-1	-5	-6	-3.5
Position 210: Ant 1	Position 210: Ant 2	Position 210: Ant 3	Position 210: Ant 4
2	-1.5	-3	-3
Position 330 Ant 1	Position 330: Ant 2	Position 330: Ant 3	Position 330: Ant 4
2	-1.5	-3	-3

(f) 10个标签分别贴在牛仔裤的上部并堆叠

当6份测试项都符合要求时，则测试通过，可以拿到ARC Category A的认证。并且在其关官方网站上会列出该认证过的标签，如图6-40所示为ARC官方网站的截图。对Category A有需求的最终客户可以在ARC官方网站上选择通过认证的标签。

不同的分类(Category)测试的内容和要求不同，比如Category I的自定义部分需要测试内衣塑料袋和牛仔裤，且性能要求也略有不同。ARC至今已经有超过30种测试种类，几乎每次有新的需求就需要增加新的分类。

2. TIPP认证

基于ARC认证存在的分类过多、缺乏性能评级等问题，由GS1发起的TIPP认证逐渐成为行业的主流。与ARC认证相比，TIPP认证具有3个不同点：针对贴标物体测试，因此

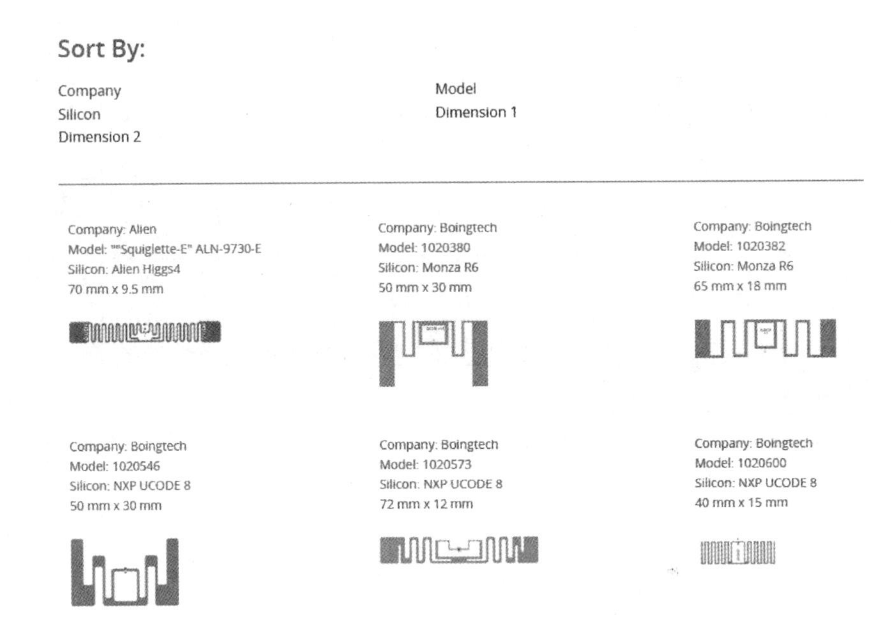

图 6-40　ARC Category A 认证标签列表

不需要指定许多个分类；性能分级，制定几个性能分级，针对贴标后性能差异较大的问题通过分级评测；重视反向散射指标，针对阅读器灵敏度不同的问题，提出标签反向散射强度指标，与正向灵敏度一样重要。

TIPP 至今共有 8 个分级，分别是 S05B、S15B、S15D、S20B、M05B、M10B、M15B、M20D。其中第一部分为字母 S 或 M，S 代表单标签，M 代表多标签；第二部分为数字 05、10、15 和 20 代表不同级别，级别越高性能要求越高；最后部分为字母 B 或 D 代表分类，不同类别对不同方向和角度的灵敏度要求不同，相当于应用的大类不同。如果被测物品通过了高级别的 M15B 测试，说明也可以通过 M10B 和 M05B 测试。S15B 可以通过 S05B 的测试，但不能通过 S15D 的认证，因为属于不同类别。

如表 6-8 所示为 M20D 的测试项目和通过要求，其中共有 4 项：2 件堆叠灵敏度(全向)、2 件堆叠反向散射能量(全向)、11 件堆叠标签灵敏度(0°和 180°方向)和 11 件堆叠反向散射能量(未要求)。对于灵敏度(Sensitivity)，要求测试值小于表中的数值；对于反向散射能量，要求测试值大于表中数值。不同级别的 TIPP 测试项目都与表 6-8 类似，只是要求指标不同。

TIPP 的测试环境与 ARC 的完全相同，因此不需要做任何调整。测试时需要注意的是贴标物体的方向需要保持一致，如不同会引起系统误差，因此 TIPP 规定了贴标位置和方向。如图 6-41 所示为贴标物体为大衣、衬衣和袜子且对天线 1 时，其上方(Top)和前方(Front)的定义。

表 6-8　M20D 测试项目及通过要求

2件堆叠灵敏度

	ANTENNA			
	1	2	3	4
0	-8	-6.5	-7	-7
30	-5.5	-6.5	-5.5	-2.5
60				
120				
150	-5.5	-6.5	-5.5	-2.5
180	-8	-6.5	-7	-7
210	-5.5	-6.5	-5.5	-2.5
240				
300				
330	-5.5	-6.5	-5.5	-2.5

11件堆叠灵敏度

	ANTENNA			
	1	2	3	4
0	-1	-4	-5	-1
30				
60				
120				
150				
180	-1	-4	-5	-1
210				
240				
300				
330				

2件堆叠反向散射

	ANTENNA			
	1	2	3	4
0	-21	-26	-26	-24
30	-24	-25	-26	-27
60				
120				
150	-24	-25	-26	-27
180	-21	-26	-26	-24
210	-24	-25	-26	-27
240				
300				
330	-24	-25	-26	-27

11件堆叠反向散射

	ANTENNA			
	1	2	3	4
0				
30				
60				
120				
150				
180				
210				
240				
300				
330				

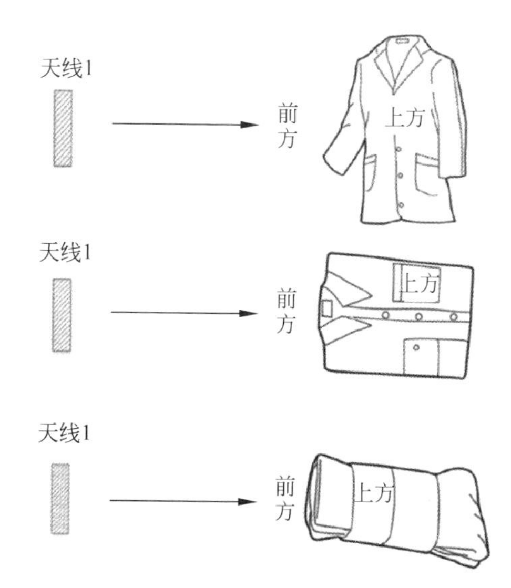

图 6-41　TIPP 规定中贴标位置和方向

最终用户可以根据自己商品的管理特点，选择合适的分级，如图 6-42(a)的珠宝类选择 S15B 的分级，而图 6-42(b)中的 T 恤选择 M20D 分级。这是因为珠宝类都是分散摆放的，加上标签的尺寸不大，因此选择 S15B；T 恤经常堆叠，且批量识别距离应尽量好，因此选择 M20D。

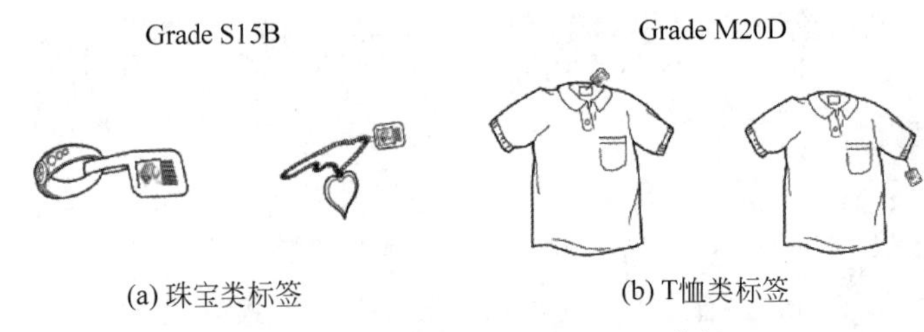

(a) 珠宝类标签　　(b) T恤类标签

图 6-42　不同商品标签的 TIPP 分级

TIPP 认证由于增加了反向散射能量强度要求，设计难度较 ARC 有所提高，但从实际应用角度看，对行业的发展具有正向意义。TIPP 分级的管理方式也给系统集成商带来了许多便利。

小结

本章介绍了与超高频 RFID 相关的测试和认证知识，其中标签性能测试是重要的知识点，需要认真掌握；阅读器性能测试的方法是由笔者独创，有兴趣的读者可以深入研究并尝试；应用测试技术中介绍的制作辐射场图的方法应掌握并实践；关于认证部分的内容，了解即可，需要认证时再详细学习。本章中介绍了多款测试设备，读者需要了解其基本功能和使用场所。测试技术是超高频 RFID 应用中的关键点之一，最好的学习方式就是亲身尝试，对测试环境反复摸索。

课后习题

1. 下列设备中是超高频 RFID 专用设备的是(　　)。

   A. 矢量网络分析仪　　B. Tagformance

   C. 频谱仪　　D. 信号发生器

2. 下列关于微波暗室的说法中，正确的是(　　)。

   A. 微波暗室内不能连接电灯，会影响测试结果

   B. 微波暗室越大越适合测试，尤其是超高频 RFID 标签性能测试

   C. 如果微波暗室只有 1m 的长度，那么就无法测试大功率下的标签工作距离

   D. 没有微波暗室，就无法测试标签的灵敏度，因为外界干扰太大

3. 下列关于阅读器灵敏度的说法中，错误的是(　　)。

   A. 阅读器灵敏度越高，标签工作距离越远

   B. 阅读器的灵敏度与载波泄漏相关，泄漏越大灵敏度越差

   C. 阅读器的灵敏度可以通过聚星仪器测试

D. 应用中应更加关注阅读器载波泄漏较大时的灵敏度表现

4. 下列物体对标性能影响最大的是(　　)。

A. 纯净水　　B. 玻璃

C. 食用油　　D. 湿木头

5. 对于消除中距离的多个盲点最有效的解决方案是(　　)。

A. 采用跳频技术　　B. 更改天线辐射角度

C. 增大阅读器输出功率　　D. 更换大增益天线

6. 对于消除近距离的一个盲点最有效的方法是(　　)。

A. 采用跳频技术　　B. 改变天线辐射角度

C. 采用 RSSI 过滤技术　　D. 改善天线的匹配

7. 如图 6-43 所示,在仓储项目中,超高频 RFID 标签最合适的工作区域为(　　)。

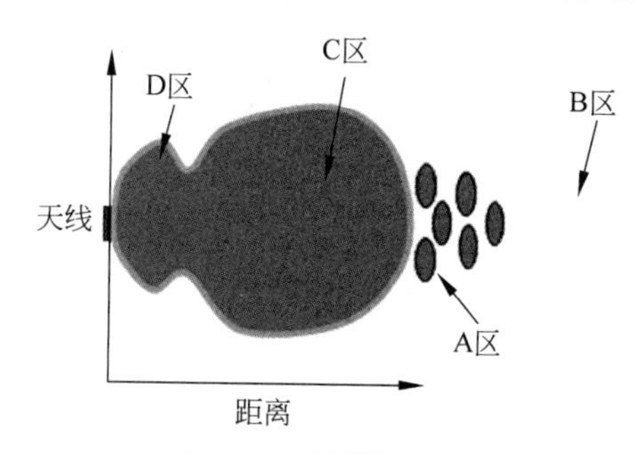

图 6-43　辐射场区图

A. B 区 D 区　　B. A 区 B 区

C. D 区 C 区　　D. A 区 C 区

8. 下面关于超高频 RFID 标签使用的描述中,正确的是(　　)。

A. 普通标签可以直接贴在金属表面使用,工作距离可以 0.5m 以上

B. 普通标签放进一瓶矿泉水中(内部充满水)依然可以读取 0.5m 以上

C. 普通标签放在一个人背后,人正面面对阅读器天线,标签的工作距离可以达到 0.5m 以上

D. 普通标签水平放置,用一个线垂直极化阅读器天线读取,工作距离可以达到 0.5m 以上

9. 下面关于超高频 RFID 标签使用中发生的情况中,最不可能存在的是(　　)。

A. 普通标签在空气中工作距离 10m,当贴在玻璃上时,工作距离变为 3m

B. 普通标签在空气中工作距离 10m,10 个同样标签叠在一起后,工作距离还是 10m

C. 在空旷环境中测试标签工作距离 10m,而在把标签放在距离墙面 15cm 处时,工作距离只有 5m

D. 标签在暗室中测试工作距离为 10m,放在室外测试,工作距离变为 13m

10．在如图 6-44 所示的通道中，下列描述中最不准确的是(　　)(图中标签水平极化，天线水平线极化)。

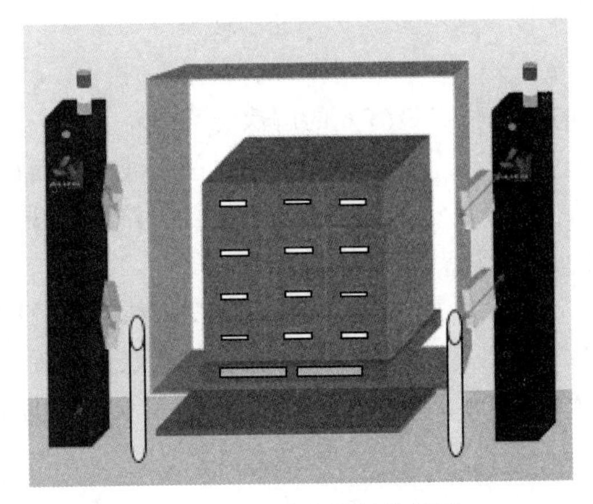

图 6-44　通道中的标签识别

A. 将系统中的线极化天线换为圆极化天线，系统的识别率会更高

B. 将标签和阅读器天线都换为垂直极化，系统的识别率会更高

C. 将标签换为垂直极化，天线换为圆极化，系统的识别率会更高

D. 将系统中的标签换为垂直极化，系统的识别率会下降很多

第7章

行业与生态

一种无线技术的发展不仅与技术本身相关，与整个市场以及行业的推动也有着重要的关系。无数优秀的技术和产品由于缺乏生态链的支持，无法形成合力最终黯然退场。在过去的20年中，超高频RFID技术产业链及生态不断成熟发展，如今已经成为物联网技术中不可缺少的一部分。7.1节将从整个超高频RFID产业链进行剖析，包括整个产业链的上下游生态情况、成本分析、核心企业，并对主要应用领域展开分析。7.2节将针对超高频RFID行业市场进行分析，包括行业出货量和发展趋势等。在学习本章内容前，应先学习第4章和第5章的内容。

7.1　超高频RFID产业链分析

超高频RFID技术是一种典型的物联网技术，所以具有应用碎片化的特点，整个产业链中的企业也都是围绕最终的应用来打造自己的产品和核心竞争力的。因此，整个产业链中有的企业是100%做超高频RFID产品和项目，有的企业只有很小的一部分业务与超高频RFID相关。在对超高频RFID产业链进行分析时，既要分析上下游企业带动的产业链，又要分析行业的应用带动的产业链。

7.1.1　超高频RFID产业链上下游分析

随着我国经济的高速发展，从2010年开始，中国逐步成为超高频RFID标签产品的主要生产国，随之而来的是超高频RFID的产业链逐步转向中国市场。再加上国家对物联网发展的支持，大量的超高频RFID研发和生产制造企业在中国生根发芽，同时催生了行业应用和整个生态的发展，从而建立了一个完整的产业链生态。

1. 产业链分类

为了方便对超高频RFID行业进行分析，如图7-1所示，我们将整个产业链分为上游、中游和下游3部分。

产业链上游：标签芯片公司、标签天线公司和封装设备公司组成产业链上游的标签部分；阅读器芯片公司和电子元器件公司组成产业链上游的阅读器部分。

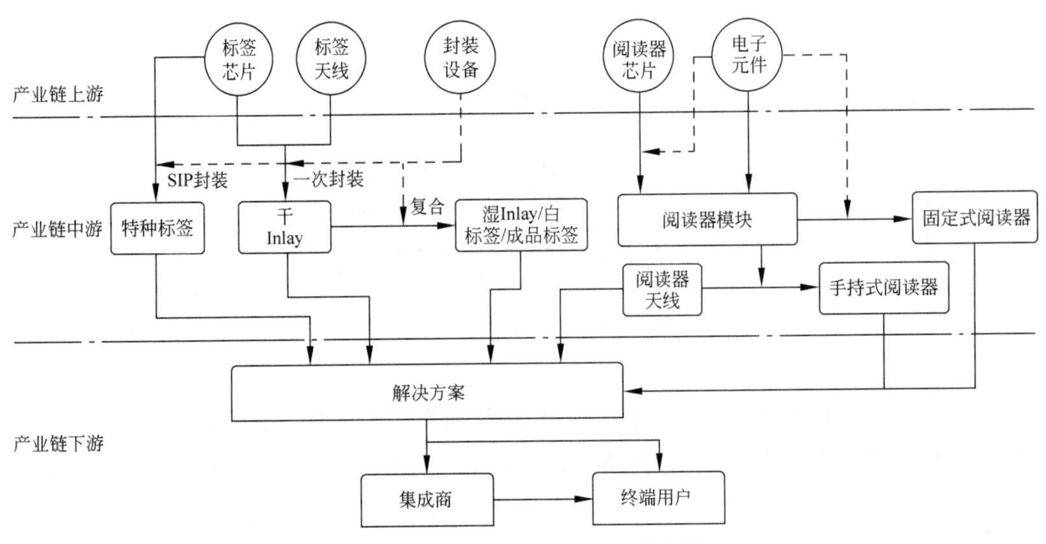

图 7-1　超高频 RFID 产业链分布图

产业链中游：产业链中游企业使用产业链上游企业提供的产品，开发出可以直接使用的最终硬件并提供给市场。特种标签公司提供由标签芯片 SIP 封装实现的特种标签；标签生产公司提供由标签芯片和标签天线通过封装设备一次封装生产出的干 Inlay，还可以使用封装设备将干 Inlay 进一步加工为湿 Inlay、白标签、成品标签；阅读器公司通过使用专用阅读器芯片或其他方案开发出阅读器模块和固定式阅读器；手持机厂商结合阅读器模块和阅读器天线开发出手持式阅读器；阅读器天线厂商提供多种阅读器天线配合行业应用。

产业链下游：解决方案公司将产业链中游的产品进行整合，配合软件形成解决方案，由集成商提供给最终用户实施。

虽然从图 7-1 中看起来产业链中的企业都是各司其职，但事实上许多企业都进行了“跨界”整合。比如大量的产业链中游企业参与到解决方案中，向下整合，有的产业链上游企业也会渗透到产业链中游或者下游，实现全产业链整合。其主要原因是谁掌握了产业链下游谁就可以决定产品的选型，从而影响产业链上游和中游的企业。产业链中也出现了下游向中游、上游扩展的案例，主要原因是便于控制管理和降低成本，比如物流公司成立自己的手持机部门，电力公司成立自己的芯片设计部门等。

从技术难度上来说，产业链上游的芯片公司技术难度最大，阅读器模块开发难度次之。特种标签和定制型阅读器天线也需要一定的技术实力，解决方案需要系统经验和软件开发能力，整个产业链中普通标签生产制造对技术的要求相对最低。

超高频 RFID 市场的标签类产品与阅读器类产品是两条完全不同的产业链。普通标签类产品成本低、标准化程度高、并且注重生产环节。而阅读器类产品则呈现技术门槛高、定制化程度高、注重方案的特点。

2. 产业链上游分析

1）标签芯片

标签芯片是整个超高频 RFID 行业中最重要的产品，是推动行业发展的基础。标签芯片的每一次技术突破和成本突破，都会给行业带来巨大的变化。从 2004 年超高频 RFID 标签芯片完成量产出货至今的十几年中，全球累计标签芯片出货量已经接近 1000 亿颗。

全球超高频 RFID 通用标签芯片的供应商主要有 3 家，欧洲的恩智浦半导体（NXP）、美国的英频杰（Impinj）和美国的意联科技（Alien Technology）。从 2019 年的数据看，恩智浦半导体与英频杰占市场的绝大部分，意联科技的市场份额已经小于 10%。在过去的 10 年中，一直由这 3 家公司把持着全球标签芯片市场，只是这 3 家的排名和比例发生了细微的变化。芯片的销售价格也在不断降低，从早期的 1 美元，到现在的一点几美分，不过芯片的毛利率依然保证在 50%左右。

在这 10 年中，国内也涌现出了 10 多家超高频标签芯片开发公司，如国民技术、上海坤锐、复旦微电子、北京华大半导体、远望谷、北京智芯微、四川凯路威、江苏稻源等。遗憾的是，国内超高频标签芯片公司至今仍没有真正打开国际市场，主要业务为针对某些特定应用做一些定制。主要原因是三巨头的标签芯片对于成本和性能都已经做到了极致，且一直有全球百亿的市场打磨产品，技术在不断进步。而国内芯片厂商从起步时就落后很多，一开始在性能和成本上就缺乏优势，也就没有市场去尝试和打磨下一代产品。另一个原因是，超高频 RFID 芯片是一种非常特殊的小众芯片，不同于市场上传统射频芯片，相关开发设计人才少，且人才流动不频繁，国内参与过全球主流标签芯片设计和开发的人屈指可数。超高频 RFID 芯片看起来设计很简单，但要想实现成本低、性能好且量产稳定性高是非常难的，现阶段国内标签芯片的产品水平与三巨头仍有较大差距。

对于带有传感器的标签芯片，现在全球主要的供应商为美国的 RFmicro 和浙江悦和科技，由于这是一个全新的领域，且市场非常看好，相信对于中国标签芯片企业会是一个新的机会。

2）标签天线

超高频 RFID 多标签天线也经过了多年的发展，从早年的蚀刻铜工艺，到现在的蚀刻铝工艺，中间经历了多种尝试。10 多年前超高频天线的供应地主要在日本，随着中国加工工艺的发展，现在全球的 RFID 标签天线绝大多数集中在中国生产。我国天线企业早期遇到的生产问题是良率问题，经过设备和管理的提升，这些问题逐渐解决，随着规模的提升整体成本也在不断下降。

天线的生产需要使用大量的化学药品，随着近些年政府环保政策监管严格，许多小标签天线蚀刻厂纷纷关闭，只留下几个大厂。因为竞争减少，超高频天线的利润水平也更加的稳定。现在市场占有率较大的企业有上海英内、温州格洛博和无锡科睿坦。

标签天线的成本与标签的尺寸相关，尺寸越小成本越低，一般情况下，一个超高频 RFID 标签天线的价格为 0.2～0.5 美分，而且毛利水平非常高，一般超过 40%。

3）阅读器芯片

超高频 RFID 阅读器对于行业的发展有着重要作用，不仅大大降低了阅读器的开发难度,提高了射频性能还降低了项目的整体成本,进而推动行业的高速发展。

最早出现的超高频 RFID 阅读器芯片是 Intel 的 R1000,这颗芯片至今仍然在市场上应用。随后,Intel 将整个阅读器芯片产品卖给了 Impinj。Impinj 也在 2010 年推出了称霸行业 10 年的阅读器芯片 R2000。在 2010 年曾经有 3 家阅读器芯片供应商,分别是 Impinj、奥地利微电子和 Phychips,它们 3 个分别针对高端、中端和低端市场,最终由于奥地利微电子的芯片定义不上不下,失去了市场的价值。与此同时,无锡旗连开发出了针对低端市场的阅读器芯片,并得到了市场的认可。目前市场上的主流芯片厂商为 Impinj、Phychips 和无锡旗连,其中 Impinj 独占中高端市场,Phychips 和无锡旗连平分低端市场。

超高频 RFID 阅读器芯片的售价从几美元到几十美元不等,从芯片的角度分析,毛利率超过 80%,毛利如此高的原因是芯片整体出货量不大。其实这几家阅读器芯片公司的实际利润并不高,这是因为阅读器的芯片开发难度很大,相比标签芯片,需要更多的芯片工程师,开销非常大,尤其是不断开发新产品的公司。

4) 封装设备

超高频 RFID 的封装设备主要是应用大批量普通标签生产的一次封装机和复合设备。在过去的 15 年中,超高频 RFID 的标签封装的主流设备一直是德国的纽豹公司。当然中国的封装设备公司也一直在不断追赶,比如新晶路的封装设备也可以实现每小时 18000 个的产能,逐渐接近纽豹的技术水平。在复合设备领域,虽然国外的必诺(Bielomatik)、妙莎(Melzer)和纽豹(Muehlbauer)3 家公司仍然占据一定的市场份额,但中国产品的复合设备在技术上已经差距很小了。比如广州驰立和新晶路的设备已经占据了不少的市场份额。

在价格上,国产封装设备和复合设备是外资厂商的五分之一左右,具有很强的竞争力。

3. 产业链中游

1) 普通标签产品

超高频 RFID 标签是产业链中最重要的部分,每年有超过百亿标签被制造出来。标签封装厂先购买封装、复合设备再采购标签芯片和标签天线进行大规模生产,通过生产加工后提供市场需求的多种 Inlay 和标签。标签生产是一个"薄利多销"的环节,因此很多标签生产厂商为了提升产值与利润总额,选择延长业务线,涵盖"绑定+复合"甚至"绑定+复合+打印"多元化的业务。

截至 2020 年,中大规模的超高频 RFID 干 Inlay 在全球市场的售价为 2.5 美元。其成本主要由标签芯片、标签封装、标签天线、运输管理和生产良率几部分构成,如图 7-2 所示为大规模生产时的标签成本分布。可以看到,标签的总成本中芯片占主要部分,不过这个比例较几年前已经下降了很多,是所有构成部分中比例下降最明显的。封装成本较几年前也有明显下降,这与生产设备的折旧有很大关系,早年购买的封装设备已经不在财务报表中体现折旧。由于标签天线成本与标签尺寸相关,此处计算的标签为尺寸为 30mm×50mm 的大尺寸标签,当使用不同尺寸的标签天线时,成本会按比例变化。

若把上述 30mm×50mm 的干 Inlay 制作成湿 Inlay 和白标签,分别还需要额外的 0.5 美分和 0.8 美分,最终湿 Inlay 的售价为 3 美分,白标签的售价为 3.3 美分。若采用

42mm×16mm 的天线，那么干 Inlay 的售价为 2.3 美分；湿 Inlay 售价为 2.6 美分；白标签的售价为 2.8 美分。

对于中游的标签封装厂来说，他们能够控制的成本主要是封装成本，在普通的大宗交易中，一次封装（绑定）的市场价格为 0.9 美分左右。如图 7-3 所示，为标签封装成本的构成，包括设备折旧、人工费用、材料费用和利润。由于纽豹的封装设备价格昂贵，标签封装时的折旧成本的占比就非常高。标签封装厂虽然在刚刚购买设备的时候压力很大，但几年后设备依然稳定运转，但财务折旧已经结束，可以说这 48%的折旧费变成了 48%的额外利润。不同公司的设备折旧不同，图中的 48%为行业平均水平。材料费用主要是倒封装时用的异相导电胶。现在的中大型标签封装厂大都购买了超过 10 台纽豹封装机，因此生产已经上规模，人工成本相对较低。

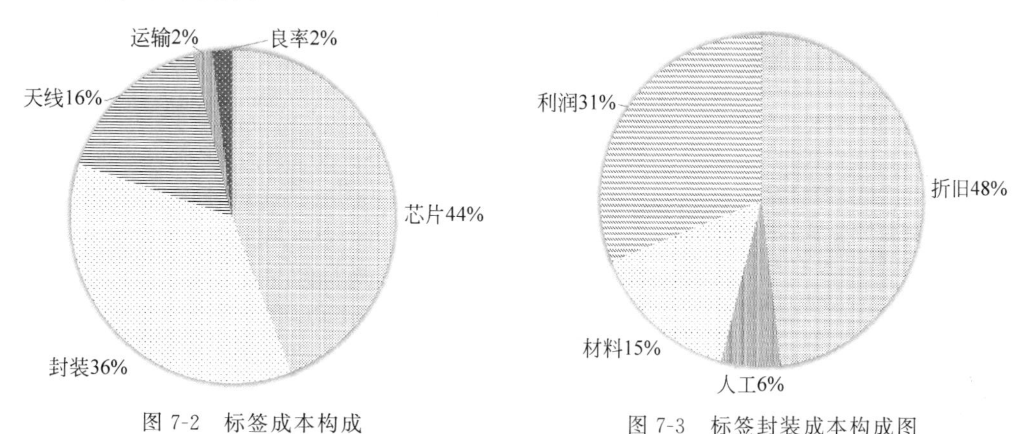

图 7-2　标签成本构成　　　　图 7-3　标签封装成本构成图

其实在整个产业链中，真正盈利最多的，就是这些标签封装企业。经过多年的设备折旧之后，标签封装的利润率大幅提升。比如扬州永道公开的 2019 年年报中指出，永道实现销售额 5 亿元，纯利润 9000 万元。我国比较知名的标签封装企业有扬州永道、扬州上扬、厦门信达、上海博应等。

2）阅读器产品

超高频 RFID 阅读器中游的产品线涵盖了阅读器模块、阅读器（包括手持机、固定式阅读器等），是超高频 RFID 系统的重要组成部分。超高频 RFID 阅读器的核心部件是阅读器模块，它是整个阅读器的心脏，负责与标签通信的所有功能。阅读器根据功能和应用不同有多种表现形式，分为固定式阅读器、手持式阅读器（手持机）、一体式阅读器（一体机），这 3 类阅读器的共同点是都具有阅读器模块（简称模块）。固定式阅读器在产业链中的使用量最大。与阅读器芯片相似，阅读器也可以分为高端、中端和低端。其中采用分离元件开发的为高端阅读器，采用 R2000 芯片开发的为中端阅读器，采用其他无线方案或低端阅读器芯片开发的阅读器为低端阅读器。高端阅读提供商为 Impinj、Alien Technology、Moto 等；中端阅读器的供应商除了 Thingmagic 这一家外资公司外主要是中国企业，产业链中主要的中端阅读器（含模块）企业有北京芯联创展、深圳罗丹贝尔、深圳成为科技（也是手持机厂商）、深圳锐迪科技等。低端阅读器采用无线芯片方案的有深圳捷通科技和北京睿芯联科。在产业链中,绝大多数的阅读器模块厂商都销售自己公司的固定式阅读器,有的还提供手持设备。

随着技术进步,基于 R2000 的模组同质化竞争非常严重,市场价格也不断下降,现阶段已经降到了 70～100 美元,许多公司的毛利已经降到 30%之下。如图 7-4 所示为一个 R2000 模块的成本构成,由 R2000 芯片、外围 PCB 及元器件、贴片、测试(包含良率)、外壳 5 部分构成。

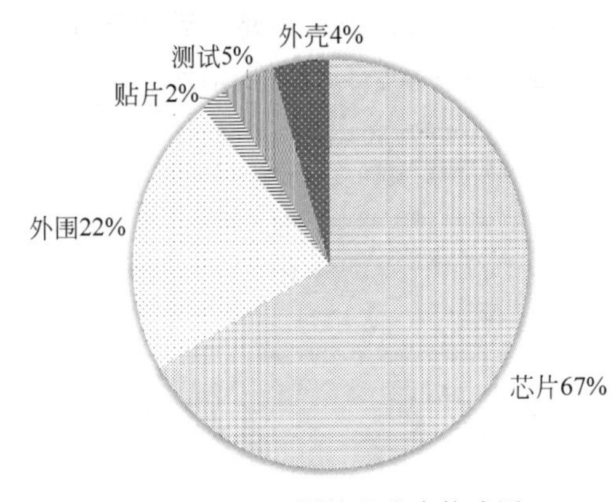

图 7-4　R2000 模块的成本构成图

可以看出,R2000 芯片在整个模块成本中占比最大。Impinj 公司正计划推出成本更低、外围电路更简单的阅读器芯片,进一步推动行业的快速发展。

3）特种标签和阅读器天线

产业链中的特种标签企业和阅读器天线企业具有许多相似之处,都具有天线设计能力和产品制造能力。随着超高频 RFID 的行业发展,各种新的应用涌现出来,而普通标签和普通阅读器天线无法支持许多新的应用需求,因此需要特种标签和定制的阅读器天线。

产业链内的特种标签企业有 Omni-ID、Confidex、江苏安智博、浙江嘉兴佳利、深圳博纬智能等。其中浙江嘉兴佳利、深圳博纬智能也是阅读器天线企业。

4. 产业链下游

超高频 RFID 的产业链下游是各类应用终端用户与集成商,虽然从技术产业链来说,应用是下游,但应用才是需求的源头,也是整个产业链闭环的最终买单方,由此可见,产业链下游在整个产业链中处于至关重要的位置。

超高频 RFID 的应用在 7.1.2 节中有详细分析。从大类来说,可以分为通用型市场与定制型市场。这里的通用与定制是一个相对的概念,因为超高频 RFID 的市场以企业与政府类为主,每个项目都有不同的需求,从某种角度来说,超高频 RFID 都属于定制型市场,本书为了更好地对超高频 RFID 市场进行分析,将其分为通用型与定制型两类不同的应用。

1）通用型市场

通用型市场指的是超高频 RFID 在某些领域应用量非常大,并且此类应用的需求相似度比较高,可复制程度也比较高,典型应用的就是鞋服品牌、零售超市、航空、物流快递以及图书馆管理。在这类场景中,超高频 RFID 标签是当耗材使用,因此消耗量非常大,对标签的价格敏感度也比较高。

整体来说,对于鞋服零售类场景,国外品牌对于超高频 RFID 标签的普及度远高于国内品牌。国外品牌门店遍布全球,并且时尚类快销品对于商品流动性要求高,而采用 RFID 标签对产品的流通管理效率有很大的提升，有比较明显的经济效益。此外，国外品牌的经营管理理念对于新技术的认可度比较高，并且有比较充足的现金流投入。

目前，航空行李标签也正在普及。在国内，大兴机场已经开始使用，预计未来有更多的航空公司与机场会普及 RFID 标签。

物流类场景是国内非常值得期待的一个市场。据了解，2019 年中国的物流包裹使用数量超过了 600 亿件，占全球包裹数量的一半以上。不过超高频 RFID 在物流包裹的使用还没普及，需要进一步地开拓，主要难点在于这个行业的利润水平太低，使用 RFID 标签会消耗掉很大的利润。

图书馆应用也是 RFID 使用量比较集中的领域，在国内市场，高频和超高频标签用量都比较大。其中，超高频的增速和普及率超过高频应用。

2）定制型市场

定制型市场指需求量相对没那么集中，并且使用的环境对标签与阅读器的性能、外形等都有定制要求的市场，即便是同类型的客户，需要定制化的程度也较多。比较典型的应用有电力、铁路、工业、洗涤以及卡类等等。

这类市场从标签消耗量占比来说无法与通用市场相比，不过这类市场可以有更好的价格，保持不错的利润。对于 RFID 产品方案企业来说，定制型市场可以容纳更多的参与者，让整个 RFID 市场更加丰富与繁荣。

超高频 RFID 的产业链还有一类重要的参与者，就是集成商。RFID 的终端用户以企业与政府为主，这类终端用户的直接供应商比较传统，RFID 产品作为一个子模块，一般是直接对接集成商，需要经过集成后，形成一个完整的大项目融入终端用户的需求中。

5．中国超高频 RFID 产业链特点分析

经过上述讨论，总结中国超高频 RFID 的产业链的特点如下：

- 通用标签芯片市场非常的集中，国外芯片企业已经在该领域形成了规模优势，国内标签芯片企业的机会主要在垂直应用领域有特殊需求的市场。
- 阅读器芯片市场相对比较灵活，市场上根据需求从中低端到高端产品都有，并且分立器件的产品也有很多，国产芯片企业也有较多的机会。
- 标签天线是一个注重生产的环节，经过市场的竞争以及环保政策的影响之后，标签天线环节毛利可以维持不错的水平；阅读器天线市场零散，尚未形成规模垄断企业，整体的毛利也比较高。
- 超高频通用市场标签的量很大，尤其是一些大项目，消耗量都是数以亿计，因此标签生产环节目前的价格很透明，竞争也很激烈，市场的毛利水平也比较低。
- 除了芯片与天线成本之外，标签的生产设备也是一项非常大的成本。目前标签生产环节最主要的设备有绑定机、复合机、打印机以及检测设备。这些设备少则数十万元，多则数百万元，设备的投入也消耗了很多标签生产厂家的利润。为了维持较高的利润水平，目前一些设备生产商也在开展标签生产的业务，将业务线延长也是一条应对之道。

- 目前的一次封装设备(绑定机)市场由纽豹一家独大，而复合机、打印机等设备国产化水平在逐渐提升。
- 阅读器是一个侧重方案的环节，因为市场上对于阅读器产品的需求量相对较小，所以阅读器厂家为了提升营收与利润，需要将业务方案化，一方面阅读器产品需要在性能、形态方面高度定制；另外一方面，阅读器产品还需要在应用软件的开发以及与其他方案的集成方面有较好的兼容性。
- 目前全球大多数的超高频 RFID 标签生产的产能集中在中国，不过应用厂商却以国外品牌为主，国外品牌对于 RFID 标签接受度高的原因主要有：国外客户需求明确，采用 RFID 能满足明确的需求，并且国外品牌的利润与现金流也比较有优势，有能力投入。
- 除了通用市场之外，超高频 RFID 在电力、洗涤、交通运输、工业等定制市场也有广泛应用，定制市场从数量上来说占比不大，但定制市场附加值高，并且整个系统产值也较高。

总结来说，超高频 RFID 市场竞争比较激烈，最近几年产品的价格有比较明显的下降。这也意味着整个产业链的繁荣与成熟，有利于产业市场份额持续扩大。而企业为了避免“增量不增利”的局面，越来越多的企业选择多元化的业务与差异化产品服务。

视频讲解

7.1.2 超高频 RFID 产业链应用分析

在超高频 RFID 产业链中，应用是驱动行业发展和生态进步的主要引擎。经过近 20 年的发展，产业链的应用从早期的服饰、零售领域逐步扩展到航空、图书馆和物流等更多领域，其扩展速度之快、种类之多是其他物联网技术不能比拟的。本节将分析超高频 RFID 产业链的主要应用领域和发展趋势。

1. 主要应用领域

1）鞋服

衣食住行是人们最基本的生活需求。中国作为一个制造业大国，鞋服制造占据了全球一半以上的市场份额；同时，中国也是全球鞋服消耗量最大的市场之一。图 7-5 为中国服装与鞋子一年的销量图。

从整体上说，国内一年鞋服的总量维持在 350～400 亿件。对于鞋服企业，提升生产与管理销量迫在眉睫，而超高频 RFID 是其不二之选。这个消耗品量巨大的市场，对于超高频 RFID 行业来说也是一个可持续的市场。

目前，国外品牌对于超高频 RFID 的接受程度要明显高于国内，但国外品牌也有很大的比例是在国内生产与销售，整体来说，目前鞋服领域是超高频 RFID 使用量最大的应用领域。

从目前的市场信息来看，并不是所有的鞋服都会采用超高频 RFID 技术，目前采用超高频 RFID 技术的主要是国内外鞋服快销品牌，对鞋服产品周转要求高，价值也相对较高，采用超高频 RFID 技术能够带来明显的经济效益。

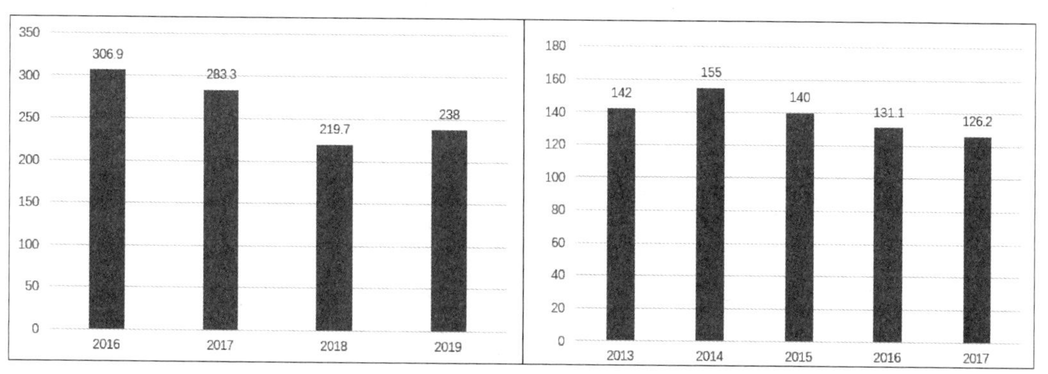

(a) 中国服装销量图(单位：亿件)　　(b) 中国鞋类产品销量图(单位：亿双)

图 7-5　中国服装及鞋类销量图

2）商超零售

商超零售的体量将会十分庞大。不过，日常的生活用品价值有高有低，尤其是一些低价值的物品，本身的利润就很低，要普及超高频 RFID 产品难度比较大，目前，沃尔玛每年消耗数十亿的超高频电子标签，主要用于超市中价格相对比较高的产品。

此外，最近几年，无人零售概念在中国的兴起也推动了电子标签的应用，整体来说，零售信息化是整个零售行业的大趋势。超高频 RFID 作为成熟且性价比高的技术方案，在该领域有着广阔的应用前景，在相关政策的助推之下，行业发展速度将会更快。

3）航空

航空行李标签是目前值得期待的应用领域，越来越多的航空公司及机场在使用基于超高频 RFID 技术的行李标签，以减少因乘客行李丢失造成的损失。

在航空行李托运环节，因为管理不善，经常会导致行李拿错的现象，而行李一旦拿错了，很难被追回，由此航空公司每年承担的赔偿损失数以亿计。

根据国际航空电讯集团的一份报告显示，2007 年，每 1000 名乘客中大约有 18 件行李出差错；2017 年，每 1000 名乘客中出差错的行李数量已经减少到 6 件。即便如此，全球范围内行李出错的数字仍高达 2300 万件。这是一个庞大的数字，这一现象也促使了 RFID 电子标签在航空行李领域的普及。

4）图书馆

如图 7-6 所示，根据国家统计局的数据，2018 年年底，我国公共图书馆机构数达到 3176 家；按照教育部的数据，2018 年我国共有普通高等学校 2663 所(含独立学院 265 所)，成人高等学校 277 所，我国高校图书馆总数在 3000 家左右。此外，我国还有实物馆藏 10 万件以上的科学院、社科院、部委、军事科研图书馆 200 余家。

按照大型图书馆平均 100 万的藏书量来计算，大型图书馆的藏书量超过 30 亿册，再加上其他的图书馆，中国图书馆市场藏书量保守估计在 50 亿册以上。图书馆标签属于消耗品，每年按照 10%的新增与损耗，一年消耗标签的潜力约为 5 亿个。这是一个非常可观的

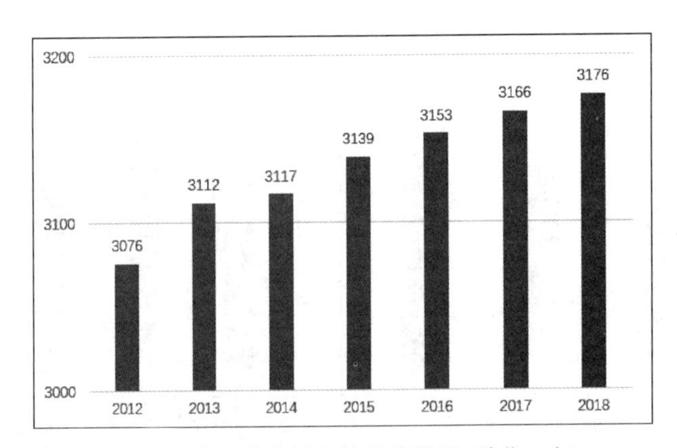

图 7-6 中国公共图书馆机构数量(单位:个)

市场。

图书馆最近几年采用 RFID 技术的比例逐渐提升,根据市场的反馈结果,目前国内大型图书馆 RFID 技术渗透度达到 50%以上(含高频和超高频 RFID)。

高频 RFID 在早些年是图书馆市场的主要方案,因为图书馆的 RFID 是属于消耗品,对于价格敏感度比较高。随着最近几年超高频 RFID 技术的成熟,尤其是价格成本的降低,超高频 RFID 在图书馆市场发展很快。

5) 物流包裹

物流包裹领域将会是超高频 RFID 非常值得期待的一个应用领域,因为中国每年的快递包裹消耗量超过 600 亿,目前 RFID 在该领域仅在仓库周转环节有少量的应用,要大规模地应用还需要解决成本的问题。快递包裹的市场集中度很高,一旦铺开,整个市场的普及速度将会很快。

国内的各大物流公司都进行过大量的超高频 RFID 试点,试点规模可达几百万颗,不过至今仍未有上亿级别的批量使用。

6) 电力

电力行业最多的使用量是电表,目前中国智能电表的普及率已经非常的高,目前这个市场每年维持在 5000~10000 万的量,再加上电力行业的资产管理,预计该领域每年消耗的电子标签大概有 1 亿左右。该领域对于阅读器产品的消耗量比较大,整体来说,电力行业的 RFID 产值比较高,不过,该领域相对较封闭,进入门槛比较高。

7) 交通运输

交通运输行业主要有电子车牌标签等,对特殊车辆(大型货车、渣土车、泵送车)进行管理,这个市场目前也在由各个地方政府推动。此外,在铁路运输行业的标签也有一定的需求。

8) 洗涤

洗涤行业也是一个典型的特殊应用场景,主要用于酒店床品洗涤管理。从理论上说,中国的酒店数量非常庞大,不过洗涤行业同样面临着行业利润低、推广难度大的困境。要大规模的普及需要更多推力以及商业模式的改变。

定制型应用市场非常的零散，从出货量来说，无法与通用型市场相比较，不过定制型市场却能给企业带来不错的营收与利润。营收的增加主要来自两个方面：一方面是定制型的标签与阅读器产品价格会比较高；另一方面就是整个系统的价值占比比较高，项目虽小，五脏俱全，包括软件的开发以及集成的产品都会给企业带来更多的营收。

在洗涤领域中，北京蓝天、上海雅朴为行业领军企业。

2. 应用发展趋势

如表7-1所示，为中国超高频RFID主要应用汇总，包括市场潜力、市场门槛、市场渗透度和被取代的风险4方面。

表7-1　中国超高频RFID主要应用汇总

应用领域	市场潜力	市场门槛	超高频RFID的渗透度	被取代的风险
鞋服	潜力很大	市场化程度较高，门槛一般	目前在国际品牌渗透度比较高，国内品牌渗透度比较低	RFID是该领域性价比很高的方案，短期内被取代的风险较低
商超零售	潜力大	门槛较低	目前渗透度很低	目前条形码、二维码等更低成本的方案更受欢迎，RFID能够取代部分场景，可以实现更为高效的管理
航空	潜力较大，增长较快	门槛一般	目前的渗透度比较低	RFID在该领域能很好地解决行李丢失的问题，目前被取代的风险比较小
图书馆	潜力一般，比较稳定	门槛较高	目前大型图书馆RFID的渗透度已经很高，其中约一半为超高频RFID	目前高频与超高频都是主流的方案，国内存量市场高频的比较多，增量市场超高频的比较多
电力	潜力一般，比较稳定	市场比较封闭，进入门槛很高	渗透度已经很高，是一个存量市场	国企系统认可后，供需都稳定，被取代的风险也较低
交通运输	涵盖铁路运输、城市交通、集装箱，整体潜力较大	门槛高	目前整体的渗透度较小	该领域有诸多的技术方案，RFID在很多场景中都有被取代的风险
洗涤	理论上有不错的潜力	门槛一般	目前渗透度很低，渗透难度也较大	目前RFID在该领域最主要的风险不是被取代，而是如何开拓市场

通过对超高频RFID主要应用领域的总结，可以分析出中国超高频RFID的主要应用趋势有：

- 超高频RFID的通用市场需要有一定的需求量，而且需求量要稳定并有一定的增长，最佳的市场是将RFID当成消耗品并且产品更新的周期比较短的应用领域，这样才能保证标签的消耗量每年都能持续。鞋服、商超零售、机场行李标以及快递包裹都具有这些特点。

- 平衡市场的接受度与推广难度，目前超高频 RFID 最主要的应用领域依然是鞋服与商超，而机场行李标签的普及依然要解决谁买单的问题，不过从目前的信息来看，机场行李标的增长情况不错；快递包裹的普及也同样要解决这个问题。
- 图书馆市场目前渗透度已经很高，并且图书馆标签的使用周期比较长，每年保持较为固定的损耗数量，加上国内图书馆标签市场高频与超高频并行，市场上会有一些双频产品的需求。
- 定制型市场上消耗的超高频 RFID 标签数量虽然比较少，但是产值却比较高，对于企业或者政府类应用，定制化方案更加契合市场需求。
- 随着物联网项目的应用拓展，超高频 RFID 的适用面也越来越广，而物联网更多的是定制型市场，因此在通用型市场竞争激烈的情况下，做定制型方案也是超高频 RFID 领域一个不错的方向。

视频讲解

7.2 中国超高频 RFID 市场分析

7.2.1 中国超高频 RFID 市场规模分析

本节将分别从产品分类市场规模和应用分类市场规模角度展开分析。其中超高频 RFID 的产品线分为标签和阅读器两大类，从数量上来说，标签的量比阅读器高出了几个数量级。所以，为了更好地反映市场信息，本书将标签和阅读器市场分开进行分析。

1. 标签市场分析

要梳理清楚中国超高频 RFID 标签的量，首先需要评估全球超高频 RFID 的量，因为在超高频标签市场，中国集中了全球大多数的产能，但是从应用的角度来说，却以国外品牌为主。如图 7-7 所示为全球超高频 RFID 标签年出货量数据。

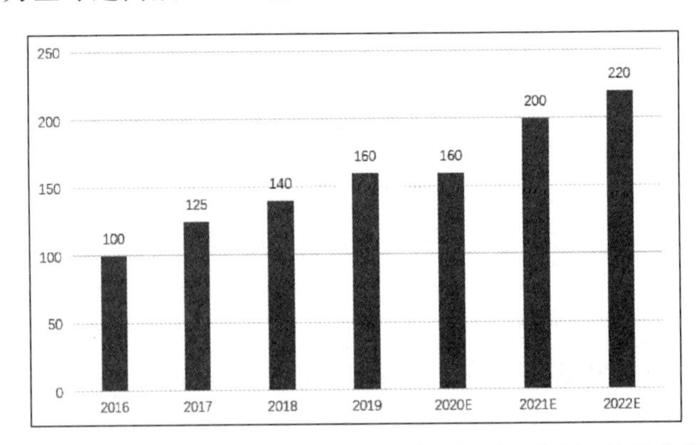

图 7-7 全球超高频 RFID 出货量(单位：亿颗)(来源：物联传媒)

根据图 7-7 中的数据：

- 全球超高频 RFID 的出货量每年保持着较为稳定的增速，因基数比较大，最近几年增长率维持在10%～20%。

- 2020年受到COVID-19的影响，预计全年的出货量与去年持平，而2021年，随着市场的需求反弹预计有一个增长高峰期。
- 全球RFID的产能绝大多数在中国，根据我们对国内30余家企业调研的反馈信息，中国超高频RFID的产能占全球的份额有80%左右，由于长期看好超高频RFID市场，最近几年各大标签生产厂商正在积极地扩充产能。

如图7-8所示为中国超高频RFID标签年应用量数据。

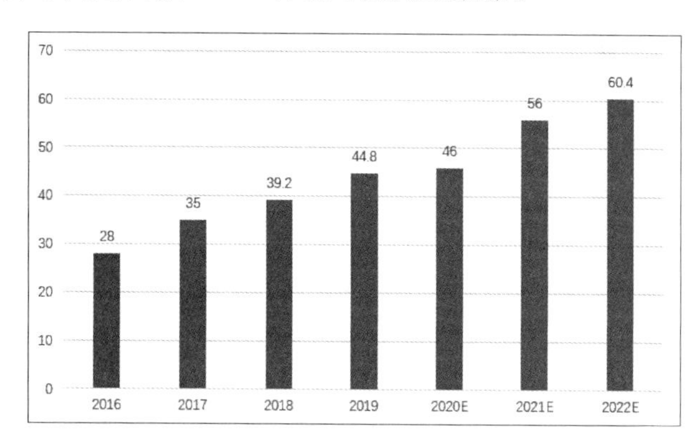

图7-8 中国超高频RFID标签市场应用量(单位：亿颗)(来源：物联传媒)

根据图7-8中的数据，分析如下：

- 根据我们的调研反馈结果，超高频RFID的产能虽然大多数在中国，但客户主要是国外品牌。计算国内的RFID市场应用体量时，我们根据市场的反馈信息进行了预估，全球的RFID标签中10%左右直接应用于国内的终端客户，而国外的品牌厂商约20%的量应用于国内。
- 2020年受到COVID-19的影响，全球RFID应用量预计与去年持平，从目前的经济恢复情况来看，中国市场会略有增长。
- 接下来几年的增速预期较为稳定，未来几年若机场行李标签能普及，以及快递包裹行业的发展，预计会有一个新的爆发增长。

2. 阅读器市场分析

目前超高频RFID阅读器市场包含了高端分立元件阅读器产品、中端R2000芯片阅读器产品、低端阅读器芯片产品和低端无线芯片阅读器产品。各类产品都有各自的市场。中国超高频阅读器市场应用量如图7-9所示。

如图7-10所示为高端分立元器件方案产品、中端R2000芯片方案产品、低端阅读器集成芯片方案产品和低端无线芯片方案产品这4类阅读器的市场占比。

我国阅读器市场分析：

- 目前市场上基于R2000的中端阅读器产品增长率更高，预计未来几年中端阅读器产品年增长率维持在30%左右，而其他种类的阅读器产品年增速维持在15%左右。

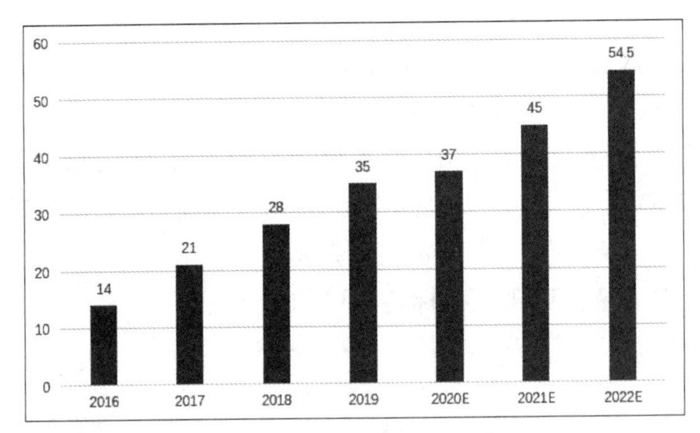

图 7-9　中国超高频阅读器市场应用量(单位：万台)(来源：物联传媒)

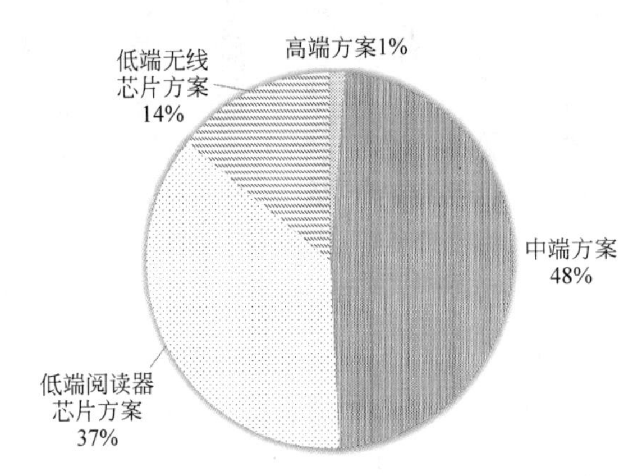

图 7-10　超高频 RFID 市场高、中、低端产品市场占比

- 中端阅读器的性能可以满足绝大部分的要求。
- 阅读器增长率高于标签的增长率，主要原因是物联网零散项目(定制型应用)的需求增加，阅读器产品需求量增加。
- 2020 年受到 COVID-19 的影响，预计国内阅读器市场在去年的基础上略有增长。

3. 应用领域市场分析

如前所述，我们将中国超高频 RFID 市场分为通用型市场与定制型市场，通用型市场包含了鞋服、商超零售、航空、图书档案等。从标签量来说，通用型市场占比较大。

定制型市场包含非常多的应用领域，例如，电力、交通运输、洗涤、工业、畜牧业、工具管理、卡类应用等。因为定制型市场应用领域分散，并且每个领域量都比较少，无法进行更为精准的统计与分析。如图 7-11 所示，为 2019 年中国超高频 RFID 市场各细分领域出货量占比。

对数据进行分析可知：

(1) 整体来说，中国通用型应用出货量占比达到了 88%，而定制型市场占比为 12%。

(2) 在定制型应用领域中，电力行业每年约 1 亿个标签的应用量，并且需求比较稳定，

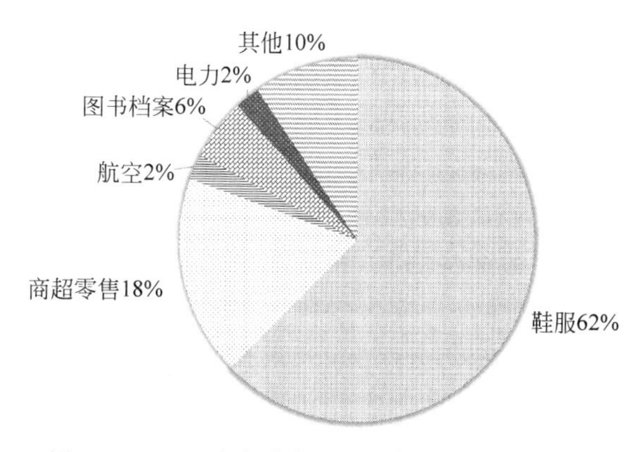

图 7-11 2019 年超高频 RFID 市场应用行业占比

这在定制型应用中是比较集中的，因此单独列出，而其他零散的定制型应用无法统计出具体的量，因此没有单独列出。

（3）定制型应用从标签数量上占比较小，但产值占比却要高很多。主要原因有两方面：一方面是定制型应用产品价格比较高，包括标签价格与阅读器价格；另一方面则是定制型应用系统的完善，项目金额比较大，需要的阅读器产品比例比较高，并且软件系统价值也比较高。

7.2.2 中国超高频 RFID 市场发展与趋势

1. 产值分析

评估了中国超高频 RFID 的数量，根据目前市场上的标签与阅读器产品的价格，并综合评估了系统软件的价格之后，可以对中国超高频 RFID 产品的整体市场产值进行评估，如图 7-12 所示为中国超高频 RFID 市场产值(单位：亿元)。

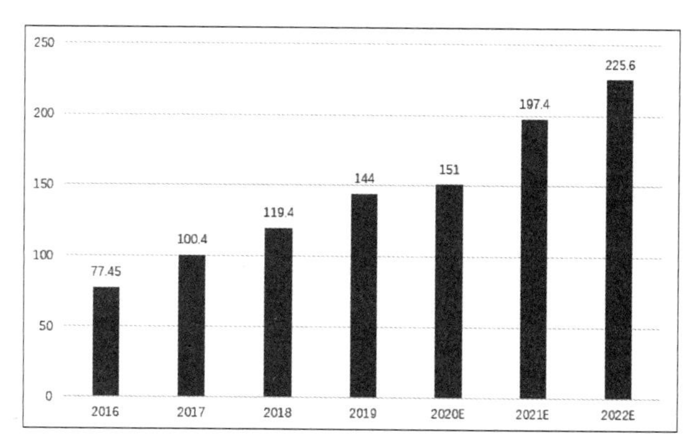

图 7-12 中国超高频 RFID 市场产值(单位：亿元)(来源：物联传媒)

对数据进行分析可知：

- 此市场产值的标签部分，我们引用的数据为国内的产能体量，因为产能生产发生在国内,此部分的市场产值应归为国内,此处与国内应用的量统计方法不一。

- 从产值增长来看,中国超高频 RFID 市场产值增长维持在 20%~30%的水平。2020 年受到 COVID-19 的影响除外。预计 2021 年行业有较大的反弹。
- 系统软件产值占比每年会略有提升。

2. 中国超高频 RFID 市场总结与趋势预测

中国超高频 RFID 市场发展趋势如下:

- 目前超高频 RFID 标签生产产能大多数在中国,因为看好未来超高标签的增长前景,各大标签生产厂正在扩充产能,未来几年中国 RFID 标签的产能会进一步增加。
- 从国内超高频 RFID 标签的应用市场表现来看,通用型市场需要看商超零售、航空行李标签、快递包裹这几个领域的发展,而定制型市场预计增长速率更快。
- 因为中国定制型应用的增加,对于超高频阅读器产品的需求增长也更快,根据市场的需求,预计阅读器市场趋势会向高度定制型产品与系统解决方案方向发展。
- 超高频 RFID 方案的普及需要集成商的推动,目前在国内的产业链中,多数由 RFID 产品方案主导集成,技术方案商与业务需求有一定的距离,未来需要进行市场培育之后,将会由传统行业的集成商去推动,更好地促进行业发展。
- 定制化应用的增加,让国产的标签芯片与阅读器芯片都有了更大的市场机会。因为定制的应用,就需要定制的产品才更好地满足需求。
- 标签的生产设备国产化程度越来越高,并且生产设备的价格降低,将会进一步促进标签价格的优化,从而对应用的推动形成正反馈。

小结

本章完整地讲述了整个生态链的企业和发展情况,同时介绍了市场规模和发展趋势。对于初学者是一次全面认识超高频 RFID 行业的机会,一幅行业全景图展现在面前。文中还列出了每个领域的领先企业,读者在项目选型时可以参考。对于不同应用领域的分析,读者可以根据自身企业的发展情况,推动这些领域的解决方案和市场发展。

课后习题

1. 下面几个超高频 RFID 产业链产品中,开发难度最大的是(　　)。

   A. 标签芯片　　B. 标签天线

   C. 低端阅读器　　D. 阅读器天线

2. 下列所属的产品中,不属于产业链上游的是(　　)。

   A. 标签芯片　　B. 阅读器芯片

   C. 封装设备　　D. 特种标签

3. 下列关于超高频 RFID 产业链特点的描述中,错误的是(　　)。

A. 国产标签芯片设计公司有十多家,在全球占主导地位

B. 国产阅读器公司非常多,在全球占主导地位

C. 中国的标签封装企业非常多,在全球占主导地位

D. 中国的标签天线生产企业非常多,在全球占主导地位

4. 下列关于超高频 RFID 产业链特点的描述中,错误的是(　　)。

A. 许多阅读器模块厂商,也会开发阅读器产品销售

B. 许多标签厂商,也会帮助客户提供解决方案

C. 大量的标签生产厂商开发了自己的阅读器模块

D. 有的标签芯片厂商也开发阅读器芯片

5. 下列关于超高频 RFID 产业链应用中,属于通用型市场的是(　　)。

A. 电力应用　　B. 洗涤应用

C. 危险品管理应用　　D. 图书馆/档案应用

6. 下列关于超高频 RFID 产业链应用中,市场占有率最高的是(　　)。

A. 电力应用　　B. 洗涤应用

C. 超市零售应用　　D. 图书馆/档案应用

7. 下列关于阅读器成本构成的要素中,占主要部分的是(　　)。

A. R2000 芯片成本　　B. 测试成本

C. 外围元件成本　　D. 贴片成本

8. 下列关于封装设备的说法中,正确的是(　　)。

A. 现阶段国产的绑定设备已经大规模替代进口设备

B. 现阶段国产复合设备已经大规模替代进口设备

C. 封装设备的价格是影响干 Inlay 价格最关键的因素

D. 绑定设备的发展趋势是生产精度越来越高

9. 设想一下自己是投资人,要投资一家初创企业,你会投资产业链的哪一部分?为什么?

10. 最近阿里巴巴的菜鸟提出了1美分标签的概念,表示当标签价格降到1美分时所有的菜鸟包裹都可以使用超高频 RFID 标签。请根据你学到的知识分析,分析该事件的可行性,并给出计算分析。

第8章 应用案例详解

本章介绍超高频 RFID 的应用和解决方案，是本书讲述的所有技术的实现总结。超高频 RFID 的应用种类非常多，且碎片化严重，行业内也没有较为统一的分类方法，本章将超高频 RFID 应用分为智能零售管理、智能图书/档案管理、智能仓储物流管理、智能资产管理、智能交通管理、智慧工业管理这六大类。每一节将从这些细分垂直领域入手，从项目的需求分析、解决方案、技术实现等方面进行讲述，目的是让大家理解这些应用的由来以及超高频 RFID 如何解决行业痛点问题。最终的目的是希望读者可以通过学习本章内容，在自身的项目中选择合适的方案，在碎片化的物联网应用中贡献自己的力量。

视频讲解

8.1 智能零售管理

超高频 RFID 在零售中的应用已经有 15 年的历史，在此过程中，传统的服装企业、连锁超市大量使用电子标签，在超高频 RFID 领域占有最大的市场份额。随着市场需求的发展和中国的特色需求，爆发了新零售的应用以及防伪溯源的需求，本节将针对传统的服装零售以及创新的新零售和防伪溯源的应用展开讲解。

8.1.1 服装零售

由于具有非接触式、读取距离远、识别快、存储数据量大的特点，所以超高频 RFID 应用越来越广，已经得到越来越多的领域的认可与使用。服装零售行业是超高频 RFID 最重要的市场，从梅西百货开始，到 Zara、迪卡侬、优衣库，再到国内的海澜之家、拉莎贝尔等品牌，发展快速。超高频 RFID 技术可以从服装生产、加工、质检、仓储、物流运输、配送、销售等各个环节进行信息化管理，从而打造服装零售管理新领域。

1. 行业痛点

经过多年的发展，服装零售领域已经实现了数字化管理，其主要有 4 个环节：生产环节、仓储物流环节、门店环节和数据决策环节，其行业痛点分析如下：

生产环节：

- 生产成本高。

- 生产管理效率低。
- 难以按需生产。
- 传统的生产制造过程主要为根据计划生产，且对生产订单内容也缺乏精确的数据指导，尤其是大规模流水线生产过程中的协调工作。很容易出现生产浪费，错误生产或生产的产品并不是市场所需求的，因而导致生产效率的下降和损耗的增加。

仓储物流环节：

- 出入库管理效率低。
- 库存不准确，盘点效率低。
- 散货、退货分拣问题多。
- 难以实现货物的追踪管理。
- 传统入库采用二维码技术点数，配合电子分拣标签技术采集操作过程中的数据来解决上述问题。但是，企业每天的产品进出仓库数量多，作业量巨大，生产仓库作业频繁。大批量出入库时，操作人员需要逐一扫描每个包装上的条形码来采集出入库商品的信息，既费时费力、效率低下，又容易发生错扫、漏扫、重扫等问题。

门店环节：

- 盘点、找货困难。
- 商品失窃窜货。
- 顾客需求不准。
- 消费体验差。
- 盘点是仓库管理中重要的作业环节，其目的在于核对账面数量和库存实物数量，以便发现差异后按照规定的程序及时纠错，确保账面上的数据能够反映库存的真实情况，现实的情况却是，盘点工作很难得到按时彻底地实施，因为盘点实施的前提是必须暂时停止仓库的出入库作业，以保证实物数量和账面数量处于同一时点，这样的校核才有意义。可是，各方面的环境条件决定了企业根本无法做到将库存置于静止状态足够长的时间，以保证盘点的完成。

数据决策环节：

- 基础数据不及时、不精确。
- 深度数据分析力度不够。
- 数据可视化程度低。
- 数据、业务结合深度不够。
- 虽然企业花费极大的人力、财力，配备了先进的ERP系统，但是，整个信息系统中的数据信息来源却缺乏可靠性的保障。所有的数据均来源于人工键入，而人工操作中的差错是无法避免的，这些差错的发生和累积，使得先进的计算机管理信息系统的效用大打折扣。

2. 解决方案

为了有效提高整服装零售管理的效果，需要融合超高频RFID技术、云计算、大数据等技术，贯穿原材料、半成品、成品、运输、仓储、盘点、配送、销售、退货处理等几乎所有环节，实现商品全生命周期的精确管理，为企业开源，并提升利润效益。如图 8-1 所示为超高频 RFID 在服装领域的整体实施方案。

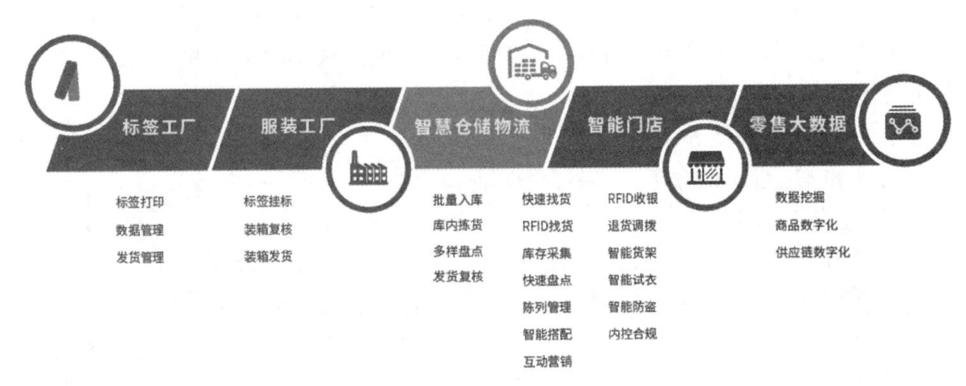

图 8-1 服装领域的整体实施方案

标签工厂是超高频 RFID 标签的生产所在地，针对该服装零售产品的需求，生产特定的吊牌等电子标签，并打印和写入芯片数据。这些写入的数据是整个系统经过大数据计算决策后推送过来的，具有实时性和准确性。

服装工厂在服装生产的过程中将装有电子标签的吊牌挂在服装上，生产完成后进行装箱和发货。此时可以利用超高频 RFID 的批量识别优势，进行装箱复核和发货的确认，保证不漏发、不错发。

在仓储物流环节，有了超高频 RFID 的辅助，可以实现批量入库、库内拣货、多样盘点和发货复核等功能。

在门店环节，超高频 RFID 的应用扩展非常多，包括通过 RSSI 加过滤功能实现快速找货功能和通过识别电子标签的 ID 帮助客户智能试衣服功能等，还支持库存采集、快速盘点、陈列管理、互动营销、退货调拨、智能货架、智能防盗、内控管理等。

上述环节中的数据都会实时地进入零售大数据平台，再次进行数据挖掘、商品数字化管理和供应链数字化管理。如图 8 2 所示，所有的数据都实时传递到云端，并集中处理。

从硬件的角度分析，需要在服装工厂的工位上安装一体式阅读器，在每个发货和收货处安装固定式多天线阅读器；在每个门店配置 2 或 3 台手持机，如图 8-3 为门店工作人员对架上商品和堆叠商品进行盘点。

3. 应用价值

超高频 RFID 在服装零售的整个产业链中都体现出重要价值。

- 生产环节：超高频 RFID 技术在生产环节应用产生的效益体现在生产流程工作效率、生产成本、质量过程控制等方面。
- 提高生产流程工作效率：消耗的原料数量和每个工序耗时等主要生产成本要素都实时进入后台数据库，使及时、精确统计生产成本、产量、用料、耗时、计件工资等生

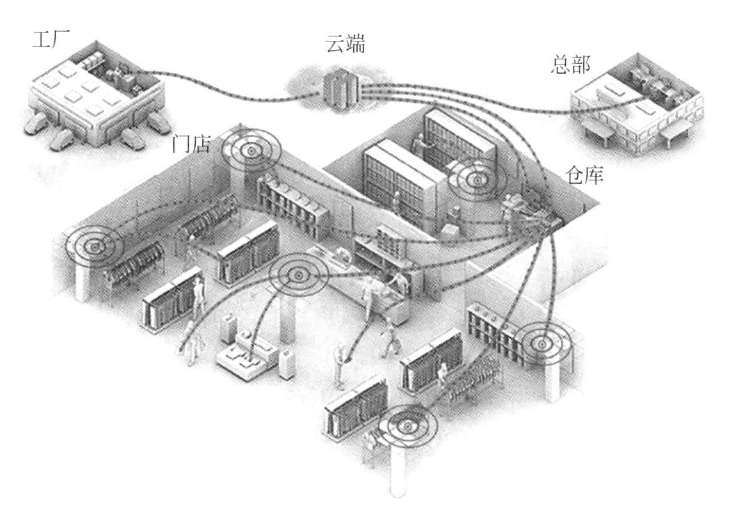

图 8-2 智能零售数据传输

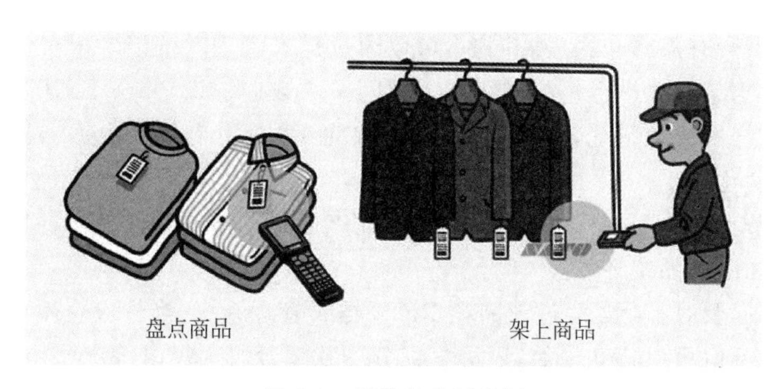

图 8-3 门店盘点示意图

产指标成为现实，从而大幅度提高生产流程工作效率，实现生产过程进度可视化。

- 降低生产成本：生产材料和工人使用超高频 RFID 标签进行管理。消耗的原料和人工都实时进行登记，软件系统可以随时和定时统计出消耗的各项成本，并进行成本分析，实现生产成本动态管理和降低生产成本的目标。
- 加强质量控制：对每个工序消耗的原料和使用超高频 RFID 标签进行实时登记，从而实现产品在制造过程中各个作业环节的实时监控，实现产品质量跟踪与质量控制。
- 实现按订单生产：按订单生产是降低库存、准时供货的重要前提，而实现零库存、JIT 及时生产方式则要求生产的快速响应，引入超高频 RFID 标签技术正好为其提供了重要的技术手段的保证。
- 实现订单报价：由于有了单项产品的成本数据(作业时间和材料用量)，可以很容易地计算出利润空间，实现订单报价计算的自动化。

- 物流仓储环节：流仓储环节应用超高频RFID技术产生的效益体现在优化供应链管理和提高仓库高效收、发货以及盘点作业。
- 高质量物流，优化供应链管理：仓库发货时，使用超高频RFID设备快速扫描货物，核对扫描结果与发货通知单，生成并打印每一箱货物的出货单，或该批次的发货清单，并在数据库中记录每一个电子标签所关联货物的发货时间、货物去向、代理商编号等商品属性和商品流向信息，实现商品的全寿命跟踪以及服装物流作业的标准化，缩短作业流程和作业时间，减少人力成本。同时利用超高频RFID可最大限度降低发货出错率。发货出错主要是指原箱短少和包装箱错误问题，这两大问题都可以通过使用超高频RFID技术来降到最少。
- 仓库高效收、发货、盘点作业：样衣仓库中最重要的一项工作就是保证账面数量与实物数量一致，当仓库拣货或门店盘点时，利用超高频RFID盘点棒可按订单快速拣选目标货物而避免错拣、漏检。盘点时无须一件一件操作，实现了高效盘点。使用超高频RFID技术克服样衣数量庞大、盘点耗时的缺陷，轻松快速地完成盘点，操作简单易学，可以很方便地实现商品收货记录的准确性及发货、配送的自动化，使盘点存货不会有遗漏和丢失。同时，可以通过样衣管理系统记录样衣进入和归还的信息到每个人，可以进行每日和每月等时间段的数据统计，并与ERP系统进行数据对接，完善样衣管理系统，精益化企业的样衣管理，充分利用大数据、云平台，实现样衣信息透明化。
- 门店环节：超高频RFID技术在门店应用产生的效益体现在及时补货、有效防伪、智能防盗和滞销品统计等。
- 缺货报警，及时补货：通过超高频RFID样衣管理系统，当样衣仓库出现某个产品的短缺时，不但可以自动报警，还可以细分到款型、颜色、尺码等产品构成的细节，真正实现管理精细化。
- 标签绑定产品，有效防伪：在服装的生产过程中，将单件服装的重要属性，如名称、等级、货号、型号、面料、里料、洗涤方式、执行标准、商品编号、检验员编号等写入对应的电子标签，并将该电子标签附在服装上。电子标签的附着方式可以采取：植入服装内、做成铭牌或吊牌方式或采取可以回收的防盗硬标签方式等。给每一件服装赋予了难以伪造的唯一的电子标签标识，可以有效地避免假冒的行为，很好地解决了服装的防伪问题。
- 智能防盗，快速止损：超高频RFID阅读器内部具有继电器输出功能，即当超高频RFID阅读器读到标签或者特定格式的标签时，超高频RFID阅读器将继电器闭合，从而触发外部继电器闭合，并启动报警器或者报警指示灯报警，对于超高频RFID标签防盗有两种情况：服装店的电子标签需回收，在这种情况下，安装在服装门口的阅读器只要读到标签就触发外部报警器报警；服装店的电子标签不回收，服装店可利用超高频RFID阅读器对客户即将购买的服装装上标签，标签内定义一个字节的数据，当该字节为默认为0表示未购买，改写为1时表示已购买，当门口的阅读器读到未改写的标签时，触发外部报警器报警，而读到改写后的标签时，不触发外部报警器报警(也可以直接采用带有 EAS 功能的电子标签)。
- 滞销品统计，利益最大化：服装业产品积压仓库是件非常头疼的事情，通过 RFID 样衣管理系统统计滞销品，得到每个产品(细分到款型、颜色、尺码)在库停留的时间，可以很快发现哪些产品滞销、过季，管理者可以快速地做出降价决策或调换，加速产品销售和资金周转。

经过多年的发展，服装零售企业在使用超高频 RFID 技术后，主要的数据指标变化为：
- 盘点精度增加超过 50%，从未使用 RFID 技术前的 62%上升为现在的 99%左右。
- 货损率下降 60%～80%，从过去的 12%～14%下降为现在的 5%～6%。
- 销售额增加 6%～14%，这一点主要归功于盘点和及时补货，可以让客户现场购买到合适的商品。
- 人工减少 30%～59%。

目前，众多服装品牌都面临着供应链效率低下、人力成本攀升及市场趋势模糊等挑战，面对大规模的收发货、退货、盘点、分拣任务，使用条形码识别技术的管理模式费时、费力、费场地。而超高频 RFID 技术恰恰可以解决这些问题，可实现自动化生产、仓储物流管理、品牌管理、渠道管理，为服装行业带来了管理上的便利。

之所以超高频 RFID 可以在服装零售领域获得最大的成功，是因为一张简单的电子标签贯彻了整个服装零售产业链，对每个环节都有支持和帮助。相当于标签的成本被摊薄在整个产业链的各个环节中，其总体收益远远大于标签和阅读器等的系统投入。而其他的超高频 RFID 应用很少能像服装零售这样可以直击多个产业链痛点，因而都没有获得像服装零售行业这样的成功。其中最重要的一点是，生产环节的电子标签嵌入服装吊牌，在完全不改变原有产业链中生产和管理流程的大前提下大幅提升了管理效率，这是超高频 RFID 在服装零售领域成功的关键。

8.1.2　新零售

2016 年 11 月 11 日，国务院办公厅印发《关于推动实体零售创新转型的意见》(国办发〔2016〕78 号)，明确了推动我国实体零售创新转型的指导思想和基本原则。自 2016 年“新零售”这一概念被首次提出后，各零售行业就其行业未来的发展方向展开了诸多畅想和积极实践。

新零售的 3 个重要目标为：实现零售门店敏捷运营，利用先进技术促进零售与消费品门店发展，满足当今消费者的期望；借助多物联网和 AI 技术提高零售客户体验；重塑零售和消费品供应链。超高频 RFID 可以在多个方面助力新零售。本节从超高频 RFID 最新应用于新零售的无人零售和用户画像两个方向进行分析。

1. 无人零售

2016 年，全球电商巨头亚马逊推出 AmazonGo 无人商店，引发了业内的高度关注。在国内，无人商店也被资本和舆论推上了“风口浪尖”，这个浪潮直到 2019 年才平静下来。在此期间涌现出大量的无人商店、无人售货柜，包括京东、阿里巴巴、缤果盒子等企业都推出了自己的无人售货商店，每日优鲜、美的小卖柜、便利蜂等推出来无人售货柜产品。图 8-4 为阿里巴巴的淘咖啡和缤果盒子的现场照片。

(a) 阿里巴巴的淘咖啡无人店

(b) 缤果盒子无人零售柜

图 8-4 无人零售

1) 无人零售店

无人零售店主要的实现方式有两种，分别是视频方案和超高频 RFID 方案。

前者的代表公司为亚马逊的 AmazonGo 无人商店，具体实现方式为在超市中布满无死角的摄像头，当顾客进入 AmazonGo 无人商店时，需要人脸识别与自己的账户关联。进入商店后，摄像头会全程跟踪这个顾客的运动轨迹，包括关注顾客从货架上取走的商品。当顾客离开商店时，系统已经通过摄像头整理数据的 AI 处理，统计顾客采购的物品明细，并通过客户人脸识别关联的账户自动扣费。整个购物过程中不需要售货员参与，用户体验非常好。

后者的代表为中国大量的无人零售店公司，具体实现方式为将超市中的所有物品都贴有电子标签，如图 8-5(a)所示。同样顾客进入超市时，需要人脸身份识别，与自己的账号关联，否则无法进入超市。当顾客挑选自己所需的商品后，会通过一个小通道(或一个小房间)，在这个通道(房间)中布置了超高频 RFID 阅读器系统，可以识别用户所购买的商品，如图 8-5(b)所示。当用户通过识别通道后，计算机系统会统计阅读器读取的所有商品电子标签对应的物品和价格，给出商品明细和价格，并通过客户人脸识别关联的账户自动扣费。扣费成功后通道尽头的闸机(或开关门)才会打开，顾客可以离开。这个通道是电磁屏蔽的，其目的在于内部多次反射，可以大幅提高识别率，对于通道外部尽量控制辐射范围，不能识别到货架上的物品，也不能识别到后面排队顾客的物品，所以图中结算区域有一段缓冲区。在无人零售盒子的模型中，如图 8-4(b)的缤果盒子，自助收银台和盒子的出口是分开的，需要用户先在自助收银台付款，再进入屏蔽的出口小房间。其中的收银台为超高频阅读器一体式收银台，可以自动批量识别收银台上的商品电子标签，并显示出来，其特点是天线辐射场保持在近场，不可以识别到货架上摆放的物体。出口处的小房间也是屏蔽的，其目的是识别房间内的商品是否都已经交费，防止商品被偷盗。

在基于摄像头加 AI 算法无人商店方案和基于超高频 RFID 无人店方案各有优劣势。

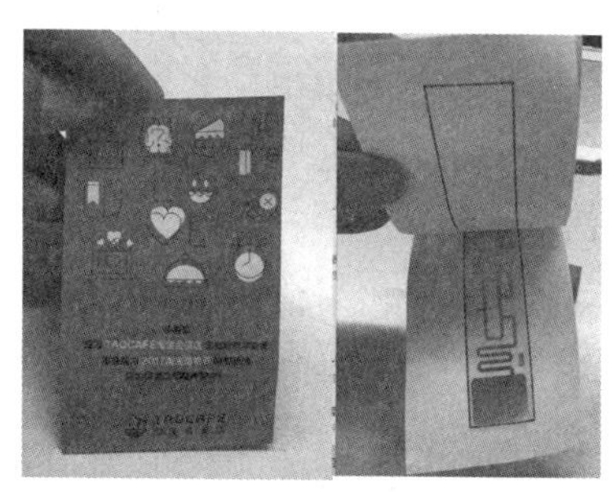
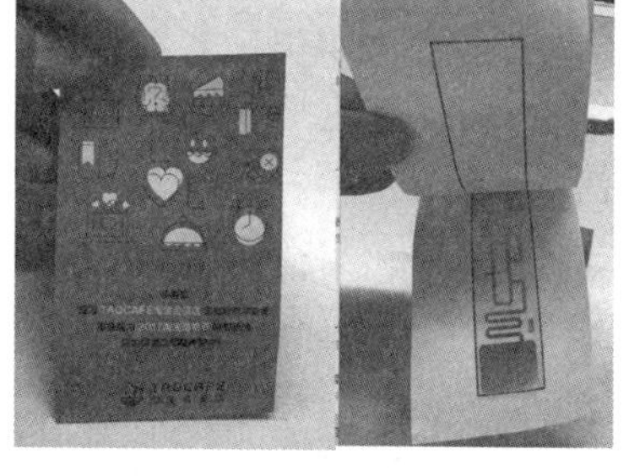

(a) 物品标签

(b) 识别通道

图 8-5　超高频 RFID 无人零售店

摄像头加 AI 算法的优点是不需要贴标签，但整个系统的成本和运营费用都非常高。基于超高频 RFID 方案的优点是系统成本相对较低，但存在大量堆叠物品识别率的问题和贴标困难的问题。尤其是一些金属包装的饮料商品，电子标签的识别效果非常差，尤其是堆叠时会出现漏读现象，必须通过规范顾客行为的方式提高识别率。

2）无人零售柜

无人零售柜又叫智能零售柜，其工作原理与无人零售店相似，具体的购物流程为：第一步，用户用智能手机下载 APP（或微信、支付宝小程序），注册后即有权限通过扫描二维码打开售货柜门锁。第二步，选货，售货柜门打开后，用户可以直接选取货柜中商品。选货过程跟普通超市或普通售货柜没有区别。第三步，关门支付，选购货物结束后关上柜门，智能零售柜即启动内部盘点程序，利用超高频 RFID 识别柜内电子标签，盘点结束即可知道用户拿走的是什么商品，在手机端 APP 上完成结算。

与现在的销售模式对比：占用场地更小，智能零售柜可以直接放到办公室里面；节约人员开支，零售行业人员工资是很大的一笔成本，而新零售可以大规模减少工作人员数量；消费体验好，新零售一般采用无人干扰的方式，实现了即拿即走的购物模式。

现在常见的智能零售柜有 3 种，分别是视觉加称重系统、高频 RFID 系统和超高频 RFID 系统。

视觉加称重的方案为每层隔板都具有称重功能，且零售柜内具有全角度摄像头。当顾客取走商品后，系统会计算每层的重量减少，并配合摄像头拍照分析是哪些商品被取走，从而统计和收费。若零售柜内的商品种类不多（称重限制），且颜色和形状容易区别（视觉限制），该方案成本具有一定的优势。若销售物品种类很多，且重量未知，如散装的水果、蔬菜鱼肉等，则无法工作。

高频 RFID 系统主要用于玻璃瓶啤酒等商品的销售，电子标签贴在玻璃瓶的底部，阅读器天线布置在隔板中，可以实现较好的识别率和识别率速度。其缺点是对于金属材质的物品标签成本较高，对于码放混乱的环境识别率较差。不适合多种商品的复杂环境中。

如图 8-6 所示为一个基于超高频 RFID 的智能零售柜，其中包含一个多端口阅读器和 8～16 个阅读器天线。电子标签贴放的位置可以在商品的顶部、底部或侧面包装上。为了

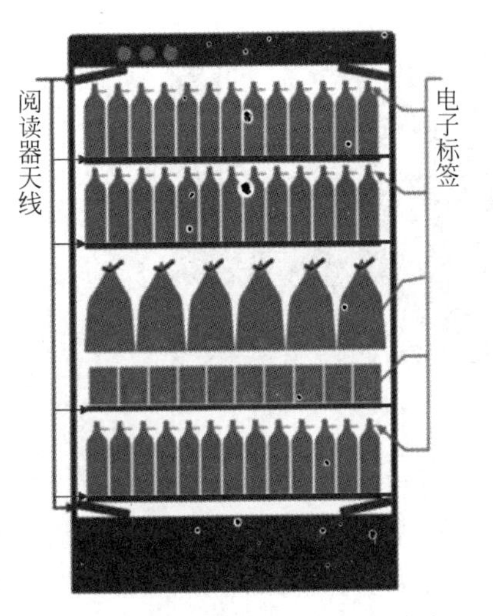

图 8-6　超高频 RFID 的智能零售柜

降低成本，该系统中不使用特种标签，因此在易拉罐等技术商品上使用了弯折的小型 Inlay 制作的抗金属标签，这种标签利用易拉罐的金属壳为天线的辐射臂，具有不错的灵敏度。同样针对矿泉水等具有高介电常数的商品，使用水瓶专用的天线设计，也可以实现不错的识别效果。

虽然大量的公司都在无人零售领域做出了尝试，不过最终能够稳定运营的并不多。其主要原因有两条：首先，无人零售不是在生产环节嵌入电子标签，商品价格偏低导致电子标签成本无法均摊。服装零售可以实现无人收银(迪卡侬)是因为整个产业链每个环节都使用了电子标签，且在生产的过程中就已经将电子标签嵌入其中。而无人零售领域中大多数商品都是后贴标的，都是由专门的人工贴标，效率低、成本高。另外，零售商品种类与服装零售不同，具有大量低单价的商品，如矿泉水饮料等单价太低，电子标签对于原有成本新增比例太高，且电子标签在物流仓储等领域也没有发挥任何作用，其成本无法均摊。如果今后基于超高频 RFID 的无人零售要得到发展，首先要实现整条产业链的整合，从生产过程中就实现贴标，并管理物流、仓储、门店(零售柜)的全过程。

2. 用户画像

在零售行业高度发达的今天，商家对于客户喜好数据的渴求度也越来越高。为了获得客户的喜好，商家会准备多种装修风格和新品摆放方式，然而有效的反馈很少，且收效甚微，因此商家需要对其用户进行画像。由于服装零售领域已经大规模使用超高频 RFID 技术，可以使用超高频 RFID 天眼技术和摄像头技术配合，实现对客户行为的分析(天眼技术在 5.2.4 节中有详细描述)。

通过“天眼”，可以获得用户的运动路径和喜好分析，商家可以根据这些数据调整不同商品的摆放位置。同时针对一些经常被客户触摸或试衣的商品，进行快速反馈，包括准备下一批生产订单或准备下一代的产品设计。

同一个商家可以多次调整橱窗和内部商品摆放，并记录不同场景下的客户活跃度以及销售商品等参数，从而指导更多的连锁店采用更具有吸引力的展示方式。对于不同位置的连锁店，其内部客户种类和喜好也会不同，经过“天眼”的采集和分析，这些数据都会逐渐浮现出来。

当一个具有多家连锁店的企业具有这些用户画像数据后，其设计方案，店铺装修，供应链管理都会提升一个新的档次。

8.1.3　防伪溯源

国内防伪溯源领域的应用主要为烟酒防伪溯源和食品安全。

1. 酒类防伪溯源

在当今社会，假冒商品已成为世界性难题，在利益的驱使下，市场上假冒伪劣产品日益横行，特别是对于酒类商品，已成为不法分子假冒伪劣制造的重点之一，给人们的生活乃至生命安全带来了极大的威胁，也给企业造成了巨大的损失。目前酒类防伪技术的仿造难度不高，造假者往往很快掌握该防伪技术，甚至与缺乏自律的技术开发者一起伪造，令酒类生产企业头痛不已。

超高频RFID酒类防伪优点在于每个标签都有一个唯一的厂商编码，无法修改和仿造。运用RFID技术酒类防伪无机械磨损，防污损；阅读器具有不直接对最终用户开放的物理接口，保证其自身的安全性；数据安全方面除标签的密码保护外，数据部分可用一些算法实现安全管理；阅读器与标签之间存在相互认证的过程；数据存储量大、内容可多次擦写，还可以建立基于超高频RFID技术的物流及供应链管理系统，通过该系统可以记录每瓶酒的生产、仓储、销售出厂的全过程，并可以自动统计产量、销量等信息，在达到防伪效果的同时，一举多得，实现管理的信息化。

使用超高频RFID酒类防伪技术可杜绝假冒产品流入销售市场、控制产品质量、销售人员监督管理、制定合理的服务战略、加强对市场的控制管理、指导企业产品设计定位和提高经营决策的及时性。

1）应用流程

采用RFID技术将对整个产品的生产、流通、销售等各个环节进行优化。一方面，可以及时获得准确的信息流，完善物流过程中的监控，减少物流过程中不必要的环节及损失，降低在供应链各个环节上的安全存货量和运营资本；另一方面，通过对最终销售实现的监控，把消费者的消费偏好及时地报告出来，以帮助商家调整优化商品结构，进而获得更高的客户满意度和忠诚度。酒类防伪系统贯穿了酒类生产、销售流通、数据采集与信息处理等环节的全过程，可以有效实现防伪，扼制假酒流入市场，具体的系统方案如图8-7所示。

酒包装盒上贴电子标签：超高频RFID电子标签作为防伪标识，要附加到生产环节中，结合在原有的酒瓶标识内附着在酒瓶上，然后装入包装盒。电子标签为纸质EPC标签，表面印刷有标识信息，背面带有永久性不干胶，直接贴到瓶上。产品生产时，通过手工或自动化的方法在产品的相应位置放置RFID防伪射频标签，或者将标签放在产品包装盒内。

生产线上安装固定式读写设备，向标签内写入数据，并自动记录该信息。酒类在包装生产线的末端放置有读写设备，电子标签通过读写区域时，阅读器自动读出标签ID号，并写入酒类的EPC代码，同时在用户数据区内写入其他信息(如产品下线时间等信息)；同时，阅读器可以根据一定的算法为每一个标签设定不同的访问密码，防止有人企图修改标签内部的数据。另外，服务器记录该标签信息，为每瓶酒建立档案(生产时间、酒类类型等)以便查询。完成数据写入工作后将酒类装入包装箱准备入库。酒类生产企业有时需要对生产的酒

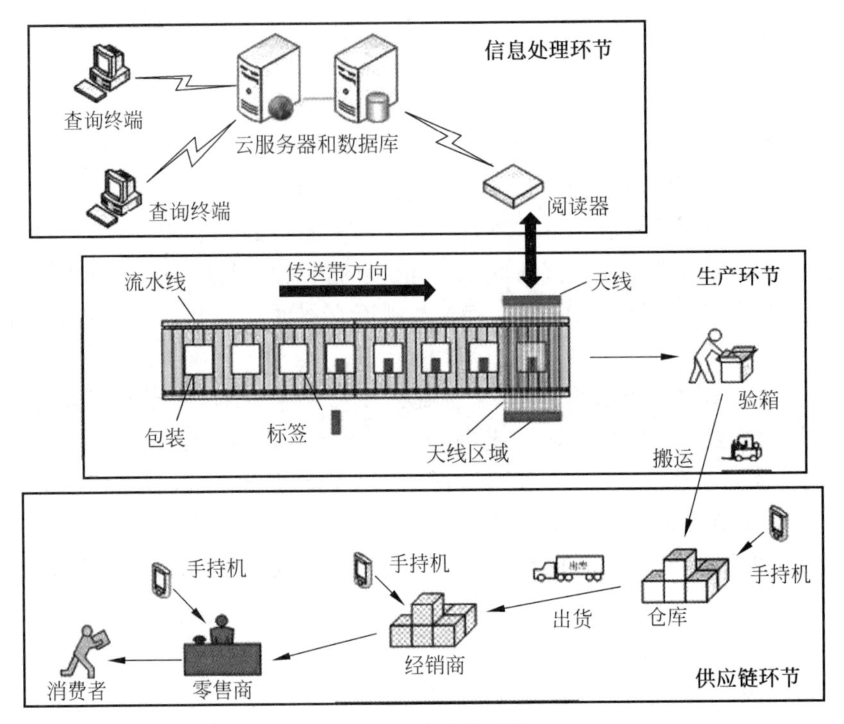

图 8-7 酒类防伪系统

类进行抽检。酒类企业可以使用手持机读取电子标签内的数据，确保数据已经正确写入，从而进行抽检工作。

防伪查询和销售管理环节：经销商、零售商配备手持机检验酒的真伪。酒类的销售是防伪环节中最重要的一环，多数假酒就是通过销售环节中的漏洞进入到酒类流通环节中来。可以规定酒类经销商必须配备手持机，对于送来的酒类必须进行检验，确保没有假酒混入；同时，高档酒类的销售往往是通过大型商场、超市、专卖店等，可以建议零售商也配备（可以是租用）手持机来对酒类的真伪来进行检验。作为消费者，在购买酒类时候有权力要求零售商用手持机当场检验酒类的真伪，如果可以顺利读到数据，则表明该瓶酒是真酒（电子标签不可能做到重复利用，可以排除不法分子回收旧酒盒后，将电子标签拆下再次使用冒充真酒的可能；另外，假酒生产厂商应用超高频 RFID 系统来仿冒的代价太过于高昂，无法做到仿冒；经销商有意引入假酒可能产生的后果是巨大的信誉损失和经济损失，也可以排除这种可能），如果不能读出标签内数据，则消费者可以拒绝购买。酒厂可以建立查询机构。阅读器处理的电子标签数据会在服务器中作记录，数据处理系统交联 Web 查询系统，经销商、零售商或者酒类购买者可以通过通信网络查询电子标签的 ID 号码，鉴别酒的真伪。

2）系统特点

供应过程的追踪：随着零售商所要求范围的扩大，更多的酒企业都需要至少在货盘和货箱上使用 EPC 标签。系统可以实时、准确、完整地记录及追踪产品运行情况，可以全面高效地加强从产品的生产、运输、到销售等环节的管理、并提供各种完善易用的查询、统计、数据分析等功能。

酒的仓储管理：在每瓶酒的瓶颈上运用超高频 RFID 的电子标签，记录摆放位置、产品类别、日期等数据；而通过在酒瓶上的标签，则可根据每个产品特有的编码，随时掌握货品状态，包括温度是否适合、酒的质量情况等，以便仓储管理，也能立即了解需要补货的产品，方便于缺货管理。而且在退换货时只要导入系统，便可以对数据进行修改。葡萄酒制造商还可以使用传感技术的标签监控能够影响酒品质的酒桶所在环境温度的变化。

有效的防伪功能：在酒的买卖过程中，由于不能当场打开包装检查它的真伪，这就为伪造者提供了机会。通过超高频 RFID 系统查询酒瓶上的电子标签中的资料，便可清楚了解到该酒的厂地、年份、出厂日期、成分等资料。而且标签芯片的技术实现难度高，难以复制。在酒液被灌装完并封口加盖后，在盖与容器接缝处进行打印的技术，把电子标签的上半部分印在盖上，下半部分印在容器上。当消费者打开瓶盖时，瓶盖上的印字即被破坏，而容器上的印字完整无损，留在容器上的印字由于不能擦去而形成永久性标志，防止废弃的酒瓶再被非法商家利用来灌装冒充。

适应环境能力：电子标签能适应各种环境，无论在光或暗、潮湿或干燥的情况下都能正确地读取数据。即使在存储或者供应的过程中遇到不利因素，电子标签也不会出现磨损现象。

2. 食品安全

近年来，由于食品质量安全危机频繁发生，引起了消费者的广泛关注，本节以茶叶安全为例进行案例介绍。要保证茶叶产品的质量安全，必须做到产品可追溯。“茶叶制品安全溯源系统”采用自动数据采集技术，对茶叶原料的生长、加工、储藏及零售等供应链环节的管理对象进行唯一标识，并相互链接。一旦茶叶出现安全问题，可以通过这些标识进行追溯，准确地缩小茶叶安全问题的范围，查出问题出现的环节，甚至可追溯到茶叶生产的源头。

1）超高频 RFID 系统在茶叶制品各个环节的应用

生产阶段：生产者把产品的名称、品种、产地、批次、施用农药、生产者信息及其他必要的内容存储在电子标签中，利用超高频 RFID 电子标签对初始产品的信息和生产过程进行记录，在产品收购时，利用标签的信息对产品进行快速分拣，根据产品的不同情况给予不同的收购价格。

加工阶段：利用电子标签中的信息对产品进行分拣，符合加工条件的产品才能进入下一个加工环节；对进入加工环节的产品，利用电子标签中记录的信息对不同的产品进行有针对性的处理，以保证产品质量；加工完成后，由加工者把加工者的信息、加工方法、加工日期、产品等级、保质期、存储条件等内容添加到电子标签中。

在运输和仓储阶段：利用电子标签存储沿途安装的固定阅读器跟踪运输车辆的运输路线和时间数据，在仓库进口、出口安装固定阅读器，对产品的进、出库自动记录。很多农产品对存储条件、存储时间有较高的要求，利用电子标签中记录的信息，可以迅速判断产品是否适合在某仓库存储，以及可以存储多久；在出库时，根据存储的时间选择优先出库的产品，避免经济损失；同时利用超高频 RFID 还可以实现仓库的快速盘点，帮助管理人员随时了解仓库里产品的状况。

在销售阶段：商家利用超高频 RFID 系统了解购入商品的状况，帮助商家实行准入管理。收款时，利用超高频 RFID 标签比使用条形码能够更迅速地确认客户购买商品的价格，减少客户等待的时间。商家可以把商品的名称、销售时间、销售人员等信息写入电子标签中，在客户退货和商品召回时，对商品进行确认。当产品出现问题时，由于产品的生产、加工、运输、存储、销售等环节的信息存储在电子标签中，根据其中的内容可以追溯全过程。

2）物流过程

该系统结合企业对产品安全溯源的实际需要，选择了种植、收购、初加工、精加工、内包装、外包装、成品检验、分销 8 个环节作为溯源控制点。拟定了各个控制点的溯源标识，并采用超高频 RFID 阅读器在各溯源控制点进行识别，从而获取有关数据。

3）系统结构

本系统分为 3 个主要部分。

企业产品管理系统：企业可通过对各溯源控制点的信息进行规范化的标识、记录及查询，实现产品从种植到销售各环节的信息跟踪与追溯，达到对产品问题事先准确预警，事后快速处理的目的。

产品安全溯源管理系统：政府监管部门了解生产企业的基本状况、产品溯源信息、原材料来源及产品流向。

数据交换平台系统：销售者查询茶叶制品的种植地、用肥用药、生产加工及质量安检等信息。

视频讲解

8.2 智能图书/档案管理

与服装类似，书籍和档案等纸质物品对超高频 RFID 无线电磁波影响很小（自身介电常数很小，贴标后电子标签的性能变化也很小），且原有的行业管理类中已经使用条形码技术，使用电子标签可以直接替代并提升管理效果。再加上图书管理和档案管理的市场规模也不小，因此成为了超高频 RFID 最重要的市场之一。

8.2.1 图书馆应用

中国图书馆市场藏书量保守估计在 50 亿册以上。图书馆标签属于消耗品，每年按照 10%的新增与损耗，一年消耗标签的潜力约 5 亿个左右。随着近 10 年超高频 RFID 技术成熟，尤其是价格成本的降低，在图书馆市场发展很快，现在已经成为智能图书馆应用的主流技术。

1. 方案概述

超高频 RFID 技术出现之前，我国图书馆传统的图书流通管理采用磁条和条形码系统，磁条为安全防盗功能，条形码为馆藏标识功能。磁条(EM)管理系统存在的主要问题有：

(1) 自动化程度低,借阅或归还均需人工处理;

(2) 图书查找、分类排架困难;

(3) 馆藏清点烦琐耗时,劳动强度高;

(4) 服务时间受限,不能充分发挥图书馆功能。

超高频 RFID 技术的出现极大地提高了采集数据的速度,特别是在运动过程中实现了快速、高效、安全的信息识读和存储,而且具有信息载体身份的唯一性,这些特性决定了超高频 RFID 技术在图书馆领域具有广泛的应用前景。

图书馆在应用超高频 RFID 后,对比条形码具有如下优势。

(1) 简化借还书流程,提高流通效率。条形码的借还书流程仍然需要人工打开图书扉页并找到条形码位置后才能扫描条形码。这样的操作流程烦琐,效率很低。同时,由于条形码容易磨损或脱落,影响借还书的效率,同时也会影响读者对图书馆的满意度。使用超高频 RFID 电子标签后可以将多本书随意放置在阅读器的读写范围内一次性实现借阅或归还操作,是条形码操作效率的几倍,效率大大提高。

(2) 兼容复合磁条和永久磁条。无论原先是复合磁条还是永久磁条,超高频 RFID 均可与之兼容工作,直接将电子标签粘贴在图书中即可,无须去除书中的磁条,可以大幅降低更换工作量,减少了对图书的损坏。

(3) 大幅降低图书盘点和查找工作量。依靠人工的图书盘点工作,特别是书架图书的盘点工作量太大而且效率很低。图书管理员盘点书架图书要凭自身的记忆对图书进行分类放置和记录,费时劳神又很难达到目的。引入先进的超高频 RFID 图书馆盘点工具和方法,可以实现图书盘点的自动化。利用超高频 RFID 非接触、远距离、快速读取多个标签的特点,结合盘点车和层架标签,可以很方便地实现书籍盘点、顺架、查错架、缺架清查工作;同时上架时还可根据书库图形化路线指示按正确位置摆放馆藏。

(4) 改变借阅管理和安全遗漏流程脱节的情况。图书馆防盗系统只是孤立的防盗系统,图书归还和上架之前要经过充磁处理,图书借出时要进行消磁处理,工作量较大,直接影响了图书流通及图书管理的效率。发现丢书时无法记录图书的信息,对图书的日常盘点、补缺工作影响较大。超高频 RFID 系统对现有的管理系统进行改进,将防遗漏系统与图书流通管理系统联系起来,记录每本书的进出库历史记录,从而与借还书的历史记录进行匹配。

(5) 提高图书馆工作人员的工作满意度。图书馆工作人员由于积年累月的重复性劳动,加上图书馆工作本就很繁重,很容易让图书馆工作人员对图书馆工作产生一定的消极思想;由于管理上存在缺陷,图书馆管理者对图书馆的管理也大伤脑筋,加上读者也对图书馆表示不满,导致图书馆人员对图书馆工作满意度有所下降。通过图书馆超高频 RFID 系统的应用,可以弥补管理上的缺陷,同时把工作人员从图书馆日常繁重的重复劳动中解放出来,其主要体现在以下几方面:

① 超高频 RFID 技术大大减少了流通工作量,剩余的流通工作也是配合超高频 RFID 技术的自动化工作,这样大大提高了图书馆工作人员的工作积极性和精神面貌;

② 超高频 RFID 技术也解放了大批图书馆工作人员,使他们可以从事其他更高级的咨

询工作,如流动服务、举办讲座、展览、培训等;

③ 图书馆人员主要工作从流通转向咨询,有助于图书馆提升人员素质,会有更多的专业人才加入,有助于图书馆其他服务工作的提高。

(6) 提高读者满意度。读者经常会对图书馆产生不满,产生的原因主要是以下几点:由于图书馆没有有效的手段对图书进行盘点,管理系统没有准确的记录,结果导致了读者系统里能够查到图书,但是实际上却找不到;由于借还书的效率较低,借还书排队等候时间太长,读者浪费时间,导致不满意;借还书中出现信息读取错误,条形码无法读出,增加等待时间,导致读者不满意;随着全社会对服务意识的不断增强,读者对图书馆的服务要求也越来越高,图书馆迫切需要提升服务水平,提高读者满意度。图书馆采用超高频 RFID 系统可以给读者带来的影响有:避免排队等候,更方便、更快捷;更长的图书馆开放时间;隐私性、选择性和独立性;高科技带来的全新感受。

(7) 改变图书馆的服务模式。

① 可以实现无人图书馆。超高频 RFID 技术的应用,使无人图书馆成为可能,图书馆可以实现真正意义上的 24 小时全开放。

② 图书馆业务流程和重组,超高频 RFID 解放了流通部门占有的大量人员,使图书馆的业务流程重组变得必要和可行;图书馆将从以馆藏为中心转向以读者为中心,提供给读者的服务将迈向多元化、高级化和人性化。

③ 参考咨询性工作的重要性越发突出。图书馆的参考咨询工作是读者与信息资料之间的中介,从而使图书馆区别于一般的信息工具或网络。图书馆流通工作淡化后,参考咨询工作会成为图书馆的主要工作。

④ 不满足于开展阵地服务、传统服务,而是充分利用各种设施和技术条件,为社会公众提供多样化、个性化服务,使图书馆的服务广度和深度都得到延伸,提高公共文化服务能力。

(8) 图书馆通过超高频 RFID 技术,全面数字化管理。除了图书、光盘、馆藏珍品外,图书馆对其他方面的管理也需要数字化。例如,对读者的管理、行政管理、小额消费等,传统的管理费时费力,缺乏效率,对读者、馆员都很不方便。通过超高频 RFID 技术,能够有效地将这些环节都数字化。通过使用超高频 RFID 技术,可以在图书馆中实现快速馆藏清点功能,借/还书时即时资料识别和安全防盗功能、快速准确的数据库检查和更新功能,这使得图书馆管理员的工作变得更加轻松、简便。超高频 RFID 标签系统可以和传统的安全系统同时使用,可以与现存的图书馆基础设备和集成图书馆系统进行无缝连接。

随着科技的发展,RFID 技术应用到图书馆已经成为现实。为了提高图书馆的智能化管理水平,提升读者服务,图书馆采取了分步实施方案。第一期,为实现一站式管理和实现全面智能化管理,智能化的实施通过传统借还方式与 RFID 自助相结合的形式来解决从传统借还转变至完全自助借还的过渡性障碍。同时也让读者体验到自助借还的方便。第二期,在第一期的方案已经完全成熟后,进行全面实施智能化管理,包括馆藏智能化管理,读者借阅,图书结构智能化分析。

超高频 RFID 硬件不会对现有的保安系统、个人计算机、电话或其他电子设备带来任何干扰。系统对人体也没有害处，不会影响助听器或心脏起搏器等的正常工作。超高频RFID硬件也不会影响任何磁性介质的物体，包括图书证、信用卡、录像带等。

2. 系统组成

如图8-8所示，超高频RFID智能图书馆系统主要由超高频RFID管理系统平台、馆员工作站、标签转换工作站、自助借还书机、24小时自助还书机、图书安全监测系统、馆藏资料管理系统（盘点车）、Web查询定位系统组成。

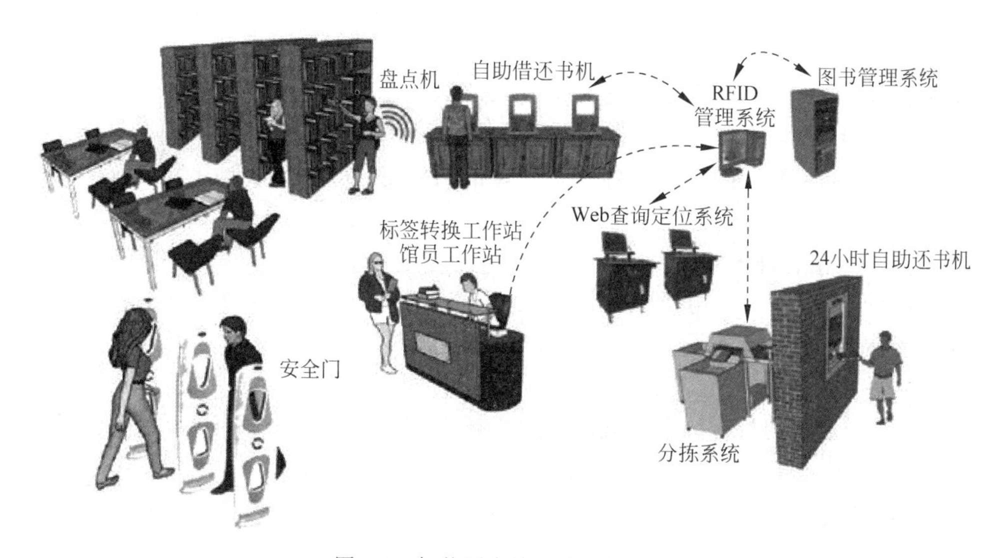

图8-8 智能图书馆系统主要组成

超高频RFID管理系统平台：实现综合管理，功能包括超高频RFID设备管理、标签管理、层架标签管理、与图书馆文献管理系统之间的SIP2标准接口等。

馆员工作站：实现图书流通工作站、标签转换和图书检索工作站等功能。馆员工作站实现对粘贴有超高频RFID标签或贴有条形码的图书进行快速的借还和续借操作，提高工作人员日常图书借还操作的工作效率；标签转换实现对图书标签、借书证标签、架标和层标标签的信息读写，可将图书条形码、馆藏地等信息识别转换后写入标签；图书检索工作站实现图书信息的快速检索与定位。

标签转换工作站：主要完成对图书馆电子标签的注册、转换、注销等功能。电子标签通过转换，与图书信息进行绑定，完成流通前的处理操作。系统还有对架标标签、层标标签、借书卡标签的注册与注销功能。标签转换系统支持SIP2协议，实现系统无缝连接，同时兼容图书馆条形码系统。

自助借还书机：是一种可对粘贴有超高频RFID标签的流通资料进行扫描、识别和借还处理的设备系统，方便读者和工作人员对流通资料进行借出和归还处理，配备触摸显示屏，提供简单易操作的人机交互界面、图形界面，可以通过SIP2协议与应用系统无缝连接，快速准确地完成自助借阅和归还，设备安全可靠，美观大方。

24 小时自助还书机：是一种可对粘贴有超高频 RFID 标签的流通资料进行读取、识别和归还处理的设备系统，它对读者提供 24 小时自助还书服务，设备配备触摸显示屏，提供简单易操作的人机交互界面、图形界面，可以通过 SIP2 协议与应用系统无缝连接，快速准确地完成归还，设备安全可靠，美观大方。

安全门：是可对粘贴有超高频 RFID 标签或粘贴有磁条的流通资料进行扫描、安全识别的系统，用于流通部门对流通资料进行安全控制，以达到防盗和监控的目的。该设备系统通过对书籍借阅状态的判断来确定报警提示信息是否鸣响。设备安全可靠，坚固耐用，美观大方。

馆藏资料管理系统：以图书标签为馆藏资料管理介质，多功能移动盘点车为主要工具，通过架标与层标，构筑基于数字化的智能图书馆环境，从而实现图书馆新书入藏、架位变更、层位变更、图书剔除和文献清点工作，实现馆藏的图形化、精确化、实时化和高效率。系统具有操作界面友好，数据处理能力强等特点。

Web 查询定位管理系统：为读者提供快捷、方便的查询方式。读者可按书名、责任者、主题词、出版社、ISBN、中图分类法等进行模糊查询与多结查询，不但能够查询到图书的详细信息，还能图形化显示、定位图书所在的书架位置。Web 查询定位系统为读者提供更为个性化的图书检索查询方式，提高图书馆人性化服务水平。网页界面美观，布局合理大方。

图书标签：应采用符合图书馆规范的超高频芯片，且标签尺寸为细长条形，可以隐秘地粘贴在书脊内。

标签读写标准：完全按照高校图书馆 UHF RFID 技术标准中的数据模型规范。目的是让客户可以有更多选择，而且在将来的馆际互借中得到应用。

借书证：借书证可以使用原有借书证系统或校园一卡通，也可以使用微信或其他认证手段。

3. 项目实施方案

项目实施方案中有许多内容，本节主要针对超高频 RFID 相关的内容进行介绍。

1) 图书标签安装

图书标签运至现场拆封检查标签外观和数量。抽样测试标签读写性能及差错率。检查项目：采用不同厚度的图书(100 页、300 页、500 页)进行标签读写能力测试；采用多本图书(3、5、8、10)进行多本防冲突读写能力测试；标签粘贴隐秘性测试(不同厚度的图书：100 页、300 页、500 页)；标签粘贴位置测试(书脊：上部、中部、下部)；标签屏蔽测试(手握携带、挎包携带)。

标签粘贴培训：依照测试结果，对标签粘贴方法和位置进行现场培训，保证标签的灵敏度和隐蔽性。

上下架规则培训：根据图书馆现有排架规则，对施工人员进行标签转换流程培训，保证做到上下架有序，图书排列符合图书馆规则和要求。

标签转换质量检测：每本图书标签必须按照标签转换规则进行操作(标签转换—标签检测—完成)，保证标签读写能力和读取率达到 100%。

每个借阅室标签转换完成，采用移动盘点设备对所有图书进行顺架检测，保证所有图书达到100%读取率。

2）层架标签安装

层架标签检查：层架标签运至现场拆封检查标签外观和数量。抽样测试标签读写性能及差错率。检查项目：层架标签架号检查，保证层架标签无漏号；层架标签条形码读取检查，保证条形码100%可读；层架标签RFID读写检测，保证100%读写能力；层架标签安装：按照图书馆书架规则进行有序安装，保证无差错；每个借阅室层架标签安装完成，结合图书标签盘点检查，同时对层架标签进行复查，保证读写能力和准确率达到100%。

3）自助借还设备安装

设备到达现场，拆箱检查外观和配件是否无损和遗漏。

安装、开机进行各部件性能检查；各部件安装情况检查：检查各部件是否安装牢固，无松动现象；超高频RFID阅读器读写能力检查：读写性能检查[单本图书、多本图书(3～10册)]，保证100%读写率；超高频RFID阅读器读写范围检查：保证读写范围的半径控制在25cm；软件各项功能检查：借书、还书、续借、查询等功能符合馆方要求。

4）RFID馆员工作站安装

安装完成后开机进行各部件性能检查；各部件安装情况检查：检查各部件是否安装牢固，无松动现象；主机启动检查：读写设备连接主机，安装设备驱动，检查读写设备启动运行状况，保证做到即插即用；超高频RFID阅读器读写能力检查：读写性能检查[单本图书、多本图书(3～10册)]，保证100%读写率；超高频RFID阅读器读写范围检查：保证读写范围半径控制在20cm。

5）超高频RFID移动盘点车设备安装

安装、开机进行各部件性能检查；各部件安装情况检查：检查各部件是否安装牢固，无松动现象；手持设备读写范围检查：保证读写范围控制在半径7.5cm，无漏读或误读现象；桌面机设备读写范围检查：保证读写范围半径控制在20cm，无漏读或误读现象；桌面机设备读写能力检查：读写性能检查[单本图书、多本图书(3～10册)]，保证100%读写率。

6）24小时还书及分拣设备安装

设备读写范围检查：外天线保证读写范围半径控制在10cm，无漏读或误读现象。内天线保证读写范围半径控制在25cm，无漏读或误读现象；机械运行检查：保证机械设备正反运行，还书、退书成功率达到99%。

4. 发展和展望

随着图书馆行业的发展，城市和校园部署了多种业态的自助借阅设备，如图8-9所示，自助阅览室、自助图书馆、预约取书柜等自助借阅设备被开发出来。其中，教室楼下部署自助图书馆设备，人流密集处部署自助阅览室，学生公寓等区域部署预约取书柜，最终实现“图书馆+”的拓展部署模式。

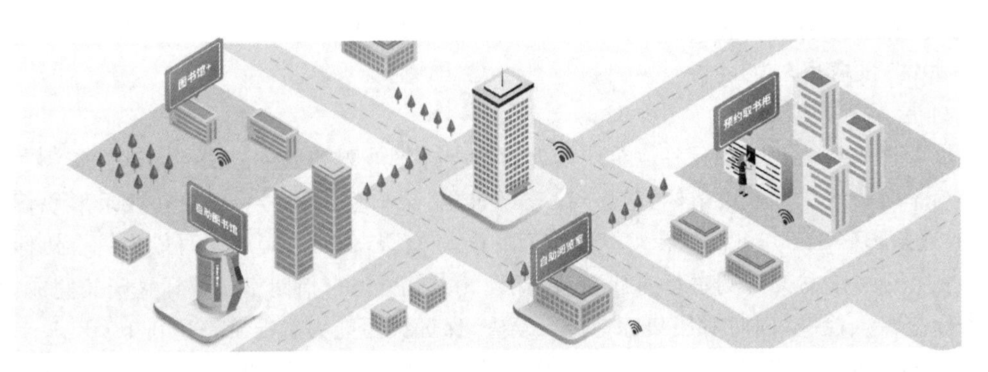

图 8-9　图书馆行业的发展

8.2.2　档案管理应用

人们总是希望在需要一份资料的时候,能快速地查找到它,但在档案管理馆、企事业单位档案管理处,经常可以看到管理人员为找到需要的资料焦急而忙碌。长久以来,这个问题一直困扰档案资料管理人员。目前国内档案馆主要运用档号和条形码标记形式用于内部的排架和定位。在实物档案的物流过程中,起重要作用的是档号和条形码。传统的档案管理方式存在档案数量冗余、查询、盘点困难、处理时间长等低效率现象,而信息技术手段的应用则是解决问题的关键。超高频 RFID 技术的引入将彻底改变人们对档案管理活动的认识。

1. 档案管理的现状与问题

近年来,我国档案事业取得了长足的发展,档案事业的规模扩大了,数量也逐日增多,档案的种类日趋多样化,信息量迅速膨胀。但传统档案管理手段与技术所导致的问题日益突显,主要体现在如下方面:

档案编目流程烦琐低效、整理时间冗长。传统方式下,档案入馆后需先进行分类、排序,并装订,然后由人工撰写档案盒的相关信息,最后手工抄写档案目录,并将目录连同档案一起封装入档案盒内。这种操作方式会耗费大量劳动和时间,导致较多档案入馆后被长期堆放、得不到及时整理归档。此外,档案编目与档案盒誊写多为简单、重复性劳动,手工处理方式使得整个流程既烦琐又低效。

档案存放次序较易被打乱。虽然档案一般都分类存放,但是在档案存取过程中,由于人工操作的随意性和一些不可避免的错误,档案存放的次序难免被打乱,造成档案存放无序,查找困难。

档案查阅耗时长。随着档案规模与种类越来越庞大,要查找某一档案时,先由管理员找到存放该类型档案的档案架,再根据档案的编目信息在档案架的每一格进行查找。一旦档案存取时没有按规定存放在指定的位置,查找起来就好比海底捞针,需要将所有的档案筛选一遍。

档案的盘点操作不科学。由于档案数量众多,且档案材料都封装在档案盒内,因此在盘点档案时一般只清点档案盒的数量。但在每个档案盒内存放的档案种类、数量均不相同,这种盘点方式并不能真正反映档案储存的真实信息。如果要拆开每个档案盒进行盘点,那将是一项十分庞大的工程。

对失效档案的管理滞后。有效期限是档案价值体现的重要标志之一。因此,超过有效期限的档案是没有任何价值的,需要经常性销毁以减少对档案库存资源的占用。但是,由于传统管理模式下档案盘点工作的困难,管理人员对档案的存储时间信息掌握很不准确,使得失效档案不能被及时发现和处理。因此,很多已过保存期限的旧档案仍然和有效档案一起存储,形成大量冗余档案,给档案管理工作带来了额外负荷和成本。

鉴于这种情况,档案管理的技术升级与改造迫在眉睫。作为新一代物料跟踪与信息识别的超高频 RFID 技术的快速发展给档案管理的自动化、智能化带来了可能性,具有其他方式无可比拟的优越性。

2. 超高频 RFID 技术档案管理优点

超高频 RFID 技术引用于档案管理应用中后,带来了较大的进步,具有如下优点:

非接触式数据采集。超高频 RFID 技术极大地增强了管理者对库区存储物品的信息收集、交换与跟踪能力。管理者无须打开档案盒,只需将粘有电子标签的档案盒在阅读器前经过,就可以在计算机屏幕上显示出盒内档案的具体名目、数量、档案摘要等信息,缩减了管理者的作业环节,提高了作业效率,有助于管理者实施库存档案的动态化管理。

快速扫描,且一次性数据处理量大。超高频 RFID 阅读器可以同时从多个射频标签中快速读取包括货位信息、档案内容、摘要信息等多项相关数据信息。如一些阅读器可以每秒读取 200 个标签的数据,这比传统扫描方式要快超过 100 倍。

标签信息容量大,使用寿命长,可重复使用。和传统的条形码、磁卡等数据存储介质相比,超高频 RFID 标签可存储的数据量大大增加;标签的内容可以反复被擦写,而不会损害标签的功能,实现标签的重复使用。

安全性高。标签的数据存取具有密码保护,识别码独一无二,无法仿造,这种高度安全性的保护措施使得标签上的数据不易被伪造和篡改。

抗污染性能强和耐久性,传统条形码的载体是纸张,因此容易受到污染,但超高频 RFID 对水、油和化学药品等物质具有很强抵抗性。此外,由于条形码是附于塑料袋或外包装纸箱上,所以特别容易受到折损;超高频 RFID 卷标是将数据存在芯片中,因此可以免受污损。

体积小型化、形状多样化,超高频 RFID 在读取时并不受尺寸大小与形状限制,不需要为了读取精确度而配合纸张的固定尺寸和印刷品质。此外,超高频 RFID 标签可向小型化与多样形态发展,以应用于不同档案。

可重复使用,现今的条形码印刷上去之后就无法更改,超高频 RFID 标签则可以重复地新增、修改、删除卷标内储存的数据,方便信息的更新。

穿透性和无屏障阅读,在被覆盖的情况下,超高频 RFID 能够穿透纸张、木材和塑料等非金属或非透明的材质,并能够进行穿透性通信。而条形码扫描机必须在近距离而且没有物体阻挡的情况下,才可以辨读条形码。

标签具有 EAS 防盗功能,配合门型通道天线,可以很好地防止档案丢失,实现非法取走报警功能。

3. 解决方案

档案管理的解决方案与图书馆解决方案类似,如图 8-10 所示,为智能档案管理的示意图,其中共有 8 个场景:档案安全、档案借阅登记、档案查询、档案领取、档案盘点、档案整理、档案防撕检测、档案录入。

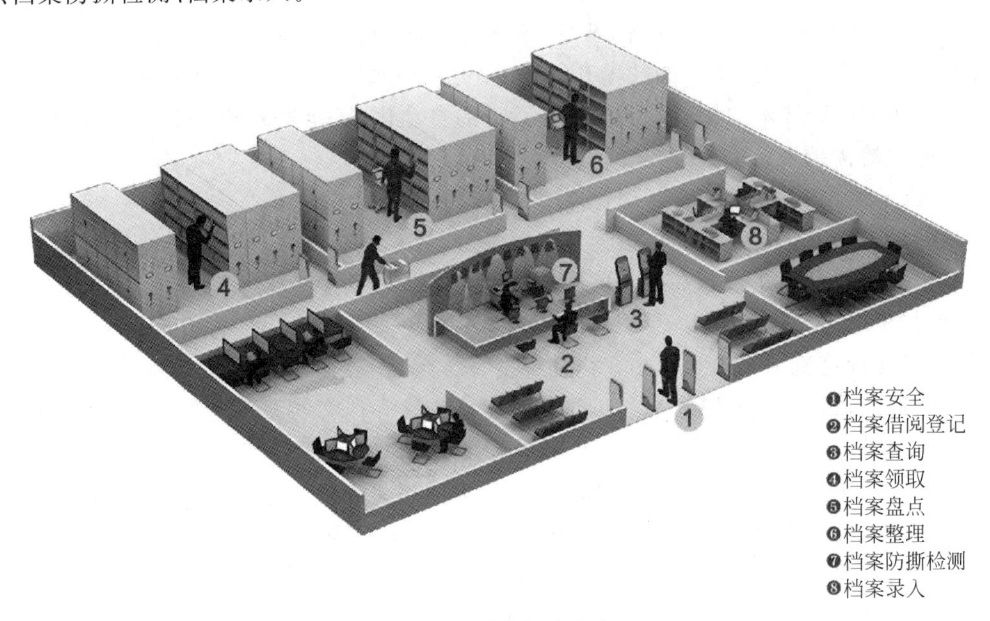

图 8-10 档案解决方案

当新的档案需要放入档案室时,需要进行档案录入,首先将电子标签贴在档案袋上,并通过 RFID 打印机打印条形码信息和超高频 RFID 数据,录入系统。随后将档案放入档案柜中的指定位置。当有人需要借阅档案时,首先来到档案查询机查询,找到自己所需要的档案和该档案放置的位置。随后来到档案柜取走所需要的档案交到档案借阅登记处,获得授权后方可带走。当带有的档案通过出入口的门形天线时,会检测是否有未授权的档案被带走。档案柜的盘点有两种形式,分别是人工盘点和自动盘点,人工盘点模式与图书馆中的图书盘点类似,由工作人员推着盘点车对档案柜中的档案进行批量盘点。自动盘点为现阶段常见的一种快速的盘点方式,主要针对封闭式的档案柜。档案柜中预置阅读器天线和阅读器,当启动盘点后可以快速识别档案柜中所有档案的电子标签,并报告给系统。当档案丢失或档案放置的位置错误时,系统可以发出报警。该超高频 RFID 系统中的难点在于阅读器天线的辐射效果和多标签的算法,由于档案柜中的档案很多,有时候超过 200 个,必须快速且不出错的识别出来。有的智能档案柜厂商开发了带有定位功能的超高频 RFID 档案柜,可以精确地识别指定 ID 号的档案在档案柜中的具体位置,该方案是通过多个天线分区的方式实现的。

类似档案管理的应用非常多，如试卷管理也是采用类似的管理方式，每一份试卷的牛皮纸封口处贴有电子标签，具有批量识别的能力。在整个试卷的运输过程中可以保证试卷不被窃取和丢失。

8.3 智能仓储物流管理

视频讲解

智能仓储物流的应用非常多，包括机场行李管理、货物分拣、仓储管理、冷链管理、周转箱管理、托盘管理等，这些应用中的需求和管理方式类似。因此本节主要针对机场行李管理、货物分拣、仓储管理这3个有代表性的应用重点讲解。

8.3.1 机场行李系统

随着国内经济的不断发展，国内民航事业获得了空前的发展，机场进出港旅客数量不断增加，行李吞吐量也达到了一个新的高度。行李的处理对大型机场而言一直是一项庞大而复杂的工作，特别是不断发生的针对航空业的恐怖袭击也对行李的识别与追踪技术提出了更高要求。如何管理堆积如山的行李及有效提高处理效率是航空公司面临的重要问题。

1. 背景

早期的机场行李管理系统通过条形码标签对旅客行李进行标识，在输送过程中，通过对条形码的识别来达到对乘客行李的分拣处理。全球航空公司的行李追踪系统发展到现在，已经相对比较成熟，然而，在托运行李差异很大的情况下，条形码的识别率很难超过98%，这意味着航空公司要不断投入大量的时间和精力进行人工操作，将分拣的行李运送到不同的航班上。同时，因条形码扫描对方向性要求高，这对机场工作人员在进行条形码包装时也增加了额外的工作量。单纯使用条形码对行李进行匹配分拣，是一件需要耗费大量时间与精力的工作，甚至有可能导致航班的严重延误。提高机场行李自动分拣系统的自动化程度和分拣准确性，对保护公众出行安全，减少机场分拣人员工作强度，提高机场整体运行效率，具有重要意义。

超高频RFID技术被普遍认为是21世纪最具发展潜力的技术之一，是继条形码技术之后，引起自动识别领域变革的一项新技术。其具有的非视距、远距离，对方向性要求不高，快速精准的无线通信能力，被越来越多的聚焦在机场行李自动分拣系统。最终在2005年10月，IATA（国际航空运输协会）一致通过决议，将UHF（超高频）RFID绑带式标签作为航空行李标签的唯一标准。为应对旅客行李对机场输送系统处理能力提出的新挑战，超高频RFID设备开始被越来越多的机场使用到行李系统中。

2. 系统架构

超高频RFID行李自动分拣系统，是给每一个乘客随机托运的行李上粘贴电子标签，电子标签中记录旅客个人信息、出发港、到达港、航班号、停机位、起飞时间等信息；行李流动的各个控制节点上，如分拣、装机处、行李提取处安装电子标签读写设备。当带有标签的行李通过各个节点的时候，阅读器会读取这些信息，传到数据库，实现行李在运输全流程中的信息共享和监控，其系统架构如图 8-11 所示。

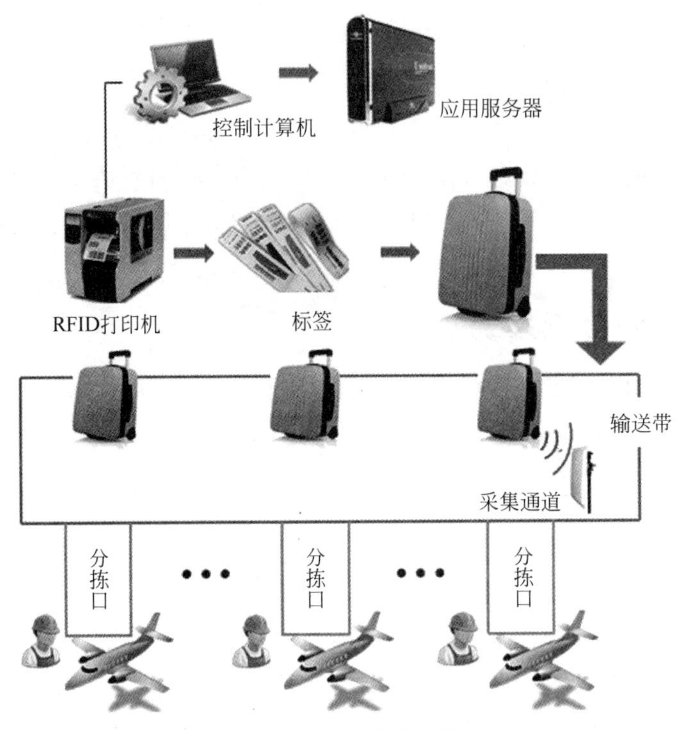

图 8-11 行李自动分拣系统架构

3. 系统流程

从机场出发的旅客在出发值机柜台办理行李托运，工作人员根据旅客登机牌完成托运登记并打印行李标签，将行李标签安装在行李上后放入行李输送机。传送带上安装有超高频 RFID 阅读器，当行李通过采集通道时，其相关信息即被采集并上传给输送机控制系统，输送机控制系统根据得到的信息即可将行李正确地分拣到对应航班的行李房格口槽。最后搬运工将对应航班的行李转送到行李箱，由牵引车运上飞机货舱。

如图 8-12 所示，机场行李自动分拣系统采用超高频 RFID 技术，通过电子标签标识行李。即便对多个高速运动的行李，都可以同时识别，并自动分拣，无须人工干预，操作快捷方便。采用 RFID 技术机械化率可到 99.9%以上，这意味着从技术上将大大减少行李丢失、迟运、错运的可能。同时，超高频 RFID 能工作在各种恶劣的环境中。这样就能够加强旅客的行李安全，大大地减少其差错率和其他问题。

另外，每一个阅读器都可以通过网络与服务器连接，在行李托运的各个环节，都能有效地记录跟踪监控，及时掌握整个过程，动态地进行管理，管理人员完全可以根据此统计的数据查看各个环节的情况，实现有针对性的管理，从整体上提高机场行李托运管理的信息化和

图 8-12 行李自动分拣系统

智能化。

4. 系统关键技术

航空行李自动分拣系统应以实现最大的效率、安全性、可靠性、易于维护为目标，在整个系统中，数据采集尤为关键。

高速的数据采集为满足机场日益增长的旅客行李数量，特别是大中型机场，输送机的传送速度日趋高速化。更高的传送速度对阅读器的采集速度有更高的要求。

稳定性：航空机场行李自动分拣系统全年 365 天，每天 24 小时连续运行，阅读器设备必须满足该环境下的稳定运行。

可靠性：行李分拣系统必须准确地获取到每一件行李的信息才能正确地完成分拣，这就要求阅读器设备必须有非常高的可靠性，对每一件行李信息都能准确采集。

兼容性：行李自动分拣系统的核心控制部分一般采用 PLC。为达到高速准确分拣的目的，PLC 如何获取到阅读器设备采集到的数据也非常关键，这就要求阅读器设备必须能与 PLC 兼容。支持命令集控制的阅读器设备可以与 PLC 良好地兼容。

由于行李具有多样性，电子标签很容易受到环境影响和位置影响导致识别率下降。解决方案有两种：一种方案为采用两个阅读器天线对同一个位置分时采集，此时可以使用任意形式的标签；另一种方案为采用 3D 标签（见 4.3.6 节），此时无论阅读器天线的极化方向如何，都有较好的识别效果。前者设备投入略有增加，后者标签成本略有增加。

对于传送带上的识别过程，需要保证一定的识别效果，标签贴在行李上一致性不同，需要有足够的功率保证；同时又要控制识别范围，环境比较复杂，通过反射后很容易识别到旁边或远处的行李标签。因此需要制作一个小的屏蔽环境识别（类似 6.1.1 节的屏蔽箱），或采用 RSSI 处理的方式识别（5.2.4 节的“顶点”识别）。

5. 系统优势

除了行李管理应用，超高频 RFID 的机场系统还有一些其他的应用点。使用超高频 RFID 机场系统的优势主要体现在以下 10 个方面：

(1) 解决行李丢失问题，提供更优质的服务。超高频 RFID 在航空行李运输系统中的应用，概述起来就是在机场登记柜台处给行李安装上射频识别标签，在柜台、行李传送带和货舱处分别安装上射频识别阅读器器。这样系统就可以全程追踪行李,直到行李到达旅客的手中,从而解决了以往出现的行李丢失问题。

(2) 货物的仓储管理。超高频 RFID 技术可在货箱上做电子标签,记录摆放位置、产品类别、日期等,而通过在货品上电子标签的 EPC,则可根据每个产品特有的编码,随时掌握货品状态、位置、是否有丢失、配送的地方,以便仓储管理。

(3) 运输过程与货物的追踪。可以实时、准确、完整地记录及追踪产品运行情况,可以全面高效地加强从产品的生产、运输到销售等环节的管理,并提供各种完善易用的查询、统计、数据分析等功能。每个货物都可在网络内部设置完整的信息,货物追踪和管理的内容、线路和日志便可以一目了然。

(4) 节省了机场的管理成本,提高了工作效率。行李误送现象常会出现,而航空公司每年必须花一笔费用去处理这些问题;因此整个航空运输系统以及相关物流公司都希望尽快找到彻底的解决方法。超高频 RFID 技术可为航空公司降低成本。

(5) 尽可能减低飞机的意外风险。首先能减低飞机维修错误的风险,在巨大的飞机检修仓库内,经过专业培训的高级机械师每天都要花费大量的时间查阅日志,寻找飞机上合适的配件,他们使用这种过时的、低效率的方式寻找配件进行维修的方法不但会经常犯错误,而且浪费了大量的宝贵时间。在飞机部件上使用电子标签,能快速、准确地显示部件的相关资料,帮助航空公司更迅速、准确地更换有问题的部件。从而极大地节省了人力、物力。而在飞机位置上安装电子标签,飞机管理人员可以清楚了解到每个位置上的救生衣都是否到位,避免遇到紧急情况时发生错误。

(6) 货物和人员的跟踪、定位。启用了超高频 RFID 技术后,能在繁多的货物中正确地指示各货物的具体位置,并能在机场或飞机上指出要寻找的相关人员的具体位置。

(7) 应付恐怖袭击和保安作用。通过超高频 RFID 技术能将黑名单中的人员在通过关卡时发出警告信号,并迅速指示此人的行李所在,以便管理人员能及时准确地找出行李做出相关的工作,更好地防止恐怖事件的发生。每张电子标签都有一组无法修改、独立的编号,且经过专门的加密。可以管理传感器和闯入侦查设备,例如,新建、删除、修改传感器属性和移动传感器。

(8) 对机场员工的进出范围授权。机场可以根据每位工作人员的职位、身份对他们的活动范围进行规范,然后把以上资料的电子标签安放在员工的工作卡上。超高频 RFID 技术可识别该员工是否进入了未被授权的区域内,以便对员工进行更好的管理。

(9) 远距离测定位置。超高频 RFID 技术可在十米的远距离内准确地测定位置,避免传统技术只能在短距离中探测位置的不便。为机场人员在测定物件和人员位置时提供了方便。

(10) 具备升级的功能。技术的演变就是不断地提高,应用了现有的超高频 RFID 技术后,仍会不断地提升及完善。系统具备了升级的功能,能随着超高频 RFID 技术的提高而提升。

目前国内的多个机场已经实现了基于超高频 RFID 的行李管理系统,包括北京机场、重庆机场、武汉机场、香港机场等。

8.3.2　货物分拣

电商和物流行业的高速发展，将会使货物的仓库管理面临很大的压力，也意味着需要高效率、集中的货物分拣管理。越来越多的物流货物集中仓库已经不满足于用传统的方式来完成繁重复杂的分拣任务。超高频RFID技术的引进使得分拣工作自动化、信息化，让所有货物快速找到各自的"家"。

超高频RFID自动分拣系统主要实现方式是在货物上贴电子标签，通过在分拣点安装阅读器设备与传感器，当贴有电子标签的商品经过阅读器设备的时候，传感器识别到有货物过来便通知阅读器开始读卡，阅读器读取货物上标签信息送到后台，由后台控制该货物需要到哪一个分拣口，从而实现自动化分拣货物，提高了准确性与效率。

1. RFID自动分拣步骤

超高频RFID自动分拣的步骤为：

(1) 在分拣作业开始前，首先要处理拣货信息，依据订单处理系统输出的分拣单形成拣货资料，采用分拣机自动分拣包裹，提高分拣准确性。

(2) 将有关货物及分类信息通过自动分类机的信息输入装置，输入自动控制系统。

(3) 自动分拣系统利用计算机控制中心，将货物及分类信息进行自动化处理并形成数据命令传输至分拣作业机。

(4) 分拣机利用超高频射频识别技术等自动识别装置，对货物进行自动化分类拣取，当货物通过移栽装置移至输送机上时由输送系统移至分类系统，再由分类道口运出装置按预先设置的分类要求将快递货物推出分类机，完成分拣作业。

2. 自动分拣系统特点

超高频RFID自动分拣系统具有如下特点：

- 能连续、大批量地分拣货物。由于采用大量生产中使用的流水线自动作业方式，自动分拣系统不受气候、时间、人的体力等的限制，可以连续运行，一个常见自动分拣系统可以实现每小时7000～10 000件的分拣工作，如用人工则每小时只能分拣150件左右，同时分拣人员也不能在这种劳动强度下连续工作8小时。
- 分拣误差率极低。自动分拣系统的分拣误差率大小主要取决于所输入分拣信息的准确性大小，这又取决于分拣信息的输入机制，如果采用人工键盘或语音识别方式输入，则误差率在3%以上，如采用电子标签，则不会出错。因此，目前自动分拣系统主要趋势是采用射频识别技术来识别货物。
- 分拣作业基本实现无人化。建立自动分拣系统的目的之一就是为了减少人员的使用，减轻工作人员的劳动强度，提高人员的使用效率，因此自动分拣系统能最大限度地减少人员的使用，基本做到无人化。
- 超高频RFID技术的应用对物流快件处理进行全面优化，以达到快递无纸化、揽件智能化、分拣少人化、派件方便化、成本最低化等，解决目前国内快递行业使用面单的浪费及不环保，人工分拣环节所造成的分拣效率低、速度慢、快件破损、野蛮分拣、成本高、包裹违禁品管控不足、客户信息泄露等问题。

从技术上分析，超高频 RFID 在如此快速的环境中稳定识别每件物品并非易事，一般为了稳定判断当前物品的标签需要识别 5 次以上，而许多情况下物品通过天线辐射范围的时间仅有 0.1s 左右(标签性能差时识别范围变小)。因此该阅读器要实现至少每秒 50 轮的盘点速度。最好可以通过两个独立区域的天线进行联合运算，最终判断标签的数据与在传送带上的位置信息。

超高频 RFID 技术将对大批量的包裹及快件的相关物流信息，通过电子标签采集来实现快件的自动、高速分拣。运用超高频 RFID 技术的同时配以各种信息处理，极大地提高货物分拣的效率，为各种物流打造了高效的管理平台。

8.3.3 仓储管理

在智能仓储中，为了对仓储货物实现感知、定位、识别、计量、分拣、监控等，主要采用传感器、RFID、条形码、激光、红外、蓝牙、语音及视频监控等感知技术，在这些感知技术中最热门的就是超高频 RFID 技术。

1. 智能仓储管理中的优势

使用了超高频技术的智能仓库具有如下优势：

(1) 可以进行时效控制。因条形码不包含时效信息，需要附加电子标签于保鲜食品或时效限制商品上，这样就大大增添了工人的工作量，特别是当一个仓库内有不同时效的商品时，逐个阅读商品时效标签是一件极浪费时间和精力的工作。其次，若仓库不能合理安排时效商品的存储顺序，搬运工人未能看到所有时效标签并及时运出较早进库的商品而是选择了后到期的商品，便会使一些库存商品的时效过期而造成浪费和损失。运用超高频 RFID 系统就可以解决这个问题。可以将货品的时效信息存储于货品电子标签中，使得货品进入仓库时，信息便能自动读出并存入数据库，搬运工人可以通过装于货架上的阅读器或手持阅读器对提示对此类货品进行处理。这样不仅节约了时间，也避免了因食品等过期而造成的损失。

(2) 提高工作效率，降低成本。在仓储方面，在使用传统条形码的货物进出仓库时，管理员需要重复地对每一件货品进行搬动、扫描，并且为了便于盘点，货物堆放的密度和高度也受到限制，制约了仓库的空间利用率。如果使用电子标签，在每一件货物进仓时，装于门上的阅读器就会读取该货物的电子标签数据，并存入数据库。管理员仅需点击鼠标便可轻松地了解库存，并且可以通过物联网查询货品信息及通知供货商货品已到或缺乏。这样，不但大大节约了人力，提高了工作效率，还提高了仓库的空间利用率，提高了盘点效率，降低了仓储成本；与此同时，生产部门或采购部门还可以根据库存情况及时调整工作计划，避免缺货或减少不必要库存积压。

(3) 可防偷窃，降低损失。超高频 RFID 的电子标签技术，在商品出入库的时候，信息系统可以快速检测出未经许可认定的产品出入并报警。

（4）有效地控制库存管理。当存货与库存清单吻合的时候，我们认为清单是精确的，并且按照清单进行物流管理，但实际上有数据显示，有近三成的清单都存在或多或少的错误，大多数是因为在进行货品盘点时对条形码的误扫。这些失误造成了信息流与货物流的脱节，使得缺货的商品显得充足而没有得到及时的订货，最终损害了商家和消费者的利益。生产商可以通过物联网清楚地监测从产品下线、安装电子标签，进出分销商仓库，直至到达零售端甚至在零售端的销售情况；分销商可以监控库存，保持合理的存货量。超高频 RFID 系统对信息识别的精准性和高速性，可以减少货品的错误分发和储运，物联网还能有效建立信息共享机制，使物流供应链各方在整个过程中对超高频 RFID 系统读取的数据进行多方核对，及时地纠正错误信息。

2. 推广中的注意事项

在使用这些物联网新技术时，要充分衡量其中的利与弊。

要使仓储管理人员能尽早掌握好物联网操作技术，就需要对他们进行各种培训，提高其劳动素质，才能更好地为仓储管理服务，提高工作效率。

因为物联网技术还没有大规模普及，技术的不成熟和成本居高不下一直是存在的问题，所以企业在使用时要根据自身的实际情况慎重使用。

3. 发展趋势

虽然超高频 RFID 物联网技术在仓储管理中的应用存在一定的劣势和问题，但是综合考虑其价值还是大于弊端的，所以在未来应该可以有较好的发展，相信通过不断完善会越来越方便快捷，随着感知技术集成应用的发展，这将成为一个潮流。人们对物品物理性能的日益关注，将推动仓储业各类感知技术的集成应用。

随着 RFID 技术在仓储业应用的快速发展，借助物联网技术，可以将独立的智能仓储系统联网，实现互通互联，组成真正的仓储物联网，就是在智能仓储基础上产生新的变革，这会带来仓储信息化的革命。这将完全打破原来物流信息系统的架构，甚至会对物流运作过程中的现代物流技术装备产生巨大的影响，对现代仓储、物流中心的结构带来革命性的变化。

8.4 智能资产管理

视频讲解

超高频在资产管理中的应用非常多，如工具管理、危险品管理、医疗器械管理、资产盘点等，且这些应用具有一定的相似性，因此本节只针对几个行业经典应用进行分析。

8.4.1 智慧医疗管理

智慧医疗利用物联网技术，实现患者与医务人员、医疗机构、医疗设备之间的互动，逐步达到信息化、智能化。超高频 RFID 自动识别技术具有可以快速批量读取、信息存储量大、安全性高、身份唯一、不可复制等优势，可以记录医疗物资的身份，并高效地跟踪医疗物资在生产、运输、仓储、临床使用等全生命周期环节的信息，实现全程可追溯，避免出现公共医疗安全问题，在智慧医疗的建设中发挥着重要的作用。

1. 医疗监护

很多医院每天急诊病人数量很大，尤其在一些大型的急救中心，若出现集体事故，则会有大批伤员涌进医院，在这种情况下每分每秒都显得极为珍贵，而且容不得半点差错。但是在集体事故的情况下，每个伤员的病情非常类似，也容易混淆，而且传统的人工登记不仅速度缓慢而且错误率也很高，对于危重病人根本无法正常登记。为了能对所有病人进行快速身份识别，完成入院登记并有效地进行急救工作，医务部门迫切需要一套能实时提供伤员身份和病情信息的自动识别系统，只有这样，医院工作人员才能高效、准确并且有序地进行抢救工作。

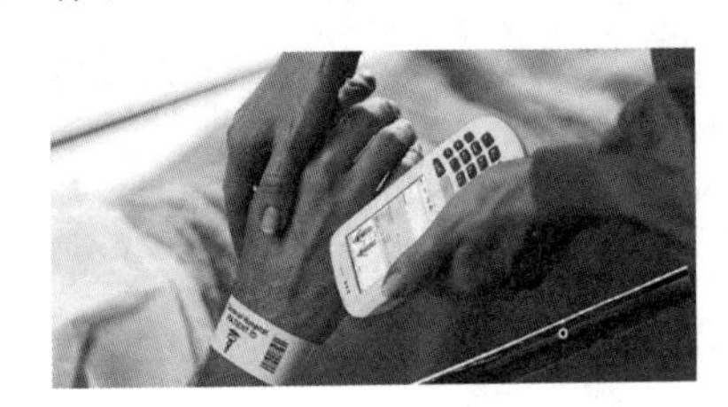

图 8-13　医疗腕带

具体应用方式(如图 8-13 所示)是为每个病患佩戴腕带标签，当病人接受诊治时，医护人员只需用手持阅读器扫描标签信息，就可以知道需要进行的急救事项，比如，是否需要输液、注射药物的品名、规格，已经进行的治疗事项，是否有不良反应等，所有的数据不到一秒钟就会显示在医护人员面前，以便于他们核对医护程序和药物规格、数量等。病患标签内还可以存储所有治疗过程和药物注射记录。由于超高频 RFID 技术提供了一个可靠、高效、经济的信息储存和检验方法，因此医院对急诊病人的抢救不会延误，更不会发生认错病人而导致医疗事故。另外，在需要转院治疗的情况下，病人的数据，包括病史、受伤类型、提出的治疗方法、治疗场所、治疗状态等，都可以制成新的标签，传送给下一个主治医院。由于这些信息的输入都可以通过读取超高频 RFID 标签一次完成，减少了不必要的手工录入，避免了人为造成的错误。

2. 新生儿标识管理应用

新生儿由于特征相似，而且理解和表达能力欠缺，如果不加以有效地标识往往会造成错误识别，从而给各方带来无可挽回的巨大影响。因此，对新生儿的标识除了必须实现病人标识的功能之外，同时，母亲与婴儿应该是一对匹配，单独对婴儿进行标识存在管理漏洞，无法杜绝恶意的人为调换。因此，最好是对新生儿及其母亲进行双方关联标签，用同一编码等手段将亲生母子信息关联起来。临时转院时，双方应该同时进行检查工作以确保正确的母子配对。

婴儿出生后应立即在产房内进行母亲和婴儿的标识工作，在其他病人被送入产房之前母亲及婴儿都应被转移出产房。产房必须准备：两条不可转移的超高频 RFID 标识带，分别用于母亲及新生儿，如图 8-14 所示。标识带上的信息应该是一样的，包括母亲全名和标识带编号、婴儿性别、出生的日期和时间以及其他医院认为能够清楚

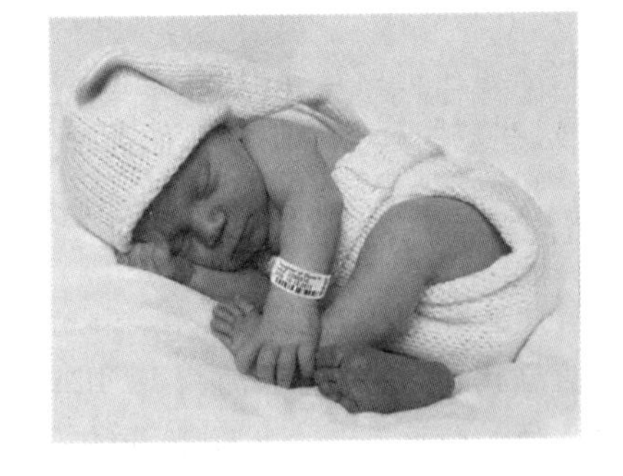

图 8-14　婴儿识别带

匹配亲生母子的内容。标识之余,还能够充分保障标识对象的安全。若有人企图将新生儿偷出医院病房,阅读器设备能够实时监测到并发出警报,并通知保安人员被盗婴儿的最新位置。

3. 医院重要资产和物资追踪定位应用

一些大型医疗中心一般都拥有庞大的重要医用资产和医用物品存储基地,医院后勤人员每天需要根据订单从成千上万件物资中寻找合适的物品。医用物品的外包装通常比较相像,但内在物品的用途却差异巨大,因此,医院后勤部门通常需要花费巨大的人力物力查找、核对这些物品。况且,医用物品的存储必须按照严格的存储规范进行,在库房调整或者物品腾挪时经常会发生误置事件,导致物品大范围损坏或者流通到市场后产生严重的药品事故。

因此提出一种智能医疗资产耗材管理解决方案——智能医疗柜。智能医疗资产耗材管理系统是为医疗领域医药厂商、医院和医院各科室搭建一个协同工作平台,打破医疗供应链信息孤岛,实现医疗高值耗材、资产使用和流转的实时管控。既可以管理高值易耗品,又可以管理特殊管制药品,减少高值易耗品的损耗,保证管制药品的安全。其目标在于打通医药行业上下游供应链,实现药品从配方、生产、物流、存储、使用等环节的数字化管控。医用耗材品类繁多,需要建立庞大、稳定的数据库,且在与医院现有数据库保持沟通的同时确保数据安全性,防篡改。

如图 8-15 所示为智能医疗柜的功能应用框架图,具有如下特点:

- 通过物联网技术使大量的资产物料管理的工作实施智能化、无线化、信息及时采集和高度共享,降低公众的医疗成本。
- 为采购和库存管理提供指导性预测,简化医院入库验收管理,优化医院资金收益。
- 使医用耗材的采购、存储、使用更加规范,既保证了医疗质量,又强化了监管力度,杜绝医用耗材在采购、保管、使用中的不正之风,切实保障患者合法权益。

4. 医疗器械管理

对于医疗工作者来说,手术器械管理一直都是大难题。由于这些器械往往体积较小,其存储、领用、清洁、消毒及手术过程中容易丢失。大多数医疗机构都有设立专业的器械消毒服务中心或者供应部门来进行医疗器械消毒,负责各种手术器械及设备配备,管理和租借医疗设备,以及获取或购买器械、植入物等工作。超高频 RFID 技术能有效地进行物品信息的快速采集记录,形成电子档、信息化、自动化管理。

超高频 RFID 能够很好地帮助医院进行流程管理,通过对每种器械安装电子标签,如图 8-16 所示,提供一种实时、准确、自动化的电子信息记录方式。超高频 RFID 并不需要医院引入新的流程系统,它可以无缝对接医院现有的系统流程,提供流程中每一个环节的相关文件信息。整个系统还能够在器械维修或维护时自动进行更新。

防止手术感染是所有医疗机构非常关心的问题,医院供应科通过超高频 RFID 自动化的消毒管理流程能够减少甚至避免感染的发生,确保所有手术器械都经过严格的消毒和烘干,被妥善地存储和使用。其主要功能包括:

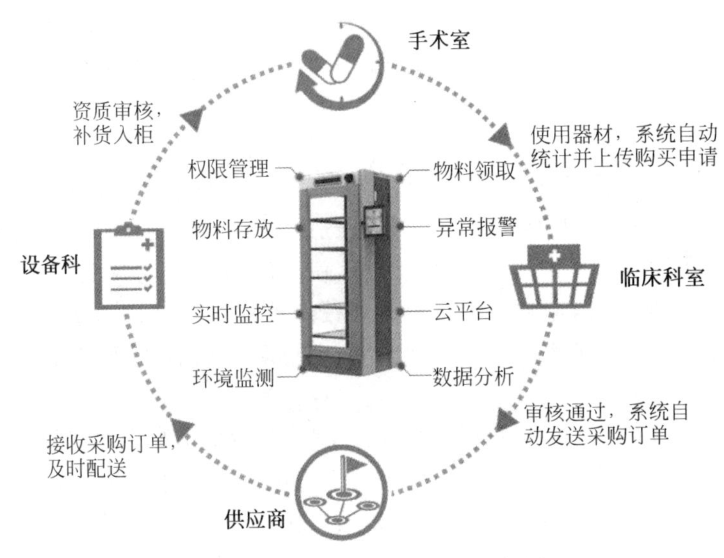

图 8-15 智能医疗柜功能应用框图

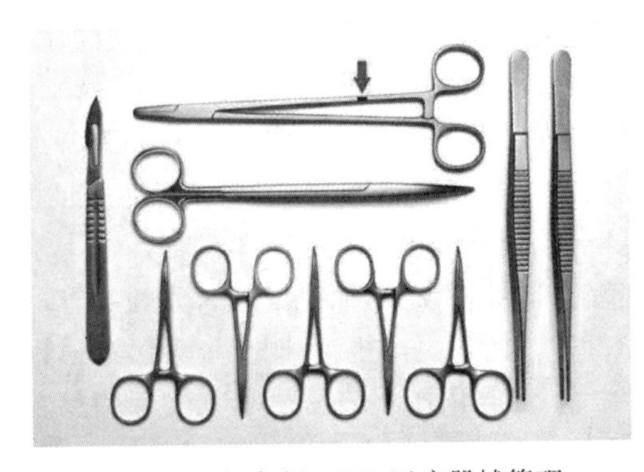

图 8-16 超高频 RFID 医疗器械管理

- 对于术前消毒供应科，手术器械的清洗需要经过多道工序。程序的遗漏可能导致安全隐患，引入超高频 RFID 技术的监管措施可以有效地解决这一问题。
- 可以对外科器械进行包装和分类，由超高频 RFID 阅读器对外科器械的包装和分类进行检测，以发现包装过程中可能出现的遗漏。
- 手术室设备管理，术中管理主要包括术前检查、术后检查、医生确认，每个环节都需要准确识别，避免患者手术器械丢失的严重后果。
- 综合信息管理、统计查询、报表系统。

如果医院租用暂时不打算购买的医疗设备和设备，医院供应部也必须清洗及消毒设备。若通过超高频 RFID 来加以识别，可以确保设备得到妥善保养及保存。因此，将超高频 RFID 技术应用于这些仪器中，也可以提高仪器的利用率和管理效率。

医院采用超高频 RFID 技术将全方位对手术器械进行自动化管控，减少了人工清点设备和器械，取而代之的是通过 RFID 阅读器自动采集读取范围内的带有超高频 RFID 电子标签的器械。这些数据可以用来分析管理流程中的盲点和缺陷，促进了医疗器械管理的质量改进及优化。

5. 医药供应链的管理应用

1）药品管理

在医疗领域每年都会发生大量的处方、药品配送和服药等方面的错误，导致许多医疗事故、产生大量误工时间和法律诉讼。据统计，每年在这些方面造成的损失就高达 750 亿美元。改进药品追踪手段可能有助于医院节省费用，并且能遏制假冒伪劣药品的泛滥，而目前假冒伪劣药品在全球药品市场中占据了 10%的份额。

在药品及相关物品上安放电子标签，利用超高频 RFID 技术可实现从制药厂到销售商，以及到最终用户的全程监控。对于制药厂来说，超高频 RFID 技术可帮助他们及时了解其药品在哪些地方销售；对于病人来说，超高频 RFID 技术可帮助他们及时了解手中的药物生产日期、生产厂商以及有效期等信息。

2）血液管理

血液管理业务的一般流程为：献血登记、体检、血样检测、采血、血液入库、在库管理（成分处理等）、血液出库、医院供患者使用（或制成其他血液制品）。在这一过程中，常常涉及大量的数据信息，包括献血者的资料、血液类型、采血时间、地点、经手人等。大量的信息给血液的管理带来了一定的困难，又加上血液非常容易变质，如果环境条件不适宜，血液的品质就会遭到破坏，所以血液在存储和运输途中，质量的实时监控也十分关键。超高频 RFID 与传感技术便是能解决以上问题、有效管理血液的新兴技术，如图 8-17 所示，为带有超高频 RFID 标签的血袋。

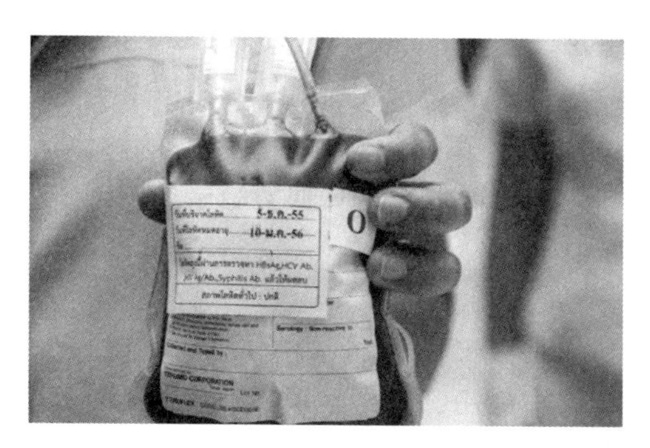

图 8-17 带有超高频 RFID 标签的血袋

超高频 RFID 技术能够为每袋血液提供各自唯一的身份标识，并存入相应的信息，这些信息与后台数据库互联。因此，血液无论是在采血点，还是在调动点血库，或是在使用点医院，都能全程受到超高频 RFID 系统的监控，血液在各调动点的信息可以随时被跟踪和调用。以往的血液出入库费时、费力，使用前还需要人工进行信息核对，采用超高频 RFID 技术后，能大批量地对数据进行实时采集、传递、核对与更新，加快了血液的出入库识别，还避免了人工核对时常出现的差错。超高频 RFID 的非接触识别特性还减小了血液受污染的可能性,它还不怕灰尘、污渍、低温等,能够在存储血液的特殊环境下保持正常工作。

6. 方案价值

从以上应用情况看,超高频 RFID 在医疗行业中的应用已经远不止是快速定位查找,整合超高频 RFID 技术的医院 HIS 系统将会把医院的所有资产整合成一个有机整体,为病患提供快速、高效、可靠的服务。因此,超高频 RFID 技术改善了医疗行业的五大方面。

改进手术器械跟踪:许多医院正在使用该技术来跟踪手术器械和其他物品,以此通过消除手动计数来节省时间,并确保器械都已消毒,降低感染的风险,以及更好地管理库存。

改善患者安全性:除了确保器械正确灭菌以外,超高频 RFID 还可用于"智能柜"安全的管理医院药物。患者腕带还可以帮助确保患者在适当的时间接受每种药物适当的剂量。在一些应用中,超高频 RFID 甚至已被用于跟踪痴呆患者的位置以防止其走失。

更好的供应链管理:医院正面临巨大的降成本压力。通过使用超高频 RFID 追踪供应品及医疗设备库存,供应商可以根据实时库存信息自动触发供应订单。这可以避免不必要的订单,并确保员工可以查找他们所需要的材料。

UDI 合规性:FDA 要求医疗设备制造商生产的所有医疗设备具有唯一标识,以帮助简化跟踪和召回管理。通过将超高频 RFID 标签用于 UDI 应用,制造商更容易在医疗结构内跟踪和管理他们的设备。不同于条形码需要清晰显示以满足扫描要求,超高频 RFID 技术更精准、更简便,也更节省时间。

改进资产管理:护士和医生总是在寻找设备上花费了很多时间。通过将超高频 RFID 标签安装到轮椅、床、IV 泵和其他物品,医院可以对其定位以改进资产利用率。既为护理人员节省了时间,又能帮助医院通过更准确的资产计数来避免不必要的资产浪费;既节省时间又节省资本!

此外,超高频 RFID 还可用于医院接触史追踪管制应用,各医疗防疫和政府单位可以即时且准确地掌握整个处理流程的动态信息,进而防止感染问题再度发生。

8.4.2 轮胎管理

许多大型车辆管理公司,如公交车公司,内部轮胎品数量多、流转频繁、数据更新频率高、轮胎管理人员任务较重。在使用、维修、翻新及管理轮胎时,现行办法是对轮胎进行人工烙号的标识方法,然后,使用纸质记录的方式记录轮胎的使用情况。然而存在很多问题:人工烙号、手动抄录容易导致信息混淆,主观随意性很大,很容易出现一个轮胎对应多个标识号,或多个轮胎对应一个标识号的情况,从而无法追踪查询轮胎信息。人工烙号也会产生损坏轮胎及烙号难识别的问题;轮胎流转的工序多、范围广,往往造成轮胎的仓储、配送和信息追踪处于无监控状态。

因此世界上最大的轮胎生产商之一——米其林公司开始在所有的重卡、大客车及大巴的轮胎上使用嵌入式 EPC 超高频无源标签,并启动管理相应的超高频 RFID 系统。如

图 8-18 所示为米其林轮胎的外侧 RFID 标志和嵌入超高频 RFID 芯片位置。随后，全球知名轮胎企业和车辆管理单位纷纷效仿。

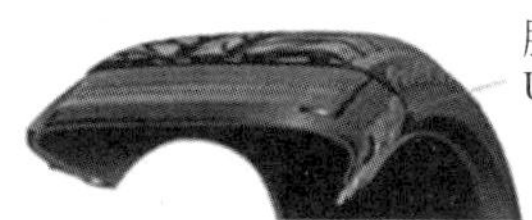

图 8-18　带有超高频 RFID 标签的米其林轮胎

现阶段轮胎管理中电子标签的使用方式有两种，分别是植入轮胎橡胶和轮胎内壁镶嵌方式。

其中植入轮胎橡胶方式主要由轮胎生产商完成。轮胎上的橡胶以及钢带会影响到超高频 RFID 信号，因此，这些标签必须进行特定的环境天线设计：利用内部钢带的耦合效应并考虑到橡胶的材料特性，从而保证更好的信号传输。植入轮胎橡胶方式的特点是固化工艺前，将标签内置到轮胎中。一旦固化后，便无法恢复。如图 8-19 所示，为植入轮胎橡胶方式的电子标签，中间是一个 PCB 基板，基板上焊接了 QFN 封装的超高频 RFID 芯片，基板的两侧连接两根弹簧，作为辐射偶极子振子。这个天线的谐振环在 PCB 基板上实现。这种弹簧标签的优点是耐高温、抗腐蚀、抗振动、稳定性高。

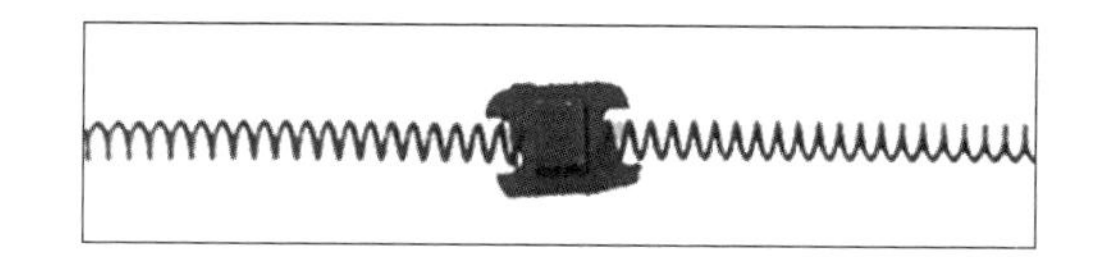

图 8-19　轮胎弹簧标签

轮胎内壁镶嵌是将一个胶皮材质的标签放入轮胎内壁，如图 8-20 所示为轮胎内壁镶嵌方式的电子标签。使用轮胎胶将电子标签固定在轮胎内侧，因为不需要经过轮胎硫化生产过程，与弹簧标签相比，抗高温、抗腐蚀等特性都差不少。轮胎内壁镶嵌方式普遍用于轮胎管理单位对其轮胎资产的管理，在国内常用于公交车管理。

图 8-20　轮胎内壁橡胶标签

在公交车轮胎管理的应用中，可以采用上述两种方式，且都要求手持机识别距离大于 50cm。每一次轮胎作业，如质检、路队配送、库存盘点、轮胎拆装等，管理人员只需用将手持机对轮胎进行扫描，即可将轮胎作业信息上传至网络管理终端，形成电子作业记录。同时轮胎与公交车辆可以实现绑定，每辆公交车前挡风右下角贴有含超高频 RFID 芯片的车辆识别标签。首次安装轮胎，需用手持机将车身标签与轮胎标签绑定，为轮胎的保养、翻新提供可靠数据。

对比传统技术，采用超高频 RFID 技术的轮胎管理具有如下优势。

- 非接触式数据采集：超高频 RFID 技术极大地增强了管理者对被采集对象的信息收集、交换与跟踪能力。
- 安全性高：标签的数据存取具有密码保护，识别码独一无二，无法仿造，并且标签指示加密技术，这种高度安全性的保护措施使得标签上的数据不易被伪造和篡改。
- 体积小型化、形状多样化：既可以做成弹簧标签形式植入轮胎内，又可以做成一小块橡胶镶嵌在内部。
- 可重复使用：超高频 RFID 芯片寿命在常温下可达 50 年，且支持超过 10 万的次重复写入。

此外，轮胎智能管理系统完善后，还将与公交车智能发车、限速监控等智能系统进行连接，届时，将极大地增加行车安全性。例如，如果行车过程中，出现胎压远低于或远高于规定胎压正常值时，系统将会自动弹出警告提示信息，工作人员可以根据提示信息及时、准确地进行处理，避免爆胎事故的发生。

8.4.3 电力资产管理

在我国的电力资产管理应用中，最主要的两个应用为电力超高频 RFID 封印管理和超高频 RFID 电力巡检系统。

1. 电力超高频 RFID 封印管理

1）项目背景

电力计量在电力系统中有十分重要的作用，可以对用电消费者所消耗的电量进行统计，作为辅助完成这项工作的关键技术，电力计量技术的管理和应用显得十分重要。电力计量技术的应用可以使得电力生产更加安全，同时提高用电效率。随着全球进入物联网时代，国家全力打造智能电网，电力计量技术也随之得到发展，相应的设备依据物联网、超高频 RFID 技术实现了自动化、智能化与信息化。

2）电力计量设备管理现状概述

随着我国经济的快速发展，居民和工业用电量不断增加，电力供电网络规模逐渐扩大，对电力计量技术管理的要求也越来越高，电力企业电力计量技术的发展状况以及管理水平面临着巨大的挑战。如今我国计算机技术和现代网络技术得到了飞速发展，电力计量技术的科技含量不断提高，新技术、新产品被广泛应用到电力计量技术中。

但是近年来，有些不法分子擅自破坏和调整电力计量设备，以达到偷电、盗电的目的，给国家电力部门造成巨大的经济损失。据国家电力部门不完全统计，中国每年因窃电损失就高达 200 亿元人民币。窃电行为中最为普遍和简单的方法是破坏并伪造电能表的签封，造成拨表、错接线、断线等，以达到不能正确计量的目的，目前多采用传统的封印进行管理，但由于传统签封不具备防伪功能、容易仿制，窃电现象并未得到改善，由国家电网推动的超高频 RFID 智能封印资产管理系统，可彻底解决上述问题。

3）系统简介

该系统基于物联网架构，运用超高频 RFID 技术，通过与计算机管理系统结合，实现对电力设备操作流程的智能化管理。该系统具有防伪、防撬、防窃、易于巡检、红外抄表、易于维护管理等特点。当出现人为破坏封印，封印即不能再读出识别号，巡检时即能发现问题，从而起到防止调表盗电的目的。同时，借助智能封印管理系统可有效解决巡检、抄表工作中所存在的漏检、不检、误抄表、估抄、不抄表等问题，完善巡检监督监察，大大降低了巡检、抄表等的管理难度。

整个电力智能化管理系统包括 RFID 智能封印、移动手持终端、系统管理平台 3 个部分。

4）系统解决的问题

采用超高频 RFID 技术的管理系统便于智能化巡检、抄表、日常维护，提高巡检和抄表的效率，减少安全隐患，解决人力不足，并使巡检、抄表、日常维护等进度透明可控，缩短操作时间，实现数据实时同步，对操作情况和单据信息随时拍照上传。

实现了对电力计量设备的全程智能化、数字化的管理，使电力计量设备实现了全闭环的管理流程。

实现了设备安装施封、定期巡检、抄表、日常维护、稽查等业务信息采集的全程自动化，保证了用电检查的可靠性，提高了工作效率，减少了人为因素造成的差错。

实现了对内部人员的工作进行规范和监督，便于对所做工作进行考评和总结，为明确责任、改进工作提供了依据。

实现了同现有系统的数据共享，能够兼容现有的抄表流程，同时采用了基于 B/S 结构的分布式多层应用体系，保证系统运行的安全性、可靠性、高效性及易维护性，能够实现从传统到智能化的平滑过渡。

有效地杜绝因用户破坏、伪造封印而造成的窃电损失，保护国家财产安全，维护电力公司的利益。

5）效益分析

电子封印和智能封印管理系统的实施和应用，将给电力企业的日常工作带来很大的便利，其效益主要体现在以下几个方面：

- 数字化管理——通过对表封印的信息化资产管理，大大提高了计量设备的管理水平。
- 提高电力计量封的印防伪性能——采用新型超高频 RFID 防伪技术手段，大大提高封印的防伪性能。
- 提高了计量设备的防窃电性能——加强了计量设备的管理，大大提高了计量设备的防窃电能力。这也大幅度降低了用户窃电的可能性。
- 带动计量设备的信息化管理——通过智能封印信息化管理的运行，可配合电力其他各部门信息化管理，一起带动供电公司信息化建设的发展。这也有助于供电单位的计量管理水平产生飞跃。

- 环保——作为一次性使用产品的计量封印，本产品不含任何污染物和有毒物质，易回收处理，是完全的绿色环保产品。
- 节省成本——该系统可对智能封印形成信息化管理，对电子封印的入库、安装、领用、报废等生命周期实行严格监控，防止了电力资产的浪费与流失。
- 便于管理——便于企业对内部操作人员的巡检管理、抄表管理以及用户设备信息、用电信息的智能化管理。

电力计量设备管理的现代化及自动化是实现电能资源管理的关键，也是实现企业智能化和信息化管理的要求，因此，加强对电力计量技术的研究及革新对企业尤为重要。

2. 超高频 RFID 电力巡检系统

1）项目背景

随着社会的发展，现代化程度的提高，电在社会生活和社会生产中发挥着越来越重大的作用，绝大多数的家庭电器和生产设备都依赖电力运行。输送电设备是电力来源的重要保障，一旦某个设备的安全运行出现故障和事故，轻则给一定区域内的人们的生活和生产带来不便，重则使人们的生活和生产陷入瘫痪，并可能波及所在的整个网络，造成巨大的社会影响和经济损失，所以输送电设备的安全运行是一切工作的重中之重。但目前的输送电设备管理仍是采用的定期维修和事后维修相结合的模式，对设备状况缺乏动态掌握，检修中不能突出重点，有些有隐患的设备反而没有得到充分和彻底的检修。

电力设备巡检通过周期性对设备的检测检修，成为及时发现设备故障，将事故消除在萌芽状态的十分有效的方法。它对提高机组启动成功率和机组可用率，保障输送电设备的正常运行起着重要的作用，因此，加强电厂的设备巡检工作具有重大的意义。

巡检是保证电力设备安全的一项基础性工作，它能提高电力设备的可靠性，确保设备处于最小故障率，但目前，国内普遍采用人工巡视、手工纸质记录的工作方式，由于缺乏有效的监督措施，存在人为因素多、管理成本高、无法监督巡检人员工作、巡检数据信息化程度低等缺陷。同时，在线路巡检工作中，某些线路可能处于人员不易达到，或者因为故障无法达到的情况，需要及时在较远的距离获取到这些设备信息，传统的方式也无法满足这样的要求。

2）解决方案及优势

在电力设备资产管理中，自动识别技术的应用主要包括固定资产管理、资产生命周期跟踪和设备检查维护。其中，射频识别系统在固定资产管理中的引入和手持终端的使用，不仅可以大大提高工作效率，节约人工成本，还可以避免人工巡检中不可避免的各种差错，使企业能够更准确地掌握存货和固定资产的配置。随着企业越来越重视资产的监督，企业的资本运作越来越频繁，对于电力资产管理来说，超高频 RFID 技术带来非常多的方便，如图 8-21 所示为电力巡检员使用手持机对电力资产进行巡检。

在设备的巡检和维护，固定资产盘点和资产的全生命周期跟踪管理等方面的应用，超高频 RFID 技术将提供更好的信息采集手段，实时了解设备巡检、维护、运行状态，及时发现隐患提前处理，以避免隐患发展成故障导致更大的损失。巡检人员在发现设备隐患之后，需要将相关的情况及时、准确、清晰、完整地报告上来，相关部门将根据报告所提供的信息组织安

图 8-21　电力巡检员使用手持机巡检

排维修人员前去维修，排除该隐患。

电网资产跟踪管理采用超高频 RFID 手持机对现场实物标识进行信息采集，超高频 RFID 手持机应考虑具有抗干扰性、读写距离、稳定性、可靠性等因素。超高频 RFID 技术为电网资产安全管理提供了有效的信息自动化采集。

电力设备资产管理中，超高频 RFID 自动识别技术在固定资产管理、资产全生命周期跟踪和设备巡检与维护起到了非常重要的作用。工作效率得到大大提高，节省了人工成本，避免盘点中的各种差错。超高频 RFID 技术有助于更加准确地了解固定资产的存量和分布状况。

设备的检查和维护是对设备状态的维护管理，与固定资产库存和资产生命周期跟踪管理不同。由于资产状态的变化，它与整个生命周期跟踪密切相关。设备检修的目的是检查设备运行状况，及时发现隐患，并提前处理，防止隐患发展成故障，进而造成大的损失。检查人员发现设备隐患后，应当及时、准确、清楚、完整地报告。有关部门根据报告提供的信息，组织安排维修人员对设备进行维修，消除隐患。

电力资产管理由于数量多，金额大，更新快，管理要求能及时、准确地反映出这些变化，而超高频 RFID 技术恰恰就是最适合的技术。

8.4.4　布草租赁管理

1. 项目背景

酒店、医院、机关单位及专业的洗涤公司正面临每年都要处理成千上万件的工作服、布草的交接、洗涤、熨烫、整理、储藏等工序，如何有效地跟踪管理每一件布草的洗涤过程、洗涤次数、库存状态和布草有效归类等是一个极大的挑战。针对上述问题，超高频 RFID 提供了完美的解决方案，将超高频洗衣标签嵌入到布草中，并将标签信息与被标识布草的信息进行绑定，通过阅读器设备对标签信息的获取，来达到对布草的实时跟踪管理，形成了市场上主流的布草租赁管理系统。

布草租赁管理系统首先赋予每条布草唯一的布草标签数字身份标识(即洗涤标签)，利用业内领先的数据采集设备，实时采集布草在每一个交接环节、每一个洗涤流程的状态信息，实现对布草全流程、全生命周期的管理。从而帮助经营者提升布草的流转效率，降低人工成本，提升客户满意度。租赁管理系统实时掌握布草流转各个环节的状况，实时统计洗涤次数、洗涤费用以及各酒店、医院的租赁数量及租赁费用。实现洗涤管理全程可视化，为企业的科学管理提供实时的数据支持。

2. 系统组成

布草租赁管理系统由超高频 RFID 洗涤标签、手持式阅读器、通道机、超高频 RFID 工作台和布草标签洗涤管理软件及数据库 5 部分组成。

标签特点：在布草生命周期管理上，基于洗涤行业耐高温、耐高压、耐冲击等多重要素，行业布草的使用寿命的研究数据在洗涤次数上表现为：全棉床单、枕套 130～150 次；混纺(65％聚酯、35％棉)180～220 次；毛巾类 100～110 次；台布、口布 120～130 次等。洗涤标签寿命应大于或等于布草寿命，因而洗涤标签必须要经受 65℃ 25min 温水洗涤、180℃ 3min 高温烘干、200℃ 12s 熨烫整平和 60 bar、80s 的高压压榨以及一系列快速机器洗涤、折叠，经历大于 200 次完整洗涤周期。在布草管理解决方案中，洗涤标签是核心技术，如图 8-22 所示为洗衣标签的照片，其跟随布草要经历每一项洗涤环节，高温、高压、冲击，且多次重复，4.2.2 节详细介绍了该标签的特点。

手持式阅读器：对于单件或少量布草进行补充识别时使用。可以是蓝牙手持机或安卓手持机。

通道机：如图 8-23 所示，当有一车布草需要包装或交接时，需要大批量快速识别，一般情况下一车内有几百件布草，需要在 30s 内全部识别。洗涤工厂和需要交接的酒店都需要配备该隧道机。隧道机内一般有 4～16 个天线，目的为全方位地识别布草，防止漏读。对于需要回收再次洗涤的布草，也可以通过隧道机进行盘点。

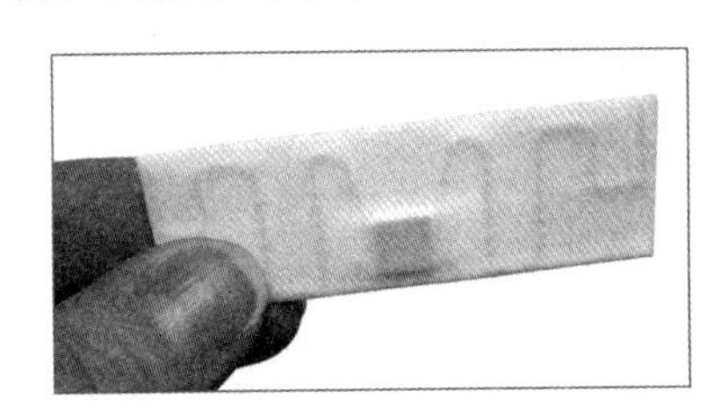

图 8-22　洗涤标签

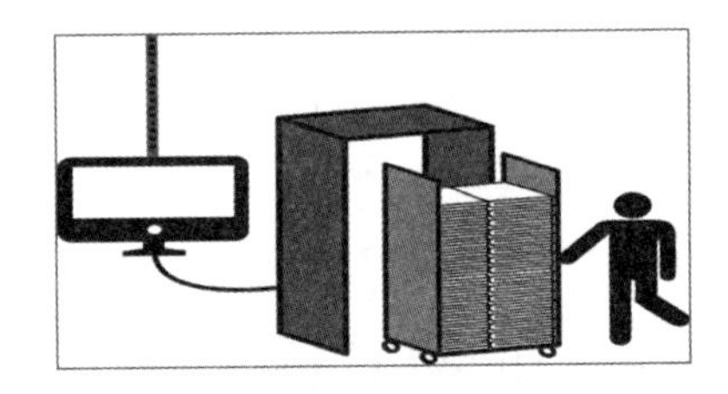

图 8-23　布草清点隧道机

超高频工作台可以与洗涤设备相关联，如图 8-24 所示为工业洗涤设备。正常工作时会统计所有的布草流转情况，当识别到超过工作寿命的标签时，机器可以自动剔除。

布草标签洗涤管理软件及数据库是整个系统运转的基础，不仅给客户提供数据，还有助于实现内部管理。

3. 工作步骤

采用超高频 RFID 布草管理的工作步骤为：

(1) 缝制、登记。将超高频 RFID 洗涤标签缝制到布草被服、工服等物品上后，通过发

图 8-24 工业洗涤设备

卡器将租赁管理公司预制规则的编码信息写入到标签中，并在布草管理系统后台中输入标签绑定布草的信息，这些信息将存储在独立的基于网络的软件系统数据库中。对于大批量管理，也可以先写入信息，再缝制。

(2) 交接。布草在送往洗涤店清洗的时候，由服务人员将布草搜集起来打包好后，经过隧道机，阅读器会自动获取每件物品的 EPC 号码，并通过网络连接将这些号码传送到后端系统，然后存储数据，标明该部分物品已经离开酒店，交接给了洗涤厂工作人员。同样，当布草由洗涤店清洗干净送回酒店时，通过阅读器扫描通道，阅读器会获取所有布草的 EPC，并送回系统后台，与送往洗涤店的布草 EPC 数据进行比对，以完成洗涤店到酒店部分的交接工作。

(3) 内部管理。在酒店内部，对安装有 RFID 标签的布草，工作人员可利用 RFID 手持式阅读器快速、准确、高效地完成布草的盘点工作。同时，可以提供快速查找功能，追踪布草的状态和位置信息，配合工作人员完成取布草工作等等。同时，通过后台的数据的统计分析功能，可精确得到每一个单品布草的洗涤情况、寿命分析等等数据，有助于管理层掌握布草的质量等关键指标，并根据这些分析数据，在布草达到清洗的最多次数时，系统能够接收到警报，并及时提醒工作人员进行更换，提高酒店的服务水平，提升客户体验。

4. 系统优点

采用超高频 RFID 布草管理的系统具有如下优点：

(1) 减少布草分拣人工。传统的分拣过程通常需要 2～8 个人将布草分拣至不同的滑槽内，而将所有布草分拣完毕可能会耗费数小时。有了超高频 RFID 布草管理系统，当布草通过流水线时，阅读器会识别到标签的 EPC，并将数据告知自动分拣设备实行分拣（与 8.3.2 节的货物分拣原理相同），效率可以提升几十倍。

(2) 提供准确的清洗数量记录。每件布草的清洗循环次数是一个很重要的数据，清洗循环次数分析系统可有效预测每件布草的寿命终止日期。大多数布草都只能经受一定数量的高强度清洗循环，超过额定次数后布草即开始破裂或损坏。在无清洗数量记录的情况下预测每件布草的寿命终止日期十分困难，这也对酒店为替换旧布草制定订购计划造成困难。当布草从清洗机中出来，阅读器就会识别到布草中标签的 EPC。紧接着，该布草的清洗循环次数就会被上传到系统数据库内。当系统检测到一件布草已经接近其寿命终止日期时，系统会提示使用者重新订购该布草。这个程序能确保企业有必要布草的库存储备，从而大大减少因布草丢失或损坏而发生的补货时间。

(3) 提供快速简便的可视化库存管理。缺乏可视化的库存管理会导致企业难以精确制定突发事件应对计划、实现高效运作或防止布草遗失及失窃。如果一件布草被窃，而企业未实行每日库存审核，则该企业可能会在日常运作中面临因不准确库存管理引发的潜在延误风险。基于超高频 RFID 的洗涤系统可帮助企业更快、更高效地进行每日库存管理。放置于每间库房内的阅读器会进行持续的库存监测，以帮助准确指出何处的布草遗失或遇窃。通过超高频 RFID 技术进行的库存数量读取也可为使用外包清洗服务的企业提供帮助。在将待洗布草送走前进行库存数量读取，当布草送回后再次进行数量读取，以确保最终送洗过程中未出现布草遗失。

(4) 减少遗失及失窃。当下，全球大多数企业还在使用简易的、依赖人力的库存管理方法来统计遗失或失窃的布草数量。不幸的是，在靠人力统计成百上千件布草的时候人为造成的失误十分可观。通常当一件布草失窃，企业几乎没有可能找到盗窃者，更不可能得到赔偿或返还。超高频 RFID 标签内的 EPC 序列号使企业有能力甄别具体是哪一件布草遗失或被窃，并可以得知其最后被探寻到的位置。

(5) 提供有意义的客户信息。出租布草的企业拥有研究用户行为的独特途径，那就是通过出租布草上的标签来了解客户。基于超高频 RFID 的洗涤系统可帮助记录客户信息，例如，历史租用人、租用日期、租用时长等。保存这些记录可帮助企业了解产品受欢迎程度、产品历史及客户偏好。

(6) 实现精确的入住及退房系统管理。布草出租的过程通常十分繁杂，除非企业能实现一种简洁的保存，如出租日期、到期日期、客户信息等。基于超高频 RFID 的洗涤系统提供了一个客户数据库，不仅能够存储重要信息，还能及时提醒企业某件布草到期日期临近等小事项。此功能使企业可以与客户交流大致归还日期并提供给客户而非像之前只提供假定归还日期，从而有效提升客户关系；反之也减少了不必要的争端，从而提高布草的租金收入。

视频讲解

8.5 智能交通管理

超高频 RFID 在智能交通管理的应用包括路桥通行管理、车辆绿标管理、电子车证管理、关口通行管理等。随着政府部门的介入，电子车牌的推广，上述的智能交通应用都可以通过电子车牌实现。

电子车牌

汽车电子标识(Electronic Registration Identification of the motor vehicle，ERI)也叫汽车电子身份证、汽车数字化标准信源、俗称“电子车牌”，将车牌号码等信息存储在射频标签中，能够自动、非接触、不停车地完成车辆的识别和监控，是基于物联网的无源超高频射频识别在智慧交通领域的延伸。

1. 背景

说起"汽车标识"，大部分人第一时间想到的是传统的"物理车牌"，安装在汽车的前端和后端，被用来标识汽车身份的合法性。通常来说，对于车辆的管理，如单双号限行等都是用车辆的物理车牌来进行的。随着车辆数量的增加和涉车应用不断扩展，很多时候无法用纯人工的方式完成全部车辆的管理。于是，视频技术进入智能交通该领域，逐渐形成了大部分城市车辆管理的主要方式，但仍然存在套牌、识别率等问题。

传统的汽车电子标识方法明显不能满足当代交通管理部门对于车辆的管理需求，新的车辆准确标识的方法迫在眉睫，目前已有多重电子标识系统，包括：

- 高速公路不停车收费 ETC 技术。此技术正在快速发展，作为高速公路快速通行的一种商用系统，目的在于快速交费、快速通行。同时，ETC 系统更多针对低速过闸，只有在时速低于 60km 时，才能识别到。另外 ETC 为有源电子标签，需要电池供电，在车辆管理应用和成本及生命周期等方面有一定限制。
- 超高频 RFID 技术。国内已经有部分城市为了有效地识别车辆身份，开始在城市交通管理中逐步使用超高频 RFID 标签。
- 北斗和 GPS 技术。北斗是中国自行研制的全球卫星导航系统，有些特殊车辆采用北斗技术进行管理，但是该系统和 GPS 一样，主要提供位置服务，在应用扩展方面存在限制。

通过上述技术分析，基于国家对车辆进行规范管理的需求，最适合作为车辆电子标识的技术是超高频 RFID 技术。基于超高频 RFID 的汽车电子标识技术突破了原有交通信息采集技术的瓶颈，实现了车辆交通信息的分类采集、精确化采集、海量采集和动态采集，抓住了智能交通应用系统采集源头的关键问题，是构建智慧交通应用系统的基础。汽车电子标识(电子车牌)标准征求意见稿于 2014 年底由国家公安部制定并予以推广，并在行业内得到了高度关注。汽车电子标识是用于全国车辆真实身份识别的一套高科技系统的统称，由公安部交通管理局统一标准，统一推行，统一管理，与汽车车辆号牌并存，并且法律效力等同于车辆号牌。

汽车电子标识不仅具有电子车牌的作用，还具有多种用途，如图 8-25 所示，汽车电子标识内部还包含了年检信息、车辆身份信息、交强险信息、绿标信息、高速收费功能和钱包功能。

2. 主要功能

汽车电子标识即"电子车牌"，在汽车上安装一个芯片，然后实现高速运动状态下对车辆身份的识别、动态的监测，附带实现流量监测，助推城市交通智能化管理。其主要功能和作用可分为 4 点。

防伪：每张超高频 RFID 标签都有全球唯一 TID 号码，而且不可修改，因此 RFID 技术具有无可比拟的防伪性能。除了 TID 号外，还有一部分数据区，若有需要则可以写入一些

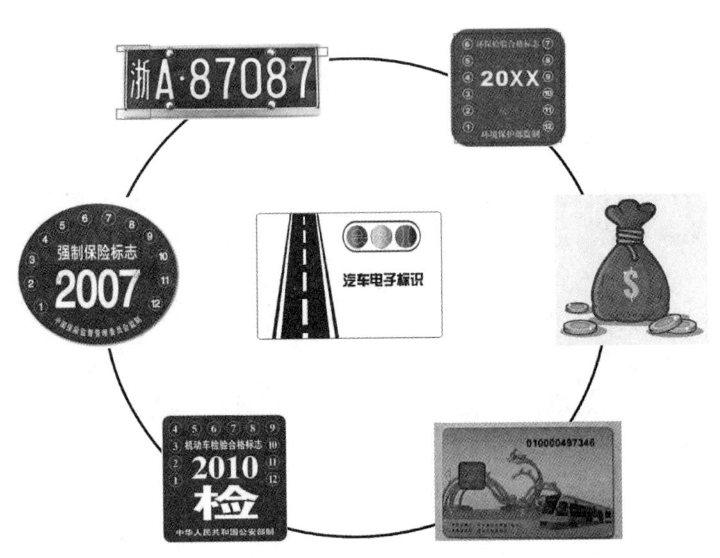

图 8-25 汽车电子标志用途

数据信息。可以把车辆号牌和车证信息加密写入到这个区域,从这一点上说也具有很高的防伪特点。通过阅读器对过往车辆的检查,拥有假证或不合法车辆是很容易被识别出来的。

防借用:由于车辆号牌信息可以加密写入到标签中,调用系统数据库内的信息资料,可以辨别出某一车辆是否有权使用这张车证(即电子标签),从而可以防止车证借用的现象,做到证、车统一。

防盗用:如果某车证不慎遗失,可以通过上述手段从车证号码和车证的统一性上判别某车辆是否有权使用该车证,而车主也可以挂失该车证。一旦某车辆使用挂失车证试图出入时,就可以被识别出来。

防拆卸:每个电子标签都附带有防拆卸功能,安装好以后,一旦进行拆卸,电子标签将无法工作,从而避免了电子标签被拆卸后重复使用或它用,确保了电子标签与被识别车辆形成一一对应的关系,起到电子标签真正的标记作用。

如图 8-26(a)所示为汽车电子标识的结构图,陶瓷基板上带有银浆印刷的天线,标签芯片连接在银浆天线上。在陶瓷基板上有防拆保护,人为在陶瓷基板上切割出多个缝隙,当受到外力时,陶瓷基本会损坏,断开银浆天线与芯片的连接,引起标签失效。此处的双面胶为防拆专用双面胶,其内部应力不平均,黏性很强,且具有较好的温度特性,在不损坏标签的前提下无法拆除。图 8-26(b)为汽车电子标识的尺寸图。

图 8-27(a)为汽车电子标识的正面照片,应安装在汽车微波窗口位置。无微波窗口的,应安装在车辆前挡风玻璃水平居中、垂直靠上位置,电子标识上边沿距挡风玻璃边沿不小于 5cm。图 8-27(b)为汽车电子标识的背面照片。

根据规范要求,小型客车、中型客车及小型货车电子标识上边沿距离前挡风玻璃上边沿不小于 5cm,左边沿距挡风玻璃垂直中轴线不大于 10cm,一般位于后视镜背部靠右位置,如

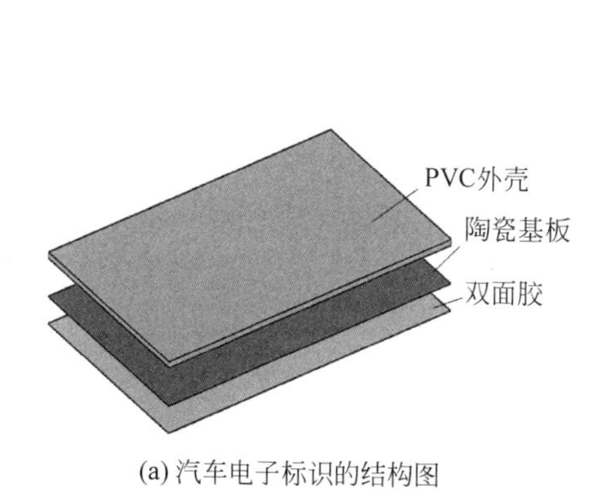

(a) 汽车电子标识的结构图

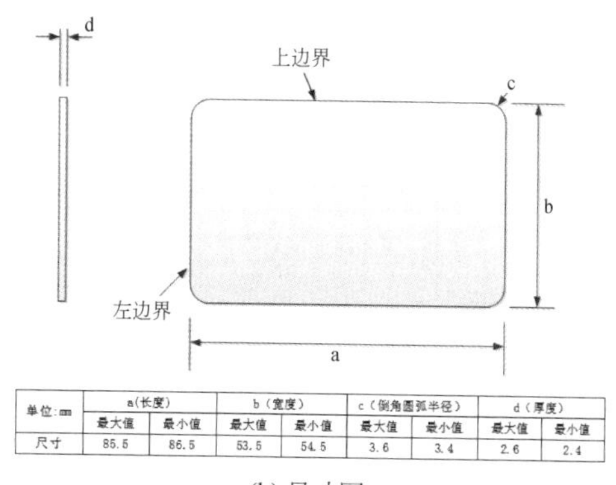

单位:mm	a(长度)		b(宽度)		c(倒角圆弧半径)		d(厚度)	
	最大值	最小值	最大值	最小值	最大值	最小值	最大值	最小值
尺寸	85.5	86.5	53.5	54.5	3.6	3.4	2.6	2.4

(b) 尺寸图

图 8-26　电子车辆标识结构尺寸

(a) 汽车电子标识的正面照片

注意事项

1、本标识应安装在挡风玻璃上，不得私自拆卸；

2、本标识不得用力挤压；

3、本标识如有损坏，请及时到车管所重新申请。

No. 1234567890ABC

公安部交通管理局监制

(b) 汽车电子标识的背面照片

图 8-27　汽车电子标识照片

图 8-28(a)所示；大型客车、中型货车、大型货车及低速载货汽车，电子标识距挡风玻璃上边沿不小于 15cm、距挡风玻璃垂直中轴线不大于 10cm。一般位于后视镜下方靠右位置，如图 8-28(b)所示。

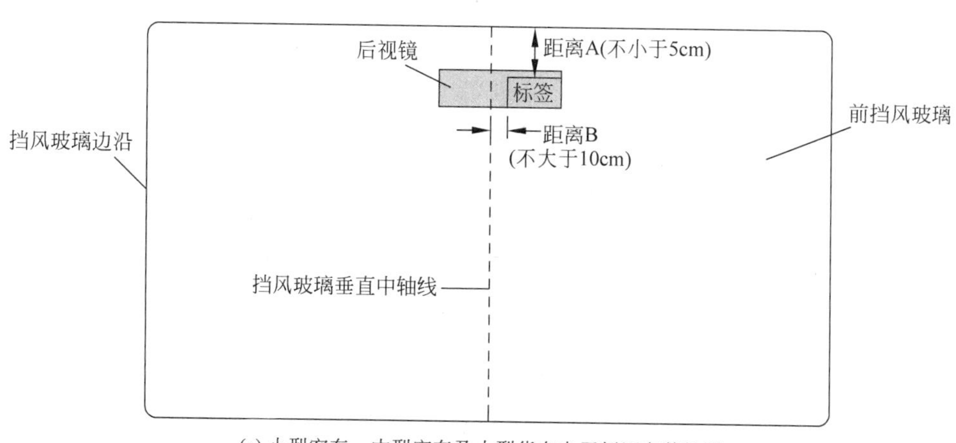

(a) 小型客车、中型客车及小型货车电子标识安装位置

图 8-28　汽车电子标识安装要求

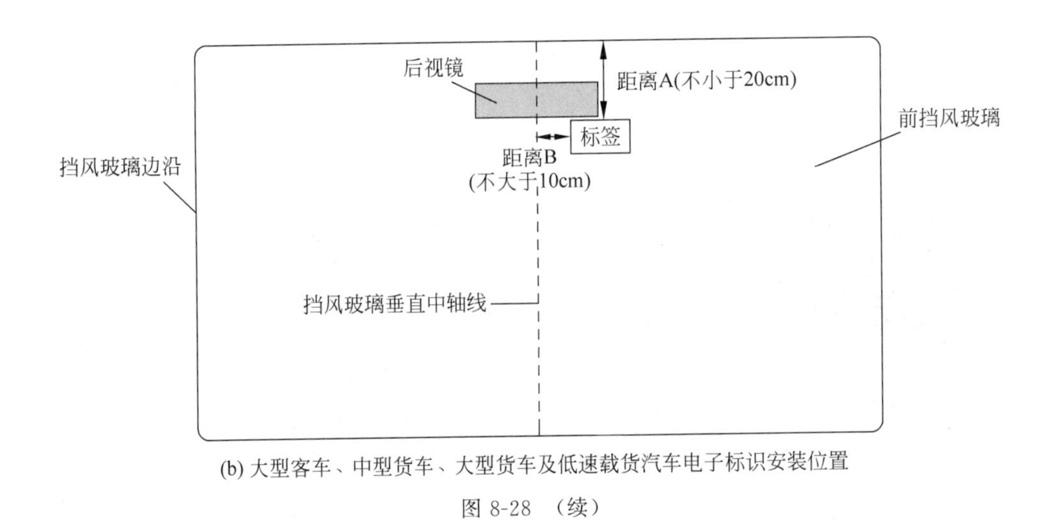

(b) 大型客车、中型货车、大型货车及低速载货汽车电子标识安装位置

图 8-28 (续)

3. 汽车电子标识标准

公安部与工业和信息化部正在积极推进汽车电子标识相关工作,2014 年完成整个新编研发和国家标准编制工作,2015 年开展示范应用,2016 年完善配套应用和政策保障。国家标准化管理委员会网站 2014 年 11 月 20 日征求《汽车电子标识通用技术条件》等 6 项国家标准(征求意见稿)意见的通知。征求意见稿中规定电子标识厚度 2.5mm,采用超高频 RFID 技术,存储容量不小于 2048b,共分为 5 个存储区域,为芯片标识符区、编码区、安全区、车辆注册信息区和若干个用户区,其中若干个用户区尚未明确发布,为电子车牌的应用与运营层面增加了许多可能性。业内实力强大的研究所和企业也积极参与到标准的制定工作中,本标准由物联网社会公共安全领域应用标准工作组提出,由中华人民共和国公安部归口,由公安部交通管理科学研究所负责起草。

在标准起草过程中,标准起草单位组织多次前期调研、召开了多次会议,就标准涉及的主要问题进行论证,查阅了国内外相关资料,并赴重庆等地深入调研类似"电子车牌"应用情况和各地应用需求,结合国家《物联网"十二五"发展规划》等文件要求,对电子车牌相关技术进行了论证、分析,结合应用需求对汽车电子标识的功能、性能、环境适应性等内容进行梳理,同时多次召开标准草案专题研讨会征求各方意见。

2014 年 11 月,该标准的制定工作基本完成,征求意见稿上报国家标准委并向社会公示。2015 年开展示范应用,标准正式推广并实施。

汽车电子标识中的 6 项国家标准为:

(1)《汽车电子标识通用技术条件》,主要规定了汽车电子标识通用技术要求,适用于基于超高频无线射频识别的汽车电子标识的生产、测试和应用。

(2)《汽车电子标识安全技术要求》,主要规定了汽车电子标识安全技术要求,适用于基于超高频无线射频识别的汽车电子标识的生产、测试和应用。

(3)《汽车电子标识安装规范》,主要规定了汽车电子标识在汽车前挡风玻璃上的安装方式、安装位置、安装条件、安装步骤等要求，适用于汽车电子标识的安装和测试。

(4)《汽车电子标识读写设备通用技术条件》，主要规定了汽车电子标识读写设备通用技术要求，适用于汽车电子标识读写设备的设计、生产和检验(除特别说明外，本标准条款仅适用于固定式读写设备)。

(5)《汽车电子标识读写设备安全技术要求》，主要规定了汽车电子标识读写设备安全技术要求，适用于汽车电子标识读写设备及后台应用系统的设计、测试及应用。

(6)《汽车电子标识读写设备安装规范》，主要规定了汽车电子标识读写设备安装要求，适用于固定式读写设备的安装。

4. 电子标识的作用

开展汽车电子标识技术的应用是为了实现我国在道路交通领域管理模式上的根本改变，同时也能够充分满足公安部针对道路交通监控系统的综合管理效能而提出的“实时监视，联网布控，自动报警，快速响应，科学高效，信息共享”的24字要求，公安部门因得到智能交通系统技术的有力支持而真正实现数字化、智能化的交通管理，从而为“科技强警”注入生机和活力。

汽车电子标识作为公安部门对车辆信息电子采集的一个基本信息载体，通过设置在车道上的读写基站可以实现全天候地自动提取经过车辆属性信息、位置信息以及状态信息等，从根本上消除了道路交通管理在时间和空间上的“盲点”，全面扩大了交通管理的监控时段和监控范围。并且，因此产生的大数据就可以充分提高城市交通管理的力度，也提高了交通参与者遵纪守法的意识。其主要作用有：交通违法(违章)行为的识别、假牌/套牌车辆识别、不合法上路车辆的识别、车辆行驶轨迹跟踪、动态交通信息采集、闯红灯记录、对向车道或单行线逆行识别、超速车辆检测、限行车辆管理、限号/牌管理、违停识别、公交专用车道识别与公交优先、城市核心区拥堵费自由流收取、道路交通分布及交通规划预案、交通诱导、动态交通信息发布等。

交通违法(违章)行为的识别：在特定情况下，公安部门往往需要对于某些特定车辆在某特定区域内运行状态全过程进行记录及回溯。基于电子车牌技术的交通管理系统通过前端读写基站对车载电子标签的识读以及后台信息系统对于数据的有效管理，提供即时一站式查询服务，并支持查看历史过车记录的详细信息，以及查询结果的数据分析功能。

假牌/套牌车辆识别：电子车牌系统与传统的卡口及电子警察系统结合是实现识别假套牌车辆的最有效途径。当载有电子车牌标签的任意车辆经过时，读写基站采集分析该电子车牌标签信息，同时具有车牌识别功能的摄像机抓拍该车车牌号码图像并识别，与电子标签内的信息交叉比对，鉴别是否为假牌/套牌车辆。

不合法上路车辆的识别：电子车牌提供了车辆强制性的标准信号源，如同汽车的“二代身份证”，能够作为清查此类违法车辆的唯一快速有效途径。

车辆行驶轨迹跟踪：车辆通过各个电子车牌读写基站时，系统可以记录下车辆行驶的路径点信息，可以跟踪该车辆行驶轨迹，并且可以将车辆行驶轨迹映射在GIS动态地图上。

动态交通信息采集：基于电子车牌系统的车辆识别准确性高，不易受环境的影响，可准确、全面地获取车辆的状态信息以及路网交通状况。

闯红灯记录：可解决现有闯红灯摄像装置图片模糊、识别成功率不高等问题。

对向车道或单行线逆行识别：利用电子车牌系统可以实现对向车道越线或单行线逆行的现象的抓捕。

超速车辆检测(区间测速)：与摄像头区间测试原理相似，通过记录一条路两个阅读器识别点之间的时间差计算车辆的平均速度。

限号/牌管理：电子车牌极易实现对所有的车辆的限号管理，对限号违章车辆进行实时监控。

限行车辆管理：黄标车和无标车虽只占城市机动车总量的10%～15%，但排放的污染物却达机动车排污总量的50%。利用电子车牌技术建立的区域限行系统，可以实现机动车信息系统、环保监管系统和道路通行系统的三者联网，从而实现车辆身份识别判断的唯一性，提高限行管理的准确性和高效性。

违停识别：利用手持阅读器的拍照功能可以进行本地存证，或由视频联动技术可以实现远程视频图像的取证。

公交专用车道识别与公交优先：基于电子车牌系统的公交优先信号灯管理可以准确判断来车身份，使绿灯在公交到达路口或到达路口后等候不长时间内开启，从而保证公交车的优先通行，又最大限度地减轻对其他车辆的影响。

城市核心区拥堵费自由流收取：电子车牌能够自动准确识别到进入拥堵区域的车辆，并通过与电子车牌关联的银行账户中自动扣除费用，实现车辆的自由流拥堵收费，缓解局部交通状况。

道路交通拥堵分析与预警：根据从电子车牌系统获得的整个路网的交通流参数，可以对整个路网的交通运行状态进行分析和评估，提前判断出可能出现交通拥堵的区域，然后采取一定的控制措施或者进行交通诱导，消除可能出现的拥堵情况。

道路交通分布及交通规划预案：车辆安装汽车电子标签后，通过分布在全市的读写基站，就可以收集到全市所有车辆在不同时段的动态行驶信息，可精确掌握全市各道路上的车流量和车辆运行的规律性。

交通诱导：根据电子车牌系统上传的路况数据，分析当前交通流状况，并经优化计算为车辆提供最佳的行驶路线，为驾驶人员安全快速行车提供良好的服务。

动态交通信息发布：在电子标签系统采集交通信息的前提下，结合先进的通信、电子、多媒体和计算机网络等技术，为出行者提供道路交通系统、公共交通系统及其他与出行有关的重要信息，以达到提高交通系统整体运行效率的目的。

5. 技术指标和实现

安装了电子车牌的车辆在经过卡口、重要路口或是安装有路侧单元的地方时，读卡器发射的超高频电磁波被电子车牌接收后，将其转换为电能，启动芯片工作，芯片验证读卡器身份等信息之后，将所要求的信息发回给读卡器，最后读卡器将这些信息发回指挥中心。现在的国家标准规定车辆行驶速度在120km/h以下能够达到99.95%的准确读取率，而实际测试，车辆在 240km/h 的时速时，读卡器都能准确读取到电子车牌的数据。

1）测试系统

系统测试环境如图 8-29 所示，其中天线按规定要求安装在龙门架上，天线距离地面垂直高度 5.5m，读写单元输出功率为 30dBm。测试内容为车辆静态情况下识别，水平距离超过 15m；车辆静态情况下加密读取识别，水平距离超过 12m；车辆静态情况下加密写识别，水平距离超过 8m；车辆 120km/h 的行驶速度从龙门架前方 20m 至龙门架正下方区域通过，保证稳定识别。

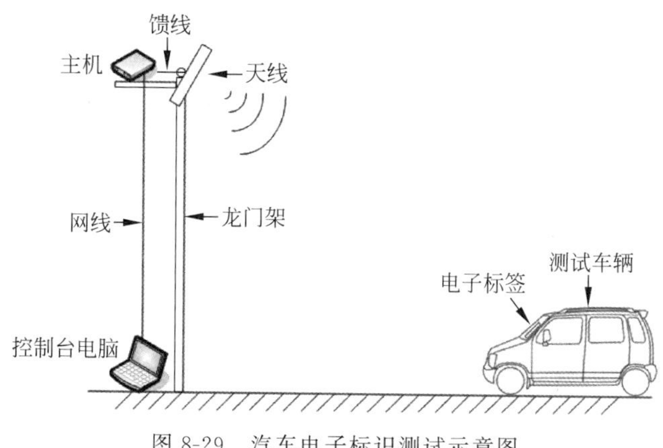

图 8-29 汽车电子标识测试示意图

2）硬件要求

（1）电子标签芯片。

- 符合国标 GB/T 29768—2013 标准；
- 带有国家商用密码 7 算法；
- 具有符合电子车牌标准的配置存储区，存储区大于 2KB；
- 具有足够的灵敏度(小于－18dBm)。

（2）阅读器。

- 符合国标 GB/T 29768—2013 标准；
- 可以配置 P-SAM 卡槽，可以与加密模块进行通信，如图 8-30 所示为阅读器的基本结构图；
- 具有较高的灵敏度(小于－70dBm)。

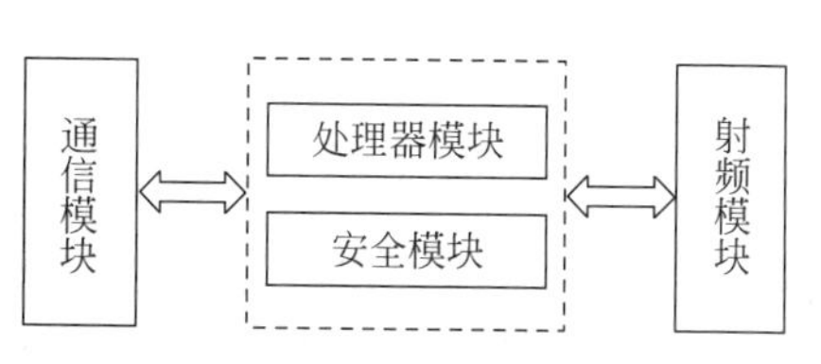

图 8-30 读写设备基本结构图

8.6 智慧工业管理

超高频 RFID 在智慧工业中有多种应用，包括生产自动化管理、产线工人管理、生产工具管理、生产设备管理、自动化传感等。虽然超高频 RFID 芯片在智慧工业领域出货量的占

比不高,但单个标签芯片产生的经济价值是所有应用中最高的。本节主要针对在智慧工业管理中价值链最高的超应用项目、自动化生产管理应用和无源无线电力测温应用。

8.6.1 自动化生产管理

1. 项目背景

在传统的制造企业中,日常管理更多的是集中在产品管理、质量管理、仓库管理、移动资产管理、现场人员管理、车队管理等等。而生产线信息的采集通常是采用人工采集、手工输入的方式。这种人工采集、手工输入的方式准确性远远不够,存在较大的错误率。而且手工输入只能定时进行,导致生产计划只能按周计划、月计划提交,不能精确到日。系统中生产数据无法实时更新,滞后情况严重,不利于生产流程的顺利进行,制约了产能的进一步提高。同时制造企业大部分职能部门大多使用纸和笔的初级记录方式,这使得制造企业的大部分职能部门面对着大量的数据错误,降低了企业整体的生产力。

制造企业已意识到这些问题的存在,并尝试使用新兴技术去解决这些问题。目前,部分生产型企业采用条形码识别的方式来提高数据录入的准确性,但条形码识别还是存在技术上的瓶颈:

- 工人的效率不同,容易引起小组的分工不均匀;
- 生产异常、生产线瓶颈问题无法实时发现;
- 劳动效率低下,实际工作时间利用率不高;
- 条形码标签一旦印刷不清晰、有折叠的痕迹等问题时,用条形码枪便很难识别;
- 无法实时追踪,管理层难以根据工作状态进行工作安排,如果工作过程中某个工序出现问题,要排除问题也必须等到下一天;
- 条形码数据采集需要专门安排人员队伍进行操作,劳动成本开销大。

因此,以条形码识别为代表的生产线管理系统已经越来越不能满足企业对高效、精益化生产管理的要求,企业在深化现代管理理念的同时,构建更先进技术的生产线管理系统具有重要的意义。

2. 解决方案

随着物联网技术的快速发展,智能化制造业生产结合了超高频 RFID 技术和现有的 IT 系统,建立智能化、数字化生产线的实时管理体制,让生产更优化、更合理地利用资源,从而提高产能、资产利用率以及高质量控制,让生产创造更大的效益。超高频 RFID 技术打造一体化智能产线管理。

超高频 RFID 正在进入制造过程的核心阶段。通过在车间层逐步采用超高频 RFID 技术,制造商可以直接且不间断地获取信息并链接到现有的、已验证和工业加强的控制系统基础结构,与配置超高频 RFID 功能的供应链协调,不需要更新已有的制造执行系统(MES)和制造信息系统(MIS),就可以发送准确、可靠的实时信息流,从而创造附加值,提高生产率和大幅度地节省投资。

超高频 RFID 技术生产线管理是在生产线、产品转存区和暂存仓库应用先进的超高频

RFID 自动识别技术,使用可重复读写的电子标签(每个电子标签都有唯一 ID 号,以及可读写数据区,将产品信息写入电子标签中),在生产线下线工位及仓库出入口安装阅读器,通过读写标签信息自动写入和采集各位置产品信息,并与其他的 MES 系统共享数据信息,信息同时显示在显示屏上,生产线操作员可根据相应提示对需要加工的产品从下线到仓库转存、暂存、再上线生产进行全流程跟踪管理。如图 8-31 所示为超高频 RFID 技术生产线示意图。这样可以保证生产线之间货物批次箱号的对应,各条生产线能毫不出错地完成生产任务,且记录下生产过程中的重要信息,可为将来的质量信息追溯提供基础数据服务。

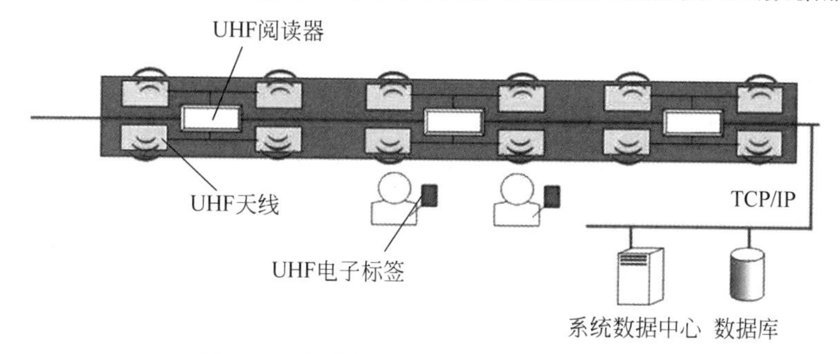

图 8-31 超高频 RFID 技术生产线示意图

工位管理,一般用于计件生产场合,员工用身份卡刷卡开始工作,读取产品上的电子标签记录加工产品的信息,主要作用有记录员工出勤、工作数量信息;记录产品信息,提供动态进度信息,并可通过数据分析发现产线产能瓶颈,提供生产依据。

自动化产线管理,在自动化产线应用中,在产品上或载具上安装电子标签,利用产线的阅读器读取产品信息,以便为自动化加工提供加工属性依据。

产线轨道超市管理,产线上料区安装阅读器,读取料箱或工件信息,为快速补料提供依据,提高生产效率。

流利架超高频 RFID 管理,在每个流利架安装电子标签阅读器以及小型显示屏,自动记录上料批次以及数量,并及时提供上料预报信息,上料时可以灯光提示上料口以及显示批次物料名称等信息。

超高频 RFID 对工序管理解决了工序管理对人工的依赖,整个生产制造过程的工序更加精确便捷,对于在制品的工序可以实现跟踪、追溯。一旦有任何制品出现问题,都可以迅速找到问题源头,立刻解决。相较于人工,效率大大提升。

超高频 RFID 技术自动采集生产中各个专业环节中的数据,形成信息实时采集与传输,让系统统计数据方便、及时、准确。提高了生产流程的工作效率,实现了成本控制管理可视化、产品物流运态监控管理。

3. 系统收益

基于 RFID 技术生产线管理系统的建成,可为企业带来如下收益。

1) 能够准确、实时地采集生产数据

生产数据的实时反馈是保证生产运营畅通的基础。系统在生产车间采集实时生产数据是阅读器设备实时自动采集，阅读器通过读出货物电子标签中的特定信息实时的反馈到系统中，服务器每5秒钟(更新频率可以根据需求而定)更新一次数据。通过这种操作方式系统能够提供实时的生产数据进行采集和数据分析。

2）在原有的基础上实现生产力提升

生产力是生产管理的关注热点同时也是管理难点，如果提升了生产力就意味着企业的产量提高、利润可以增加。生产车间实时生产数据反馈到系统，通过系统监控可以实时发现阻碍生产流水线畅通的原因，及时发现生产瓶颈所在。系统是通过实时数据归集对每个车间、每个组、每个工位的生产情况进行实时的监控，从而发现任何生产环节出现的非正常状态，并及时解决阻碍生产流水的瓶颈问题。从整体上保障了流水线的畅通，提高了生产力。

3）订单进度实时跟踪，保障及时交货

订单如果不能及时交货意味着公司不但不能盈利反而会亏损，同时也影响公司的信誉，使公司将来的发展受到很大的影响和阻碍。特别是出口企业对于订单的及时交付显得更为重要。系统根据客户订单，实时跟踪生产产品从开始生产到结束生产整个生产流程，从而精确地掌握每个订单的生产进度，保证按时交货。

8.6.2 无源无线电力测温

1. 项目背景

电力设备安全可靠性是超大规模输配电和电网安全保障的重要环节，我国正处于经济快速增长时期，国家电网的电力供电负荷日益增加，在持续扩大供电的同时，也给电网电器设备带来一系列的安全问题。为了尽可能地避免各类电力事故，电力设备安全运行实时监控迫在眉睫。

电网设备中的触头和接头是电网安全的一个重要隐患。现有统计结果表明，故障主要发生在下面的3个位置：

- 开关柜中动、静触头故障。开关柜在电力系统中被广泛应用，是输配电系统中的重要设备，承担着开断和关合电力线路、线路故障保护、监测运行电量数据的重要作用。开关设备因高压断路器动、静触头接触不良，加上长期的大电流、触头老化等因素易致其接触电阻增大，从而导致长时间发热、触头温升过高甚至最终发生高压柜烧毁事故。
- 电缆接头故障。随着运行时间的延长、压接头的松动、绝缘老化、局部放电、高压泄漏等，将引起发热和温度的升高，这将使运行状况进一步恶化，促使温度进一步提升，这一恶性循环的结果就引发短路放炮，甚至火灾。
- 传统的温度测量方式周期长、施工复杂，效率低，不便于管理，发生故障时要耗费大量的人力物力排查和重新铺设线缆。而在特定场合下监测点分散、环境封闭或有高电压，很多测温方式无法实现测量工作。再加上高温对电池影响非常大，正常电池无法长时间工作，且电力设备中更换电池非常麻烦，因此无源无线测温系统应运而生。

2. 技术对比

现有的无源无线电力测温技术共有 3 种,分别是超高频 RFID 温度传感技术、声表面波(SAW)技术和感应取电(CT)技术。如表 8-1 所示,为无源无线电力测温的技术对比表。其实这 3 种技术的实现方式在本书中都有介绍,超高频 RFID 温度传感技术在 4.6 节无源传感标签技术中有详细介绍;声表面波技术在 4.3.7 节无芯超高频 RFID 技术中有介绍。温度变化会改变声表面波的谐振频率,可以通过频率的变化反算出当前温度;感应取电其实就是使用电感线圈耦合电力线上的 50Hz 交流电流转化为直流电,再给无线射频芯片和传感器供电,其取电模型为 1.3.2 节中介绍的电感耦合取电方式。

表 8-1 无源无线电力测温的技术对比

性能指标	超高频 RFID 温度传感器	声表面波(SAW)	感应取电(CT)
一致性	高	差	高
稳定性	高	低	低
测温精度	±1℃	不保证	较好
数字 ID	有,EPC,TID	无,频点区分	有
安全隐患	无	无	高
抗干扰性	强	差	强
安装效率	高	低	低
工程调试	20 分/柜	120 分/柜	不可调试
免电池	射频能量取电	电磁感应取能	CT 取电
数据可靠性	数字通信可靠性高	模拟通信易受干扰	数字通信可靠性高
免维护性	高	差	高
适用性	适用高压大电流场景	适用高电压大电流场景	电流不宜过大及过小

这 3 类技术方案的成本相差不多,但技术特点差异较大。

感应取电方式,由于可以使用通用无线芯片通信,具有最远的传输距离。其缺点为必须套在线缆上才能取电,若需求测温点尺寸很小,则无法使用;且感应取电设备本身体积较大,使用多有不便。由于是通过电感耦合取电,若取电点的电流过大或过小都无法取电,电流太大会损坏电路,电流太小无法提供足够的感应电流。还有一个缺点是无法现场调试,为了保证人员安全,在安装测温设备时必须设备断电,而线缆上没有电流就无法取电,测温系统无法测试。

声表面波作为无芯射频识别标签时就暴露出了诸多问题,如无法支持多个标签同时识别,模型信号数据识别率低,一致性差等问题,作为测温使用时其测温精度较差。还存在长时间高温使用时其特性会发生变化,使得系统维护成本较高。

综合分析,采用超高频 RFID 温度传感的方案最具竞争力。

3. 系统结构

如图 8-32 所示为超高频 RFID 无线温度传感的系统方案。首先将不同形态的温度传感标签固定在测温点上，并记录 EPC 号与测温点的位置关系。阅读器通过天线采集每个测温点上的电子标签温度数据，并通过 ModBus 或 485 总线将数据传出来，最终的数据可以通过 DTU 达到云端，也可以在远程监控终端上显示。

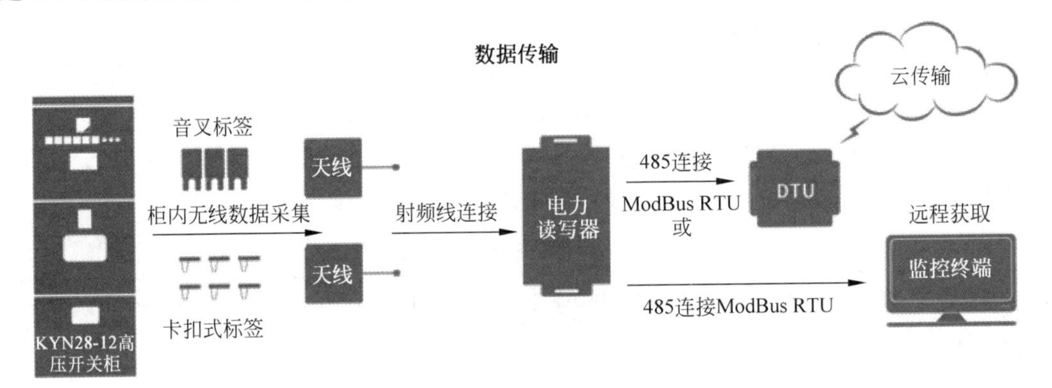

图 8-32　无源无线测温系统方案

此处使用的超高频 RFID 无线温度传感的系统工作协议为 EPC C1 Gen2；工作频率为 920～925MHz；读取距离为 1.2～8m；系统要求的工作温度范围为－40℃～150℃；系统要求的环境耐温范围为－40℃～225℃；温度误差为±1℃；标签均为抗金属标签；安装方式为螺丝、不干胶、卡扣、绑扎等；防护等级为 IP53～IP65。

4. 解决方案

本节针对 3 种常见电力测温场景的解决方案进行详解。

1）低压柜接插件测温方案

低压配电柜的进出线接插件部位由于频繁的插拔，是产生故障温度异常的主要部位。且待测点众多(每个抽屉需 6 个点)、结构复杂。传统方式无法完成监测需求，悦和科技利用小体积、高灵敏度的 TSC250905 温感标签直接与接插件黏合，置于插块内，通过安装在电缆室的天线与进线柜二次仪表室的阅读器获取所有待测点的实时温度，方便安全、灵敏可靠。如图 8-33 所示，为低压柜测温方案结构，图中展示了阅读器天线的装置位置和标签的安装方法。

图 8-34 为 TSC250905-3 温感标签装配图，TSC250905-3 温感标签专为环网柜出线头测温设计，测温范围为－40℃～150℃，误差小于 1℃，配合标准阅读器及 5.3dBi 天线，通信距离可达 3m；标签完全内嵌在标准堵头内部，不改变现有堵头的外观结构和安装要求，整体简洁可靠；整体阻燃等级≥UL94-V0；温度量程内频偏＜2MHz。

2）环网柜堵头测温方案

环网柜套管及堵头处是温度异常故障频发的高危区域，由于高压器件的安全要求较高，结构紧凑，且真实发热点在内部允许安装传感器的区间较小，传统方式无法完成监测需求。悦和科技特殊设计了圆环标签 TSP453401-3 与 TSC130905-3，直接套在金属嵌件处或者与金属嵌件黏合并铸造在堵头环氧层内，通过安装在电缆室顶部的天线与配自动化柜内的阅

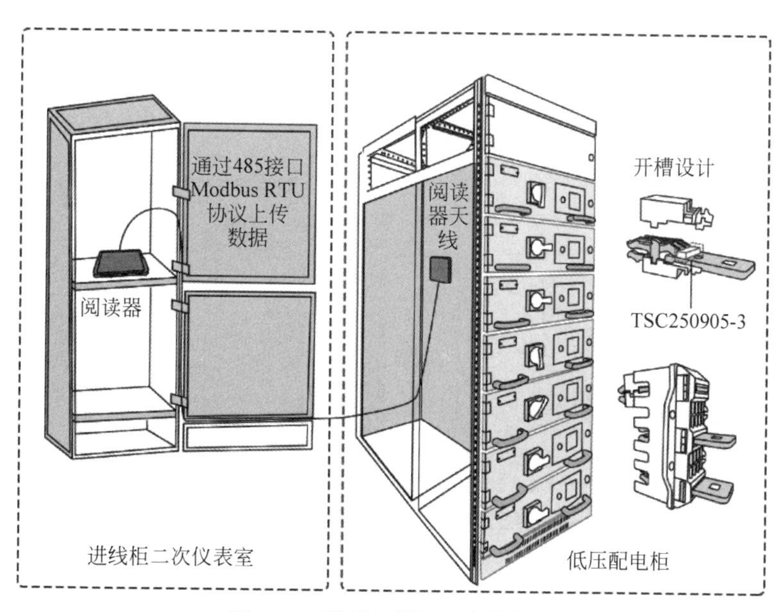

图 8-33　低压柜测温方案结构图

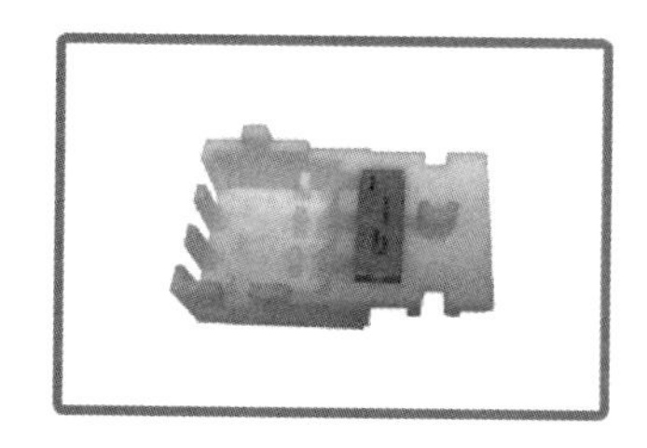
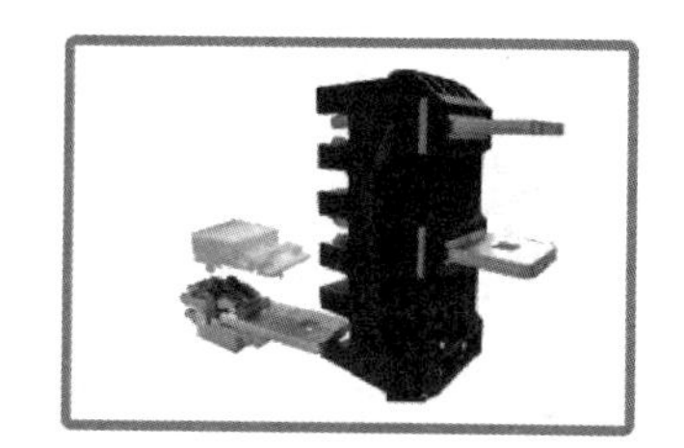

图 8-34　TSC250905-3 温感标签装配图

读器，实时监控三相堵头处的温度数据。如图 8-35 所示，为环网柜堵头测温方案结构，图中展示了阅读器天线的装置位置和标签的安装方法。

图 8-36 所示为 SP453401-3 系列圆环测温标签装配图，TSP453401-3 系列圆环测温标签专为环网柜出线头测温设计，测温范围为－40℃～150℃，误差小于 1℃，配合标准阅读器及 5.3dBi 天线，通信距离可达 2m；标签夹在标准堵头中间，不改变现有堵头的外观结构和安装要求，整体简洁可靠；整体阻燃等级≥UL94-V0；温度量程内频偏<2MHz。

图 8-37 为 TSC1309-3 系列陶瓷测温标签装配图，TSC1309-3 系列陶瓷测温标签专为环网柜出线头测温设计，测温范围为－40℃～150℃，误差小于 1℃，配合标准阅读器及 5.3dBi 天线，通信距离可达 2m；标签完全内嵌在标准堵头内部，不改变现有堵头的外观结构和安装要求，整体简洁可靠；整体阻燃等级≥UL94-V0；温度量程内频偏<2MHz。

3）中置柜动触头与母排测温方案

中置柜中，动触头与母排结合部是温度异常事故的主要部位，悦和科技特殊设计了卡扣型测温标签 TSC250905-K3 与音叉型测温标签 TSC303005-C3，可直接安全紧固的连接在

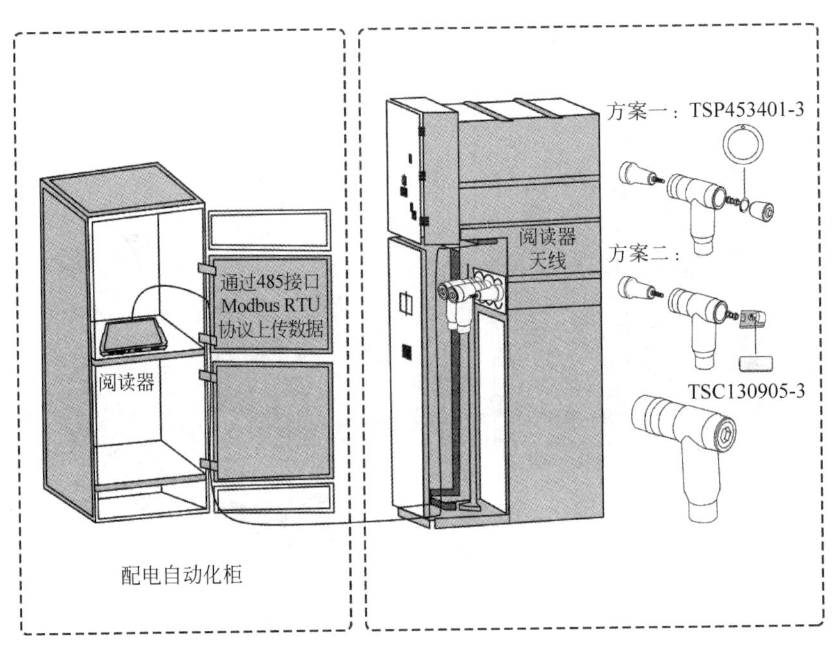

图 8-35 环网柜堵头测温方案结构图

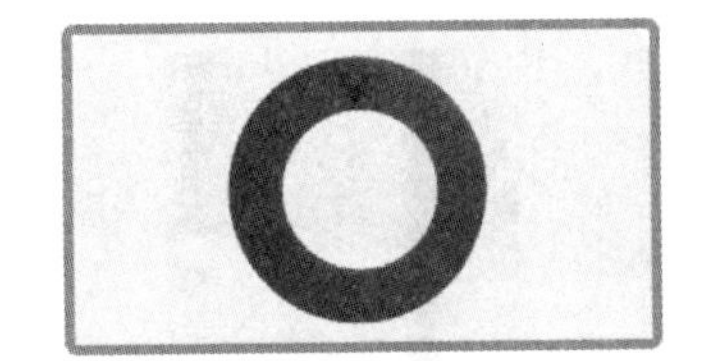

图 8-36 TSP453401-3 系列圆环测温标签装配图

图 8-37 TSC1309-3 系列陶瓷测温标签装配图

动触头与母排螺栓处，通过放置在母线室的天线与仪表室的阅读器，实时监控待测点的温度数据。如图 8-38 所示为中置柜动触头与母排测温结构，图中展示了阅读器天线的装置位置和标签的安装方法。

图 8-39 为 TSC303005-C3 系列音叉标签装配图，TSC303005-C3 型音叉标签专为开关柜内母排，出线等连接点测温设计，测温范围为－40℃～150℃，误差小于 1℃，配合标准阅读器及 5.3dBi 天线，通信距离可达 10m；音叉型结构件设计可直接通过母排搭接螺丝固

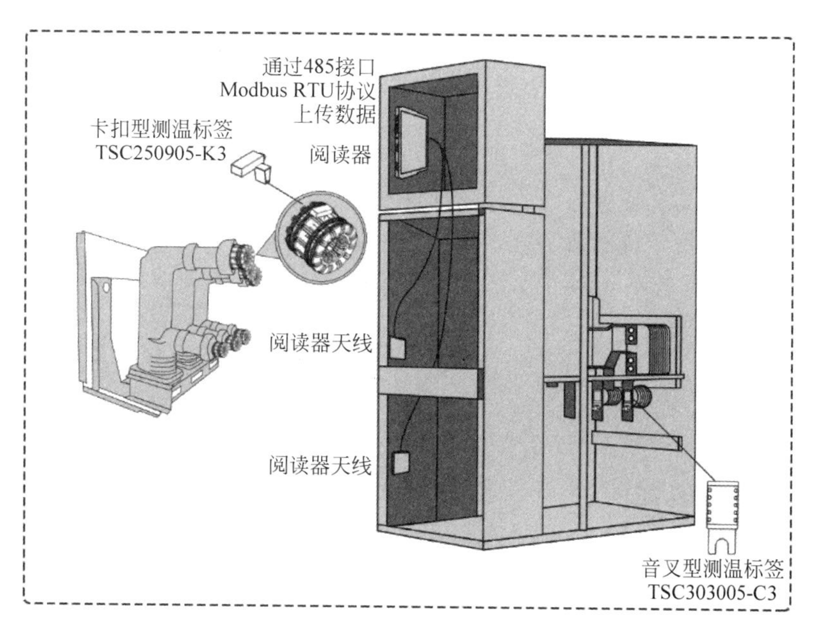

图 8-38　中置柜动触头与母排测温方案结构图

定；整体阻燃等级≥UL94-V0；温度量程内频偏<2MHz。

图 8-39　TSC303005-C3 系列音叉标签装配图

图 8-40 为 TSC250905-K3 系列卡扣式标签装配图，TSC250905-K3 型卡扣标签专为开关柜内动触头测温设计，测温范围为－40℃～150℃，误差小于 1℃，配合标准阅读器及 5.3dBi 天线，通信距离可达 3m；卡扣型结构件设计可直接卡入动触头任一触指、安装简单牢靠，不改变动触头自身的伸缩特性；整体阻燃等级≥UL94-V0；温度量程内频偏<2MHz。

图 8-40　TSC250905-K3 系列卡扣式标签装配图

小结

本章介绍了与超高频 RFID 相关的主要应用和解决方案，几乎涵盖了绝大多数的应用案例。物联网的应用具有长尾的特点，其应用种类和客户需求不断变化，需要项目开发者和产品开发者针对这些长尾特点满足客户需求。物联网的发展很快，超高频 RFID 的应用也会越来越多。希望各位读者可以在本章应用的基础上开阔思路创造更多的解决方案，推动物联网的发展。

课后习题

1. 服装零售使用超高频 RFID 后不能实现的是（　　）。

   A. 自助收银　　　　B. 货损率降低

   C. ERP 管理系统　　D. 降低人工成本

2. 下列关于无人零售说法中，正确的是（　　）。

   A. 无人零售就是整个商店完全不需要人

   B. 无人零售非常成功，是今后零售的大趋势

   C. 无人零售店最大的问题是识别率太低，用户体验差

   D. 无人零售店最大的问题是运营成本高，需要人工贴标

3. 下列关于无人零售柜说法中，错误的是（　　）。

   A. 当货品种类很多时，使用超高频 RFID 无人零售柜更有优势

   B. 当货品种类单一且多为金属包装时，采用高频 RFID 无人零售柜更有优势

   C. 当货品为多种玻璃材质饮品时，采用高频 RFID 无人零售柜更有优势

   D. 当货品为多种玻璃材质饮品时，也可采用拍照加称重的无人零售柜方案

4. 下列物品中，未使用超高频 RFID 作为防伪技术的是（　　）。

   A. 酒类　　B. 手机　　C. 香烟　　D. 药品

5. 下列关于超高频 RFID 图书标签说法中，错误的是（　　）。

   A. 超高频 RFID 图书标签一般为正方形

   B. 超高频 RFID 图书标签具有 EAS 功能

   C. 超高频 RFID 图书标签一般贴在书脊处

   D. 超高频 RFID 图书标签工作距离远大于高频 RFID 图书标签

6. 在机场行李系统中，标签与阅读器天线的配合使用合理的是（　　）。

   A. 线极化标签配合单个线极化阅读器天线

   B. 线极化标签配合单个圆极化阅读器天线

   C. 线极化标签配合 2 个线极化阅读器天线

   D. 3D 全向标签配合 2 个线极化阅读器天线

7. 在自动分拣系统中，最重要的技术点为(　　)。

A. RSSI 顶点判断技术　　B. 泄漏载波抵消技术

C. 相位列阵天线技术　　D. 多标签识别技术

8. 下列关于超高频 RFID 在资产管理中应用的说法中，正确的是(　　)。

A. 医疗腕带标签和布草洗涤标签都是柔性的，所以技术难度相似

B. 血液管理标签也可以使用无源测温标签，实现冷链管理，需要注意的是标签天线在血液上的性能变化

C. 现阶段大量使用的超高频 RFID 轮胎标签，具有测量轮胎气压的功能

D. 电力资产管理中使用的标签工作距离不需要很远，因为远距离传输工作容易触电

9. 下列关于超高频 RFID 智能交通管理中的说法中，错误的是(　　)。

A. 电子车牌是一个贴在原有贴牌上的电子标签

B. 带有电子车牌的车辆时速超过 120km/h 时，依然可以被识别

C. 在不损坏电子车牌的前提下，无法将其完整地取下来

D. 电子车牌内的超高频 RFID 芯片，具有国家商用加密算法

10. 在无源无线电力自动测温的项目中，你作为项目经理，不会采用的技术方案为(　　)。

A. 超高频 RFID 无源测温方案　　B. 红外测温方案

C. 感应取电方案　　D. 声表面波测温方案

图书资源支持

感谢您一直以来对清华大学出版社图书的支持和爱护。为了配合本书的使用，本书提供配套的资源，有需求的读者请扫描下方的“书圈”微信公众号二维码，在图书专区下载，也可以拨打电话或发送电子邮件咨询。

如果您在使用本书的过程中遇到了什么问题，或者有相关图书出版计划，也请您发邮件告诉我们，以便我们更好地为您服务。